The CoperniCan QuesTion

哥白尼问题

（上）

占星预言、怀疑主义
与天体秩序

[美] 罗伯特·S.韦斯特曼 / 著

霍文利　蔡玉斌 / 译

朱孝远 / 审校

GUANGXI NORMAL UNIVERSITY PRESS

广西师范大学出版社

·桂林·

哥白尼问题
GEBAINI WENTI

© 2011 By The Regents of the University of California
Published by arrangement with University of California Press
著作权合同登记号桂图登字：20-2015-198 号

图书在版编目（CIP）数据

哥白尼问题：占星预言、怀疑主义与天体秩序：上下册 /（美）罗伯特·S.韦斯特曼著；霍文利，蔡玉斌译. 一桂林：广西师范大学出版社，2020.7
（海豚文库 / 朱孝远主编. 研究系列）
书名原文: The Copernican Question: Prognostication, Skepticism, and Celestial Order
ISBN 978-7-5495-3701-3

Ⅰ. ①哥… Ⅱ. ①罗…②霍…③蔡… Ⅲ. ①自然科学史－欧洲－中世纪 Ⅳ. ①N095

中国版本图书馆 CIP 数据核字（2020）第 085135 号

广西师范大学出版社出版发行
（广西桂林市五里店路 9 号　邮政编码：541004）
网址：http://www.bbtpress.com
出版人：黄轩庄
全国新华书店经销
广西广大印务有限责任公司印刷
（桂林市临桂区秧塘工业园西城大道北侧广西师范大学出版社集团有限公司创意产业园内　邮政编码：541199）
开本：710 mm × 930 mm　1/16
印张：79.75　　字数：1 033 千
2020 年 7 月第 1 版　　2020 年 7 月第 1 次印刷
定价：298.00 元（上下册）

如发现印装质量问题，影响阅读，请与出版社发行部门联系调换。

目　录

第三部分　接纳意料之外的、异常的新奇

8. 行星秩序、天文学改革，以及非凡的自然规律　/　494

哥白尼问题

第五部分　世纪之交莫衷一是各执一词的现代主义者们

第六部分 现代主义者、周期性的新现象，以及天体

导　论

历史问题

地球究竟是什么样的？是静止不动，悬挂在镶嵌着星体的有限天球之中央吗？还是一颗行星，围绕着天球的中心年复一年地旋转？中世纪的经院哲学家们提出了各种各样充满想象力的问题，并为此不断地争论：是不是、有没有可能，存在着多个世界？如果有多个世界，其中一个世界里的地球，能不能自然而然地绕着另一个世界的中心旋转？月球上的斑点，是由月球不同部分的差异导致，还是来自外部？地球是固定在宇宙的中心吗？地球与宇宙有同样的重力中心吗？地球是绕着自己的轴在转动吗？[1]

当时的人们之所以对诸多的可能性津津乐道，主要出于两种动机。第一种，

[1]　Many such questions were also integrated into commentaries on John of Sacrobosco's *Sphere*（see, for example, Thorndike 1949, 30-31）. See further Edward Grant's valuable "Catalog of［400］Questions on Medieval Cosmology, 1200-1687," in Grant 1994, 681-741.

自然哲学家们感到上帝无限的、绝对的权力受到了威胁，于是试图对神学上的担忧做出回应。比如说，如果上帝希望有更多的世界，他能创造出来吗？第二种动机则体现在亚里士多德（Aristotle）式的论辩和修辞实践当中。亚里士多德本人经常罗列前人的观点，目的只是为了反驳他们以展示自己的思想。其中有一个例子，毕达哥拉斯（Pythagoras）"断定（宇宙）中心由火占据，地球是诸星之中的一颗，它环绕中心旋转，由此形成夜与昼"[1]。从 13 到 17 世纪，亚里士多德所描述的毕达哥拉斯思想，已经成为学生们在学校必学的论点，同时也成为他们要学会去反驳的论点——为了支持地球中心论和地球静止论。直到 15 世纪末叶、16 世纪最初的 10 年，才有一位名叫尼古拉·哥白尼（Nicolaus Copernicus）的波兰天文学家，用全新的方法再次主张了毕达哥拉斯的观点。他并没有沿袭 13 世纪哲学家的风格，而是用克劳迪厄斯·托勒密（Claudius Ptolemy）的数学方式，重新诠释了古老的毕达哥拉斯思想，借此对两个令人困惑的问题做出了天文学的解释：首先是行星反映出的太阳运动；其次是关于金星和水星排序问题的争议。但是，直到 1543 年，哥白尼才最终全文出版了为这种论点辩护的著作，作为说服他人的工具。

《哥白尼问题》开篇面对的是一个历史悖论。15 世纪末 16 世纪初，天学著作的出版数量迅速增长，既面向社会精英，也面向普通大众，其中的绝大部分都是关于占星学和占星术的。人们热衷于预言未来，有时候甚至夹杂着言之凿凿的末世神话，宣扬世界末日很快就要到来。而就在这个历史背景之下，为什

---

[1] "In addition, they invent another earth, lying opposite to our own, which they call by the name of 'counter-earth'" (Aristotle 1939, bk. 2, charp. 13, 217; ck. bk. 2, chap. 14, 241-45). There are some differences in how sixteenth-century translators rendered the Greek, e. g., "Pythagorici autem habitantes Italiam contradicunt illis, et dicunt quod ignis est positus in medio, et quod terra est stellarum una, et ravolvitur circulariter, et ex motu eius circulari fit nox, et dies, et faciunt aliam terram, quam vocant antugamonani" (Aristotle 1962a, V, fol. 146K-L); "Pythagorei, dicunt in medio enim ignem esse inquiunt: terram autem astrorum unum existentem circulariter latam circa medium, noctem, & diem facere. Amplius autem oppositam aliam huic conficiunt terram, quam antichthona nomine vocant" (Aristotle 1597, T. 72, 643-44).

图 1. 神学家和天文学 - 占星学家在寻找调和之路（[Petrus de] Alliaco 1490. Linda Hall Library of Science, Engineering & Technology）。

么哥白尼选择关注行星秩序的问题呢？对于那些读过他的代表作《天球运行论》（拉丁文为 *De Revolutionibus Orbium Coelestium*，英文为 *On the Revolutions of the Heavenly Spheres*）的人来说，知道了正确的宇宙结构，又与预测未来有什么关系呢？当时，随着印刷技术的兴起，人们有可能制造、传播和比较各种不同的预言，在这种情况下，究竟哪些预言，或者说哪些预言权威——比如说圣经、圣经之外的权威、占星学——更值得人们信任呢？[1] 事实上，天学知识真的能支持预言吗？在 1378—1414 年教会大分裂（Great Schism）时期，三个人同时自称

2

---

[1] See Robin Bruce Barnes's excellent treatment of this problem (1988, 1-59, 73-75).

教皇，神学家皮埃尔·达伊（Pierre d'Ailly）担忧这会招致敌基督（Antichrist）的迫近，为此转而求助于木星和土星的会合，试图"调和"圣经与占星术，最终他得出结论：1789 年之前，敌基督不会出现。[1]

在当时浮现出来的诸多名目和权威之中，略早于哥白尼的同时代人克里斯托弗·哥伦布（Christopher Columbus，1451—1506）也是其一。他将自己的"西印度群岛计划"视为实现自己梦想、效忠西班牙王室的一个步骤，终极目标则是解放并再次征服耶路撒冷。他一方面沉浸在皮埃尔·达伊的占星和圣经预言中，一方面相信圣奥古斯丁（Saint Augustine）所言，即世界将持续 7000 年，认为世界已经进入了最后 155 年。他宣称从自己的名字中得到了启示〔克里斯托弗（Christoferens）意为"背负基督的人"（Christ-bearer）〕，相信自己将在一出大戏中扮演角色："上帝派我来做新的天国和新的人间的信使。他先是借以赛亚之口、接着又在圣约翰的《启示录》中传递了这条消息。他指引我去哪里可以找到这个新世界。"[2]

哥伦布绝非最后一个以神圣信使姿态出现、宣称将带来新世界的人，在哥白尼的同时代人中，他也远不是唯一一个沉迷于预言的人。

安德列亚斯·奥西安德尔（Andreas Osiander）是一位有影响力的路德宗牧师，他曾为纽伦堡出版的哥白尼著作辩护。1527 年，他取材于早期预言，自己出版了一本预言书，"不是用语言，而是只用图画"——意在表明教皇之道德腐败、沦为暴君和世俗权力乃是末世到来的强烈征兆。[3] 事实上，直到 17 世纪初，当伽利略（Galileo）、开普勒（Kepler）这批人开始将哥白尼的宇宙秩序推动为一股近代思想潮流之时，他们和当时其他的天学实践者们仍然执着于预知未来。

---

[1]　See Smoller 1994, 3-4; Smoller 1998.

[2]　Columbus to a member of the royal court（1500）on his return in chains from his third voyage to the "New World Indies," quoted by Watts 1985, 73.

[3]　See Osiander 1527, well discussed in Scribner 1981, 142-47.

可见，在当时，上天成为文化和政治热情的主要寄托之所。那么，在这样一个年代，究竟谁预言的未来更值得依赖？谁来决定哪种预言方法最为可行？这是哥白尼时代的两大问题。但是，如果情况可以这样认定，那哥白尼的《天球运行论》为什么没有在行星序列问题和占星预测之间建立联系？在这部书中，我的论点是，哥白尼自己确认这两者之间是有关联的，早在15世纪90年代求学于克拉克夫（Krakow）和博洛尼亚（Bologna）的时候，他就已经认定了这一点。托勒密的《占星四书》（Tetrabiblos，拉丁译名为 Quadripartitum）是古典时代最基本的占星书籍，它为诸行星赋予了不同的特殊效力，可以对地界产生特定的影响，并把行星的这些占卜吉凶的特性与它们的次序直接联系在一起。占星学需要天文学所确立的行星位置，一旦天文学的基本原则受到质疑，那它的伙伴学科占星学的基础就不复存在了。文艺复兴时期的哲学家乔瓦尼·皮科·德拉·米兰多拉（Giovanni Pico della Mirandola，1463—1494）就是一位著名的反占星人文主义者，他曾经为讨伐占星术撰写过一篇言辞犀利、影响深远的檄文，1496年，在他故去之后才出版。对于占星学来说，既然行星序列和行星力量的不确定性是一个关键性问题，那么，哥白尼重新建立行星秩序，就很有可能是一个虽未明示却计划已久的举动。

历史学家们（包括我自己）通常认为，哥白尼及其追随者所建立的日心秩序，并没有在当时引起人们对行星预言力量的关注和回响。[1]事实上，绝大多数学者丝毫没有在哥白尼著作中为占星学留下一席之地，只有约翰·诺斯（John North）和理查德·勒梅（Richard Lemay）曾经提及，表现出了不一般的见地。这种情况完全可以理解。哥白尼现存的所有作品，对行星的占星效力都只字未

---

[1]　See Kuhn 1957, 93-94. Kuhn's exclusion of astrology was entirely typical of other "big-picture" narratives of his historiographical moment: Koyré 1992; Blumenberg 1987, 1965; Zinner 1988. See Westman 1997.

提。[1]"革命"这个长久以来使用的概念,在20世纪关于哥白尼的叙事文本随处可见。这些都帮助掩盖了这个问题,鲜少有人对此认真思考。哥白尼的成就所引发的对物理学问题的探讨,更是迈出了17世纪自然哲学突破性进展的第一步,这些都被历史学家们放在了更加显著的位置上。关于"哥白尼革命"的叙事在不断地被发现、传播、接受、吸收。理论上的创新和突破更将这种叙事放在了中心位置。于是,随之而来的相关知识史充满了理论扩大、经验实证,有时候还伴随着对真相的冷漠抗拒,至于其他类型的主题,则被放逐到了荒僻的角落。

托马斯·S.库恩(Thomas S. Kuhn)的《哥白尼革命》(*The Copernican Revolution*)是一部思想史著作,影响力延续至今。它也是上述历史文本的一种变体,其主题最早可以追溯到威廉·休厄(William Whewell)的《归纳科学的历史》(*History of the Inductive Sciences*,1837)。[2]作者把哥白尼的成就称为"制造革命的"(revolution-making)而非"革命性的"(revolutionary),(此处翻译参考了托马斯·库恩著,吴国盛等译,《哥白尼革命——西方思想发展中的行星天文学》,北京大学出版社2003年1月版。——译者注)意为哥白尼本人的贡献是不完整的,想要真正实现变革,尚需要其他因素的加入。哥白尼的贡献在于,他研究出了一系列详细的行星模型,构建出一个真实的相互关联的体系,而并非一组分散的计算结果。他曾经观察到一些天文现象,却不能提出令人信服的解释,基于此,哥白尼开始并完成了他的理论探索。而他所建成的新的理论框架,反过来又成为激励其他人提出不同观点的推动力。长此以往,越来越多互相支持的证据融汇在一起,构建起宇宙的新秩序。因此,按照库恩的观点,简单地说,哥白尼的成就并不是"现实性的"(realist),即新的理论并没有对应现实成果,它最有

---

[1]　North 1975; LeMay 1978. North credits Giacon (1943) as the earliest modern historian to maintain that "Copernicus was an astrologer." Charles Webster was not able to connect Copernicus himself to the wider themes of astrology and Christian eschatology, but he was looking for the right kinds of connections (Webster 1982, 15-47). See also my brief preliminary study anticipating the present work (Westman 1993).

[2]　Whewell 1857, 271-331.

价值之处，不在于揭示了"自然的真相"，而在于它的启发性，在于随后带来了"丰富的成果"。库恩认为，哥白尼的创造性观点既是旧传统的顶峰，又是新传统的开端。正是从他这里开始，开普勒、伽利略、牛顿（Newton）才能前赴后继，不断地想象他们的新世界。

哥白尼原本只是给天文学这个相对狭小的专业技术领域带来了根本性创新，随后却"改变了邻近学科，并逐渐地改变了哲学家和知识分子的世界"。正是从这个意义上讲，库恩认为哥白尼发起了这场完整的革命，并在其中占据着不可动摇的中心位置。[1]

库恩最初写作这本书的时候，正值"二战"结束之后，那个年代的氛围，假如不能用"天真"来形容，至少可以说充满了历史乐观主义的情绪。时至今日，谈起科学概念或是科学标准的"深刻"革命，谈起它们长久以来的起起落落，恐怕再也不能像库恩时代那么容易了。[2] 有些人还对当年那种所谓的恢宏历史画卷念念不忘，但更多的人却对它有一种强烈的抗拒感，他们更愿意用人类学的方法浸入到知识发源地，以"当地的视角"观察科学实践，认为这样才能产生真正的见识。[3] 虽然这种人类学研究能够深入调查、揭示真相，但是，它并不能为探寻长期变化提供方法。[4] 一种文化中的文本、意义和价值判断，如何得以在另外一种文化中传播、演化、吸收，考察这个漫长的历史过程，是上述人

4

---

[1] Quoted from Kuhn's classic Copernacan Revolution (Kuhn 1957, 230). By now it is well established that Copernicus's book was widely consulted (see Gingerich 2002). For recent appreciations, see Westman 1994; Swerdlow 2004a.

[2] In reading Kuhn's Structure of Scientific Revolutions, Ernan McMullin offers an illuminating distinction between "deep" and "shallow" revolutions, suggesting that the Copernican episode exemplified "a revolution of a much more fundamental sort because it involved a change in what counted as a good theory, in the procedures of justification themselves.... And what made it revolutionary was... the very idea of what constitutes valid evidence for a claim about the natural world, as well as in people's beliefs about how that world is ordered at the most fundamental level" (McMullin 1998, 123).

[3] The classic statement of this view is Geertz 1983, 55-70.

[4] On the perils of extreme localism, see Dear 1995, 4, 245-46; Schuster and Watchirs 1990, 38-39.

类学方法留给我们的空白。现在的研究试图在两者中找到一条中间道路，既关注本地形成的意义，又考量处在长期变动中的标准、理性和理论信念。如此这般在概念主义和地方主义之间游走，分明像是要在女妖的斯库拉岩礁（Scylla）和卡律布狄斯（Charybdis）的漩涡之间寻找生路。〔Scylla 是希腊神话中吞食船员的女妖斯库拉，这里指意大利岛南端和西西里岛之间墨西拿（Messina）海峡一侧的巨岩。卡律布狄斯是希腊神话中该亚与波塞冬的女儿，也是吞吐海水、吞噬船只的女妖，这里指墨西拿海峡中的大漩涡。英语中 between Scylla and Charybdis 是指处于斯库拉岩礁和卡律布狄斯大漩涡之间，比喻腹背受敌，进退维谷。——译者注〕

我们不妨在此想一想哥白尼作品带给 16 世纪读者的困惑。首先，如果说 16 世纪天学实践者所面临的主要难题，是如何消除或减少对预言的质疑——包括近期内天文事件和人类事件的发生，包括世界末日的到来——那么，1543 年《天球运行论》发表之后，他们就要考虑，行星重新排序，能不能帮助他们实现自己的目标。但是事实上，哥白尼重建的秩序，远非唯一可以用来说服人们接受占星术的工具。而且很快人们就发现，很多人并没有关注他的行星秩序，倒是把他的行星模型当成制作新的星表的依据。总之，16 世纪见证了多种多样试图解决占星预言问题的方法，但每一种都被这样那样的难点所困扰。不仅如此，全新的日静学说本身甚至付出了更高的代价，因为它招致了新的反对和批判，其中一些相当严厉。

托勒密的《天文学大成》（*Almagest*）是古代最为重要的天文学著作。这本书的影响力在 15 世纪得到复苏，归功于格奥尔格·普尔巴赫（Gerog Peurbach，1423—1461）和他杰出的学生约翰内斯·雷吉奥蒙塔努斯（Johannes Regiomontanus，1436—1476）。后者不仅完成了老师未完成的《天文学大成》翻译工作，还在其中加入了自己的观点。从雷吉奥蒙塔努斯所编写的《〈天文学大成〉

概要》（*Epitome of the Almagest*）里，15世纪的读者们可以了解到一个长期存在的争议：托勒密曾经设想过地球的周日运动，但是引起了抗议，被认为是荒谬之论。[1] 另一大争议涉及毕达哥拉斯（这里指的是毕达哥拉斯"中央火"的观点：宇宙的中心是火，地球围绕宇宙中心旋转。——译者注）和圣经之间的是非：关于哪些星是运动的，哪些是静止的，这两者之间的观点互相矛盾。托勒密作为一个亚里士多德学派的异教徒，当然对这个争议毫不关心，甚至连雷吉奥蒙塔努斯都没有发表过评论。——不过这种现象显然出现在哥白尼的书问世之前。无论是天主教神学家还是新教改革者，都把圣经当作天学知识的真理。对于占星实践者来说，他们在采纳哥白尼理论、让它为己所用的时候，要同时考虑两个条件：既不会牵扯到打破亚里士多德的物理体系，也不能反对圣经里的训诫，比如说地球是运动还是静止这个问题。换言之，哥白尼理论的应用，能不能仅限于预言工具，而不要把它和物理法则及圣经兼容问题混为一谈？

原本人们就认为，判断一种天学观点是否充分，圣经是一条必不可少的标准；在16世纪宗教改革和天主教复兴运动期间，这种需求变得尤为迫切。有一种看法得到广泛的认可：神意不仅能从圣经言论中读到，也能从自然事件和人类事件中读到。可是，圣经与这些事件之间的关系是怎么样的？圣经里的一词一句是只能从字面意义理解吗？换句话说，只能描述确切事件和物理真相吗？

还是应该理解它所传递的文学和历史意义？谁掌握最终的权威，决定用哪种方式诠释圣经文字？如果两种不同类的文本对同一事件的描述出现了偏差，比如说，一边是圣经，一边是天文－星学，谁有权决定判断真理的标准？在16世纪以及17世纪早期，这些问题和当时的种种现实错综交织，挑战着哥白尼理论的追随者们。

评判关于天体运动的学说，除了圣经和物理标准，还有一些更为严格的逻

---

[1]　Regiomontanus 1496, in Regiomontanus 1972, fifth conclusion, 68.

辑标准。还是同样的问题：谁有权力决定应该普遍采用哪种标准。对于星相预言家来说，记录行星平均运动的星表和个人观察是他们的主要依据。但是，面对各种天文现象——天体每日的升降、行星逆行、速度改变、食相出现，诸如此类——仅靠观察，哥白尼无法把它们统统纳入地球运动这一基本理论框架。[1]更严峻的现实是，如果哥白尼想要提出更进一步的观点，他就必须找到一种各个哲学派别普遍认可的理想逻辑。亚里士多德的科学论证方法设立了一个似乎不可逾越的高度：它是一种必然三段论（apodictic syllogism）逻辑，即从一个真实的、必要的、无可置疑的大前提出发，推断出一个真实的结论。但是哥白尼中心论点的论证并没有遵循这种严格的逻辑形式，他和托勒密一样，偏好用假言三段论（conditional syllogism）作为推理模式，即将地球运动当作一种假想前提，而不是真实的、不容置疑的前提。也就是说，它是一种假设，真实性不确定，但从这里出发可以推断出真实的结论。

除了逻辑方面的考虑，哥白尼还带来了另外一个问题：同样的观察证据支持两种不同的天体运动模型，该如何选择。这个问题古人曾经提及，但并未产生长久的影响。这个问题的简化版在公元 1 世纪曾经出现过，当时阿波罗尼奥斯（Apollonius）和希帕克斯（Hipparchus）意识到：太阳运动的两种模型——偏心圆模型（eccentric）和本轮 – 均轮模型（epicycle–cum–deferent）——出现了几何等价现象。[2]托勒密在讨论自己的太阳模型时提到了这段前事，成为 16 世纪的读者们获知这个信息的主要来源。[3]雷吉奥蒙塔努斯《〈天文学大成〉概要》

---

[1]　Here it must be emphasized that practitioners were neither making their own observations nor in some sense "testing" " earlier theories against new evidence but utilizing what Bernard Goldstein has aptly characterized as "a literary tradition of scientific treatises" (Goldstein 1994, 189) .

[2]　How Apollonius and Hipparchus interpreted the choice between these different hypotheses is a separate matter. Duhem（1996）held that the Greeks, in general, saw the choice as entirely one between theories used as calculational instruments with no claim to truth; but Lloyd（1978）has raised serious questions about Duhem's readings of the Greek sources.

[3]　Ptolemy 1998, bk. 3, chap. 4, 153.

的读者们，则可以看到托勒密《天文学大成》并没有注意到的另外一个等价的例子：内行星（金星和水星）的本轮模型可以转化为偏心圆模型。[1]1543 年之后，几何等价问题开始显示出它的广泛意义：它需要人们选择，整个宇宙体系，究竟是托勒密—亚里士多德所认为的以地球为中心，还是哥白尼所相信的以太阳为中心。哥白尼本人曾这样讲述这个问题："他们（古人）用静止的地球和环绕其运转的宇宙来解释的现象，我们则用相反的方式，但最终我们殊途同归，因为这些现象是双向关联、互为佐证的。"[2]

用视觉化的方式来呈现这些几何转型却绝非易事。《天球运行论》第 1 卷第 10 章里的同心圆图形现在已经广为人知了，但是早期读者如果只看图，会很难理解相关段落的真正意义。同样的道理也适用于地球运动所产生的视觉错觉：

为什么我们总觉得周日旋转看上去像是宇宙在动，而真相是地球在动呢？这种情形就像维吉尔（Virgil）在《埃涅阿斯纪》（Aeneas）里写的："我们从港口出发前行，土地和船只向后退却。"因为，当一艘船平静地向前漂移时，海员们只能从所有的外部物体看到船只自身的运动，此时他们反而觉得自己和船上的一切都是静止的。同样的道理，地球自身的运动毫无疑问也能产生这种印象，即整个宇宙是围绕自己转动的。[3]

在哥白尼的整个论述过程中，他都在和这种假象做游戏。船只的例子只模仿了一种运动，而地球可不仅仅是"平静地向前漂移"。书中描述的是更加复杂的运动。

---

[1] See Swerdlow 1973, 472: "It is even possible that, had Regiomontanus not written his detailed description of the eccentric model, Copernicus would never have developed the heliocentric theory."

[2] Copernicus 1543, bk. 2, introduction, fol. 27v; see also bk. 3, chaps. 15, 20, 25. For less literal translations than mine, cf. Copernicus 1978, 51; Copernicus 1976, 79.

[3] Copernicus 1543, bk. 1, chap. 8/Copernicus 1978, 16; Virgil, *Aeneid, bk.* 3, 72.

打个比方说，就好像是旋转木马，一方面，平台上的木马绕着自己的轴杆旋转，像地球的周日运动；另一方面，平台本身也在绕着自己的中轴向相反方向旋转，像地球的周年运动。有一种类似于旋转木马的仪器叫太阳系仪（orrery），能够用视觉化的方法演示这种复杂运动（图34），但是直到18世纪它才出现。[1] 哥白尼当时所能做的只是用这样的方法论证：地球显然还在做周年运动，因为地球上的人在观察其他行星的时候，可以看到"由地球运动所产生的视差（parallax）"[2]。每个行星都能反映出地球正在运动，只是人们无法察觉。

哥白尼知道，普尔巴赫以太阳为参照，也注意到了这种特殊的现象："六个行星显然在它们的运动中与太阳有某种共享的关系，太阳就好像是它们共同的镜子，或者是度量它们的运动的共同法则。"[3]普尔巴赫的书在当时的大学里是被普遍教授的，假设哥白尼很明确地注意到了其中的这个段落，就算他没能告诉将信将疑的读者们自己找到了问题的答案，至少也能让他重视这个问题。但是哥白尼并没有参考普尔巴赫的观点，也几乎没有参考其他同时代人的观点。他就像其他典型的人文主义者一样，只是独自沉浸在与古代先哲的对话当中。此外哥白尼还观察到了其他一些现象，比如月球视直径的变动，他甚至声称自己对此比托勒密"更加确定"，但也没有把它和行星新秩序联系起来。[4]现代研究者重新构建了托勒密体系和哥白尼体系，尤其是二者的优劣，这让我们很容易捕捉到上述因素，也让当代人能更清楚地看到事情的全貌，但是对哥白尼时代

---

[1] Kuhn 1957, 23-24, develops the analogy of a merry-go-round ticket collector to assist understanding of the Sun's daily and annual motions.

[2] Copernicus 1543, bk. 1, chap. 9, 7r-v; book 5, 133v-134/Copernicus 1978, 227-29: "Primum non iniuria motum commutationis dicere placuit.... Nam motus commutationis nihil aliud esse dicimus." See also Walters 1997.

[3] Aiton 1987, 23. Albert of Brudzewo lectured on Peurbach at Krakow; in 1494, it because the earliest printed commentary on that work. Aiton suggests that Peurbach's comment may have played an important role in suggesting to Copernicus the primacy of the Sun（9）.

[4] Copernicus 1978, bk. 4, 173: "The moon, taken by itself, gives no indication that the earth moves, except perhaps in its daily rotation."

的人来说，情况远不是这么简单。

今人的后见之明还表现在其他一系列问题上。哥白尼认为日静学说是一种超越时间的理论，能够预测当时尚未被观察到的效应。这里一个历史性问题就出现了：这些效应什么时候可以真正显现？它们又在什么时候、如何被人们认定为日静学说的指征，而不是地静学说的佐证？比如说，如果地球是运动的，人们在观测遥远的星星的时候，应该能够感觉到些许的视差效应；一年半载之后，这颗星看上去应该改变了位置。还有，火星冲日（Mars at opposition）之时，火星的周日视差应该比太阳大一些，因为此时火星比太阳距离地球更近。再有，如果金星是围绕太阳旋转的，它应该显现出一套完整的相位，就像月球之于地球。最后，如果地球被设定为运动的，那么随之产生的距离难题，就会给天球结构带来很大的挑战，长久以来人们一直相信，这个网状的偏心球体携带着所有行星而运动。1543 年，哥白尼本人意识到，地球运动必然产生恒星的周年视差效应，但他又承认，这些星并没有表现出这种效应。并且，他甚至从来没有间接提到过金星的相位问题。再者，他很难算得上是一个自成体系的自然哲学家，所以也没能毫不含糊地质疑天球的本体。[1] 哥白尼将视差效应的缺失归结于宇宙的浩瀚，认为人类因为其尺度之大而难以把握。然而，他的第一个弟子格奥尔格·约阿希姆·雷蒂库斯（Georg Joachim Rheticus）则直言，"火星视差毫无疑问比太阳要大"，并进一步推测，"所以，看上去地球不可能占据宇宙的中心"。[2] 至于恒星视差（stellar parallax），第谷·布拉赫（Tycho Brache）在 16 世纪 80 年代捕捉到了这种现象，在此之前，似乎没有任何人做到这一点。1610 年之后，伽利略在这方面取得了更乐观的进展。1838 年，威廉·戈特弗里德·贝塞尔（Wilhelm

---

[1] On the phases of Venus, see Thomason 2000. On the gaps between the spheres, see Van Helden 1985, 46-47. On the ontology of the spheres, see Aiton 1981; Jardine 1982; Grant 1994, 346; Lerner 1996-97, 1: 121-38, 2: 67-73; Goddu 2004.

[2] Rheticus 1971, 137; Rheticus 1982, 107.

Gottfried Bessel）测量出了视差数据，人们这才对这个问题形成了稳定的共识。[1]

地球运动所带来的必然后果，还包括一系列不依赖于任何现代技术就可以观察到的物理效应。假如你有异乎常人的感知能力，能够想象地球每24小时自西向东旋转一周［A］，假如你有亚里士多德式的直觉，你就可以感受到各种各样灾难式的地面效应［B］。托勒密本人曾经这样论述：

> ［B：］所有那些并没有实际上直立在地球表面的物体，都应该显现出同样的运动方式，即朝着地球自转相反的方向行进。不管是云，还是飞行物体，还是被扔出去的物体，都不应该向东运动，因为地球向东运动，会超过它们，所以所有这些物体看上去都会向西、向后运动。……但是［非B：］，我们却很失望地发现，这种运动并没有发生，地球的运动甚至根本没能让它们减慢或者提高运动速度。[2]

这个例子中的论证方式，逻辑学家称为"否定后件的假言推理"（modus tollens）：如果A，则B；但是因为非B，所以非A。因为没有观察到或者测量到假设前提下应该出现的效应，所以前提不成立。古希腊的科学家和医学家在写作中常常使用这种论证方式。[3]

哥白尼反驳了托勒密和亚里士多德，搭建起另外一套地心引力理论框架。一方面，他在描述和解释地球运动的时候，保留了亚里士多德所使用的"自然的""简单的""地方"这些词语，以方便读者理解；另一方面，他重组了亚里士多德关于自然运动（natural motion）的理论，为地球、行星和宇宙组成元素赋

---

[1] See Van Helden 1985, 50-52.

[2] Ptolemy 1998, bk. 1, chap. 7, 45. Ptolemy also considers and rejects the possibility that the air surrounding the earth carries objects around, for either they would be left behind by the more rapidly moving air or, if "fused" to it, would never appear to change position.

[3] See Lloyd 1979, 25-28, 71, 73-74, 76-78, 205-6.

予了新的特性：它们都在进行匀速的圆周运动（circular motion）。同时，他降低了直线运动的意义，认为它们是从圆周运动中脱离出来的、短暂的、分散的。[1]在介绍这种新思想时，哥白尼这样描述行星的一种"天然的本能"："造物主的造化之功，使得部分物体本能地要去聚合成一个统一的球状整体。"[2]因此，假设［A］地球同时在进行周日旋转和绕日周年旋转，那么，当物体脱离地球之后，既不会减速，也不会加速，正如上文中托勒密所指出的［非 B］。

哥白尼甚至不惜花费精力，构建了一个有别于托勒密－亚里士多德体系的地心引力理论，这显示出，他在力图重新塑造自己的角色——原本他是一位传统的天文－占星实践者，主要关注预卜吉凶，而现在他在积极地寻找新的论据，以否定传统自然哲学家对他的反驳。这个举动反过来又提出一个历史性的问题：在 1497—1510 年的某个时间点上，哥白尼如何说服自己去探究一个看似荒谬的假设，充其量也只能叫它"假定的论证前提"。当然，一个主要的考虑一定是他意识到，日心体系能够把许多观察到的现象，用说得清道得明的方式互相关联起来，在托勒密的体系中则找不到可以相提并论的解释。[3]也许哥白尼有一种直觉，这种"解释方面的妙处"暗示，这种假设能够最好地帮助人们理解行星现象和行星秩序。[4]1543 年，《天球运行论》显现出这种新的结构理论最美妙的必然结果——在这个解释体系之下，宇宙呈现出和谐的秩序，或者叫均衡性。从地球运动的假设出发，"不仅仅是行星现象，包括所有行星及其天球的次序和大小，都跟得上脚步。而且，天本身如此完美地联系成为一个整体，以至于如果

---

[1] Copernicus 1978, bk. 1, chap. 8, 16-17; for intelligibility, see Dear 2006, 8-14.

[2] Copernicus 1978, bk. 1, chap. 9, 18; for an exhaustive study of the possible sources of this theory, see Knox 2005, esp. 203-11.

[3] See Wallis in Copernicus 1952, 528-29; Toulmin 1975, 384-91; McMullin 1998, 134-35. For entailments of the heliocentric theory that Copernicus might have — perhaps should have — foregrounded in *De Revolutionibus*, see Swerdlow 2004a.

[4] Of course, even if false, potential explanations may by very appealing（see P. Lipton 1991, 56-74）.

你想要改变其中一部分，必定会打乱其他部分和宇宙整体的平衡"[1]。

这显然是一个全新的概念。托勒密（和雷吉奥蒙塔努斯）曾经注意到、但是又否认了地球周日转动的物理结果，至于哥白尼所确立的地球周年运动，以及相应的行星序列及其产生的结果，他们则从未能提及。不过，哥白尼所得到的一切解释性收获，和托勒密一样，其推理过程也是建立在假设前提之下。许多当代人很快就能够发现，哥白尼的方法实际上违背了否定后件推理的程式，因为，严格地说，哥白尼所做的是一种无效推理，叫作"肯定结论"：如果 A，则 B；B 被肯定了，所以 A 成立。假如说哥白尼还掌握了其他论据，为什么他没有把这些关键证据放进公开出版的《天球运行论》当中，也没有宣称，根据他的理论制作的星表优于托勒密的星表？实际上，如果他真的有更好的证据，为什么他在经过差不多 40 年的深思熟虑之后，会把它们撤掉？如此说来，如果新的体系所产生的预测结果并不比旧的体系好，又怎么可能说，它对天文学或者占星学预言起到了促进作用？《天球运行论》紧凑的行文和有限的图示，并没有能对这些关乎其价值判断的问题做出完整清晰的解答，这极大地影响了后世同行对它的看法。

最后，天学实践者们（或者非实践者们）如何面对并存的两种情况：对于哥白尼的结论，一方面，有些例子起到了证实作用，另一方面，有些例子却不能支持、甚至会否定它们。占星家们的预言常常失败，或者看上去是失败了。谁又能说得清楚，究竟是他们赖以做出预测的星表错了，还是他们的解读方法不对？这个问题也可以反过来问：姑且认为哥白尼的假设是对的，难道这就能保证基于这种假设的天文学或占星学预测都是对的吗？同样，就算根据哥白尼星表做的预测是对的，难道我们就能断言哥白尼的假设是对的吗？要知道，从亚里士多德必然三段论的推理标准来看，恐怕哥白尼的追随者中没有哪个能做

---

[1] Copernicus 1978, perface, 5; bk. 5, 227.

出保证，他们信任的理论是达标的。

皮埃尔·迪昂（Pierre Duhem，1861—1916）是一位科学家、哲学家和历史学家。他曾经阅读过哥白尼作品所涉及的许多原始文献，并对它们做出过评论。他是第一个从认识论的角度对上述问题表现出关注的学者。在科学哲学领域，这些问题自迪昂起被称为"非充分决定"（underdetermination）论题。[1]1894年，迪昂发表了一篇论文，他在文中说，一个物理学理论不像一只钟表，后者可以拆分成若干小零件，但前者并不是若干独立的假设组装起来的，相反，它就像是一个有机体，我们必须把它当成"一个完整的理论群"。"医生面对一位病人，不可能用解剖的方式来做出诊断。他必须检查病人整个身体所出现的各种征候，借此判断病情。一位物理学家要修正一个理论，应该是类似于一个医生，而不是一名钟表匠。"[2]

这种来自19世纪晚期的整体论至今还有残存的影响，并产生了引人关注的结果。首先，如果一个物理学理论是整体论意义上的，而不是原子论意义上的，即是一个纵横交织的网络结构，而不是若干独立的经验性观点的集合，那么至少存在这样的问题：当一个预测或是一个实验失败之后，我们无法确认理论的哪一部分是错误的。20世纪50年代，哲学家蒯因（W. V. O. Quine）提出了一个比迪昂更为激进的观点：如果自然力拒绝了一个理论，人们总有办法做出一些实用主义的调整或者增补，这样至少从逻辑上来讲，人们不必被迫整体放弃这个理论。就我的写作目的而言，我不必在此斟酌蒯因观点各种可能的解释。[3]但是他的论文中有一个极其激进的论点，值得引起我们注意："任何看似证伪的观察证据，（实际上）总是能够适用于任何理论。"[4]如果这样说的话，各种各样的

---

[1]　For what Duhem did and did not hold, see Ariew 1984.

[2]　Duhem 1894, 85.

[3]　See esp. Laudan 1990, 320-53.

[4]　See the clear and helpful discussion of Klee 1997, 65-67.

物理学理论就都具有非同寻常的持久力了。显然，有无数种调校方法能够阻遏逆否命题的反演。迪昂和蒯因立场更进一步的结果是，他们都反对物理学中的判决性实验（crucial experiments）。在几何学中，你可以采用穷尽法，归谬所有相反命题。但是在物理学中你却做不到，因为，就像迪昂自己所说："面对一组现象，你永远无法确认自己是否穷尽了所有可能的假设。"[1] 这样的话，我们怎么才能判定一个理论的整套假设都错了？

　　当然，16 世纪的天学实践者们，不会知道非充分决定论题这个认知学术语。哥白尼的追随者和宣传者们当时只能用最原始的办法，对论敌所提出的不确定因素和反驳观点进行阻击。实际上，双方都很有信心地认为，证据会出现的，而且是强有力的证据。在这本书中，正是这种基于特定历史背景的艰难尝试，引起了我特殊的兴趣。只有从长远的历史角度出发，我们才能从认识论意义上审视哥白尼当初面对的问题。它可以算得上是第一个彻底的、完整的"迪昂情境"，但即便是这样，也不是迪昂和库恩所想象的那种意义上的情境。[2] 迪昂研究过从古希腊到文艺复兴时期的天文学理论发展史，目的是为了维护他所坚信的反现实主义科学观。他认为，科学命题可以预测但不可以描述未来的世界。[3] 他曾在1908 年出版了一部名为《拯救现象》（*To Save the Phenomena*）的经典著作，其中有一个著名的观点：哥白尼、开普勒和伽利略都被误导了，他们不应该去追求某种现实主义的理论，也就是他们眼中对应着现实世界的理论。令迪昂为难的是，这些思想家走在时代的前面，已经放弃了那些根深蒂固的传统，不再相信天文学模型与真理无关，只不过是方便预言的工具而已。迪昂的想法是，假

---

[1]　Duhem 1894, 87.

[2]　Philip Kitcher maintains that the question of underdetermination is now a philosophical commonplace（1993, 247-56）; for its widespread influence in science studies, see Kuhn 1957, 36-41, 75; Kuhn 1970, 4; Dietrich 1993; Zammito 2004.

[3]　Duhem believed that eventually physical theories do reach ultimate truth, but he was wary of making untimely metaphysical claims. See Roger Ariew and Peter Barker in Duhem 1996, xi.

如他们愿意相信天文学假设都是谩语妄言，那么，为几何等价的各种假设做评判，这样的问题就完全无关紧要了。迪昂曾经做出过一个煽动性的、但是又过于简单的结论：教会对伽利略所信奉的哥白尼理论持怀疑态度，这是有科学依据的。这样，迪昂对于自古希腊时代以来的天文学传统的解读，看上去就和教会站在一条阵线上了。马菲奥·巴贝里尼（Maffeo Barberini）于 1623 年成为教皇乌尔班八世，甚至在此之前，他就曾经警告过伽利略，全知全能的上帝已经知道了所有可能的宇宙秩序，但是他选择用自己深不可测的力量，建立起唯一的、有限的宇宙。作为一种传统，教会长久以来一直使用这种教化观点[1]，它也成为中世纪常见的论调。教皇还说，人类不应该因为自己的骄傲，因为相信自己能够想象得到所有可能的世界，而成为牺牲品。迪昂曾经这样写道：后来成为乌尔班八世的那个人——

9

曾经清楚地提醒伽利略这样一个事实：无论多少确切的实验证明了多少次，他们也决不能认为某个假设确实是真的，因为这需要他们证明另外一个命题，即同样的实验结果能够有力地推翻其他所有可以想象的假设。

［红衣主教］贝拉明和乌尔班八世这番富有逻辑而又言辞审慎的话说服伽利略了吗？伽利略对自己验证天文学假设的实验方法那种夸张的自信心改变了吗？对此我们有充分的理由表示怀疑。[2]

听起来言之凿凿。但是从一个试图调和自然真相和教会权威的人口中说出，也不意外。尽管迪昂是一位了不起的学者，曾经开历史之先河，促进了中世纪科学文化研究的繁荣，但是，因为信奉反现实主义科学观，他做出了一些

---

[1]　For the seventeenth-century theme of the use of divine powers, see Funkenstein 1986.

[2]　Duhem 1908, 150-51. Duhem's attribution to Bellarmine of the omnipotence argument is hasty and unwarranted.

令人质疑的、甚至是错误的历史判断。比如，他评价伽利略是一个"顽固的现实主义者"，否则不会认为哥白尼的理论已经无可争议地得到了证明。迪昂还把对伽利略的非难转嫁到哥白尼身上，认为错误的根源在于哥白尼对于"不合逻辑的现实主义想法"过于狂热。[1] 正如杰弗里·劳埃德（Geoffrey Lloyd）所指出的，迪昂对于古代的一些重要作家的解读，包括杰米纽斯（Geminus）、普罗克洛斯（Proclus）、托勒密、辛普利修斯（Simplicius）、西翁（Theon）、希帕克斯以及亚里士多德，并不能支持他对工具主义天文学的论述。[2] 彼得·巴克（Peter Barker）和伯纳德·戈尔茨坦（Bernard Goldstein）从 16 世纪的天文学作品中发掘出一些篇章，对迪昂试图区分现实主义和工具主义的论述进一步做出了批判。[3] 莫里斯·克拉夫林（Maurice Clavelin）则指出，迪昂的延续论立场认为，伽利略的运动理论无非是 14 世纪自然哲学的发展，这无疑是对哥白尼理论框架的边缘化，仅仅把它当作了伽利略运动科学的一种替代选择，称其"只有细节而无概念上的意义"[4]。

综上所述，不恰当的研究名目表现出的危险性再次指出，我们需要更严格的历史主义精神，用近乎严苛的态度，审视那些已然成为过去时的历史存在真正的属性，同时借助现代学术智慧和认知学资源加以平衡。本书正是试图用这样的方法展开研究。全文始于对中世纪及近代早期学科分类历史状况的发掘，发现在哥白尼及其追随者专注于回答的一系列问题中，天文学和占星学在某种程度上是互相联系的。从这个意义上讲，迪昂和早期的库恩（他的《哥白尼革命》中可以看到迪昂的影响痕迹）对天文学及占星学的历史观察，并没有表现出足

[1] Duhem 1996, 150-83; Finocchiaro 2005, 266-69. Little is known of Urban's beliefs about the natural world, although it is clear that, apart from his traditionalism in natural philosophy, he subscribed to a belief in astral forces (D. Warker 1958, 205-12).

[2] Lloyd 1978.

[3] Barker and Goldstein 1998.

[4] Clavelin 2006, 16-17.

够的整体认识。一旦我们认清这两者实际上是一个复杂的综合体，我们就可以开始提出新的问题了。比如：一种根据充分、受到信任的天文学理论，为什么能成为占星学免受批判和驳斥的有力保护？当时的占星预言经常失败，占星家们所想要的、所能找到的是什么样的天文学？哥白尼和他的追随者们如何一方面排除传统的宇宙秩序，一方面为自己的体系寻找证据？16世纪70年代，一颗彗星和一颗新星相继出现，当时并存着两套行星秩序，这有什么特别的意义？面对着逻辑、修辞、文学、学科分类等范围内的种种可能性，很久以前的那些人是如何做出选择的？

本书提要

这本书共分为六个部分，时间跨度是从15世纪90年代哥白尼思想的形成时期，到伽利略1610年发明天文望远镜。当然，作者也保留了历史学家对时间的特权，早前曾回溯到15世纪70年代，晚近则延续到17世纪。[1]

各部分标题所使用的语言基本上是分析性的，而没有特别指出相关的作用主体。其中"空间"（space）一词尤其重要。它现在是艺术领域的一个术语，我在大多数情况下把它当成一个普通的词使用，指某个物理处所或地点（比如一个城市、一座宫廷、一所大学，或是一个会面场所）。在这个前提下，"可能性"（possibilities）基本上表达的是"事物的处理"这个范围内的意思，比如找到或是没有找到某一本书，在某个特定场合遇到某人的希望有多大，人或物在两个地点之间移动，等等。"空间"也可以指这样一个地点，它与人们对某些特定解

10

---

[1] John Marino grounds the periodization of the Italian states ca. 1450-1650 in economic history（Marino 1994）; for M. S. Anderson, it is armed struggle among the European states from the French invasion of Italy to the beginning of the Thirty Years' War（1998）; in contrast, Eric Hobsbawm has argued for a "short twentieth century"（1994）.

释或意义的理解相关联。[1] 它还表示文化类目所定义的范围，而与特定的物理位置没有关系，比如，一本书的组织，一位作者的身份，知识分类的范围，作者们写作时选择的文学传统。最后，这个词还可能与时间、与记忆相关。随着时间推移，记忆消退，空间可能性（possibilities of space）就会改变。一本书、一个发明，尽管它们最初出现时的特殊环境已经被遗忘，或是变得模糊不清了，但人们还是会记住它们，会遇见它们。已成过往的空间尚有残留，方兴未艾的现在多元并存，尚未成形的未来自有表达，所有这些交织缠绕，经岁绵延。正是在这个生命空间之中，我希望这本书能够找到某些思想及实践的形成、意义和变化。

第一部分（第1—3章）展示的是一些并不为人所熟悉的内容。在哥白尼生活的年代，关于作者身份的资源相当不确定，一方面是因为随着印刷术的普及，书籍的数量不断增加；另一方面则是因为，当时的写作体裁和作者对自己身份的表述，可谓五花八门。为了避免简单化的问题，本书在为哥白尼的著作设立参照坐标的过程中，需要把各种不同的体系叠加在一起，综合考量。在这项工作中，我强调了作者对身份的自我表述、印刷商的兴趣，以及知识分类。换言之，作者们选择在扉页如何称呼自己，他们写作的形式，以及他们把自己的作品归为哪一个知识领域。

第1章的标题有意把两个概念合并在一起，一个是分析性的新词语——"天学文献"；另一个则加入了作用主体——"星的科学"。第一个概念的好处是，避免了严格区分"天文学"和"占星学"。尤其在现代意义上，这两者之间有鲜明的学科界限；而15世纪晚期和16世纪早期则并没有这么清楚的划分。作者们所写的关于天是作何的著作，都可以归入这个概念。"星的科学"从认知学角度讲，则囊括了由四个元素组成的双重类别，先是区分为占星学和天文学，

---

[1] See Westman 1975b.

两者再分别细化为理论部分和实践部分。书中深入探究了每种分类的历史根源和来龙去脉，并指出了不加区分地把所有文献都塞进"天文学"和"占星学"这两个类目里，会给研究带来困难和疑惑。比如，当代人一般认为，占星预言活动本身应当归于实用占星学，而不属于理论占星学。但是我认为，构成"星的科学"的一整套学问，是一个统一的复合体，既有量化的部分，也有解释的部分，共同催生了对人类社会和自然星空的各种预测。在这些互相交融的类别当中，第 2 章的关注点主要在于：15 世纪的最后 25 年，印刷术兴起之后，作为一种新现象而出现的学术性占星预测和民间流行预言。这些内容为后面详尽分析哥白尼思想的形成过程，做好了必要的铺垫。

第 3 章的关键问题，我称之为"哥白尼例外论"。如果现在我们都认为，占星学在文艺复兴时期非常普遍，那么，哥白尼为什么成为人群之中的一个例外，没有卷入其中呢？他现存的所有作品对占星学都只字未提，一些历史学家认为，他是一个如此伟大的思想者，占星这个不甚体面的学科，自然与他毫不相关。我思考这个问题的方法是走后门。多米尼科·马利亚·诺瓦拉（Domenico Maria Novara，1454—1504）与哥白尼交往甚密，我的研究就从这里开始。诺瓦拉既非生性孤僻，也并非库恩和其他学者所称的新柏拉图主义者，而是一个交游甚广的人，15 世纪晚期博洛尼亚活跃着一批占星家，其中很多都是他的朋友。

就在 1496 年哥白尼到达博洛尼亚的几个月之前，皮科批判占星学的书印刷出版了。我的观点是，哥白尼自此以后考虑的一个主要问题，就是要回应皮科对行星秩序的质疑和否定，只不过这一点几乎不被人所觉察。

皮科式的怀疑论和针对这种怀疑论的反击，就像一条红线，贯穿着 16 世纪科学运动的整个叙事，至少构成了其主旋律的一个组成部分，这一点在当代的研究中却缺失了。一次又一次，神学家们和自然哲学家们只是把皮科的批判当作一个孤立的支撑点，围绕它表达对占星学的抗拒。而与此同时，同样是对皮

11

科的观点做出回应，却有一小批数学实践家发展出了全新的天学知识。哥白尼曾在博洛尼亚与皮科角力，而 100 年之后，开普勒还在布拉格继续与之抗辩。

《天球运行论》是 15 世纪晚期到 16 世纪早期在意大利的北部大学城里酝酿的，这一点可以从许多方面看出来：它的语言和思想，它对托勒密的模仿，它的方言，以及它撰写导论的修辞方法。然而，到 1543 年这部作品出版之时，欧洲已经进入了一个全新的时代，标志是宗教的分裂；这便是本书第二部分（第 4—7 章）的主题。大约从 16 世纪中期到 17 世纪中期，基督教的欧洲日渐被不同的信仰分化为不同的阵线，近代早期知识领域关于自然世界的出版物，不得不在某种程度上与当时这种历史现实相抗争。教派归属和信仰忠诚的问题已经显现出来。一些人文主义者之间的友谊开始因为宗派之争面临严峻的考验。正如海因茨·希林（Heinz Schilling）所认为的，在近代早期国家形成的过程当中，德意志各个邦国借用教会机构，包括中小学和大学，作为社会整合的基础，以此推进民众对于社会等级秩序的接受和服从。自 16 世纪中期以后，巴洛克时代的君主们开始垄断教会，成为"信仰的保卫者"（defensor fidei）。世俗君主的神圣化随即又帮助他们完成了对军队和税收的垄断。许多政治理论家都同意这是一条公理：宗教是社会的黏合剂（Religio vinculum societatis）。[1]

天学实践者们，或者把范围扩大一些，读书识字的人，不管他们的社会地位如何，都不可避免地会遇到下面这些问题：保卫神权和圣训，维护圣经及其预言的权威，期待神启的降临，期待救赎，魔鬼的威胁，等等。不过，尽管这种环境并不令人愉悦，不同信仰之间合作的可能性还是非常高的。哥白尼著作的问世就是一个例子。当他快要走到生命尽头的时候，他的代表作终于印刷出版了。这一切离不开路德宗信徒雷蒂库斯的帮助。

在第 4 章中，我提出了一个新的论点：雷蒂库斯和哥白尼在署名问题上采

---

[1] Schilling 1981, 1986; Headley 2004, ⅩⅦ - ⅩⅩⅤ; Brady 2004.

用了双重作者的策略。这一点有别于通常的看法。雷蒂库斯编写的《第一报告》（ *Narratio Prima* ，1540 ）是哥白尼的日静学说第一次公开出版，人们一般认为，虽然这本书只是重新解释了哥白尼尚未面世的作品中的某些章节，但它完全由雷蒂库斯本人完成。我的论点是，这部署名雷蒂库斯的作品，面向的读者是维滕堡（ Wittenberg ）和纽伦堡（ Nuremberg ）的一群天学实践者。在维滕堡，菲利普·梅兰希顿（ Philipp Melanchthon ）身为路德宗的重要人物，却在众多新教改革者中显得有些孤独。因为他认为，占星学能够帮助人们冥想和期待 6000 年世界历史中的神圣计划，因此是一种重要的、合法的工具。雷蒂库斯相信，借助《第一报告》在维滕堡的影响力，哥白尼已经成功地反驳了皮科对占星学的批判，同时他的理论又能够支持世界预言的远景。哥白尼本人明确地将《天球运行论》全书献给了教皇及其所代表的天主教教会。在这部著作中，虽然丝毫没有提及占星学或是千年预言，却有千丝万缕的线索隐约指向了皮科（第 3 章）。

维滕堡在其中扮演了重要的角色，原因在于，首先，梅兰希顿认为接纳占星学是符合神意的，而他的观点影响力极大。其次，他的影响力甚至表现在制度化的意义上：他的身边凝聚了一批精通数学的重要人物，他们分散在德国的各个大学。在这里必须提及的一个人是伊拉兹马斯·莱因霍尔德（ Erasmus Reinhold ）。雷蒂库斯对哥白尼更为激进的观点抱有热情，而莱因霍尔德和梅兰希顿对于这一点并不感兴趣。

但是，莱因霍尔德很快就意识到，可以把《天球运行论》中的一些计算错误清除，用它的行星模型改进原有的星表，而星表正是天文学或是占星学预言不可或缺的依据。这是一个漫长的、耗费钱财而又殚精毕力的过程，经过与勃兰登堡（ Brandenburg ）公爵阿尔布莱希特（ Albrecht ）艰苦的谈判，莱因霍尔德的设想终于得以实现。第 5 章的论述会向读者们表明，此举如何令双方的处境危如累卵。莱因霍尔德强调哥白尼学说的实用性，而不是它的真理性，他的

12

成就部分地回应了皮科对占星学的批判。这让许多同时代人得出一个结论：哥白尼模型可以用来完善星表，同时不必走得太远，去改变星的科学在自由技艺（liberal arts）中的传统位置。不过此事同时带来另外一个结果：哥白尼的理论无疑在自然哲学领域造成了更加深刻的影响，因此，在现代研究中，莱因霍尔德对他的介绍和宣传反而无人理睬。

有些人可能会把发生在维滕堡的一切归结为一种缺失，即，面对哥白尼日静学说确定的行星次序，那里出现了一种制度化的沉默。我在早期的研究中也是这样认为的。[1]但是，在这本书中，我力图改变这个问题的方向，把缺失改为呈现。哥白尼同时代人的眼中，天上的星具有强大的力量，它所产生的影响笼罩着地球，笼罩着世界舞台的中心。能不能掌握星的力量？当时的人们为此沉浸在种种希望、恐惧和怀疑之中。也许这时会有人抱着肯定的态度来问：一面是哥白尼的行星体系，一面是天文学实践遇到的问题，以及《圣经·启示录》关于世界末日的预言；那么，那些实践家什么时候、怎么才能把它们联系在一起呢？如果说莱因霍尔德对哥白尼理论的重塑是成功的，很大程度上是因为这种理论展示了自己能够为占星实践提供新的、有用的东西。

如果这种叙事能够排他地把哥白尼放在显著的位置上，那么，读者们很可能已经被带进了一个误区：占星学的可信度只能依靠天文学的确切性。这并非实情。第6章将会讲到，16世纪中叶有各种各样的占星知识和占星活动。这是天学著作的全盛时期：新的天文学课本（大部分由维滕堡的作者们完成）、新版《占星四书》、新的占星手册。许多大学都在教授这方面的知识。不同的占星模式遍布全欧洲。与此同时，除了梅兰希顿是个显著的例外，神学家们普遍把它视为对神的先见之明的威胁。

---

[1] In some of my earlier writings, I worked in the historiographical framework that organized the peroid 1543-96 around the Copernican proposals. See, for example, Westman 1975b.

这种对神学权威的担忧，已经为 60 多年后伽利略所陷入的困境投下了阴影：假如某种关于星的知识可以用来预言未来（比如某位教皇的死亡），或者是推翻过往发生的事情（比如基督的诞生），那么，天的代言人就会篡夺神学家的权力，魔鬼就会兴风作浪。这时，持怀疑论的皮科再次成为神学家的同盟，他们可以借助他的观点击毁星的科学中魔性的一面，而不必从整体上抛弃这个学科。现在有许多新的、优秀的学术成果论述了当时占星家们的所作所为。在这一章中，我将把这些研究融合到一个更大的问题当中：那个时代的占星家们采用了哪些不同的方式，努力维护他们作为权威媒介、传递星的消息的声誉。在星的科学这一领域的高端和低端，我们都能够找到这样的例子。在低端，朱利亚诺·里斯托里（Guiliano Ristori）成功预言了亚历山德罗·德·美第奇公爵在 1537 年的死亡，这个事例所显示的预见力让他的声望一直持续到 17 世纪。另一方面，在鲁汶（Louvain），赖纳·赫马·弗里修斯（Reiner Gemma Frisius）、杰拉德·墨卡托（Gerard Mercator）、安东尼奥·戈加瓦（Antonio Gogava）等人重新修订了光学原则，试图从高端改良占星学的理论基础。正是这个激动人心的计划，点燃了年轻的约翰·迪伊（John Dee）心中的梦想之火，于 1548 年开始了他的第一次大陆之旅。

汹涌的预言大潮，占星理论改革，哥白尼著作带来的威胁，天主教面对这一切所做出的反应，并不具有统一性和协调性。但是，正如本书第 7 章所论述的，到 16 世纪中后期，它们的行动逐渐聚拢起来。教廷很早就对《天球运行论》做出了一次负面的反应，不过没能引发政治效应。同时，许多新教及天主教的占星家虽然没有直接采纳哥白尼的激进观点，但却使用了莱因霍尔德借此编制的《普鲁士星表》（Prutenic Table），后者则设法避免了信仰不纯的罪名。

不过，从西班牙著名神学家米格尔·梅迪纳（Miguel Medina）的文稿中我们可以看到，相比新教，天主教对于现世占卜的行为，表现出了更为强硬的抵   13

制态度。于是天主教的天学实践者就面临着一个新问题：如果占星学属于越限，那么天文学研究的正当性又该怎么辩护？耶稣会信徒克里斯托弗·克拉维乌斯（Christopher Clavius）对这个问题做出的回应值得关注。他编著的天文学教科书，对16世纪的很多读者都产生过重要影响，其中就包括伽利略和开普勒；梅兰希顿主张天文学之于占星学不可或缺，而在克拉维乌斯的书中，他则把天文学的实用价值仅限于历书、天气和航海这几个领域。

16世纪70年代，一颗彗星和一颗新星先后不期而至，这让人们开始思考重建宇宙秩序的话题。"意大利的自然哲学家们"〔包括伯纳迪诺·特里西奥（Bernardino Telesio）、弗朗西斯科·帕特里齐（Francesco Patrizi）和托马索·康帕内拉（Tommaso Campanella）〕也曾经挑战亚里士多德的知识体系，但他们只是试图用新的物理性质来取代旧的。这次则不同，它触发了学科权威性的讨论：问题不再仅仅是，那些自称为数学家的人是否有足够的资格归入自然哲学领域，而是他们到底应该归属于哪个门类。这个问题也许可以理解为解释权的问题：那些数学实践者可以把哪些解释合法地引入自然哲学的天学当中？或者也可以这样理解：如何把星的科学中的不同部分，与自然哲学中的不同分类相调和——考虑一下，如果地球被定义为一颗行星，必须为占星学补充多少物理学基础。再或者，这个问题也可以跟第谷·布拉赫和开普勒的思路相提并论：如果不存在坚硬的、不可穿透的天球携带诸行星，那么，物理学能为天文学提供什么资源来解释行星的运动现象？

意外出现的天文现象给行星序列问题带来了新的意义，由此，在第三部分（第8—10章），我们的讨论将从宗教信仰转移到学科分类。到16世纪70年代，人们阅读、研究、批注《天球运行论》已经有30年了，但是除了雷蒂库斯，几乎没有别的人认为它的中心论点是确实可信的，或者可以拿来作为继续思考的基础。这种情况在16世纪70年代发生了变化，一方面是因为新的天文现象，另一方面，当时恰好出现了一批新的天学实践者。16世纪最后30年，两大问题逐渐关联起来。第一个问题，谁拥有正当的权力代言未来：正统的神学家吗？他们自称是唯一拥有解释圣经特权的人群。占星预言家吗？他们手里握着星表、占卜格言、专门的仪器，还能做出种种令人期待又令人焦虑的判断。第二个问题，谁能代表新的行星秩序，与下面这支同盟军对抗：自然哲学家、神学家、数学家，他们所宣讲的内容仍然在大学课程中占据统治地位。通常人们并不认为这两个问题有什么联系。如果说地球周日旋转的可能性在14世纪还只是自然哲学的一种臆想，那么到了现在，是什么让那些数学实践者自立权威，重建宇宙秩序，并主张这属于自然哲学范畴？

在第8章我们会讲到，一个数学预言家小群体如何撼动了传统学科结构的权威性。1572年出现的新星和1577年出现的彗星，使得预言家的身份变得复杂起来，原因在于：它们的出现都逃过了预测。关于这一点，之前的历史研究很少强调。预言家们之前要回答的问题，仅限于判断哪颗行星会在什么时刻出现在什么地方，以及会产生什么效力，以便人们回避或是利用。但是现在，他们必须面对新问题：对于没有预料到、又不会重复出现的天文事件，应该怎么解释？一时间预言家们混乱起来，有些人相信这些现象毫无道理可言，转而向神学或是自然哲学寻求答案：为什么占星家没能预见到这两颗新星和彗星？对于这些人来说，不可预见的问题等同于只能回顾的问题，就是说，它们是孤立的事件，发生后即消失。

那这些事件对未来又意味着什么呢？当时的评论家们，如果不能说大部分，至少可以说有很多，都倾向于从《启示录》的叙事中找到答案。

《启示录》预言从一般意义上预见到，随着世界末日越来越临近，自然界和人类都会发生越来越多异常的"事故"。所以，就算某人没有预测到某些特定事件的发生，他也可以说，各种超自然现象，即偏离了自然界正常轨道的事件，

14

都属于世界末日叙事的证据。如此，预言家们就算没有成功预测某些事件，也可以借助为《启示录》代言来保全自己的声望。这是一场只赢不输的游戏。

但是，少数天文学理论家发出了不同的声音。他们中有米沙埃尔·梅斯特林（Michael Maestlin）、第谷·布拉赫、约翰内斯·开普勒，以及克里斯托弗·克拉维乌斯。他们质疑，不知道天上能不能读得到《启示录》。意思是，上天固然包含有神意，但它不会在世界末日到来的时候，做出任何特殊的预告。早在 15 世纪，皮埃尔·达伊和约翰内斯·利希滕贝格（Johannes Lichtenberger）就曾经劝诫世人：上天并不是让人们祈求确切预言的地方，而是让人们崇拜的，让人们从中找到一些征兆，或者预示天气，或者预示个人命运和政治命运的。因此，对于那些更加审慎的天文学家和占星家来说，16 世纪晚期的启示预言家们显然是被误导了。

第 9 章讲述的是，16 世纪 70 年代出现的反常天文现象和当时恰好出现的一批星学家，二者如何联系在了一起。首先，米沙埃尔·梅斯特林和托马斯·迪格斯（Thomas Digges）究竟是如何被哥白尼吸引的？他们是继雷蒂库斯之后哥白尼最得意的门生，两人都写了关于彗星和新星的论文，这是偶然的吗？第谷·布拉赫在论述 1577 年彗星的文章中介绍了他的新的世界体系，这又是偶然的吗？虽然哥白尼的核心学说最终吸引了一批新的追随者，但是我们发现，比起开普勒与非哥白尼系的第谷·布拉赫，哥白尼系的梅斯特林与布鲁诺（Bruno）之间的观点差异明要大得多。在 16 世纪 80 年代，哥白尼追随者的立场是如此多样，这正是促使我们抛却各种"主义"和不可通约的库恩理论的主要原因。同时，《天球运行论》第一次站到了最前沿的位置，并引发了论战。为什么会出现这种情况？它又是如何发生的？这是第 10 章主要讲述的内容。

第四部分（第 11—12 章）的主题是开普勒思想的形成。他的思想最初形成，是在上述潮流的尾声阶段，并深受其影响。长期以来，历史学家们都认为，开普勒在哥白尼的新弟子当中占据特殊的位置。借用亚历山大·柯瓦雷（Alexandre Koyré）著名的评论"痴迷于圆环形状"，对比哥白尼的"保守"改良（世界中心从地球改为太阳），和开普勒的"革命性"突破，这已经成为概念化的历史观念。第11章提出的观点是：将开普勒区别于数学家或是自然哲学家，原因在于，他为天学实践者们塑造了新的角色，甚至比16世纪70年代或是80年代哲学家化的预言家们走得更远。开普勒的作品几乎等同于一部星的科学资料汇编，不仅仅包括理论天文学（许多历史学家都强调这一点），还包括实用天文学，以及理论占星学和实用占星学。他还系统化地分析了亚里士多德的四因说解释体系：形式因、质料因、动力因、目的因。从一开始，开普勒就试图从逻辑学和物理学的角度思考问题。与哥白尼系的梅斯特林不同，他想告诉天学家们，他们能做到的远不止于找到几个不同的模型系统。在为行星运动寻求物理解释的过程中，他恰恰参考了皮科批判占星学的那本名著。在他的作品中表现出一种信念：天文学家不仅仅能从辩证的、物理的、数学的角度理解神的计划，而且能够具备论证能力。

不幸的是，几乎没有人被他说服。从第12章我们可以看到，开普勒那些惊世骇俗的宇宙理论和猜想刚刚提出不久，抗拒的声音便随之而来。不过，在那个年代，书籍很大程度上等同于个人化的手工艺作品，信息的交换取决于手写的信件和信差的心情。显然，这既不同于17世纪晚期兴起的期刊报纸文化，也不同于19世纪的蒸汽印刷经济，更不同于20世纪布鲁诺·拉图尔（Bruno Latour）笔下科技造就的公共空间。那么，"抗拒"一词在当时也就有它特殊的含义。这一章强调的主题，是狭小的社会空间和有限的信息交换的可能性。这个特点及其表现，在哥白尼的博洛尼亚、在梅兰希顿的维滕堡、在约翰·迪伊的鲁汶，都曾经出现过。在本章，结合"抗拒"这一概念，它所涉及的焦点人物是图宾根（Tübingen）的神学家们和符滕堡（Württemberg）公爵的宫廷——两者之间步

15

行可达——还有若干不辞辛苦地写信给开普勒的天文学行家。

历史的演进并不能向日历那样界限分明。不过，对于欧洲探索宇宙秩序的发展过程来说，17 世纪的前 10 年，的确既是它的巅峰时刻，又是它的紧急时刻。这一时期既令人着迷，又难以把握，原因在于它风云变幻、波谲云诡。第五部分（第 13—15 章）描述了当时关于天的秩序的交锋是在不同的战场上进行的：有时候是直接接触，有时候借助不同的制度背景，有时候则通过不同的文学样式。总体来说，这个时期首当其冲的问题和 16 世纪一样，仍然是如何保证并提高占星预言的权威，抵抗怀疑主义的攻击；只不过，新的问题同时产生了：讨论宇宙秩序和行星运动原因的可能性如何扩大到自然哲学领域。那些慢慢走上现代之路（via moderna）的星学家，试图把彗星和新星都纳入常规现象的范围，此时他们发现，自己似乎正在一个不太熟悉的领域里，摆出天学哲学家的姿态。灵魂、以太、天使、智慧、磁力，这些五花八门的概念都成为构建解释体系的元素，它们要取代的，是当时仍然占据支配地位的传统天学中的行星模型。

17 世纪的前 10 年的确是一个关键性的历史时刻。但它时常被人们用古代和现代两军对垒的画面来描绘，这也是人们对待科学革命的态度。当然，这样的理解不无道理，伽利略作为当时的历史人物，他的书名就是最好的佐证：《关于两大世界体系的对话》（*Dialogue Concerning the Two Chief World Systems*）。不过，这样的历史解读却忽视了一个重要的时代特征：当时的立场除了传统主义和现代主义，还有一条中间路线，相应地，当时的对抗可能发生在三者之间，也可能发生在其中任意两者之间。1600 年将这种复杂的情形展示得淋漓尽致。布鲁诺被狂热的传统捍卫者烧死在罗马的火刑柱上，这给整个意大利都蒙上一层阴影。站在中间立场的第谷·布拉赫对布鲁诺表示反对，认为他给星的科学带来了威胁，很快开普勒也加入了这个队列。同年，威廉·吉尔伯特（William Gilbert）关于磁力学的大胆理论在伦敦横空出世，但是在伽利略和开普勒那里却遇到了截然不同的回应。最终开普勒满怀希望地来到了第谷在布拉格的天文台，很快却被分配了这样的任务：瓦解第谷的竞争者雷马拉斯·乌尔苏斯（Raimarus Ursus）的世界体系，捍卫一个自己并不相信的体系。

伽利略和开普勒无疑是那10年中现代思想的领袖，本书第13章讲述了两者之间的紧张关系。两个人物都分别吸引了诸多学者，但是，把他们的关系作为一个单独的问题来审视，却几乎没有先例。做这个研究最大的困难是，很多人认为他们之间没有关系，因为1597—1610年之间，伽利略中断了与开普勒的通信。另一个困难是，一些学者认为，伽利略直到1609年发明天文望远镜并在次年到达托斯卡纳（Tuscan）宫廷之后，才开始完全意义上的哥白尼式的探索。所以他们的观点是，伽利略和开普勒并不一样，他对哥白尼或者是天文学几乎没有兴趣。

我对上述两种立场都表示反对。1597年，两个人都已经在为哥白尼理论寻找论据。几年之后，开普勒公开表示他支持哥白尼占星学和日静天文学。两个人关系的难题，在于他们不同的个人风格和处世哲学。伽利略与第谷·布拉赫有相似之处，两人都十分享受弟子满门的感觉；而开普勒则认为，伽利略和自己的老师梅斯特林一样，把个人立场变成了公共宣传。尽管伽利略对开普勒保持沉默达13年之久，但两人通过一个名叫埃德蒙德·布鲁斯（Edmund Bruce）的英国人，继续互相观察对方。并且，伽利略并没有放弃他对哥白尼理论的兴趣。只是布鲁诺被公开行刑，这极大地限制了他在研究方面创造和接受新思想的可能性，这同时也解释了，当另一个现代主义人物吉尔伯特提出磁力学理论之后，对于如何评价这个新发现，伽利略与开普勒的观点为什么截然不同。

在17世纪的最初10年，上述主题以各种令人们始料未及的方式交织出现。1604年，又一颗新星出现在天空。天学家（而不仅仅是现代主义者）群体中的新气象得到了被证实的机会。在第14章，我们可以看到，与之前那颗新星引起的反响不同，这次即使是传统派的人物，也已经把它与神意和奇迹分离开来，认为它属于严格的自然范畴。这种改变虽然没有把神的目的完全排除在题外，但它为研究天文现象的自然因素带来了极大的福利，是一个重要的发展。人们意识到，上帝不应该是寻求解释的首要的或唯一的去处。一大批关于意外天文事件的批判性问题被提出，并和宇宙的构成这个主题结合起来。开普勒把这颗新星的出现融入了他的天学理论，也融入了他与鲁道夫皇帝宫廷中其他现代派学者的斗争中。与之相反，虽然伽利略在威尼斯贵族中已经建立起了支持网络，但是，大学中传统派的强大阻力还是限制了他对新星的研究。

天学理论的流传依靠着前工业时代欧洲典型的传播方式：信件、手稿、书籍及其页边空白，偶尔还有书信集。书本在集市或是摊贩那里出售，要么就作为礼物，随着邮差和游学的学者们远走他乡。开普勒很好地利用了印刷术，这一点也和伽利略有所不同。第 15 章介绍了《新星》(Stella Nova，1606) 出版以后，开普勒反驳皮科、布鲁诺、吉尔伯特以及第谷的观点，也随之到达了英国。三年之后，他公开发表了椭圆轨道理论，这是他在当代最为人所熟知的成就之一。事实证明，《新星》一书实现了多重目的，既为哥白尼的占星学辩护，又反驳了布鲁诺的无限宇宙观点。开普勒还随书附上了一些信件，显示他得到了诸多重要人物的支持，其中包括英王詹姆士一世，以及现代派人物克里斯托弗·海登 (Christopher Heydon) 和托马斯·哈里奥特 (Thomas Harriot)。

17 世纪的最初 10 年还伴随着另外一个问题。伽利略的天文望远镜公诸天下之前，后世对这个时代的描述总是聚集于某一个重要人物，而忽略了当时的整体性关系。正如本书第 13—15 章所表现的，关于占星学合法性的持续争论，布鲁诺的被处死，以及不期而至的天文现象，这一切都让诸多学者笔下曾经极度整洁的历史画卷变得难以识别。在这个已经变得复杂的形势之下，在围绕行星序列展开的三方斗争中，第 16 章又增加了一重因素。在第谷去世的前一年，因为争强好胜，他想要赢过伽利略和克拉维乌斯。他的去世打破了布拉格的力量平衡，并且让开普勒和他的其他追随者卷入了无休止的斗争，这也影响了开普勒的观点和他呈现观点的方式。[1]假如第谷能够再活十年，几乎可以肯定，开普勒不可能得到现在这么重要的位置，成为哥白尼理论最强有力的代言人。因为，就算开普勒进出鲁道夫皇帝的宫廷，哥白尼思想在大学里仍没有权威性。我在本章分析了以下几个问题：在这一时期，为什么哥白尼理论的支持者们并没有形成同盟？在把哥白尼秩序建成自然哲学理论这个问题上，存在着三方矛盾，这说明了什么？开普勒在哥白尼的基础上提出了自己的学说，但这并没有消除人们对哥白尼体系的怀疑，为什么？

第谷的早逝和1604年的新星之后，又一个历史偶然事件在1609年发生了：伽利略意外获得了放大镜，并把它应用于天文观察。一连串的意外事件和上文提到的三方矛盾，构成了第六部分（第16—18章）的背景。

尽管在我们这个时代，"研究"（发现新知识）是所有知识领域的指导性前提，但在17世纪，它并不构成传统学者的思想追求：没有人期待，也没有人实践。实际上，在背负着传统重压的大学里，它甚至被视为一种危险。那个时代的天学家们如果想要进一步追求新知识，必须寻找其他平台去建立自己的位置。因此，最后两章回答的问题是，伽利略如何设法为自己的新发现找到立足之地。

伽利略对重复出现的新的天文现象提出了自己的观点，并不断向前推进，他本人和他的理论借以存身的社会环境是什么样的呢？这是第17章要论述的主题。显然，当时的某些宫廷对现代思想潮流抱着开放的态度，比如，黑森－卡塞尔（Hesse-Kassel）的伯爵威廉四世，布拉格的皇帝鲁道夫二世，伦敦的英王詹姆士一世。但是，我们是不是就可以说，诸如此类的宫廷，类似佛罗伦萨的美第奇，不仅仅只是为非传统学者提供了可供选择的去处呢？有一种观点认为，

---

[1] Voelkel 2001, 130-210.

庇护关系是近代早期科学界占统治地位的社交形式，更进一步，恩主庇护机制构成了宫廷社会的关键性结构，这也正是哥白尼粉饰写作动机、采用双重作者策略的决定性背景。对于这种恩主中心论，不论是容纳精英的学院式版本，还是结构－功能主义版本，我在本章都提出了反对意见。我认为，在特定的社交背景下，伽利略借助适当的策略，比如赠送礼物、取悦恩主、寻求身份，将其教育实践迁移到了贵族文化圈中的知识社会，同时利用美第奇宫廷这个新平台，继续他与传统思想的斗争。

第18章对以下问题做了详尽的分析：相比稍早前出现的新星和开普勒的椭圆轨道理论，伽利略借助天文望远镜取得的新发现，为什么能够迅速突破传统主义实践者的抵制？我认为比较重要的原因包括：第一，印刷文本记录了伽利略的早期表现和发现，帮助伽利略建立起了个人声望；第二，望远镜的流传；第三，伽利略在目击证人面前用仪器做现场演示，没有成功。本章还再次论及伽利略回到佛罗伦萨的动机，分析他究竟想要从美第奇宫廷得到什么。另外，这一章讨论了一个有趣的问题：开普勒个人无疑对伽利略怀有一种矛盾心理，但是，在从来没有看过一眼望远镜的情况下，在伽利略没有做出任何姿态、试图恢复两人同行关系的情况下，他为什么毫不犹豫地信任《星际信使》(*Sidereus Nuncius*) 中的观测结果，并为它做出了精彩的辩护？可见，无论是建立还是毁掉一个人的声誉，印刷术都比恩主的庇护扮演着更强大的角色。不过，即便后来伽利略终于打破了13年的沉默，他也并没有走近开普勒，从来没有向他赠送过一架望远镜。这两位发展了哥白尼理论的现代思想巨人，最终没有走到一起，为他们一致的追求，面对面地讨论、争辩、共同探索。在开普勒眼中，伽利略是一个让自己敬而远之的人，同时还是那个总是在公众面前扬己之名、隐己之过的人。这种距离并不仅仅存在于他们之间，在其身后，两人各自的追随者一路上各走一边，不相往来，直到17世纪末牛顿出现在人们的视野之中。

语词说明

为了方便读者阅读，这里先对书中若干概念和用语做出必要的解释。首先，对于书中大量出现的近代早期的天学从业人士或天学实践者，完全不可能出现19、20世纪意义上的"科学家"或者"科学人士"这样的称呼；假如用了这样的词，就好像是给17世纪的国王穿上了"一战"时期的军服。[1] 最近几年，一些研究者为了避免这种情况，建议使用"自然哲学家"这类替代名词。这个方案当然有它的好处，不过，本书中出现的人物一直在用不断变动的名词指称他们的身份，至少包括以下几种：占星家、天文学家、数学家、预言家、星的爱好者。如果把他们不由分说地都放在自然科学家、真正的天文学家、数学天文学家这样的名下，就等于用后世之词指代前时之事了。

知识分类也面临着同样的问题。如果只是用"科学"加"是"这样的结构，组成"科学是……"这样的句式，那就等于抹杀了许多内容，忽视了知识分类随时间而变动、写作者不应该把概念前置这一事实。所以，我把知识分类也当成了一种研究实践，在这个过程中可以发现，行为者们在不断地分类，再分类，再命名，有时候甚至就是一种姿态，表达他们对于自己所在的天学知识领域的某种态度。

接下来要说的是知识的推进和发展。有些人会用"进步"（progress）这个词，但是它既不能表达确切的含义，对于本书来说，又缺少一个权威的标准做参照，因为关于天学的标准，是在本书所叙述的年代之后才建立起来的。[2] 所以，对于哥白尼、雷蒂库斯、伽利略和开普勒来说，他们在争论哥白尼理论是否可取的

18

---

[1]　For Victorian representations, see Barton 2003. Rudwick argues that the undifferentiated term *savant or learned* was the predominant designator（2005, 22-23）.

[2]　For an introduction to different ideas of progress, see Ginsberg 1973.

时候，讨论的恰恰是关于标准的问题，而不是进步的问题。事实上，究竟哪种标准应该被普遍采用，围绕这个问题产生的分歧，也构成了本书叙事的一部分。这种情况在科学史上时有发生，比如大陆漂移学说引起的争议。[1] 因此，如果我们想要真正地理解某个历史时间点出现的问题——本书的问题是，面对林林总总的观点，天学家们事实上是如何决定探索、采纳或者放弃其中某个或某些观点的——必须小心不要掉进哲学家和科学家的套路里，认为最终某种面目清晰的、已然"成熟"的理论出现了，并作为真相被接受。这完全是另外一回事，就像库恩在《科学革命的结构》（*The Structure of Scientific Revolutions*）中所说的，它只适用于当代科学实践或表达的某种特定的需求。[2]

当然，我称为"结局主义"（eventualism）的现象也不应该被忽视。比如说，牛顿在自然哲学研究中使用的数学方法令人望而却步，很多人对此完全不熟悉，但这并不妨碍他们对牛顿做出判断，认为他在自己的领域做出的解释和预言超过所有前辈。[3] 不过，换个角度来考虑，这里实际上有两个概念："牛顿力学"（Newtonian mechanics）和"艾萨克·牛顿爵士的力学"（Sir Isaac Newton's mechanics）。究竟是从什么时候开始，前者，而不是后者，变成了现在的版本，而且今天的学生仍在学习，今天的物理学家们仍然认为是绝对正确的？在物理学家史蒂文·温伯格（Steven Weinberg）看来，它不是在牛顿生前形成的，甚至不是启蒙运动时期形成的，而是在 19 世纪，经由皮埃尔·西蒙·德·拉普拉斯（Pierre Simon de Laplace）和约瑟夫·路易·拉格朗日（Joseph Louis Lagrange）的系统阐释而形成的，自此以后方才有了一个放之四海而皆准的共识：真理已

---

[1]　See Oreskes 1999.

[2]　Kuhn 1970, 1-9; Duhem 1996, 79.

[3]　See, for example, I. Cohen 1985, 161-72（"The Newtonian Revolution"）. For a recent popular distillation, see Gleick 2003. I do not mean to suggest that the precise sence of Newton's contribution is without philosophical interest.

经建立起来了。难怪温伯格会打趣说："牛顿是前牛顿时代的人。"[1] 如果用更加历史主义的方式来看待类似的问题，我们不会轻易认为中间阶段不构成任何问题，可以忽略不计。用尼古拉斯·贾丁（Nicholas Jardine）的模式来解释，就是说，当你从较早前的"调查现场"转移到较晚近的"调查现场"，审视某个观点的时候，应该同时"校检"它的现实价值和真理价值。[2] 人们不禁会问，相对于结局主义的判断，自然哲学家应该使用哪种"校检"方式？"进步"这个长期概念对于牛顿同时代的研究者来说，究竟有什么用处？不妨来看两个相反的例子。17 世纪晚期，克里斯蒂安·惠更斯（Christian Huygens）和戈特弗里德·莱布尼茨（Gottfried Leibniz）认为，哥白尼的行星体系是真理，而牛顿的万有引力则不可理喻。它是一个"永恒的奇迹"，一个美妙的数学结果，但是从自然哲学的角度看，它没有合理的物理成因，因此毫无解释性价值。[3] 这种批判性评价并不是基于对牛顿和托勒密－亚里士多德的长期对比，而是基于对牛顿和勒奈·笛卡尔（René Descartes）的短期对比，因为后者紧随前者提出了竞争性理论。类似的价值判断在 1692 年也出现过。当时，牛顿的支持者大卫·格里高利（David Gregory）在牛津大学的就职典礼上这样赞颂牛顿："终于，我们迎来了黎明，而它预示了最美满的一天。这一天带给我们这个时代不朽的光荣，因为自然物体的物理力量归化为统一的、真实的模式——几何模式。"相反，笛卡尔则只是试图"以逻辑的，或者说诡辩的方式探究事物的原因"，因为他"陶醉于更容易更简单的法则，没有动用一丝一毫的几何能力，陷入了错误之中，所幸我们最终

---

[1] S. Weinberg 2001, 194-95; S. Weinberg 2008. Weinberg means here two things: that Newton's geometric style is no longer the language in which physicists understand Newton's laws; and that although theological considerations were personally important to Newton, they played no role in the formulation of his laws of motion as they were later accepted.

[2] Jardine 1991, 160-67.

[3] See Hall 1980; Bertoloni Meli 1993; Dear 2001, 164-67.

借几何学家之助得以逃脱".[1] 从上面两个截然相反的例子中我们看到, 就科学史所论及的各种问题和解释方案而言, 它们的现实性是具有争议的; 同时, "进步"与"真相"的标准很难确定, 这取决于历史人物如何应用它们。[2]

史蒂文·温伯格所说的自然的永恒真理则是另外一回事。他认为, 某些主张一旦被认定为真实的, 便需要消除其中所有的文化遗留: 也许是开普勒和牛顿的神学思想, 也许是马克斯韦尔 (Maxwell) 和法拉第 (Faraday) 的判断标准。在温伯格看来, 这样的文化遗留可以满足我们的某些需要, 但并不具有持久的真理价值。所以, 就科学本身而言, 它"已经被精炼过了, 就像矿石已经被除去了矿渣"[3]。从这个角度衡量, 我在这里所做的研究, 往好处说是含着大量未经提炼的矿石, 往坏处说就是矿渣泛滥。[4] 这不全是我的错。就算是关于自然的永恒真理, 对于历史上的人物来说, 也必须是可以理解的, 就是说, 语言习惯和知识分类要符合当时的共识。[5] 这样一来, 哥白尼展示新的天学发现的那个文化世界及其传统, 对我们来说就会非常陌生。在那个世界里, 圣经是证明自然知识的一个标准; 神圣或邪恶的力量存在于物体、事件, 以及它们与现实的关系之中; 人们相信, 上帝和魔鬼都能够通过各种自然征兆, 甚至是各种历史事件, 来显示它们的意图。我们难免会问: 几何理论和角位置图表真的能让人领悟神的计划? 或者, 这个目的应该留给别的学科去实现? 比如探查物质属性和运动原因的物理学, 或是研究圣经及其评论者的神学?

[1] Lawrence and Molland 1970 (italics in original). For an interesting historicization of this passage, see Friesen 2003, 179-81.

[2] Cf. Kuhn's and Duhem's understanding that explanations good at one moment drop away in another while fueling the continuous advance of descriptive laws of nature. For discussion of these issues, see Westman 1994, 83-85.

[3] S. Weinberg 2001, 158.

[4] Ibid., 136-37.

[5] Weinberg says that "the languages in which we describe rocks or in which we state physical laws are certainly created socially, so I am making an implicit assumption... that our statements about the laws of physics are in a one-to-one correspondence with reality" (ibid., 150). For Descartes' position on eternal truths, see Funkenstein 1975a.

这种现世取向的传统认知有它的价值，是被结局主义判断所忽视的价值。它告诉我们，新的概念性立场是如何历经曲折而形成的，它怎么能做到让当时的任何一个人都可以理解。同样重要的问题还包括，当时的从业者们面对着认识上的不确定性，有些难免令人望而生畏，有些甚至可能是结构性的，那么，他们是如何从中做出选择的呢？本书中的历史人物面对的困难尤其棘手：他们要预测未来，还要对从未被预测到的事物做出解释。

这样的研究不需要彻底否定外部现实。本书不同于某些社会结构主义的研究，书中的"自然"，意指排除人类感知的"事物本身"，但它所扮演的并不止于一个偶然性角色。它只有通过媒介性概念和表达才能得以显现，而正是这些幸存的文化遗留造就了真正的历史。1571—1604 年，天空中出现了不期而至的彗星和新星，当时的人们对它们的位置和意义寄予了格外的关注，这个例子能够帮助解释上述观点。假如说哥白尼从来没活在世上，或者从来没有提出过新的行星序列，那么，这些新出现的天体，会对传统的自然观念产生什么样的影响呢？这个反事实的提问看起来太牵强，但实际上是有道理的，因为这个问题对当时的绝大部分作者来说，根本没有构成任何难题。当然，我们可以想象，一小部分天学实践者（包括梅斯特林、托马斯·迪格斯、第谷），和一小部分反亚里士多德传统的自然哲学家，会利用这些意外出现的天体，修正甚至打破长久以来存在的亚里士多德观念，它认为，由携带行星的固态天球构成的天界是永恒不朽的，而地界则充满了变动。事实上，亚里士多德的完整著作是在 13 世纪的西方拉丁世界得到复兴的，而在此之前就已经流行过与之不同的观点：天是由不朽的液体组成的；这种观点从来都没有彻底消失过。[1]1572—1604 年，这一时期的不同之处在于：最初的挑战来源于非文本、非人类的因素——发生在天界的自然事件，直接冲击了目击者感觉器官的自然事件；并且当时的人们

---

[1]　See Grant 1994, 350.

相信，它们的起因在于神意。

也许我们会说，关于这几次天象，早一些和晚一些的描述都很相似。但没有必要说更漂亮的话了，比如，对于这些现象的真实性，过去 430 年间从来没有出现过任何争议。要知道，我们讨论的并不是 16 世纪出现过的其他什么异常东西，人们要言之凿凿证明它们确实存在，比如长着人头（还按照僧侣习俗削了发）和猪脚的怪物。[1] 但是，几个世纪以来的天学学者们都相信，新的天体确实出现在天上的某个位置，就像在 1572 年和 1604 年，最早的发现者们用肉眼所观察到的一样。位置性、亮度突然增加、新奇性，人们对这些特性一直保持着兴趣，不过少有人测量它们的距离，或是解释它们的意义。直到 1934 年，弗里茨·兹威基（Fritz Zwicky）和沃尔特·巴德（Walter Baade）提出新的概念，指称这些现象，并一直沿用到今天。他们把 1572 年和 1604 年的新星称为"第谷星"和"开普勒星"，指出它们出现的原因是恒星爆炸所产生的异常耀眼的光亮，与之相伴随的还有各种"残余物"（remnant），包括蟹状星云（Crab Nebula）和黑洞（black hole）。[2] 他们认为，这两颗星的出现是非常罕见的，因为在银河系中，这样的事件发生的概率大约是每一千年一次。当时"超级市场"和"超人"这样的概念刚刚在美国开始流行，兹威基和巴德觉得，类似的语言可以配得上上述天体巨变，于是将二者命名为"超新星"（Supernova）。[3]

我们发现，不管是在 20 世纪 30 年代，还是在 16 世纪 70 年代，人们对这两颗新星的立场既有部分重合或曰族系相似性（family resemblance），又分别包含着各自的本地现实特性。我们的历史任务是找出原因，解释为什么从 16 世纪

---

[1] Much worse monsters — like nuclear weapons and the human immunodefic virus — have taken their place.

[2] Baade and Zwicky 1934.

[3] See Marschall 1994, 101-6. The *Oxford English Dictionary* gives this example from *Chain Store Age*, 1933: "The 'One-stop-drive-in super-market' provides free parking and every kind of food under one roof." The invincible flying superman" who helps the weak was not introduced until the summer of 1938 in *Action Conmics*; prior to that time, the term seems to have had primarily a Nietzschean meaning, connoting a superior kind of man.

70 年代到 20 世纪 30 年代，人们持续关注它们，并始终相信它们的真实性。但是，不管前前后后的表述是真是假，都没有办法帮助我们完成这项任务。就是说，事件出现本身并不能决定这些表述的历史特性，也不能决定欧洲（而非中国或印度）的目击者使用它们时的文化意义。实际上，在这里我们要问的是，欧洲人对其表示关注的原因和方式，即，为什么人们要不断地争辩和谈论这样一个问题：这几颗新星和彗星究竟如何适应了当时的天学知识分类。在本书的研究课题中，这种历史上特定的知识类别，就构成了历史人物的问题所在，也就是本书所说的"可能的空间"(space of possibilities)，或者是"不确定性"(problematic)。

研究"可能的空间"的理由，在于它们承载着完整的思想和文化意义。我们一旦重新获知当地社会群体的问题，就有充分的立场去理解，他们的"可能空间"之于他们，一如我们的"可能空间"之于我们，二者的意义是相当的，只不过他们的"可能空间"在今天看来更加遥远、更加陌生而已。在这种历史相对主义的观点看来，科学史并非只关注有没有得出至今依然有价值的概念，而是同时关注各种历史条件，思考它们如何影响了某种知识在某个特定地方和环境下的形成、可信度和意义，关注促进或阻碍知识从一个社会群体向另一个社会群体流动的因素。本书的一个重要主题就是：理论和观点是如何从一处流向另一处的——其中总是不可避免地携带着文化"矿渣"。[1]

从这点来看，库恩和路德维克·弗莱克（Ludwik Fleck）那种戏剧化的间断论就显得过于极端了。[2]《科学革命的结构》是库恩最早也是最有趣的一部作品，不过我对其中的大多数观点都表示反对。不同的范式区分了不同的"成熟的科学"，一套通用的问题解决式的价值观念贯穿了不同的范式，范式的突破产生不

---

[1]　Geertz 1983, 55-70; Jardine 1991.

[2]　However, Ludwik Fleck's "harmony of illusions" has the advantage of being more flexible than Kuhn's "paradigms" (Fleck 1979) .

可通约的（incommensurable）、革命性的科学知识领域。[1] 就我对"不可通约"这个词的理解，哥白尼问题并不能在任何意义上适用于这种概念。[2] 不过，反对部分并不等于摒弃全部。库恩和弗莱克的很多观点都表现出了强大的生命力，并且具有丰富的启发意义。

我对不可通约性的反对，构成这本书完整主题的一部分。因为这也是一部怀疑分裂论的历史作品。它不是一个关于"支持或是反对"的故事，举例来说，过分强调伽利略的成就可能就会产生这样的效果。不仅对历史学家来说如此，对历史中的行动者来说也是如此：因为16世纪本身也并不存在"亲哥白尼"或"反哥白尼"之说。实际上，在17世纪早期以前，人们甚至根本没有意识到"哥白尼学说"这个分类概念，当然也就没有究竟应该相信哪个世界体系的争论了（这种情况持续到16世纪80年代）。

"哥白尼学说"（Copernicanism）和"日心说"（heliocentrism）是人们普遍喜欢使用的分析性术语，但是我在书中尽可能避免了这两个词。事实上，16世纪人们使用了多种表达方法指称哥白尼的新理论，用这两个概念会将其他的可能性同质化。但是，"地静"（geostatic）或者"日静"（heliostatic）这样的说法比较有用，可以用来解释哪颗星是位于宇宙中央的静止球体。

---

[1]　As Ernan McMullin has observed, Kuhn later departed from this radical view, holding that a small group of criteria involved in theory choice persist unaffected across theoretical divides（MaMullin 1993, 125-26）.

[2]　Alan Richardson argues that Kuhn allowed himself to be bamboozled by philosophers into accepting a notion of incommensurability as a strictly semantic notion（and hence one of inertranslatability）, whereas his original text shows that scientists in the world of the new paradigm do not merely believe differently but also live and work differently（Richardson 2002; also Hacking 1993）; Steven Weinberg rejects Kuhn's incommensurability as incompatible with anything that corresponds to his experience as a physicist and rightly calls attention to the fact that "Kuhn himself in his earlier book on the Copernican revolution told how parts of scientific theories survive in the more successful theories that supplant them, and seemed to have no trouble with the idea." But in a later essay, he says that Kuhn's account of the shift from Aristotelian to Newtonian physics was indeed a "paradigm shift"（Weinberg 2001, 187-206, 269）.

21

使用"宇宙学"（cosmology）这个概念的时候我也比较忐忑。虽然它是在 17 世纪早期被创造出来的，但当时的用法跟现在的意义并不相同。[1] 无论这个词对我们多么有用，它毕竟不是那个时代历史人物的描述用语。在这个问题上，我们遵循米歇尔·德·塞尔托（Michel de Certeau）的方法，找到历史行动者自己使用、调整和改变语词的线索。[2] "世界体系"（world system）就是这样一个例子，能表明历史人物是如何解释世界的延展性的。[3]

"哥白尼学说"字面的意思，应该是指哥白尼得以为人所知的种种思想的汇合，但实际上它也会给读者带来困惑，因为这个说法和宇宙学一样，都是回溯性的历史分析用语。据我所知，16 和 17 世纪并没有人用过这个词。"主义"（-ism）这个后缀在 16 世纪偶尔可见，一般是指一种哲学流派，比如"柏拉图主义"（1571），在 17 世纪也可以指对某种宗教派别的信仰，比如天主教教义（Catholicism）或是阿米纽派教义（Arminianism）。直到 1830 年左右，"主义"这个后缀才开始作为命名法大量使用，主要是指不同的政治学和经济学派别，比如，人民宪章主义（Chartism）、科学社会主义（Scientific socialism）、资本主义（Capitalism）等等。很快，这种用法延展到了科学理论和宗教观点，比如达尔文主义（Darwinism）、不可知论（Agnosticism）。[4] 关于"哥白尼学说"这个概念，我能确定的首次使用时间是 1855 年 8 月，出现在德·摩根（De Morgan）的一篇论文中，标题为《地球运动的学说演进：从哥白尼到伽利略时代》（"The Progress of the Doctrine of the Earth's Motion，Between the Times of Copernicus and Galileo"）。[5] 德·摩根主要区

---

[1]　For an analytical usage, see Gingerich and Westman 1988.

[2]　Certeau 1984,xi-viv, 29-39.

[3]　See Lerner 2005.

[4]　On the new social dynamics made possible by the steam press in the early nineteenth century, see Secord 2000. As Bernard Lightman remarks, the invention of "-ist" labels was an accepted neologizing practice among late -nineteenth-century members of the Metaphysical Society（Lightman 2002）.

[5]　De Morgan 1855, 5-25. On the importance of historical legitimation to mathematics, see Rechards 1987.

分了"哥白尼和其他理论中物理学和数学的使用"。文中他做了如下阐述：

> 哥白尼学说的数学意义是，不论什么原因，我们所能看到的天是这样的：如果地球真是围绕太阳旋转，同时围绕自己的轴旋转，那么，作为结果，这两种运动假设，不管是真是假，对于解释和预测天文现象，都将会是一种很方便、很充分的方式。哥白尼学说的物理学意义是，它确证了上述情形，指出：如果地球真的以这两种方式运动，那么世界就会是我们看到的这个样子；原因在于，地球的确在以这两种方式运动。前者是说：为了解释或论证某些现象而提出某种假设；后者是说：这些假设是对产生现象的原因的真实陈述。[1]

德·摩根提到了使用哥白尼数据的"哥白尼主义数学家"（莱因霍尔德），然后转移到了"物理意义的哥白尼学说"，这时他把 Copernicanism 当作了 Copernican 的同义词来使用。[2] 几年之后，大卫·马森（David Masson）在谈论约翰·弥尔顿（John Milton）的《失乐园》（*Paradise Lost*）时，在毫无解释的情况下，使用了"托勒密主义"（Ptolemaism）、"前哥白尼式的思想方式"（the pre - Copernican mode of thinking）、"前哥白尼主义"（pre -Copernicanism）这样的术语，没有事先宣布，便将维多利亚时代的读者们带进了一个"主义"化了的意义框架。他这样写道："在他（弥尔顿）开始写作这部史诗式作品之前，他所信奉的托勒密学说已经被抛弃了，或者说已经完全被哥白尼学说取代了。"[3]

哥白尼学说这个概念在 20 世纪的历史著作中广泛使用，但作为一个分析性的分类语词，它的意义范围之大是需要被质疑的。往好处说，它像是一个表示家族相似性的术语，即，在构成某个共享意义范畴的若干不同元素之间，有大

---

[1]　De Morgan 1855, 5-6.

[2]　Ibid., 16, 18.

[3]　Masson 1859-94, 6: 525-45.

量的相似性，当然也存在不同点。但是，构成一个功能性的概念家族，究竟需要多少共享成分呢？我在这项研究中发现，相似性要比我们想象的弱得多。实际上，研究中聚焦越严格越精细，差异性就会越明显。最低程度上，难道我们会不希望看到行星序列视觉呈现的一致性吗？会不接受地球的一种（或两种）运动方式吗？会反驳托勒密关于宇宙秩序的某种或全部观点吗？会接纳某些立场吗？比如宇宙的无限性（哥白尼本人并没有明确地承认这一点），或者占星效力（哥白尼对此只字未提）？相似性很容易滑进总体性。在 20 世纪，整体论意义的分类，比如"世界观"，或者是政治意识形态的分类，比如"法西斯主义"（20 世纪 20 年代）或"共产主义"（最早回溯至 19 世纪 40 年代），已经成为政治或意识形态话语的必备语词。无怪乎库恩的"范式"和米歇尔·福柯（Michel Foucault）的"知识型"（episteme）会与不同元素团块化的倾向性如此贴合，这样的潮流反过来将进一步鼓励生成分裂取向的改变概念（革命、决裂、不可通约性等）。尽管这些概念具有强烈的情感意义，并且是有益的分析工具，但它们所传递的第一接近性，最终还是需要我们在使用时慎之又慎。希望最糟糕的情况不要出现：采用类似的概念，仅仅是因为手中的证据不能解释历史进程中令人绝望的复杂性。在当代历史研究中，针对"科学革命"这种说法出现了一些疑虑，究其原因，是因为一些人担心，早期附着在这个分类概念之上的总体化倾向，在今天仍有残余。解决这个问题并不需要抛弃现有的所有分析性分类方法，只需要谨慎对待那些进一步导致总体化趋势的概念，或是那些破坏分析性分类与行动者分类两者平衡的语词。[1]

---

22

[1]　See Jay 1984, 21-80. For a sophisticated defence of the use of present analytic categories, see Jardine 2003.

第一部分

哥白尼的可能空间

1

天学文献和星的科学

印刷术、行星理论和预言类别

15 世纪，大量的著作描述、解释或者是乞灵于各种天体运动，以及它们对地球产生的效力，可谓卷帙浩繁。当时关于天的学问大多是从古代世界和中世纪继承而来的；自 1470 年以降，借助印刷媒体的复制，人们有了新的途径来获取这些学识。本章将为这些文献作品及其分类勾画出大致的轮廓，借此展示这些类别是如何演进的，在此基础上如何形成了完整的知识体系，以及在 16 世纪，它们表现为什么样的特定形式。15 世纪 90 年代，哥白尼在克拉克夫和博洛尼亚接受教育，构成当时那个知识世界的分类基础的，正是这些作品所汇集成的语料库，而并非任何排他的、自发的行星理论潮流。哥白尼本人也正是以同样的写作形式完成了自己的著作，并受到了后人的评判。

西方拉丁世界对占星预测的兴趣，至早可以回溯到 12 世纪。当时，五花八

哥白尼问题

门的阿拉伯占星著述涌入这里，其中最有影响力的是阿尔布马扎（Abu'Mashar，拉丁化译名为 Albumasar）所著的《占星学导论》（*Great Introduction to Astrology*）。书中强调了行星大会合所带来的巨大效力。[1] 很快，许多中世纪的医师也被占星术的前景所吸引，开始在行医中利用天象来诊断病情、判断预后。14 世纪开始大量出现"人体黄道带图"（zodiac man），图中标注了人体各部分与黄道十二宫的对应关系，帮助医师们决定什么时间为病人放血，以及如何规定病人的饮食，借以对抗某种特定的疾病。[2]1347—1351 年，黑死病让欧洲损失了四分之一到三分之一的人口，伴随着急剧的社会失控感，人们开始转而相信阿尔布马扎这样的占星家们所做的看似偶然的解释，认为行星会合真的能够产生某种力量。[3] 到了 15 世纪的最后 10 年，另一种新的令人生畏的疾病出现了，它首先攻击人的生殖器官，然后有可能夺去病人的性命。与此同时，大批的法国军队涌进意大利，很多法国之外的人把这种病称为"法国病"。人们思忖，是不是 1484 年 11 月 25 日出现的土星木星会合引发了这场疫病？而不久之后的 1485 年 3 月 25 日，又发生了一次"可怕的"日食，这是不是雪上加霜？或者，上帝无需任何天象预示，直接因人类的原罪而施加了惩罚？不管人们倾向于哪种解释，总之，就像奥拉夫·佩德森（Olaf Pedersen）所洞见的："占星术已经到来，许多学者开始认为，天文学的主要意义只是占星活动的理论引导而已。"[4]

要想确切地概括印刷时代之前完成的全部占星作品，绝非易事。西蒙·德·法勒斯（Simon de Phares）是法王查理八世的占星师，他的藏书数量可观，其现存

---

[1] Albumasar 1994. This stripped-down version of the *Great Introduction* was translated into Latin by Adelard of Bath（ca. 1080-1152）early in the twelfth century. See also Lemay 1962; Lipton 1978.

[2] For example, a cold diet might be recommended to counteract a hot disease（French 1994, 30-59, 39-42）. For a good example and fine color reproducion of a 1399 zodiac man, see Page 2002, 56, fig. 46.

[3] Arrizabalaga 1994, 237-88, 245. On planetary conjunctions, see North 1980; Smoller 1994; Hayton 2004.

[4] Pedersen 1978a, 304; Kuhn 1957, 94: "Astrology provided the principal motive for wrestling with the problem of the planets, so that astrology became a particularly important determinant of the astronomical imagination." On the problem of writing the histoty of a disease entity, like syphilis, see Fleck 1979.

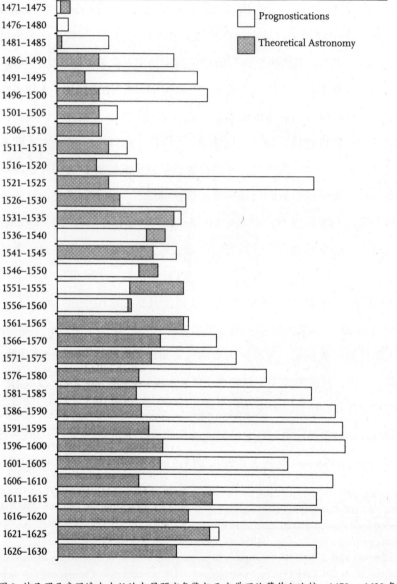

图 2. 神圣罗马帝国境内出版的占星预言年鉴与天文学理论著作之比较，1470—1630 年
（Based on Zinner 1941，73）。

图 3. 王座上的是阿斯特洛诺米亚（Astronomia，意为"天文学"），左侧为希腊神话中司天文的女神乌拉尼亚（Urania），右侧为"天文学之王"托勒密（Sacrobosco 1490. Courtesy History of Science Collections, University of Oklahoma Library）。

27

书目也许能给我们一个有用的提示：它们主要都是为了预测某些个人的命运而编写的。[1] 因为占星医学主要关注病人个体，所以部分地能解释这种现象。但是，随着查理国王的出征大军中出现梅毒，一种新的写作类型被催生出来，即关注重点不再仅仅是个人，而是群体。托勒密曾经将占星预言书分为两种类型：关

---

[1] Boudet calls this "the most important astrological library possessed by an individual in Europe at the end of the fifteenth century" (1994, xi)．

注"整个种族、国家和城市的"（一般型），关乎个人的（特定型）。[1] 印刷术的发明给了第一种类型的预言书前所未有的发展机会。1448 年，古腾堡（Gutenberg）印制了西方世界的第一本书——当年的历书，20 年之后，关于某一城市或是某一地区的预言年鉴就成为天学著作的一种标准模式，并且很快压倒了其他类型的作品。这种预言年鉴偶尔会以手抄本的形式流传，但是到 1470 年的时候，印刷本已经取代手抄本，成为通行版本。

就天学作品而言，在更大的范围之内，预言年鉴只是一个组成部分。在早期印刷商的订单上，更多出现的是一些专门用途的小幅印刷品，比如，单页的挂墙年历、历书、星历表（记录每日行星位置）、月相表、食相预测等。这个观点来自厄恩斯特·津纳（Ernst Zinner）列出的一个文献目录。它收纳了 1448—1630 年"德意志"境内出版的"天文学文献"，包含 5000 多个条目，从这里我们能够得到一个粗略的数字，了解当时神圣罗马帝国境内印制的各种类别的天学作品大致有多少。至于欧洲其他地区的文献计量，我们就只能猜测了，无法确切判定其出版物的数量。[2]

渐渐地，随着印刷文化的兴起，人们开始装饰印刷作品。他们利用各种各样的新技术来编辑已有的文字作品，比如，具有视觉冲击力的扉页，用书信体的方式将作品献给某位恩主，或是泛泛地献给所有读者，用解说型的木刻画来示意天体、圆周、角度，设计活动的行星盘或是三星仪，等等。[3] 雷吉奥蒙塔努斯是最早的天学著作印刷出版人，他开风气之先，在排版中加入木刻图示，其

---

[1] Ptolemy 1940, bk. 2, chap. 1, 117-21.

[2] On estimating numbers of copies, see Köhler 1986; Niccoli 1990, 1-12; Wagner 1975. Richard Kremer has been studying the literature of astrological prognostication for some years, and when published, his work will improve significantly on Zinner's statistics.

[3] The essential bibliographical source for these claims is Zinner 1941, supplemented by Grassi 1989; Hain 1826-28; and Houzeau and Lancaster 1882-89.

中就有用来解释普尔巴赫《行星新论》(*New Theorics of the Planets*) 的模型图。[1]
当然，对于占星预言书来说，印刷术也产生了不可否认的影响。它突破了手抄
时代的种种局限，创造了新的可能。首先，它使得预言的复制和流传变得更为
迅速。其次，预言年鉴成为一种特有的印刷文本，这让占星家们开始成为公众
人物。与此同时，它也催生了占星家们对天文学基础书籍的需求，增加了这类
文献的权威性，因为占星术的发展必须依靠这些理论。最后，因为印刷作品是
公共的，而非私人所有，这样，向统治者提供建议的方式就改变了，有了新的
可能性，预言作者的状况也因此而改变。占星预测和向上进言的社会条件及文
学条件的改变是如何发生的，它又如何体现在哥白尼的天文学事业里，这是本
章及随后两章要着重关注的问题。

28

一些重要的时序性参数会帮助我们理解这个问题。大致在 1480—1550 年，
古希腊和阿拉伯的若干基础性占星书籍不断地被再版印刷。1524 年，数不清的
占星术士和卦师都曾预言，一场大洪水将会爆发，至此，预言文字所达到的发
展程度，是前印刷时代的人们无法想象的。这股汹涌的浪潮出现在神圣罗马帝
国境内印刷术最早出现的几座城市——主要包括纽伦堡、莱比锡（Leipzig）、奥
格斯堡（Augsburg）和维滕堡——还有意大利北部的主要城邦（尤其是威尼斯）。
很快，港口大城市安特卫普（Antwerp）及邻近的大学城鲁汶，也都加入了这个
名单。[2]

津纳的文献目录虽然能够告诉我们当时出版的天学著作数量，但是，它并
不足以让我们质疑行星理论在当时的意义。[3] 许多历史著作都持有一种公认的观
点——都将行星理论视作某种叙事体系的核心话语，并且不管人们愿不愿意承

---

[1] Zinner 1990, 110-17; Lowood and Rider 1994, 4-8.

[2] On the origins and geography of printing, see Febvre and Martin 1984; Eisenstein 1979; Hirsch 1967; Krafft and Wuttker 1977; Chrisman 1982; Lowry 1979, 1991; Tyson and Wagonheim 1986; Chartier 1989; Johns 1998.

[3] See Westman 1980a, n. 68. I presented additional evidence at the 16th International Congress of the History of Science, Buchrest, September 1, 1981.

认，这种叙事线索直接指向了牛顿所取得的无可辩驳的伟大成就。面对外界对其叙事过程的质疑，这种体系通常把它牛顿式的终结点当作自身正当性的证据。但是，有些重要的内容他们并没有做出解释，一是历史上存在着数量庞大的预言文献，而且这些文献对于它们所处的时代而言担当着极其重要的角色；二是行星理论这个学科类别与它们的关系。行星位置的测算之所以如此重要，主要原因在于，对于以量化研究为基础的、关于人类未来知识的学科而言，这些内容是必要的。因此，本书的终结点也是牛顿，但是走向这个目标的路径，却是将占星预言（而非天文学理论）从历史叙事的边缘拉到了中心位置。

哥白尼例外论

本书研究的主题是哥白尼，以及哥白尼同时代人对其成就的意义的评判，那么，为什么预言著作这个话题会成为我关注的问题呢？哥白尼在天文学历史上、在科学革命史上都具有崇高的地位，这一点几乎没有任何可以争辩的空间。然而，在是否涉及占星学这个问题上，无论是在他的传记中，还是在科学革命史著作中，哥白尼看上去非常干净，跟它没有任何牵连，更不用提我前面用作参考的那份文献目录了。虽然有人怀疑这种情况不大符合当时的现实，但是，也不曾有人严肃地质疑过爱德华·罗森（Edward Rosen）。[1] 他曾经提出这样的问题："哥白尼相信占星术吗？"然后给出了自己的答案："这是哥白尼头脑中非常不寻常的一点。在他生活的那个时代，上至权贵，下至社会底层，大部分人都相信占星术。但是［哥白尼］不信。"[2] 哥白尼现存作品中出现"占星术"这个

---

[1] Two scholars deserve credit for raising and pushing the matter as far as then possible: North（1975, 169-84）and Lemay（1978）. See also Thorndike 1923-58, 5: 419 ff.

[2] Rosen 1984 b, 111; see also Kuhn 1957, 94: "It may even be significant that Copernicus, the author of the theory that ultimately deprived thd heavens of special power, belonged to the minority group of Renaissance astronomers who did not cast horoscopes."

词仅有一例，针对这一点，罗森做出的评述可谓斩钉截铁："卜测吉凶的占星术绝对不曾得到过哥白尼的支持。从这个意义上讲，哥白尼明显地区别于布拉赫、伽利略和开普勒，我们姑且就提这几个声望卓著的天文学家吧。他们相信占星术，而且还因为这样那样的原因身体力行。哥白尼和他的学生雷蒂库斯之间的对比尤其彻底。无论是在《天球运行论》中，还是在其他任何已经得到确证的哥白尼作品中，我们都找不到一丝一毫的迹象能表明他相信占星术。相反，雷蒂库斯可是有痴迷占星术的坏名声。"[1]

有些学者愿意接受被罗森批驳的观点，但即使是他们，要想把哥白尼纳入自己的叙事体系也不容易。"哥白尼革命为完整的科学革命提供了蓝本。"

查尔斯·韦伯斯特（Charles Webster）在他 1980 年发表的著名的爱丁顿纪念演讲中如此宣称。但是，韦伯斯特不得不从帕拉塞尔苏斯（Paracelsus）说起，因为他找不到把哥白尼和预言以及末世论联系起来的证据，更不用提占星术了。[2] 同样，基思·哈奇森（Keith Hutchinson）曾经发表过一系列论文，旨在评价欧洲近代早期的占星术，他在文中展示了大量非常有说服力的图画，它们取自教堂、市政大厅和各种器具，还有书籍的卷首插图，在这些图中，太阳时常被象征性地放在中心位置，或者与国王的形象相关联，但是他也没有找到任何直接的证据，能够把哥白尼和占星术联系起来。[3]

把这两者的关系拉到最近的，是约翰·德雷尔（J. L. E. Dreyer）1905 年的著作《天文学历史：从泰勒斯到开普勒》（*History of Astronomy from Thales to Kepler*）。德雷尔注意到，在雷蒂库斯以哥白尼手稿为基础所写的《第一报告》中，

29

---

[1] Copernicus 1978, 344. Note that Rosen does not distinguish between different types of astrology.

[2] See Webster 1982, 15: "Copernicanism did not directly confront judicial astrology, but there can be no doubt that the Copernicans of the seventeenth century led the trend against judicial astrology, so finally emancipating astronomy from its bondage under medicine." In other respects, I find myself in close agreement with many of Webster's prescient conclusions, which are not inconsistent with the views I develop in the present work.

[3] Hutchison 1987.

靠近中间的部分插入了一个政治预言。这个周期性的预言宣称，地球轨道偏心圆圆心的变化，预示着不同王国的兴衰。德雷尔首先承认，"这种王朝理论并不曾被哥白尼本人提及"，但是随即又暗示，没有哥白尼的允许，雷蒂库斯不会在书中插入这个预言。罗森对德雷尔的怀疑进行了有力还击，他将这种预测称为荒谬的迷信，认为应该把它归咎于雷蒂库斯的年轻和冲动，哥白尼则无论如何与它没有任何瓜葛。[1]

德雷尔和罗森的分歧至今仍然界分着学者们的立场。在我看来，德雷尔站在对的一方。事实上，他的观点可以继续深入下去。针对一些观点所宣称的，哥白尼对于占星术是完全免疫的，我在这里从问题的原初背景开始，简要地提出一个反对论点。对于哥白尼来说，从一开始，行星序列就是一个难题，因为当时他所处时代的文学结构和认知结构具有两重性，同时包括了行星理论和预言效果两个范畴。之所以他与占星预言的联系不那么紧密，原因在于，哥白尼与同时代的作者们一样，遵循着写作格式的种种传统，包括一些特定的主题，又排斥了一些特定的主题。在当时的人文主义者当中，有一种观点广泛流行，即，对于知识的组织和呈现而言，古典作品代表着理想的文体范式。然而，文体范式不仅仅是高级文学理论的议题，而且文体传统也是通过文艺复兴时期语法学校的课程得到反复传播的。这种实践在意大利有很多档案可以证明。学校把西塞罗的作品（尤其是他的信件）发给学生，作为他们学习词汇、内容和格式的范本。[2] 可见，欧洲近代早期的作家们因为所受的学校教育，在修辞界限和写作仪规方面都有一种良好的修养。[3] 因此，哥白尼的主要作品也不例外，严格地遵循了托勒密在其天文学理论专著《数学汇编》（*Mathematical Syntax*，拉丁译名《天

---

[1] Dreyer 1953, 332-33. Willy Hartner and Owen Gingerich also share Dreyer's view（see Gingerich 2004, 186-89）.

[2] Grendler 1989, 222.

[3] For notions of ideal form, see Colie 1973; Minnis 1984, 118-59.

　　　　　　　　　　　　哥白尼问题

文学大成》（*Almagest*）沿袭了阿拉伯译法〕中呈现的组织方法。按照《天文学大成》提供的模式和参考，作者可以对行星角位置（angular position）做出精确的预测，但对于由此产生的对某人或某地的效力，则绝对不可置评。对托勒密来说，预测效力属于另外一个区别于天文学的范畴，以此为主题，他贡献出了另外一部作品——《占星四书》。后面的论述将会展现，对于 16 世纪的读者而言，《占星四书》所担当的角色绝不仅限于一部作品。

对知识和知识创造者进行分类的实践

在哥白尼时代，知识的分类及其呈现的形式是个再模糊不过的问题，而哥白尼例外论就被包围在这样一片浓密的丛林中。假如我们想要理解他自述的写作意图，或者是他选择的沉默（这种情况很多），那么我们就应该先想办法照亮这片密林，看清他那个时代选择这种文字表达方式的究竟是一些什么人。不过，我们首先要从另外一个问题开始：他们不是什么人。举个例子来说，19 世纪的德国或是英国，专业化和职业化的潮流正在兴起；而哥白尼写作的文化背景却远不是这样的。当时并不存在具有自我意识的专业团体以及相应的专业期刊，也没有已经形成特色的研究方法和专业学术思想，更不用说去考虑专业界定的通行标准了。[1] 在哥白尼所处的 15 世纪晚期和 16 世纪早期，几乎没有与 20 世纪晚期相类似的体系化的大学。

曾经有一位历史学家将这样的大学称为"工厂式的系统"——"学生们……'一双手'努力工作，试图取得超过自己前辈的辉煌成就，各个院系是生产博士生的传送带，而发表论文就是红利"。[2]

30

---

[1]   Turner 1974, 495-531, esp. 510-11; Schaffer 1997.

[2]   See Weber 1919, 129-56; Farrar 1975, esp. 191.

16 世纪，学识所需的专业和学科是金字塔式的。一些作家曾经将这种组织模式想象成社会分层或是自然界中的等级体系。要组建起这样一种知识等级，需要采用各种不同的标准，其中可能包括，论题是否道德、是否高尚，它的历史传统、抽象程度、确信程度、实用价值，以及某种学科是在什么样的秩序中被教授的——或者是以上某几种因素的组合。[1] 文艺复兴时期，人们对某种专业的修辞风尚赞美还是诟病，取决于它是否符合上述某种标准，或者是某几种标准的组合。[2] 比如，雷吉奥蒙塔努斯一方面赞美欧几里得（Euclid）定理，因为它在长达千年的时间跨度中，始终保持正确；另一方面又反对它，因为经院哲学的许多分支显示了它的不确定性。[3] 哥白尼赞美"天的艺术"（有些人给它贴上"天文学"的标签，另一些人则称之为"占星术"），因为它的主题完美，给人带来冥想的愉悦；不过随即他也描述了专业人士在学科界定和观点方面的分歧。[4] 曼弗雷多尼亚的弗朗西斯科·卡普阿努斯（Francesco Capuanus de Manfredonia）曾经对萨克罗博斯科（John of Sacrobosco）的《天球论》（Sphere）发表过很多评论，在他看来，一方面天文学属于物理学，因为它关注天体的运动、天球，以及它们所产生的影响，应该归于自然哲学；而另一方面，天文学又采用了数学方法，能够得到确切的论证。[5] 不过，最终卡普阿努斯认定，天文学"与其说具有数学属性，不如说更具有物理学属性"[6]。在雷吉奥蒙塔努斯身后一个世纪，托马索·加佐尼（Tommaso Garzoni）想象了一个"全世界所有职业的环宇大广场"，关注的

---

[1]　On the development of epistemic hierarchy in the Middle Ages, see McInerny 1983; on the ways it was applied to astronomy, see McMenomy 1984.

[2]　See McClure 2004.

[3]　Regiomontanus 1537, 51.

[4]　This *laus* appears in the suppressed introduction to *De Revolutionibus* (Copernicus 1978, 7).

[5]　Capuano 1518, fol. 25v, col. b: "Ex hoc patet quod cum subiectum astrologie sit naturale, et modus demonstrandi mathematicus, quod participat nobilitatem scientie naturalis: et certitudine mathematice"; McMenomy 1984, 418.

[6]　Capuano 1518, fol. 26v b; McMenomy 1984, 239, 419.

范围从大学教授、神学家到扫烟囱、扫公厕的，以及妓女。即便加佐尼用了一种反讽的笔法来表达批判和瓦解的意图，他还是表现出了高等职业者在金字塔结构中的自负。不过，从教学法的角度来讲，近代早期的学者们都能够在不同的领域展现竞争力，也能够教授完全不同的学科，与此同时，还保持着对学科界限的尊重，从来不会挑战它们的存在。尽管在 17 世纪早期，有一些重要的观点对新知识的发现持乐观态度，但事实上，至少迟至 18 世纪晚期德国语言学专题研讨的出现，"研究"作为一个蕴含着原创意味的概念才真正确立。[1]

有鉴于此，许多概念我们都不能够也不应该想当然，包括科学、理论、实践、真理这样的关键性的认知类目，包括天文学、占星学、宇宙学这样看似明显的学科划分，包括写作文体、作者身份、作品标题，所有这些概念在当时都并没有承载着今天我们赋予它们的意义。但是，为什么我们会假定它们就应该含有今天的意义呢？举个例子。想一想，下面这几个拉丁术语是可以互换的：scientia stellarum、scientia astrorum、syderalis scientiae，它们都可以翻译成"星的科学"。不管它们在中世纪早期是如何被使用的，在 16 世纪，这些词语，而不是"天文学"或者"天文数学"，事实上涵盖了全部关于天的研究主题。[2] 尽管 scientia 这个词可以理解成"知识"（knowledge）（这一点是有争议的），但是，上面的翻译无疑是有缺点的，它太模糊、太泛化，比如说，它不能够区分历史上的人物所做的解释与描述，不能够区分因和果。再有，scientia 这个词明显地并不具有后世"科学"（science）这个词所包含的意义：用于获取知识（比如，一种专门化的或者是具有非常严格形式的自我校正性的知识）的一种特殊类型的"方法"

---

[1]　See Clark 2006, 1989.

[2]　Among medieval Arabic authors in Latin translation, *scientia astrorum* appears at least in Al Kindi and *scientia stellarum* in Alcabitius Abdylaziz（Carmody 1958, 84, 149）. Charles Burnett found the term *astronodia* in a twelfth-century manuscript; it covered both *astronomia*, the study of the motions of the heavens with instruments, and *astrologia*, study of the heavens without instruments（1987a, 137-38）.

（method），或者是用于掌握高度专门化技巧的专业训练。[1]这样，只有当我们能够小心避免合并"科学"这个词的历史用法和当代用法的时候，我们才能把它放进我们的描述性语汇库里。再进一步考虑，我们应该看到，对于当时的人们来说，"星的科学"这个词实际上包括了天文学和占星学两个主题，而且每个主题都可以进一步区分成理论部分和实用部分。

用于指示社会角色或身份的词语则是另外一个问题了。"科学家"这个词在今天广为人知，但是它迟至19世纪30年代才出现。[2]在前工业时代的欧洲，它不是一个有效的分类。它的出现伴随着专业化潮流兴起的历史脉搏，当时，维多利亚时代的英国见证了科学运动的演进。

31

研究20世纪科学史的学者们不必担心这个术语会让他们感到陌生，但是像我们这样关注近代早期的历史学家就会认为，相比于"科学家"这个词，用"自然哲学家"或是"物理－数学家"来指称牛顿，感觉会自然得多。[3]近代早期相关语词使用方法的多样性——尤其在那些混合了数学元素和物理学元素的知识领域——是一个实证研究课题。

有一个方法可以保持过往社会机制的完整性，那就是利用一下我们知识的有限性，看看当时的作者是如何在自己的作品中定义自己以及他人的身份的。比如说，哥白尼曾经写过："数学是写给数学家的。"不过，爱德华·罗森却选择把这段著名的文字翻译成："天文学是写给天文学家的。"在他的逻辑中，他认为这样才符合哥白尼对自己身份的认定。[4]不管是我本人的还是罗森的想法，虽然

---

[1]　On *scientia*, see Raymond Williams（1976, 276-80）. For the local mathematics training of nineteenth-century Cambridge students, see Warwick 2003; on the post-World War II dispersion of Feynman diagrams, see Kaiser 2005; and on the unique politicoethical struggles of individual scientists working within the technobureaucratic culture and institutional arrangements of the mid-twentieth-century United States, see Thorpe 2006.

[2]　Ross 1962.

[3]　See now Dear 1995. Butterfield 1957 already uses *natural philosophy*（50, 139）, but it is not used as a consistent and self-conscious replacement for science until much later（e. g., Schaffer 1985; Henry 1997, 4）.

[4]　Copernicus 1978, 5: lines 44-45.

说得通，但也没有大的用处。那些称哥白尼为数学家的历史学家可能会在读者中引起混乱，因为在今天的意义范畴里，数学可能用于、但也可能不被用于测试物理世界的假设。[1]那些称哥白尼为天文学家的历史学家，则罔顾了"数学家"一词在 16 世纪的意义，即任何专家，只要他的领域涉及数学，比如光学、音乐、统计学，或者天文学，那么他都可以被称为"数学家"。这样看来，作者对其身份的自我认定，也就是所谓的"印刷身份"（print identity）——在出版物的书名页或者说扉页上，作者是如何称呼自己——就承担着相当重要的方法论作用了。扉页所显示的就是读者最熟知的作者的身份。同样的道理，某位作者用来指称别的作者的语言，也经常能够为我们在更大范围内了解其身份表达提供线索，比如说，这位作者是如何理解（或者如何误解了）他读过的某部作品的作者的，他又是如何界定对方的写作目的和历史环境的。

在近代早期，一些单词经常是可以互换使用的，比如，astronomus、astrologus 和 mathematicus。一些词组也是可以互换的，比如 medicus et astronomus、iatromathematics、medicus et mathematicus，这是因为有些学者在不同领域都有一席之地。与此交织在一起的，是当时的作者们在描述自己身份时五花八门的表达方法。——华而不实地自诩"研究星的智慧神学家"；非学术的预言家们自称宇宙学家或是地理学家；一位 15 世纪晚期的天文学作者说他被称为 phisicus et astrologus 并非"空穴来风"；[2]还有一些类似于"爱智慧的人"这样的暧昧说法，比如 astrophilus、philomathus、Mathematid Liebhaber，或者索性就直白地自称"天文学学生"；还有一位作者将自己的身份描述为某位名人的"学生"。[3]

---

[1] Experimental mathematics uses computers to test for consistency with cases that usually have nothing to do with the physical world.

[2] Avogadro 1521, 1523; Zacuth 1518; Biblioteca Medicea Laurenziana: James of Spain 1479, fol. 22r.

[3] See Zinner 1941, 60.

除了关注作者们在扉页上如何称呼自己，关注他们如何称呼同类人也有助于我们的研究。不过，当时的这种同行界定的行为是毫无标准可言的。这里有一个范例，可以很好地帮助我们理解这个问题。佛罗伦萨人弗朗西斯科·朱恩蒂尼（Francesco Giuntini, 1523—1590），在一部两卷本的占星学鸿篇巨著的末尾，附录了一份"学人名录"，称他们的著作"为我们完成这部作品提供了有益的帮助"。这份名单中的人名，分散在全书超过 2500 页内容中。批准此书出版的审查官称朱恩蒂尼本人为"神圣宗教学博士"，王室则称其为"神学博士，我们最尊敬、最受爱戴的兄弟安茹公爵的牧师"。[1] 这位"神学家"的作品堪称是一座活动图书馆，为了保卫"好的占星书籍"，它囊括了托勒密的整部《占星四书》，还有许多涉及占星学方方面面的长篇大论，以及大量的名人星运图。[2]

朱恩蒂尼在为作者们分类时，语言使用和对人物身份的假定表现出了一些典型的特点，这一点在附录中列出的 99 个人名上得到了鲜明的体现。身份分类的整体结构并不缺少连贯性，但是其中出现的时代错误、前后矛盾和各种疏漏，说明在确定作者身份这个问题上，存在着缺乏规律和任意武断的可能性。举例来说，亚历山大和泰勒斯很轻易地被赋予了 16 世纪的专业身份（占星家和天文学家）；同样的，希帕克斯是一位"占星家"，但不是"天文学家"。此外，这个名单还反映了朱恩蒂尼在阅读中的偶然所得，包括偶然的错误。这样的例子不胜枚举。

马尔西里奥·菲奇诺（Marsilio Ficino）是一位占星家，他与某个学派（柏拉图）有关联，但他并不被称为"哲学家"；[3] 而皮科·德拉·米兰多拉则是一位"诗人、

32

---

[1]　Giuntini 1573, fol. +2v, : "Docteur en Theologie et Aumosnier de nostre trescher et tresamé frere le duc d'Aniou."

[2]　The full bundle of works does not appear until the editions of Giuntini 1581 and 1583.

[3]　Giuntini 1583, 540; in the text, however, Giuntini describes him as "magnus Platonicus platonicus at doctus philosophus."

演说家和哲学家"，但是和任何学派都没有关联。[1] 维台罗（Vitelo）在 13 世纪写过光学著作，被称为"数学家"；而托勒密则是一位"埃及占星家"，但不是"数学家"；至于埃尔梅斯（Hermes），他是一个"埃及人"，但不是"占星家"；写过占星书的犹太人马沙阿拉汗（Messahalah）被指称为"阿拉伯人"，而阿拉伯人艾尔 – 巴塔尼（al - Battani）则被叫做"埃及占星家"。凡此种种，不一而足。

再列举一些年代距朱恩蒂尼更近的人物。雷吉奥蒙塔努斯是"一位在所有数学领域都非常有名的人"，但是并没有被指出与占星学有任何关系。利奥维提乌斯（Leovitius）和斯塔迪乌斯（Stadius）都被表述为"占星学家"，然而，尽管他们当时都因为各自编写的星历表而广为人知，前者被称为"天文学家"，后者则被称为"数学家"。差不多同样的情况，克里斯托弗·克拉维乌斯对萨克罗博斯科的《天球论》发表的评论受到很高的评价，他被称为"数学家"而非"天文学家"。与此形成对比的是，13 世纪的西班牙国王阿方索十世（Alfonso X）编订的行星表非常重要，直到朱恩蒂尼时代仍在使用，实至名归地得到了"天文学家"的称号。朱恩蒂尼的名录将新教徒排除在外，非常关注作者在天主教会不同教派中的成员身份。不过朱恩蒂尼也毫不犹豫地对大量新教作者做出了负面评价，比如奥西安德尔和梅兰希顿。[2]

对于自己欣赏的人物，朱恩蒂尼使用了"著名"和"优秀"这样的形容词来描述。比如他的老师，教友朱利亚诺·里斯托里，"加尔默罗修会的著名数学家"；卢西奥·贝兰蒂（Lucio Bellanti，卒于 1499 年），"锡耶纳（Siena）的著名占星家和物理学家"；格奥尔格·普尔巴赫，"著名的天文学家"；罗吉尔·培根（Roger Bacon），"占星家和优秀的哲学家"。这些例子足以显示当时作者身份的巨大的多样性，也足以表明，草率地担当起界定身份的角色，是一件危险的事情。

---

[1]　Giuntini 1583, 540: "Fuit orator et Poeta et philosophus celeberrimus et elegantissimus et multos edidit libros elegantissimos, et unum volumen contra Astrologos."

[2]　Ibid., 550-51.

正因为如此，当我们在朱恩蒂尼的星运历书上读到下面这条信息时，完全没有觉得惊讶："托伦（Toruń）的尼古拉·哥白尼，教士，生于 1472 年 2 月 19 日下午 4 时 48 分。"[1]朱恩蒂尼弄错了哥白尼的出生年份，不过比这个错误更有趣的是，他没有称哥白尼为天文学家，反而选择称其为教士。

除了作者的身份，书名所使用的语言和句法也很重要，能够帮助我们了解作者试图把它归入哪个类别，可以称得上是了解书籍的文学位置的快速指南。16、17 世纪是一个充满了巨大变革、战争和宗教争端的时代，天学著作如果呈现了某种争议或者分歧，那么它们很可能会在书名中使用一些特定的语词来加以反映，比如，新、伟大、辩护、反驳、困惑、变革等。那些介绍彗星这类新天体的著作，反而会采用一些听起来比较中性的词语，比如观察、描述、方法等。总体而言，最常见的还是那些在学校里学来的、已经被用滥了的表述：评论、原则、元素、基本原理、问题、争论、学说、论文、主张、命题、难题、实证、摘要、说明、应用与实践、概述、先驱（前驱）、草图（模型）等。[2]最后，还有一些书籍沿袭了古典文献的模式，无非是用加介词的方法来命名自己的作品：of, on, 或者是 about。《天球运行论》就是这样一部作品，对主题做出了最概括的描述。

此外，还有更一般意义上的认知论标准，也可以被用来组建两种知识之间的关系，通常是按照层次或是位次的逻辑。这种情况很明显的一个例子就是，某位作者认为自己的一部作品是另外一部的必要前引。比如托勒密，他曾经把自己的《占星四书》定义为天文学著作，而 16 世纪的读者则用"天文学"来指称他的另一部作品《天文学大成》，这是托勒密研究行星最重要的著述。与此形成对照的是，托勒密还写过一本《行星假说》（*Planetary Hypotheses*），用更偏向于物理学的方法解释了《天文学大成》中的模型；而这两本书之间的原始关系

---

[1] Giuntini 1573, fol. 290b.

[2] See entries in Zinner 1941.

却不为人所知，因为没有任何拉丁作品曾经明确地把《行星假说》归在托勒密的名下。[1]

上述作品之间的关系所暗含的学科优先标准，可以归结到亚里士多德的学科分类方法。他在《物理学》（*Physics*）一书中，把天文学、光学、音乐学都归类于综合了数学和物理学的学科。亚里士多德认为，从某种意义上说，在这些综合学科中，"物理学成分大于数学成分"，或者说，更多强调"数学中的物理学部分"。[2] 亚里士多德的论述所使用的语言并不精确、严格，难以形成准确的意义，这反映了作者本人正在与柏拉图的观点做斗争。后者认为，不变的实在并不存在于事物之中，而是存在于形式之中。

在亚里士多德看来，光学学生或者物理学家固然会对物体的数学形式产生兴趣——比如说，月球的直径是显而易见的——这些形式在心理上是抽象的，因而在人的思想中可以与事物分离，但是研究者随即在这种形式上添加一个物理的实在。欧几里得所著《光学》一书中有一个反映这种从属关系的例子，理查德·麦克拉汗（Richard McKirahan）对它进行了讨论。从眼睛所在的 E 点出发，可以形成不同的角（AEB、BEC、CED），表示月球直径的线段（AB=BC=CD）看上去是变化的，AB 大于 BC，BC 大于 CD。我们可以用一个转换规则，即直线代表光线，很轻松地从这个例子中推论出物理内容。几何学只是关注作为推理对象的抽象线条和角度，而光学家们则对月亮的形状和亮度变化有兴趣，后者的产生取决于观察角度以及光线进入眼睛的物理基质。[3]

在这个例子中，几何学研究的是线条、角度以它们的相对量度，而物理学关注的是光线自身的性质。它们研究和描述了同一现象的不同方面。亚里士多

33

---

[1] Goldstein（1967）was the first to attach Ptolemy's authorship to the missing text of the *Planetary Hypotheses*.

[2] Aristotle 1963, bk. 2, chap. 2.

[3] MaKirahan 1978, 199-201.

德在《后分析篇》(*Posterior Analytics*)中则说，数学是提供因和果的学科。几何学家在研究线条、角度和三角形的不同属性时，不需要了解光学现象（关于光线的性质）；他们"解释"或者说"证明"了抽象的视觉线如何借助人眼描绘出直线的轨迹，然后形成角度。[1] 不过，这并不意味着从认识论的角度讲数学的位级优于物理学，就像亚里士多德本人所认为的，关注形式的数学"并非一种前提性的学科"。[2] 虽然数学能够计算物体的形状，但它并不能因此而决定物体的性质。形式和事物之间的这种本体论意义上的紧张感，在亚里士多德的多部作品中都可以读到，这反映出作者受到了柏拉图的形式学说的影响，并因此在他的学术生涯中逐渐改变了观点。无论如何，亚里士多德丰富的著述和观点为后世留下了巨大的学习空间，也让不同的观点都能够借助伟人的言论来获得权威的支持。

托勒密就是一个例子。他明显受惠于亚里士多德的学科分类，但他同时向柏拉图学习，更倾向于确证数学的知识容量。他认为，物理学的研究对象是感性的、充满变量的，而神学则关乎永恒，只能靠猜测。就算事物处于变化之中，且终归腐朽，数学始终可以有自己关注的概念："从一处到另一处"的运动轨迹是圆形的吗？一个物体是沿着离心或者向心的方向做直线运动吗？至于支持《天文学大成》中的理论所需要的物理学依据——有限天球，地球静止——托勒密只是用了一个反事实的论点来支撑：如果地球绕地轴做周日自转，那么我们所能观察到的下坠物体或者飞行物体就都应该向西运动。不过，对于毕达哥拉斯所提出的地球周年运动，他并没有做出回应。[3] 这样，托勒密就认可了亚里士多德的结论：地球是静止的。后者是在试图解释运动物体物理性质的过程中得出这个结论的。不过，托勒密在其晚年著作《行星假说》中，为不可观测的"以

---

[1] Aristotle 1975, 78b 35-79a 17.

[2] Ibid., 79a 9-13.

[3] Ptolemy 1998, bk. 1, chap. 7, 45.

太壳层"保留了论述空间。[1] 他所描述的以太成分是精致小巧、稀薄纯净的，而且相比实体星球，这些成分"更加具有同源性"，即形状更为相似。[2] 托勒密用来包容实体星球的几何模型，基本上就是为了适应其以太设想而构建的，读者可以把星球运动的几何模型直接解读成固态的、有凹凸面的几何形状，这些形状与以太形态高度相似，因而可以说它们是由以太构建的。他如此小心地将永恒的以太与《天文学大成》分隔开来，强化了数学技巧、常规计算与天体物理学的分离。[3]

16 世纪，几何模型如何被嫁接在物理球体上，我们能从普尔巴赫的天球理论（theoric of orbs）中找到一个很好的例子。维滕堡的天文学家伊拉兹马斯·莱因霍尔德为读者解读了普尔巴赫的示意图："偏心天球建立起来之后，他们（天文学家们）集合了一些物理学的理论依据，给它附加了两个薄厚不同的球壳，一个在上，一个在下，这样整个球体就与世界的中心同轴了，也就避免了天球内出现真空或是天体分崩离析的情况。"[4] 莱因霍尔德的这番读解并没有得到评论者的一致认可。在他看来，天文学家们的做法是先构建几何模型，然后引入物理机制，填补空白，维持一个充满物质的空间。偏心的"不完整球面"（白色区域）的宽度是由行星的本轮直径决定的，它被两个黑色阴影半月形包围，一个是凹向的，另一个是凸向的。莱因霍尔德没有进一步说明内部阴影区域的确切物理状态。

与莱因霍尔德同时代的安德列亚斯·奥西安德尔提供了另外一个例子，说明当时的人们是如何看待二者之间的不确定关系的。他认为自己有义务为哥白尼辩护，于是主动写了著名的《致读者信》（"Ad Lectorem"），在未经作者许可

---

[1]　Taub 1993, 52-58.

[2]　Stephenon 1987, 28.

[3]　See Goldstein 1967.

[4]　Reinhold 1542, fol. C5v.

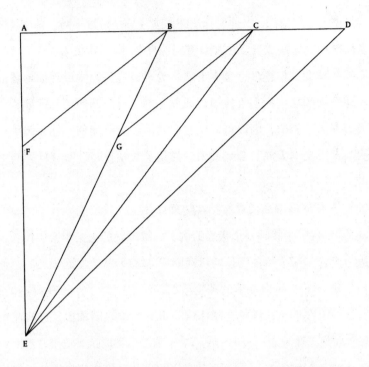

图 4. 差等（Subalternation）。欧几里得《光学》，命题 4。完整的几何证明，
参见 McKirahan 1978，200。

的情况下，把它放在了《天球运行论》正文的前面。奥西安德尔强调，天文学
中的数学部分可以提供假设，但人们永远无法知道这些假设究竟是不是真实的，
因为人们永远无法知道它的前提条件是不是确定的，就是说，天文学中的数学
部分并不是确证的科学。而物理学部分则是结论性的，因为它的前提条件是"神
的启示"。于是，奥西安德尔并没有明确地指出任何具体的神启前提，却暗示在
构成天文学的两个学科中，自然哲学必然是优先的。如果认为数学优先，那将
会"把自由技艺（liberal arts）抛入一片混乱之中"——奥西安德尔希望能够保

护哥白尼，使他能免于背上这样的罪名。[1]

星的科学

天文学作为一个混合学科，究竟应该如何界定，最主要的，如何判断它在亚里士多德和托勒密所称的"理论哲学"这个范畴中所处的位置，这个问题并没有穷尽天文学的分类难题。除此之外还存在着另一个补充性的分类结构，至少从 13 世纪开始，这个结构就已经相对稳定了。

它由另一对学科范畴组成——天文学和占星学，前者有时候会被分为理论和实用两部分。但是从一开始，这对概念就伴随着各种解释难题。首先，当时的人们并没有一套一以贯之的标准来区分这两个领域，有时候，在分类实践中他们会互换使用这两个词，这会让我们感到非常困惑。1493 年版的托勒密《占星四书》是其最早的印刷版本之一，它的编辑将占星学称为"星相天文学"（judicial astronomy），将天文学称为"四科占星术"（quadrivial astrology）。[2] 还有些时候，人们会使用"星的科学"这个说法，或者指两者所涵盖的全部内容，或者仅指其中某一部分。也就是说，人们把它当成了快捷设计，可能设想过它所指称的范畴，但却从来没有确定过，这就给我们留下很多模糊不清又费解的难题。它究竟是指天文学呢还是占星学？是指占星学的理论部分呢还是实践部分？这些问题的难点在于，没有哪个作者曾经在一篇作品中一次使用过这个概念之下的所有子概念。因此，关于当时这个词的用法，最安全的一般原则是考察具体的案例。就本书所关注的时代来说，我觉得有益的处理方法是：假定星的科学所

---

[1] On subalternation, see MaKirahan 1978; McMenomy 1984; Livesey 1982, 1985. See also Weisheipl 1965, 1978, 47-49; Lindberg 1982; Wallace 1984b, 99-148. On Osiander, see Westman 1980a, 107-9.

[2] Salio 1493, preface, unpag.

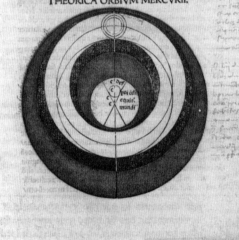

图 5. 水星天球构造理论（From Peurbach 1485. By permission of San Diego State University Library. Special Collections, Historic Astronomy Collection）。

35

包含的所有部分都出现了，尽管它们没有被清晰地呈现出来——就好像计算机屏幕上的编码，它们都出现了，而且对于软件的正常运行起着至关重要的作用，但是唯独就是在我们的眼前藏起来了。采用这种方法，我们就可以看到某位作者选择关注了哪些元素，又忽视了哪些元素。图 6 和图 7 总结了其中的重要元素。

哥白尼问题

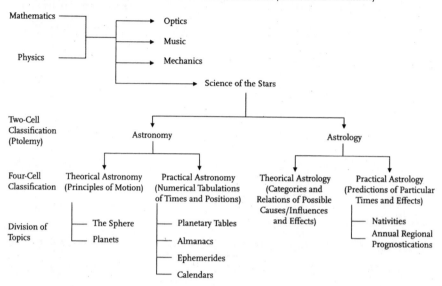

图 6. 星的科学诸元素。

36

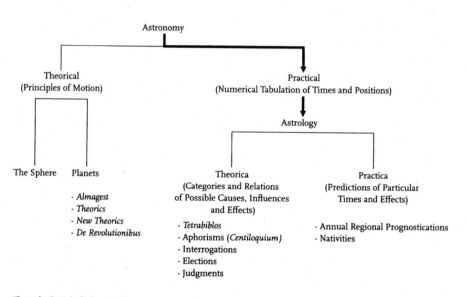

图 7. 占星预言实践的典型结构。加粗的箭头表示，对于占星家来说，天文学的实用部分（星表和星历书）对他们的工作起着至关重要的作用。

37

很偶然地，一位作者在他的书中顺道写下了一段话，提示了在"星的科学"名下存在着潜在的规则。这位 16 世纪的天文学教科书作者名叫伊拉兹马斯·奥斯瓦尔德·施赖肯法赫斯（Erasmus Osward Schreckenfuchs），他这样定义他所从事的学科：

天文学诸原则仍有待于探索。星的科学分成两部分，它包括天文学和占星学。天文学是这样的学科：它借助几何和算术，探寻并且证明天体的各种运动、规模和距离，其目的简而言之，就是把它们的所有变异和变化都记录下来——对行星是这样，对其他的星星也是这样。

而占星学则是这样的学科：它根据星星的运动和功德（virtue），以及星星的位置和它的性质，预测人的身体内运动的数量和质量。这本小册子里不会有任何关于占星学的内容，因为那需要专门的论文，而且很明显，它更加复杂，范围更广，显然不是简要的论述能够概括的。

施赖肯法赫斯的这种划分方法非常普遍，它也就是我所称的"二元分类"，天文学和占星学两方面都没有进一步细分成理论部分和实用部分。这个例子还让我们管中窥豹，知晓了分类过程中另一种潜在的但又普遍的做法：作者会观照某个自己不会涉足的领域，明确定位自己的学科。因此，尽管这个学科分为两部分，但本书只关注其中一个部分。另外，在自己关注的分支之内，作者没有再区分行星模型或是使用星表这两个参数，从而进一步明确自己的领域："这本书的标题是《论天球》，因为它收录了关于天球的论文。也就是说，它要讲的是圆形或球状的、由若干圆环组成的物体。学生们应该通过自己的想象，把这

哥白尼问题

个物质的球体转换为天球。"[1] 简言之，他并不打算用天球以外的内容，比如行星，来增加学生的负担。[2]

述及天文学与占星学之分，最核心、最重要的一个示例就是：托勒密把自己关于天的研究分开，写成了两本书，一本讲预测行星位置的若干基本原则，另一本讲如何解读行星运动所产生的效力和意义。从一开始，他就在《占星四书》里做出了这种区分，书中没有涉及几何模型或是行星；而在《天文学大成》里，他完全忽略了星的运动对尘世所产生的影响，观察的视角与哥白尼相同。就像前文所说的，托勒密在《占星四书》中陈述了两部作品中两种预言之间的关系：一个关乎天上，一个关乎人间。这种区分注解的不仅仅是抽象的程度，还有确实的程度。

论及天文学之预测方法，有两种最为重要、有效。其一，排序和有效性同居首位的是，关注和理解太阳、月亮及星星的运动方式，它们之间的关系，以及它们与地球之间的关系，这些都时常会发生。这第一种方法有自己的科学，有自己的著作（《天文学大成》），这本书借用证明之法，对它做了最好、最详细的解释；尽管它不能实现与第二种方法相结合所要取得的结果。其二，借这些

---

[1]   Schreckenfuchs 1569, 2, my italics:

Unde Astronomicae Disciplinae principia petenda sint. Astrorum Scientiam in duas diudi partes. Haec scientia despescitur in Astronomiam at Astrologiam. Astronomia est doctrina, quae mediantibus Geometria, et Arithmetica, inquirit, ac demonstrat motus uarios, magnitudines, et distantias corporum coelestium, ut paucis multa dicam, ipsa omnes diuer-sitates, et mutationes apparentiarum, tam in planetis quam in reliqius stellis, saluat. Astrologia autem est doctrina, quae ex stellarum motu ac uirtute, naturae atque situ diuersos qualitatum et quantitatum motus in corporibus, praedicit. De Astrologia in hoc libello nihil agitur, cum requirat propriam, et specialem tractationem, quae intricatior est, atque latius patet, quàm ut breuibus enarri possit. Tibulus libri est de Sphaera, propterea quod continet tractationem de Sphaera, hoc est, de corpore globoso seu rotundo, quod constat ex diuersis circulis, qui ex materiali sphaera, per imaginationem ad coelestem sphaera àdiscente transferri debent. Quod sit subiectum huius libri, ex praedictis satis superque constat, nempe aliud quàm primum mobile.

[2]   As does Schreckenfuchs 1556.

运动的自然特性，研究它们对其所环绕运行的地球能够带来的改变。我们现在应该选取一种适当的哲学方法，来讨论自足性显然不够的第二种方法。对于那些目标在于真理的人来说，他们决不会把这种方法拿来，去和第一种确实的、不变的科学做比较。[1]

托勒密在构建自己学科的过程中，参照了另外一个伙伴学科；这一点一直被他身后的评论家们仿效。天文学关注天体运动自身，它有自己的著作（比如《天文学大成》），其研究方法借助了欧几里得式的几何论证，依靠的是自身的规律和原则。占星学关注天体运动对地界所产生的效力，也有自己的著作（比如《占星四书》），但是研究方法却被托勒密明确地描述为"自足性显然不够"[2]。换言之，二者之间是从属关系，或者叫差等关系。天文学是较高的学科，占星学则是较低的，依赖于天文学所提供的天体的位置。

没有天文学，也就没有占星学。不过，占星学区别于天文学之处在于，它是推测性的，关注的是瞬息万变、动荡不安的物质世界。因此，占星学是从属于天文学的，但是给后者附加了天上的原因和地上的结果。

13世纪，托勒密的划分方法被进一步细分，形成了一种三元分类法。诺瓦拉的康帕努斯（Campanus of Novara）在他的名著《行星理论》（*Theorica Planetarum*）的前言中，明确表述了这种分类方法。"这种高贵的科学被古代的专业人士区分为两大类：我们可以既考虑天体的运动，同时又将这些运动与其对地界事务的影响关联起来；第一类属于证明的科学（science of proof），而第二类属于判断的科学（science of judgment）。"[3] 可见，在古代和中世纪，关于天体光线和它们的影响的"判断"，与作为其先决条件的"证明性"工作，这二者之间

[1]   Ptolemy 1940, bk. 1, chap. 1, 3.

[2]   Ibid.

[3]   Benjamin and Toomer 1971, 139. I have made slight changes in the translation.

是有明显区分的,这种区分构成了后世作者们进行学科分类的认识论基础。但是,在下文中,康帕努斯进一步细分了证明性元素:

　　同样地,证明类别又被分成了理论和实践两个部分。理论部分借助几何学的基本原理,用确实可信的推论方法研究天体的体积,个别的天体运动的数量,星球的相对大小,不同星球之间的距离,以及其他诸如此类的问题。实践部分则借用了理论部分的结论——通常以几何图形的形式呈现——再把它们用算术的方式转换成数字表达。正因为如此,非精通几何和算术不能涉足这个领域。

　　而与此同时,实践部分又非常有用,它处于证明科学部分的尾端,又是判断科学的前件,即以此为前提,哲学家们归纳出一套表格,方便查询者使用。有了这套表格,即使是只接受过中等教育的普通人,只要他们能看懂数字,就能够很容易地找到所有行星在特定时间的特定位置。[1]

　　康帕努斯的这段文字非常重要。他承认,当他把天文学区分为理论和实践两部分时,更加有用的是后一部分,即实用天文学。对于那些想借助天文学来完成自己工作的人来说,比如占星或是编写日历,这一部分无疑是不可或缺的。康帕努斯曾经非常坦率地说:有很多人,哪怕是"热爱这门高贵科学"的人,都"打消了"学习的念头,因为数字计算的工作真的是太复杂了。正因为如此,为了那些"由于缺少经验或者难于理解"而不能解决上述困难的人,为了让他们有办法找到不同时间行星的确切位置,同时还不用触及刚才所说的算术难题,"几何"必须和"算术"分离,"理论"必须和"实践"分离。[2]

　　康帕努斯用一种名为行星定位仪的仪器,填平了天文学理论和实践部分之

[1] Benjamin and Toomer 1971, 141, my emphasis.

[2] Ibid.

间的裂隙。这种定位仪把行星运动分解成了若干独立的环形组件，这些圆环用不同的材料制成：黄铜、硬纸板，或是厚羊皮纸。[1] 用这种仪器来模拟行星运动，就可以省去繁复的计算。使用者只需要牵引操作均轮盘和本轮盘，然后把得到的行星经度位置 "对等转换"（equated/converted）成真正的数据。行星定位仪就是吉姆·贝内特（Jim Bennett）所说的模拟（mimetic）仪器的一个例子。它能够把平面几何图形用物质实体构建出来。康帕努斯称 "这种仪器可以被感官感知，能够模拟天体的旋转运动"[2]。康帕努斯的《行星理论》把理论与实践嫁接在一起，形成了一个结果：它既是一种实体仪器，又是一个书写文本；它解释了托勒密式的几何原则和参数，以此为基础构造出这种仪器。[3] 伊曼纽尔·普勒（Emmanuel Poulle）进一步提出，行星定位仪既是一种教学模具，又是一种计算仪器。

从杰弗里·乔叟（Jeoffrey Chaucer）以降，直至 16 世纪的作者，包括约翰内斯·勋纳（Johannes Schöner）、欧龙斯·费恩（Oronce Fine）和彼得鲁斯·阿皮亚努斯（Petrus Apianus），康帕努斯的定位仪成为在天文学和占星学之间架起桥梁的典范仪器。[4]

如此看来，"理论" 就包含着两层含义，它们互相关联，又互相区别。首先，也是最重要的，它表达了一种分类标准：在星的科学领域，用一整套几何工具包来建立天体的运动模型（天文学），并定义多种可能的组合，这些组合转而产生各种物化效果（占星学）。天文学的实践部分，包括行星表、星历表上的数据等，

---

[1] Poulle 1975; Poulle 1980, 1: 42 ff.

[2] Benjamin and Toomer 1971, 30-33.

[3] One is reminded here of the "equatorie of the planetis" ascribed to Geoffrey Chaucer: "Take therefore a matal plate, or else a board planed smooth, tested with a level, and polished evenly; and when it has been maded into a perfect circle by your compasses, it shall be 72 large inches or six feet in diameter. The circumference of this circular board should be bound with an iron rim, just like a cart wheel, so it does not warp or become crooked. If you wish, the board can be varnished, or parchment can be glued over it to give a good surface" (Price and Wilson 1955, 47).

[4] Poulle 1975, 100.

则是将各种几何理论或是模型中所述及的各种角度，与人类所观察到的星星的位置建立起了关联。与此同时，实用天文学又将各种数据表与占星预言的规则相关联。这就解释了为什么 16 世纪的星历表中常见涉及占星学理论，而普尔巴赫的《行星新论》中却鲜少涉及。[1]

其次，理论也包含一种演示性的实体仪器——行星定位仪，它可以用来教授概念，也可以用来计算。[2] 也就是说，"理论"这个词既是表述分类原则的通行术语，又是一种仪器。人们可能还禁不住要进一步说，行星理论本是物理属性的，它指向固体的、物质的、不可穿透的球体。事实上一些历史学家非常倾向于这种观点，但是得出这样的结论还需要谨慎。[3] 如果说 16 世纪"理论"这个词包含具体的、表示性的仪器这种意义，那么，相比较于 17 世纪那些用于探索新发现的仪器，比如望远镜和显微镜，前者显然缺乏后者所具备的一些属性。[4] 一方面是《天文学大成》中出现的平面几何绘图，一方面是后世理论研究中实心球体的图解，16 世纪的评论家们如何试图定义两者之间的演绎关系，这一点在后面的行文中将会述及。

无怪乎在 15 世纪以及 16 世纪早期，无论是预言家还是日历、年鉴编写者，

---

[1]　This amalgamation of different elements of the science of the stars into a single, weighty volume is especially evident in the massive ephemerides produced after the appearance of Reinhold's planetary tables（1551）: Carelli 1557; Leovitius 1556-57; Magini 1582, 1585; Origanus 1609.

[2]　Pedersen 1978b, 160; for the Erfurt theoric, see Poulle 1975, 101, 108. The Adler Planetarium in Chicago holds a beautiful series of such hands-on, didactic models from early-sixteenth-century Italy. A student could manipulate the thick paper tabs attached to the orbs to help visualize various kinds of relationships, such as between true and mean motions.

[3]　Consider Christian Wursteisen's question: "Is not Mercury's equant a special kind of orb?" which he answers thus: "It is not an orb but a circle with a certain eccentricity, as with Venus and the three superiors, that the deferent orb describes in the imagination."（Wursteisen 1573, 214）. See also Frischlin 1601, bk. 4, chap. 5, 221, 228; and Kepler 1937-, 7: 293, 11. 27-28: "Aristoteles, solidis orbibus coelum refertum credens（licet aequivocae materiae）et philosophi posteriores, quos secuti esse videntur Arabes, et post eos Purbachius Theoriarum scriptor"）; M. P. Lerner states that Peurbach suspended judgment on the ontology of the particular orbs and treated them purely geometrically（Lerner 1996-97, 1: 128-29）; on Copernicus, see Goddu 2010, 370-80.

[4]　See Bennett 2003, 142-43; Bennett 1986; Van Helden 1994; Warner 1994.

不约而同地都对"理论"原则沉默。他们所需要的原则体现在上文所说的仪器中，或者是其他用来回答"为什么"问题的文本中。只要仪器能够满足自己的预言需求，他们就没有什么动机再去讨论它的原理。

总而言之，从诺瓦拉的康帕努斯开始，星的科学由三种元素构建这种分类方法就被打下了基础。在康帕努斯之后，天文学（而非占星学）被分为"理论"和"实用"两个部分，各有各的知识范畴和效用。二者的区分标准，沿用了亚里士多德区分哲学的理论部分（如形而上学、数学和物理学）和实践部分（如伦理学和政治学）的模型。前者提供证明、推理、原因或是一般原则，后者表述如何利用这些原则来制成什么或做什么。[1]不过，康帕努斯本人则沿用了托勒密的方法而不是亚里士多德的方法，对于这一点我们无需感到惊讶。托勒密的整部《占星四书》都将天文学设想成了一种能够产生各种预测的学科，并将占星学和天文学都归为预言的学科，这一点有别于亚里士多德。托勒密在如何对待此两者关系的问题上，不是以其社会声望来区分的，而是以孰者更为确证、更能自足来区分的。可以说，就维护占星学的权威性而言，首屈一指的作品就是《占星四书》，尤其是在 12 世纪阿拉伯占星术开始进入西方拉丁世界之后。[2]亚里士多德提出的"理论的"（哲学）这个概念，后世的评论家们时常用"推理的""思考的""假设的"来代替，而"实践"这个概念，则被"实用""报告""观察"之类的词语代替。到 15 世纪晚期，当哥白尼进入大学的时候，星的科学已经成为一个具有四重含义的概念，即加入了实用占星学的元素。

---

[1]　See Aristotle 1961-62, 1, 2. 1, 87; Aristotle 1977, xvii. Eustachius a Sancto Paolo, a major seventeenthcentury commentator on Aristotle, offers this gloss: "Hujus pars du-plex; altera nempe theoretica seu contemplatrix, altera practica seu operatrix: quod colligitur ex Aristotele, 2. Metaph. c. 1. quo loco *finem theoreticae ait esse veritatem; practicae verò, opus*: Unde illa definitur, Quae in sui subjecti sola contemplatione conquiescit, haec verò, Quae sui subjecti contemplationem ad praxin seu opus refert" (Sancto Paulo 1648 [1609], 1).

[2]　As Edward Grant points out, the classification scheme of Domingo Gundisalvo (*De Divisione Philosophiae*, ca. 1150) already reflects a complexity occasioned by the arrival of new Greek and Arabic texts (see Grant 1974, 53, 59-76).

尽管亚里士多德本人并没有在学科分类中为占星学保留一席之地，[1]但这并不妨碍文艺复兴时期的作者们将他的权威性融入自己的观点。阿里·阿本罗丹（Haly Abenrodan，又写作 Haly Heben Rodan 或 Ali ibn-Ridwan）的《占星四书》注解（也是这部作品的第一本印刷评注）为此打下了良好的基础。原书第 1 卷第 4 章是一个非常重要的章节，讲述了行星的效力，作者称其为"功德"（virtue）。阿本罗丹评论道："托勒密选择了与亚里士多德相同的路线"，"很明显，他和那些逍遥派哲学家（逍遥派即亚里士多德学派。因亚里士多德在学园中与学生漫步讲学而得名。——译者注）所持的观点是一致的"。[2]把亚里士多德与占星术联系起来的另一个例子来自他的《气象学》（*Meteorologica*），书中讲到了天对地的影响。[3]

40

但是，从占星实践的角度来看，如何排除星的科学这个四元范畴内的其他三个元素，这又一次成为一个问题。占星实践，或者说预言活动，时常要借助理论原则，但却很少提及这些原则。如果这一部分内容对天文学理论保持沉默，那么，后者就其本身而言，就只是对行星运行机制提出了一种数学描述。通常人们认为，担当这项任务的是《天文学大成》，它详细阐述和证明了这个学科的一整套原理。形成这种归类观念的最初原因，似乎是由于《天文学大成》是一部艰涩的专著，难读、难译。12 世纪，西班牙和意大利翻译家〔塞维利亚的约翰（John of Seville）和克雷莫纳的杰拉德（Gerard of Cremona）〕向读者们介绍了这部作品，他们关于行星理论的文字，成为当时人们理解《天文学大成》的指南和桥梁。[4]但是如果说这些文字构成了认识《天文学大成》的基础，那它们与亚里士多德自然哲学的关系、与托勒密《行星假说》阿拉伯译本的关系，则难

[1]　This omission may account for its absence from recent studies of medieval divisions of the sciences, such as Weisheipl 1978 and McInerny 1983.

[2]　Ptolemy 1493, fols. 10v-11: andatores or circuitores.

[3]　Aristotle 1962b, 339a 31-32; see North 1986b, 46.

[4]　See Federici-Vescovino 1996.

以断言。[1]

　　行星理论作为一个类别，包括一套用以进行天文学计算的数学原则，也为自身建立起了一个相对稳定的语汇库。[2]正如奥拉夫·佩德森明确表述的，中世纪大学课程中存在一套多少已经标准化的专著概论体系，"行星理论"则是13世纪的时候附加在这个体系上的文献群体。一套典型的书目首先包括萨克罗博斯科的《天球论》，另外还有几本讲述如何构建和操作天象观测仪的书籍，一套星表，再有一两本讲历法的书。[3]但是，到了13世纪，伊斯兰占星书籍也已经来到了拉丁世界。于是佩德森创造出了另一个词——"星学集合"（corpus astronomicum）——来指称这个扩容后的新概念。不过，更恰当的说法应该是历史上的人们频繁使用的一个概念：星的科学。[4]

理论与实践的分类历史

　　要区分理论与实践，首先需要澄清三点。

　　第一，尽管这本书研究的主题是天，但显然这二者的区分并不仅限于天文学和占星学。早在12世纪，多明戈·冈迪萨尔沃（Domingo Gundisalvo）就曾写道："哲学的一部分让我们知道应该怎么去做，这部分叫'实践'；另一部分让我们知道应该怎么去理解，这部分叫'理论'。因此，它们一个关乎学识，另一个关乎效果；一个仅仅构成了大脑认知，另一个则用于身体力行。"举个例子。几

---

[1]　In what sense were Peurbach's theorics physical embodiments of Ptolemy's methematical models? Olaf Pedersen regarded them as "pseudo-physical spheres... a kind of lip-service to the Aristotelians but devoid of real astronomical importance" (Pedersen 1978, 165; see also Lerner 1996-97; 1: 128-29) ; but cf. Shank 2007, 2; Swerdlow 1973, 437; Swerdlow 1996, 188; Jardine 1982.

[2]　See Pedersen 1978a, 314-22.

[3]　See Pedersen 1975. Pedersen's neologism for these collections of works is *corpus astronomicum*.

[4]　To secure this usage, further study of the term in MaMenomy's more extensive survey of such collections would be required（1984, 481-516）.

何理论关注人的头脑抽象出来的静止的度量（线、面、体），几何实践考虑的则是它们"与其他元素混合之后形成的事物（色彩、声音等）"[1]。

这种学术划分有着长久的历史，尽管其间两者的含义也发生过变化。比如17世纪后期，牛顿认为有必要向他的读者指出，《自然哲学的数学原理》一书的主题是"理性的力学"，它区别于"实践的"或是"手工的"机制。对于前者他有一番广为人知的解释，即"以数学科学为基础，研究某种力所产生的运动，以及某种运动所需要的力"，他将其归结为自然哲学的一部分。至于后者，牛顿认为它是一种古代人发展出来的手工艺性的主题，关注如何"使物体运动起来"[2]。

第二，也是最重要的一点，这里所说的理论与实践的知识区分，并不能与现代意义上的科学分工保持一致，因为有些人可能会拿理论家和执业者、理论科学家和实验科学家这样的区分来作对比。[3]近代早期作者的称谓语言区分固然是存在的，但是，它们并不能正投影于某种社会角色分工。这种专业化的认识是现代意义的。而在当时，一位作者可以写一部理论著作，但并不等于他就是理论家，或者是理论方面的专业人士。作者们可以不分界限地写作，既涉及理论，也涉及实践。再者，当时的人们也不必探究区分同一学科主题的理论功能和实践功能。[4]也就是说，相比于19世纪关于"纯粹"科学家与"实践性的"工程师之争，这里所谓的理论与实践之分，与前者仅有一丝遥远的族系相似性。[5]威廉·休厄模仿艺术家（artist）这个概念，创造了一个新的词语——科学

41

[1]　See Grant 1974, 67-68, 71.

[2]　Densmore 1995, 1.

[3]　Contrast this with Peter Galison's account of the situation in late-twentieth-century physics: "The intellectual and social world of the experimenter is different from that of the theorist. Arguments take place in different physical and social settings, with different standards of demonstration" (Galison 1997, 9) .

[4]　Cf. Biagioli 1989.

[5]　In 1888, Oliver Heaviside wrote a letter to *The Electrician* titled "Practice vs. Theory: Electro-Magnetic Waves," in which he stated: "The duty of the theorist [is] to try to keep the engineer... straight, if the engineer should plainly show that he is behind the age, and has got shunted onto a siding. The engineer should be amenable to criticism." Quoted in Hunt 1983, 353; Kline 1995.

家（scientist）。这种表达方式表明，休厄感到有必要用一个词来指称专门在某一行业从事实践活动的某一类人。[1] 尽管如此，"科学家"这个词却直到19世纪末才被广泛地认可，而且主要是在美国。在英国，休厄创造的这个新词仍然没有什么认知度，人们认为这是美国人发明的一个语焉不详的说法。[2]

15世纪，假如说理论与实践之分涉及了社会分工的话，那也仅限于教育体系之内。例如，按照博洛尼亚大学（University of Bologna）1405年的章程，医学的组织结构是分等级的。整个15世纪，医学理论讲师们需要阅读的书目主要包括：盖伦（Galen）的著作，论及发热、危险期，以及生理学基本原理；希波克拉底的《预后论》（Prognostica）、《箴言论》（Aphorismata）及其他论文；还有阿维森纳（Avicenna）《医典》（Code）的第一部分，这部著作非常重要，它为学术性的医学知识奠定了基本原则，也为构建医学与其他同源学科的关系打下了基础。[3] 除此之外，亚里士多德的一些自然哲学著作也被囊括在内。事实上，正如查尔斯·施密特（Charles Schmitt）所强调的，16世纪的西方拉丁世界有一种倾向，认为自然哲学是医学的预备科目："自然哲学家更进一步的职责是研究疾病与健康的基本原则，因为只有生命体才会呈现疾病或健康的特性。因此，我们可以说，大部分自然哲学家，以及那些对自己的领域表现出了科学兴趣的医学家，二者是有共性的：一方面，前者的研究终结于医学；另一方面，后者的理论基于自然哲学的若干原则。"[4] 在16世纪，这就意味着，对于医学家来说，自然哲学在很大程度上起到了理论医学基础学科的作用，也就是说，理性的、探究原理的医

---

[1] See Morell and Thackray 1981, 19-20, 96. As the authors point out, the immediate occasion for Whewell's term was the 1833 meeting of the Cambridge Meeting of the British Association, at which Samuel Coleridge pushed for the formation of a national church of intellect, a "scientific clerisy" modeled after "the Reformation ideal of a clergyman and a schoolmaster in every parish."

[2] In the America of the nineteenth-century Gilded Age, the word *professional* carried clear commericial connotations that provoked cultural anxieties about the term *professional scientist*. See Lucier 2009, 723-32; Ross 1962.

[3] For the role of Avicenna as a basis for the medical curriculum, see Siraisi 1987, 10-12.

[4] See Aristotle 1936, 215-17: De sensu 436ai8-b2; quoted in Schmitt 1985, 8; Siraisi 1987, 97.

学学科的构建，有赖于自然哲学的支撑。因此，一名（理想的）"理论"医学家既掌握哲学知识，又掌握文献知识——后者显然是受到了人文主义者复兴古典希腊文化的影响。[1]与此同时，医学理论的讲师们在当时很受推崇，享受更高的薪资，拥有更高的地位。

与此形成对比，另外一些讲师研究阿维森纳《医典》的第三部分，从事的是医学实践工作。这个领域关注显见的病征——"从头到脚"某个特定器官所出现的症状，以及对症的治疗方法。[2]15世纪80年代，这种"注重实践"的医师会随身带着一本实用医学书。到了世纪之交，这类随身携带的书本的印刷量显著增加，其中有许多在16世纪被重新印刷或重新编订。四五十年后，图宾根医学家莱昂哈德·富克斯（Leonhard Fuchs）在其著作中，表现出了希望将理论纳入实践框架的意图，他的《医学指南》（*Institutionum Medicinae*，1555）一书始于理论性的定义和划分，但终结于一个"从头到脚"式的小章节。[3]不过，书名有时候也会误导读者。乔瓦尼·马夸迪（Giovanni Marquardi）写过一本论述疾病的书，书名可以翻译成"实践或经验理论"，或者"实践经验理论"，而实际上这本书完全是实用型的，从头痛到疝气，不一而足，理论性的内容则丝毫没有涉及。[4]

教育体系内社会角色分工的另一个例子是，博洛尼亚大学章程规定了天文学讲师的职责：除了讲授天球知识，"他还要能够做出预测，编写年鉴"[5]。约翰内斯·保卢斯·德·丰迪斯（Johannes Paulus de Fundis）就为我们提供了这样一个范例：他写过几篇论文，包括《行星新理论》《新天球论》，一篇针对萨克罗

---

[1]　On the development of the humanist tradition in Renaissance medicine, see, inter alia, Schmitt 1985; Nutton 1985; Wear 1985.

[2]　"Ad lecturam tertij Avicenne de egritudinibus acapite usque ad pedes," as we read in the rolls for 1480-81 (Dallari 1888, 1: 112). See Park 1985, 60, 245-48; Siraisi 1990, 152; Siraisi 1987, 55-56.

[3]　See Wear 1985, 123.

[4]　Marquardi 1589. Marquardi was ordinary professor of medicine at Bologna.

[5]　Thus, a typical requirement is that of 1482-83: "Ad Astronomiam de mane diebus continuis et ordinarijs. D. M. Hieronymus de Manfredis, cum hoc quod faciat iudicium et tacuinum" (Dallari 1888, 1: 118).

博斯科《天球论》的评论，还有一篇驳尼古拉·奥雷姆（Nicole Oresme）质疑占星学的文章；与此同时，他还为 1435 年做出了"一点预测"[1]。

整个 16 世纪，将理论和实践作为知识分类的标准，已经成为普遍的传统。除了医学、天文学和占星学，我们还能发现它至少应用在了以下一些学科中：几何、算术、宇宙学、法学、音乐、写作、手相术、绘画、军事、机械、航海、舞蹈等等。[2] 但是我们不应该认为，某一学科的作者们会形成一个界限清晰的社会群体，直接对应于他们写作的领域。

就像约翰内斯·保卢斯·德·丰迪斯一样，弗朗奇诺·加富里奥（Franchino Gaffurio，1451—1522）也是一个跨领域写作的范例，他既写过《理论音乐学》（*Theorica Musice*，1492），又写过《实用音乐学》（*Practica Musice*，1496）。第一部书仿照古罗马波伊提乌斯（Boethius）的结构方式，开篇按照人文主义者的惯例，表达了对音乐的赞美，然后论述了声音与数字的性质，以及和音、音程等理论问题。第二本书主要讲韵律和节奏的音乐实践，音乐理论在重奏及复调中的应用，等等。[3] 加富里奥是米兰安布罗斯教堂唱诗班的指挥，也是一位多产的作曲家。我们该怎么定义他呢？音乐家？理论家？从业者？类似这样的严格区分，往往会让我们产生"专业化程度"或是"专家身份"这种印象，而事实上当时并不存在诸如此类的概念。

在同一时期，算术领域也有类似于音乐的理论和实践之分。15 世纪晚期，大约出现了 26 部承袭波伊提乌斯传统的拉丁算术著作，它们主要关注数字理论、比率问题、比喻数（figurative numbers，如三角形数或平方数）、数秘主义（number

---

[1] See Thorndike 1923-58, 4: 232-42. The judgment begins: "Iohannis Pauli de Fundis Tacuinus astronomico-medicus." Undoubtedly de Fundis composed other judgments, but this is the only one of whose existence I am aware.

[2] Mendoça 1596.

[3] Gaffurio 1967; Gaffurio 1979. See also Gaffurio 1993, 1969; Moyer 1992, 66-77.

mysticism）等。[1] 与此同时，也出现了大约 30 部实用算术著作，主要关注商业计算和生意事务。其中有些采用了阿拉伯数字系统，讲解如何计算阿拉伯数字。[2] 有些则采用了罗马数字系统和算板，借助口诀表和实物移动来完成计算。最早的印刷算术著作出现在特雷维索（Treviso），是用威尼斯方言写成的，它很好地例证了实用算术的知行合一特性。[3] "这时开始出现了实用算术，它对于那些做生意的人来说非常有用，他们借助一种叫作算板的工具进行商业计算。"[4]1568 年，佛罗伦萨哲学家弗朗西斯科·维耶里（Francesco Vieri）在比萨授课时，这样总结算术和几何的这种两元分类："柏拉图在《斐利布篇》(*Philebus*)中称算术的'猜想'部分为哲学家的算术，其他部分为普通人（即商人）的算术。"[5]

商业计算的需求不仅使得意大利的算术和医学实践在历史上都占有重要位置，而且也促进了司法实践的兴盛。彼得鲁斯·德·帕皮亚（Petrus de Papia）所著的《法律实践新编》(*Practica Nova Indicialis*，纽伦堡，1482）可能是同类著作中最早印刷的一部。这本书和当时的许多医学专著一样，最前面也编排了一份按字母排序的索引表，方便使用者快速查找特定的法律问题。[6]

到了 16 世纪，尽管"理论"和"实践"这两个术语并没有明显出现在书名中，但是在操作层面，二者的区分仍在继续。举个例子。鲁汶有一位地球仪工匠，也是一名数学老师，名叫赫马·弗里修斯，他曾出版过一本书，标题是《天文学和宇宙学原理及地球仪的使用方法》(*On the Principles of Astronomy*

---

[1]　Swetz 1987, 33. See also Van Egmond 1980; Strong 1936; Schrader 1968.

[2]　See Sanford 1939; Swetz 1987, 29.

[3]　Swetz points out that "'Do' is a characteristic feature either implicitly or explicitly given in the text. Latin arithmeticians used to write'Fac ita, ''do it thus, 'and the Germans, 'Thu ihm also, ''do it as before. '" (Swetz 1987, 195)．

[4]　Ibid., 40.

[5]　Vieri 1568, 114-15; cited in Crombie 1977, 75.

[6]　Papia 1482: *Dammum, Error, Fictum, Gradus, Hereticus, Ignorancia, Judeus, Mulier, Notarius, Officium, Sciencia, Socius.*

and Cosmography and concerning the Use of the Cosmographic Globe，安特卫普，
1548）。书中第一部分简要描述了以太世界和物质世界，定义了地球的一些基本
的几何概念，然后讲解了为什么地球会分为不同的区域、气候、生境，凡此种种。
接下来，书名中的"及"这个词把内容转移到了实践环节："讲完理论原则之后，
现在我们进入实践部分，讲授如何使用不同种类的仪器。"[1]

16 世纪的最后 25 年，这种理论与实践互相结合的趋势更加明显了。在某些
情况下，这种现象是被特定领域的从业者所驱动的。比如画师，他们需要理论
赋予自己一定的权威性，以此得到大学的认可。一位名叫乔瓦尼·保罗·洛马
佐（Giovanni Paolo Lomazzo）的画家写过一篇论文，题目是"论绘画艺术"，他
在副标题中注明，这篇论文包括了"绘画的理论和实践两方面"。在他的笔下，
绘画作为一门艺术的定义是动态的。它不仅包括借助光线和透视原理，用恰当
的线条来"模仿"物质实体，而且包括对运动的呈现，并由此达到对特定效果
和心灵情感的视觉再现。用更具有逻辑性的方式来表达，就是说，绘画是从属
于自由技艺的（包括几何、算术、透视法、自然哲学等）。从几何原理过渡到现
实世界的图形表达，需要在上述人文学科的基础上添加一些东西，在这个例子
中，就是画家们的手。然而，一位几何学家用他的手去实际画几个圆圈或是方
块，这并不会使几何学屈尊到"受奴役的状态"[2]。所以说，把理论和实践"结合"
（conjoin）起来应该是一种"美德"（virtue）。[3] 还有一个借助"手"来实现结合

---

[1]　Frisius 1548, 11: "Delibatis theorices huius artis principiis, and praxim accingimur, quam et si variis multisque instruments possemus docere, cum tamen inter omnia nullum tam perfectum, tam generale sit, quod tantum praestare possit."

[2]　Lomazzo 1584, 17: "Pittura è Arte laquale con linee proportionate, et con colori simili à la natura de le cose, seguitando il lume perspettiuo imita talmente la natura de le cose corporee, che non solo rappresentla nel piano la grossezza, & il rilieuo de'corpi, ma anco il moto, e visibilmente dimostra à gl'occhi nostri molti affetti, et passioni de l'animo."

[3]　Ibid., bk. 6, 279: "Della virtù della prattica." Lomazzo also believed that theory was a property of the soul and immortality and that it could counteract the decline of the corruptible body on which artistic practice depended (see Campbell 2002).

的例子。

　　约翰内斯·罗特曼（Johannes Rothmann）曾写过一本关于手相术的小册子。手相术的理论认为，整个宇宙是有生命的，它借由世间的灵魂关联在一起。不过罗特曼的书大部分内容是实用性的。只要知道一个人的生辰，再观察他手上的纹路，相术师就能够描画出这个人的天宫图，进而做出解释。[1] 最后还有一个利用手来结合理论和实践的例子，那就是西吉斯蒙德·丰迪（Sigismund Fundi）所写的关于书法的一本书。这本书非常吸引人，因为作者借助自己作为一个几何学家和数学家的专业技巧，精心布局线条和圆弧，向读者展示了书法的优雅动人之处。[2]

　　当 15 世纪的印刷商和作者们开始着手为新兴的市场构建天学著作的整体框架时，他们发现"理论"和"实践"作为一种中立的分类名目，使用起来非常方便。与此同时，印刷工坊出版了数以百计的"实用性"专著，囊括了方方面面的知识领域。由此，新兴的印刷经济微妙却又不容置疑地改变了"实践"这个词的意义。"理论性"和"实用性"作为文体形式，开始逐渐具有了现代意义。

43

理论占星学

《占星四书》：从阿拉伯版本到改良后的人文主义版本

　　一直到 16 世纪 30 年代中期，在津纳的文献目录上，有 10%—20% 的占星学出版物是关于基础理论的，1535 — 1560 年间，这个数字出现大幅度增长。这

---

[1]　Rothmann 1595.
[2]　Fandi 1514.

类书籍并不会针对某个特定的时间和地点做出预测，那是实用占星学的任务。理论著作则不同，它们的主要目的有两个：第一，定义预言吉凶所需要的多种名目；第二，也是更偏重于实用性的一点，规定具有预测意义的行星位置排列组合方式，当然，其总数相当庞大。[1] 这个领域采用的是演绎逻辑，它的结果是标准化的。举个例子，假如说人群 A（比如男性或女性）中有任何人的行星 X 和 Q 处于星座 H 中，那么，他们就应该格外小心结果 Z，或者，在某些特定的日子，应该避免出门旅行，或是进行放血治疗。

《占星四书》毫无疑问是形成这类理论的首要源头，它的重要性并世无两，应用最为广泛。这本书在 16 世纪广为流传，也可以看作是人文主义运动的一种表现，因为当时的学者们纷纷致力于发现和翻译古典时代的经典作品。[2] 不过，那时的《占星四书》与现代版本并不相同，它并非一个单独成册、形式稳定、内容统一的出版物，而是在印刷的时候被分成了若干文本，集合成一套出版。这种做法与中世纪时期出版的其他天学著作并无不同。[3] 这种分散－联合的出版方式，进一步解释了为什么当时天文学和占星学两个名词是可以互换使用的。也就是说，如果一个人生活在 15 世纪末，他想要做出一些占星预言，那么他很可能同时找来《占星四书》和其他一些古代的、中世纪的作品，把它们合在一起使用。只是这种情况长时间以来并没有被人们充分认识。[4]

托勒密《占星四书》的拉丁译本主要有两个来源：一个是阿拉伯版本，另一个是希腊版本。第一种由埃吉迪乌斯·德·特巴迪（Aegidius de Tebaldi）从阿

---

[1] "The mingled influences of the stars can be understood by no one who has not previously acquired knowledge of the combinations and varieties existing in nature" (Ptolemy 1822, 153) .

[2] Curiously, astrology is not usually seen as one of the areas characterized by humanist practices (see, for example, Mann 2004) .

[3] Pedersen's study of such collecctions has been extended by MaMenomy (1984, 481-528) .

[4] The situation is analogous to the one encountered by Charles Schmitt in the early 1970s (Schmitt 1973) .

哥白尼问题

拉伯文翻译成拉丁文，并附有阿里·阿本罗丹的评论，这个版本是由 15 世纪晚期的意大利印刷厂出版的。第二种是由希腊文直接翻译成拉丁文，没有阿拉伯人的评论。

1484 年的拉丁版《占星四书》属于第一种。当时德国的印刷商埃哈德·拉特多尔特（Erhard Ratdolt）在威尼斯刚开了新厂，就是在这里出版了这部译作。他把全书分为 6 章，并附录了托名于托勒密的《金言百则》（*One Hundred Aphorisms*，*or the Fruit of the Four Books*，拉丁文为 *Centiloquium*），以及阿本罗丹的评论。[1] 原本托勒密所界定的占星学是一种复杂的猜想，无法针对特定的人或事做出确切的预言，而《金言百则》则让这种界说变得鲜活起来，用格言的形式提供了简短的实用指南，可以很方便地帮助占星家们看病、绘制天宫图，或是编撰预言年鉴。[2] 比如，医治格言把合相、食相、十二星座、彗星的出现这些天象，和某些病征（发烧、呕吐）以及相应的治疗方法（通便、放血、截肢）联系起来。[3] 有些版本把这本书托名于托勒密，有些则将其托名于古埃及预言家赫尔墨斯·特利斯墨吉斯忒斯（Hermes Trismegistus）。还有另外一部作品《医用数学》（*Iatromathematica*），人们也假名于赫尔墨斯，这本书对于占星学与医学的结合起到了至关重要的作用。

---

[1] Ptolemy 1481a.

[2] For example: "Judgment must be regulated by thyself, as well as by science; for it is not possible that particular forms of events should be declared by any person... since the understanding conceives only a certain general idea of some sensible event, and not its particular form. It is, therefore, necessary, for him who practices herein to adopt inference [*conjectura*]. They only who are inspired by the deity [*numine*] can predict particulars.... Love and hatred prohibit the true accomplishment of judgments; and, inasmuch as they lessen the most important, so likewise they magnify the most trivial things" (Ptolemy 1822, 225).

[3] For a brief but useful summary, see Sudhoff 1902, 8-9.

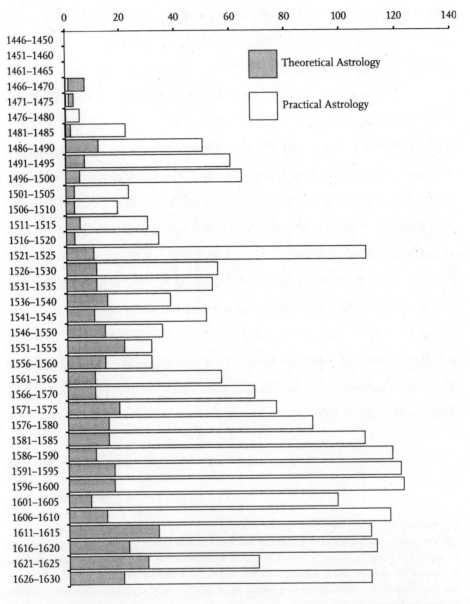

图 8. 神圣罗马帝国境内出版的理论占星学和实用占星学著作，1466—1630 年（Based on Zinner 1941, 73）。

44

但是，那些强调赫尔墨斯作品重要性的学者，却很少关注到这一点。[1]

1493 年的版本从实用的角度看，就像是一个小型的占星学图书馆。它是一部厚重的两卷本对开书，每页用小号字体编排了 66 行，印刷商是博内托·洛卡特利（Boneto Locatelli），他是一位教士，也是 15 世纪 90 年代威尼斯最主要的学术著作印刷商。承购出版商是奥塔维亚诺·斯科托（Ottaviano Scotto）。[2] 洛卡特利 – 斯科托版本全部重新排版，它与拉特多尔特版本的不同之处在于，全书的各个章节中间穿插着阿本罗丹的长篇评论。因此，读者难免会停下来研究一番评论内容，如果想要从头到尾完整地把原著读下来，恐怕要费些力气。之后不同的编辑和出版商又各自添加了内容。比如，15 世纪的编辑吉罗拉莫·萨里奥（Girolamo Salio）在书中附加了自己写的导论、一份详细的章节标题表，以及由不同作者完成的 13 篇作品。[3] 不仅如此，不同的藏书者可能还会根据自己的喜好，再添加其他作品，把它们装订在一起，从而形成一套更加个人化的藏品。比如，在沃尔芬布特（Wolfenbuttel）的赫尔佐格·奥古斯特图书馆（Herzog August Bibliothek）的一部馆藏本中，附加了雷吉奥蒙塔努斯的《〈天文学大成〉概要》；另一藏本附加了萨克罗博斯科的《天球论》（并三篇评论），以及曼弗雷多尼亚的卡普阿努斯针对普尔巴赫的《行星新论》所做的评注；还有一部藏本则附加了阿里·阿本拉吉（Haly Abenragel）的《占星全书》（*Libri de iudiciis astrorum*）。[4] 经过萨里奥编辑的 1493 年版本显然是很受欢迎的，1519 年，"奥塔维亚诺·斯科托的朋友和继承人"重新发行了这部书。[5] 几个月之后，巴黎又

45

[1]   The title of Johannes Stadius's translation clearly specifies the joining of medicine and mathematics: "Hermetis Trismegisti Iatromathematica（hoc est medicinae cum mathematica coniunctio）an Ammonem Aegyptium conscripta"（Sudhoff 1902, 10-13）. There is no reference to this writing in Yates 1964.

[2]   For the House of Scotto, see Bernstein 1998, 29-54.

[3]   Ptolemy 1493.

[4]   Herzog August Bibliothek Wolfenbüttel copies: shelfmark 12 Astron. 2; 9. 4 Astron. 2⁰; 20. 3. Astron 2⁰.

[5]   Ptolemy 1493, repr. Venice, February 1519. Copy used: British Lib. 8610. f. 22.

出现了由让·希弗尔（Jean Sievre）编辑的另外一个印本，也是以同一版为蓝本，只是删掉了阿本罗丹的评论。[1]

哥白尼最重要的著作《天球运行论》在标题中强调了"公转"（revolutions）这个词，毫无疑问是受到了当时与《占星四书》编辑在一起的那一批著作的影响。比如马沙阿拉汗的《年度运行论》（De Revolutionibus Annorum，收纳在 1493 年的萨里奥版本中），或是《阿方索星表》（Alfonsine Tables，哥白尼本人很可能在克拉克夫的时候就拥有了）。"revolution"这个词同时包括天文学和占星学两层意义。从天文学的角度讲，它指太阳或任何一个行星在黄道十二宫中起始于以及回归到任何一个点的旋转周期。〔太阳初切（ingress）白羊座具有特殊的重要性。〕从占星学的角度讲，这些起始点和回归点与其他若干指征一样，对于解读一个人的命盘具有重要意义。比如说，在一个人实际出生的那个确切时间，太阳的位置在哪个点上。此外，除了要考虑每个行星在某个人的出生时刻回归到其自身位置这个因素，还要综合其他条件，比如，这个行星与其他行星运行点的交叠。这种现象可以强化或者是弱化另一行星的特性和倾向。举例来说，在某个婴儿的出生时刻，木星回归到其起始点，这预示着这个婴儿将会拥有财富、身体健康、受人尊敬。但是，如果孩子出生时，木星回到了土星占据的点，那孩子的未来就会增加土星的偏向。[2] 哥白尼天文学的中心观点是：太阳固定不动，处于中心位置，行星围绕它公转一周回归原点所需要的时间，决定了它们的序列。

到 16 世纪三四十年代，北方人文主义印刷商们主要在三个出版中心发行《占星四书》：纽伦堡、巴塞尔（Basel）和鲁汶。他们此时将希腊文本作为新的关注点，在书中附录了另外一批作品。

---

[1] Ptolemy 1519.

[2] "Reuolutionem annorum mundi uel natiuitatis alicuius," ect. (Alfonso X 1483, fol. a4) ; see also, Lilly 1647, 738-41.

1533 年，巴塞尔印刷商约翰内斯·赫尔瓦根（Johannes Herwagen）发行了斯特拉斯堡（Strasbourg）版本，这时上述新变化虽然还没有得到完全体现，但是一些因素已经显露出来。斯特拉斯堡的物理学家和历书编制人尼古拉·普鲁克纳（Nicolaus Pruckner）在序言中介绍此书时，对于占星术的价值极尽赞美之词，认为"就其对医道的贡献而言，无可出其右者"[1]。他在这个版本中辑录了一整套典型的占星学作品，其中一本名为《占星学定义及术语小手册》（*Little Book of Definitions and Terms in Astrology*），其作者就是这部书的被题献者奥托·布伦菲尔斯（Otto Brunfels），斯特拉斯堡的人文主义者、希腊学家、草药医师。[2] 这个版本的开篇收录了尤利乌斯·费尔米库斯·马特尔努斯（Julius Firmicus Maternus）在公元 4 世纪所著的《数学》（*Astronomicon*，又称 *Liber Matheseos*）一书，这本书是解释占星命盘的基本读物。[3] 接下来就是《占星四书》的文本，内容连贯，没有评论。也就是说，先将本命盘的概念建立起来，再用附录的作品辅助解释预言的意义。[4]

---

[1]　Ptolemy 1533, fol. α1v: "Ornatissimo Simul ac Doctissimo Viro Othoni Brunfelsio, Medicinae Doctori, Nicolaus Prucknerus."

[2]　Richard Harvey, however, complained in his copy (now in the British Library) about the editing: "Pruckner, you would have done well if you had better corrected your Otto's little book" (Ptolemy 1533, fol. a2). On Brunfels's role in the Strasbourg humanist community, see Chrisman 1982, 51.

[3]　Tamsyn Barton (1994) questions whether it had any real practical value.

[4]　Following the *Tetrabiblos* itself came Giovanni Pontano's Latin translation of the *One Hundred Aphorisms*, Nicolaus Leonicus's translation of Ptolemy's *Inerrantium stellarum singularum significationes*, and a section containing seven works "from the Arabs and Chaldeans": *Hermetis uetustissimi Astrologi centum Aphoris. Lib. I*; *Bethem Centiloquium*; *Eiusdem de Horis Planetarum Liber alius*; *Allmansoris Astrologi propositiones ad Saracenorum regem*; *Zahelis Arabis de Electionibus Lib. I*; *Messahalah de ratione Circuli & Stellarum, & qualiter in hoc seculo operentur, Lib. I*; *Omar de Natiuitatibus Lib. Ⅲ*. The volume conclu-ded with Manilius's astrological poem *Astronomicon*, an unfinished work rediscovered by Poggio Bracciolini in 1416 and published by Regiomontanus in 1472.

两年后，约翰内斯·彼得雷乌斯（Johannes Petreius）在纽伦堡出版了《占星四书》的希腊文版本，并同时收录了约阿希姆·卡梅拉留斯（Joachim Camerarius）的拉丁译文，其中前两卷书为全文，后两卷书为节选。这个"人文主义的"版本标志着与之前其他版本《占星四书》的分界。在此之前，无论是威尼斯版本还是最近的巴塞尔版本，我们都可以从中找到阿拉伯原创文献，但是这一版却没有辑录任何此类作品。[1] 不过，彼得雷乌斯在书中编排了"致读者的一封信"（未署名），文中表示，由于新的译本并不完整，因此他决定将旧的（阿拉伯）译本的后两卷书收入出版。

鉴于卡梅拉留斯仅翻译了前两卷书，读者们，我们希望能在这里加上旧译本的后两卷书。首先，以免那些尚未学会用"希腊语"这双腿走路的人，被一部不完善的作品绊倒。其次，满足某些读者的需要，他们可能希望对比两种译本，一种由博学的译者和作家翻译成自己的语言，另一种则由异域译者和作家翻译成一种蛮族语言——阿拉伯语。我们在页面空白处标注了卡梅拉留斯节译的地方，以方便对比。最后，旧译本所面对的是同样的材料，尽管它表明了异族并无更优雅的文字存在，我们也没有理由抛弃它。再会。[2]

纽伦堡版本之后，很快又出现了另外一个版本，它由海因里希·佩特里（Heinrich Petri）设在巴塞尔的印刷厂于 1451 年印刷。当时这部书被宣称为"托勒密作品全集"，只有《地理学》（*Geography*）未曾收录。该书编辑海罗尼穆·格姆赛斯（Hieronymu Gemusaeus）为其简要作序，宣扬它的优点是"首次将托勒

---

[1] Ptolemy 1535. Apart from Giovanni Pontano's by ?now standard translation of the Centiloquium, it included a handful of Camerarius's "little annotations" (*annotatiunculae*) on the first two books, Matteo Guarimberto's "Little Work on the Rays and Aspects of the Planets" (*Opusculum de Radiis & Aspectibus Planetarum*) and Ludwig of Riga's "Astrological Aphorisms" (*Aphorismi Astrologici*).

[2] Ptolemy 1535, fol. aa.

密的作品辑为一卷，分类得当，排列有序，无论是作者的什么观点，读者都可以很方便地引用"[1]。这部作品就像是为《占星四书》提供了"天文学伙伴"。当时，由于新的印刷手段的出现，特拉布松的格奥格（George of Trebizond）在 15 世纪所译的《天文学大成》已经被极大地改良了。"我们在这部作品一开始的地方，放了几幅木版画，借助它们的力量，这本书就能更好地解释那些晦涩难懂的话题。同样，我们也给各个星座绘制了精确的图形，以便学者们使用。"此外，出版商还在书中加入了那不勒斯占星家和预言家卢卡·高里科（Luca Gaurico）的评注，以及普罗克洛斯的《天文学摩写》〔*Hypotyposes Astronomicarum*，由乔吉奥·瓦拉（Giorgio Valla，1447—1500）翻译〕，其中后者可谓"《天文学大成》的摘编和纲要，可以帮助读者们回忆全书的主要论题"[2]。

为新译本辩护的一个途径，就是抱怨之前的翻译。比如，1551 年海因里希·佩特里的巴塞尔印厂在原本丰富的占星术作品之上，又添加了阿本拉吉的《占星全书》，其译者和编辑维罗纳的安东尼奥·斯图帕（Antonio Stupa of Verona），把它和之前的阿拉伯版本及 1525 年译本做了比较，指出了新书的长处。在此过程中，他无比痛苦地抱怨早先译文"粗鄙的拉丁文表达方式"，需要人们去"清理文本"，显然，"译者根本不通拉丁文"。按照斯图帕的说法，摩西（Moses）之子耶胡达（Yehuada）最先把阿拉伯原文翻译成了西班牙文，然后埃吉迪乌斯·德·特巴迪和彼得鲁斯·雷吉乌斯（Petrus Regius）将其译作拉丁文。但是在这个过程中，西班牙文、法文和意大利文的某些表达方法被保留了下来，因此整体译文需要净化方言语汇，恢复纯粹的拉丁。[3] 不过令人惊讶的是，最终，卡梅拉留

[1] Ptolemy 1541, fol. a2r. Copy used: Herzog August Bibliothek N. 46. 20. Helmst. (1) .

[2] Ibid. : "Quas sculptas in primo buius operis limine posuimus, quoniam magnam lucem ui debantur allaturem rebus sua natura obscurioribus.... Item omnium constellationum figuras graphicè, propter singulare studiosorum commodum, depinximus... quae est omnium, quae in Almagesto demonstrantur, epitome & compendium, quod ad reminiscentim conducet plurimum, Georgio Valla Placentino interprete."

[3] Abenragel 1551, fols. A3-b: Epistola Nuncupatoria.

斯在 1533 年遗留的后两书的完整译本，既非出自多产的纽伦堡，也非出自巴塞尔，而是出自鲁汶。这座城市以德·雷特（De Laet）家族为首，具有悠久而活跃的预言传统，鲁汶大学也会聚了一批重要的数学家。正是在这里，安东尼奥·戈加瓦（Antonio Gogava）于 1548 年出版了《占星四书》完整的拉丁文译本，在书中他还辑录了关于燃烧镜（burning mirror）和圆锥曲线论（conics）的两篇论文。[1]

印刷商们为了竞争市场份额，新的出版物总是声称带来了这样那样的变化，与之前的版本有这样那样的区别。1533 年，巴塞尔出版商约翰·奥帕里努斯（Johann Oporinus）为读者们贡献了新的占星学读本。〔他还出版过另外一部广为人知的著作——安德列·维萨里（Andreas Vesalius）的《人体的构造》（*De Humani Corporis Fabrica*）〕。奥帕里努斯的这个版本与纽伦堡版本一样，同时提供了希腊文作品和拉丁译文，另外还包括卡梅拉留斯的评论，以及蓬塔诺（Pontano）的《金言百则》。不过，现在读者们可以读到完整的四书译文了，翻译此书并为其作序、撰写评论的是维滕堡的梅兰希顿，他是卡梅拉留斯的好朋友、希腊学家、人文主义者和教师。出于礼貌，他对卡梅拉留斯的译本所做的修改极少。[2] 不过到了第二年，佩特里又在巴塞尔出版了另外一部拉丁文译本，由吉罗拉莫·卡尔达诺（Girolamo Cardano）完成。这部书试图区别于其他版本的地方在于，它将阿本拉吉的作品和托勒密的作品汇编在一起，由此产生了"对于星的总体评述，或者就像人们通常所称呼的——'四部全书'"[3]。卡尔达诺在前言中解释说，一名译者不应该借作者之口出一己之言，而是应该尽其所能保留

---

[1] Ptolemy 1548.

[2] Ptolemy 1553. Melanchthon translated the title thus: "Concerning Astronomical Predictions, to which the Greeks and Latins gave the title'Four Books'" (*De praedica-tionibus astronomicis, cui titulum fecerunt Quadripartitum*). He also rendered the opening phrase of book I as *praedictiones astrologicae* ("*Of the means of astrological predictions*"). Isaac Casaubon annotated British Library 718. b. 4. (1, 2); Andreas Lemmel owned Herzog August Bibliothek 642. Astron.).

[3] Ptolemy 1554.

作者的原意。但是，在对待《占星四书》较早版本这个问题上，卡当（Cardan，卡尔达诺姓名的英文拼写为 Jerome Cardan）借贬低阿本罗丹来抬高自己作品的价值。"阿本罗丹……出版了一部阿拉伯译本，这么做原本是值得的。不过，假如他能够如实地翻译托勒密的本意，也许他就不必让我们如此费力了。但是现在，鉴于他的译本如此短小，其一语焉不详，其二对于解读其未尽之言也毫无助益，我本人为了公众的福利，为了托勒密的光荣，不得不屈尊劳动。"[1]

卡当当然言过其实了。他并没有重新翻译《占星四书》，而是盗用了安东尼奥·戈加瓦 1548 年的鲁汶版本，只不过增加了一篇新的前言，扩充了评论的内容。

1578 年，佩特里宣称发行了又一个"新版"，理由是"译者做出了修订"，并且收录了卡尔达诺的遗作《论行星的七种性质和力量》（"Concerning the Seven Qualities and Forces of the Moving Stars"），以及康拉德·达西波迪斯（Conrad Dasypodius）基于托勒密文本所做的"评注和星表"，他是斯特拉斯堡的一位天文学家，也是一位钟表技师。[2]

在 16 世纪的进程中，托勒密所代表的意义在不断发生变化。人们通常所认识的托勒密被称为"占星学之王"或"天文学之王"，而实际上这个名字只是意味着埋在一堆阿拉伯评论中的难解的拉丁文本。[3] 从 16 世纪 30 年代开始，北方人文主义者试图重新构建这些文本，还原它们的本来面目。这样，任何人如果想要研究星的运动和效力，要么得懂希腊文，要么就得有能力判断哪个译本最可信。这种发展趋势是与亚里士多德希腊文著作的兴起相伴的，后者始于 15 世

47

---

[1]　Ptolemy 1554, 2: "Haly Heben Rodoan Arabem... qui prodierit in lucem tanto authore dignus: Is uero si veram mentem Ptolemaei uerborum translatione explicatam habuisset, forsan nos hoc labore liberasset. Nunc uero cum neque per se clarus sit liber hic ob breuitatim, neque aliorum expositio quae in lucem nondum prodierit utilis sit, nec quae prodierit Haly ut dixi perfect sit, cogor utilitatis publicae causarum Ptolemaei gloriae ad hunc nouum laborem descendere."

[2]　Ptolemy 1578.

[3]　See, for example, Febri de Budweis 1490, unpag., 2v.

纪晚期，很快就带来了"真正的亚里士多德"之辩。[1] 与此类似，1514年，在红衣主教弗朗西斯科·希梅内斯·德·西斯内罗斯（Francisco Ximénez de Cisneros）的主持之下，康普鲁顿合参本《圣经》（Complutensian Polyglot Bible）里收入了第一部希腊文《新约全书》，这标志着文艺复兴时期人文主义者《新约全书》学术的开端。[2] 《占星四书》出版文本的演进，与《圣经》文本及亚里士多德文本的批判和评论之发展潮流相通相似。它们提出的问题也是相同的：托勒密或是《圣经》作者又或是亚里士多德，他们究竟真的要说什么？意味着什么？尽管文本的进步有时候被夸大了，但是，出版商和译/作者们的确是在共同努力，不断地试图改进经典文本的诠释方法。这项事业要求他们具备多种技能：文献学、物理学、神学、数学等。作者们宣传自己所掌握的这些学科技能，对于那些单册的或是合集的天学文献出版物的扩散和传播，实际上也起到了严肃的、积极的作用。

在《占星四书》得到大面积传播之前，其他因素已经促进了占星实践的增长。15世纪，人文主义者们利用印刷术"恢复"希腊原本《占星四书》的纯洁性，这只不过是为当时已然存在的某些占星学问题增加了新的元素。中世纪晚期，随着阿拉伯的行星会合说逐渐形成占星学的新趋势，人们开始更多地关注行星大会合所产生的长期效力，而减少了对日食和月食事件的关注。这就带来了问题。克日什托·波米安（Krzysztow Pomian）和保拉·赞贝里（Paola Zambelli）认为，这种占星学构成了一种反神学的历史观。它宣称能够预言战争、王位继承、帝国衰落、自然灾害，而其中最为危险的是——宗教信仰的更替。[3]

早在14世纪的时候，经院学者针对这种趋势做出的反应就曾经颇为引人注目。当时，行星会合论所支持的历史分期说令巴黎的神学家、大学校长让·热尔

---

[1]　Schmitt 1983, 49-51, 121-24.

[2]　See Bentley 1983, 70-111.

[3]　See Pomian 1986; Zambelli 1987, esp. 103-8; Gregory 1983.

松（Jean Gerson）感到十分担忧，因为按照这种观点，不同的行星主管着不同宗教的统治和衰落。[1] 知名学者们纷纷对此提出批判，其中包括 14 世纪巴黎的尼古拉·奥雷姆，15 世纪维也纳大学的兰根施泰因的亨利（Henry of Langenstein）和帕尔马的布莱修斯（Blasius of Parma）。[2] 不过，这种批判的传统到达顶峰是在 1496 年，当时，米兰多拉伯爵乔瓦尼·皮科对所有的占星学发起了一场空前的、声势浩大的攻击。行星会合占星学所支持的灾难循环和复原说受到了斯多葛派（Stoics）和阿拉伯人的欢迎。皮科则为基督教观点辩论，认为人类的历史是从创世纪到末日审判，线性发展的。人类的命运并不受阿尔布马扎所宣称的循环论所主宰。人受助于圣经，甚至是前启示时代其他文明的古代哲学，能够自由地克服星所带来的种种限制。在接下来展开的辩论中，一种有限的托勒密式的观点逐渐开始形成：一些人认为，只有某些特定的会合事件是灵验的，比如日月连线所形成的日食或月食。这种观点的代表人物是那不勒斯的人文主义者乔瓦尼·蓬塔诺（Giovanni Pontano）及他的门徒阿格斯提诺·尼福（Agostino Nifo）。这种论点后来得到了梅兰希顿和他的一些重要追随者的支持，包括约翰内斯·勋纳。[3] 但是，尽管有这样的潮流，阿拉伯的占星学说却并没有消失。历书编纂人和印刷商们继续提供着各种各样的星相材料，供人们做出警示性的预言。其中最有影响力的例子，应该算是利奥维提乌斯的预言，他声称世界将会在 1584 年走向终结。

---

[1]　See Thorndike 1923-58, 4: 114-31.

[2]　See Zambelli 1987, 106-7; Caroti 1987.

[3]　Zambelli 1987, 107; Schöner 1545, fol. XCV.

图 9. 乌拉尼亚作为占星家，正在指示一名学生遵从托勒密的教导（Sacrobosco 1527，title page. By permission of San Diego State University Library. Special Collections. Historic Astronomy Collection）。

行星序列与哥白尼的早期成长

在哥白尼的学生时代，也是他的成长时期，行星序列是萨克罗博斯科《天球论》当中的一个子题，但并不属于星的科学领域一个独立的写作类型。15 世纪晚期，它应该算是一个很小的主题，在当时出版的天学著作中只是零星出现。《天球论》最早的印刷版本，曾经借助木刻画视觉化地呈现了托勒密笔下的行星序列：

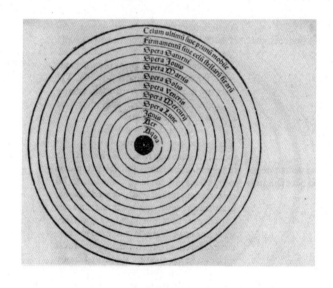

图 10. 行星同心环绕于土、气、火、水四种元素外周（Sacrobosco 1478，title page. Image Courtesy History of Science Collection，University of Oklahoma Libraries）。

一系列同心环绕的星球构成了"清晰的以太区域……（哲学家们称之为第五元素）"[1]，它们呈圆环状运行，不受任何变化的影响。不过，在描述运转周期

---

[1] *Sphaerae Mundi Compendium* 1490, fol. B2v. Cf. Thorndike 1949, 119: "Around the elementary region revolves with continuous circular motion the ethereal, which is lucid and immune from all variation in its immutable essence."

的时候，萨克罗博斯科以毋庸置疑的口吻提到了金星和水星："太阳（完成一周运行）需要 365 天又 6 个小时，金星和水星运转一周的时间与之相差无几。"[1] 无论是康帕努斯的《行星理论》，还是普尔巴赫的《行星新论》，都未曾关注过行星序列的问题。怎么补充这个内容，问题就留给了评论家们，或者是印刷商们和读者们。早期的一个重要范例是奥格斯堡印刷商埃哈德·拉特多尔特发行的一部书。15 世纪 80 年代早期，他在威尼斯开办了新厂，于是在 1482 年，他印制了一本版式狭长、连续编页的四开本单卷书，收录了萨克罗博斯科的《天球论》、普尔巴赫的《行星新论》，以及雷吉奥蒙塔努斯的《驳克雷莫纳的杰拉德关于行星理论的无稽之谈》(*Disputations against the Nonsense of Gerard of Cremona's Theorics of the Planets*)。这本书是所谓的"精选文集"，将几部经典著作的摘要内容简编成一册，此后这几本书经常被辑录在一起出版。《驳杰拉德》可以看作是两个对手之间的对话，一个来自克拉克夫，另一个来自维也纳。作者在文中或指责或赞美，将旧理论中的技术错误批驳为虚枉之言、长舌妇编出的故事，对于普尔巴赫的作品则称赞其具有数学的确证性。全文辞藻华丽，修辞考究，不失为早期天学著作的一件宣传品。[2]

对于早期出版商来说，将不同的著作编纂在一起出版，这是一种普遍的做法。我在书后的参考文献中列出了这类精选文集的名录。[3] 这种实践产生了一种新的出版物形式，很像《占星四书》附录出版的微型图书馆式的作品集。对于读者来说，某些特定的书文编辑在一起，似乎是自然而然的事情。面对印刷商或是编辑们选择辑纳在一起的作品，不同的读者可以根据自己的关注点，按照各种不同的元素，在文本之间建立关联。又或者，因为这些文集在出售的时候并没有

---

[1]　Thorndike 1949, 120.

[2]　Regiomontanus 1482, 511-30; see Pedersen 1978b, 168-85.

[3]　See, for example, Peurbach omnibus edition, 1491.

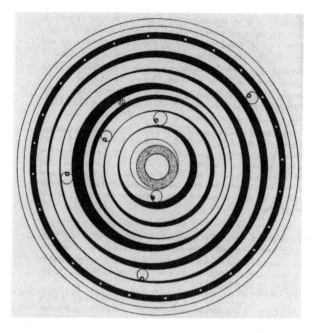

图 11. 这幅图重建了据称是 15 世纪人们所认识的宇宙体系。图中显示，诸天球为实心的偏心球，它们的整体结构呈现为网状（From De Santillana 1955. Drawing by William D. Stahlman）。

50

装订在一起，读者们也可以按自己的喜好，选一套属于自己的作品集。[1] 因为这样的缘故，普尔巴赫的《行星新论》时常就和萨克罗博斯科《天球论》的评论文章集合在一起。

但是，作为一部独立的作品，普尔巴赫的书中仍然是分别论述了各个行星。他把行星运动描述为两重性的复合结构，一方面，一系列偏心圆环构成了他所说的"不完整球面"；另一方面，一组连续的网状结构形成于他所说的"完整球面"之内。两者仅仅在一个点上相接，其中比较大的那一个同心于宇宙中心。从几何学的角度来看，不完整球面是凹凸表面构成的天球球壳，相对于宇宙中心而言，它是偏心的。1485 年的拉特多尔特版本试图用视觉化的方式来呈现这种理论，

[1] An excellent example of the latter is Herzog August Bibliothek 59 Astron 1-3, whose owner bundled three different editions of Peurbach, each with its own individual assets: Reinhold's commentary（1580）and Christianus Wursteisen's *Quaestiones Novae* on Peurbach（Basel: 1569, 1573）. For another reader's composite, see "Ratdolt-British Library Bundled Copy."

为行星天球的完整球面涂上了颜色，显示出一个红色的同心环容纳着一个偏心的圆形轨道，行星正是围绕着这个轨道运行。

这个版本的读者已经开始为那些凹凸表面加上注释了（图5）。但是普尔巴赫本人并不曾提及某种"宇宙配置"，将不完整球面和完整球面都纳入一个单一的、无所不包的天球之中，就像乔吉奥·德·桑提拉纳（Giorgio De Santillana）在其著作《伽利略之罪》（*The Crime of Galileo*）中所描绘的那样（图11）。这幅图标示得很清晰，但可能会让读者产生误解。实际上它是由威廉·D.斯塔尔曼（William D. Stahlman）完成的现代作品，而并非近代早期作品的复制品。无论是雷吉奥蒙塔努斯的原本，还是之后的任何一个版本，普尔巴赫书中的插图都没有表现过任何类似的宇宙体系。[1]据我所知，1543年的巴黎版本是唯一一个例外，但显然是出自出版商的决定。它在扉页用一幅插画描绘了一个标准的、简洁的、萨克罗博斯科式的同心球体，而那些人们所熟知的理论，则分别单独做了图示——不过书中对这种设计并没有进一步评论。

尽管普尔巴赫的《行星新论》并没有单独论述行星序列，但是对于行星之间的关系并非完全不加评论。水星运动之复杂为人们所熟知，在讨论这个问题时，他注意到，水星的东向本轮运动的周期为一年——与太阳沿平黄经完成一个运转周期的时间恰好相同。他进一步观察后认为："在这一点上，水星与金星表现相似。情况总是这样的：太阳的平黄经也是这两个行星的平黄经。"[2]同样的情况，"三个（日外）行星（托勒密所构建的行星序列为：地球、月球、水星、金星、太阳、火星、木星、土星。因此三个日外行星是指火星、木星和土星。——译者注），不管哪一个，只要将它的平黄经和它的本轮运动相加，则等于太阳平黄经，度数和分数都不差"。[3]因此，虽然普尔巴赫并没有给出一个统一原则来概括行

---

[1] Peurbach 1472（Nuremberg）.

[2] Alton 1987, 23.

[3] Ibid., "On the Three Superior Planets," 19.

图 12. 普尔巴赫著作扉页上的插图，"显示了九个天球和宇宙构成元素的次序"（Peurbach 1543. Image courtesy History of Science Collections，University of Oklahoma Library）。

51

星运动，但他指出了三个日外行星与太阳在黄经上平均运动之间的关系。在对金星和水星做出评述之后，我注意到他在序言中插入了一段题外话："因此，综上所述，六个行星显然在它们的运动中与太阳有某种共享的关系，太阳就好像是它们共有的一面镜子，或者是度量它们的运动的共同法则。"[1]

---

[1] Peurbach 1472, "On Mercury," unpag. : "Ex his igitur et dictis superius manifestum est, singulos sex planetas, in motibus eorum aliquid cum Sole communicare, motumque illius quasi commune speculum & naturage regulam esse, motibus illlorum illud." *Aliquid* can also be translated as an adverb（e. g., "somewhat" or "to some extent"）; I follow Aiton in rendering it as a pronoun（1987, 23）. On the annual component, Dennis Duke's computer animation, titled "Ptolemy's Cosmology," is most helpful（www. csit. fsu. edu/~dduke/models［"Ptolemy. exe"］）.

因为接下来的段落直接进入了平黄经的讨论，所以，显然这里所说的"共享的关系"是指太阳的周年运动，而不是指它每天的升落。但是，最重要的是，当讨论进行到金星理论这一步的时候，作者的观点很奇怪地超出了话题本身的范围。就好像普尔巴赫本意是要继续深入研究但因某种原因却没有再回到这个论题一样。即便如此，《行星新论》仍然超过了《天球论》和《天文学大成》，因为它指出了太阳周年运动与行星运动之间的关系。对于那些被这段文字所触动的读者或是评论家来说，他们很有可能会进一步思考，进而找到行星运动的另外一种解释体系。我相信，哥白尼就是这样一位有心的读者。

除了哥白尼，还有极少数这样的读者。一位早期的无名评注者在自己藏书的空白处如此批注："毫无疑问，所有的行星都和太阳有某种关系。因此，太阳就好像同时担当着所有行星的领袖、君主和指挥者。"[1] 所幸这样的评论没有被湮没在故纸堆中。1495 年，曼弗雷多尼亚的卡普阿努斯在评论中回应了作者，指出金星和水星的平均运动"仿佛是太阳运动的镜子或尺度"[2]。但是，在 1535 年维滕堡版本中，梅兰希顿所作的前言却没有注意到这段文字。

伊拉兹马斯·莱因霍尔德则不同，他在 1542 年为此书撰写了一篇很长的评述，同时附加了一幅示意图。在文中他明确指出：三个日外行星"注意到了"太阳，而其他两颗位置较低的行星——金星和水星，则与太阳保持着"友好关系"。他

52

---

[1] Peurbach 1485, fol. 29v: "Omnes planetae mensuramque proportionalem sine du-bitatione habent ad Solem; ideo Sol est tanquam dux, princeps et moderator omnis utique." Copy used: Zinner Collection, San Diego State University（QB41. S3 1485）.

[2] Capuano de Manfredonia 1515, fol. xxxiii. Elsewhere, Capuano maintained that Venus and Mercury receive the sun's light but are never seen to eclipse the Sun because of their small diameters; furthermore, they move with the Sun's mean motion, even though the Sun is the mean between the three higher and three lower planets and the Sun's sphere is larger, and hence it ought to move more slowly than planets below it（Capuano do Manfredonia 1518, fols. 32vb-33ra）.

的结论是："因此，对于所有行星而言，我们都有必要知道太阳的平均运动。"[1] 就在一年之前，莱因霍尔德的维滕堡同行雷蒂库斯，曾经使用了非常接近于普尔巴赫的语言，称（静止的）太阳"为所有行星的运动和它们之间的关系提供了度量标准"。[2] 在现代研究中，最早注意到普尔巴赫上述评论的是厄恩斯特·津纳，就是他收藏了上面提到的那位无名评注者的书卷。更加晚近一些的还有埃里克·艾顿（Eric Aiton），他在自己翻译的《行星新论》中着重强调了这个段落。[3]

不管是新的理论还是旧的理论，除了普尔巴赫的那段重要评论，没有人特别强调行星秩序的问题。显然作者们是想把这个问题留给萨克罗博斯科的《天球论》，在教学体系中这部著作排在普尔巴赫的《行星新论》之前；或者是直接留给《天文学大成》，在这部经典面前，他们的文字只是起到引介作用而已。托勒密在《天文学大成》中讨论过太阳和月球之后（第9卷第1章），的确曾经简要提及行星次序的问题，借此为开端，详细分析其余五颗行星。他首先陈述了"几乎所有前辈天文学家"的共识：在恒星之后，土星、木星、火星依次排列。但是对于金星和水星，他向读者介绍了不同的意见："我们看到，古代的天文学家们把这两颗行星放在太阳之下，但是在他们的后继者中，有些人则把这两颗星放在太阳之上，因为太阳从未被它们遮挡。"[4] 的确，在古典时代，从未有人宣称观察到金星或水星凌日的现象。[5]

《天文学大成》的概要本始于普尔巴赫，完成于雷吉奥蒙塔努斯，但是直到后者去世20年之后，才最终得以出版。这个版本遵循了托勒密原著的组织结构，

---

[1] Peurbach 1542, fols. N6v-O: "Theorica mercurii, scholion." Using language strikingly resonant with that of both Copernicus and Kepler, Reinhold underscored "the harmony and ratio of each planet to the Sun's motion" and observed that "this universal wheel of things does not exist by chance but is divinely conserved by and arising from some wise, architectural mind."

[2] Rheticus 1982, chap. 10, 60, ll. 74-75: "Communis orbium planetarum inter se dimensio."

[3] Aiton 1987, 9; Zinner（1988, 97）drew attention to this important passage.

[4] Ptolemy 1988, 419.

[5] G. J. Toomer points out that Ptolemy well understood the observational problem（ibid., 419 n.）.

编者们只是时不时在语言上做些删减、修订，或是用新的技术方法来呈现原文。[1]
上面提到的第 9 卷第 1 章仍然遵循了托勒密的原著结构，不过，对于古人就金星、水星的位置未能达成共识这一点，雷吉奥蒙塔努斯明确使用了"争议"一词来描述。此外，他还指出，阿尔－比特鲁吉（al-Bitruji，拉丁文为 Alpetragius）将金星置于太阳之上，而将水星置于其下。这样，《〈天文学大成〉概要》就让这样一种意识清晰起来：关于金星和水星的位置，不管是在古代还是在后世，都存在着不同意见。[2] 随着一系列针对《天球论》的深入评述纷纷面世，这种争议意识不断被强化，当中在 1499 年之后发表评论最多的是曼弗雷多尼亚的卡普阿努斯。[3] 然而，最终在木刻画的视觉化呈现中，《天球论》所描述的托勒密式的稳定的同心球序列，仍然给人们留下了深刻印象。

《占星四书》使得这种托勒密式的普遍共识进一步强化。在这部书中，托勒密直接取用了《天文学大成》所构建的行星序列（地球、月球、水星、金星、太阳、火星、木星、土星）。在《占星四书》的第 1 卷第 4 章，托勒密描述了行星所具有的一些天然的、活跃的特质（热、湿、冷、干），在这些特质中，热性取决于它们与太阳的距离，湿性取决于它们与月球的距离，湿气的散发取决于它们与地球的距离，同时它们各自的特质也取决于邻近行星的性质。比如说，木星的位置决定它受到了"土星的冷质和火星的燃烧质的影响"。金星的特质与木星相似，但是因为它"靠近太阳"，所以，它一方面是"温热的"，另一方面，"由于它自身的光，由于它吸收了地球四周散发出来的湿气"，因此又像月球一样是湿润的。水星像金星一样，"从来没有远离过太阳的热度"，因此偏向于干质，善于吸收湿气；但同时水星"与月球相邻，而月球又与地球相邻"，因此它又具有

---

[1]　For example, after presenting Ptolemy's optical-astronomical arguments for the Earth's centrality and stability, Regiomontanus briefly introduced the physical argument from the observation of heavy, falling bodies: "We can confirm the same thing by direct argument" (Regiomontanus 1496, bk. 1, chap. 3, 67) .

[2]　Ibid., bk. 9, chap. 1, 192-93. I take up this question more thoroughly in chapter 3.

[3]　Capuano de Manfredonia 1518, fols. 32va-33ra.

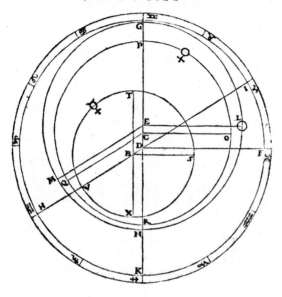

MERCVRII·

In hoc schemate c centrum mundi.   D.
  Centrum eccentrici Solis. E. sub principio cancri.
, Centrum ecc. Veneris. C. sub solem loco zodiaci.
, Centrum ecc. Mercurij. B. sub principio scorpij.
Exterior orbis zodiacus.

Proximus

图 13. 伊拉兹马斯·莱因霍尔德解释了普尔巴赫笔下的共有运动。图中显示了圆心分别为 B 点、C 点和 E 点的三个偏心圆（分别代表水星、金星、太阳的运动轨迹），以及宇宙的中心，即 D 点（Reinhold 1542. Image courtesy History of Science Collections，University of Oklahoma Libraries）。

湿质。故此，水星"可以很快地由一种特质转向另外一种，因为它的运转速度和太阳本身的运转速度相近"[1]。

很明显，因为行星的构成物质是不变的，所以它们自身的成分并不算是要素，反而是它们能对地界产生的特定效力，才称得上是其主要的特质。托勒密的整个占星学理论都建立在这种固定特质的基础之上，并与他所建立的行星序列紧密结合在一起。

[1] Ptolemy 1940, bk. 1, chap. 4, 34-39: "Of the Power of the Planets"; bk. 1, chap. 17, 79-83: "of the Houses of the Several Planets; see also Simonetta Feraboli's commentary（Ptolemy 1985, 369-70）."

所有随之而来的种种组合结果——人的气质和性格只是其中很小一部分——都是从这个原点出发的。举例来说，木星和金星属善，因为它们具有热和湿的共性；土星和火星属恶，因为它们过冷过干；太阳和水星具有两面性，因为它们从对立的两方面得到了两种属性，所以这两颗星都有一种"普适性"，可以和其他任何行星结合在一起。月亮和金星属阴，"因为它们的湿性成分都很大"；太阳、土星、木星、火星属阳，因为它们都是干性的；至于水星，则"同时具有阴阳两性"，因为它兼具湿性和干性。[1]如果不单单从线性的邻近关系出发，而从黄道面或是赤道面的角度考虑，进一步组合分类，所产生的占星特质则会涉及星座（sign）、宫位（house）、擢升（exaltation）等复杂问题。[2]

1491 年，哥白尼作为一个学生来到克拉克夫，当时普尔巴赫的《行星新论》还算得上一本新书，刚刚出版 20 年。雷吉奥蒙塔努斯开在纽伦堡的印刷厂可谓短命（1472—1473），但它发行的《行星新论》却是有史以来第一部印刷版的天文学理论书籍。[3]初版问世大约 10 年，这部书迎来第一位评论者，布鲁泽沃的阿尔伯特（Albertus de Brudzewo，约 1445—约 1497），当时他正在克拉克夫。[4]阿尔伯特这篇内容详尽的评述写于 1482 年，却迟至 1494 年才由奥塔维亚诺·斯科托出版，第二年又由乌尔里希·辛曾扎勒（Ulrich Scinzenzaler）在威尼斯出版。紧接着，哥白尼就来到了意大利，继续求学。[5]虽然阿尔伯特在克拉克夫教书是从 1474 年到 1495 年，但是，很遗憾，并没有直接的证据表明，哥白尼曾经上过他关于普尔巴赫的课。不过，考虑到哥白尼对天学的浓厚兴趣和克拉克夫大

54

---

[1] Ptolemy 1940, bk, 1, chaps. 5-6, 39-41; cf . Magini 1582, pt. 1, chap. 3, fol. E3, titled "De planetarum vi, atque potestate iuxta primas qualitates" : "Minime vero putandum est, has qualitates eis vere inesse, sed potius virtutes harum qualitatum effectrices."

[2] Ibid., bk. 1, chaps. 17-19, 79-91.

[3] On Regiomontanus's printing project, see Zinner 1990, 110-17; Lowood and Rider 1994.

[4] The forename is sometimes cited by historians as Adalbertus or Woijciech, the surname as Blar, Brudzevius or Brudzewski. I follow the title-page usage from the 1495 edition.

[5] Brudzewo 1900; see Brudzewo 1495. For convenience, all citations are to the Birkenmajer edition （1900）.

学很小的规模，我们完全有理由假定，他通过阿尔伯特的某位学生，接触到了其导师关于普尔巴赫的评论，了解到了关于行星理论的入门知识。而当他到达博洛尼亚之后，很容易就可以得到这部作品的某个印刷版本了。[1]

在哥白尼知识体系的形成过程中，阿尔伯特的这篇论文起着独特的作用。它把普尔巴赫的著作放到了早期学生时代哥白尼的手中——也许是在克拉克夫，至迟是在博洛尼亚。它把行星理论直截了当地和托勒密占星学的特质说联系在了一起。阿尔伯特无可置疑地遵从了托勒密设定的行星次序，只是对行星的属性做了微小的调整。此外，他把大阿尔伯图斯（Albertus Magnus）树立为占星权威，以支持托勒密所构建的行星距离与特质之间的关系。[2] 在阿尔伯特文中，地球是主要的物理特性——热、冷、湿、干——得以持续混合重组的基地。土星距离地球最远，性干冷，特质混合最弱。在宇宙的另一端是月球，它距离地球的湿气最近，作为回报，它带动了地球的潮汐运动。木星仅次于土星，速度第二快，属性热而湿，但是阿尔伯特区分了木星和地球的潮湿，称其为灵质，"生命之功的承载者"。木星不能够发动物质的混合，但是能对那些运动的、混合后的物质产生影响。火星紧邻木星和太阳，并且像太阳一样，"距离地球不远也不近"，它属性干而热，但是因为距离的关系，又不能像太阳一样燃烧。而太阳则具有与火星不同的干性和热性。它处于"诸行星的中间位置，就像一颗心脏"，它的热量能够"催熟种子，催生生命"。接下来是金星，因为它是太阳的邻居，所以也能够"带来生命"，但它同时也具有湿性，因此能够和太阳相结合。最后，虽然所有行星都能够混合不同性质，但是，只是水星具有混合两侧邻近星特性的功能，因为它位于湿冷的月球和湿热的金星之间。

---

[1] See especially Goddu 2010, 31-37; Brudzewo 1900, p. L; Birkenmajer 1924, 85-96; Birkenmajer 1972a, 622; Jardine 1982, 189-90 n.

[2] Brudzewo 1900, 13. Albertus Magnus had a well-developed appreciation of astrology, a subject that he defended against standard Augustinian objections (see Zambelli 1992, 259-61; Zinner 1990, 73).

于是在 1482—1495 年之间，克拉克夫的学生们就面对着这样的普尔巴赫：他的著作关乎行星理论，而附加其上的评论文章则有着鲜明的占星学色彩。据我所知，没有其他任何一篇印刷评论直接以这种方式设定《行星新论》的框架。[1]为了证明这种方式的合理性，阿尔伯特援引了名著中的分类标准——包括阿本罗丹的《占星四书》评论，以及康帕努斯的《行星理论》——来衡量行星序列这个议题。前人曾经论述了天文学的二元分类：第一类是"理论的或是思想的"，关注行星的运动和位置；第二类是"实践的"，关注处于不同位置的行星及其运动所产生的效力。[2]阿尔伯特紧接着介绍了另外两种更深入的分类。首先，站在康帕努斯的肩膀上，他认为："就实践部分而言，不同的作者有不同的处理方式，比如有些使用仪器，有些则使用星表。"[3]接着，他又把理论类细分为两部分：一为"叙事性的或是介绍性的"（他把普尔巴赫和康帕努斯归为此类），一为"论证性的"（托勒密的《天文学大成》）。按照他的观点，普尔巴赫的《行星新论》属于叙事性的天文学理论著作，因为他只是把模型呈现出来，并没有论证它们是如何得出的。而行星序列问题则属于论证性的天文学理论范畴（《天文学大成》），因为无论是康帕努斯的《行星理论》还是普尔巴赫的《行星新论》，都不曾论述过这个问题。阿尔伯特很明显是在《占星四书》的基础上构建了行星序列模型，因此，可以说他把行星序列问题同时归类于天文学理论和占星学理论，

---

[1]   As with the *Tetrabiblos*, the typical practice of later publishers was to bundle peurbach with auxiliary works, further crafting is as a different product. For example, Heinrich Petri bundled Christian Wursteisen's *New Questions on Peurbach* with Regiomontanus's *Disputations* and Johann Essler's *Useful Treatise... The Mirror of the Astrologers, in which Astrologers' Errors are Shown from having neglected the Equation of Time*.

[2]   Brudzewo 1900, 16-17.

[3]   Ibid., 17: "Sed practice a diversis diversimodo tradita est, ab aliquibus per instrumenta varia, ab aliis autem per tabulas diversas." This is confusing because Brudzewo has equated "practical astronomy" with astrology, whereas Campanus made instruments and tables the subject of practical astronomy. In his marginal diagramming of this passage, Geory Tanstetter opted for the Campanus version（Brudzewo 1495: Columbia University copy）.

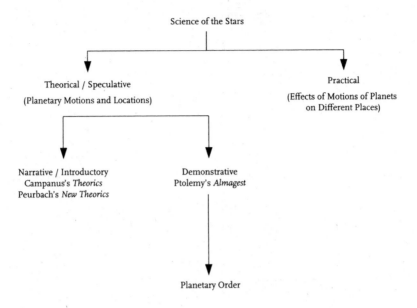

Science of the Stars

Theorical / Speculative
(Planetary Motions and Locations)

Practical
(Effects of Motions of Planets
on Different Places)

Narrative / Introductory
Campanus's *Theorics*
Peurbach's *New Theorics*

Demonstrative
Ptolemy's *Almagest*

Planetary Order

图 14. 布鲁泽沃的阿尔伯特关于星的科学的分类方法（1495）。

后者从属于前者。[1]

　　尽管到 15 世纪末期，普尔巴赫和雷吉奥蒙塔努斯的著作是最主要的天文学理论文本，但并不是说论及行星序列问题时，就没有其他资源了。从 15 世纪 80 年代开始，古代典籍的不同版本和汇编合集开始纷纷面世。其中后者的代表作出自乔吉奥·瓦拉。他是一位天才的人文主义者，从 1466 年到 1500 年，一直担任帕维亚（Pavia）大学的希腊语教授。他编辑评注了一部几乎囊括所有知识门类的百科全书式的鸿篇巨制。瓦拉写过一篇论文，名为《论所求与所弃》。文章发表之时，恰逢哥白尼再次来到意大利，开始他的第二轮求学。[2] 爱德华·罗森曾口出妙语："哥白尼，既有所求，也有所弃。"[3]

[1]　Brudzewo 1900, 16: "Prima [i. e., astronomia] vocatur theorica seu speculativa, secunda vocatur practica, quam segregato nomine astrologiam dicimus."

[2]　Valla 1501.

[3]　Rosen 1981, 450.

对于瓦拉来说，一切有价值的学问都已经被古希腊人穷尽了。因此，他的评论所涉及的不仅仅是亚里士多德和柏拉图，还包括一些并非人尽皆知的人物，比如色诺芬（Xenophanes）、克莱奥迈季斯（Cleomedes）、菲洛劳斯（Philolaus）、阿里斯塔克（Aristarchus）等等。哥白尼对古典文化也怀着同样的尊崇之心，所以他学习瓦拉，不仅是为了得到修辞方面的装点，更是出于一个刚刚起步的希腊学者对古典文献的信任。实际上，哥白尼自己的代表作也是邂逅古代学问之后的产物。正是从瓦拉这里，他知道了阿里斯塔克有"地球围绕太阳转"的观点，并且，"阿里斯塔克将太阳描述成静止的"。不过，他也放弃了瓦拉的另外一些观点，比如静止的太阳"位于诸恒星之外"[1]。

哥白尼的问题：无解之题

哥白尼对于行星序列问题的接触和思考，可以用下面的大事年表简单总结：

克拉克夫，1491—1495。《天文学大成》直到1515年方才出现印刷版本，因此，哥白尼最早接触天文学理论，应该开始于萨克罗博斯科的《天球论》和普尔巴赫的《行星新论》。他了解到这两本书，有可能是读到了拉特多尔特的版本，时间不早于1482年。但更大的可能，是通过布鲁泽沃的阿尔伯特所撰写的评论文章。另外，他自己拥有《阿方索星表》（威尼斯，1492）和雷吉奥蒙塔努斯《小限法方位表》（*Tabulae Directionum*，奥格斯堡，1490）的早期版本，因此有可能——我们也有理由相信——在去意大利之前，他已经掌握了某些高级的计算技能。[2] 接下来，他应该使用了阿尔伯特关于普尔巴赫的评论。同时我们也已经

---

[1] Valla made these brief allusions — for that is what they are — in his section on physics rather than the one on astronomy（Valla 1501, XXI, 24; Rosen 1981, 451）.

[2] Czartoryski 1978, 355-96. Of course, owning such early editions shows only the possibility, not proof, that Copernicus acquired them at or near the time of publication.

知道，他还在某个时间点上——也许就是早在此时——拥有了阿本拉吉的《占星全书》。最终，哥白尼发现，亚里士多德在《论天》（*De Caelo*）中所持的地球静止论和地球中心论的观点，已经遭遇了毕达哥拉斯学派的反驳，后者认为："（宇宙）中心由火占据，地球是诸星之中的一颗，它环绕中心旋转，由此形成夜与昼。"[1] 哥白尼有一篇名为《短论》（*Commentariolus*）的早期论文，大致勾勒了他的一些新思想，这篇论文明确地将地球运动的观点归名于毕达哥拉斯哲学，这清楚地表明他对这些篇章非常熟悉。不过，他并没有提及中心火（Central Fire）和反地球（Counter Earth）的论点。可见，哥白尼是在星的科学这个语境下学习毕达哥拉斯学说的。[2]

博洛尼亚，1496—1500。到达博洛尼亚之后的某个时间，哥白尼应该接触到了雷吉奥蒙塔努斯的《〈天文学大成〉概要》。如第3章所述，他无疑还应该读到过萨里奥版本的《占星四书》，以及随后相继出版的若干文献。

帕多瓦，1501—1504。1501年之后的某个时间，哥白尼面前出现了瓦拉汇编的大型希腊古典文集，他还从别的途径接触到了"毕达哥拉斯的学生菲洛劳斯"，了解到了中心火和反地球。[3] 至于什么时候他读到了1499年出版的马提亚努斯·卡佩拉（Martianus Capella）的著作《菲劳罗嘉与墨丘利的婚姻》（*The Marriage of Philology and Mercury*），这一点很难断言。[4]

除了上述经历，我们还可以添加其他内容。无论是《天文学大成》本身（第

[1]　Aristotle 1939, bk. 2, chap. 13, 217 ff.

[2]　Prowe 1883-84, 2: 187-88; Swerdlow 1973, 439-40; Biliński 1977, 56-57. Cf. *De Revolutionibus* (bk. 1, chap. 5, fol. 3v)："It is said that Philolaus the Pythagorean, no ordinary *mathematicus*, thought that the Earth rotates, wanders with several motions and is one of the stars."

[3]　Valla 1501, chap. 43: "De terra positione."

[4]　The copy of Capella (No. 84844) held in the Burndy Collection at the Huntington Library is bound with the first compendium edition of the Sphere commentaries of Cecco d'Ascoli, Capuano de Manfredonia, and Jacque Lefebvre d'Etaples (1499). Although the present cloth binding probably dates from the eighteenth or early nineteenth century, this bundling suggests that at least one early owner saw these works as belonging together.

56

9 卷第 1 章 ），还是雷吉奥蒙塔努斯的转述，关于行星序列都缺乏足够的讨论。尽管我们现在知道，雷吉奥蒙塔努斯私下里对托勒密所提出的前后不一的行星序列持怀疑态度，但是哥白尼从他的遗作《〈天文学大成〉概要》中所能得到的，只是人们关于金星和水星的次序"有争议"。[1] 以托勒密模型作为公认的秩序，行星天球之间不应有空隙，因为"自然不允许有空白之处"[2]。从普尔巴赫的观点来看，针对每种行星模型的计算不依赖于它们的次序。而在阿尔伯特的评论中，在《占星四书》文本中，行星次序直接与星体性质的排序相关联。同时，行星及其位置的排列组合方式不计其数，而所有这些都建立在托勒密的序列模型之上。这时候，读者也许会在有意无意中发现，托勒密本人恰好把行星序列这个章节放在了他的《占星四书》的中间位置。而无论是《天文学大成》还是它的《概要》，都没有这样的安排。所以说，如果想要在占星理论这个范畴内改变行星的次序，就必须要有充足的理由，去改变那些已经固定的行星性质及它们的排序，因为这些因素决定了行星运动对地界所能产生的效力——或者还有一个简单的办法，就是把行星序列排除在占星学之外，作为一个单独的写作门类来对待。

那么，哥白尼以日心说为基础，重建行星秩序，究竟是要解决什么问题呢？伯纳德·戈尔茨坦最近的研究提出的这个思路非常好，这一问，把我们直接带

---

[1]　Regiomontanus 1496, bk. 9, chap. 1: "De reliquis autem tribus controuersia fuit." Michael H. Shank called attention to a passing comment in Regiomontanus's massive, unpublished polemic" Defense of Theon against George of Trebizond" (now in the Academy of Sciences, St. Petersburg, Russia, fol. 153v), wherein Regiomontanus sarcasticcally dismisses the ordering criteria as "rhetorical" : the superior planets are grouped together by a shared "epicycle of the sun," whereas the inferior planets are grouped by their "longitudinal motion" (Shank 2005a) .

[2]　Regiomontanus 1496, bk. 9, chap. 1, 192: "Fiet igitur ut distantia inter duo lu-minaria sibi quam vicinissmie approximata: semidiametrum terre 1006 fere vicibus contineat. Hoc autem spqtium natura non sinit vacuum: necessario igitur quoddam celeste corpus ipsum occupabit. Sed id corpus de integritate erit orbium Solis et Lune; frustra enim tanta moles in celo, permitteretur" ; for important comment on this passage, see Shank 1998, 164 n. 6; Shank 2007, 2.

到了哥白尼问题的中心。[1]它随即让我们开始思考另外一个问题：哥白尼提出解决方案最初的动机是因为行星序列的不确定性，还是行星模型的不确定性？这个解决方案是什么时候产生的？——哥白尼是什么时候形成了他最初的思想？——最后，更加有趣的一问是：哥白尼面对的问题究竟是什么？问题的若干要素是什么时候出现的？[2]

行星序列是哥白尼日心说思想最原初的立足点，历史学家们通常低估了这一点。自从柯蒂斯·A. 威尔逊（Curtis A. Wilson）和诺埃尔·斯维尔德洛夫（Noel Swerdlow），尤其是后者，在 20 世纪 70 年代重新构建了这个议题，研究者们已经意识到，从哥白尼一篇纲要性的论文中（通常被称为《短论》）、从他的代表作《天球运行论》中，可以找到鲜明的证据，表明哥白尼对下列事实非常不满：若干个点（或是占据这些点的天体）围绕中心做圆周运动，其运动速度是不均匀的。[3]威尔逊解释说，哥白尼这种反不均匀的倾向，与当时文艺复兴时代的秩序感是一致的。斯维尔德洛夫则持不同观点，他认为，这种态度最基本的动机毫无疑问是出于物理考虑，前提是假设哥白尼认为行星都镶嵌在固体的、不可穿透的天球之上，那么，它们的均匀旋转，只能通过环绕天球直径中轴的机械运动来实现。[4]斯维尔德洛夫认为，哥白尼从这个动机出发，试图找到改造原有模型的方法，来消除令人不快的不均匀运动。而这种原有模型，按照斯维尔德洛夫的表述，应该是哥白尼从雷吉奥蒙塔努斯关于金星水星的篇章里读到的偏心圆结构。[5]

---

[1]　Goldstein 2002, 219.

[2]　For an excellent critical treatment of the current state of the question, see Goddu 2006.

[3]　Wilson 1975, 17-39; Swerdlow 1973; for passages concerning nonuniform circular motion, 434-35; Copernicus 1978, 4.2, 5.25, 5.2; cf. Clutton-Brock 2005, 210.

[4]　On the ontology of the orbs and spheres, see Aiton 1981; Westman 1980a; Jardine 1982; Lerner 1996-97.

[5]　Regiomontanus 1496, 12. 12; Swerdlow 1973, 471-78; see Dennis Duke's animation (www. csit. fsu. edu/~dduke/models〔"Venhelio2. exe"〕).

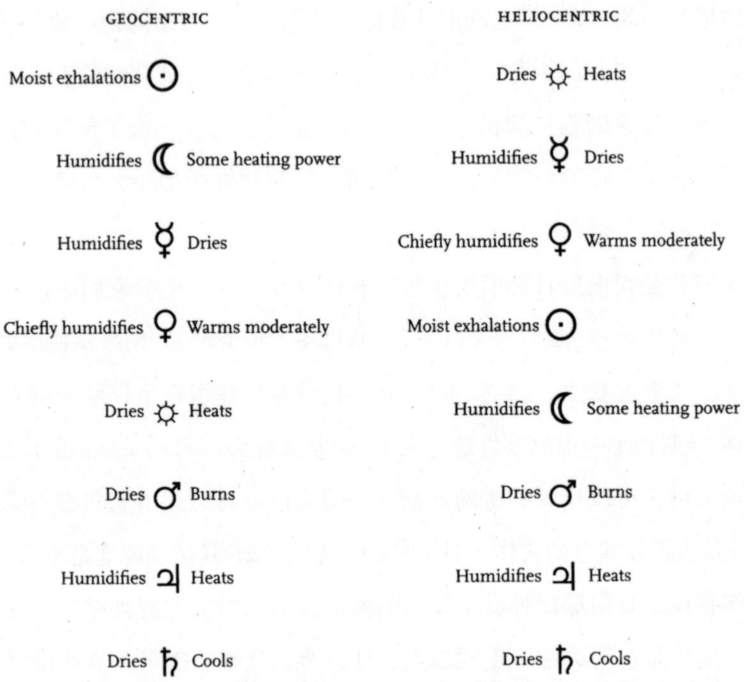

GEOCENTRIC		HELIOCENTRIC	
Moist exhalations ☉		Dries ☿ Heats	
Humidifies ☾ Some heating power		Humidifies ☿ Dries	
Humidifies ☿ Dries		Chiefly humidifies ♀ Warms moderately	
Chiefly humidifies ♀ Warms moderately		Moist exhalations ☉	
Dries ☿ Heats		Humidifies ☾ Some heating power	
Dries ♂ Burns		Dries ♂ Burns	
Humidifies ♃ Heats		Humidifies ♃ Heats	
Dries ♄ Cools		Dries ♄ Cools	

图 15. 左侧所示为托勒密模型中的行星次序及各个行星的基本性质。右侧所示为哥白尼模型中的行星次序及各个行星的基本性质。

另一方面，威尔逊也思考了同样的问题，他认为，哥白尼努力寻找行星做匀速圆周运动的解决方案，这个动机可能促使他实验了一些复杂的设想，比如将太阳的周年本轮运动叠加在均轮结构之上，这种设想作为日外行星运行轨道的替代方案，原本已经被提出来过。

如果哥白尼将普尔巴赫关于共有运动的篇章作为一个问题来看，那么，威尔逊的重构就尤其可圈可点，因为它能帮助我们发现，哥白尼在试图为这个问题找到答案的过程中——至少是对于日外行星来说——究竟做了些什么。在那篇文章中，（日外行星）大的周年本轮在地静框架结构中，可以直接被转换为地球的周年环行。但是对于水星和金星来说，哥白尼需要的则是斯维尔德洛夫最先关注到的雷吉奥蒙塔努斯的模型了。[1]无论是从日外行星出发，还是从金星水星出发，不管哪种改造，结果都会指向日心结构，并进一步指示地球运动的可能性。事实上，正是这样的推论，难以为第谷·布拉赫所接受。[2]

　　将行星模型作为优先考虑的问题起始点，这个叙事框架现在走到了最后一步：哥白尼遇到的困难在哪里？难以解释的困惑在哪里？是什么说服哥白尼做出了地球运动的关键性假设？是像斯维尔德洛夫设想的那样，因为坚固不可穿透的球体出现了潜在交叉点？还是像威尔逊推断的那样，因为对"世界机器"（machina mundi）秩序抱着形而上的信念？不管是哪种情况，如果说雷吉奥蒙塔努斯是这种日心结构的关键源泉，人们不禁要问，为什么他本人没有看到这两种可能性，或者是在此基础上有所行动？因为，他是普尔巴赫最优秀的学生，也是其作品的出版人，说到普尔巴赫著作的细节，再没有人能比他更了解了。

　　伯纳德·戈尔茨坦的假设提供了一个有前景的新方向，同时反驳了之前的观点。他提醒我们注意，哥白尼在《天球运行论》（第1卷第10章）中提到了欧几里得《光学》中的一个原理，并且非常认同它的权威性——运动球体离固定中心越远，它的公转周期就越长。[3]在他的论文《短论》中，哥白尼写道："两颗行星圆周运动轨迹的周长不同，它们运转一周的快慢就不同。"[4]这是哥白尼指南性的假设吗？还是另外某种假设的结果？戈尔茨坦认为是前者。[5]并且，因为

---

[1]　Curtis Wilson 1975, 34 n., was careful to note that his figure "cannot be easily adapted to the case of the inferior planets."

[2]　To see how the Sun's motion is still mirrored in the planets even in a geoheliocentric arrangement, see Duke's animation（www. csit. fsu. edu/~dduke/models［"Tycho. exe"］）.

[3]　It may be questioned whether the proposition to which Copernicus appeals is, in fact, something as strong as a principle which is "necessarily true." An epistemically weaker reading would be "assuming the consideration. For "assumpta ratione," Rosen translates "their principle assumes"（Copernicus 1978, bk. 10, chap. 1, 18: 27）; Goldstein offers "assuming the principle"（Goldstein 2002, 222）.

[4]　Swerdlow 1973, 440.

[5]　Goldstein 2002, 220.

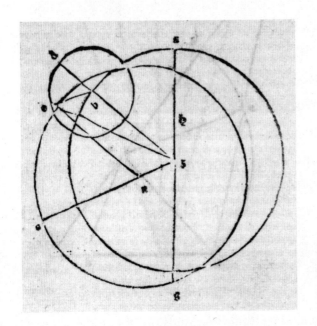

图 16. 金星的本轮（OB）模型，转化为以 R 点为中心的偏心圆模型，呈现出平行四边形（Regiomontanus 1496, book 12, proposition 1. Image courtesy History of Science Collections. University of Oklahoma Libraries. See also Dennis Duke's animation of Regiomontanus's model at http: //people.sc.fsu.edu/~dduke/venheli02.html）。

这种周期 – 距离原理已经在地心系统中应用于火星、木星和土星了，那么，哥白尼面临的问题就是太阳和金星、水星共有的周年运动。因此，当时一个主要的困难，应该是日心结构中金星和水星的运转周期。不过，虽然哥白尼指出了运动周期的重要性，但他并没有亲自计算，而是借用了马提亚努斯·卡佩拉《菲劳罗嘉与墨丘利的婚姻》，为自己的论点增加古典的权威性。[1]

---

[1] In the *Commentariolus*, Copernicus reported Venus's period as "in the ninth month"; it is also given as nine months, instead of 225 days or 71/2 months, in *De Revolutionibus* (see Goldstein 2002, 221, 229-31; Swerdlow 1973, 440). Capella 1499, bk. 8, fol. r5: "Quinque uero sydera nesciunt obumbrari. Tria item ex his cum Sole Lunaque orbem Terrae circumeunt. Venus uero ac Mercurius non ambiunt Terram. Quod Tellus non sit centrum omnibus planetis." ("Three of these planets [i. e., Saturn, Jupiter and Mars], together with the Sun and the Moon, go around the Earth's globe, but Venus and Mercury do not go around the Earth. That the Earth is not the center of all the planets"); Vitruvius 1496, 9.1.6: "The stars of Mercury and Venus, making their paths in the form of a crown around the rays of the Sun as around a center, perform back and forth motions, and retardations."

但是，按照戈尔茨坦的设想，最终是行星到宇宙中心的距离问题，构成了哥白尼产生上述想法的动因。首先，哥白尼不满意"网状结构"所产生的行星天球之间的空隙。托勒密把他的新秩序放置在这个结构之中，并在此之上设定了行星到地球的距离：低位行星到地球的最大距离，等于紧邻它的高位行星到地球的最小距离。但是，如果用另外一种方法测试，即测量太阳和月球的天文视差，得到的结果却无法与网罗它们的天球确切吻合，也就是说，行星天球之间会出现不能接受的空隙。周期－距离原理提供了一种替代方法，来找出行星与宇宙中心之间的距离，如果这种方法有效的话，周期就成为一种独立的变数，而距离则是影响变数的因素。但是，人们怎么能够保证周期在这个方法中的价值呢——尤其是论及金星和水星的时候？戈尔茨坦设想的驱动力来自一种假设（行星运转周期与行星到中心点的距离成正比）和一种经验要求（水星和金星运转周期的长短）。出于某种原因——也许是读过马提亚努斯·卡佩拉的书之后？——哥白尼说服自己相信水星周期要小于金星。

这样，这两颗行星的次序就能完美适应前面提到的那条一般原则：行星运转周期越短，距离宇宙中心就越近。从这里出发，哥白尼应该已经发现：对调地球和太阳的位置，可以最好地诠释周期－距离关系。[1] 按照戈尔茨坦的重构思路，这时，行星序列解决了距离问题，但是，它也超过行星模型成为了优先问题。哥白尼注意到，日心结构在解释现象方面至少表现出了某些特点，于是对其产生了最初的信任。从此以后，他向前迈进，试图找到相应的行星模型的细节，这个方向与雷吉奥蒙塔努斯《〈天文学大成〉概要》第 12 卷第 1、第 2 章的内容

---

[1] These are the features of Copernicus's system commonly noted; but, for an especially useful (and very lengthy) list of such entailments, see Swerdlow 2004a, 64-120.

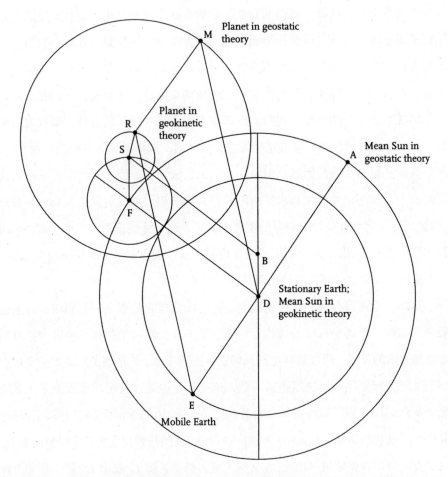

图 17. 地心结构中一颗外行星的周年本轮（MR）模型，转化为日心结构中的地球轨道（DE）
模型，呈现出平行四边形（Adapted from Curtis Wilson 1975. By permission of the University
of California Press）。

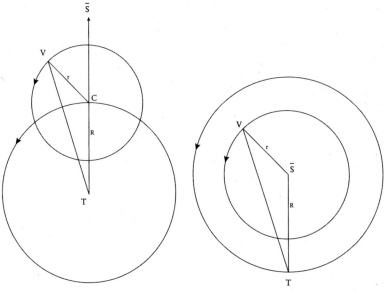

(a) A geocentric model for an inner planet. (b) A heliocentric model for an inner planet.

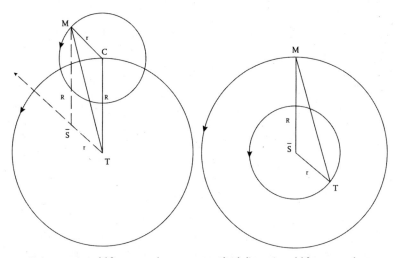

(c) A geocentric model for an outer planet. (d) A heliocentric model for an outer planet.

图 18. 从地心结构到日心结构的模型转化。（a）内行星的地心结构模型；（b）内行星的日心结构模型；（c）外行星的地心结构模型；（d）外行星的日心结构模型（Goldstien 2002，227. By permission of Bernard R. Goldstein and *Journal for the History of Astronomy*）。

不谋而合，这一点恰恰被斯维尔德洛夫观察到了。[1]

　　戈尔茨坦对哥白尼思路的重构，至少在三个方面很有吸引力：第一，如果说哥白尼曾经认同过第谷式的宇宙体系或是地心说理论，为什么他不愿意一直与之相安无事呢？

　　戈尔茨坦给了我们一个解释：因为这种体系无法严格地应用周期－距离原理。第二，关于周期－距离关系的观点，人们从亚里士多德《论天》第 2 卷第 10 章中可以很方便地找到，哥白尼在克拉克夫当学生的时候，很可能就已经知道了。[2] 第三，哥白尼是否相信天球是固体的或坚硬的，关于这个问题争议颇多，而这种重构方式则无需花费力气为哥白尼的立场做复杂的辩护。

　　然而另一方面，戈尔茨坦的论述又让这个问题的解释工作倒退了一步：如果对于天文从业者来说，周期－距离关系这么容易就能够找得到，那又是什么促使早期的哥白尼注意到了这一点呢？当雷吉奥蒙塔努斯说到金星和水星的位次“有争议”的时候，他指的是一种经验上的不确定性，并非原则性的不一致。博洛尼亚的阿威罗伊派（Averroës）学者亚历山德罗·阿基利尼（Alessandro Achillini，1463—1512），曾经对《论天》第 2 卷第 10 章做出评论，他支持了亚里士多德的观点：“很明显，这些行星相对于第一颗行星的排序，必须遵从宇宙的星球秩序，因为它们在位置和光度上的优先程度，决定了它们身份的尊贵等级。但是，关于它们的运动速度，我们发现的情况却相反，我的意思是，距离地球越近，速度越快。”[3] 尽管阿基利尼严肃地质疑了托勒密的本轮和偏心圆学说，但他对水

---

[1]　Goldstein, 2002, 221-22. Goldstein also discounts the importance that Swerdlow attaches to the intersection of the orbs of Mars and the Sun: "There is no evidence that Copernicus was concerned with this intersection of orbs, and I think it unnecessary to ascribe such a view to him." This position is strongly confirmed by Goddu's recent study of Copernicus in the context of fifteenth-century Krakovian natural philosophy (Goddu 2004, 83-90).

[2]　Goldstein does not consider Aristotelian commentary at Krakow; but for important preliminary investigations, see Goddu 2004.

[3]　Quoted and trans. in Goldstein 2002, 225: Achillini 1498; Achillini 1545, fols. 34v col. b-35r col. a.

星金星的次序，对行星之间的空隙，并没有提出异议。[1] 可见，亚里士多德的排序原则最终归于各种不同的解释。

如果说哥白尼第一次邂逅普尔巴赫的共有运动篇章，就同时了解到布鲁泽沃的阿尔伯特的评论（这种可能性很小），那么，他当时应该注意到了前者被镶嵌到占星学的解释语境中。阿尔伯特写道："主要在这其中增加了一种必然的结果：所有行星的运动都与太阳的运动产生了联系。这是因为，就像托勒密在《占星四书》第 1 卷中所说的，［这些行星］与发光的球体之间有一种天然的关联；因此，它们介入了太阳的运动、效力和运化。"[2] 这样看来，阿尔伯特超过普尔巴赫，直接把他所说的必然结果与太阳相联系，将其（热性）视为力量源泉，既与诸星分享了自身的光亮和运动，又支持它们作为整体产生平衡的集合效力。读者可能还记得马尔西里奥·菲奇诺在《人生三书》（*Three Books on Life*，1498）中对太阳的赞美，只不过他并没有在太阳和其他行星的关系这个问题上树立起前者的位置，而是低估了太阳能够带来生命的力量。[3] 阿尔伯特所说的必然结果当然并没有直接把太阳静止化，并放在宇宙的中心，但是，它给普尔巴赫的共有运动观点添加了占星学色彩，使其免于被埋没的命运。它让人们看到，诸行星在太阳那里分享到的，除了它的周年运动，还有它作为热性和星相效力的源泉所具有的独特力量。哥白尼应该正是在这个点上，完成了"毕达哥拉斯式的转身"，得出结论：所有行星获取热度、光亮和效力的源泉，应该位于宇宙的中心，并

---

[1]　Achillini's values for the geocentric periods of Mercury （335 days）, Venus （344 days）, and the Sun （365 days） confirm a period-distance relation, although not a proportional one （Achillini 1498, fol. 15r）. See further chap. 3, this volume.

[2]　Brudzewo 1900, 117, my emphasis: "Ponit autem Magister correlarie, quomodo omnes planetae in motibus suis habent communicationem cum motu Solis. Hoc ideo, quia cum eo habent naturalem connexionem, sicut cum luminoso, sicut testaru Ptolemaeus primo Quadripartiti, et ergo participant cum ipsius motu influxu et operatione."

[3]　Ficino 1989, chaps. 4, 14.

保持静止。[1]

　　总结前文，很难绝对地认定，哥白尼早期生涯中遇到了某个疑问，促使他
断然转向了日心假说。[2] 我们所回顾的那些因素虽然可以采纳，却都不能对此起
到决定性作用。不过，它们汇总在一起，可以解释哥白尼是如何意识到，对于
普尔巴赫所发现的共有运动，地球的周年运动是一个可能的答案。就这种理解
而言，哥白尼无疑是孤独的。雷吉奥蒙塔努斯可能曾经亲自和普尔巴赫本人探
讨过共有运动的问题，并且还帮助他出版了包括相关章节的书籍，但却没能把
他的发现和周期－距离规律联系在一起。[3] 实际上，雷吉奥蒙塔努斯是公开支持
《天文学大成》及《占星四书》所设定的行星秩序的。[4] 并且，他曾经明确反对
地球绕地轴自转的观点，认为那就好像被叉在一根棍子上转着烤的猎物——最
好还是让太阳把它烤得均匀些、漂亮些。亚里士多德－柏拉图式的思想，在对
待诸如空气的性质这类问题时，曾采用了否定后件推理的方式，而雷吉奥蒙塔
努斯的对立观点，事实上也遵循了这样的逻辑。[5]

　　写到这里，没有得到答案的问题有两个：什么样的历史因缘，将金星和水
星的次序问题推向了亟待解决的境地，并使得当时的人们以一种新的视角，重
新审视欧几里得和亚里士多德的周期－距离观点？是什么促使哥白尼将太阳而
不是地球，归结为所有天体运动而不是其中一部分的中心？

---

[1]　For an alternative reconstruction, see Shank 2009. Unlike Kepler, Copernicus did not attribute any sort of motive power to the Sun in *De Revolutionibus*; but in the *Narratio Prima*, Rheticus and Copernicus refer to the Sun as the "principle of motion and of light" (Rheticus 1982, 113, 169; cf. Granada 2004a)．

[2]　See Swerdlow and Neugebauer 1984, 20-21, 26-27; Clutton-Brock 2005, 19; Goddu 2006, 37.

[3]　In his unpublished *Defensio Theonis*, Regiomontanus used a period-distance relation to criticize the system of al-Bitruji (Shank 2007, 10)，but he failed to make the same criticism of Ptolemy in his *Epytoma almagesti*.

[4]　Although Regiomontanus endorsed Ptolemy's ordering in both the *Defensio Theonis* and the Epitome, he was trenchantly critical of George or Trebizond's reasons for holding the same conclusion (Shank 2007, 11-12)．

[5]　Regiomontanus 1537, 38. The Earth's rotation would impede walking; birds could not fly well toward the east because to lift them from the ground, their feathers would have to be aligned against the wind; buildings would be destroyed by the "violent impetus"；a projectile thrown into the air would not return to the same place; and so forth.

2

62

构建未来

预言年鉴

虽然占卜活动从巴比伦时期就已经为人所熟知，但是，印刷术、绵延的战争、城市和村镇的发展，以及 15 世纪晚期梅毒的流行，这些因素交织在一起，为占星预言家们开辟了一个新的天地。[1]1496 年，哥白尼来到博洛尼亚求学，恰逢这样的历史时期。从1494年法国入侵意大利，到1648年《威斯特伐利亚和约》(*Peace of Westphalia*) 签署，在这百余年间，暴力和不安全感始终笼罩着欧洲。军事史学家黑尔（J. R. Hale）曾这样描述 16 世纪的欧洲：

城邦之间的战争、城邦联盟之间的战争、内战、干预战争、宗教战争，当时人们所熟悉的这些战争形式都扩大了规模；与此同时，又添加了两个新的元素，

---

[1] For the ancient period, see Evans 2004; Rochberg 2004; Swerdlow 1998.

使形势变得更加混乱。一是天主教与新教的对抗，挑起了基督教会内部的战争，出兵者甚至以宗教讨伐的名义，把战争强加给远远超过地域疆界的民族。二是以往稀缺的武器开始在战场上大量出现：手枪、步枪、加农炮，已经被军队普遍使用。与此同时，随着城防工事取代中世纪的城镇布局，城市的样貌也发生了极大的改变。总之，战争的支出在不断上升，关系到的个人利益在不断扩大，随之而来的行政制度和宪法实践的改变也在不断加剧。[1]

16世纪，战争有史以来第一次成为广泛研究的对象和公共讨论的议题，尤其是在律师、政治理论家、历史学家和神学家们中间。路德有一个评价为人们所熟知：战争已经"就像吃饭、喝水或是其他事情一样了"[2]。对于思考这个问题的人们来说，战争状态似乎是再自然不过的，是不可避免的，甚至是有益的——它是神的计划当中的一部分。伊丽莎白时代的一位智者这样写道："战争，对于那些沉醉在和平中太久的城邦来说，对于那些厌倦了宁静和安逸的共同体来说，可谓是一剂对症的良药。"[3]

预言年鉴是针对某个城市、某个村镇或某个地区所编写的年度预言报告。当时的人们因为上述种种变故而焦虑和恐惧，预言对这些情绪同时起到了加剧和安抚的作用。当时，战争描述和占星预言都借助了印刷术才得以流传。占星实践涉及战争预言是再寻常不过的事情，不过天文学理论几乎跟它没有什么关系。也有例外情况。开普勒曾经因为他对火星的新发现说过这样一番话："由于人们的计算能力有限，它经常从［一般占星家］的眼睛里和手里逃脱。因此，就算它对一些重大时刻做出了预示，就算这些预示关乎战争、胜利、帝国、军

---

[1]　Hale 1971, 3.

[2]　Luther 1967, 97.

[3]　Cornwallis 1601, sig. H1.

事成就、民间权威、体育，甚至生死，也都无济于事。"[1]

63

15 世纪印刷术的到来，影响了当时欧洲社会的政治和文化脉动，并最终促成了若干潮流的汇聚。其中的动向之一，是教皇在大分裂之后，试图重新建立罗马在全欧洲的文化领导权威。尼古拉五世（Nicholas V）任教皇期间（1447—1455），大批人文主义者进入罗马教廷。在教皇宫廷及红衣主教官邸任职的人文主义者，频繁出使倾向于教皇的世俗朝廷，出色地完成了外交使命。[2] 红衣主教皮科洛米尼（Piccolomini）就是这种新教皇政策的一个杰出例子。另一个例子是同为红衣主教的贝萨利翁（Bessarion），他曾先后出使博洛尼亚和威尼斯。雷吉奥蒙塔努斯计划出版的作品，因其精英主义的古典风格，因其发扬了古希腊数学思想，因其将理论作为实践的先行，得以将人文主义者的理想在教廷和帝国的文化地图中铺展开来。他将《〈天文学大成〉概要》献给了"天文学之王"托勒密，"吾师并御用天文学家"普尔巴赫，以及"艺术庇护者"红衣主教贝萨利翁，称此书为"纪念碑式的不朽作品"，值得珍藏于贝萨利翁的文库之中。[3]

史学上对雷吉奥蒙塔努斯及其行星理论的评价和各种各样的重视无可厚非，但是，这难免让我们忽略了错综复杂的预言文化。这些预言对应了当时欧洲的政治和疆域版图。在 15、16 世纪，几乎每座城市、每位君主都会支持一种预言机制。事实上，那个时代对个人命运和地区命运的预言之所以有需求，首要的也是最为重要的原因，恰恰是由于当时欧洲那些主要的统治家族迫切希望更多地掌握政治、宗教和经济的前瞻图景。这些家族包括：哈布斯堡家族（Hapsburgs），雅盖洛家族（Jagellons），勃兰登堡选帝侯，西班牙的阿拉贡（Aragon）家族（后来他们的势力扩大到了那不勒斯和西西里），以及意大利的诸多君主，包括米兰的斯福查（Sforza）家族，曼图亚（Mantua）的贡查加（Gonzaga）家族，费拉拉（Ferrara）

[1] Kepler 1992, dedicatory letter, 31.
[2] D'Amico 1983, 8-9.
[3] Regiomontanus 1496, fol. a2v.

的埃斯特（Este）家族，佛罗伦萨的美第奇家族，另外还包括从美第奇家族的利奥十世（Leo X）和克雷芒七世（Clement VII）到法尔内塞（Farnese）家族的保罗三世（Paul III）的诸位罗马教皇。

占星预言有效地显现了一个邦国的科学力量，同时，它们为君主们制撰的星相判言则构成了元首统治的镜像。预言权威的典型形象从托勒密和雷吉奥蒙塔努斯身上可见一斑：前者被称为"天文学之王"或者"占星学之王"，后者则被称为"天文学王子""托勒密第二"。[1] 印刷术的出现，迅速催生了新的预言经济。据我所知，14、15 世纪的预言文字都是拉丁文。而从 15 世纪 70 年代开始，方言版与拉丁文版的印刷预言同时并行，并形成了一种警告性大于安抚性的基调。卜算预言、天气预报及其他各种预测，增加了单页年历和历书的销量，使它们变得相当普遍。统治阶层专属的学术型或是宫廷式预测，其典型样式是以年份为基础的。学者型预言家们反复地征引古希腊、阿拉伯和犹太典籍，使征引中出现的谬误继续流传。不过自 15 世纪 80 年代以后，大批拉丁译本涌现，为预言家们提供了丰富的理论资源。[2] 当时一位星相大师究竟拥有多少种理论图书，15 世纪法国占星家西蒙·德·法勒斯的藏书能够让我们管中窥豹。一个普通占星师最有可能常备的参考书则应该包括：《占星四书》《金言百则》、亚里士多德的《物理学》和《气象学》（Meteorology），也许会有阿维森纳的《医典》，另外还有一套月相表，以及中世纪阿拉伯和犹太作家们的若干书籍。当代人的著作，比如雷吉奥蒙塔努斯的书，可能会被用到，但不会标示出处。所以，还是像之前所论述的，天文学理论是占星前提，但常常是隐而不现的。我能看到的所有预言，不曾有只言片语提及本轮或是均轮。[3] 要做出有效的预测，显然需要其他

---

[1] See, for example, Regionontanus 1481.

[2] Boudet 1994; Carmody 1958.

[3] The four major collections that I have used are in the British Library; the Herzog August Bibliothek, Wolfenbüttel; the Biblioteca Universitaria, Bologna; and the Biblioteca Colombina y Capitular, Seviile.

的东西，需要足够丰富、足够地方化的知识，以保证判断星相的尺度具有直接的参考价值。

最近的一些研究，已经开始帮助我们从某些角度了解这种现象。[1] 不过，对于占星家们的本地文化，尚缺乏充分的调查。他们如何构建内部界限，如何采信和使用占星理论，如何形成判言，如何捍卫自己的区域性预言，如何年复一年地保证了自己的权威、声誉和个人安全？这些问题足以构成一个独立的研究课题，至少可以让我们更加深入地回答一个问题：对于近代早期的人们来说，是什么让他们对上天如此执着，如此入迷？为了寻找答案，本章和下一章将围绕博洛尼亚和费拉拉这两座城市，一探究竟。哥白尼曾经去过意大利的三座城市求学，其中就包括这两地。

64

所有的预言年鉴都试图把读者引入警告和安抚的中间地带。就是说，既要在恰当程度上说一些具体的事情，同时也要保证它的宽泛意义，以免危及预言的存身之本。下面的例子是1500年预言年鉴的一小部分，博洛尼亚大学两个占星家对这一年可能出现的疾病做出了判断。其中一位是贾科莫·德·皮特拉米勒拉（Giacomo de Pietramellara），他是这样写的：

关于人们可能沾染的疾病：说到这一点，确实，会出现大量的问题。不过，那些生病的人——无论男女——最终都不会亡故，而是会恢复健康。

毫无疑问，意大利内部或是外部会出现天花……某些地方会传染瘟疫，其中有些人发病是因为患上了有毒的热症，或是其他未知的疾病。

许多妇女会因为怀孕而死，也有许多会流产；或者，实际上她们会在生产

---

[1]　From the nineteenth century, there are the valuable writings of Gabotto 1891 and Bertolotti 1878, on which Thorndike（1923-58）relied. Among recent sources, the most important are Garin 1983; Zambelli 1986, 1992; Niccoli 1990; Vasoli 1980c; Grafton 1999; Hayton 2004, 2007; Vanden Broecke 2003; Rutkin 2005; and Azzolini 2009.

中承受各种异常痛苦，在极度难产的状况下诞生婴儿。

眼疾和耳疾将大量出现，患者症状先是由伤风、咽喉脓肿或肋部疼痛开始。他们不会因此身故。但是许多老年和青年男性恢复健康会很困难，其中有些可能将死于胸膜炎。

除了关注上述疾病，还要小心间日疟和其他长期发热症状，比如三日疟、痰症、胃痛和腹泻。[1]

这篇预言的确切程度在当时很有典型性：预言者说出了一些具体的疾病名称，区分了患者人群，但是量化的描述只能止于"一些""很多""大量"，当然，对于这一点我们丝毫不会感到意外。

另一位对1500年疾病做出预言的是多米尼科·马利亚·诺瓦拉（Domenico Maria Novara，1454—1504）。他是皮特拉米勒拉在博洛尼亚大学的同事，年纪略长。他曾对哥白尼产生过重要影响。诺瓦拉的语气也是警告性的，不过他对疾病的康复表现得更悲观，对某些疾病及其病源和病因的看法也与前者大相径庭。

本年度会给我们带来难治的邪恶疾病。除了感冒和伤风，人们的背部、手部、脚部，以及一部分人的咽喉，会出现肿痛。妇女的胸部和咽喉，男性的睾丸，会出现溃疡……不过瘟疫最严重的地区是小亚细亚，现在叫土耳其。土耳其的大部分地方都会受到影响，因为他们的宗派之争遭到了诅咒。诅咒的效力还会降临君士坦丁堡，现在它是土耳其人的首要之地了。同样受到影响的还有意大利的许多地方，比如米兰、帕维亚、罗马涅（Romagna）和罗马的几乎全部地区，以及普利亚（Puglia）王国的很多地方。不过，靠近水的地区会遭受更多病痛，因为腐水蒸发会成为毒气的主要来源。这样，原本为了治疗而给病人饮用

---

[1] Pietramellara 1500, n. p.

的矿泉水因受了污染使康复效果甚微；因其劣质反而会令饮用者中毒。水源越深，毒性越甚。当木星进入双子座的时候，疾病将产生最大效力，此时会出现非常剧烈和痛苦的病症，并且掺和着抑郁的情绪，之前的患病者将再次被击倒。[1]

在这则预言中，受疾病影响的社会群体更加宽泛（男性、女性），行星效力所作用的身体部位（背、手、脚、咽喉、胸部、睾丸）和地理区域更加具体。重创地区将是土耳其，当然意大利的若干城市也将被殃及，尤其是靠近受污染水源的地区。预言家与用户之间达成的协议究竟是什么样的，这仍然有待于研究，不过，从现有资料来看，前者似乎并不必为后者提供解决方案。[2]

判言未来并不要求严格的计算，就是说，预言者无需遵照占星手册上的规则，一丝不苟地执行。除了一些大的原则，比如特定的行星与特定的地理区域相关联，其他细节并非都来自占星经典，比如《占星四书》或是阿尔布马扎的《论行星大会合》（*Concerning the Great Conjunctions*）。预言家们在解读这些经典著作的时候，显然考虑了本地的适用性。[3]

不过，这并不等于说，占星家们的预言没有复杂的理论依据。星相理论为他们提供了基本的工具箱，包括一般原则、分类、天界原因与地界效力之间的关系等。天文学理论和星表则让他们预知基本的天文现象，比如什么时候出现新月或者满月，什么时候太阳进入某一星座，什么时候出现月食和日食，什么时候两个甚至更多行星会与地球联珠，诸如此类。

托勒密本人在预言某些事件时，也曾表现出需要某种指导性原则。在《占星四书》第2卷，他陈述了预言国家和城市的未来所应遵循的基本规律，这与15世纪晚期盛行的预言种类相同。托勒密认为，特定地理方位决定了特定的地

65

---

[1] Novara, 1484-1504.

[2] About the former, see Pomata 1998.

[3] On Wittgenstein and the problem of rule following, see Winch 1958, 21-39; Lynch 1992a, b; Bloor 1992.

方会发生特定的事件，所以，预言以不同的地理"平行线"（parallel，南北方向）和地理"角度"（angle，东西方向）为前提，区分事件对不同人群的不同效力。所有事件都会经历开端、过程和终结，这将会对特定的生物，比如人类或动物，产生好的或坏的影响。城市的命运则和国家不同，它的原理类似于个人的命盘。托勒密曾说，建城日期或者建城者的生日，以及此时太阳和月亮的位置，与它们对城市所能产生的效力，这二者之间有着"密切关系"。

托勒密还十分看重日食和月食。不仅要看什么时候发生，还要看在什么星座发生。在述及食相发展进程中所产生的不同效力时，托勒密用到了"剧烈期"和"缓和期"这两个词，并用乐器上弦的紧张和放松来做类比。[1] 对于日食来说，它持续了多少小时，对应的事件就会延续多少年；对于月食来说，效力的持续时间则是以月计算。不过，其他有意义的行星现象，比如会合或是逆行，可以与日食或月食共同作用，从而影响食相效力的强度和持续时间。

正因为可能有多种天象同时产生不同的效果，预言家们面对占星理论时，需要考虑它们各自的力量，以及它们相互作用之后所形成的净效力或是最大效力。托勒密对此也曾做出论述："几个行星都有它们各自的属性和各自的影响力。但是，在此之上还有一些关联因素：星座的转换、相对于太阳的相位、由此带来的属性变化和特点变化，这些因素与行星自身的特性以不同的方式组合，最终产生各种各样错综复杂的效力。"之后他坦率地得出结论："当然，就算我们能够意识到问题的多种可能性，也不能指望把每种组合方式带来的后果都一一说到，不可能尽数其中任何一种组合各个方面的意义。因此，这类问题只能留给数学家们去精心推演，他们的专长能帮助我们做出必要的区分。"[2]

托勒密已经很明确地指出了预言家们可以操作的范围。他们能够根据不同

---

[1] Ptolemy 1940, 167 n. 4.

[2] Ibid., bk. 2, chap. 8, 189.

66

的构成元素的特性及其特定组合方式所产生的意义，对其综合结果和效力做出判断。从物理角度讲，这些效力是"某种特殊的力量，它来自永恒的以太物质……它能够穿透并传布整个地球，无时无刻不处在变动之中"[1]。这样，占星理论就给预言家们留下了一个口子：就算天文学理论是正确的，也不等于在对星相组合的效果做判断的时候不会出错。换言之，托勒密给占星家们留下了一条退路，既为他们的误判找到了合理的解释，也不至于累及占星学之名。

也许一个好的、可信的占星家真的能正确地解读复杂的星相，将它们多变的组合方式和影响力对应于地球上某个城市、某个地区或某个人。但是，实际上占星作为一种思想体系，还有另外一个存在的理由。近代早期动荡不安的政治环境造就了统治者的普遍焦虑，而占星话语恰恰适应了他们的迫切需求。它作为一种权威信息源，对于统治权、性别区分、等级制度，提供了一套可塑性很强的解释话语，同时把千头万绪的政治和社会关系，投射到了一个符号化、象征性的舞台。近代早期面向君主和朝臣还有其他形式的谏言文本，但是，占星学与它们的区别在于，它把统治者的话语彻底地归因于自然，把二者贴切地结合在一起。占星解释所关注的问题，在20世纪属于多个学科门类，包括政治学、经济学、心理学、社会学、天气预报及医学。有一个顺口溜可以帮助人们记忆十二宫所对应的星相意义，从中我们可以看到占星学覆盖的类别和范围：

生命、钱财、兄弟姐妹；父母、子女和健康；

配偶、死亡、虔敬之心；工作、荣誉和牢房。[2]

从15世纪70年代开始，出版商们印制了大批的古代及中世纪典籍，这样，

---

[1] Ptolemy 1940 , bk. 1, chap. 2, 7. This aetherial power or dunamis affected first the elements of fire and air, and these, in turn, affected earth and water, plants and animals.

[2] See Garin's note in Pico della Mirandola 1946-52, 2: 539.

预言家们占星卜算就可以不再依赖大学里的手抄版本了。对于有些人来说，当时读到的理论书籍相当一部分还是手抄本，这一点从西蒙·德·法勒斯的藏书目录、从皮科·德拉·米兰多拉列出的参考书目都可见一斑。[1]但是，就像我们在第 1 章所讨论过的，印刷术无疑让更多愿意成为占星家的人拥有了基本的工具书，同时也让更多的作者在介绍自己的时候，不再仅仅使用"某某硕士"的称呼。[2]

通俗韵文预言

印刷术还促进了另外一种预言类型的流行：通俗韵文预言。韵文预言一般是成本低廉、质量粗糙的四开本或八开本印刷品，基本上只有两到四页，最多不超过 12 页，通常作者的情况不详。这类预言在特定的读者群中很受欢迎，他们中有工匠、手艺人，还有一些"有品位的藏书家"。比如哥伦布的儿子费迪南德（Ferdinand），就曾经收藏了大量此类预言。[3]韵文预言的作者并不可信，其中有些假名于学者或神学家。比如有一本预言小册子称作者是皮特罗·阿巴诺（Pietro d' Abano），此人原本是 13 世纪帕多瓦的医学和占星学教授，在册子里却被尊为"最可敬的巫师"。还有一本册子则托于"荣耀的圣安瑟莫"（"glorioso santo Anselmo）名下。这种举动无非想借助权威人士增加预言的可信度。此外还有一种做法，就是把古典元素、考古发现或官方的合法预言编进标题中。比如："罗马一座金字塔中发现的拉丁韵文预言，转译为通用语。"[4]小商贩们走街串巷，四处叫卖，这类预言小册子给早期印刷商带来不少利润。

---

[1] Boudet 1994; Kibre 1966.

[2] In two early fifteenth-century judgments, both authors describe themselves simply as "master"：Blasius of Parma 1405, and Melletus de Russis de Forlivio 1405, 23r）.

[3] Niccoli 1990, 6. This extraordinary collection is today located in the Biblioteca Colombinay Capitular, Seville （see Wagner 1975）.

[4] *Profetia over Pronosticationetrovata in Roma in una piramide in versilatinitradotti in vulgare*; Niccoli 1990, 7.

图 19. 失序的象征：佛罗伦萨
怪物，1506 年。这个怪物的
形象在流传中略有不同，但版
本基本相似。它雌雄同体，兼
具人和鸟的形态，人们认为它
是一种畸形生物。根据图片说
明，教皇的批准令这个儿童形
态的怪物饥饿致死（Courtesy
BayerischeStaatsbibliothek,
Munich）。

67

　　与官方预言年鉴不同，这种小册子以生动形象、引人入胜的语言写成，通
俗易读，而且涉及的事件范围极其广泛。同时，由于缺乏规范机制，同一篇预
言可以换一个新的标题或是作者，再次印刷出版。这类预言的绝大部分内容实
际上并没有真正的占星依据，它们只是由各种漫无边际的元素拼凑而成：诡异
离奇的反常事物、空穴来风的幽灵鬼怪、耸人听闻的洪水警告（有时候确有其

事），^[1]还有一些煽动性的预言，比如某一位帝王式的人物即将降临，将给世间带来和平与精神复兴。

这些印刷品成为政治宣传的一种主要手段，这也就不足为怪了。有迹象表明，某些预言册子在编写之初就是为了让人诵读的。^[2]奥塔维亚·尼科里（Ottavia Niccoli）曾经对这类文本做过深入研究，他提出，这种预言类型之所以得到发展，是因为它们事实上的确与当时的社会现实紧密相关："16世纪初出现的政治和宗教分裂，连绵不断的军事行动，相继而来的鼠疫、饥馑、灾荒，让人们越来越坚信那些游走吟唱、传讲鼓吹之人所宣扬的灾难预言。"^[3]作为一个示例，尼科里引用了一个无名作者的吟咏挽歌："哦，意大利，哭泣吧！呜咽、啜泣、泪水；意大利！你的土地见证了外来者和灾祸，主的意旨，令你我无处可躲。不论大小，都将遭受苦难和血腥，不可量度。"^[4]这类预言，或是对异常事件的报告，像1506年佛罗伦萨出现的怪物，在预警方面远比学术型的预言年鉴更为灵活，因为它们能随时适应新的环境和事物。

如果说托勒密的《占星四书》是学术占星传统的范式文本，那么，通俗预言则在印刷中借用了《拉丁预言》（*Prognosticatio in Latino*，1488）中最形象有力的图形、比喻和文本类型，这本书由约翰内斯·利希滕贝格（Johannes Lichtenberger，卒于1503年）编著，影响极为深远。它标志着预言文学发展中一种饶有趣味的现象：将启示论和末世论预言与高等学术占算相融合。利希滕贝格自称"神圣帝国的星占师"，当地的农民们却对他敬而远之，因为大家害

---

[1] Niccoli 1990, 143.

[2] "Listen, mortals, to the horrible signs that announce great trials to our age; I wish to bring an end to my song, excellent listener, ... this noble prophecy is ended, to your honor; O merry listener, here I make an end to my discourse." Quoted and translated in ibid., 18.

[3] Ibid., 19.

[4] *El se movera un gato* (n. pl. : Angelo Ugoletti, 1495), fol. 2v, quoted and translated in Niccoli 1990, 20; Daston and Park 1998, 177-78.

图 20. 神的启示照耀着预言家
们：托勒密、亚里士多德、西比
尔、圣布里奇特和教友兄弟莱因
哈德（Reproduced by permission
of The Huntington Library，San
Marino，California）。

68

怕他书桌上摆放的乌鸦，那是恶魔的化身。[1] 他的著作共出版了未删节版 50 余
种，摘要版 29 种，书中的内容旁征博引，借力于诸般权威，从圣经、教父、古
希腊哲学家和占星家，到女巫的预言和中世纪时期菲奥雷的约阿希姆（Joachim
of Fiore）的预言，凡此种种，不一而足。扉页的一幅木刻画颇为引人注目：神
的启示光耀四射，各个层次的预言家沐浴其中，从博学的（托勒密和亚里士多
德）到大众的〔先知西比尔（the Sibyl）、圣布里奇特（Saint Bridget）和教友兄

---

[1]　Kurze 1960, 8.

弟莱因哈德（Reinhard）]。全书共出现了 45 幅这样的木刻画，当然，论艺术水准、繁复程度，绝不能与同时期为马克西米利安（Maximilian）宫廷御制的诸多单幅作品相提并论，但是，正是这些视觉元素，让目不识丁的人也可以翻看这本书——无需细读文本，从画面就可约略了解书中的内容。

即便是文本本身，也并非毫无戏剧性：书中充满了末世论的意象，以及应验了末世预言的各种人物。利希滕贝格相信，在他所处的时代，若干启示论预言将会变成现实；乱世之后，则紧随着一个和平年代。比如，一个救世主式的帝王击败了土耳其人，紧接着会出现一个"新秩序"，以及"教会的新变革"。[1]但是，为了合成不同的预言情节，利希滕贝格时而让德国鹰扮演革新教会的帝王角色，时而又让邪恶的暴君鹰迫害教会，把革新的使命留给来自天国的教皇。为了调和书中亲德国和反德国的矛盾之处，利希滕贝格将圣布里奇特描写成领受了神谕的上帝代言人，由他带领德国完成惩戒的使用。[2]可见，他的难处就在于，如何协调《启示录》的整体情节和具体的行动者。实际上在这里他不得不做出一个政治选择。出于某种不为人知的原因，他的直接庇护恩主德皇弗雷德里克三世（Frederick III）反而出局了，甚至第二个显而易见的候选人匈牙利国王马赛厄斯（Matthias）也被放弃了，他选择了弗雷德里克的儿子马克西米利安扮演"高尚贞洁的王"[3]。利希滕贝格的预言整体来说非常富有弹性，甚至可以让人解读出完全相反的意义，正因为如此，它才得以保持长久的生命力，直至第一次世界大战。[4]

不过，利希滕贝格这部作品的重要性还表现在另一个方面：他在早期预言的集合之上，添加了一种新的元素——占星学意义上的因果关系。"土星和木星于 1484 年 11 月 25 日下午 6 时 4 分在距巨蟹座 1° 之处会合，预示巨大的灾难

---

[1] Lichtenberger 1488, bk. 2, chap. 13; Reeves 1969, 349.

[2] Lichtenberger 1488, bk. 1, chap. 3; Reeves 1969, 349-50.

[3] Literally, "the king of chaste appearance"; Lichtenberger 1488, bk. 2, chap. 4; Reeves 1969, 350.

[4] Kurze 1960, 69.

将会在此时发生。"其后的两个事件将加剧这次会合产生的效力,其一是 1485 年出现的"可怕"日食,其二是坏的土星和火星在 1485 年 11 月 30 日会合于距天蝎座 23° 43' 之处。不过,发生在"吉利的"木星与"暴躁的"火星之间的第三次会合,将改善 1484 年会合产生的负面效力。[1] 具有讽刺意味的是,正是利希滕贝格将高级的占星学权威所具有的正统性,赋予了早已存在的、灵活性极强的预言,这也算是他自创的"会合"吧。如果说利希滕贝格的某些言论毫不费力地取自中世纪预言,比如圣布里奇特的《启示》(Liber coelestisrevelationum),那么,毫无疑问,关于某些预言事件的起因和时间,他则照搬了当代人所做的判断,比如乌尔比诺公爵(Duke of Urbino)的私人医生和占星家——米德尔堡的保罗(Paul of Middelburg,1445—1533)。[2] 把早先的成功预言拿来,用以强化新近预言的权威性,这种做法在当时原本是很普遍的,至少不会招致麻烦和抵制;[3] 但这次却是个例外,利希滕贝格按照约定俗成的做法行事,结果引起了当事人激烈的反应,他撰写了一篇攻击性文章,名为《声望卓著的学者、毋庸置疑的预言家——米德尔堡的保罗,斥责毫无疑问的迷信占卜师和男巫》(Invective of the Most Celebrated Master Paul of Middelburg,Surely a Prophet,against a Certain Superstitious Astrologer and Sorcerer)。[4]

只从这个充满了战斗气息的标题就可以看出,正统和非正统预言之间的界限已经危在旦夕。这个主题一直延续到 17 世纪。文章指出,自认正统的预言家们,比如保罗自己,使用的是"神圣的、公正的占星学"和"占星理论",而那些被他攻击的对象则存身于"有秘密原则的秘密团伙之中,靠装神弄鬼的肮脏勾当,

---

[1]　Ibid., 185.

[2]　Warburg 1999, 623, 627; Kurze 1986, 183.

[3]　Hammerstein 1986, 132.

[4]　Middelburg 1492.

做些百无一用的卜卦测算"。[1]他用讥讽的语气称这位作者既贪图名声，又想隐藏身份。他在前几天刚刚做出判断："此人掩耳盗铃，欲盖弥彰，我当然猜得出来，是一个叫利希滕贝格的德国人出版了这本书。"除了作者的身份模糊不清，书中还借用"各种毫无价值的图画"，预言敌基督的到来迫在眉睫。其中有些画面显示了"女性宗教人士正在劳作"，有些描绘了一群鸡和猪在一起鸣叫，敌基督训诫神圣罗马帝国的皇帝，摧毁了帝国。保罗说，这"当然是无稽之谈，一派胡言，荒唐至极"，因为敌基督的到来只有几个重要行星的大会合才能预示，而利希滕贝格却并不能指出这样的事件。并且，他所严重依赖的约阿希姆是在1215年被拉特兰会议（Lateran Council）定了罪的。然而，就算有这种种过错，出版商还是用意大利语和德语同时发行出售了这本糟糕透顶的书。"当我读到这些时，我发现其中很大一部分，是从我关于行星会合的预言中挑选出来，杂糅在一起的。就好像窃取他人劳动果实的人为了掩人耳目，总是要把不同的东西掺合在一起，然后声称是自己的。"[2]

因为利希腾伯格对自己要编织起来的东西完全不懂，所以他其实是把"占星学这门学问"的正当性毁了。"德国的诸位王公有可能结成联盟，成为基督教诸邦最糟糕的邻居，并对他们操戈相向；对此情形，看上去利希滕贝格所写的预言，并非意在劝解。最后，但并不是最次要的，他诟病崇高的教皇，他对罗马教会的荣耀和威严多有贬损，这种举动毫无体面可言。"[3]

随着印刷预言文化的发展，这场论战标志着这一领域的权力之争日益明显。15世纪70年代，雷吉奥蒙塔努斯曾经利用印刷技术和翻译标准，对那种根深蒂固的学术类别观念提出了挑战。[4]1462年，在帕多瓦的一次讲座中，他把希

---

[1]　In this regard, it is interesting that Paul of Middelburg was described by his pupil J. C. Scaliger as "omnium sui temporismathematicorum facile princeps" (Scaliger 1582, 807; Marzi 1896, 47) .

[2]　Middelburg 1492, unpag., fol. 1r-v.

[3]　Ibid.

[4]　See Pedersen 1978b, 173.

腊数学家们抬高到了异教偶像的地位，这意味着他把数学和其他相关混合学科，提升到了其他所有知识类别之上，其言之信，直至 17 世纪尚有回响。[1] 到了 15 世纪 90 年代，被批为"无稽之谈"的对象不仅包括"野蛮的"翻译，其矛头更是直指与正统形成对峙的一种预言形态，后者的特点包括危言耸听的通俗意象，视觉呈现的传播策略，以及不可低估的宣传力量。由此可见，保罗的《斥责》一文实际上定义了一个新的历史时刻：它标志着托勒密传统的正统预言家们，开始为维护和垄断预言特权而斗争。

占星预言活动的主要城市

在印刷技术出现的最初二三十年，欧洲若干城市中的预言经济日渐蓬勃。15 世纪晚期出现的这场斗争，恰恰根植于此。至晚始自 15 世纪 70 年代，德国、意大利的大印刷商和预言数学家们，就开始源源不断地制作预言年鉴。[2] 事实上，预言家是最早从印刷术获利的社会群体之一。他们当中的许多人和大学有直接关系，比如博洛尼亚的皮特拉米勒拉和诺瓦拉。另外一些人附属于君主或是帝王的宫廷，比如米德尔堡的保罗和约翰内斯·斯特比乌斯（Johannes Stabius）。

---

[1] See Swerdlow 1993; Rose 1975a, 95-98.

[2] At the universities, this group included the following. *Bologna*: Baldino di Baldini, Girolamo Manfredi, Marco Scribanario, Domenico Maria Novara, Giacomo Pietramellara, Giacomo Benazzi, Lattanzio Benazzi. *Ferrara*: Pietro BuonoAvogario, Antonio Arquato. Padua: Luca Gaurico. *Leipzig*: Wenceslaus Faber von Budweis, Martin Pollich of Mellerstadt（first rector of Wittenberg）. *Ingolstadt*: Johann Engel, Johann Stab, Lucas Eindorfer. *Krakow*: Matthias Schinagel, Johannes Schultetus, Marcin Bylica, Johann of Glogau, Michael Falkner of Vratislavia, Albertus of Brudzewo, Bernard of Krakow. *Heidelberg*: Johanes Virdung of Hassfurt. Vienna: Andreas Stiborius, Johannes Stabius, Johann Muntz, Georg Tannstetter, Andreas Perlach.
Court associations included the following. Wiener Neustadt: Emperor Frederick III（1440-93）: Johann Nihil Bohemus, Georg Peurbach, Johannes Lichtenberger. *Vienna*: Maximilian I（1493-1519）: Joseph Grünpeck, Johannes Stabius, Andreas Stiborius. Urbino: Paul of Middelburg. *Ferrara*: Giovanni Bianchini, Pietro Buono Avogario. *Mantua*: Bartolomeo Manfredi.

在北方，学者们在出版物中使用的头衔多种多样，最常见的是"硕士"或"自由技艺硕士"，偶尔可见"占星学家"，"数学哲学家"则更为罕见。[1]

在意大利，博洛尼亚和费拉拉在占星实践中表现出了领导者的地位。博洛尼亚的大部分预言家是大学中的医学或自由技艺教师，因此他们印刷头衔的典型构成方式类似于"医学博士"，或是再加上"数学家"。在费拉拉，宫廷御用占星家安东尼奥·托尔夸托（Antonio Torquato）有时候自称为"医学占星家"，有时候则是"医学崇尚者"。皮特罗·波诺·阿沃加里奥〔Pietro Bouno Avogario, Advogarius（阿德沃加里乌斯）〕30余年间一直是公爵府邸的占星家，时而使用"杰出医学博士"的头衔，时而则用"物理天文学家"。有些人身处于官方体制之外，但也渴望宣称自己的身份，比如犹太人博内托·德·拉蒂斯（Boneto de Latis），他自称为"希伯来医学博士"[2]。这一群体的作者数量相对较少，但他们的作品数量却相当可观。

在亚平宁山以北地区，15世纪晚期最重要的学术占星地区是克拉克夫和威尼斯。[3]克拉克夫大学始建于1364年，最初仿照了博洛尼亚大学模式，由学生选择老师。经过一段低迷时期，和威尼斯大学一样，改而沿用巴黎大学模式，老师拥有严格的控制权。[4]这一时期最多产的两位学术预言家是约翰内斯·维尔东（Johannes Virdung）和约翰内斯·斯特比乌斯，他们都曾间断性地在克拉克夫学习过或是教过课。[5]维尔东在自己的称谓中很仔细地注明了大学和籍贯："占星家，哈斯弗特（Hasfurt）的约翰，克拉克夫大学。"[6]1487年，维尔东付给布鲁泽沃的阿尔伯特四枚匈牙利金币，请他复审一系列星相。第二年，他去听了阿

---

[1] See Zinner 1941, nos. 531, 514, 735.

[2] For a list of the prognostications from which these authorial identifications are derived, see Pèrcopo 1894, 210-16.

[3] For Krakow, see Birkenmajer 1972b, 474-82; Markowski 1974, 83-89. For Vienna, see Hayton 2004.

[4] See Knoll 1975, 137-40.

[5] See Birkenmajer 1972b, 479-81.

[6] Hasfurt 1492.

71

尔伯特关于普尔巴赫的课程。[1]

　　格罗古夫的约翰（John of Glogau，Jan of Glogow）是克拉克夫本地最重要的预言家之一。维尔东曾在 1486 年上过他的课。[2] 约翰的占星生涯至少从 1479 年延续到 1508 年。他的预言是典型的北方类型，主要关注天气和当地的社会及政治命运。另外，他在实践中主要是调动了自己所在城市和大学的声望，而非某个君主的威名，这一点有别于意大利同行。"吾乃格罗古夫之约翰硕士，谨以高尚温仁之风，为上帝之光耀、为克拉克夫大学之名望与荣誉，秉笔而书。吾之预言盖分为三：一曰日常诸般状况并大气变化；二曰前者诸元素之特性及倾向；三曰以星之所示，为人之所用，判言沐浴出行诸行动便宜之日。"[3]

表 1　古斯塔夫·海尔曼统计出的 16 世纪预言年鉴的出版总数

国家	作者	预言年鉴	现存
德国	213	1719	849
低地国家	38	295	93
丹麦	3	3	3
英国	28	89	53
法国	17	70	30
意大利	55	380	147
波兰	14	113	32
西班牙	10	17	12
捷克	3	10	9
合计	381	2686	1228

[1]　Thorndike 1943, 291. This information strongly suggests that Brudzewo's astrologically inflected commentary on Peurbach was associated with his own activities in practical astrology.

[2]　Ibid.

[3]　Glogau 1480, unpag. : "Ego magister Johannes de Glogovia maiori stilo et leui ad honorem dei famamque incliti studii Cracouiensis scribere institui. Hoc autem pronosticum meum in tres distinxi differencias in quibus status ele-mentorum mutationes aeree singulis diebus euenientes in primis legentur. Rerum turce lementorum disposicio in altera partevidebitur. In fine vero dies electos ad balneandi et aduentosandi et actus humanos dirigendos per conuiuia hominem utilitate juxta stellarum testimonia subiungas."

按照表 1 中古斯塔夫·海尔曼（Gustav Hellmann）的数据，在预言年鉴出版方面，神圣罗马帝国以巨大的数目遥遥领先。这类作品许多是由大学老师编写的，比如格罗古夫的约翰、维尔东等。但其中也有相当一部分，是由城市中的医生和路德宗的牧师出版的，反映了宗教改革如何由神职人员顺着德国西南部的城市出版网络逐渐铺开。[1] 北方的许多占星家时常把他们的预言献给某座城市，而非某位君主，这个现象证实了马基雅弗利在《关于德国事务的报告》（*Report on the Affairs of Germany*）一文中的著名论断："德国的权力与其说存在于王公之手，不如说存在于城市之中……（这些城市）方才是整个帝国真正的神经。"[2]

可见，年鉴作为一种独立的预言类型，它的出现既关乎印刷技术，又关乎城市权力的崛起。但是，意大利则是另外一种情形。高度个人化的城邦政治结构，使得预言家们的个人命运与其庇护恩主紧紧联系起来，即便他们接受的是城市或大学的任命。在费拉拉，埃斯特（Este）家族的诸位公爵实行专制统治，城中著名的大学和图书馆，以及绘有星相壁画的斯基法诺亚宫（Plazza Schifanoia），都成为预言活动的聚集之所。[3] 普尔巴赫和雷吉奥蒙塔努斯相继在这里讲学。多米尼科·马利亚·诺瓦拉曾把自己的家族描述成"费拉拉人的集合"。乔瓦尼·比安基尼（Giovanni Bianchini）1427 年受雇于费拉拉公爵，曾与雷吉奥蒙塔努斯通信往来，讨论在星相观察和计算中遇到的难题。[4]1452 年，比安基尼把他制作的《行星新表》（*Tabulae Caelestium Motuum Novae*）呈给了普尔巴赫的庇护恩主弗雷德里克三世皇帝。文稿中对此事做了极富戏剧性的描述，称公爵大人为了纪念本人获得封臣身份，特将比安基尼及其制作的天文表献给皇帝。佩莱格里诺·普里西安尼（Pellegrino Prisciani）的作品在占星家群体中广为流传，他还曾写过一

---

[1] See Hannemann 1975; Scribner 1981, 49-69.

[2] Quoted in Strauss 1966, 4.

[3] On Ferrara as a cultural center, see Gundersheimer 1973; on the astrological murals of the Palazzo Schifanoia, see Warburg 1912; *Lo zodiaco del principe* 1992.

[4] See Swerdlow 1993; Chabás and Goldstein 2009.

部关于费拉拉的历史著作。卢卡·高里科也是一位很有影响力的作者，他曾在 1508 年为占星学写过一篇辩护文，轰动一时。[1]1503 年，哥白尼从克拉克夫大学得到了教会法法学学位。

出版一部预言作品的实际情形是怎么样的，宫廷及大学预言家皮特罗·波诺·阿沃加里奥（Pietro Buono Avogario）的职业生涯，可以给我们提供一些不同寻常而颇有诱惑力的线索。阿沃加里奥在 1467—1506 年间执教于费拉拉大学，[2]颁发给他的一枚荣誉奖牌上写道："费拉拉的皮特罗·波诺·阿沃加里奥。杰出的博士。无比杰出的占星家。"[3]1475—1501 年间，阿沃加里奥为费拉拉公爵埃尔克莱〔Ercole，或为赫尔克里士·德·埃斯特（Hercules d'Este）〕编写了一系列预言年鉴。其中第一部于 1479 年出版。阿沃加里奥预言典型的做法是，并不仅仅测算公爵本人的命运，而是同时关注若干王室和宫廷的星相运转，包括西班牙、法国、罗马、匈牙利、米兰、曼图亚、乌尔比诺、里米尼（Rimini）和佩萨罗（Pesaro）。预言的叙事结构设计似乎是要同时保护占星者及其恩主的命运。总体上，统治者可以预期好的运势，但也要在某几个月避免特定的危险。举个例子。1496 年，阿沃加里奥为其恩主做出了如下预测："荣耀至极、尊贵至极之费拉拉公爵，举世无双之英明主上，本年大人鸿运当头，因大人本命星座运至天之极高，容太阴与金星于其内。然则大人仍需谨防危殆。福祸皆由大人之命盘确证：八月凡事小心，以避恙疾或其他忧烦。如此则君上无虞，国运安盛。"[4]

72

---

[1]　Vasoli 1980c, 129-58.

[2]　Giorgio Valla may have been his pupil（see Rose 1975a, 48, 71n.）.

[3]　"Petrus Bonus AdvogariusFerrariensis. Medicus. Insignis. Astrologus. Insignior," *Dizionario biographic odegli Italiani.*（Other spellings: Advogario, Avogario, dell'Avogaro.）

[4]　Advogarius［1495］, unpag., fol. 2v: "Lo illustrissimo&excellentissimo duca di Ferrara &singularemio signore lanno presente perche el segno della vita nella reuolutione possiede la somma del cielo la luna a Venere aggiunta di piu felice fortuna godera: non pero senza pericoli sara suaexcellentia. Tutte queste cose si confermano per la riuolutione di sua genitura: guardisi perosua excellentia del mese dagosto che non sia da qualche infermita vexato per moto o per altra causa/accioche questo principe excellentissimo possa lastabilita del suo regno possedere."

图 21. 敬献场景：乔瓦尼·比安基尼将他的《行星新表》呈献给皇帝弗雷德里克三世（1452）。图中人物位置交错，显示了权力秩序中的等级关系和互利关系。皇帝位于最左侧，正把自己的战甲赠送给封臣——费拉拉公爵博戈·德·埃斯特（Borgo d'Este）；后者作为交换，把跪在地上的占星家-天文学家比安基尼及星表呈献给了皇帝。公爵本人位于两个小群体之间，正从图右侧的几个朝臣之中走出（Courtesy Biblioteca Comunale Ariostea，Ferrara. MS. Cl. I，n. 147，f. 1r）。

第二年的预言更加乐观："举世无双之英明主上，荣耀至极、尊贵至极之费拉拉公爵：因亲善之星当头，本年大人当安享洪福。然则凡事岂无代价。天计人所不能算，恐伤及国之安稳。故而大人当谨慎出行，水路尤险于陆路。所幸帝国之位正值第十宫，可确保君上无虞，国运安盛。"[1] 阿沃加里奥除了给出"安

[1] Advogarius［1496］，unpag., fol. 3r: "Lo illustrissimo&excellentissimo duca di Ferrara signor mio singularissimo per lo influxo delle benivole stelle questo anno sallegrera per felice sorte: nientedimeno non passera senza grandi spese: sara molto intento allacquisitara: alla stabilita del imperio sara punto: guardasi pero la sua excellentia da uiaggi per acqua piu presto che per terra: el lougo del suo imperio & la. x. casa celeste gli pormette felicita & del imperio stabilita indubitamente."

享洪福"的概况，也指出公爵应当小心出行。

1479 年 2 月底，他的第一部预言年鉴出版，在此之前，他给公爵写了一封不同寻常的信，透露他在占星中发现的隐忧，信中拉丁文与意大利文夹杂。

荣耀至极、尊贵至极之费拉拉公爵，圣明之主上：伏惟阁下战无不胜，以永多福。在下草撰来年星运一部，依例呈大人先行批阅。大人明鉴，星相所言令人忧恐。然则上意天眷。君上之明，可操天机。大人决意，乾坤扭转。星言如是，在下谨呈：如若大人今年挥师出征，则战无不胜。若至来年，恐天不作美，战事不利，征伐者不幸。[1]

很明显，每有新的预言，阿沃加里奥总是直接请公爵先行阅读，占星家及其恩主之间互相保护，利害攸关。这里还有一个例子。1490 年 2 月 14 日，他写信给公爵："旧年所草之星占书甚得上意，今再具新本，特此呈上。今岁公爵大人之星运无可堪虞，故而先行请阅。后将通行全境，乃至境外，窃以为吾国之福可彰，吾国之名得扬。然则运至福来，皆蒙君上之荣耀尊贵，故先行呈上，

73

---

[1] Gabotto 1891, 25-26: Ill. me ac invictissime Dux Domine, Domine mi singularissime. Salutem perpetuem ac de inimicis victoriam et triumphum etc. Io al presente ho compito el juditio de lo anno proximo che vene, et perche temp e de publicarlo, como e usanza, prima lo mando a V. S. ria azò che quella prima el veda che niuno altro, ut moris est. El iudito è assai terribile, como vederà V. S. : at［t］amen summus rex, cuius habenis tota mundi machina gubernatur, hec omnia mutare, variare et ut sue voluntati placet disponere potest, qui in omnibus laudatus sit et benedictus. El iuditiomando a V. S. ligato cum la presente cum li di de l'anno boni per assaltar li inimici, quando bisognasse, per haverevictoria, et anche li mando li di infortunati de tuto lo anno, ne li quali non se deve pigliare bataglia ne ass-altare inimici perchè seriapericolo grandissimo a chi comenzasse. Io me arecomando infinite volte a V. S. la quale Dio conservi, imo augumenti in stato felicisssimo. Feliciter voleat. Ex. tia V. In Ferraria, di ultimo Februarij 1479.

图 22. 这幅珍贵的图片再现了一名预言家的工作场景。阅览架、浑天仪、圆规放在手边。选自费拉拉的皮特罗·波诺·阿沃加里奥，《预言年鉴》，1497 年。图中央可见大英博物馆 19 世纪的藏书章（British Library Board. All Rights Reserved. I.A.27832 ）。

以请审阅。" [1]

　　由此产生了一个有趣的问题：这种请恩主提前阅读的惯例究竟有多么普遍，是否在印刷术出现前后都存在这种现象。在欧洲北部的许多预言书中，我们都

---

[1] Ibid., 27: "Credo che V . Ill. ma Signoria serà contenta ch'io lo habij a publicare como io soglio fare ne li ann ipassati. Io voluntera lo mando a Ducal V. S., perchè no gi e influentia trista, per quello ch'io ho veduto, in la revolutione de V. E. Questo indicio haverà ad esser mandato per tuta Italia et fora de Italia, et dara pur nome a questa nostra felice patria, ma prius se lezerà el titolo del presente inditio che è a lauded et gloria di V. Ill. ma S., la quale Dio conservi in stato felicissimo" (Ferrara, February 14, 1490) .

能发现天气预测及放血疗法之类的内容，显然，对于这部分预言，提前参考并没有什么特别的用处。但是，对公爵本人或是其敌对者的预言，尤其是涉及政治敏感话题的，考虑到印刷品潜在的散播和宣传效果，提前咨询就非常有必要了，甚至应该是规定性的。[1] 其中的问题在于，为了避免对统治者造成伤害，是否需要在公开发行之前将某些部分撤掉。此外，"君上之明，可操天机。大人决意，乾坤扭转"这样的文字显示，恩主有修订内容的权力，以确保预言书中关于统治者与自然世界之间关系的措辞符合他的意愿。依照统治者的心意宣扬其形象，这种做法无疑能够保证恩主及其庇护的预言家双方的声誉，也能部分地解释，为什么后者得以长久保持自己的威信。

不过，并没有证据表明，公爵本人对预言内容专权独断。事实上，我们有充分的理由相信，统治者和预言家双方都信任占星内容，因为其中相当一部分建议是个人化的，而且年复一年，不曾放弃。举例说明。阿沃加里奥曾于1484年6月20日写信给埃尔克莱，信中以不容置疑的坚定口吻提出了格言式的警示："首先出击者当知晓上天之伟力，在下断言，若其兵力大于对方超过十分之一，则必兵败，全军覆没。"[2] 如果说这则建议尚且谨慎权衡了一般和具体的关系，那么，随后列出的日期则非常具体，涉及公爵的出行及战事。

前番在下进言，建议大人移驾出行宜在21、22两日。今请上鉴，26日，亦即下周第六日，亦为大吉之时。凡有行动，必得善果。出兵，则必灭敌而取胜。皆因当日新月当空，环拥木金二星，其象甚美。上天感其德，免此26日诸多忧扰。

[1]　Gabotto 1891 , 27; this is clearly shown in Azzolini 2009.

[2]　Gabotto 1891, 26: "Dico che chi as saltasse li inimici prima, se bene havesse piu zente d'arme in decuplo, seria forza che perdesse e seria rotto cum tutte le sue zente per lo maraveglioso influxo celeste che tunc corre" (June 20, 1484) .

图 23. 费拉拉全景图（1499）。费拉拉是 15 世纪和 16 世纪早期占星预言活动比较活跃的城市之一。哥白尼也是在这里取得了他的教会法法学学位（From Alessandro Sardi, Annotazioniistoriche. MS. Italiano 408, alfa F.3-17. BibliotecaEstense, Modena. By permission Ministero per I Beni e le AttivitāCulturali）。

天意关怀，大人则诸事顺遂。[1]

　　下一章会讲到博洛尼亚统治者与占星家之间的关系，显然，在费拉拉这种关系要紧密得多。

---

[1] Gabotto 1891: La V. S. have de mi l'altro heri la ellectione pro itinere per duy dì, zoè 21 et 22. Se possibile fusse che V. S. andasse a di 26 de zugno, zoè sabato proximo che vene, V. S. haverla optima ellectione ad expugnandum inimicos et ad ottinere ogni victoria, et V. S. haveria optimo fine ne le sue facende, perche tunc la luna abraza Jupiter et Venus de aspecti beati, et ipsa luna erit lumine crescens; et iddo V. S. ogni modo et omnibus remotis pigli li predicti 26 dì et sera bon per lei, auxilliante deo. Fatilo, fatilo, fatilo. Io me arecomando mille volte a V. Ill. S., la quale Dio conservi in stato felicissimo.

哥白尼问题

到 15 世纪最后 10 年，正统预言的权威性日渐扩大、自信心不断增加，但是长期来看，仍是一个充满了不确定性的行当，一个面临着质疑的领域。星的科学当中有任何一部分出现误差，都会用来解释某些具体预言的失败，而至于占星学的其他部分，则被原封不动地保留，不会接受任何审视。由此，占星预言所呈现的状况似乎完美印证了蒯因理论：任何看似前后不符的观察证据，都可以为理论占星学所用。除此之外，托勒密所无法提及的一些细节因素及其不同的组合方式，也会影响一位预言家在特定读者心目中的权威性，这些因素包括：作者的社会关系和政治敏感度；文本使用了拉丁文还是方言；作者语言的准确程度；预言有没有应验；对失败的预言的解释；对先前作品的借鉴或是抄袭；是否加入了圣经预言的成分；与正统的神学权威保持何种关系；政治内容的性质；最后还有，预言在多大程度上信任各种行星表和星历表。在所有这些细节基础之上，作者有可能巩固、也有可能削弱自己的名望。到了 1496 年，新的威胁又出现了，这次占星学所面临的，是一个难以摆脱的困境——乔瓦尼·皮科·德拉·米兰多拉对占星学的基础发起了攻击。此文正出自于博洛尼亚的一家出版商。数月之后，哥白尼来到了这座庄严的大学城。

3

哥白尼与博洛尼亚预言家危机，1496—1500

博洛尼亚的占星预言文化就像一股漩涡，把学生时代的哥白尼吸了进来。在哥白尼的著作中，的确不曾有只言片语提到占星学；但是，当时博洛尼亚的环境是怎样的，这种环境作为一种结构性框架，怎样把他纳入了当地的占星预言文化圈，关于这些，我们可说的有很多。实际上，哥白尼早期疑问的形成，第 1 章中未解的问题，还有和这些主题相关的各种因素，我们都已经有了很多的了解。比如：哥白尼的知识地图；一生中始终缠绕着他的一系列重大问题；金星和水星的次序为什么必须确定；他对周期－距离原理的思考；等等。博洛尼亚四年是哥白尼思想形成过程中的一个关键阶段。在这个时期，这座城市的预言家们面临着两个巨大压力，第一是如何为自己所做的预言辩护，第二，皮科·德拉·米兰多拉的猛烈批判对占星学的天文学理论基础造成了巨大打击，如何化解。历史学家们大多从天文学和物理学的角度来解读哥白尼，这样的诠释诚然也与上述主题相关；但是，如果把占星学因素也考虑进来，哥白尼思考的问题就会更容易理解。从更广泛的意义上说，哥白尼面对的问题到 17 世纪仍然在继续发酵，这样的角度，必定能够帮助我们更好地审视这种现象。

博洛尼亚时期，1496—1500

一个力排众议的观点

按照通常的说法，哥白尼在 1496 年来到博洛尼亚，目的是为了学习法律。他在来到这里之前，已经从克拉克夫的老师们那里学到了一些天文学理论知识。博洛尼亚四年期间，哥白尼结识了天文学家多米尼科·马利亚·诺瓦拉。[1] 根据一些历史学家的研究，哥白尼跟随诺瓦拉学习，并辅助他做天文观测（方法不详）。最有意义的一个细节是，在诺瓦拉的指引下，这位年轻的波兰天文学家意识到托勒密体系存在着若干问题，其中一个比较明显：地极的方向会发生改变。这种不合理的现象刺激他产生了地球运动的想法。[2] 另外一些学者认为，诺瓦拉对托勒密的批判，从根源上讲，来自新柏拉图主义和新毕达哥拉斯主义的观点，因为他曾在佛罗伦萨的柏拉图学园中接触过这些内容。[3] 因此人们相信，哥白尼对旧的世界体系的不满——包括托勒密体系中的行星运行轨道和行星序列——应该也是出自相同的根源。[4]

---

[1]　Spellings of proper names were quite varied in this period. Novara was also known as Dominicus Maria de Novaria Ferrariensis or Domenico Maria di Novara. And for various prognosticatoins, we find, inter alia, Domenego Maria da Nouara（Italian, 1497）, Dominichofer. da noara（Italian, 1492）, Dominicus Marie de Ferraria（Lat., 1490）, and Dominici Marie fer. de noaria（Latin, 1492）. See also Rosen 1995a, 129.

[2]　Rosen 1995a has made much of this motion of the pole; for useful references to the nineteenth-and early-twentieth-century literature, see Rosen 1974.

[3]　The existence of such an institution as a private humanist school, a gathering of learned men of letters, or even a physical structure, such as a house or villa, has been called into serious question by Hankins 1991.

[4]　See esp. Kuhn 1957, 129; Burtt 1932, 54-55; Stimson 1917, 25.

图 24. 多米尼科·马利亚·诺瓦拉。18世纪无名艺术家（*Raccoltaiconografica*，vol. 12，fascicle 13，no. 58. Courtesy Biblioteca Communale Ariostea, Ferrara）。

考虑到哥白尼在博洛尼亚时期的资料如此之少，如果这时有人质疑：你拿什么来支撑一整章的篇幅去论述这个主题，完全合情合理。我的第一个观点是，关于哥白尼与诺瓦拉的关系，可以挖掘的远比迄今为止学者们已经发现的要多得多。一批实证主义历史学家，比如卡洛·马拉戈拉（Carlo Malagola）、利奥波德·普劳（Leopold Prowe）、路德维德·伯肯迈耶（LudwidBirkenmajer），已经写出了大量的优秀研究作品，但是，他们形成观点的前提基本上都是这样的，即诺瓦拉文献中哪些是有用的、"科学的"，哪些是需要摒弃的、"迷信的"。这样的前提，注定会掩盖这位博洛尼亚教师的大量信息。同时，这种前提和假设也限制了对诺瓦拉现存文献的研究，因为这些资料全都是占星学性质的。我的第二个论点更加大胆。我认为，诺瓦拉是当时盛极一时的博洛尼亚预言家圈子中的一分子，哥白尼本人甚至也通过他进入了这个圈子。[1] 总之，我们需要更好地了解当时当地的文化，这样才能理解哥白尼探索占星学的动机是怎样形成的，他身处的特定环境在其中起到了什么作用。

77

从克拉克夫法团（Collegium）到博洛尼亚大学校（Studium Generale）

1496 年秋，尼古拉·哥白尼来到了古老的博洛尼亚大学校——中世纪对大学的称谓，接受民法和教会法"双重法学"教育。在此之前，1491—1494 年，哥白尼曾在克拉克夫学习了三年（但不曾得到学位），他到达博洛尼亚的时候，也许已经对普尔巴赫的《行星新论》有所了解。之所以这么说，首先是因为克拉克夫的大部分老师都精通理论，格罗古夫的约翰曾为克雷莫纳的杰拉德所著之《行星理论》撰写过评论文章，他的学生、布鲁泽沃的阿尔伯特，则评述过

---

[1] Richard Lemay situates Copernicus in a Krakovian astrological context. He suggests that Copernicus's freedom from the need for patronage allowed him the unusual luxury of being able to attend directly to theoretical astronomy: "To be able to indulge in the detached and independent pursuit of astronomical studies goaded by nothing else than the love of truth, and furthermore to contemplate with serenity a lifetime dedication to the realization of a single major idea, was not given to the ordinary astronomer-astrologer of Copernicus'time" (Lemay 1978, 354) .

普尔巴赫的《行星新论》。[1] 其次，约翰和阿尔伯特都发布过预言年鉴。所以，如果说哥白尼对他们的预言书一无所知，那真是匪夷所思。[2] 不过，哥白尼本人究竟有没有介入克拉克夫的占星预言活动，这一点不得而知。在他的藏书中，唯一与占星学理论有直接关系，并且能追溯到克拉克夫时期的，是阿本拉吉《占星全书》的精编版。哥白尼拥有的这本书是和欧几里得的《几何原本》（*Elements*）装订在一起的。[3] 最后一个原因是，哥白尼到达博洛尼亚之时，恰逢雷吉奥蒙塔努斯的《〈天文学大成〉概要》在威尼斯出版。

哥白尼曾一心想要追随自己舅父的足迹，成为一名教士。因此，虽然克拉克夫和博洛尼亚都是出版预言年鉴的主要地区，但哥白尼在校期间正式选的课程却都是与宗教相关的。教会的法律条文明确规定，新入职的修士必须在"某所著名的学校（stadium）"接受三年的高等教育，除非他已经取得了"神学硕士或学士学位、医学博士学位、自然哲学或教会法及民法的实习生资格"。[4] 神学、法学和医学在中世纪大学中是优于文学学士的高级学科，想一想这个背景，上述规定就不难理解了。

但是，在宗教改革之前的意大利诸城邦中，亚平宁山以北的大学并没有发现有神学院。神学教育都是在宗教体系内完成的，通常是在托钵修会（比如多

---

[1] John lectured from 1468 to 1507, Albert from 1474 to 1495（Birkenmajer 1900）.

[2] See chapter 1. For a useful inventory of Krakow prognostications, see Markowski 1992.

[3] Abenragel 1485. Swerdlow and Neugebauer call this "one of the most comprehensive and influential Arabic astrological treatises to be translated into Latin"（Swerdlow and Neugebauer 1984, 4）. In addition, Copernicus owned the 1492 Venice edition of the Alfonsine tables and the 1490 Augsburg edition of Regiomontanus's *Tabulae Directionum*. The Euclid edition was published in Venice in 1482, with the commentary of Campanus of Novara（see Czartoryski 1978, 363-66）.

[4] Prowe 1883-84, 2: pt. 2, 516-17; trans. Rosen 1984b, 144. I have modified Rosen's translation in order to bring out more precisely the legal terms: "Statuimus, quod quilibet Canonicus de novo intrans, nisi in Sacra pagina Magister vel Baccalaureus formatus, aut in Decretis, vel in iure civili, aut in medicina seu physica Doctor aut Licenciatus exstiterit, post residentiam primi anni, si Capitulo visum et expediens fuerit, teneatur ad triennium ad minus in aliquo studio privilegiato in una dictarum facultatum studere." On the distinction between *medicine* and *physic*, see Cook 1990, 398-99.

明我会和方济各会）内部，也有可能是在主教宫或是教区学校。以法学和医学见长的法团，或者叫大学，会为学生选择神职院长，在大学管理方面担当重要角色，但是，他们最多只是监管由托钵僧任职的董事会，教区教士则不会入选。[1]

哥白尼和他的舅父一样，所选的课程并不能获得正式的神学学位。实际上，他们所受的教育，与 15 世纪在意大利某所大学学习法律或医学的许多波兰学生一样。[2]哥白尼的舅父卢卡斯·瓦赞罗德（Lukas Watzenrode，1447—1521），曾于 1469—1473 年间在博洛尼亚学习教会法，最终获得了博士学位。之后，他靠着收益颇丰的教会薪俸、田产和挂名闲职，积累了大笔的财富。[3]不过，哥白尼即便在回到波兰之后，也没有表现出有类似的追求。终其一生，他只是以教士的身份得到薪酬，并在舅父的安排下，领着弗拉提斯拉夫（Vratislavia）一份教职的空饷，收入中等，衣食无忧。

因为在克拉克夫接受自由技艺教育期间具备了一定的天文学理论知识，哥白尼在到达博洛尼亚大学之后不久，就结交了天文学资深教授。关于这一点，目前我们所掌握的最可信的描述，出现在雷蒂库斯 1539 年所写的《第一报告》中，当时他与哥白尼都居住在弗龙堡（Frombork，或 Frauenberg）。"我的老师在博洛尼亚做了极其细致的观测，当时他不仅是学识渊博的多米尼科·马利亚·诺瓦拉的学生，更是其事业的助手和见证者。"[4]恰恰因为雷蒂库斯在书中是顺便提及此事，我们更应该很认真地对待它。如果哥白尼与诺瓦拉的关系不仅是学生，而是"助手和目击者"，那么，两人之间的学术联系就不仅是读书置评这么简单，而是曾经共同实践。这种关系正是本章的主题。

---

[1] See Monfasani 1993, esp. 252-57.

[2] See Knoll 1975, 137-56.

[3] Prowe 1883-84, 1: 73-82.

[4] Rheticus 1971, 111.

博洛尼亚和"可怕的意大利战争"

　　15世纪的博洛尼亚并非一座宁静的大学城。哥白尼到达之时，恰逢意大利城邦体系中微妙的政治平衡正在经历一场严重的危机，教皇领地在其中扮演着关键性角色。在这个背景下，博洛尼亚的政治权力一分为二，一方面是本提沃格里奥（Bentivoglio）家族的统治，另一方面是教皇使节代表教廷行使权力。和意大利其他一些城邦（例如费拉拉、曼图亚和乌尔比诺）一样，本提沃格里奥家族也是雇佣兵队长出身。[1]

　　只有乔瓦尼一世（Giovanni I，卒于1402年）是合法统治者。桑特·本提沃格里奥（Sante Bentivoglio，卒于1463年）是实际上的掌权者，借助少数政治显贵家族实现统治，他们组成的元老团名曰"自由城邦十六改革者"（Sedici Riformatori dello Stato di Libertà），或者叫"十六人团"（Regimento）。不过，因为教皇享有宗主权，这个十六人团不得不与之分权而治。[2] 本提沃格里奥家族的最后一位统治者是乔瓦尼二世（Giovanni II，1443—1508），面对着由其本人操控的城市公社共和政体，面对着教皇使节所代表的教廷利益，他成功地在两者之间建立了有效的平衡。十六人团每日在公社议会大厦会商议事，教皇使节和乔瓦尼列席。当时十六人团最宽泛的职能包括：任命外交使节并与之沟通信息；雇佣军队；宣判流放者；平衡预算；规范诸多事务，包括社会道德、公共卫生、商业、建筑和食品供应等。它同时担当着从其他机构吸引学者、与之签约、谈

---

[1] See Ady 1937, chaps. 6-7.

[2] The result was a *governo misto*: "It pleases the lord Pope that the statutes dealing with the authority, jurisdiction and powers of all the magistracies of the said city shall be observed, and that none of the said magistracies shall have power to determine anything without the consent of the [papal] Legate or governor, and that, in like manner, the Legate governor shall not have power to determine anything without the consent of the magistracies deputed to rule the city" (ibid., 39-40).

判薪水的职责。[1]统治者本人甚至会介入大学事务，比如帮助平息内部的政治纷争，授予免费学位，从其他城市为博洛尼亚大学引进教授，等等。

在哥白尼来到这座城市之前，上述局面已经开始被战争的威胁蒙上了一层阴影。1494 年 9 月，法国瓦卢瓦（Valois）王朝的国王查理八世（Charles Ⅷ，1483—1498 在位）进军意大利，沿西部沿海地区南下。其三万大军规模之庞大，军容之严整，实属整个 15 世纪欧洲之最。查理八世借机宣扬了他救世主式的帝王气象。数月之内，法军先是取得米兰和比萨，随即进攻佛罗伦萨，统治者美第奇家族逃亡。1495 年 2 月，查理八世进军罗马。2 月底，占据那不勒斯。法军在战场上的胜利，给了意大利城邦打破半岛原有平衡的机会。威尼斯原本就实力出众，此时更成为战局中最大的获利者。它发动几个军事盟友，建立了"神圣同盟"，成员包括米兰、威尼斯、教皇亚历山大六世（Alexander Ⅵ），以及两个强大的外援——阿拉贡国王费迪南德、哈布斯堡皇帝马克西米利安一世。借助西班牙和威尼斯的强大海军，神圣同盟迫使法军退至米兰以北。然而就在此地，查理八世突发中风而亡，时值 1498 年。法王撤军伊始，同盟便告解散，其脆弱和投机性质可见一斑。同年，法国新王路易十二（Louis Ⅻ，1498—1515 在位）登基，威尼斯旋即加入法方阵营。

哥白尼离开博洛尼亚几年之后，城邦中的混合统治崩坍。教皇尤利乌斯二世（Julius Ⅱ，1503—1513 在位）利用法国的威胁，动摇了罗马涅和安科纳（Ancona）地区若干独立城邦的根基，将其归入教皇领地。博洛尼亚的混合统治和本提沃格里奥的摄政权，都面临着极大的压力。[2]1506 年 10 月，尤利乌斯二世行使了中世纪教皇建立起来的一项特权，发布赦谕，对博洛尼亚实行禁令，禁止博洛尼亚的祭司们执事圣礼，意图借此煽动民愤。元老们提出抗议，但禁令还是实

---

[1]　See Ady 1937, chaps. 6-7 , 90.

[2]　Ibid., 132.

施了。教堂一一关闭，修会处于涣散状态，名存实亡。法军进入博洛尼亚领地卡斯特尔弗兰科（Castelfranco）。乔瓦尼·本提沃格里奥陷入孤立，费拉拉和佛罗伦萨都不愿意为其提供支援。尤利乌斯二世告诉马基雅弗利，本提沃格里奥要么向教皇交权，要么离开博洛尼亚。此时法国向本提沃格里奥提出，可以在米兰为其提供庇护之所，他接受了。11月2日上午，本提沃格里奥家族及其拥戴者齐集于中心广场，随后，法国士兵列队夹道护卫，500余骑人马驰离博洛尼亚（据年代史作家记载，他们在呜咽声与叹息声中黯然离去）。[1]

1506年11月11日，教皇以胜利者的姿态进城。本提沃格里奥宫被占，新的防御工事立刻开始动工，米开朗琪罗受召前来，为尤利乌斯二世雕铸一座巨大的铜像。大学所受的影响丝毫不亚于这座宫殿。学校关闭了两个月，学生们纷纷离去。大量与前朝宫廷命运相关的修辞学家和诗人，转投其他城市的大学。[2] 教皇侵占博洛尼亚之后不久，一位当时正在城中的德国学生在给朋友的信中写道："在博洛尼亚，我所看到的是瘟疫、地震、食品价格飞涨，以及其他种种悲惨境遇。真是蒙上天眷顾啊，在同一时期，我还目睹了战争、内部倾轧和三次改朝换代。我希望在我有生之年，当下的所闻所见都不会派上任何用场。"[3]

哥白尼并没有赶上最糟糕的这段时期。在他居留博洛尼亚期间，人文主义文化占据着宫廷的中心位置，兴盛一时。但是，在他的全部学生时代，哥白尼必定感受到了失序的威胁。他在博洛尼亚的时期，正值米兰、费拉拉尤其是佛罗伦萨战事频仍。也是在这一时期，本提沃格里奥频频与法国暗中谈判，吉罗拉莫·萨伏那洛拉（Girolamo Savonarola）在佛罗伦萨被焚。1500年是基督教的禧年，或者说神圣之年，大批信众蜂拥至罗马，前去购买赎罪符。这些收入中

---

[1] See Ady 1937, chaps. 6-7, 132-33.

[2] See Watson 1993, 5.

[3] Christoph Scheurl, "Ad SixtumTucherum" (November 22, 1506), in Knaake and Von Soden 1962, 1: 39; quoted and trans. in Watson 1993, 157. The earthquake occurred in 1505.

图 25. 法国入侵时期的意大利，

的一部分，日后成为教皇出兵的军费。[1] 根据雷蒂库斯的记述，哥白尼于 1500 年春天离开博洛尼亚，现身罗马，成为一名"数学公共讲师，面对的听众包括

[1]　For brief but useful details on the pontificate of the Borgia pope Alexander Ⅵ（1492-1503），see Kellly 1986, 252-54.

人数众多的学生、名流圈子、有数学专长的手艺人”[1]。不幸的是，关于他的罗马之行，这是我们知道的全部。之后哥白尼来到帕多瓦，1501—1503 年在这里学习医学。此时法国仍然在巩固他们对意大利北部地区的控制，南部则归于西班牙人治下。博洛尼亚的形势已经开始恶化；最后的陷落发生之时，哥白尼早已回到了波兰的瓦尔米亚（Varmia），并在此前（1503 年 5 月）取得了费拉拉大学教会法博士学位。

哥白尼求学期间所发生的这一切，日后对欧洲产生了深远的影响。诚然，社会阶层、家族势力、地位之争，这些都是中世纪意大利城邦的显著特征。但是，在法国入侵的短短几年之内，不仅是博洛尼亚，甚至不仅是意大利，整个欧洲的力量对比和政治格局都被改变了。[2] 历经 36 年之久的意大利战争，最后真正的胜利者是查理五世（Charles V，1519—1556）治下的神圣罗马帝国。它不仅与阿拉贡结成了动态的同盟，更在军队规模、武器装备和钱财储备方面胜过了法国。[3]

弗朗西斯科·圭恰迪尼（Francesco Guicciardini，1483—1540）是佛罗伦萨杰出的外交家。他于 1530 年写成《意大利史》（*Storia d'Italia*）一书，书中对上述改变做出了生动的描述。他认为，法军入侵意大利，“不仅带来了统治权的改变、王国的颠覆、土地的荒芜、城市的破坏和最残酷的杀戮，同时也带来了新的风尚、

---

[1] "Professor mathematum" is the somewhat ambiguous phrase used by Rheticus to report what Copernicus told him in 1539 (*Narratio Prima* in Prowe 1883-84, 2: pt. 1, 297). Edward Rosen's "lectured in mathematics" (Rheticus 1971, 111) and "lectured publicly in Rome" (Rosen 1984b, 71) are helpful renditions. But note that Rheticus did not say that Copernicus "disputed in Rome," language that he might have used to signal the format of a philosophical disputation. Further, he does not specify which of the several mathematical subjects Copernicus might have been explaining. Rather, he seems to have lectured to a mixed audience that could have included prognosticators, painters, and instrument makers, students at the Roman Sapienza, and learned members of the papal court.

[2] This judgment is based on Bonney 1991, 88.

[3] Ibid. For the wider historiographical issues in the international system of alliances of which Italy was a part, see Marino 1994.

新的习俗、新的血腥作战方式，以及此前闻所未闻的新疾病（其中最广为人知的是梅毒）。更重要的是，他（查理八世）的入侵，使意大利素日的政治统治与和谐局势陷入失序状态，直至今日尚难以恢复。这就为外国力量和野蛮军队大开方便之门，让它们能够践踏我们，欺压我们，陷我们于悲惨境地。"[1]

圭恰迪尼把查理八世所带来的严重失序归结于他不同寻常的长相和个性。"查理从孩童时代直至成年，一向体弱多病。他身材矮小，奇丑无比（唯双目富有神采和贵气），且四肢比例失调，与其说生而为人，不如说状若怪物。他不仅谈不上"才学"二字，甚至可以说胸无点墨、大字不识。他贪婪地渴求权力，却毫无获取权力之德能，只不过仰仗他身边围绕的朝臣。即便在这些朝臣眼里，他也毫无帝王之尊、君上之威。"[2]圭恰迪尼作为一个治史者，这种贬抑之词无疑可以让他把意大利的虚弱归咎于一个一无是处的统治者。[3]实际上其中多有夸大之处，因为查理本人很擅长军事和外交。[4]但是，这种秩序和失序的意象，对于强化预言家的正当性，却有着重大的意义（哥白尼最终把它们用作论据，证明新的行星序列的合理性）。圭恰迪尼回顾过往，认为预言家们早前曾经正确地预见到了这次入侵，这与国王本人身体的不协调特性是互相吻合的。

一些人靠着专门的才能和上天的启示（o per scientia，o per afflato divino），[5]擅长于预测未来。他们曾经不谋而合地认定，频繁和巨大的变化即将来临，数世纪以来全世界闻所未闻的可怕事件即将发生。意大利各地无不流传着各种恐

---

[1] Guicciardini 1969, 48-49.

[2] Ibid.

[3] Phillips 1977, 122.

[4] See Abulafia 1995, introduction, 48.

[5] Guicciardini 1623, fol. 22r. Although *science* is a possible translation, I avoid it. Guicciardini is clearly distinguishing between those who make their predictions employing certain acquired, intellectual skills and those for whom knowledge of the future is somehow revealed.

怖的谣言，声称自然界和天界出现了有违常理的异象。在普利亚，某个晚上天空出现了三个太阳，周围乌云密布，同时雷电大作，令人心惊胆战。在阿雷佐（Arezzo），好多天来人们都能看到，数不清的士兵骑着马从天空驰骋而过，鼓号声震耳欲聋。在意大利的许多地方，圣像和雕塑都曾在公开场合流淌汗水。人形或兽形的怪物时有降生。还有许多其他有违自然法则的怪事在不同地点发生，而且哪里有异常，哪里的人们就会感受到莫名的恐惧，就好像法军已然长驱直入意大利全境，就好像他们已经被法王之名和法军之残暴吓得魂飞魄散。……人们唯一感到惊讶的是：有这么多预兆，却不曾出现一颗彗星；因为按照古人的说法，彗星当空，兆王朝或国家巨变，而且极其灵验，屡试不爽。[1]

圭恰迪尼对法国入侵的陈述既利用了也提升了预言家及其职业的重要性。不过，他的文本是在事件发生多年以后完成的，其描述并没有严格区分两种类型的预言家：一类将预言建立在学科知识基础之上，另一类则以某种特殊的先知天分，测算未来之事。多米尼科·马利亚·诺瓦拉的预言属于第一种类型，圭恰迪尼不遗余力地表示欣赏的那些意象和解释则出自第二种类型，即通俗韵文预言。这些没有任何量化参考标准的预言，在法军入侵意大利之初，四方流传，随处可见。[2]

占星家的战争

天象预言著作起着强大的警示和抚慰作用。有别于街头巷尾传唱的民间预言，知识型预言是以技术性的测评为基础，判定在某个特定时刻、某些天象叠

---

[1]　Guicciardini 1969, 43-45.

[2]　See esp. Niccoli 1990. I discuss this distinction in chapter 1.

加之后的综合效力，并据此主张采取某些行动、规避某些行动。它是谏言文学的一种形式，以自然因果为主题。因为它通常是以当代为立足点的，所以，可以将其视为所谓的"镜鉴"（mirror）文学的补充。镜鉴文学是指向君主或朝臣提供建议的作品。马基雅弗利的《君主论》（*The Prince*，1532）和卡斯蒂里奥内（Castiglione）的《朝臣论》（*The Book of the Courtier*，1528）是这类谏言作品中最知名、最有影响力的范例。[1]

如果说预言家们从入侵战争所引发的焦虑和动荡中的确获利了，那么他们也并不是高枕无忧。到了15世纪的最后10年，一种危险的变化悄然出现，动摇了正统占星预言的权威性，许多预言年鉴作者不得不面对这样的威胁。米德尔堡的保罗是一位医生，也是乌尔比诺公爵的占星师。他在1492年就已经意识到有必要捍卫"占星家地位"的正统性，并因此针对马克西米利安的占星师利希滕贝格所做的"迷信"预言发起了攻击（参见第2章）。他的担忧并非空穴来风。民间预言家们随时准备以一种狂欢的姿态，公然讥讽知识型的占星文化，把他们的种种专门工具比作普通人家的厨具："你们的星盘好比煎锅，你们的天球仪就是杂耍球，你们的象限仪像罐子又像壶，你们的星表（table）果然是个桌子（table），围着吃点儿好的正合适。Cuius, cuia, coioni（杜撰的词尾变格。或有性隐喻：cuia=cuglia，尖峰，塔尖；coioni=coglioni，睾丸），酒喝多的时候，你们就变成了半神半巫的算命先生。带着你们的历书去后厨吧，灶台边上有的是肥腻的油渍。"[2]除了这类取材于民间狂欢文学的轻蔑嘲讽，西塞罗（Cicero）的《论神性》（*On Divination*）作为知识型依据，也被反对占星言论的人们广泛引用。[3]

15世纪末叶，占星理论和占星预言盛极一时。然而恰在此时，针对占星

---

[1]　See Skinner 1978, 1: 116-18.

[2]　Niccoli 1990, 163-66. *Cujus, cuia, coionI*, is a nonsensical declension with proble sexual connotations: *cuia=cuglia*, a pinnacle or spire of a steeple, *coioni=coglioni*, testicles.

[3]　A good example may be found in Giovanni Garzoni's "Laus Astrologie" (Biblioteca Universitaria di Bologna: Garzoni 1500, fol. 207v) .

学的新一轮攻击出现了。1496 年 7 月，本尼迪克特·赫克托里斯（Benedictus Hectoris，Benedetto Ettore Faelli），15 世纪晚期博洛尼亚五大出版商之一，[1] 将乔瓦尼·皮科·德拉·米兰多拉一部字迹潦草、尚未完成的手稿出版了，这是一部驳斥占星学的长篇文章。1494 年 11 月 17 日，法王查理八世进入佛罗伦萨，恰恰就在同一天，乔瓦尼·皮科·德拉·米兰多拉故去。后来，他的侄子贾恩·弗朗西斯科·皮科（Gian Frenacesco Pico）经过一番整理，将叔父遗留的手稿交付赫克托里斯出版。按照贾恩的说法，皮科撰写此文的目的，是为了保卫圣经预言的权威性，保卫上帝作为上天之外的第一宇宙统治者不可动摇的地位。皮科的文章矛头直指古代阿拉伯和犹太的行星会合论占星家，不管他们有没有个人动机，但正是他们的观点，在很大程度上影响了当世占星家们所做的警示预言。赫克托里斯早先曾经出版过皮科的著作和信件，如今加上这篇反对占星学的长文，很快建立起了皮科作品出版商的名望。关于这一点有一个佐证。米兰公爵斯福查曾正式颁发证书，授予赫克托里斯独家出版皮科作品的特权；尽管如此，1498 年，威尼斯出版商伯纳迪诺·维塔利（Bernardino Vitali）还是盗版发行了皮科-赫克托里斯的版本。

1497 年，占星学的反对者们开辟了第二条阵线。多明我会传教士，斗志昂扬、自称蒙受神启的萨伏那洛拉，重新编写了他的亲密朋友皮科谴责占星术的文章，将这一学术型的哲学长文精简为一篇更加激进的短文。萨伏那洛拉的家乡是费拉拉，皮科曾在那里的大学短期学习过（1479—1480）。在埃斯特公爵的保护和推动下，费拉拉的宫廷和大学都洋溢着深厚的占星文化气息。[2] 萨伏那洛拉曾鼓励皮科对占星学发起进攻，如今，他用方言改写了皮科的作品，将其精简浓缩，

---

[1] See Bühler 1958, 45. Hectoris's production may have exceeded Bühler's estimates, however, as may be seen by consulting the books listed under his name in the catalogue of printers of sixteenth century books held by the Biblioteca Estense, Modena.

[2] Discussed in chapter 2. On the Este astrological culture, see Biondi 1986; *Lo Zodiaca del Principe* 1992.

图 26. 乔瓦尼·皮科·德拉·米兰多拉的肖像。由克里斯托法诺·德尔·阿尔蒂西莫（Christofano dell'Altissimo）绘制，日期不详。Courtesy Soprintendenza Speciale per il Polo Museale Fiorentino.

为好友的观点争取到了更广泛的读者。在萨伏那洛拉的指导之下，这篇文章被散发到了佛罗伦萨的各个社会阶层。他鼓动人们"谴责和严惩"贪婪的占星家，嘲笑他们的占星规则，确立宗教预言至高无上的权威。至于黄道十二宫，萨伏那洛拉认为它是人为制造的："仰望天空中不计其数的星星，用不同的方式把它们组合在一起，没有人不会产生随心所欲的想象。有些人想象出了动物形状，同样的，他们也可以想象出房子、城堡、树木或是其他类似事物。但是，如果

83

我们真的相信上帝和自然在天空中画下了狮子、龙、狗、蝎子、水瓶、弓箭手或是怪兽，那可真是滑天下之大稽了。"[1] 然而，就在萨伏那洛拉的文章问世一年之后，在教皇力促之下，这位作者身陷囹圄。1498 年 5 月 23 日，萨伏那洛拉先被绞杀，再遭焚尸。罪名是宣扬改革教会，预言佛罗伦萨和教会都将受到惩罚、得到改造，并密谋反抗执政团的统治。[2]

就在萨伏那洛拉事件到达高潮之时，1498 年 5 月 8 日，杰拉德·德·哈尔勒姆（Gherardus de Haarlem）出版了两本言辞犀利、锋芒毕露的书:《关于占星学真相的一些问题》（*Book of Questions concerning Astrological Truth*）和《答乔瓦尼·皮科〈驳占星预言〉》（*Replies to Giovanni Pico's Disputations against the Astrologers*）。两本书的作者是卢西奥·贝兰蒂，他的自我介绍只是非常简单的"物理学家和占星学家"（physicus et astrologus）。"物理学家"这个称呼反映了这位作者曾经接受过自然哲学方面的学术训练。[3] 贝兰蒂在《致读者信》中谦逊地宣称，自己写这两本书"并非出于对尊敬的皮科抱有敌意或愤怒"，但实际上全书的语气如果说算不上尖酸刻薄，至少也是咄咄逼人。[4] 在前言中，贝兰蒂为占星学提出辩护，其依据是它对医学的重要意义，尤其是对从事"占星实践"的医师们的重要意义。不仅如此，贝兰蒂还引经据典，用神学家约翰·邓斯·斯科特（John Duns Scotus）甚至"神圣的托马斯［阿奎那］"的言论支持自己的观点。当时，无论是反对还是支持占星学的人，都要借助罗马教廷和天主教的正

82

[1] Savonarola 1497, 370, 339-40; quoted and trans. in Niccoli 1990, 165. Apparently without realizing it, Carl Sagan furthered the objection of Pico and Savonarola: "Despite the efforts of ancient astronomers and astrologers to put pictures in the skies, a constellation is nothing more than an arbitrary grouping of stars, composed of intrinsically dim stars that seem to us bright because they are nearby, and intrinsically brighter stars that are somewhat more distant" (Sagan 1980, 196-97) .

[2] See Weinstein 1970, 286-88.

[3] The 1502 edition (Venice: Bernardino Vitali) eliminated many of the wearisome abbreviations of the first edition. The 1554 edition adjusted Bellanti's print identity to read "Mathematicus et Physicus;" all page references are to the 1554 edition.

[4] Bellanti 1554, "Ad Lectorem," fol. A1v.

统思想为自己寻找理由。贝兰蒂很清醒地知道，教会长期以来都反对以星相为基础的种种预言，因此，他不得不小心翼翼地寻找一条走得通的道路，于是他把占星学区分成两种，一种是由神力支撑的好的占星学，一种是由魔鬼控制的坏的占星学。[1]占星行为并没有为神的启示添加任何成分，它只是借由"自然之光"而"避免罪错""接近上帝"，这正是它的"有用之处"。在《答乔瓦尼·皮科〈驳占星预言〉》一书中，贝兰蒂对皮科的观点逐章批驳，很快这本书就成为占星预言家们的必备宝典。它在16世纪至少又印制了两个版本，每个版本都发行过两次，足以证明其长久的生命力。[2]

《关于占星学真相的一些问题》一书话题范围广泛，贝兰蒂采取的行文结构方式是：先提出是与否的问题，随即作答。这些问题包括："占星是否可以预言"；"是否所有的占星学问都有益于知晓神意、避免罪错"；"上天是地界事件的普遍原因还是特殊原因"；"占星学是理论性的还是实用性的"。对最后一个问题，贝兰蒂的回答是：一半一半。如果说理论是一种知识体系，它的行动对象除了本身别无其他（内在固有的或思考推理的），那么，占星学的一部分讲的就是行星距离和运动方式，以及它们的特性。如果说实践涉及的是另外一种知识体系，考量的是能够产生传递效应的操作方式，那么，占星学的另一部分就如同医学、军事建议、伦理学和神学一样，是为了扬善避恶。可见，占星学既是理论性的，也是实用性的。

贝兰蒂的作品除了对皮科的观点做出抗辩外，其讨论的问题还涉及理论占星学的物理学基础，这一点甚至超越了《占星四书》。这类问题包括："上天究竟是液体的还是固体的实在"；"是否存在八个、九个甚至是十个天球"。尽管贝兰蒂详细讨论了诸多问题，但是在16世纪，人们引用最多的却是他曾声称占星学

---

[1]　Here Bellanti was indebted to Marsilio Ficino（"amicomeo"; ibid., 171），whose De Triplici Vita（1489）was already causing a stir.

[2]　Besel: Hervagius, 1553, 1554; Cologne, 1578, 1580. See Vasoli 1965, 598.

84

正确预言了皮科将在33岁离世。虽然说得并不对,但是这件具有嘲讽意味的事情,无疑成为反驳皮科最方便有力的工具。[1]

贝兰蒂对皮科的批驳留下了一个未解之题:是什么让皮科从占星学的信奉者变成了反对者?沃克(D. P. Walker)曾经提出一个观点:皮科同当时的许多人(包括他的朋友马尔西里奥·菲奇诺)一样,区分了好的占星学和坏的占星学,前者维护人与神的自由意志,后者则否定这一点。[2] 好的占星学正如阿奎那风格的格言所宣称的:"星者,料理而不决断。"(Astra iclinant, sed non necessitant.)也许沃克的判断是对的,皮科私下里信奉托马斯·阿奎那的思想。但是,《驳占星预言》分明与占星行为针锋相对,丝毫看不出这种温和的观点。对比皮科的早期作品我们发现,在生命中的最后两年,他对占星学的态度发生了巨大的转变。他的批判充分利用了早期批评家的思想,包括尼古拉·奥雷姆在14世纪提出的温和论点。[3]

皮科对占星家的批判

皮科的批判文章以激进的态度质疑了占星学的理论和实践基础,期待在16世纪复兴西塞罗和皮浪(Pyrrōn)的怀疑主义。他的立场得到了侄子贾恩的支持。[4] 我们没有必要在这里复述皮科的所有观点及其作品所激起的种种反应。但是,

---

[1] He was, in fact, thirty-one at his death, although his epitaph at San Marco in Flrence gives his age as thirty-two: "Johannes iacet hic Mirandula. /Caetera norunt et Tagus et Ganges forsan et antipodes/ Ob. an. sal. 1494. Vix. an. 32" (Rocca 1964, 19); cf. Cardano 1547b, 162: "ⅵ tigiturannis XXXⅢ. cum eiusobitumAstrologuseodem anno praedixisset, qui etiam aduersu illum scripsit."

[2] Walker 1958, 54-59.

[3] "Veniamus and neotericos. Nicolaus Oresmius, et philosophus acutissimus et peritissimus mathematicus, astrologicam superstitionem peculiari commenatrio indignabundus etiam insectatur" (Pico della Mirandola 1946-52, 1: 58, bk. 1).

[4] See Popkin 2003, 1993, 1996; Schmitt 1972a. In private conversations, Richard Popkin urged me to consider the possible influence of Sextus Empiricus on Pico; cf. Garin 1983, 87.

了解全书的视野、要旨，以及皮科展开批判的角度，这些是十分重要的，因为在这些问题上存在着许多误解和疏漏。《驳占星预言》融合了前人的立场和皮科的新论点，成为一部集古纳今的大作。贾科如此评价："我们的皮科，完全彻底地把占星这棵不幸之树烧成了灰烬——从根到干、从干到枝、从枝到叶。能做到这一点，一则在于皮科之才，他与生俱来的才华令旁人难以望其项背；二则在于哲学与神学之真，它们的真知灼见放射出最炽烈的火焰。"[1]

皮科在章节提要部分表示，所有重要的经典权威都"谴责"占星学，因为它动摇信仰、鼓吹迷信、宣扬偶像崇拜、招致不幸和悲剧、变人为奴。[2] 总之，全书将占星学贬抑到一无是处的地步。"他们的作者，毫无作者权威；他们的道理，毫无道理可言；他们的经验，无定例、无恒常、无真理、无所立、无可信。在他们那里，只有矛盾、谬误、荒诞之言语、虚妄之幻想，让人们怎么能相信？"关于自己的文章，皮科宣称，他将在书中揭露"这整个行当的无用、无知、无信，以及我们这个时代占星家们毫无诚意的行为。还有，为什么这个行当本身是错误的，有时候却能做出正确的预测"。在第 6 卷，占星学的主要结构元素都被击得粉碎："宫位、星座、角度、逆行、龙首与龙尾、曜升（exaltation）、三宫与同元素三宫（trigons and triplicities）、星座面、守界神、角度、将十二宫进一步十二等分的微型十二宫（dodecathemoria）、作为关口的年份（climacteric year）。"[3] 换言之，占星学的所有类目，无一可信。并且，最有破坏力的一个论据是，不管是计算行星位置的天文学家，还是利用这些计算结果判断行星对世间影响力的占星学家，他们内部从来不曾就何者可信达成过一致意见。皮科在书中反复提及这种共识的缺失，认为这证明无论是天文学还是占星学，都不可靠。

85

---

[1]　Pico della Mirandola 1946-52, 1: 27.

[2]　Ibid., 29; see especially the helpful paraphrases of Craven 1981, 131-55, and Parel 1992, 19. Other useful, although not always reliable, summaries of Pico are Allen 1966, 19-34; Tester 1987, 207-13; and Thorndike 1923-58, 4: 531-39.

[3]　Pico della Mirandola 1946-52, 1: 2

在皮科看来，自然哲学则完全是另外一种情形：不同的权威可以和谐相处。他毫不犹豫地调和了古代先哲〔亚里士多德、柏拉图、普罗提诺（Plotinus）〕及其诸多评注者（阿威罗伊、阿维森纳、阿奎那）的观点，认为宇宙秩序的质料因和动力因得到了优先认可。皮科还认为，黄道十二宫完全是人为制造出来的。它只是星星的组合方式，对数学家来说是有用的。但是，星群的形状并非物质实在，不可能单独起作用而产生各种效力。如果说上天的确影响了人间事务，那也是因为它包容了"自然界最完美的物体"。与这种完美特性相映衬的还有完美的运动模式（圆形或环形），以及能被完美感知的光亮。上天借助环形运动和光照，成为"万能的动力因"，催生各种变化。光在此处是一个至关重要的物理因素，也是一个必不可少的逻辑条件，尽管它本身并没有生命，但是它可以被所有生命体接收和感知。正如斯多葛派所说的"元气"（pneuma），或是菲奇诺所说的"精气"（spiritus），热，就好像光的密使，是联系灵魂与实体的媒介。皮科认为，热来自光，似乎就是光的一种特性："热既不是火，也不是空气，它就是来自天上的热。……最灵验、最有益，穿透万物、温暖万物、法规万物。"[1]

皮科所持的这种论点，即上天是人世所有运动和生命的普遍前提，完全忽略了托勒密或是《金言百则》作为预测具体事件标准的地位。在皮科看来，这些都是嘴上功夫，实际情况要复杂得多。占星家们既不能解释更不能预测，因为所有的变化都是由来自上天的热引发的，它们并不附带有任何可以区分彼此的特殊性。"有谁不曾看到吗，上天让马生了马、狮子生了狮子，而并没有因为

---

[1] Pico della Mirandola 1946-52, 1: 196, bk. 3, chap. 4. Cf. Ficino 1989, bk. 3, chap. 3, 257: "Spirit is a very tenuous body, as if now it were soul and not body, and now body and not soul. In its power there is very little of the earthy nature, but more of the watery, more likewise of the airy, and again the greatest proportion of the stellar fire. The very quantities of the stars and elements have come into being according to the measures of these degrees. This spirit assuredly lives in all as the proximate cause of all generation and motion, concerning which the poet said, 'A Spirit nourishes within' [Spiritus intus alit]." Walker (1958, 57), argues for a very close connection between Pico and Ficino: "The chapters in the Adversus Astrologiam on celestial and human spirit are so close to Ficino's thought that it seems highly probable they derive from him."

哪颗星星的位置，让狮子不生狮子、马不生马？"[1]特殊性都是由非上天的原因造成的，这些原因本身各不相同，就好像它们所引起的后果也各不相同一样。有鉴于此，如果我们问，亚里士多德为什么天生是一位杰出的哲学家，或者，圣母玛丽亚以处女之身诞生基督耶稣，这种神迹是如何发生的，只能说二者的原因是相同的（天），除此以外并无特别的解释。[2]这里仿佛有迪昂－蒯因的核心观点若隐若现：皮科的天学理论否认了上天造成的特殊性和差异性，因此成为其反驳占星家的重要基础。

《驳占星预言》的第 9 卷和第 10 卷中，皮科的论述混杂了天文学和占星学，并将其作为占星学不确定性及占星家内部分歧的进一步证据。这些内容一直以来要么被忽视了，要么没有得到正确的理解。[3]比如在第 9 卷第 7 章，他指出占星家们对于如何划分十二宫并没有确定的意见。他们究竟该使用谁的方法呢？是诺瓦拉的康帕努斯，还是雷吉奥蒙塔努斯？[4]如果说他们对宫位的划分并不确定，又怎么能言之凿凿地说行星处在哪一宫的哪一处呢？如果说他们对行星的位置都不确定，又怎么能断言它会产生什么效力呢？

皮科继续质疑，占星学依赖天文学，但天文学家们对于回归年（平太阳连续两次通过春分点的时间间隔）的长度尚未达成一致意见。最初，希帕克斯认为太阳完成周年旋转的用时为 365¼天。285 年之后，托勒密认为分数部分的数字应该是 1/300。又过了 743 年，巴塔尼发现太阳运转的速度要慢一些，分数部

---

[1] Pico della Mirandola 1946-52, 1: 190, bk. 3, chap. 3.

[2] Ibid., 1: 516-18, bk. 4, chap. 16. The opponent was Pierre d'Ailly.

[3] The best account is, in fact, Eugenio Garin's excellent critical prraratus to his edition of the *Disputationes*; but the otherwise through and admirably reliable D. P. Walker gives this section no consideration.

[4] On the problem of domification, see North 1986a, 27-30; Vanden Broecke 2003. These two methods, like the others, involved dividing a circle chosen from one of the three major astronomical reference frames — equatorial, ecliptic, and horizon — into arcs or "houses" — not to be confused with the zodiacal signs. The method ascribed to Regiomontamus involved dividing the equatorial circle into twelve parts, starting from the intersection of the equator and horizon; the Campanus method divided the prime vertical, a great circle that joined the observer's zenith to the equinoctial points, and then projected these points into the ecliptic.

86

分应为 1/106。萨比特·伊本·库拉（Thabit ibn-Qurrah，卒于 901 年）则认为，一年的长度为 365 天 6 小时 9 分 12（这个数字是错误的）秒。[1] 此外，有些天文学家认为所有的年份长度都是相等的，比如托勒密和阿方索十世；另一些人则认为它们并不相等，比如中世纪的查尔卡里（Al–Zarqali，Arzachel）、亨利·贝特（Henry Bate）和伊萨克·伊斯雷利（Isaac Israeli）。他们认为，造成这种现象的原因是第八个天球的偏心运动方式。

更糟糕的还在后面。亚伯拉罕·伊本·埃兹拉（Abraham ibn Ezra）在其著作《本命盘的运转》（De revolutionibus nativitatum）第 6 卷中，对于是否能精确计算出天宫图提出质疑，因为没有什么仪器可以足够精准地确定太阳进入白羊座的最初时刻（传统上这是测量经度的起点）。[2] 同样，亚伯拉罕·尤第乌斯（Abraham Judaeus）在书中论述天文表的构成时，也泼了一盆冷水："两个星盘都是精心制作的上品，直径有九个手掌那么大。星盘的两位制造者伯塞基特（Bersechit）兄弟，一起观测太阳的地平纬度和它进入白羊座的时间。结果，两台仪器并没有给出一致的结果，而是相差了两分钟。"[3] "仪器不准"在中世纪当然并非一种定论，但是到了 17 世纪，当托马斯·霍布斯（Thomas Hobbes）用它来否定罗伯特·博伊尔（Robert Boyle）的气泵时，显然这种担忧已经成为一种共识。[4]

皮科紧接着指出，哪怕只是一度的偏差，都有可能带来一连串的连带效应。假若此时行星正处于某一星座的极其边缘的位置，那么这种偏差就会把行星定位到下一个星座。如此，月亮在金牛座原本是福喜之相，而到了双子座则变得

---

[1] On this point, Pico confused the tropical with the sidereal year, and the original printed text mistakenly reads "12 degrees" instead of "12 seconds." Pico della Mirandola 1496, fol. Giii: "Thebit annum constaredixit ccclxv. diebushoris sex. minutis ix. gra［dus］." Although the published value may contain a typographical error, Garin, who made a critical comparison with the original manuscript, makes no comment here.

[2] Pico della Mirandola 1946-52, 2: 330, bk. 9, chap. 9.

[3] Ibid., 2: 322, bk. 9, chap. 8.

[4] See Shapin and Schaffer 1985, esp. chaps. 2, 4, and 5.

相反。同样，阳性可以变成阴性，透明质可能变成半透明质，半透明质进而变成暗黑质，以此类推。皮科由此雄辩地提出质疑："不管行星位置如何发生了偏差，不管这种偏差是一度还是一分，都会极大地改变它的功德和效力，难道不是这样的吗？"[1]皮科继续指出，实际上数学家们都能意识到这些测量数据的不确定性。他举出的一个例子是米德尔堡的保罗。皮科称其为"著名数学家，现居于学养深厚的君主乌尔比诺公爵圭多之宫中"，他并不认为行星表中的数据是确实可信的。[2]无法信任数据，自然无法信任它们所预测的效力。

在第 10 卷第 4 章，皮科论及一个有关本书趣旨的话题：行星序列及对应的元素性质。关于这个问题，占星家们持有五种不同类型的观点，在皮科看来，这些观点都不堪一击。第一种皮科称为"次序编号"，关乎行星序列与宇宙构成元素序列，以及二者之间的随机关系。关于这个问题，皮科没有指出任何具体的作者。他举了一个例子。如果土星在所有行星中位列第一，那么它应该具有火的特质，因为火在元素次序中排一位。皮科由此质问："可是按照占星家的观点，土星的特质跟火有任何关系吗？"[3]同理，火星是第三颗行星，水是位列第三的元素，然而，"难道火星与水的区别不是跟水与火的区别一样大吗？"同样的道理也适用于星座。白羊座是第一个星座，但是占星家们却否认行星中排序第一的土星与它有任何关系。皮科认为，问题的关键不在于行星应该怎样编排序号——究竟是从土星开始一直向下排到月球，还是从月球开始一直向上排到土星——而是在于，"中间几颗行星的位置和顺序完全不确定"[4]。

皮科此文写于雷吉奥蒙塔努斯的《〈天文学大成〉概要》出版前夕，因而他知道古代和当代的天文学家对于太阳的位置都有意见分歧。他用一种期待的语

[1] Pico della Mirandola 1946-52, 2: 334, bk. 9, chap. 10.

[2] Ibid., 2: 354, bk. 9, chap. 12.

[3] Ibid., 2: 370, bk. 10, chap. 4.

[4] Ibid., 2: 372, bk. 10, chap. 4: "Ququm quod mediorum situs et ordo penitus in ambiguo."

气提及《概要》，称其为"古代人的争议"，即，太阳的位置究竟是紧随月亮之后，还是处在诸行星中间。古代埃及人认为太阳靠近月亮；迦勒底人（Chaldean）、托勒密及当时的天文学家则认为它位于诸行星之中；智慧博学的阿拉伯数学家（一说波斯人）贾比尔（Geber）、托勒密著作的评论家西翁及柏拉图和亚里士多德，都把太阳定位在紧邻月球之处。皮科表示，各种观点被不断借用，却没有一个得到确认，这种情况并不意外，因为靠计算并不能得出行星的位置。

金星和水星的相对位置，也是一个存在显著分歧的话题。托勒密认为，太阳恰如其分地在行星中间，土星、木星和火星在经度上偏离它，而金星和水星紧随其后。皮科认为这是一个"轻率的、自相矛盾的猜测"。但是，因为月亮同日外行星一样，也远离太阳，所以它的位置并不在日外和日内行星之间。

阿尔－比特鲁吉（al -Bitruji, Alpetragius）提出了一个"同样脆弱"的观点，他认为日内行星在所有行星中运行速度最快。但同时他又与众不同地把金星放到了太阳和水星之外，这样原本被认为快速转动的金星又变成了转得慢的行星。如此一来，比特鲁吉所持的观点是毫无市场的，就算古人把太阳放在紧靠月球的位置，也要比他的立场更行得通，因为这样的安排，至少可以排除"假如金星和水星位于地日之间，为什么没有造成日食"这个问题。当然，可能有别的意见解释为什么月球造成了日食而金星水星却没有。"要么就是水星特别小，要么就是金星距离太阳太近，完全被它的光线遮蔽掉了，因此它们无法阻挡太阳射向我们的光线，而距离太阳更远的月球却能做到这一点。同时，由于它们的构造稀薄，不像月球那么坚厚，故而无法遮挡太阳光。再有，它们自身是有光的，这些光线从靠近太阳的地方发射出来，所以人们不会观察到日食现象。"[1]

在对上述难以立足的观点进行批判之后，皮科引用了阿威罗伊《托勒密〈天文学大成〉释义》（*Paraphrase on Ptolemy's Syntaxis*）中的一段文字，认为这是

---

[1] Pico della Mirandola 1946-52., 2: 374, bk. 10, chap. 4.

一个明显的证据，证明人们并没有一致认同托勒密的观点，即水星和金星通常会被太阳的强光湮没。这本书是用希伯来语写成的，不过皮科也称得上是希伯来语学者，他曾经在佛罗伦萨跟随伊莱亚·德尔·梅迪戈（Elia del Medigo）学习这门语言，后者对阿威罗伊的作品也很熟悉。[1] 根据皮科的转述，阿威罗伊"曾有一次观测到太阳上有两个黑点，经过计算，他发现是水星挡住了太阳的光线（或是与太阳光线重叠）"[2]。这里皮科引入了一个值得思考的问题，甚至雷吉奥蒙塔努斯本人都忽略了：行星凌日。最后，皮科从埃及时代的摩西以及未指名道姓的"其他人"的观点出发，得出"关于太阳、水星和金星的次序，从无定论"的结论。[3]

这个结论带来一个严重的后果：如果行星序列问题从无定论，那么，由此决定的行星特性及影响力就失去了立足之本。因为占星学之所以成立，完全依赖于其高级学科天文学；这样一来，占星学再也无法确认天界原因与地界效力之间的关系。皮科质疑托勒密体系中金星和水星的次序，这一点并非前无古人，《天文学大成》中已经提到了相关的分歧意见。但是，把天文学的不确定性置于个别行星的特性和力量这一语境之中，实属首次。其后果将使占星学的全部法则和机理一起陷入灭顶之灾——包括不久之前，哥白尼刚刚从布鲁泽沃的阿尔伯特评普尔巴赫《行星新论》的长文中所学到的一切。

诺瓦拉和哥白尼：置身博洛尼亚预言文化之中

哥白尼与其兄安德列亚斯（Andreas）来到博洛尼亚之后，一定在某个时刻

[1] See Rocca 1964, 5, 7.

[2] Pico della Mirandola 1946-52, 2: 374, bk. 10, chap. 4. A manuscript titled "AlmagestusAuerois" appears on the inventory of Pico's library (Kibre 1966, no. 626, 203-4).

[3] Pico della Mirandola 1946-52, 2: 374, bk. 10, chap. 4: "Quomodo vero tres aliae se habeant, Sol, Venus, Mercurius, incertum."

遇到了皮科的《驳占星预言》。他遇到的远不止这本书——应该说，哥白尼一脚踏进了一个特定的文化空间：随着法军的推进、战事的展开，各种不期而至的破坏接踵而来，这使得预言家们的警示比以往更受重视。哥白尼搬进了诺瓦拉的家宅，后者既因为他的祖籍（诺瓦拉）、也因为他出生和学习的城市（费拉拉）而为人所知。哥白尼的弟子雷蒂库斯曾对此做过明确的记述："他与博洛尼亚的多米尼科·马利亚住在一起，显然他很熟悉多米尼科的想法，多米尼科进行天文观测，他也从旁协助。"[1] 可惜的是，这座老房子今天已不复存在了。1973年，圣朱塞佩（San Giuseppe）教区加列拉路（Galliera）65 号立起了一块牌匾，标明在意大利复兴运动（Risorgimento）之前，此处曾是那座宅邸的旧址，"就在公共道路旁边，紧靠着一家面包房"。如今，城市改造过后，这里是一所不显山不露水的公寓，毗邻一座国际酒店和一家停车场，当真是一种充满了讽刺意味的后现代并列方式。[2] 哥白尼在这里住了多久，他又是如何找到这里的，不得而知。不过，有证据表明，在入住此处之前和之后，他还曾在圣萨尔瓦多区（San Salvator）的波多诺伏（Porto Nova）居住过。所以，事情的原委很可能是，一个年轻的法学学生寻求住所，恰好遇到了诺瓦拉。这就能解释，为什么雷蒂库斯在讲到他的老师与"学识渊博的多米尼科·马利亚"之间关系的时候，很小心地避免将其描述成严格意义上的师生关系。

---

[1] "Vixerat cum Dominico Maria Bononiensi, cuius rationes plane cognoverat, et observationes adiuverat" (Rheticus 1550a in Prowe 1883-84, 2: 390) .

[2] Tabarroni 1987, 177; Biliński 1989, 38-39. At the time, the via Galliera was one of the most important and prestigious streets in the city; leaving the city, it pointed toward Ferrara, Domenico's place of birth.

图 27. 梵蒂冈使徒宫（Vatican Apostolic Palace），博洛尼亚厅。博洛尼亚示意地图细节。圆圈环绕之处为多米尼科·马利亚·诺瓦拉的居所，现为加列拉路 65 号。Photo Vatican Museums.

　　但是，关于两人的关系，我们还有另外一个重要的线索。诺瓦拉居住的房子归公证人弗朗西斯科·卡列加里（Francesco Callegari）所有。受诺瓦拉的委托，在他去世的时候（1504 年 9 月 5 日），卡列加里为他公证了一份财产清单。1920 年，博洛尼亚市利诺·西格诺尔菲（Lino Sighinolfi）图书馆公布了这份清单中的一小部分，同时透露出一个令他们感到惋惜的事实：诺瓦拉藏书目录中有 26 项被删除了，因为委托人对家私陈设更为珍视。[1]卡列加里在清单空白处批注说，一个月之前，另一位公证人帮助委托人起草了与之相关的公证书，他的名字是洛伦佐·德·贝纳齐（Lorenzo de Benazzi）。事实上，诺瓦拉可能曾在贝纳齐的房子里租住过一段时间，因为财产清单上注明："他付给洛伦佐·德·贝纳齐 100 镑，作为两年的房租。"[2]

贝纳齐和城里许多公证人一样，出身于贵族家庭。他的儿子贾科莫（Giacomo，1471—1548）是博洛尼亚大学自 1501 年以后的三位天文学教授之一。[3]贾科莫在 1502 年出版的一份预言年鉴中宣称，自己是诺瓦拉的学生。[4]拉坦齐奥·德·贝纳齐（Lattanzio de Benazzi，1499—1572）无疑是这个家族中年轻一代的一位族亲，有可能是贾科莫的儿子，也曾经在 1537—1572 年担任博洛尼亚大学天文学教授，并出版了大量的预言年鉴。[5]

把所有这些细节结合起来看，他们之间的文化关系是毋庸置疑的：在哥白尼居留博洛尼亚时期，公证员家族和预言家家族是紧密相联的。事实上，现存公证档案资料显示，大部分博洛尼亚本地预言家都出自城中最重要的公证人家族，比如：曼弗雷迪（Manfredi）、贝纳齐、皮特拉米勒拉、斯卡里巴纳里奥

---

[1] Sighinolfi 1920. Much of this information is based, in fact, on Malagola 1878; see also Birkenmajer 1900, chap. 19, s. v. "Dominicus Maria Novara," 424-48; Birkenmajer 1975, 738-96. In the 1890s, Birkenmajer attempted to follow up on the fate of Domenico's library. He wrote to Antonio Favaro, who on February 6, 1898, informed him, "Having examined in the two libraries — the University and the Communal［in Bolognal］—the books that could have belonged to Domenico Maria, no signs of ownership were found in any of the respective copies" (Birkenmajer 1975, 762-63). On November 29, 1994, I discovered the provenance of Domenico Maria Nouaria Ferrariensis in the 1493 edition of the *Tetrabiblos* at the Biblioteca Universitaria, Bologna.

[2] Sighinolfi 1920, 235: "Item solvit ser Laurentio de Benatijs pro pensione domus duorumannorum libras 100."

[3] He held the position perhaps until 1528. See Zambelli 1966a, 180-81; Mazzetti 1988, 47. Mazzetti's source was Fantuzzi 1781-84, 2: 62.

[4] Benatius 1502（Copy used: British Libraty）: "Exquisitissimus praeceptor noster Dominicus Maria Novari［a］."

[5] Zambelli 1966b, 181.

（Scaribanario）、维塔利等。斯卡里巴纳里奥这个姓氏可能就源自"书写之人"。也许诺瓦拉本人是这个传统的例外。他的祖父巴尔托里诺（或巴尔托洛梅奥）·普罗蒂·迪·诺瓦拉〔Bartolino（or Bartolomeo）Ploti di Novara〕是防御工事工程师和建筑师，曾设计过费拉拉公爵的城堡圣米歇尔堡（Castello di San Michele）。[1] 无论如何，现有的证据都允许我们做出这样一个推测：公证人职业——甚至或许包括预言家职业——是在家族内部代代相传的。

公证人应该是城里消息最灵通的人士。[2] 他们负责管理个人财产、保证它们的安全、安排它们在个人或两代人之间转移。他们起草遗嘱、拟定财产清单；起草合同、代写信函。他们与不同社会阶层的人接触。比如，他们既为手工业者的内部会议做记录，又为官员就职做公证，还负责保存审计档案。他们也是娴熟的交易能手。博洛尼亚公证大厅的对面就是元老团每周开会的处所，中间隔着中心广场。有些公证人甚至在这个机构中拥有座席。比如，洛伦佐·德·贝纳齐就是1460年十六人团中的一员。[3] 教堂、十六人团、大学的不同分部，这些机构之间都只有两三分钟的步行路程。总之，在哥白尼求学时期，博洛尼亚城市本身很小，城中的社交圈子也很小，这就使得人们之间能够建立起各种各样的关系，这在今天的城市中是完全不可能实现的。

没有什么档案能让我们确切地断言，预言家们究竟从公证人那里学到了什么。但是，他们一定能够意识到，想要做出有效的预测，不仅要掌握行星运行的专业知识，也要了解在这个充满变数和乱局的人世间，他们努力的结果如何才能被接受，并能够广为流传。换言之，因为相同的天象对不同的地方可能产生不同的效力，所以，要想对行星力量及其影响做出有效的判断，必须谙熟当

---

[1]　Cattini-Marzio and Romani 1982, 60, 62; for an illustration of the castle, see Portoghesi n. d., 8; cf. Prowe 1883-84, 1: 236.

[2]　See Ridolfi 1989; Frati 1908; cf. Nussdorfer 1993, 103-18.

[3]　Archivio di Stato di Bologna: Archivio del notaio Lorenzo Benazzi, 1459-1508.

地的风土人情。[1] 只有做到对城中的政治格局和社会状况了然于胸，才有可能维持预言的可信度。我们在前文中已经读到了阿沃加里奥写给费拉拉公爵的信函，态度明白，言辞坦率。下面一段文字选自诺瓦拉 1492 年的预言，我们不妨看看在他普普通通的言语之中藏着什么样的弦外之音。

如果想要预言上天效力的性质，不仅需要深思天体的力量，也必须了解行动者的动向如何与自然力相适应。因为相同的自然力量可以在不同的地方产生不同的效力。因此，一名理智的预言家，难道不应该对整个世界的哲学原理都有所了解吗？也就是说，包括陆地上的、海洋中的所有事物，包括人类的风俗、动物、植物、水果，凡此种种，不一而足，总之包括宇宙之中的万千变化。[2]

预言家们要考虑的是各种社会群体之中不同成员的未来命运，公证人也许可以为他们提供社会与政治资本分配的最新信息，从而提高他们所做的预测的质量。公证人在多大程度上介入预言行当，我们所知甚少，只是奥塔维亚·尼科里曾经指出一些直接证据，证明在皮亚琴察（Piacenza）、切塞纳（Cesena）和乌迪内（Udine），公证人曾经担当非占星预言的誊写员和发行人。[3]

我们可以推测，当哥白尼居住在诺瓦拉家中，并担当其天文观测的"助手和见证者"时，多少也介入了预言家和公证人的社交网络。他在博洛尼亚并没

---

[1]　This situation is not unlike the problematic of contemporary social scientists, as described by Clifford Geertz: "Social events do have causes and social institutions effects; but it just may be that the road to discovering what we assert in asserting this lies less through postulating forces and measuring them than through noting expressions and inspecting them" (Geertz 1983, 34).

[2]　Novara 1492. There are some slight differences between the Italian (*Iudicio*) and the Latin (*Pronosticon*).

[3]　See Niccoli 1990, 10. To my knowledge, the question of notarial uses of astrological prognostication has simply not been investigated. In addition to the Bologna prognosticators who came from notarial families, we might mention the great naturalist Ulisse Aldrovandi (1522-65), whose father, Teseo, was both a notary and the secretary of the Bologna senate (see Franchini et. al. 1979, 10).

有发布任何预言，这一事实注解了"助手"之说的一层含义。尽管哥白尼具有人所共知的天才，但在当时，他还只是一个局外人。说到底，他已经正式加入了瓦尔米亚的牧师会。他的舅父为他在当地教会谋得了一份闲职，他在博洛尼亚期间已经由公证人代理接受了。并且，他既不是博洛尼亚本地人，也不像诺瓦拉一样在大学中任文学和医学教职，更没有生在贵族家族，比如公证人家族或是预言家家族。他甚至没有取得过任何学位，更不用提博士学位了，因此没有任何公开身份，也就无法借助大学的权威来佐证自己言论的可信度。虽然他不能作为一个接受过全面训练的学术预言家而有所作为，但还是可以作为助手，对预言家的实践做出贡献。

90

博洛尼亚预言家的正统权威源自严格的学术管理制度。从 1404 年起，大学条令便规定，教授球面几何学和相关理论学科的教师，每年必须完成一份年度预言报告。博洛尼亚大学的条令为占星家们具体规定了一整套要求。他们必须免费向大学提供一份年度预言报告，除此之外，还必须参加辩论。

领占星家薪酬的博士候选人须就占星学中的两个问题展开辩论，并且至少在辩论举行之前八天确定题目。此外，他们还须至少参加一次任意主题的辩论。……上述"问题"和"主题"应在"确定"之后十五日以内，以书面形式提交文书部，以上好羊皮纸及精美字体制作成册。……上述"问题"应在文书部存留，以便随时制作副本。[1]

条令内容表明，这些规定性的预言作品只在博洛尼亚有限的范围之内流通，因为它们通常只提交到学校的文书部，由那里制作副本。我所查找到的最早的博洛尼亚预言年鉴，是约翰内斯·保卢斯·德·丰迪斯（1428—1473 年在大学任教）

---

[1] Malagola 1878, 572-73.

的作品，写于 1435 年 2 月 7 日。很明显那是一份副本，因为它并非由羊皮纸制成，而是相对较薄的普通纸张，是一本装订松散的对开册子（21.5cm×31cm）。后来的印刷作品通常为八开本对折装订，这本年鉴的篇幅显然更长一些。[1]

前两章已经多次谈到，印刷术的到来极大地改变了文字作品的读者群。在博洛尼亚，早期的印刷预言年鉴至少可以追溯到 1475 年，它们的作者是吉罗拉莫·曼弗雷迪（Girolamo Manfredi，1455—1493）。这些作品要么是由作者自己的印厂印刷的，要么由他人出资印制，大部分用意大利方言写成。[2] 它们通常是献给城邦统治者本提沃格里奥家族的，不过在 1489 年，它们同时献给了教皇使节和元老团。到 1482 年，诺瓦拉接受教职任命的时候，学校条令中羊皮纸的预言年鉴已经被印刷本所取代，并成为惯例固定下来。

诺瓦拉现存的预言作品都是印刷版本，并且都题献给了本提沃格里奥家族。它们的写作结构基本上相同。开篇先是序言，叙述关于上天伟力的一般知识或是常见观点，这部分内容简明，通常占一两页的篇幅，应该在大学里公开诵读过，比如作为辩论中的总结陈词。后面正文部分有没有口头流传过，难以判断。这部分一般被分为若干个小章节，分别论述不同的主题，比如：行星会合，食相，太阳进入白羊座的时间，战争及疾病预测，博洛尼亚、威尼斯、佛罗伦萨、比萨及土耳其等外国统治者的个人命运。值得关注的是，我在博洛尼亚预言中并没有发现有任何地方提及圣经，对比意大利半岛地区和亚亚宁山以北地区的年鉴，这是一个非常重要的区别。博洛尼亚作品时常引用的经典著作大多出自希腊、犹太及阿拉伯权威作家：马沙阿拉汗、阿尔布马扎、托勒密（《占星四书》

---

[1] Biblioteca Universitaria di Bologna: de Fundis 1435, opening: "Altissimi dei nostri Ihesus Christi virtute chooperante primo in hoc meo iudiciolo." The cohlphon reads: "Datum Bonon. die septima febr. 1435 per doctorem artium Iohannem paulum de fundis actu legentem in astronomia et in medicina nostris studentibus et necnon inclite et excelse com（mun）itatis Bonon. astrologum bene meritum."

[2] For example, "Per mi Hieronimo di Manfredi doctore de le arte & medicinanel studio famoso de bologna madre di studij, 1479"（Biblioteca Universitaria di Bologna）.

《金言百则》）、亚里士多德，以及阿本罗丹对《占星四书》的注解。诺瓦拉预言最后一部分通常是一份关于新月和满月的统计表（这些数据是制作历书的基础），以及日食、月食预测。作者偶尔还会列出一份吉日和凶日的清单，比如 1500 年的预言。[1]

诺瓦拉在 1483—1504 年之间发布的预言年鉴，均以拉丁文撰写，个别作品也可见意大利方言版本。显然，拉丁文版本出自作者本人之手，而方言版本时常略去一些技术性内容和专业术语，很有可能是其助手或其他人翻译的。[2] 除了 1484 年和 1497 年，其他年份的预言均由博洛尼亚最大的几个出版商公开发行了：乌戈·鲁吉耶里（Ugo Ruggieri，1492）、卡利戈拉·巴齐利耶里（Caligola Bazilieri，1496）、吉斯提尼阿诺·达·鲁比耶拉（Guistiniano da Rubiera，1500）、贝内德托·德·埃托雷·法埃里（Benedetto de Ettore Faelli，1501—1504）。[3] 除了诺瓦拉，大学里的其他教师也同时出版了各自编写的年鉴，比如：1493 年之前的曼弗雷迪，以及其后的继任者，安东尼奥·阿夸托（Antonio Arquato，1493—1494），弗朗西斯科·帕皮亚（Francesco Papia，1493—1497），西庇阿·德·曼图亚（Scipio de Mantua，1484—1498），贾科莫·皮特拉米勒拉（1496—1536），贾科莫·贝纳齐（1500—1528），卢卡·高里科（1506—1507），马可·斯卡里巴纳里奥（Marco Scribanario，1513—1530），卢多维科·德维塔利（Ludovico de Vitali，1504—1554），拉坦齐奥·德·贝纳齐（1537—1572），以及其他一些作者。[4] 有一点很有趣，斯卡里巴纳里奥发布的预言多是以意大利文写成的，而且

---

91

[1]　Novara 1500, fol. 96v（copy used: Biblioteca Universitaria di Bologna）.

[2]　For example, there are small differences for Novara 1492.

[3]　The 1484 prognostication was published in Venice by Bernardino Benali: "Per me magistrum Domenicummariam Ferrariensem. indicium editum in almo ac inclito studio Bon. anno Domini m. cccc. lxxxiiii" （copy used: Herzog August Bibliothek, Wolfenbüttel）. The 1497 prognostication was published in Rome（in Italian）by Stephan Plannck（copy used: Biblioteca Colombina y Capitular, Seville）.

[4]　See Sorbelli 1938, 114; Thorndike 1923-58, 5: 234-51.

都献给了教皇使节、枢机主教斯福查（Ascanio Sforza），皮特拉米勒拉则分别为教皇、皇帝、法国国王和西班牙国王编写了预言。[1]这些重要的信息告诉我们，在大学预言家群体中存在着政治分野，因此他们的目标读者是有区别的。不过，同一年份的预言存在着不同版本，这客观上起到了维护整个预言家群体声誉的作用：总有一位会中彩吧。但是，事实上这种区分只是因为在混合统治的城邦中，预言家们选取了不同的政治立场，一部分倾向于世俗君主，另一部分选择了教会力量。

诺瓦拉作品中的序言反映了预言策略及关注点的变化。预言家们可能会选择一个学术文本，借此显示自己的学识。或者从《金言百则》中选取一段格言作为全文的开端。比如，在 1489 年预言中，诺瓦拉针对托勒密的《地理学》发表了一篇很长的评论，并推测从托勒密时代至当时，地极发生了极小的偏移。乔瓦尼·安东尼奥·马吉尼（Giovanni Antonio Magini）在 1585 年将其整篇文章引用，称，作为 "1489 年博洛尼亚的一篇旧预言"，即便在他自己所处的年代也实属难得一见！[2]在 1496 年预言的序言中，诺瓦拉则借用了《金言百则》中一条关于爱与恨的格言，表明在两种极端之间寻求一条中间道路的道德价值，用于对读者进行德行教诲。

至少从 1499 年开始，诺瓦拉的预言中明显带有了争论性和辩护性的语气。[3]序言中时时可见皮科反对占星学和法军入侵的影子。1499 年年鉴非常重要，一方面是因为哥白尼此时正在博洛尼亚，另一方面则是因为它从未被翻译或研究过。

在这篇拉丁文预言的开篇，诺瓦拉首先将智慧者与无知者做了对比，接着

---

[1] Pietramellara 1500. It was issued on January 18, two days before Novara's（copy used: Biblioteca Universitaria di Bologna）.

[2] Novara 1489（copy used: Biblioteca Colombina y Capitular, Seville）. Magini 1585, 29-30. Magini was a rival of Galileo, an astrologer and mathematician at Bologna, and, effectively, a much later successor to Domenico Maria. William Gilbert, although critical of Domenico's judgment, lifted the same passage from Magini without attribution（Gilbert 1958, bk. 4, chap. 2, 315-16）.

[3] The only prognostication that I have been unable to find for Copernicus's Bologna period is that of 1498.

用华丽的辞藻对二者各行赞美和贬责。虽然没有指名道姓，但他无疑是将矛头指向了自己的同事，以及对占星学的批判。诺瓦拉此举旨在为其笔下的"星的科学"正名，言明它的研究范围和正当性。为此他提出如下问题：在自由技艺中，这门学问的地位如何？它有什么实践用途和社会作用？什么人有资格著书立说？他的答案总结起来，主要内容是：只有少数真正的智者能够理解星的科学，至于那些妄加评说之人，那些东施效颦之人，无非是无知的乌合之众。能不能正确使用技术语言，是区分真正的天文学家和拙劣的效仿者的标准。[1]

序言的第二部分，诺瓦拉的文字变得简单朴素。他的重点是通过论述建立一个观点：天文学并不自诩为人类事务必不可少的一部分。这里，诺瓦拉沿用了托勒密的传统方法，将星的科学分为两类：一类是以数学为基础的天文学，他认为这一部分是确定的（其主题和方法托勒密在《天文学大成》中有论述）；另一类是以上述内容为基础的占星判言，他认为这一部分并非不容动摇的。[2] 此处，诺瓦拉并没有使用《金言百则》中一条现成的格言，"'判断'居于必然与

---

[1] Novara 1499（copy used: Archiginnasio, Bologna）: We regard those judges as unjust who presume to judge something about which they know nothing. For only the good man is a［ture］judge among those who do know. How many of these unfair judges there are in our time［who classify］the science of the stars among the other disciplines of the liberal arts. This is not a surprise. For it is the customary role, especially among ignorant men, to criticize and revile because they know nothing. Others believe this science of the starts［scientia astrorum］to be deceitful and worthless and of no civil use. Still others, wearing the skull caps of dark ignorance, declaim in their arrogant orations that astronomers argue for necessity in human affairs. Another group, on the other hand, argues against the latter, appearing to dispute about everything. They compete in agonistic disputations and imitate certain astronomical words, names and rhetorical styles. Entirely forsaking the office of wise men, however, they prefer to be seen as wise men rather than to be［wise］and not to be seen. For, as Aristotle observes, the wise man's work is the first of the two pearls: it concerns the one who knows that he does not deceive.... Those assuing the astronomers do not understand astronomical matters.... they are only imitators of the words compared to the beholding astronomer. The art of imitation, however, deceives many. As you know, the imitators stray far from the truth and express with words and names a pretense［to understand］the individual arts when they understand nothing at all about these arts. So, when they contemplate the words, at least let them be imitated in such a way that they appear to be well spoken and so that these imitators may stroke the ears sweetly in some natural way.

[2] Ptolemy 1493, comment on *Tetrabiblos*, "Prohemium," 3: "Et qui dixit in virtute fuit, quia iste demonstrationes firmiores et fortiores sunt illis quae sunt in arte indiciorum et quas de geometria et arismetica［*sic*］sunt accepte."

可能之间"[1]，而是转向古希腊名医盖伦寻求支持，或许是因为他的言论针对的是占星医学受到的批判。他说："盖伦曾多次提及医学中的两类知识。一类是确定的，另一类是推测的，只有当判断本身接近真相的时候，这种推测方才得到认可。就这两类知识而言，天文学无疑属于第一类——确定的、科学的，[2] 因为它由天的原因出发，证明人类事务发生发展的自然趋势。不过需要重申的是，另一类知识是推测性的，因为它借助自然趋势做出预测，但真实情况可能会随着人的自由意志而改变。"[3]

在这个段落中，诺瓦拉似乎在求助一个传统的概念：星相作为自然原因能够决定人类的行为趋势，但是，天文学家虽然知晓这种趋势，却不能保证，对于一个人、一个国家在某种特定环境之下的所作所为，可以做出确切的预测。同时，诺瓦拉在此处也没有强化天文学作为一种证明知识（demonstrative knowledge）的概念。比如，他没有指出，这种知识符合亚里士多德关于科学证明（scientific demonstration）逻辑的严格规定，即前提条件是"真实的、首要的、直接的，是先于结果的，比结果更容易了解的，并且是结果的原因"[4]。同时，诺瓦拉也没在回应皮科所指出的天文学方面的不确定性，包括太阳运动以及行星次序。因为，这只是一份预言年鉴的序言，它的目的是有限的，重点在于论述天文学家所做的预言是推测性的、有条件的。从这段文字中，我们可以看出诺瓦拉对预言的一般逻辑结构的认识。

他在文中举的例子表明，对军事行动的判断显然是那个时期首当其冲的要务。他所指的自然是法军的行动。"天文学家以上天之功为依据，预言今年法军

---

[1] Ptolemy 1493, *Centiloquium*, "First Saying," 107.

[2] *Scientifica*, in the sense of satisfying Aristotle's requirements for apodictic knowledge.

[3] The section begins: "In fact, he who thinks that astronomers reckon things by necessity is lost in ignorance about the astronomical discipline. For what astronomers say is that from a fixed position of the stars a fixed and necessary inclination follows" (Novara 1499) .

[4] Aristotle 1966, bk. 1, chap. 2, 70b 20f., 31.

意图征伐意大利。然而天文学家不满其确切性，故而在此置其于次位，名之'推测性咨文'。"那么，如果这个预言是"推测性的"，他将对法军的"意图"做出什么样的猜测呢？诺瓦拉没有直接回答，而是对各种可能的意图做了一番哲学讨论。

其（天文学家）曰："意欲行事以求其所图之人，必先听从感官之欲望、自然之召唤，因人皆贪求万事合意。"然则，吾辈犹不可断言，两可之中，人必因求万事合意而择其确者，惟窃言"自然之力可行此驱使之功"已矣。自然之召当合乎人心，岂不信哉？由是天文学家有言："……若法军今岁果对意大利用兵，则吾辈可称，自然之功甚伟，人必从之。"皆因如此，占星家乃不自诩其判言为人事之必然，而谓凡其必然，则必有言在先。此犹吾辈可称："倘法军果从自然之驱使，则今岁必征意国。"君上圣明，当不至惊诧于此说。然则若有妄言者置否，此其所为妄言者也，不足为道。"[1]

这段文字并不仅仅是占星家为了方便自我辩护。诺瓦拉相信，星的科学（就像今天的基因倾向预测一样），能提供关于人的倾向性的知识，这种知识的前提条件是掌握了星的确切位置。它同时为人的自由意志留下了行动空间。一旦占星家确定了哪些星相组合会主宰哪个特定的群体，就能够推断出前者可能对后者产生的效力，预言就是这样起草的。就我所能接触到的资料而言，在诺瓦拉之前的预言年鉴中，从未出现过此类为占星知识正名的文字。[2] 这段论述出现在皮科《驳占星预言》的长文发表三年之后，也是卢齐奥·贝兰蒂的书问世数月之后，这个时间点强烈地暗示，它代表着多米尼科·马利亚·诺瓦拉对皮科·德

---

[1]　Novara 1499.

[2]　For the years preceding the 1499 forecast, I have seen those for 1484, 1487, 1489, 1490, 1492, 1496, and 1497.

拉·米兰多拉的回应。

　　诺瓦拉的这段辩护文显示，捍卫占星预言地位的斗争存在着两条战线：其一是皮科式的怀疑论，其二是其他竞争性的预言。这一点从诺瓦拉的学生贾科莫·贝纳齐的一篇预言中再次得到证明。贝纳齐在他的第一篇预言年鉴中，就为竞争对手划分了类别。他指明自己的老师诺瓦拉所代表的学院派预言，有别于其他几种预言。第一，"得灵感于神的意志或启示之人"会做出"预言"，这些言论完全是以信仰为基础的。第二，医师们从人的身体征兆出发，对关键日期和疾病的进程做出"不尽完善的"预测。第三，有可能是指向菲奇诺的，他指出"负责治病的医生"关于"忧郁之症"言论甚多（却无成功例证）。贝纳齐用这些语焉不详的分类方法，把看上去更像医学教职的小派别排除在了占星预言家之外。否认这些群体之余，他赞美了"天文学家们"和他们的预言方法——显然他本人和他的老师在此之列。天文学家的方法"更加完美"，因为他们用演绎之法，从天体的运动和功德，导出与之"和谐的效果"。同时，贝纳齐几乎不加掩饰地将驳斥的矛头指向皮科，称天文学"无意接受恶魔的质询，某些人的出版物已经在不经意间证明了这一点"。天文学能够提供非常有用的先见之明，从而让人们得以趋利而避害。"正如托勒密在《天文学大成》中所言：智者治星。因为天文学能够提供保护，让我们所管理和统治的共同体幸免于种种灾难。此外，托勒密还曾说过：天文学家可以保护人们免受邪恶之侵，因为他们作为特殊之人、杰出之人，能够从星相洞悉一切。"[1] "智者治星"是占星家们的惯用语，不过这句话出自假名于托勒密的《金言百则》，而非《天文学大成》。这种随意的引用提示我们，托勒密天文学家和占星学家的身份经常被混为一谈。贝纳齐在这里提及的托勒密，并非作为《天文学大成》作者的托勒密，而是作为占星学家的托勒密，他的言论可以渡人出苦海，摆脱星相的邪恶影响。

---

[1] Benatius 1502.

按照雷蒂库斯的说法，哥白尼"显然很熟悉多米尼科的想法"，这更增加了这样一个事实的可信性：至迟 1499 年，可能更早，哥白尼对诺瓦拉反击皮科的内容已经很熟悉了。诺瓦拉 1499 年预言报告进一步强化了这种可能性：哥白尼在博洛尼亚读过皮科的书，因而早在那个时候，他就开始思考应该用何种策略捍卫占星学的天文学基础。换言之，虽然占星学在谋求判断的时候，只能依赖于推测性知识，但天文学则不同，哪怕它不能完全符合亚里士多德的严格的证明逻辑，仍然有望获得理由充足的确切知识。以一种植根于天文学理论的方法来捍卫占星学，显然区别于诺瓦拉的学生贾科莫·贝纳齐及卢西奥·贝兰蒂的做法，因为前者的目的是要修正天文学的数学原则，而这正是制作星表的基础。哥白尼在为诺瓦拉做助手的时候，他在理论方面的能力必然会引起诺瓦拉的关注。

因此，本章接下来将要讨论三个问题：第一，考虑到博洛尼亚元老团、本提沃格里奥宫和大学之中流传的各种政治消息，关于皮科对占星学的批判，诺瓦拉有可能对年轻的哥白尼谈些什么？第二，在诺瓦拉编写预言年鉴的过程中，哥白尼究竟具体帮助他做了什么工作？第三，皮科的批判如何促使哥白尼产生了重新排列行星次序的设想？

预言家、人文主义者和十六人团

博洛尼亚的预言家们在城中占据着重要的社会地位，这主要得益于他们与公证人家族，以及大学里医学院和自由技艺学院之间千丝万缕的社会关系。比如说吉罗拉莫·曼弗雷迪和多米尼科·马利亚·诺瓦拉，这二人都同时在医学院和自由技艺学院任职。[1]学识渊博的乔瓦尼·加佐尼（Giovanni Garzoni, 1419—1505）是一位语言学家、道德学家和历史学家，一度曾任萨伏那洛拉的老师，他同时在实用医学的教席上教授阿维森纳的《医典》30年。[2]在这期间，他还完成了《君主教养三论》（*De Eruditione Principum Libri Tres*）一书，它取材于作者与本提沃格里奥的私人对话，并逐渐形成了一种对君主进谏的文学体裁。[3]加佐尼在书中写道："我认为，不懂占星学的人不可能成为一名好的哲学家、医生或是诗人。"[4]

加佐尼所言指出了预言家影响力的另一个根源：他们的话语和解释得到了广泛认可和流传，甚至远远超出了其活动空间。预言文本对未来的预测覆盖了各个社会群体。文化和政治精英圈子里的人往往能够从预言家既含有确定性、又含有行动自由性的词汇表中，找到自己励精图治的形象。举一个例子。在萨巴蒂诺·德利·阿里安提（Sabadino degli Arienti）的一则短篇故事里，预言家为米兰一位名为加布里勒·拉斯科尼（Gabriele Rusconi）的贵族提出了这样的建议："加布里勒，我认为，阁下已经到了渴望阅读的年纪，通过理论和实践两方面的

---

[1]　In the Italian universities, the connection between medicine and natural philosophy was well established (Siraisi 1987, 221-23; Schmitt 1985）; but the connection between astronomy and medicine has been less well appreciated.

[2]　See Kibre 1967; Lind 1993, 9. According to Nancy Siraisi, Avicenna's canon concerned "parts of the body with their anatomy, physiology, and diseases, arranged from head to toe. Judging from the content of the sections specified, the first year was devoted to the head and brain; the second to the lungs, heart, and thoracic cavity; the third to the liver, stomach, and intestines; and the fourth to the urinary and reproductive systems" (Siraisi 1987, 55-56）.

[3]　See Ady 1937, 144-45; Raimondi 1950, 69-70; Kibre 1967, 506.

[4]　Garzoni (*Opusculum de Dignitate Urbis Bononiae*）, cited in Raimondi 1950, 71: Ho sempre pensato che non vi sia alcuna scienza che possa essere messa a pari con l'astrologia perché questa porta agli uomini un bene sommamente utile e onorevole. Coloro che ne sono esperti annunciano la morte dei principi e le mutazioni deglistati; predi cono le guerre, le pestilenze, le carestie; insegnano ciò chebisogna fuggire o seguire. Quqnte sciagure si sarebberopotute evitare se si fosse ascoltato il consigli odegliastrologi! Io credo che chi ignora l'astrologia, non possa riuscire buon filosofo, medico e poeta. D'altra parte è quasi impossibile trovare un geografo che non possieda nozioni astrologiche, come attestano Claudio Tolomeo, Strabone, Gnosio e tutti gli altri. Che dire poi della scienza militare, dell'agricoltura, della navigazione, alle quali l'ausilio della astrologia è piú che neces-sario?

书籍，您应当认同并且清楚地理解，上天诸星借由它们的效力，完全主宰和控制着我们活跃的人生。"[1] 占星家的语言大多来自学术型的著作，比如《占星四书》，它们读起来不像通俗的韵文预言那么鲜活，但能够帮助统治阶层保持一种渴望求知的状态，尤其是对外部力量所产生的迫在眉睫的危险殚精竭虑。换言之，这种高级的、占星化的文本，将诗人、医生、哲学家、天文学家的语言空间与政治人物紧密结合在一起。

不过，看起来博洛尼亚预言家与本提沃格里奥家族之间的关系，并不像他们的费拉拉同行与埃斯特公爵的关系那么亲密。反而是人文主义者与统治者联系得更加紧密，他们作为修辞学家、诗人或语法学家，在本提沃格里奥宫廷中占有一席之地，有时还会向君主教授人文主义课程，或是为他们撰写颂辞。帕尔马的弗朗西斯科·德尔·波佐〔Francesco del Pozzo of Parma，以普特奥拉诺（Puteolano）之名为人所知〕就是其中一个例子。他在靠近大学的本提沃格里奥宫居住多年，1467—1477 年间在大学教授修辞学和诗歌，1471 年出版了奥维德（Ovid）的一套作品，并为本提沃格里奥的儿子担任宫廷教师。他还是博洛尼亚和帕尔马首批印刷厂的创建人之一。[2] 乔瓦尼·本提沃格里奥二世称其"在诗歌、演讲和自由技艺方面造诣颇深"[3]。

15 世纪末，博洛尼亚最重要的两位人文主义者也与宫廷关系深厚，他们是老菲利坡·贝鲁尔多（Filippo Beroaldo the Elder），亦即菲利普斯·贝鲁尔杜斯（Philippus Beroaldus，1453—1505），以及他的同事和竞争对手安东尼奥·科德罗·厄尔西奥（Antonio Codro Urceo），后者在大学中占据着语法、修辞学和诗

---

[1]　Quoted in Raimondi 1950, 65（novella 65）. The recommendation that Gabriel should read both *theorica* and *practica* underlines the complementarity of the two genres.

[2]　Ady 1937, 162; Raimondi 1950, 54; Sighinolfi 1914.

[3]　Ady 1937, 144.

歌的教席（1482—1500）。[1] 贝鲁尔多曾经是普特奥拉诺的学生，1479—1503 年间在大学教授修辞学和诗歌。他也在本提沃格里奥宫任安妮贝尔（Annibale）和亚历山德罗（Alessandro）的家庭教师，并将一篇关于苏维托尼乌斯（Suetonius）的评论献给了安妮贝尔。[2] 他的政治和学术人脉都非常深厚。乔瓦尼·本提沃格里奥称其为"德高望重之人"[3]。他对外国人文主义者也很有吸引力。葡萄牙诗人赫米科·凯亚多（Hermico Cayado）在 1495—1497 年 5 月间居留博洛尼亚，跟随贝鲁尔多学习，后来他曾受到过伊拉斯谟（Erasmus）的赞许，赫克托里斯还出版过他的《短诗选集》（Aeclogae Epigrammata Sylvae）。[4] 凯亚多与贝鲁尔多在另外一点上也有交集：两人都曾为波兰贵族帕韦尔·兹德洛维奇〔Pawel Szdlowiecki，或保卢斯·洛兹德维提乌斯（Paulus Szdlovitius）〕写过颂辞，可能后者是他们两人的庇护人。哥白尼有可能通过凯亚多和兹德洛维奇结识了贝鲁尔多。[5] 与此同时，贝鲁尔多也是皮科·德拉·米兰多拉的密友。赫克托里斯后来把他与皮科之间的一部分通信附录在皮科的作品集中，于 1496 年一起出版了。[6] 实际上，贝鲁尔多的大部分著作都是由赫克托里斯出版的，它们成为博洛尼亚人文主义作品的典范之作。[7] 而科德罗·厄尔西奥最重要的学生之一，安东加里

[1] For the display of Latinity as a sign of superiority and its use in academic games of dominance, see Grafton and Jardine 1986, 92-94.

[2] Zaccagnini 1930, 125; Ady 1937, 144.

[3] Raimondi 1950, 58.

[4] Cayado 1501. Of two copies of the 1501 edition in the Biblioteca Estense, Modena（shelfmark a. H. 7. 15），one has extensive hand illuminations, suggesting that it was intended for presentation.

[5] For Cayado's connection to Szdlowiecki, Beroaldo, and Copernicus, see Gorski 1978, 397-401.

[6] Pico della Mirandola 1496a; on the back appear Hectoris's symbol and the date, March 6, 1496.

[7] I translate the Latin titles thus: *A Little Erudite Work wherein Is Contained a Declamation on the Excellence of the Philosopher's, Physician's and Orator's Disputations*; *And a Little Book Concerning the Best State and Prince* （December 1497）; *On Happiness* （April 1499）. These works exemplify Beroaldo's classicizing spirit and his celebration of worldly values, such as friendship. Beroaldo dedicates the *Declamation* To Paul Szdowiecki, described as a "Polish scholar" （*Scholasticum Polonum*） and "archigrammates, auricularius illustratissimi principis nuncuparis/Cancellarium uulgo nouitant."

亚佐·本提沃格里奥（Antongaleazzo Bentivoglio），在 1491 年成为法学院的院长。[1]

博洛尼亚人文主义者最重要的庇护人是米诺·迪·巴尔托洛梅奥·罗西（Mino di Bartolomeo Rossi），又被称为巴尔托洛梅奥之子米努斯·罗西乌斯（Minus Roscius the son of Bartolomeo，1455—1503）。贝鲁尔多在自己的作品中多次以恭维之言提到他："对我来说，再没有比他更友好亲近之人了"；他是"所有知识分子的庇护人"。[2]凯亚多也称其"至高独尊"[3]。对罗西的作品，加佐尼更是极尽赞美之词："人们会说西塞罗再生了。"[4]事实上，罗西在法军入侵之前和之后，都是博洛尼亚政治生活的中心人物。1482 年，他入选十六人团。1485 和 1488 年，他两次随乔瓦尼二世出行。1492 年，他作为使团成员被派往罗马，最终选出新教皇亚历山大四世（Alexander IV）。两年之后，他出使米兰公国，安东尼·科德罗·厄尔西奥和亚历山德罗·本提沃格里奥随行。1499 年，他再次前往米兰，花了六七个星期的时间，与法王谈判博洛尼亚未来的命运。1500 年 4 月，罗西第三次代表城市公社会见米兰公爵，乔瓦尼二世对其信任之深不言而喻。他最后一次代表本提沃格里奥出使是在 1502 年，这次他在法国停留了将近半年。[5]

罗西固然是一位政治人物，但他的人文主义情怀并非只是附庸风雅。他和贝鲁尔多都曾是弗朗西斯科·普特奥拉诺的学生。贝鲁尔多的文章中处处可见对罗西的赞美和引用。1500 年 8 月 1 日，赫克托里斯出版了他对阿普列乌斯（Apuleius）《金驴记》（Golden Ass）的评论，在书中，他离题甚远，赞美了自己的朋友米诺·罗西的一所乡村别墅，它位于雷诺（Reno）河谷，离城七英里。

---

[1]　Ady 1937, 161.

[2]　"Quo mihi homo nemo neque amicio rneque carior neque coniunctior fuit"：Beroaldus n. d., sigs. b4r-c 2r; Malagola 1878, 275; "Mine mi eruditorum nobilissime: nobilium eruditissime" (Beroaldus 1488, epistolary dedication)．

[3]　Cayado 1931, 86.

[4]　Quoted in Lind 1993, 1992.

[5]　Malagola 1878, 275-76. All this information based upon Archivio di Stato di Bologna: Liber Partitorum magnificorum dominorum Sedicem, vols. 10-12.

图 28. 米诺·罗西（1455—1503），博洛尼亚元老，博洛尼亚人文主义者庇护人。皮科·德拉·米兰多拉是他的朋友，两人曾有书信往来。多米尼科·马利亚·诺瓦拉至少将两部预言年鉴题献给他。Courtesy of Marchese Ippolito Bevilacqua Ariosti.

深宅大院之中，花园、喷泉、楼梯，处处阔绰。每年乔瓦尼二世都会携其子亲临此处别院，罗西则以王室之礼接驾。这显然是夏天的事情，因为整所宅子冬天的取暖条件并不好。[1]凯亚多至少有一次在这样的场合吟诵诗歌。[2]贝鲁尔多毫无疑问是这种上层聚会中的一员，而且对他来说，参加这样高规格的社交活动，并非难得一遇。当然，在自己的书中提到这种场合，可以炫耀自己的身份，显示自己与庇护人之间的亲密关系。在更早前（1486 年 4 月 10 日）写给皮科·德拉·米兰多拉的一封信中，贝鲁尔多提到自己曾和皮科一起前往罗西别院。赫

95

---

[1] Beroaldus 1500, bk. 5, fols. 100v-101r. See Rhodes 1982b, 14-17. A copy of this edition was owned by the Varmian canon Johann Langhenk; although Copernicus's hand does not appear on this item, its presence in Varmia shows that Hectoris's producitons were making their way into that region (see Czartoryski 1978, no. 23, 374) .

[2] See Cayado 1931, 13.

克托里斯将其收录在 1496 年出版的皮科文集中。[1]根据贝鲁尔多的记载，晚至1502 年 7 月 31 日之时，他又一次参加了罗西招待乔瓦尼二世的晚宴。[2]

没有独立的证据表明，马利亚·诺瓦拉也曾受邀参加过这样的宴会，但他曾在罗西的一处宅邸受到过礼遇。1501 年，他在预言的辩论部分，首先记录了一次重要的谈话："几天之前，适逢我登门造访博洛尼亚元老米诺·罗西。他通晓拉丁文。出于对公共善的考虑，曾一度打断我们的讨论，对天文学之事提出一些疑问。他的问题值得展开哲学探讨。"这种开篇策略实属少见，也富于深意。因为在预言文学中，提及与元老的私人会见实属罕见，在诺瓦拉本人之前所写的预言年鉴中，也从未出现过这种情况。作者所要传递的信息是，首先，他的地位足够重要，否则不会出现在十六人团的元老家中，并与之交谈。其次，他很委婉地暗示了自己的身份相对较低，因为罗西打断了他们的谈话；同时表明，引出争论话题的是元老本人。[3]最后，诺瓦拉告诉读者，罗西的学识丰富，足以提出有意义的反对意见（"值得展开哲学探讨"），并且，他用大学中通行的拉丁文发问，说明他知道何为学术质疑的恰当方式。就算诺瓦拉并没有参加高级晚宴，但他能够与元老用拉丁文交流，讨论严肃的哲学问题。总而言之，这次会面的各方面信息表明，诺瓦拉有能力接触到政治权力的中心人物，从而为这次攀谈

[1]　Pico della Mirandola 1496b（March），fol. YYiir: Beroaldus to Pico, April 10, 1486; See also Rhodes 1982b, 14-17; Garin 1942, 588. Because these letters were publicly availabe, both Copernicus and Novara could have read them. Beroaldus's reference to dinner with Pico and Mino Rossi also signals Pico's importance in Bolognese noble circles.

[2]　Rhodes 1982a, 17: "On 31 July 1502 Beroaldus had another book printed by Benedictus Hectoris, *Orattiones et carminaBeroaldi*, in which he addressed an epistle and some verses to Roscius, and on S3 recto he included a poem about a supper party given by Roscius to Prince Bentivoglio."

[3]　*Dubium*: a proposition of uncertain truth and suited for debate, examples, of which are often to be found listed in the practical medical manuals with which Novara was well acquainted (e. g., Savonarola 1502, Tabula, capitulum 3, "De pupilla"："Whether dryness causes the pupil of the eye to narrow"）.

提供了合理性。[1]

96

1502 年的预言又是从一个谈话场景开始的，只是这次并没有提到"登门造访米诺·罗西"，而是首先抛出了一个有趣的谜题。"有一则谚语流传甚广：'想象多成真。'就是说，许多事情会按照我们的想象发生。宽宏大量的君主米诺·罗西曾与我谈论诸多话题，比如元老团的尊贵。其间，他出于公共善的考虑，从这句谜一般的谚语出发，提出了一个疑问。"这里作者把罗西的元老身份抬高成为"君主"，指出仍然是由他发起了对问题的讨论。同时，罗西必定知道作者会像去年那样，把他的谈话演变成学术出版物当中的话语。于是，相互借力强化自身正当性的动机和行为呈现出双向特性：米诺·罗西借此加强了自己在预言家和大学教师当中的影响力，诺瓦拉则将他与元老团领袖人物的关系公之于众。也许这段文字还暗示了另外一种交换：一方面，元老团的政治流言对于预言的构建是有价值的；另一方面，权威人士的话语能够帮助平息对占星预言的种种质疑。

至此，这一系列的探究汇合形成了一种新的理解和假设。在博洛尼亚，特权化了的政治消息在公证人、大学教授和元老团的某些成员之中之流传，而预言家则是这个机制当中的一部分。预言年鉴所提供的建议的可信度，至少部分地依赖于这类消息的质量，就是说，预言绝非完全来自占星手册。于是，对于日、月食以及重要的行星会合事件的测算，就成为一种装饰性材料，这既是相对于预言的占星学解释来说的，也是相对于给出具体建议（比如要不要采取行动，何时采取行动）的理由来说的。尽管西塞罗的《论神意》（*On Divination*）以前也时常被用来质疑占星学，但是，直到皮科的《驳占星预言》出版之后，人们才对星学领域产生了更深切的不信任感，甚至可以说是彻底的怀疑。1501 年和

---

[1] Because the daily business of the Sedici was documented in standard, notarial Latin, Domenico must have intendent the compliment as a sign that Rossi's Latin was as learned as that used at the university (see Zaccagnini 1930, 124; Malagola 1878, 275-76)．

202　　　　　　　　　哥白尼问题

1502 年诺瓦拉预言的开篇部分，都安排了由罗西引出的疑问，这表明有可能是作者在对庇护人的这种忧虑做出直接回应。[1]

本尼迪克特·赫克托里斯是一位印刷商，也是一位销售商，他毫不迟疑地采取行动，从质疑者和捍卫者双方获利。他既出版了皮科的作品，也出版了诺瓦拉的后期年鉴。对他来说，最主要的威胁来自其他印刷厂的盗版。里昂的两个出版商，雅各比努斯·休格斯（Jacobinus Suigus）和尼古拉斯·德·本尼迪克提斯（Nicolaus de Benedictis），盗版发行了他的皮科《作品集》第 1 卷，《驳占星预言》则在 1498 年 8 月 14 日被威尼斯印刷商伯纳迪努斯·德·维塔里布斯（Bernardinus de Vitalibus）盗用。[2] 一个出版商专门出版某位作者的作品，要么是因为这位作者出身高贵，要么是因为他的观点引发众议。就皮科这个案例而言，两者兼而有之。

哥白尼：助手和见证者

哥白尼于 1496 年秋天来到博洛尼亚，在此前后，一批引起广泛关注的出版物接踵而至。在米兰，另外一家出版商于 1495 年发行了新版布鲁泽沃的阿尔伯特著作《关于〈行星新论〉最有用的评论》(*Most Useful Commentary on the Theorics of the Planets*)。在威尼斯，同年 8 月，西蒙·贝维拉卡（Simon Bevilacqua）出版了由帕多瓦天文学公共教师——曼弗雷多尼亚的弗朗西斯科·卡普阿努斯撰写的关于普尔巴赫的评论著作，这也是阿尔伯特以外的唯一一部关于此书的评论。1496 年 8 月底，雷吉奥蒙塔努斯的《〈天文学大成〉概要》也在威尼斯出版。在博洛尼亚，1496 年 7 月，皮科的《驳占星预言》面世。总而言之，

---

[1] The only prognostications directed to Rossi that I have found were authored by Novara.

[2] Rhodes 1982c, 229-31.

在一年之内，雷吉奥蒙塔努斯在纽伦堡短暂经营的印刷厂所出版的作品，出现了一次小规模的复兴，这次都是由意大利北部的主要城市印刷发行。在这一批星的科学著作之中，无疑还应该加上略早的 1493 年出版的《占星四书》。[1] 吉罗拉莫·萨里奥（Girolamo Salio）是一名医生，他虽然不是博洛尼亚人，但与这座城市有很深的关系。他很明确地将这部书献给了诺瓦拉。[2] 虽然题献页上写的是"阿努阿利亚（Anuaria）的多米尼科·马利亚，文学与医学博士，最杰出的占星家"，但"阿努阿利亚"并非一个已知地名，此处无疑是一个排版错误，正确拼写应该是"诺瓦利亚"（Nouaria）。[3] 鉴于《占星四书》是 15 世纪晚期最重要的占星理论书籍，可以断言，诺瓦拉和哥白尼使用的应该就是 1493 年的这个版本。事实上，博洛尼亚大学图书馆现存的 1493 年版《占星四书》强有力地支持了这个假设。它与其他两本书装订在一起，一本是阿尔布巴萨·阿尔哈桑〔Albubather Alhasan，即阿布·巴克尔（Abu Bakr）〕的《论本命盘》（De Nativitatibus），另一本是埃申顿的约翰〔John of Eschenden，即约翰内斯·埃舒伊德（Johannes Eschuid）〕的《至高圣公会》〔Summa Anglicana，又名《至高占星书》（Summa astrologiaejudicialis）——译者注〕，合订本最后一页上可见诺瓦拉本人的签名，

97

---

[1]　The Venetian publisher and bookseller Ottaviano Scotto sold the 1471 and the 1496 editions of Pietro d'Abano's *Conciliator* as well as the 1943 edition of the *Tetrabiblos*. As Martin Lowry (1991, 187) has observed, it was customary for scholars at the universities of Ferrara, Padus, Pavia, and Bologna to obtain their larger textbooks from Venice: thus it is not surprising that books like the *Conciliator* and the *Tetrabiblos* would also be found in this market.

[2]　Salio was the "corrector" of Beroaldus 1488.

[3]　Two transpositions are necessary to reach the proposed reading: The *A* and the *n* must first be exchanged; then the *a* must be converted to an *o*. See Ptolemy 1493, dedication: "Hieronymus aslius fauentinus*artium et medicine doctor: dnico marie de anuaria ferrariensi artium et medice doctori astrologoque excellentissimo de nobilitate astrologie." Cf. Birkenmajer 1975, 756-62. The several copies of this rare edition that I have seen contain the same uncorrected error.

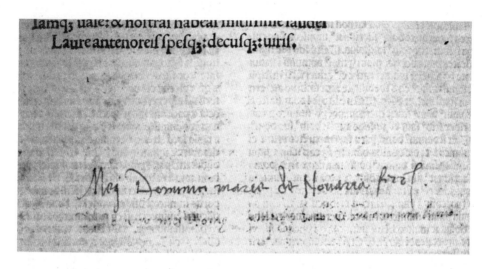

图 29. 在多米尼科·马利亚·诺瓦拉收藏的托勒密《占星四书》合订本中，可见诺瓦拉本人的签名。禁止以任何形式复制。By permission of Biblioteca Universitaria de Bologna.A.V.KK.VI.26.4.

这是他的藏书中唯一一部已知的保存到现在的书籍。[1] 总之，当皮科的批判长文被裹挟在一大批星的科学著作中先后出版之时，哥白尼恰于此时来到博洛尼亚，并居住在当地一位占星大家的宅邸中。

---

[1] "Mei Dominici Marie de Nouari Ferr［ariensis］." The provenance appears after the colophon of the last-bound work, Albubater 1492. I conjecture that Novara bundled together Eschenden 1489 and Albubater 1492 soon after he acquired Ptolemy 1493, with its personal dedication. In a note beneath the provenance, partially legible with the aid of ultraviolet light, Novara refers to the erroneous spelling of his name in the published dedication and forgives the editor for his human weakness（"Dedicatio uero mei Ptolomei Favention Bono: et［cur?］suo［rum?］error［um?］vir humanum［?］"）. The two additional works are noted（by hand）in the table of contents, also on the spine（perhaps by a librarian）and on the top and outside of the volume. The entire collection is bound in an early vellum binding. When the collection was put together, the margins were cut down, partially slicing off some annotations. The name "Ul［isse］Aldr［ovandi］" is penciled in on the dorso of the front board, but Paula Findlen confirmed（personal communication）that there are no internal markings that correspond to Aldrovandi's cataloguing practices, that is, provenance and book number. Moreover, although the 1493 *Tetrabiblos* and Eschenden's *Summa* do appear in Aldrovandi's catalogue, the work by Albubater does not. This absence suggests that and early librarian arbitrarily entered Aldrovandi's initials into the book.

诺瓦拉很有可能是第一个向哥白尼引荐雷吉奥蒙塔努斯《〈天文学大成〉概要》的人。从现在所掌握的资料来推测，如果说这两位没有在此书出版之后迅速收藏一本，那可真是一件匪夷所思的事情了。诺瓦拉获取此书的动机恐怕还不仅仅是因为对天文学理论的关注，在一部论述人类诞生之初月球影响力的手稿中，他曾这样尊称书的作者："来自德国的大师约翰·雷吉奥蒙塔努斯，我的老师。"[1] 显然，诺瓦拉同米德尔堡的保罗一样，认为像雷吉奥蒙塔努斯这样才是真正的占星家。[2] 诺瓦拉很有可能还收藏过他的手稿。

除了接触到这些关键性的知识和人物，哥白尼在博洛尼亚时期还参与了天文观测，其中确知无疑的是对月球的观测。有一个例子。在《天球运行论》第4卷第27章中，哥白尼记录了一次非常著名的月相观测。他在报告说，"当时月球正要掩食毕星团中的亮星"，也就是"毕宿五"（在金牛座之中）。1543年，他用这次记录来论证一个理论假设：博洛尼亚的观测确切无疑地证实了月球的视直径。他的原文是这样的："这些结果与观测符合得相当好，所以任何人都不必怀疑我的假设以及由此所得结论的正确性。"[3] 这里有一点令人十分好奇：哥白尼原本可以使用更晚一些的观测报告，但他却选择了46年前的这次记录，而且当时他只是一个目击者。诺埃尔·斯维尔德洛夫和奥托·纽格鲍尔（Otto Newgebauer）如此评说：尽管哥白尼是要以此检验托勒密的月球视差，但是，"没

[1] Österreichisече Nationalbibliothek: Novara, n. d., fol. 199r. As Ernst Zinner points out, this manuscript was kept from 1519 onward in the library of Johannes Schöner in Nuremberg. The amanuensis, one Johannes Micheal Budorensis, has contacts with Ratdolt's publishing house in Venice and perhaps also with Novara himself. Budorensis may have acquired papers of both Regiomontanus and Novara on the latter's death and transmitted them to Nuremberg（Zinner 1990, 153-54）.

[2] Novara probably meant "my teacher" in a literary rather than a literal sense, that is, from having read his books. Although it is just possible that Novara and Regiomontanus had met personally, I regard such an encounter as unlikely.

[3] Copernicus 1978, 218.（译文参见哥白尼著，张卜天译，《天球运行论》，北京：商务印书馆，2016。348 — 348。——译者注。）

有人能说得清楚，哥白尼在如此久远之前［的那次观测中］究竟做了什么"。[1]

　　1497 年 3 月 9 日，哥白尼是作为助手和见证者，参与了诺瓦拉的观测吗？似乎更大的可能性是，这一次哥白尼独立完成了观测；只不过，指出诺瓦拉在场，会增加观测的权威性。当然，可以确定的是，哥白尼对新月和满月之所以特别感兴趣，是为了辅助诺瓦拉检验月相表，以便其完成 1498 年的预言年鉴。哥白尼的这种关注也和人们通常所持的一个观点是一致的，即他在读过雷吉奥蒙塔努斯的《〈天文学大成〉概要》第 5 卷命题 22 之后，一直为托勒密的月球理论所困扰（此处是指，托勒密月球理论所需要的月球的视直径与实际相差甚远——译者注）。不过，吉尔兹·多布茹斯基（Jerzy Dobrzycki）和理查德·克雷默（Richard Kremer）的观点值得我们注意。约翰·安杰勒斯〔Johann Angelus，即约翰·恩格尔（Johann Engel），卒于 1512 年〕是威尼斯一位鲜为人知的医生和星历表编制人，两位学者在对他的研究中形成一种认识：有证据表明，当时安杰勒斯式的人物试图改良以《阿方索星表》为基础的年历，为此转而对革新行星理论产生了兴趣。[2] 可见，安杰勒斯和哥白尼的例子开始提供了一种新思路：他们将关注点转向天文学理论，究其原因，却是出于占星实践的考虑。

98

　　这里我们不妨再来分析一下哥白尼的另一次观测，这一次有可供研究的资料。1500 年 1 月 9 日和 3 月 4 日，哥白尼观测到了土星与月球在金牛座会合。诺瓦拉和马可·斯卡里巴纳里奥都曾预言，1500 年 2 月，火星和土星将在金牛座会合，是凶兆。其中诺瓦拉的 1500 年预言年鉴是在 1 月 20 日出版的，就在哥白尼初次观测的 11 天之后。我们只能猜想，两个月后的第二次观测，也许是为了检验第一次的结果。

　　最有趣的一次观测则是在罗马。1500 年 11 月 6 日，哥白尼在记录中说，他

---

[1]　Swerdlow and Neugebauer 1984, 66.

[2]　See Dobrzycki and Kremer 1996.

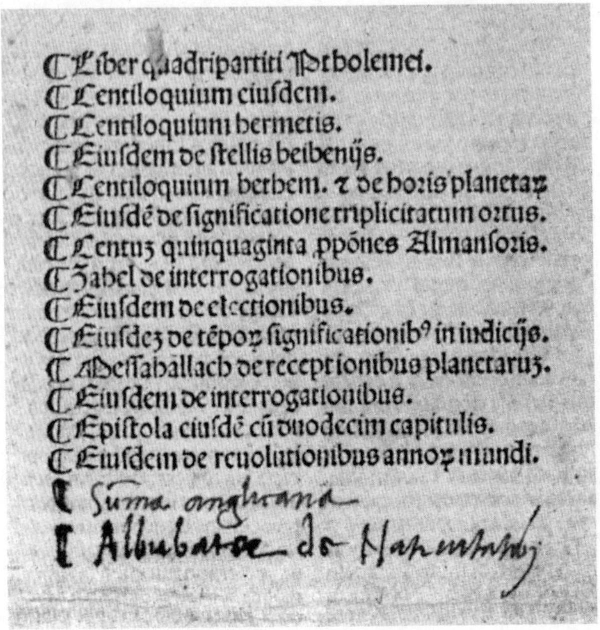
Liber quadripartiti Ptholemei.
Centiloquium eiusdem.
Centiloquium hermetis.
Eiusdem de stellis beibenijs.
Centiloquium bethem. & de horis planetarum
Eiusdē de significatione triplicitatum ortus.
Centum quinquaginta ꝑpōnes Almansoris.
Zabel de interrogationibus.
Eiusdem de electionibus.
Eiusdem de tēporum significationib9 in iudicijs.
Messahallach de receptionibus planetarum.
Eiusdem de interrogationibus.
Epistola eiusdē cū duodecim capitulis.
Eiusdem de reuolutionibus annorum mundi.
Suma anglicana
Albubatre de Natiuitatibus

图 30. 托勒密《占星四书》1493 年版合订本目录。注意两个手写的补充条目。禁止以任何形式复制。By permission of Biblioteca Universitaria di Bologna. A.V.KK.VI.26.1.

在午夜之后两小时观测到了月偏食。诺瓦拉在 1500 年 1 月 20 日出版的年鉴中对此事件做出了预测，这为我们提供了一个少有的机会，能够把某个具体的预言与哥白尼的观测联系起来。

今年 11 月 5 日夜，月食将会发生。月球将会在金牛座 24 度、靠近北交点的位置被掩食，几乎整个月球都会陷入阴影之中。此次月食初亏于午后 7：30，食甚稍晚于午后 9：00，也有一些天文学家认为初亏时间是在午后 7：00 或者 8：00。可见，计算之中会出现失误。事实上，哪怕只是出现了六分之一小时（10 分钟）的人为误差，都会出现预测错误。还有一个更严重的错误涉及第八个天球的运动，因为二分点是持续运动变化的，这是一个必须了解的前提。如果哪位占星家没有注意到这一点，将会发现预计的和实际发生的相去甚远。

诺瓦拉对于第八个天球没有再说更多，但他的总结是："这次月食的效力将不会在本年度显现。"多么聪明的一个结论！他的预测跟实际情况相比至少偏差了五个小时，当然这取决于人们如何解读哥白尼的罗马观测报告："我在罗马认真观测到了……这次月食，它发生于公元 1500 年 11 月 6 日午夜后两小时……在北面被食掉了 10 食分。"[1]诺瓦拉在下一年的预言年鉴中并没有提到这次失误，不过显而易见，这种短期的不精确并没有给他的预言的权威性带来困扰。这类误差要么被忽略了（就像这次一样），要么被放进长期的解释体系当中，化解掉了。

现在看起来，我们有理由得出这样一个结论：15 世纪晚期的博洛尼亚预言文化，为哥白尼最初产生对月球理论的关注，提供了重要的语境。我在前面已经论证过，哥白尼极有可能在博洛尼亚通过诺瓦拉接触了雷吉奥蒙塔努斯的《〈天文学大成〉概要》一书。两人极有可能对书中关于月球的论述都产生了浓厚的兴趣，因为月球对于计算食相起着至关重要的作用，而食相因为其长期效力，在预言年鉴中可谓举足轻重。[2]雷蒂库斯在《第一报告》中的一段话，似乎是对哥白尼早期遇到的问题的一种回响，但又远不止于一种回响："看起来正是食相理论本身，使白丁民众对天文学保持着敬意。但是，现在我们时时都能看到，依照理论对食相的过程和程度所做的预测，与实际的观测相比，二者之间的区别有多大。"[3]

---

99

[1] Copernicus 1978, bk. 4, chap. 14, 200.（译文参见哥白尼著，张卜天译，《天球运行论》，北京：商务印书馆，2016。313。——译者注。）

[2] Swerdlow（1973, 456-63）and Swerdlow and Neugebauer（1984, 47-48）argue for the virtual identity of Copernicus's lunar model with that of the "Maragha school" astronomer Ibn ash-Shatir.

[3] Rheticus 1971, 133.

阿威罗伊派哲学家与水星金星的次序

上文中我们提到，哥白尼并非唯一一个对行星序列问题存疑的人。托勒密在《天文学大成》中就已经对日内行星的次序及其与太阳的位置关系表示过怀疑。雷吉奥蒙塔努斯更是将"怀疑"直接升级为"争议"。皮科的批判文章把这种怀疑与占星理论和实践的整体可信性联系在了一起，让这个问题突然变得严峻起来。无论是萨克罗博斯科和《占星四书》的评论者们，还是在金星、水星次序问题上笃信传统的自然哲学家们，无疑都因此而感受到了压力。

哥白尼在博洛尼亚时期，阿威罗伊派哲学家亚历山德罗·阿基利尼在这个问题上发出的声音最具权威性。他与本提沃格里奥宫关系密切，并最终从十六人团那里获得了薪酬丰厚的大学教授职位。据说他在辩论中总是表现得锋芒毕露，以至于人们不无讥讽地说："要么你是魔鬼，要么你就是阿基利尼。"[1] 本尼迪克特·赫克托里斯 1498 年出版了他的鸿篇巨著《论天球》(On the Orbs)。作为阿威罗伊 – 亚里士多德同心球体系的捍卫者，阿基利尼认为，托勒密所提出的偏心球和本轮概念是荒谬的臆想。他同时对托勒密体系中水星和金星的位置提出了批判。按照阿基利尼的看法，托勒密犯了自相矛盾的错误。在《天文学大成》第 9 卷第 1 章中，托勒密说他无法测定日内行星是否能掩食太阳，因而认为它们应该是排在太阳之上之外的。但是，托勒密随即退让一步说，水星和金星处于连接太阳和观察者的同一条直线上，这种观点贾比尔是认同的。[2] 阿基利尼也

---

[1] Tabarroni 1987, 184.

[2] Achillini 1498, fol. 15r a: "tamen ipse 3° almagesti capitulo primo concedit Mercurium et Venerem cadere super eadem linea inter solem et oculum nostri. et demonstrat quae necesse est sic esse et Geber ibidem. et sic videtur contradictio in dictis ptolomei in hoc an venus et mercurius cadant in eodem epipodo [periodo?] cum sole etc." Because the *Almagest* has no such discussion of Mercury and Venus in book 3, chapter 1, Achillini might have been using Geber's *Correction of the Almagest* (*Islahal-Majisti*) .

认为，这种"低于太阳之位"的排序方法是对的。他用以下论据为金星、水星存在于太阳以内，却无法以日食显现它们的存在做辩护：首先，当微小的行星靠近太阳之时，后者的强光会将前者遮蔽；其次，它们的构成物质是近乎透明的，所以难以阻挡太阳的光线；最后，它们与地球相距甚远，日食的圆锥形阴影会在到达地球之前就"消失在大气中"，或者终结。这些原因解释了为什么人们看不到凌日现象。阿基利尼的解释与皮科三年前的批判文章中所引用的相关内容几乎一模一样，不过，他没能注意到阿威罗伊观察到两个"黑点"的说法，也没有达到皮科那样的哲学高度，指出分歧意味着不确定性，反而在最后表示，他与托勒密意见一致："正如阿威罗伊所说的，没有必要断言，亚里士多德的设想与托勒密相反。经验与这种排序理论保持了一致……借助恰当可信的工具和方法，理性地去推算，能够得出这样的结果。"[1]

不过，针对皮科的批判——天文学家们对日内行星的次序意见不一，行星的物理特性也是随机分配的——又一位阿威罗伊派学者给出了答复。他就是锡耶纳哲学家和占星家卢西奥·贝兰蒂。对于皮科的反驳观点，他不厌其烦地逐一做出了回应——或者说至少开口发声了。以下是他对第10卷第4章中的"争议"所做的陈述：

皮科并不知道，关于水星和金星位于太阳之下，已经有了清晰的证明。不管［这种证明］是从日食的规格来说的，还是从这两个球体的视尺寸更大来说的，总之附和皮科观点的人们可以说完全不熟悉这些［现象］。不过对于阿威罗伊来说，这些都不算什么，因为他曾在《形而上学》（*Metaphysics*）第7卷中断言，一个天球之内存在着不同的球极，这足以解释这两颗行星的存在方式，同时否定那愚蠢的本轮之说，这种说法直到现在还在蒙骗哲学世界。不过，皮科年事

100

---

[1] Achillini 1498（7 August），fol. 15r b.

已高，对占星学知之甚少，故而既不能博古，亦不能通今。[1]

贝兰蒂一方面言之凿凿，一方面语焉不详。他并没有进一步解释自己口中"清晰的证明"，也没有详细描述阿威罗伊对不确定的排序提出的解决方案。他的意思是说同一个天球之中包含着两个行星吗？对于像哥白尼和诺瓦拉这样的托勒密学派天文学家来说，贝兰蒂对本轮价值的否定，看上去流于表面，很容易被驳倒，只不过是在哥白尼不信任的自然哲学家中又添加了一位而已。文中提出的解决方案根本没有解决任何问题：就算是对水星、金星的天球所环绕转动的球极做出小的修改，这种方法也并不能回答人们对两者相对位置提出的疑问。对于那些希望利用行星模型做占星预言的人来说，贝兰蒂的答复显然全无用处。

但是，贝兰蒂对皮科的反驳再一次指明了托勒密理论中有需要考据之处，同时再一次唤起人们对皮科论点的关注：他以天文学中的显著问题，强有力地质疑了占星学的存在依据。同时，阿威罗伊派哲学家们的言论，也有可能引导哥白尼开始关注阿基利尼刚刚出版的《论天球》及其中对水星、金星次序所做的不尽如人意的阐释。鉴于赫克托里斯出版（和出售的）不仅仅是阿基利尼的作品，还有皮科的书和诺瓦拉的预言，因此，极有可能这些著作在赫克托里斯的书店里，或是在诺瓦拉家的书房里，都放在同一书架上。[2] 当哥白尼和诺瓦拉接触到普尔巴赫作品的威尼斯版本，以及雷吉奥蒙塔努斯《〈天文学大成〉概要》的首发版本，一定能够意识到，贝兰蒂对皮科质疑行星序列所做的回应并不高明，

---

[1] Bellanti 1498, bk. 10, 213: "Pariter de Mercurij et Veneris situ sub sole ignorat demonstrationem apertam, quae ex epicyclorum quantitate tantaque vel tanta apparentia maioritatis corporis ipsorum elicitur postquam sequaces hoc ignorant. Quae vero dicit Auerrois nullius sunt momenti, asserit enim XII Metaph. erraticarum earum apparentias in eodem orbe diuersis polis posse saluari, epicyclos negansineptissime, qui etiam quandoque in philosophia deceptus est, dolet tamen ob senium ne possit astrologiam discere, quam antiquorum & sui temporis ignorabat."

[2] Because Bellanti's book appeared in May and Achillini's in August 1498, Copernicus would have had to draw the connections himself. For Achillini's gloss on Averroës' commentary on Aristotle's *Metaphysics* discussion, see Goldstein 2002, 225, and chapter 1, this volume.

也没有说服力。各种观点如此急促地汇流而来，这不免促使 25 岁的哥白尼开始思考，是不是还有别的方法，重新排列日内行星的顺序。

哥白尼的《短论》：七种假设

哥白尼并非一个传承有序的哲学家，就是说，他既不是阿基利尼那样传统意义上的经院哲学家，也不是由笛卡尔而始的近代意义上的哲学家。[1] 他的《短论》更像是对天文学理论的探讨，为后续的研究做了必要的铺垫和准备。就像布鲁泽沃的阿尔伯特对普尔巴赫作品的评价：它是描述性的，或者说叙事性的，因而不同于《天文学大成》那类证明性的著作。《短论》本身内容精要，论证严密，但并不愿意提及各种观点的假想前提或其先决条件。与之相反，《天球运行论》，甚至是雷蒂库斯的《第一报告》，都以很开放的姿态，对各种假设做了周详的解释。这一点完全可以理解，因为《天球运行论》从最初萌芽到最后结出果实，已经经过了几十年的生长。这让我们总是忍不住要拿这部晚成的著作，来诠释作者早先的设想。

大约在 1514 年之前的某个时间，可能是 1510 年，也可能更早，哥白尼写成了一篇简明扼要的文章。文中列出了若干基本假设，其内容与《〈天文学大成〉概要》第 1 卷中的结论部分有显著的关联。[2] 因为哥白尼自己拟定的题目已经不可考，历史学家们一般称之为《短论》。[3] 为了行文方便，我在本书中也依此惯例。《短论》以推导的方式提出了一种新的"星球序列"，它的前提是："如

---

[1]　See Goddu 2004, 71 ff.; Hatfield 1990, 93-166.

[2]　See Dobrzycki 2001.

[3]　See Swerdlow 1973; Copernicus 1985, 3: 75-126; Dobrzycki 1973.

果允许我们做出某些特定的假设——有些人称之为原理。"[1] 文中列出了七个这样的假设，它们共同构成了新的天体秩序的基本要素。哥白尼此处所说的"假设"，似乎是借用了亚里士多德《后分析篇》（*Posterior Analytics*）中的这样一个原则——"任何可证明的假设，被假定、被使用，但是没有被证明"，而不是另外一个概念——"其自身必须是真实的，或只能如此设想"。[2] 正是在第一个前提之下，哥白尼方才在文中声言，"任何一个熟悉数学艺术的人"都应该理解他的做法。

101

诺埃尔·斯维尔德洛夫对这七种假设做了精准的分析，认为其中两种（编号为 3 和 6）承担着逻辑前提的功能，其余四种（编号为 2、4、5 和 7）实际上是前两种的结果。下面我们就先看假设，再看结果。

假设 3，所有星球围绕太阳旋转，也就是说，太阳位于它们的中间，而宇宙的中心则在太阳附近。[3]

我认为，这个假设，甚至包括假设 6，可以被解读为普尔巴赫难题的解决方案：地球的周年运动能够把太阳的视运动解释为一种镜像效果。

假设 6，太阳的任何视运动，都不能归因于太阳［本身的运动］，而应该归因于我们的星球——地球［的运动］，我们跟随地球绕太阳旋转，就像所有其他

---

[1] Copernicus 1884, 186: "Si nobis aliquae petitiones, quas axiomata vocant, concedantur." The date of composition of this work, like so much else about this period of Copernicus's life, is uncertain. Swerdlow (1973, 431) believes that "there is insufficient evidence to determine how long before 1514 Copernicus developed his new planetary theory," whereas Rosen opts for 1508-15 (Copernicus 1985, 79-80).

[2] Aristotle 1966, bk. 1, chap. 10, 76b, 14-15. Some further light might be thrown on this passage if it could be established which edition and commentary Copernicus was using.

[3] "Omnes orbes ambire Solem, tanquam in medio omnium existentem, ideoque circa Solem esse centrum mundi" (Copernicus 1884, 186; cf. Swerdlow 1973, 436; Copernicus 1985, 81).

行星一样。因此，地球拥有几种运动方式。[1]

在七种假设的末尾，哥白尼写了一段坦率的自评。他同意，无论是他自己的假设，还是自然哲学家们的假设，都只能被认定为从表象做出的推测，而不是权威结论，或是无可置疑的证明过程。[2]哥白尼的假设沿袭了毕达哥拉斯的传统，但是，它们并不是无端的臆想，而是有理由的："假如有人认为，和毕达哥拉斯一样，我们的地球运动假设过于鲁莽，在此他应该看到，我们对于地球环绕太阳运转的解释，有着令人信服的证据。自然哲学家们持地球静止的观点，这在很大程度上是以表象为依据的。但是他们的理论在此会首先坍塌，因为我们推翻地球静止的观点，也是以种种表象为基础的。"[3]雷蒂库斯和哥白尼后来进一步扩大了这一观点："地球运动这个单一条件几乎可以满足无穷无尽的现象。"[4]他们甚至重新评价了柏拉图和毕达哥拉斯，认为两人是"那个神圣年代最伟大

---

[1] "Quicquid nobis ex motibus circa Solem apparet, non esse occasione ipsius, sed telluris et nostri orbis, cum quo circa Solem volvimur ceu aliquot aliosidere, sicque terram pluribus motibusferri." Copernicus 1884, 186; cf. Swerdlow 1973, 436; Copernicus 1985, 81-82.

[2] This important point, which allowed Copernicus to sidestep the Aristotelian standard of demonstration, was later emphasized by Rheticus (1982, 58) : "Cum autem tum in physicis, tum in astronomicis ab effectibus et observationibus ut plurimum ad principia sit processus, ego quidem statuo Aristotelem, auditis novarum hypothesium rationibus, ut disputationes de gravi, levi, circulari latione, motu et quiete terrae diligentissime excussit, ita dubio procul candide confessurum, quid a se in his demonstratum sit, et quid tanquam principium since demonstratione assumptum."

[3] "Proinde ne quis temere mobilitaem telluris asseverasse cum Pythagoricis nos abitretur, magnum quoque et hic argumentum accipiet in circulorum declaration. Etenim quibus Physiologi stabilitatem eius astruere potissime conantur, apparentiis plerumque innituntur; quae omnia hic in primis corrunt, cum etiam propter apparentiam versemus eandem" (Copernicus 1884, 187-88) . Copernicus's reference to the Pythagoreans as "natural philosophers" shows that he associated them with Aristotler arther than Ptolemy. Thus Copernicus's reconsideration of Aristotle's rejection of the Pythagorean position played an important part in Copernicus's explanation of the shared-motion problem. Cf. Swerdlow 1973, 439-40; Copernicus 1971a, 82; Bilińksi. 1977, 56-57.

[4] Rheticus 1982, 55: "Quare, cum hoc unico terrae motus infinitis quasi apparentiis satisfieri videremus" — echoing Copernicus 1543, bk. 1, chap. 10, fol. 10: "Quae omnia ex eadem causa procedunt, quae in telluris est motu."

的数学家"。哥白尼正是遵循了他们的思想，才得以做出判断："为了解释种种表象，应该把圆周运动归结于地球这个星体。"[1]

说到这里，一个反事实的假设似乎有助于我们理解问题。假如说，哥白尼最后写了一部书，与我们今天看到的截然不同呢？比如说，一部更接近于奥西安德尔思想的书。在书中，他可以止于论证地球的周日运动和周年运动，虽然这也只是没有被证实的假设，但是相较于毕达哥拉斯派的观点，实际上却能解释更多的表象。假如哥白尼真的这么做了，他也许可以给自己省去很多麻烦。这样一本书的出版年份可以大大早于 1543 年；他可以把书献给一位更早在位的教皇；他还可以不必写那封致读者的匿名信，不必为一个看上去荒诞不经的假想做辩护，不必千方百计地试图让哲学和神学做出修正。然而，早在《短论》之中，我们就能清楚地看到，他已经决定，要把地球运动作为一个物理假设提出来了。当然，不管地球是一个点，还是一个物理星体，当它和太阳的位置互换之后，行星运动中的周期－距离原理，就能得到完美体现："两颗行星圆周运动轨迹的周长不同，它们运转一周的快慢就不同。"[2] 并且，一旦金星和水星各自的恒星周期确定了，那么，依据周期－距离原理，它们的次序问题定然能够迎刃而解。[3]

就是说，哥白尼独到的想法，使他自己不得不面临选择：周期－距离原理并不能确定地球的性质，因此，它究竟是一个固定的点，还是一个物理星体呢？换言之，就算周期－距离原理能够满足哥白尼的心理直觉，支持他所做的数学假设，但是，这并不足以构成严谨充足的依据，让他能够更进一步，做出地球

[1] Rheticus 1982, 61: 3-8. The passage explicitly attributes to Aristotle the recognition that if one motion was ascribed to the Earth, then other motions could equally well be assigned to it（cf. Aristotle 1939, 243; bk. 2, chap. 14, 296b, 1-5）.

[2] Swerdlow 1973, 440.

[3] Copernicus produces values of nine months（Venus）and three months（Mercury）: Copernicus 1884, 2: 188.

周年运动的物理假设。问题在于，为什么哥白尼选择了第二个、也是更难的一个选项呢？我只能找到一个答案：如果地球并不是运动的，那么，就没有人能够宣称，行星——以及与它们相关联的星相力量——是按照它们的运行周期来排序的。为了得出这个结论，哥白尼必须说服自己，接受上述前提及其推论结果的真实性——或者，至少相信有这个可能性。皮科对占星学的批判直指其天文学理论基础，如果不能证明上述观点，他就无法对这种质疑做出回应。

早在《短论》之中，哥白尼就已经迫于自己面临的选择，开始考虑地球运动的物理学意义了。比如说，就算地球的中心不再是宇宙中心，但它仍然是引力中心，因此重物会向地心方向运动（假设2）。假如地球绕着自己的轴做周日旋转，那就能够解释诸星的升降，其他三种邻近的元素就必定与地球一起旋转（假设5）。同时，宇宙一定比人们通常所认识的要广大得多，因为相比于地球和恒星之间的距离，地球和太阳之间的距离简直"无法感知"（假设4）。哥白尼从一个数学假设出发，最终却使自己面临一个物理证明的难题，这个难题是他的前辈们闻所未闻的。

处境之难，令人望而却步。无怪乎，他的主要假设同时指向了其他几个物理学问题，他却对此保持了沉默。举几个例子。如果他在《短论》中沿用了萨克罗博斯科《天球论》的观点——我们无法证明他确实这么做了——那么，地球及其元素就需要被镶嵌在一个天球之上，由其携带，一起做圆周运转，并且这个天球拥有永恒不变的物质属性。[1] 在这种情况之下，地球怎么能够成为"引力中心"呢？一个做环形运动的完美球体，又怎么能包容不同的直线运动、狂暴的天气事件、复杂的人类行为呢？此外，如果重新为行星排序，它们原本固定的元素特性也要被颠覆，怎么证明这种做法的合理性呢？传统的占星学——

102

---

[1] Rheticus explicitly denies that a higher sphere could cause any inequality in the motion of a lower sphere: "Quilibet planetae orbis suo a natura sibi attributo motu uniformiter incedens suam periodum conficit et nullam a superi oriorbe vim patiatur, ut in diversum rapiatur" (Rheticus 1982, 60; Rheticus 1971, 146)．

甚至任何占星学——又何去何从呢？对这些疑问，哥白尼都保持了沉默，这说明除了最低目标，他拒绝对其他任何问题做哲学思辨。这个事实允许我们、也鼓励我们得出一个结论：他必须保留精力，为他最重要之假设的物理学正当性而斗争。

　　这样考虑问题，也许还可以帮助解释他对文学形式的选择。斯维尔德洛夫对此提出一个看法，有可圈可点之处。他认为，七种假设的结构方式表明，这只是一个初步的大纲。但是，如果吉尔兹·多布茹斯基的想法是正确的，这七种假设就是在有意模仿雷吉奥蒙塔努斯《〈天文学大成〉概要》中的相应标题。[1] 这种对比很有启发性，它开启了一种新的可能性：哥白尼是在模仿和复写雷氏笔下的托勒密，而非把自己禁锢在权威设定的框架里，尤其是萨克罗博斯科及其评价者们的经院哲学实践所设定的界限内。[2] 后来，哥白尼写成了《天球运行论》，书中他用更加详尽的文本，取代了《短论》中七种假设的简明策略，并且加入了人文主义元素，比如逻辑性、说服力，以为书中重申的早期观点做辩护。进一步考虑，我们会发现《〈天文学大成〉概要》也符合哥白尼通常采用的论证方法。他在书中综合使用了几何和物理的推理方法，这是当时一些混合学科的通行做法，包括光学、音律学和天文学。但是，哥白尼主要采用的还是几何学方法。他的行星序列观点依赖于几何构建，再加上时间元素：这样就解决了某个点做圆周运动的周期问题。自然，他的物理学观点是很有分量的，从这个意义上讲，这种分量存在于最初合成模型的方式上。哥白尼在16世纪时常被称作"托勒密第二"（不是亚里士多德第二，不是阿威罗伊第二，甚至不是普尔巴赫第二），所以说，如果他想要从一组假设的前提出发，表达自己对世界的真正看法，那么他所使用的方法必定既不同于皮科，也不同于典型形态的哲学反驳，比如阿

[1]　Swerdlow 1973, 437; cf. Rosen 1985, 92; Dobrzycki 2001.

[2]　For analysis of such textualities, see Hallyn 1990, 60-61.

基利尼、贝兰蒂、卡普阿努斯惯常采用的程式，即先对命题的两方面分别发表看法，然后就既有的观点提出反对意见，接着表明自己的解决方案。[1]

全书风格明快，没有绪论，书中还使用了不少缩略语，这让我们难以从具体的参考值出发，判断这本书究竟意图写给什么样的读者。无论如何，断乎不会是有些人假设的"科学社群"[2]，这种说法甚至犯了时代错误。本书在前文重建了哥白尼的博洛尼亚时代，这让我们的猜想更加有保证：哥白尼的目标读者，应该包括学术派预言家（代表人物有多米尼科·马利亚·诺瓦拉、贾科莫·贝纳齐、马可·斯卡里巴纳里奥等），宫廷占星师（米德尔堡的保罗、卢卡·高里科），持同情态度的瓦尔米亚神职同行〔蒂德曼·吉泽（Tiedemann Giese）〕，克拉克夫时代的朋友和老师（格罗古夫的约翰、布鲁泽沃的阿尔伯特），星历表制作人〔约翰内斯·施托弗勒（Johannes Stöffler）、约翰·安杰勒斯〕，以及皮科的反对者们。简而言之，他们都是在书的前言中被归类于"数学家"的人。哥白尼一直很排斥那些被他称为"哲学家"的人，其实他本人也时不时地借用现成的哲学工具，对自己的言论修修补补。

梅胡夫的马修（Matthew of Miechów，1457—1523）是克拉克夫大学的一位医学家、地理学家和历史学家。1514 年 5 月 1 日，他为自己的藏书编目，在编到一份六页纸的手稿时，他拟的题目是"六页理论稿，认为地球运动而太阳静止"[3]。对马修来说，或者也包括哥白尼本人，《短论》是一种理论雏形，因为它

103

---

[1]　See Matsen 1977, 1994.

[2]　See Westman 1980a.

[3]　Zinner 1988, 186, basing his argument on Birkenmajer 1924, 199-224, notes that Miechow had many "astronomical" works in his library; but using "the science of the stars" as our classification, we can easily see that the *sexternus* found its place amid kindred books — for example, copies of Ptolemy's *Tetrabiblos* and Stöffler's *Almanach*. Rosen's translation of Miechów's entry is problematic（Copernicus 1985, 75）.

包括了一组七个假设命题。[1] 至于行星模型完整的"数学证明",《短论》把它留给了"另一书卷"[2]。我们很难摆脱这样的印象:在做这些假设的时候,哥白尼一定是希望它们能解决天文学家之间的分歧。诸行星应该像阿威罗伊设想的那样,围绕着宇宙中心做同心圆运动吗?还是应该像托勒密解释的那样,围绕着一个偏心轴运转?有没有一种安全无虞的普遍原理,用它为行星排序,足以反驳皮科的批判?对这些疑问达成共识的希望,并不存在于《短论》中的假设前提,而在于由它们推导出的结论。但是,如果按照亚里士多德的标准,哥白尼显然无法求助于证明推理的力量。亚里士多德在《论题篇》(Topics)中定义证明推理时是这么说的:"当推理由以出发的前提是真实的和原初的时候……这种推理就是证明的。所谓真实的和原初的,是指那些不因其他而自身就具有可靠性的东西。不应该穷究知识第一原理的缘由,因为每个第一原理都由于自身而具有可靠性。"[3] 就像安德列·戈杜(Andr é Goddu)所说,哥白尼最多可以借用辩证法,但是这也只能得出一个可能的结果,而非必然的结果。[4]

---

[1] The designation *sexternus* undoubtedly comes from Matthew of Miechów, as the term refers to the size of the item and hence to a catalogue entry rather than to the subject matter. However, the term *theorica* is more problematic. In general, Matthew's entries reflect accurate condensations of actual titles; hence, following this practice, he might have been using a title that was part of the manuscript itself. On the other hand, he already had two items with the title *theorica* in his library, and he might simply have decided to assign this word of his own account.

[2] Copernicus 1884, 2: 187.

[3] Aristotle 1966, bk. 1, chap. 1, 273.

[4] See Goddu 2010, 275-300. Swerdlow also wrestled with this question: "It could... be intelligently argued that because Copernicus calls these statements postulates (*petitiones*), he is therefore not asserting that they are necessarily true. Yet, if he had any doubts about the truth of the heliocentric theory, he probably would not have advanced it in the first place" (1973, 437 n.). Swerdlow's first statement seems to me to be exactly right. Perhaps we might say that by leaving the *Commentariolus* as a *sexternus*, Copernicus was not yet "advancing" it. In fact, Copernicus's argument with the natural philosophers was that their claims "rest for the most part on appearances," which they do not fully "save"; on the other hand, Copernicus believed that from his postulates "the motions can be saved in a systematic way." Cf. Swerdlow and Neugebauer 1984, 9: "The heliocentric theory and the motion of the earth were presented as a series of postulates, although there is no doubt that Copernicus considered them true. This was not really objectionable, and was in fact entirely reasonable, because Copernicus knew that at the time he had no way of proving that the earth in fact moves." Cf. Rosen's footnotes, Copernicus 1985, 38, 56, 66, 83, 192.

皮科的名字既没有出现在《短论》中，也没有出现在《天球运行论》中。不过，《第一报告》中有一个重要的证据，增加了我们的信心：哥白尼的写作动机的确是为了回应皮科的批判。雷蒂库斯写《第一报告》的时间是在 1539 年，当时他和哥白尼一起住在弗龙堡。因为俩人熟识，雷蒂库斯得到的是一手资料，所以，他的证言的可信度自然非比寻常。雷蒂库斯坚称，哥白尼堪比托勒密和雷吉奥蒙塔努斯，是托勒密真正的继承人。在回顾过哥白尼的日静理论之后，雷蒂库斯以胜利者的姿态指出："皮科在他的第 8 卷和第 9 卷当中，既攻击了占星学，又责难了天文学；如果我的老师关于天文现象的著述早一些问世，皮科应该就没有这个机会了。因为我们现在每天都能看到，通常的计算结果与真相相去甚远。"[1] 这段议论是哥白尼的文集当中唯——次明确地提到皮科。这不禁让我们萌生出一个更为大胆的问题：这部较早的作品所关注的，会不会就是皮科对行星理论的批判？

哥白尼、皮科和《天球运行论》

比起《第一报告》和《天球运行论》,《短论》所流露的信息要少得多。哥白尼没有出版过，至于他是不是从来没有想过要把它出版，我们不得而知。《天球运行论》出版之前，完整的日心宇宙理论已经孕育了 30 余年。雷蒂库斯的《第一报告》是哥白尼思想的第一部出版物，书中散布着大量的文献参考、古代和当代学者的引文，以及作者时不时爆发出的对"我的老师"的热情赞美，甚至毫不掩饰其言过其实的奉承。《天球运行论》作为最终的成熟作品，在论述中充分展示了正反两方的权威观点，从这个意义上讲，它与《第一报告》的接近程度，自然要超过最初的《短论》。同时，若要论及作者早期思想形成过程中的历史遗留，

---

[1] Rheticus 1971, 126-27.

最终作品也比早期作品更加有迹可循。所以，如果想要理解作者早年间的思想轨迹，一定要观照他最终的作品。

那就让我们翻看一下第 1 卷第 10 章，这是《天球运行论》中一个很有名的段落，讲述了古代哲学家对行星次序的看法。作者有些语言跟皮科的描述非常相似。比如，两人都把一些学者集合为一组，包括柏拉图、托勒密、"为数众多的当代人"及阿尔－比特鲁吉。哥白尼以他特有的简明笔法写道："比特鲁吉将金星置于太阳之上，水星置于其下。"他的语言不像皮科那样总是充满了细节，但是两人所列举的经典作家，惊人地相似。[1] 不过，哥白尼笔下的问题和评价，都被严格限定在理论天文学的话语范畴之内，这一点有别于皮科。他并不只是把权威作家和他们的命题列出来，或者泛泛一提他们之间的不一致性，而是附加了很多信息，这一点又与皮科很相像。在下面这个例子中，他就介绍了另外一种推理方法："而那些把金星和水星排在太阳之下的人则援引日月之间的广阔空间为依据。"接下来，哥白尼就论述了星球之间绝对距离的价值，包括月球和水星，水星和金星，以及金星和太阳。

这个话题讨论过后，哥白尼立刻转向一个由皮科直接提出来的问题。可以说，如果不是皮科，哥白尼很可能根本意识不到这个问题。[2] 爱德华·罗森曾经指出，哥白尼在书中引用了阿威罗伊的一段话，他应该是通过皮科才知道这段言论的，

---

[1]   Another source from which Copernicus could have drawn this information is Regiomontanus 1496, book 9, prop. 1, fol. klv. Regiomontanus knew al-Bitruji's views directly from *De Motibus Celorum*, of which he owned a copy（see Shank 1992, 17）.

[2]   To the best of my knowledge, Ludwik Birkenmajer was the first to point out that Copernicus had found the passage in Pico 1984a（1900, 94）. Ernst Zinner claimed that Copernicus had mistaken Averroës for Aven Rodan, based on a misreading of Pico（Zinner 1943, 510 n. : "Tatsächlich handelte es sich um Aven Rodan〔'Ali ben Ridwān〕; Copernicus hatte die Stelle wohl dem Werke des Pico dellaMirandola wider die Sterndeutung entnommen und den Namen Aven Rodan in Averroes verschrieben"）. Goldstein（1969, 58 n. ）rightly called attention to Zinner's error.

因为那部作品没有阿拉伯文本，只有希伯来译文。[1] 哥白尼是这样写的："阿威罗伊在《托勒密〈天文学大成〉释义》中谈到，在星表中所列的太阳和水星的相合时刻，他看到了［太阳上］有一颗黑斑，由此判定这两颗行星在太阳天球之下运动。"[2] 哥白尼评价说，阿威罗伊的言论"是没有说服力和不可靠的"，这自然不足为奇。他论证的基础是，地球和太阳之间的距离不足以容纳金星的本轮："使得金星偏离太阳两侧达 45° 角距的本轮的直径，必定是地心与金星近地点距离的六倍，这将在适当的地方加以说明。"[3]

接着，哥白尼从阿威罗伊转向托勒密。托勒密用有没有冲作为行星排序的标准，哥白尼表示反对。这里的行文再一次明显表现出了与皮科语言的相似性。"托勒密［《天文学大成》第 9 卷第 1 章］也论证说，太阳应在呈现冲和没有冲的行星之间运行。该论证是不可信的，因为月亮也有对太阳的冲，这一事实本身就暴露出此种说法的谬误。"

最终，哥白尼彻底离开了皮科文本的相关内容，转向另一位权威马提亚努

---

[1]　See Rosen's note in Coprnicus 1978, 356-57. Beginning with Erasmus Reinhold, many sixteenth-century readers of this passage noted that the same observation could also be found in another source: "Idem est in historia Carolj Magnj" (The same is［to be found］in the *History of Charlemagne*）; cf. Gingerich 2002, Edinburgh 1, 268-78（1543, fol. 8）; Prague 3, 23-28（1566, fol. 8）. The source is the ninth-century Abbot Einhard, and the earliest printed edition that I have found is Einhard 1532. This volume also contains *Vita et Gesta Caroli Cognomento Magni, Francorum Regis Fortissimi, et Germaniae suae illustratoris, autorisque optime meriti, per Eginhartum, illius quandoque alumnum atque scribam adiuratum, Germanum conscripta*. On page 122, Einhard reports that Charlemagne had died in 814 but that afterward it was said that the event had been presaged as follows: "Appropinquantis finis complura fuere praesagia, ut non solum alij, sed et ipse hoc minitari sentiret. Per tres continuos, uitaque termino proximos annos et solis et lunae creberrima defectio, ac in sole macula quaedam atri coloris septem dierum spatio uisa." It is clear that this description scarcely resembles the passage from Copernicus on Averroës. Moreover, even if Copernicus had known this book, it is clearly not his original source, as he does not cite it.

[2]　Copernicus 1978, bk. 1, chap. 10, 19; Copernicus 1543, fol. 8: "Quamuis & Averroes in Ptolemaica paraphrasi, nigricans quiddam se uidisse meminit, quando Solis &Mercurij copulam numeris inueniebat expositam: & ita decernunt haec duo sydera sub solari circulo moueri." (译文参见哥白尼著, 张卜天译,《天球运行论》, 北京 : 商务印书馆, 2016, 32 — 33。——译者注。)

[3]　Ibid. (译文同上, 33。——译者注。)

斯·卡佩拉。在哥白尼看来，马提亚努斯对金星和水星的排位是正确的，只不过他仍然需要把讨论纳入其严谨的理论术语体系中。正如斯维尔德洛夫所指出的，当哥白尼说所有行星"都与同一个中心相联系"的时候，他指的是金星天球的"凹球"和火星的"凹球"。[1] 在全书的尾声部分，先是献给太阳的热烈颂歌，其中混杂着基督教和异教的各种形象；接着是诗一般的铺排，应该是在回应乔瓦尼·蓬塔诺的《论天体》(De Rebus Coelestis，1512)："与此同时，地球与太阳交媾受孕,每年分娩一次。"[2] 这段混合了理论与诗意的文字充满着人文主义气息，它也是作者发表最后陈词的序曲。以下是全章的终结部分，实际上它已经在作品的前言中预示过："我们在这种安排中发现宇宙具有令人惊叹的对称性，天球的运动与尺寸之间有一种既定的和谐联系，这用其他方式是无法发现的。"对于金星和水星的次序问题，哥白尼并没有立即就为自己的观点寻求权威性，而是提出了结构性的一般原则，并让它与整个行星秩序保持统一。

哥白尼的新观点回避了与占星学的直接关联，这至少表明，古典写作体裁的区分在 16 世纪仍然有持续的影响力。雷蒂库斯这样说："我的老师写了一部六卷篇幅的著作，这部效仿托勒密之作，论及天文学各方面，对命题的陈述和证明，均以数学和几何学方法完成。"[3] 我们已经知道，托勒密在《天文学大成》中并没有涉及占星学——雷吉奥蒙塔努斯在《〈天文学大成〉概要》中也是如此——而是把自己对占星学的思考，小心地保留到了《占星四书》当中。哥白尼似乎在头脑中也有类似的想法。他亲笔书写的《天球运行论》手稿中，有一部分没有

---

[1]　See Swerdlow 1876, 122. This language and Swerdlow's diagrammatic reconstructions make it quite plausible that Copernicus was allowing here for the existence of solid orbs, in the geometric sense, but without pronouncing in any way on their materiality or impenetrability.

[2]　Copernicus 1978, bk. 1, chap. 10, 22; cf. Giovanni Gioviano Pontano（1429-1503）in Pontano 1515. bk. 1, sig. A2. For further discussion, see also Trinkaus 1985, 450-51.（译文参见哥白尼著 , 张卜天译 ,《天球运行论》, 北京 : 商务印书馆 , 2016, 36。——译者注。）

[3]　Rheticus 1971, 109-10, my italics.

流传出来，其中有这样一段文字："我同时也假设，地球以特定的方式旋转运行。我打算以此为基石，努力把星的科学完整地树立起来。"[1]

假如哥白尼真的想过为《天球运行论》写一部占星学姊妹篇，我们有理由期待，他会再次"效仿托勒密"，采用与《占星四书》完全相同的写作体裁。然而，尽管哥白尼曾经辅助诺瓦拉做过天文观测，尽管他在帕多瓦接受过医学教育，尽管他在瓦尔米亚有过从医经历，但是，在我们已知的范围之内，他却没有绘制过一幅天宫图，没有发布过一部预言，甚至没有撰写过一篇占星学赞美诗，要知道，这在当时是相当普遍的。所有这些缺失，推动着人们为哥白尼树立了这样的形象：他与占星学完全绝缘，既对它没有兴趣，也不曾参与过任何实践。

也许哥白尼认为，假如天文学基础可以按照他的想法改写，那么，单单这一项改变，就足以保全《占星四书》所构建的传统占星学。但是，皮科的批判同时指出，行星次序与元素性质之间的关联是随机的，这让哥白尼意识到，大刀阔斧地改革现有天文学体系必定要相应地革新占星学原理。行星重新排序，需要重新安排其物理性质，不仅如此，皮科提出的其他质疑，也必须得到恰当的解答，贝兰蒂式的回应显然不够。比如说，宫与宫之间的分界问题，测量仪器和星表的精确度问题。我们有理由猜想，也许他会转向雷吉奥蒙塔努斯的占星学，就像他转向了雷氏的行星理论一样。无论如何，转动的地球已然与亚里士多德的元素理论产生了矛盾，不仅如此，传统占星学赖以存在的物理学和气象学，也需要重新思考。[2] 修改托勒密的《天文学大成》，对一个人来说显然已经足够了，也许哥白尼认为，《占星四书》的修改，可以留给更年轻、对占星更有经验的雷蒂库斯，就好像世界的无限性这个论题，他曾经很明确地把它留给

105

[1] Copernicus 1972, fol. 13, my italics: "Assumpsimus extra quibusdam revolutionibus mobilem essetellurem quibus tamque primario lapid itotama strorum scientiam instruere initiam"; Copernicus 1978, 26; again, in the *Letter against Werner*（1524），he says that "the science of the stars in one of those subjects which we learn in the order opposite to the natural order" (Copernicus 1971c, 98; Copernicus 1985, 146).

[2] For Copernicus's reconfiguring of gravity and the elements, see Knox 2002, 2005.

哲学家。

　　就算有这样的缺失，哥白尼著作指向的目标仍然不会变得模糊。对于曾经迷惑了普尔巴赫的问题——在行星运动中，太阳轮回出现；对于从古代起就被人们争论不休、如今又被皮科拿来攻击占星理论的话题——金星和水星的次序，哥白尼凭借一己之力，一击中的。不过，这种解释要想真的有分量，必须证明地球的运转是真实的。因为《天球运行论》的表现方式隐藏了许多原初的信息，最早面对的困境只是留下了一些蛛丝马迹。探微索隐，我们得出了日心假说最初试图解释的问题。[1]但是，假设形成之后，哥白尼却慢慢注意到了它的一些潜在意义。一方面，这个假设解释了他之前没有关注到的一些现象（比如，为什么火星、木星和土星在冲日之时最明亮，而水星和金星却在内合之时最明亮）。另一方面，它也带来了新的问题，令哥白尼一时找不到对策（包括行星的元素和特性分配问题，重物落向地面的问题，进动问题，宇宙的规模问题，等等）。第一组信息一定给了他莫大的信心，让他相信自己有足够的理由坚持下去；而与此同时，第二组问题又一定让他暂时放下了出版计划，因为他尚且找不到有说服力的答案。总之，哥白尼问题的后续历史，将继续映照出这种早已存在、不曾摆脱的紧张感。

---

[1]　The manuscript of *De Revolutionibus* contains a suppressed passage from Lysis's letter to Hipparchus, available to Copernicus both in Bessarion's *In Calumniatorem Platonis*, fols. 2v-3r, and in *Epistolae Diversorum Philosophorum*（Venice, 1499）. Introducing the text of the letter, Copernicus mentions that "Philolaus believed in the earth's motion" and that "Aristarchus of Samos too held the same view according to some people"；Copernicus also explains that these views are not widely known because of the Pythagoreans'practice of not committing "the secrets of philosophy to writing"（see Rosen's discussion in Copernicus 1978, 25-26, 361-63; Prowe 1883-84, 2: 128-31; Africa 1961）.

　　　　　　　　哥白尼问题

第二部分

末日预言和占星预言的信仰与跨信仰空间

4

109

维滕堡与罗马之间：新体系、占星学与世界末日

15 世纪末 16 世纪初，因为知识界的怀疑和政治界的动荡，意大利北部大学城博洛尼亚的预言文化陷入了危机之中，哥白尼就是在这样的背景之下，形成了关于宇宙体系的新思想。经过多年酝酿，哥白尼关于天体秩序的假说最终成熟，并在 1540—1543 年间得以问世。然而，这个历史时期社会之动荡并不亚于早前，关于星的力量和功效的知识，其正当性仍然面临着巨大的纷争。罗马教会和德国新教，都被圣经关于世界历史的预言所困惑。对于路德教派来说，正如罗宾·巴恩斯（Robin Barnes）所分析的，更是面临着启示信仰中"末日"到来的迫近感和危机感。[1] 世界即将终结，但会是在什么时候呢？关于神的计划，哪些自然"征兆"是末日到来的可靠指示呢？《启示录》的内容和上面的问题都不新鲜，中世纪的人们已经对它们进行了充分思考，有完备的资料可查。[2] 但是，如今马丁·路

---

[1]　See Barnes 1988.

[2]　See Hammerstein 1986; Köhler 1986; Reeves 1969, v-vi.

德与教会分裂，人群中末世情绪之浓重前所未有。对于路德来说，罗马是敌基督之所在，"末日"马上就要到来。他曾把《但以理书》（*Book of Daniel*）翻译成德语（1530），并把它献给自己的庇护人、萨克森的约翰·弗雷德里克（John Frederick of Saxony）。在献辞中，他说了这样一番话："世界的运转变得越来越快，正在加速走向终点。因此，我常常感到，也许我们还没有来得及把圣经翻译成德语，末日就已经降临了。"[1]

维滕堡是路德教派的中心城市，在特伦托会议（The Council of Trent, 1545—1563）前夕，哥白尼的新观点在那里很快成为一种契机，学习天文的学生们纷纷卷入了相关的讨论之中。此时问题已经发生了转变，不再仅仅是考虑占星家对自然事件的预测可否与圣经叙事相调和，而是要问，天文学理论对于天体秩序有不同的看法，圣经与此又有什么关系呢？对于不同门类的占卜理论和实践来说，哥白尼的新设想有什么影响？他提出的秩序真的代表了上帝对世界的计划吗？

一些人立即着手，把哥白尼的手稿变成了印刷文本，他们或多或少都对占星预言或者末日预言有所了解。他们同时也都是路德宗信徒，居住地要么在维滕堡，要么在它位于德国南部的前哨重地——纽伦堡。这些人包括：格奥尔格·约阿希姆·雷蒂库斯（1514—1574），曾在维滕堡师从于菲利普·梅兰希顿（1497—1560）；约翰内斯·勋纳（1477—1547），雷蒂库斯将《第一报告》（1540）献给了他；安德列亚斯·奥西安德尔（1497—1552），纽伦堡颇有影响力的牧师；阿基利斯·皮尔明·加瑟（Achilles Pirmin Gasser, 1505—1577），勋纳和梅兰希顿的学生，《第一报告》第二版致读者信的作者；约翰内斯·彼得雷乌斯（1497—1550），纽伦堡出版商，曾在维滕堡学习。

---

[1] Quoted in Rupp 1983, 257, and Bonney 1991, 21. Luther completed his translation of the Bible in 1534.

110

截至 1543 年，论述哥白尼新体系的代表作共有三种。《短论》只在瓦尔米亚和罗马的天主教圈子里流传，知道的人有限；[1] 其他两种出版物——《第一报告》和《天球运行论》——是为不同的读者量身精心打造的。第一种指向路德宗读者，第二种则正式献给了教皇。[2] 雷蒂库斯将《第一报告》献给了勋纳，这显然是经过了哥白尼同意的。勋纳是一位声名远播的占星家、预言家和地理学家，从 1526 年开始在高等中学（Gymnasium）教书。他起初是一名天主教徒，也是一名专职教士〔班贝克主教（Bishop of Bamberg）属下〕。但是，他很快就倒向了政治态度温和的知识分子圈子，其领袖人物梅兰希顿属于新教改革派。勋纳还与奥西安德尔建立了友谊。[3] 在纽伦堡，他按照路德宗的教规，结了婚，并育有一子。[4]

与雷蒂库斯的《第一报告》不同，哥白尼把《天球运行论》献给保罗三世，这位教皇因为学问深厚又乐于庇护占星家（比如卢卡·高里科）而为人所知，同时还同梅兰希顿一样，通晓希腊文。他最重要的成就，是召集举行了特伦托会议。在他的治下，还成立了宗教裁判所（Roman Inquisition）和新的修会耶稣会（Society of Jesus）。就像《天球运行论》中从未出现雷蒂库斯的名字一样，《第

---

[1] See Dobrzycki and Szczucki 1989.

[2] The *Commentariolus* was not published until the nineteenth century (Copernicus 1884, 2: 184-202)；it lacked an explicit public strategy of persuasion and, therefore played a somewhat different role in promoting Copernicus's work.

[3] He was known to his classmates as Hosen Enderle (see Swerdlow and Neugebauer 1984, 1: 13.).

[4] On Schöner, see Wrightsman 1970, 120. Copernicus is not known to have had a mistress, but he did have a female housekeeper, whose presence in his house made him the subject of fairly strong censures by the Varmia bishop (see Rosen 1984b, 149-57).

一报告》也从未提及教皇。[1] 显然，哥白尼和雷蒂库斯分别把两部作品献给不同的对象，是出于双重策略的考虑，因为当时的欧洲刚刚开始显现出信仰分裂的迹象，他们这么做可以使书中新的假说更好地迎合这一历史现实。

梅兰希顿、皮科与自然占卜术

中世纪时期，大学里围绕亚里士多德物理学教条建立的课程，及经院哲学家和神学家对它们提出的异议，这些构成了当时人们对宇宙性质的主要争论话题。正如爱德华·格兰特（Edward Grant）所说，这种以问答形式展开的讨论，一直保留到 17 世纪。神学家们认为占星威胁到了人的自由意志，因而对它表示强烈反对。也许是受到了这种思想的影响，经院哲学家们也对占星之事不抱宽容态度。[2] 然而，在宗教改革运动期间，一直以来拒绝将占星学纳入自然哲学的状况，开始有所改变。在这个过程中，一个关键性人物是梅兰希顿。他是大学

---

[1]　Giese attributed Copernicus's failure to mention Rheticus to a kind of absentmindedness about anything that was not "philosophical": "incommodi, quo in praefatione operis praeceptor tuus tui mentionem omisit. quod ego non tui neglectu, sed lentitudine et incuria quaedam（ut erat ad monia quae philosophical non essent, minus atten-tus）, praesertim iam languescenti evenisse interpretor, non ignarus, quanti facere solitus fuerit tuam in se adiuvando operam et facilitatem"（Giese to Rheticus in Leipzig, 26 July 1543; Prowe 1883-84, 2: 420）. However, Hooykaas endorsed the view of Bruce Wrightsman that "Copernicus shrewdly declined to name his Lutheran disciple, Rheti-cus, in his letter of dedication to the Pope, as one of those whose assistance and encouragement persuaded him to have the work published. What other possible reason could there be for such a significant omission?"（Hooykaas 1984, 38; Wrightsman 1975, 234）. By the same token, Rheticus nowhere mentions the pope in the *Narratio Prima*.

[2]　Edward Grant concludes: "Astrologers and natural philosophers may have shared the Aristotelian conviction that celestial bodies were the ultimate causes of terrestrial effects, but natural philosophers largely excluded the prognosticative aspects of astrology from their deliberations. Except for the attribution of certain qualities to certain planets, astrological details and concepts are virtually ignored in questions on Aristotle's natural books, especially on *De caelo*. The properties, positions, and relationships of the planets used for astrological prognostication were of little significance for the scholastic tradition in natural philosophy"（Grant 1994, 36 n. 66）. Of course, the general exclusion of astrology from natural philosophy did not mean that specific churchmen were averse to engaging in practical astrology.

的神学教授，路德的同事，被人们尊称为"德国之师"（Praeceptor Germaniae）。

在如何评价自然知识这个问题上，路德派改革家们完全没有达成统一意见。马丁·路德本人无疑是鼓励追随者们从事预言实践的，他甚至为约翰内斯·利希滕贝格的预言写了前言。但是，相比他亲密的同事梅兰希顿，路德对自然预言的态度是矛盾的。[1]梅兰希顿终其一生都在积极地宣扬自然神学。评论家们对此有不同的定义，斯蒂法诺·卡罗蒂（Stefano Caroti）称其为"神学真实观"，楠川幸子（Sachiko Kusukawa）则称其为"神意自然哲学"。[2]在梅兰希顿看来，造物主借由自然迹象和重大历史事件，显示其神圣计划；因此，神意既是通过圣言和历史流露的，也是通过自然显现的。这种观点背后的意图，是使神学在所有关乎自然的研究中占据霸权地位。在梅兰希顿看来，自然之中可见神的设计、秩序、意图和神意使然的和谐。同时，某些特殊人物会拥有预言的天赋，他们能够"洞察神秘,感知隐意"。有时候先知之察发生在睡梦中。这种"与生俱来的、天然的预知力隐藏在人体之内，等待被唤醒、被激发，直到可以宣言未来之事"，并且，即使是这种力量，也是由星的效力引发的。[3]

如此一来，预言实践不仅是自然意图的合理表达，能够帮助人类知晓造物主如何施行神功、展现恩典，并且，从道德上讲，也是值得期许的，因为它能够使人成为更好的基督徒。[4]梅兰希顿对所有已知的自然预言都给予了最大限度的宽容和权威，从医疗占星，到梦的解释，再到怪物的诞生，不祥的彗星，以

---

[1]　Luther 1969; Ludolphy 1986; Barnes 1988, 46-53.

[2]　Caroti 1986, 120; Kusukawa 1991, 1995.

[3]　Barnes 1988, 97; Bretschneider et al. 1834-20: 677-85.

[4]　See, for example, Hammer 1951, 313: "At the sight of these beautiful luminaries, they may meditate upon the entire arrangement of the year and upon the reason why God, the Author of all, created differences in seasons and annual cycles. And finally, that at such contemplation they may acknowledge God as the Creator and praise His wisdom and goodness shining forth from the infinite variety of blessings by which He shows His care for mankind. May they also realize that the wise and just Creator has shed the rays of His light upon us, namely, in order to distinguish between the concepts of good and evil."

图 31. 卢卡斯·克拉纳赫（Lucas Cranach）《菲利普·梅兰希顿》，1532。Courtesy National Gallery of Victoria，Melbourne.

及其他异常的现象。[1] 因为他曾经在图宾根跟随约翰内斯·施托弗勒学习过，所以对占星预言印象深刻。即使 1524 年的洪水并没能被测算到，也没有影响他对占星术的热情。[2] 但是，路德对梅兰希顿的观点并不以为然。

菲利普·梅兰希顿如此热情地投入到占星学之中，这让我痛心，为大部分　111

---

[1]　Barnes 1988, 96-99; Caroti 1986, 109-21.

[2]　See Bretschneider et al. 1834-, 8: 63, no. 5363; Caroti 1986, 120. Of course, although Stöffler's 1499 *Almanach* had been a major resource in the flood predictions, he himself had thrown cold water on the rising expectations as the time grew close（see Stöffler 1523）.

时候他都被欺骗了。他太容易轻信上天的征兆，也太容易被自己的感觉蒙蔽。他的期待时常落空，但他就是不相信自己错了。有一次我从托尔高（Torgau）赶过来，筋疲力尽，他对我说我的死期将至。我从来不相信这些事会是真的，因为人的力量比星大，不可能需要臣服于它们。就算我们的躯体要臣服于它们，我也不会害怕上天的征兆。我把这些话留给聪明的智者。

路德曾在他的《桌上谈》(Table Talks)中放言："没有人能说服我，因为我可以轻易地推翻他们那些不堪一击的证据。对于能支持自己的事情，他们就大做文章；而对于那些相反的事情，他们就默不作声。如果一个人在星盘上掷骰子，只要掷的时间足够长，总归能掷到金星，但这要靠机会靠巧合。这些人的把戏简直就是垃圾。"[1]他对占星学的最后陈词是："那些害怕星的影响力的人应该知道，祈祷要比凝望星星更有力量。"[2]

路德的观点实际上在16世纪神学家中间是很典型的。梅兰希顿渴望能为占星学找到一条保护绷带，于是，他将有些卜测活动视为不正当的——换个说法也许能更切中要害：他认为它们是迷信的或者是魔怪的。这里关键的问题是要维护圣经和神意的权威性。哪里因为错误或缺乏节制而威胁到了上帝及其意旨，哪里就有恶魔作祟。[3]

比如说，按照皮埃尔·达伊宣扬的方式，用占星学解释圣经奇迹，这就被梅兰希顿认为是威胁。[4]他还反对仅仅出于"虚荣的好奇心"，或者仅仅作为一种"迷信的测算"，为了预言而预言。[5]在梅兰希顿看来，有些预言问题是不可

112

---

[1] Quoted and trans. in Warburg 1999, 656-57.

[2] Ludolphy 1986, 106.

[3] For and excellent analysis of the meaning of *superstition* in this period, see Clark 1991, 233-35.

[4] See Caroti 1986, 118. On D'Ailly's astrology, see Smoller 1994.

[5] Cited by Barnes 1988, 97; the example comes from Melanchthon's preface to Johannes Funck, the son-in-law of Andreas Osiander (Funck 1559).

取的，比如"法国和勃艮第，谁会取胜"，因为这其中并不具有神意。[1]

　　1553 年，梅兰希顿的女婿卡斯珀·比克（Casper Peucer）完成了一本大部头作品，对名目繁多的预言做了分类。他的目的是将基督教的预言和恶魔的预言区分开来，书中不仅包括了占星学，还包括许多其他类别的卜测之术，比如，借助身体的某一部分（手相术），或动物的内脏，预测未来之事。[2] 比克认为，大部分自然预言都是好的，因为它们是以自然或者物理原因为基础的，不过，在实践中，事情往往没那么简单，因为事物总是不稳定的：其基本性质的混合状态是变动的，预测的结果也随之变动。魔鬼专擅巫魔之术，邪灵引诱人们的想象，这让他们相信，自己能做原本做不了的事情。比如，恶魔可以假冒合法之举，为人预言或治病。天主教用圣徒的遗物礼拜祈祷，就是恶魔之行的一个很好的例子。但是，比克对于各种形式的占星术——人为制造的占星意象除外——都抱着支持的态度。占星学固然也可以被滥用，不过，真正的、正当的占星学有充足的理由存在，因为它的权威来自世界之初"光的力量"〔如《创世记》（Genesis）所言〕，来自星的科学当中的一部分，它描述天体运动、度量天体之间的距离和星球的大小。[3]

　　对梅兰希顿来说，凡是反对自然秩序之力的人，必定持有享乐主义的神学观，他们的世界全无意义，也不存在神的意图。在他看来，占星学最主要的反对者无非就是乔瓦尼·皮科·德拉·米兰多拉。皮科的观点不仅是错误的，对年轻人还有很强的误导作用。梅兰希顿将勋纳视为同道中人，两人共同努力保护学生们免受皮科之害。勋纳曾说，他看到过班贝克主教收藏的一本皮科的《驳占星预言》，那是 1504 年的斯特拉斯堡版本，在书的空白处，书的主人手写了批注，

---

[1]　Cited by Barnes 1998, 97.

[2]　Peucer 1591.

[3]　Ibid., 389-91v.

指责皮科从一些身份不明的作者那里抄袭了许多观点。[1]雷蒂库斯直接从勋纳这里知道了这个消息，之后可能以口口相传的方式，传到了梅兰希顿和哥白尼那里。[2]在当时那个世界，大规模的私人藏书仍属罕见，人们认为可信的知识除了从印刷文字中获取，另外一个途径就是书页空白处的批注了。

梅兰希顿作为一个有声望的教育家，的确是实至名归。他的著作都是不可多得的教育典范：定义清晰的术语；精选得当的示例；合理分布的作者年代，包括古代、中世纪和近代；内容的组织严格按照学术范式，先提出问题，再以辩论的形式做出各种回答。他编写的教科书题材广泛，包括方言、修辞学、物理学，以及针对《诗篇》(*Psalms*)、《但以理书》、《创世记》等撰写的大量评论。有时他会为学生或是作家的文章撰写序言，尤其是当他希望推广作者的观点时。他曾经宣布要为占星学写一篇辩护长文，作为对皮科的回应。后来他选择了勋纳《天文表》(*Tabulae Astronomicae Resolutae*，1536)一书作为发表此文的恰当场合，为它撰写了序言。

人们可以从星的位置判断许多事情：健康状况、天赋异禀、脾气性格、人生不幸、天气变幻、政权更替。最重要的是，沉思和关注这样的事情，有益于

---

[1]　"Johannes Schonerus dicebat se vidisse antiquissimum librum apud episcopum Bambergensem manu scriptum ex quo Joannes iste Picus omnia descripsit, impudenter sibi ea vindicatus, quibus contra astrologos arbitratur. Liber autem ille ignoti auctoris erat." Discovered by Aleksander Charles Gorfunkel in a copy of Pico's *Disputationes*(Pico della Mirandola 1504). Eugenio Garin cites this reference without further identification of location (Garin 1983, 85). It is not clear who wrote this note.

[2]　According to Garin 1983, 86: "The diffusion of the knowledge of this annotation was attributed to 'George Joachim Rheticus the famous mathematician and doctor,'who said that he had heard it in person." Because Rheticus could only have heard this remark from Schöner on the occasion of his visit in 1539, he would have been able to pass it on to Copernicus in the same year and thereupon to Melanchthon on his return to Wittenberg. "Est in manibus hominum farrago criminationum a Pico non scripta, sed excerpta ex vetustioribus commentariis, qui ad huius divinatricis reprehensionem multo ante collecti fuerunt" (preface to Schöner 1545, for. β2r; also in Bretschneider et al. 1834-, 5: 819).

人们谨言慎行。基督教对这样的观念不反对，圣经对这样的预言不诅咒，因为，神学教义和医生预言掌握着物理学的相同部分。事实上，前者本身就等同于自然的原因。上天的有些影响力是通过太阳传递的，有些则是通过月亮表达的，这就仿佛有的人喜欢辣椒之力，有的人则偏好泻剂之功。故此，思索上帝之作，或观察上天之力，二者皆为虔敬之举。这里不能尽述所有观点，很多饱学之士所著大作，都可以回应皮科和其他人的不实之辩。[1]

看来，直到16世纪三四十年代，同情占星学的人们仍然需要反驳皮科的观点，这说明，皮科式的怀疑论丝毫没有消退。[2]

本书在第1章已简略提及，梅兰希顿和卡梅拉留斯翻译了人文主义版本的《占星四书》。在这之后，这本书成为占星家们的主要参考文本，他们不再过度依赖阿拉伯的会合论占星学，或是重申基督教的权威。《占星四书》也成了维滕堡大学自然哲学课程的中心内容，成为系统化地为占星学辩护的序曲，之后它被纳入了关于自然世界的教程之中。梅兰希顿在不同场合表达过他的观点，其中有两个最为重要，一是勋纳著作《本命占星学》（Iudiciis Nativitatum，1545）的前言，二是他的自然哲学教科书《物理学初级教程》（Initia Doctrinae Physicae）。在这两个场合，梅兰希顿对星的科学都坚持了传统的二元分类法，"一类表明了确切的运动法则，另一类，预言部分，则显示了星的效力或意义"[3]。可见，梅兰希顿认为皮科的主要威胁是指向预言部分的，即占星学理论和实践，这一点不同于哥白尼，后者担忧皮科攻击了天文学理论。"德国之师"梅兰希顿闻听过雷

113

---

[1]　Bretschneider et al. 1834-, 3: 119, no. 1455; Caroti 1986, 114 n.

[2]　See also Garin 1983, chap. 4.

[3]　Bretschneider et al. 1834-, 5: 818. Cf. Cicero 1959, bk. I, i, 1, 223: "There is an ancient belief, handed down to us even from mythical times and firmly established by the general agreement of the Roman people and of all nations, that divination of some kind exists among men; this the Greeks call *mantike* — that is, the foresight and knowledge of future events."

蒂库斯之言，相信皮科书中的内容是抄袭来的，并认为这些论点已经被"贝兰蒂以及其他饱学之士"推翻了。[1]

梅兰希顿为理论和实用占星学做辩护，主要形成了两个重要结论。第一，对于占星判断会出错这种批判，他指出，理论占星学如同理论医学一样，是容易出现失误的人文学科，它们做出的判断是基于可能性的，而不是确定性。托勒密在《占星四书》中也曾论及具体事物的预测，二者的看法如出一辙。[2] 同时，这个结论也符合梅兰希顿对"艺术"（art）一词的理解，他从斯多葛派的哲学观出发，认为这个概念是指一套命题的组合或是教条，它能够在生活中提供特定的实用性，但不能保证绝对的确定性。[3]

梅兰希顿在其著作《物理学初级教程》中得出了第二个重要结论。他回应了皮科反对预言占星学的一个主要观点，阐述了占星学能否解释具体事物，以及是如何做出解释的。梅兰希顿认为，亚里士多德曾经肯定了宇宙原因与具体影响之间的关系，但所言并不充分："亚里士多德曾说：'占星家们试图找出［天体的］特定效力，即星的不同运动如何影响到［事物的］不同性质，这些影响有些巨大，有些微小。'但是，亚里士多德物理学忽略了这样一个法则，它关乎星的特定效力，即天体是毋庸置疑的宇宙的原因，通过运动和光明激发事物的产生，并决定它的性质。"[4]

---

[1] "Hos refutarunt docti viri, Bellantius et alii quidam; et multae leves et ieiunae cavillationes obiiciuntur, quarum repetitio logna, et refutatio non necessaria est" (Bretschneider et al. 1834-, 5: 819) .

[2] preface to Schöner's *De Iudiciis*, Bretschneider et al. 1834-, 5: 823: "At saepe fallimur, saepius etiam quam in ceteris artibus. Fateor hoc quoque. Nec tamen ars nulla est. Quid enim familiarius homini, quam hallucinari ac errare? Sed manent tamen aliquae verae notitae, quae alii magis, alii minus dextre ad ea, de quibus iudicant, accommodant; et de futuris rebus etiam pauca prospicere et utile et magnume est." Pico had already noticed Ptolemy's admission that the art of astrology is uncertain (Pico della Mirandola 1496, bk. 2, chap. 6) and that "only those inspired bythe divine predict particulars" (bk. 2, chap. 1) . See Belluci 1988, 619.

[3] Bretschneider et al. 1834-, 13: 537: "Ars est ordo certarum propositionum, exercitatione cognitarum ad finem utilem in vita." Cited in Bellucci 1988, 615-616.

[4] Bretschneider et al. 1834-, 13: 185.

在随后的章节中，梅兰希顿正面回击了皮科的一个重要论点：占星学作为一门科学，相同的案例应该具有复制性。皮科指出，某个孩子降生之时，就算占星学可以确知此刻的天体组合形态，但是，同样的组合并不是在数万年之后才会再次出现的。如果占星家们只把他们的观测限定在最常重复出现的星相组合上，那么，这种实践是有缺陷的，因为他们没有考虑同一组个体在某些部分上表现出的同一性。[1]针对这种批判，梅兰希顿争辩道，因为宇宙原因决定所有具体事物的性质，占星学如同医学一样，只需要几个已经证实的案例，就可以在天界组合 A 与单一的地界体验 B 之间建立因果关系。[2]但是，梅兰希顿所说的"单一体验"，实际上是指某一特定类别之中的任一案例。举例来说，月亮与火星及土星会合于第六宫，所有在此时诞生的孩子，都有可能体弱多病；食相一般来说都预示着不好的事情。换言之，梅兰希顿是在为预言年鉴和《金言百则》做辩护，它们都曾预言某一类别事件当中的单一案例，也就是说，特定的天体组合能够引起特定类别的地界事件。

皮科攻击了天体秩序的不确定性，梅兰希顿对此却未置一词，这一点并不奇怪。在他看来，皮科的批判中最让人担忧的，是天体运动与地界事件之间的因果关系受到了威胁。贝兰蒂和其他一些人也反对皮科，他们最关心的无非也是这个问题。对梅兰希顿和这些早期作家来说，"天体运动的法则"从未引起过他们的关注。《物理学初级教程》是梅兰希顿最系统的天学著述，在书中，他毫不犹豫地把这个主题放在了古代权威的理论基础之上——"按照托勒密的教

---

[1] Pico della Mirandola 1496, bk. 11, chap. 1; see Belluci 1988, 616-17.

[2] "Cum natura uno et eodem mode agat, postquam multa exempla congrere compertum est, recete inde extruitur universalis. Hoc modo et Medicus suas universalis constituit. Non colligi omnes singulares experientias de Cidhorio, cuius magnus usus est in febribus, possunt, et saepe effectio eius impeditur, sed tamen consensus multorum exemplorum, quia natura uno modo agit, vim specie ostendit. Ita de astris, recte dicimus universales experientias esse, quas recitavimus de Solis et Lunae effectionibus: item de insignibus coniunctionibus, quia compertum est, similes esse effectiones plerumque" (Bretschneider et al. 1834-. 13: 333) .

义" [1]。简言之，他理所当然地认为，天文学家们对这个问题是有共识的。

雷蒂库斯的《第一报告》与维滕堡 – 纽伦堡文化圈

雷蒂库斯是维滕堡梅兰希顿圈子中的成员之一。他在 1539 年 5 月—1541 年 9 月底之间，与哥白尼一起住在弗龙堡，在那段时间的头几个月中，他写成了《第一报告》。两人之间的关系无疑很近，实际上在哥白尼一生中的最后几年，雷蒂库斯有幸成为了与他最相熟的人。雷蒂库斯在弗龙堡期间，绘制了一幅普鲁士地图，写了一部哥白尼的传记，还有就是一本书，主题是地球转动并不违背圣经。地图和传记都没有留存下来，但是赖杰·霍伊卡（Reijer Hooykaas）最近发现并出版了那部关于圣经的重要作品。[2] 人们还常常提到《第二报告》（*Narratio Secunda*），可惜它从来未曾现身。这两人之间的忘年交如此深厚，让我们不禁要考虑《第一报告》的作者归属。其中究竟有多少内容是哥白尼自己的观点，又有多少是雷蒂库斯的观点？关于联合创作，两人有什么样的约定？哪些人是目标读者？

这本书并没有任何虚构。它是以书信形式写给约翰内斯·勋纳的，这无疑是一个真实人物。[3] 不过，书中有好几处，雷蒂库斯以娴熟的修辞技巧，将勋纳塑造为一个文学形象，借他的身份表达哥白尼的观点和立场。本书前文曾经论及勋纳是一位重要的人文主义者和占星家，他是梅兰希顿维滕堡圈子里的重要成员。他曾经在纽伦堡跟随伯恩哈德·沃尔瑟（Bernhard Walther）学习天文学。沃尔瑟得到了雷吉奥蒙塔努斯的一些论文，后来，其中的一部分转归勋纳所有。从 1526 年直到去世，勋纳一直在纽伦堡高等中学教授数学和其他相关课

---

[1] Bretschneider et al. 1834-, 13: 223-91, 335-36; see 261 for the equant.

[2] Hooykaas 1984.

[3] Thorndike 1923-58, 5: 354-69.

程。梅兰希顿曾经革新了纽伦堡这所学校以及德国其他一些中学和大学的课程设计。勋纳在家乡克舍赫伦巴赫（Kircheherenbach）有一间印刷厂，就像彼得鲁斯·阿皮亚努斯最早曾在兰茨胡特（Landschut）设厂一样。[1] 后来，勋纳因为出版了雷吉奥蒙塔努斯的大量遗稿（从 1531 年开始）而出名，其中许多是在彼得雷乌斯的纽伦堡印厂印刷的。[2] 实际上，雷吉奥蒙塔努斯作为伟大的数学家和占星家，其名望得到复苏和巩固，勋纳为此做出了很大的贡献。他在著作中曾经提到，自己的占星测算使用了雷氏《小限法方位表》。可能正是勋纳向雷蒂库斯讲到了哥白尼，[3] 并且把他描述成可以与雷氏比肩、可以在名人堂中占据一席之地的伟人形象。

勋纳本人也著述颇丰。德国 16 世纪二三十年代的天学文献中，他的著作占据着重要位置。从 1515 年开始，他几乎每年出版一部作品，并且体裁多样，从星历表、仪器论文、墙历、彗星报告，到一般的占星文本，不一而足。其中许多是实用技巧型的书籍，比如钟表和天文仪的制造及使用手册，后来纽伦堡甚至渐渐以制作这类仪器而出名。[4] 在整个帝国境内，勋纳、约翰内斯·维尔东（在海德堡）及勋纳自己的学生塞巴斯蒂安·明斯特（Sebastian Münster，在纽伦堡）共同享有极高的声望。他同时还拥有丰富的藏书，其中包括诺瓦拉的论文《论如何确定出生时刻》（"De Mora Nati"，英译 "On determining the moment of natal conception"），第 3 章提到过，这位博洛尼亚占星家在文中称雷吉奥蒙塔努斯为"我的老师"。

雷蒂库斯于 1538 年 10 月到达纽伦堡，在那里和勋纳呆了至少一个月。之

---

[1]　The press was located first at Bamberg and later at Kirchehrenbach（see Zinner 1941, 57, e. g., nos. 1151 and 1266）; for Apizus's press, see Günther 1882, 11.

[2]　Zinner 1990, 115.

[3]　See Rosen 1971b, 393.

[4]　Zinner 1941, nos. 1038, 1080, 1099, 1100, 1151, 1186, 1217, 1266, 1303, 1304, 1394-96, 1459, 1463-64, 1503-4, 1573, 1575-77, 1677, 1702, 1728, 1790-91, 1837, 1857, 1884, 1892, 1920-21.

后从那里动身，向西北行进，前去因戈尔施塔特（Ingolstadt）拜访彼得鲁斯·阿皮亚努斯，再往图宾根会见约阿希姆·卡梅拉留斯。几乎可以断定，雷蒂库斯此次走访纽伦堡圈子里的几位成员，应该是受到了梅兰希顿的影响。梅兰希顿、卡梅拉留斯和塞巴斯蒂安·明斯特，他们都曾在图宾根跟随洪水预言家和历书改革者约翰内斯·施托弗勒学习。很可能是梅兰希顿安排了这次旅行，希望24岁的雷蒂库斯能够借着拜会勋纳的机会，提高自己作为预言家的才能。无论如何，就像雷蒂库斯本人在1542年所说，正是在这次旅行中，"我在北方听说了尼古拉·哥白尼老师的大名。虽然此时我已经被维滕堡大学任命为［数学］公共教授，但是如果我不能在那位老师的指导下学习，我想我无法对自己满意。并且，无论是钱财的花费，还是旅途的遥远，我都不会后悔。在我看来，所有这些付出都得到了巨大的回报，因为它使得这位令人尊敬的老师，在很短的时间内就与整个世界分享了他对这个学科的想法"[1]。这段文字中提到了花费和旅途，可见弗龙堡并不在他最初的行程计划中，只是当他开始向西南行进之后，才做出了拜访哥白尼的决定。可以进一步推测，把雷蒂库斯推荐给哥白尼的人并不是梅兰希顿。不过，雷蒂库斯决定把《第一报告》献给勋纳，很明显是把这部作品呈现给了梅兰希顿，以及他在维滕堡的那个圈子，包括他的学生和追随者们。

雷蒂库斯与勋纳在纽伦堡的那一个月，讨论的兴趣显然集中在占星学。我们可以想象，勋纳的新作《汇编占星小手册》（*Little Astrological Work, Collected from Different Books*）也一定在他们讨论的话题之中，因为这本书已经交给彼得雷乌斯印刷，预计下一年出版。它属于那种"适合学习用的汇编本"，正是彼得雷乌斯越来越愿意出版的书籍类型。而且这本书也很好地契合了当时他正在推行的一项计划：把阿拉伯元素里的"迷信"莠草从占星实践中铲除出去。这本《汇编占星小手册》合订了多本占星理论书，也收录了勋纳自己编写的指南文章，

---

[1] Burmeister 1967-68, 3: 50.

包括如何解读星历表、将行星与其对应效力分栏列出的简明表格、占星学概论、"本命盘原理要目"等。另外，他还附录了自己的一篇关于洛伦佐·波宁孔特罗（Lorenzo Buonincontro）的论文，这位作者的作品很受欢迎；[1]再有就是埃伯哈德·施罗辛格（Eberhard Schleusinger）的《驳诽谤占星者宣言》（*Declaration against the Slanderers of Astrology*）。勋纳还曾在纽伦堡出版过一部1539年的方言预言年鉴，他也有可能和雷蒂库斯讨论过这个话题。

雷蒂库斯和勋纳对哥白尼的观点感兴趣，是因为它对占星预言具有潜在价值，这一点对彼得雷乌斯来说也同样成立。再者，哥白尼对本命盘的解释在纽伦堡也已经小有名气。[2]雷蒂库斯和勋纳都曾对彼得雷乌斯说过，可以在纽伦堡出版哥白尼的作品。[3]1540年3月，《第一报告》甫一面世，彼得雷乌斯就给雷蒂库斯写了一封公开信。这封信附在安东尼乌斯·德·蒙图尔莫（Antonius de Montulmo）写于14世纪的一篇论文之前出版，论文题目为《论本命占星术》（"De iudiciis nativitatum"，英译"Concerning the judgments of nativities"）。彼得雷乌斯给这个作品附加了诸多的权威元素：手稿出自纽伦堡重量级人物（勋纳）的私人藏书，与雷吉奥蒙塔努斯有关联（它出现在雷氏的出版目录上），文中含有据称为雷吉奥蒙塔努斯所做的批注，与此同时出版的还有意大利一位重要占星家（卢卡·高里科）的论文。[4]

---

[1] Buonincontro 1540. It is noteworthy that the Basel publisher of this work, Robert Winter, issued Rheticus's *Narratio Prima* in the following year.

[2] On April 8, 1535, Johannes Apelt, the former chancellor to Duke Albrecht of Brandenburg, sent Albrecht from Nuremberg a nativity prepared by Joachim Camerarius with the suggestion that if he could not find someone to explain it to him, he should consult "and old canon from Frauenburg" (Prowe 1883-84, 1: 401 n.; Biskup 1973, 155).

[3] Hooykaas 1984, 14; Prowe 1883-84, 1: 516; Burmeister 1967-68, 1: 19; Rheticus 1982, 209-22; Swerdlow 1992.

[4] Gaurico 1552.

彼得雷乌斯本人也在维滕堡学习过，对他来说，出版这本书显然也是梅兰希顿事业中的一部分，即大力推广合乎基督教教义的、正统的占星学。诚如他本人所言："关于本命盘的这部分哲学内容，对于排除迷信、用恰当的方式来表现和引导生命过程，有着确切的、巨大的好处。"[1] 不过，作为商人，彼得雷乌斯认为，如果阿拉伯占星作品对推广本命盘占星术有用的话，他也并不反对把它们出版。[2] 同样的道理，他认为，就算哥白尼的理论与"学校里所讲授的一般解释"相去甚远，它对"关于本命盘的这部分哲学内容"，仍然有着巨大的帮助。[3] 事实上，很有可能是勋纳根据雷蒂库斯提供的信息，算出了哥白尼的天宫图。相比于哥白尼自己的数据，这幅天宫图与勋纳的《天文表》更加吻合。[4] 毫无疑问，勋纳认为，哥白尼的观点是有价值的，除了绘制天宫图，它对占星学的其他分支也有帮助。[5]

---

[1]　Trans. Swerdlow 1992, 274; however, I render pars as "part" rather than "branch."

[2]　Albubater 1540, preface: "Quare ne illius difficultate, pedissequam illius Astrologiam, ceu fructum ac mercedem quendam illiadiungendam esse putamus, quae & ipsa multas affert utilitates. In qua cum hoc tempore aliquid typis excudere uellemus, commodum ad manus nostras prouenit, Albubatris Liber genethliacus, siue De natiuitatibus inscriptus: quem non solum propter rerum copiam & authoris diligentiam, caeteris praeferendum putamus, uerum etiam propter iucundam ordinis nouitatem. Ita enim rerum per stellas significataram ordinem secutus est, ut tamen ordinem Domorum non inuerterit."

[3]　Swerdlow 1992, 272.

[4]　Ludwik Birkenmajer pointed out that the horoscope must have been made while Copernicus was alive, as it made no sense to prepare a forecast for someone who was not living. Furthermore, he believed that Rheticus was the source of the information and that the Wittenbergers were interested to judge the worth of Copernicus's doctrine based upon the horoscope of its creator（see Birkenmajer 1975, 726-27, 728-33）. Swerdlow and Neugebauer have analyzed Cod. lat. Monac. 27003, fol. 33（see figure 32; also reproduced in Biskup 1973, plate 22）, and conclude that the horoscope is in somewhat closer agreement with the Alfonsine-based *Tabulae Resolutae* than the numbers predicted by Copernicus's theory（Swerdlow and Neugebauer 1984, 454-57）.

[5]　See Thorndike 1923-58, 5: 367. From my inspection of the copy held by the Bibliothèque Nationale, I can find no evidence for Thorndike's comment that "Schoner maintained that the Copernican system was not unfavorable to astrology"（Schöner 1545）. In the description of a copy of this work for sale by Jonathan Hill in 1995（catalogue no. 88, item no. 89, 37）, Thorndike's comment is endorsed. However, when I checked with the dealer, he too was unable to find any references to Copernicus.

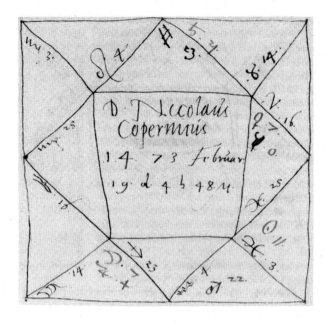

图 32. 哥白尼的天宫图，约 1540 年。Courtesy Bayerische Staatsbibliothek，Munich.

初版《第一报告》在题献语中强调了勋纳的名望和权威："献给声望卓著的约翰·勋纳先生。"雷蒂库斯这么做，除了向梅兰希顿致意，还因为他和哥白尼都相信，勋纳及其人脉非常有助于新体系得到认可。因为勋纳本人曾经出版过大量的作品，他在数学和占星术方面的造诣，以及他与雷吉奥蒙塔努斯的关联，可谓无人不知、无人不晓。同时，在扉页上将此书题献给勋纳，在纽伦堡（进而在帝国全境），其意义甚至超过了由勋纳担任编辑或是出版人（事实上这个角色是由安德列亚斯·奥西安德尔担当的）。扉页上接下来的内容是："关于《天球运行论》，其作者为最博学之士，最杰出的数学家，尊敬的博士，瓦尔米亚教士，托伦的尼古拉·哥白尼。"雷蒂库斯对勋纳自始至终怀着一种对父亲的尊重，"就好像对待自己的教父一样"。而他对哥白尼的尊重，则是以"我的老师"这样的

116

称呼表现的，这种表达反复出现，显然并非仅仅出于修辞需要。[1]

《第一报告》的第二版（1541）显然也是维滕堡－纽伦堡圈子的产物。它包括一篇新的序言，作者是阿基利斯·皮尔明·加瑟，他与雷蒂库斯在家乡费尔德基希（Feldkirch）时就已经熟识。加瑟具有非常广泛的人文主义兴趣和技能。他与雷蒂库斯和彼得雷乌斯一样，都曾在维滕堡学习，并在蒙彼利埃（Montpellier）取得了医学学位，之后跟随雷蒂库斯的父亲在费尔德基希行医。[2]加瑟曾写过五篇关于瘟疫的概要报告，五篇关于彗星的简短"描述"（Beschrybungen）和报告，这五次彗星分别出现在 1531、1532、1533 和 1538 年。[3]1538 年，梅兰希顿将萨克罗博斯科的一本《年历小手册》（*Libellus de Anni Ratione*）献给了加瑟，书中他也赞扬了雷蒂库斯。次年，加瑟在斯特拉斯堡出版了《宇宙元素》（*Elementale Cosmographicum*），一本关于天文学和地理学"基础"的小册子。[4]1543—1545 年，约翰内斯·彼得雷乌斯出版了四部加瑟的预言年鉴；1546 年的年鉴献给了雷蒂库斯。[5]1543 年 9 月，彼得雷乌斯将一册《天球运行论》作为礼物题赠给了加瑟。[6]

加瑟作为医生和占星家享有声望，在维滕堡－纽伦堡圈子里也占有重要的地位，这自然能解释为什么雷蒂库斯会请他为《第一报告》第二版作序。加瑟注意到了这本书对于占星医学的价值，所以，在序言中他对自己以前的同学、后来的医生同行、康斯坦茨的格奥尔格·沃格里（Georg Vögeliof Konstanz，卒于1542）说了这样一番话："所以，亲爱的格奥尔格，你会看到，我们从天文学的

117

---

[1] For the hypothesis that Copernicus functioned as a powerful father figure to Rheticus, see Westman 1975b.

[2] See Burmeister 1970, 1: 46-105.

[3] For a listing of these works, see ibid., 2: 29-37.

[4] Ibid., no. 21, 2: 43.

[5] Ibid., 1: 69-70; 2: 39-40. The Latin works are all called *Prognosticum Astrologicum*; the German works are called *gemeine Anzeigung*（for 1545）and *Practica*（for 1547）. The prognostication for 1546 appeared also in English（London: Richard Grafton, 1545）.

[6] Copernicus 1543, Vatican copy, title page; for illustration and description, see Gingerich 2002, Vatican 2, 108-10.

主要困惑中解脱了，其他模糊不清的问题也都被清除了。所以，我小心仔细地寄给你的这本书，请你一定要读。读过之后，尽可以严厉地批评，但同时请把它推荐给那些热爱数学的人，尤其是你身边那些人。"[1] 加瑟毫不怀疑这是一部不同凡响的著作，不仅是因为它的"新"和"有用"，更是因为它的大胆：它有违常理，与学校里教的知识背道而驰。新教徒对它也有不同的声音，一些僧侣甚至宣称它为"异端邪说"。但是，加瑟不遗余力地赞美了这本书："它真真切切地带来了天文学的再建和重生，这种新的天文学完全符合真理。因为，它所提出的命题生气勃勃，切中了普天之下最有见识的学者、最了不起的哲学家争论不休的话题。"按照加瑟的说法，这些争议性话题包括"天球的数量，星与星之间的距离，太阳［在宇宙中］的统治地位，行星的圆形轨道和它们的位置，一年的长度，二分点和二至点，最后还有地球自身的运动，以及其他一些难题"。两类读者尤其能看到这本书的价值："我们这个时代的饱学之士"，以及"在数学方面接受过中等教育的人"，这两者之中，特别有感触的是那些"制作星历表的人"。[2] 总之，不论是理论家还是星历制作人，都会很喜欢这本书，因为天文学就其本身而言是一门精确的科学，其准确性是不容置疑的，但事实上它却被分歧意见所困扰——包括不同时间、不同观测所得的不同数据，以及观测结果可能产生的影响力。

加瑟借着与沃格里的对话来表达观点，这种修辞方法是模仿雷蒂库斯的。他把自己的作品献给了勋纳，而实际上，勋纳起到的作用，就仿佛普通读者的替身。《第一报告》所表明的写作目的，是向勋纳解释哥白尼的观点，并说服对

---

[1]　Achilles Gasser in Feldkirch to Georg Vögeli in Konstanz, 1540, in Burmeister 1967-68, 3: 15-19. Brumeister published the original text with German translation; there is also an excellent French translation in Rheticus 1982, 197-99.

[2]　Burmeister 1967-68, 3: 15: "Videtur tamen novae et verissimae astronomiae restitutionem, immo την παλιγγευυησιυ haud dubie prae se ferre, praesertim cum de eiusmodi propositionibus evidentissima decreta iactiter, super quibus a doctissimis non modo mathematicis, sed philosophis maximis etiam non citra sudorem."

方相信这种观点值得与古代权威（托勒密）和当代大家（雷吉奥蒙塔努斯）的思想相提并论。相反，雷蒂库斯把自己的形象塑造为一个诚挚的仰慕者、一个后生晚辈，而不再提及当初离开维滕堡大学之时他的正式职位——一位数学老师。他在书中提到一点，自己只有很短的时间（10周）去了解哥白尼的著作。"他模仿托勒密，在全书六卷文字中，包容了天文学的全部内容，用数学和几何的方法，陈述了每个命题。"[1] 这段话显然指的是哥白尼的《短论》所酝酿的那部作品，雷蒂库斯强调了自己学识有限。除了与哥白尼相处时间短，他还提到一次"小恙"和一次"休养性的"旅行，当时是"有幸受到尊敬的库尔姆（Kulm）主教蒂德曼·吉泽（Tiedemann Giese）大人之邀约"，与哥白尼一同前往卢巴瓦（Lubawa）。读者可以得出这样的印象：他们在一起过往甚密，并且，雷蒂库斯已经融入了哥白尼的社交圈。

书中包含了这么多传记题材的内容，表明了一种策略性考虑：这本书是在尽可能地模仿和再现原书的观点。但是，如果有任何误读和误传，那么，责任在年轻不可靠的学生雷蒂库斯，而不在老师哥白尼。还有一种可能，这种区分作者责任的方式，其目的就是有意识地给日心假设留下空间，以便提出更强有力、更激进，也许更具有争议性的观点。

自传性内容、正文话题、省略内容，三者交织，更进一步地达到了策略效果。雷蒂库斯说，他"掌握了前三卷内容，第4卷得其大致要义，剩余部分则刚刚开始了解"。但是，他言称，关于第1卷和第2卷，"没有必要把所有内容都写给你。部分原因是，我的老师在开初部分所提出的学说，与人们普遍接受的观点并没有什么区别"。[2] 换言之，雷蒂库斯以自己时间有限为由，避免一开始就

---

[1]　Rheticus 1971, 109-10.

[2]　Ibid., 110.

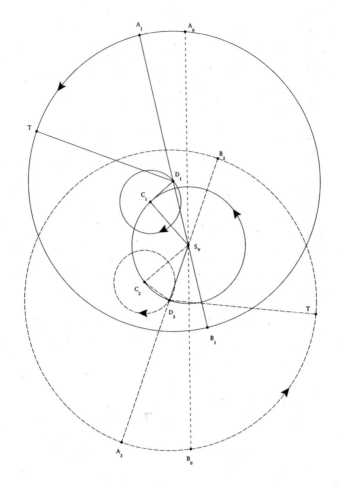

118

图 33. 当代人重新绘制的雷蒂库斯 "命运之轮"（Wheel of Fortune）。地球（T）沿逆时针方向环绕 D 点运行，周期为一个恒星年，D 点离心或者偏心于太阳（S）。但是，偏心圆圆心 D（显示为 D1 和 D2 两个位置），同时环绕以 C 点（显示为 C1 和 C2 两个位置）为圆心的小圆轨道，做顺时针方向的本轮运动，周期为 3434 年，因为 C 点的绕行速度比 D 点要慢得多，大约只是它的 1/15。雷蒂库斯的命运之轮将本轮圆心设定在 C 点，它的运动决定了地球与太阳之间的最大距离（A1，A2）、最小距离（B1，B2）和平均距离（没有标出）。他相信，地球轨道偏心圆圆心的这种变化，决定了伟大的帝国（罗马）和宗教（伊斯兰教）的兴起或衰落。他还认为，D 点的运动周期，与以利亚（Elijah）所预言的时隔 6000 年基督第二次降临，二者在时间上 "相差无几"（即，D 点环绕 13 / 4 圈：3434 年 +2575 年 =6009 年）。From Rehticus 1982, 153—55. Courtesy of the editors.

把第 1 卷中争议性的问题拿出来讨论。[1] 尽管他是这么否认的，但是，后来他在书中还是回到了原稿的这部分内容。不管是有意还是无意，这种策略的效果是，《第一报告》的读者在作者的引领之下，不禁要去探索、认识他的老师本人的著作。而在它的开篇部分，并没有任何对"新的设想"的介绍。

雷蒂库斯《第一报告》的前七章所讨论的，都是像勋纳这样的占星预言家们直接感兴趣的天文学问题：关乎历法稳定性和准确性的话题，比如恒星的运动，恒星年与回归年的长度问题，黄赤交角的变化，太阳远地点偏心率的变动，月球理论，食相，等等；这些都是哥白尼在《天球运行论》第 3 卷和第 4 卷详细论述的技术问题。

世界—历史预言与天体运行

接下来，雷蒂库斯的行文打破了通行的惯例。他没有再继续自传性的话题，没有描述天文学理论机制，甚至没有再说哥白尼的手稿。他对第 5 章的介绍非常简单："我会在这里加进一个预言：世界帝国的变迁与地球轨道偏心圆圆心的运动。"他并没有说："我的老师在这里加进了一个预言。"因此我们可以猜测，哥白尼和雷蒂库斯共同商定，所有与预言相关的内容，都分工给雷蒂库斯。但是，即便我们认定提出这个预言的并不是哥白尼本人，而是说雷蒂库斯未经哥白尼

---

[1] Later, however, Rheticus does return to the question of the *primus motus*, making it appear that he has indeed been working his way through the manuscript. This passage creates the impression that either Rheticus was studying and writing in great haste (without revising) or that the order of treatment was meant to make it appear as if Rheticus was faithfully reporting his own study of the manuscript.

同意便自作主张"加进"了这则预言，这也不可能是事情的真相。[1]《第一报告》出版之后，雷蒂库斯在自己的老师身边呆了一年多的时间。没有证据显示哥白尼对书中的内容有任何反对意见，因为第二版只是标题做了小改动，正文丝毫未动。[2]一些评论家担心这则预言打断了书中关于地球偏心运动的讨论，[3]但是，雷蒂库斯的秘书、地理学家海因里希·泽尔（Heinrich Zell, 1518—1568）打消了人们的这个念头。他为这本书添加了页边设计，在边注里，他并没有标示这段文字有"离题"之嫌。由此可见，雷蒂库斯的本意在于之前的讨论并没有被中断，预言本身正是以前文的话题为天文学基础的。[4]

这种预言本身也很值得我们关注。"预言"一词，雷蒂库斯在这里使用的是 vaticinium（指神的启示所预言的未来。——译者注），而后来他曾写过一部题为《德语预言》（*Prognosticon oder Practica Deutsch*）的方言预言，使用的术语则为 prognosticon（指一般意义的预测、预兆、预言。——译者注），二者显然是有区别的。[5]他也没有借此机会泛泛写一篇赞美占星学的颂词——他的老师曾在1535

---

[1]　J. L. E. Dreyer believed this to be the case: "Nothing of this theory of monarchies is mentioned by Copernicus himself but we cannot doubt that Rheticus would not have inserted it in his account if he had not had it from his'D. Doctor Praeceptor, 'as he always calls him" (Dreyer 1953, 333). Alexandre Koyré was more cautious: "It is difficult to say if Copernicus shared the views of his young friend, or was merely indifferent to them" (Koyré 1992, 32-33). See also North 1994, 289-90.

[2]　Rheticus 1982, 11. The title of the Basel edition is somewhat different: instead of putting Schöner's name first, the title now begins "Concerning the Books of Revolutions." It then continues unchanged with Copernicus's full title: "of that most erudite man and most excellent Mathematician Nicolaus Copernicus, Canon of Varmia." However, where the Gdańsk edition then identifies only "a certain young man studious of Mathematics," the Basel edition names Georg Joachim Rheticus.

[3]　This is the view of the translators of the French edition: "Ce passage astrologique de Rheticus interrompt l'exposé sur la variation de l'excentricité et sur le mouvement de l'apogée du soleil, commencé au chapitre IV. Aussitôt après cette digression, d'ailleurs, Rheticus poursuit la description de la théorie copernicienne du soleil. On voit bien sur cet exemple que les indications portées en manchettes par H. Zell dans l'édition de Gdansk visentà attirer l'attention du lecteru sans toujours remplir la fonction de titres de chapitres" (Rheticus 1982, 155).

[4]　Here I differ with the brilliant French team of editors and translators, who interpret this section as a digression from the astronomical material (Rheticus 1982, 155, n. 47).

[5]　"Addam et vaticinium aliquod" (Rheticus 1982, 47; Rheticus 1550b).

年就这个话题发表过反驳意见。[1] 如果我们仔细看看他在《第一报告》中的表述，就会明白他为什么选择了不同的词语。雷蒂库斯写道："我们能看到，当偏心圆圆心处在小圆轨道上的某些特定位置之时，不同的帝国就会兴起。……看起来，这个小圆轨道正是命运之轮，它的运转决定了世界上帝国的兴起和变迁。世界历史上最重大的变化，都是以这种方式显现出来的，就好像被刻写在这个小圆圈上。"这与其说是一种对来年运势的预测，不如说是一种《启示录》式的世界 – 历史预言。这种叙事起始于罗马帝国（地球偏心率达到最大值），接着，随着偏心率逐渐变小，罗马渐渐地衰落了，"仿佛年事已高，直到最后灭亡"。当偏心率达到平均值之时，"穆罕默德信仰"开始出现，与之相伴随的是另一个伟大的帝国。100 年之后，当偏心率达到最小值之时，"它会因为遭受致命的打击而衰落"。偏心圆的圆心再次回到平均值，则预示着基督耶稣的再次降临。"这个数值与以利亚所宣称的相差无几。他受神的启示，预言这个世界将仅仅存在 6000 年，这差不多是偏心圆圆心运转两周的时间。"[2] 换句话说，如果能确切地掌握命运之轮的转动规律，就能够恰当地解读上天的动机，以及以利亚预言的意义。

雷蒂库斯这本书出版之际，正是以利亚预言广为人知、引来评议无数的时候。[3] 13 世纪预言中的末世言论无疑在其中非常活跃："当弥赛亚来临之时，一切都会归于原初。"[4] 但是，弥赛亚究竟会在世界历史上的哪个时刻来临？在维滕堡，约翰内斯·卡里翁（Johannes Carion）的《编年史》（Chronicle）成为解读以利亚预言的主要文本。这部著作被分为三卷，对应着以利亚预言中所宣称的世

---

[1] "De dignitate astrologiae" (Burmeister 1967-68, 3: 25 n., 88, 90, 1: 27) .

[2] Rheticus 1971, 121-22; Rheticus 1982, 47-48. Figure 33 is a reconstruction not found in the original work (Rheticus 1982, 153-54) .

[3] Derived not from the Bible but from the Babylonian Talmud. *Elias* is the Greek form and *Helias* the Latin of "Elijah." See further Warburg 1999, 693-95; Rheticus 1971, 122 n.; Rheticus 1982, 155 n. Barnes 1988, 78, 104-5, 107-8, 113, 279 n.; Granada 2000a, 109.

[4] Reeves 1969, 309. For the Elijah prophecy, besides Rheticus 1982, 155 n. 46; Barnes 1988; Granada 1997b.

界历史的三个阶段。1550年，它被翻译成英语：

> 世界将屹立六千年，而后归于消亡
>
> 两千年无律法
>
> 两千年有律法
>
> 两千年基督的时代
>
> 如果这些年不能由始至终，那是因为我们的原罪深重。[1]

120

其他许多编年史作家，比如加瑟，也都采用了这种三阶段的结构模式。[2]《编年史》声称揭示了上帝的计划，成为世界历史的主流叙事文本，也是理解圣经预言的关键。天体运转也是神的计划中的一部分，因而有助于解释神圣和世俗历史的宏大计划中特定的幸运和不幸。罗宾·巴恩斯的看法很有道理，他认为《编年史》是"以利亚计划进入宗教改革思想的门户"。[3]

梅兰希顿和约翰·卡里翁都曾在图宾根跟随施托弗勒学习。其后，卡里翁成为勃兰登堡选帝侯的宫廷占星师。梅兰希顿在卡斯珀·比克的帮助下，重写了卡里翁的书稿。后来，卡斯珀为维滕堡的学生们制作做了一张很大的折叠表格，列出了这本书中所讨论的主题。这部两卷本的著作详细叙述了帝国及其统治者的兴衰史，1564年之前至少出版了一个英文版本和五个德文版本，1558年之后

---

[1]　Carion 1550, *B1v; Melanchthon and Peucer 1624, preface, 120: "Sex millia annorum mundus, & deinde conflagratio. Duo millia Inane. Duo millia Lex. Duo millia dies Messiae. Et propter peccata nostra, quae multa & magna sunt, deerunt anni, qui deerunt."

[2]　See Burmeister 1970, 1: 85-91.

[3]　Barnes 1988, 107.

则出版了多个拉丁文版本。[1]梅兰希顿还曾明确地把以利亚预言和天文学学习联系在一起："来源于以利亚的思想不应该遭到声讨：世界将存续 6000 年，之后会有一场突发的大火。2000 年虚空混沌，2000 年有律法，再 2000 年直到弥赛亚来临。" [2]路德在其《编年史》（*Supputatio Annorum Mundi*，维滕堡，1541）中也强调了以利亚预言的重要性，它是以圣经为基础编写的世界历史，其结构模式效仿了创世的六天。按照路德的计算，基督是在世界历史的第 3960 年诞生的（与以利亚所说的 4000 年的数字有些出入），到作者自己所在的 1540 年，世界历史已经过去了 5500 年。[3]

　　新教预言家们大量使用了前路德时代作家的各种评论和解释。具有讽刺意味的是，维滕堡的宗教改革家们还得感谢皮科·德拉·米兰多拉，他在质疑占星学之前，曾经在研究《创世记》的论文中详细地讨论过以利亚预言。[4]雷蒂库斯显然知道这部作品，所以很有可能哥白尼对它也不陌生。[5]按照皮科的看法，以利亚的预言对应着《创世记》的第四天，也就是，创世之后的第四个千禧年。皮科引用并翻译了一段希伯来文本："以利亚的子民或门徒们说：6000 年给世界；

---

[1]　Melanchthon 1532 in Bretschneider et al. 1834-, 12: 708; Melanchthon and Peucer 1624, 27: "Nomen Chronici Carionis retinui, quod mutare illud autor primu sanctae beataeque memoriae Philipp. Melanthon socer meus noluit. Occasio nominis huius inde exittit, quod cum Ioannes Carion Mathematicus ante annos XL. coepisset contexere Chronicon, & recognosecendum illud atque emendandum, priusquam prelo subiiceretur, misisset ad Philippum Melanthonem, hic, quod parum probaretur, totum aboleuit［aboluit?］una litura, alio conscripto, cui tamen Carionis nomen praefixit. Sed et hoc cum retexuisset, amici nomen et memoriam, àcuius primoridijs［Gr. : aformi］prima Chronici contexendi nata atque profecta esset, titulo posteritati commendare voluit." Peucer prepared the tabular index to the book（"Tabella ostendens quo origine legenda et cognoscenda sit series historiarum mundi; 49）; cf. Barnes 1988, 106-8.

[2]　The passage ends exactly like Carion's: "Et si qui deerunt, deerunt propter nostra peccata quae multa sunt." Bretschneider et al. 1834-, 12: 46 f. Melanchthon says in a letter to Carion on the comet of 1531 that Paul of Santa Maria is the source of the Elijah prophecy cited by Carion himself in his *Chronica*. On the Elijah prophecy in the Renaissance, see Secret 1964, 11; for these references, see Rheticus 1982, 155 n. 46.

[3]　Barnes 1988, 50-52; Headley 1963, 108-10.

[4]　Pico della Mirandola 1969, exp. vii, chap. 4, 53-55; Pico della Mirandola 1965, 159-62.

[5]　See Hooykaas 1984, 56, 87.

2000 年虚空，2000 年给律法，2000 年给弥赛亚来临的日子。因为我们的原罪深重，便略去了那些已然略去的时间。"[1]

这些数字给皮科带来了一些训诂学上的困难。他不同意希伯来评注者，而认为从亚当到亚伯拉罕，中间只有 1848 年："所以，有律法的时代接替虚空时代，并没有发生在第二个千年之后，而是在其之内。"[2] 同理，基督出现在世界历史的第 3508 年，就是说，在第四个千年之内，而不是之后。[3] 由是，相对于卡里翁所计算的基督到来的时间，皮科提出了一种前宗教改革的、天主教的诠释选项。他总结说，天主教会如同"月光"一般出现，它照亮了世界，因为"在基督死后的 500 年间，无数的殉道者、信徒和神学家都已经变得家喻户晓"[4]。

所有这些对于基督何时归来的考据，可以帮助我们进一步理解，为什么雷蒂库斯和哥白尼决定把他们的书定名为《关于〈天球运行论〉的第一报告》，又把哥白尼的代表作命名为《天球运行论六书》。[5] 知晓天球运行的周期，不仅能够让人们理解和预测，它们会对当年、当地产生何种效力，而且能够帮助人们判断长时期的、基于圣经的、世界—历史的结果。雷蒂库斯在简单解释了以利亚预言之后，这样对勋纳说："上帝的意志，我将很快从你自己的口唇中听到，行星大会合和其他已知的会合，将如何暗示这些帝国的命运，不论主宰它们的是公正的律法，还是不公正的律法。"[6] 换言之，作者邀请读者进一步把下面这些因素关联起来：新的日心体系、不同帝国的兴衰，以及基督的第二次来临。考虑到本书在作者安排方面的敏感性——一位路德宗作者讲述一位瓦尔米亚教士

---

[1] Pico della Mirandola 1965, 160.

[2] Ibid., 161.

[3] Ibid., 159.

[4] Ibid., 159.

[5] Cf. Rosen（1943, 468），who recognized the possible astrological associations of the first part of the work's title but avoided any further discussion of it.

[6] Rheticus 1971, 122. I have modified Rosen's translation.

121

的天文学设想——我们就能够理解，为什么书中没有提到梅兰希顿–卡里翁，没有提到反教皇的世界历史解读方式。

但是，在哥白尼去世之后，雷蒂库斯继续发展了占星学与圣经之间的内在关联。比如，在他为约翰内斯·维尔纳（Johannes Werner）《论球面三角形》（*On Spherical Triangles*）所写的前言中，有这样一段话：

我们知道，星球根据自然的秩序统治着地界之事。不过，造物主创造了诸星，规定了它们的大小，按照自己的意愿停止它们的行程，控制它们的效力。同样地，造物主通过约书亚（Joshua）把太阳停在天上，又通过以西结（Ezekiel）令它反转路径。然而，就诸星而言，我能断定，土耳其帝国有灾祸迫近，并且，极其严重、突如其来、难以预见，因为火象大三角的影响力正在形成，而水象大三角的力量正在消退。同时，恒星天球的近点距离正在进入第三边界。根据历史记载，不管何时，只要它到达任何这样的边界，世界上和帝国内总会有极其重大的事件发生。正是在这个时刻，上帝会执行他的审判，将有权势的从宝座上赶走，将地位低下的抬举起来，这样的事情曾经发生在薛西斯（Xerxes）身上，当时他正带着大军攻打希腊。[1]

紧接着，雷蒂库斯添加了一段文字，为我们带来了不少信息："尼古拉·哥白尼称得上是我们这个时代的希帕克斯，他的价值从来没有被充分认识到。我们很久之前就解释过，是他第一个发现了恒星天球的近点角规律。我曾经在普鲁士旅行了大约三年，正当我打算离开之时，这位不同寻常的老人希望我能够帮助他完善一些事情，他本人原本可以把它做到尽善尽美，但是因为年岁和定

---

[1] "Letter to Emperor Ferdinand," preface to Johannes Werner, *De Triangulis Sphaericis* and *De Meteoroscopiis* (Krakow, 1557)，in Rheticus 1982, 233; see also Rheticus 1971, 123 n.

数的缘故，终不能竟其事。"[1]

从这段话我们可以很清楚地看到，在哥白尼眼中，雷吉奥蒙塔努斯开启了对星的科学的伟大改革，自己接力了他的工作，而如今，雷蒂库斯正是那个可以最终完成这项使命的人。改革天文学，即天学的理论部分，是哥白尼的"定数"。眼看哥白尼年事已高，雷蒂库斯相信，现在轮到他自己去承担天定的使命——改革天文学的实践部分，比如三角几何、行星表，也许还包括类似于《占星四书》的占星理论。这里，我们应该回顾一下，皮科对天文学和占星学同时发难，雷蒂库斯曾批驳他说，假如皮科能够活着看到哥白尼的成就，就不会犯下他已然犯了的错误。雷蒂库斯这番胜利者的言论，就出现在《第一报告》"预言"部分的末尾。[2]

天体秩序及其必然性

哥白尼日心理论的首次公开发表，几乎难以令人觉察。它出现在雷蒂库斯《第一报告》的三分之一处（第7章结尾）。[3] 雷蒂库斯这样写道："天象的确切解释，完全取决于地球有规律的、均匀的运动，这无疑是神意使然。"[4] 把这个断言放在全书如此靠后的地方，这种做法有别于《天球运行论》。哥白尼在前言中就介绍了这个主要观点，之后在第1卷的前十章中系统构建了这一理论。这种区别的原因也许在于，雷蒂库斯的修辞策略是指向维滕堡社交圈，而不是罗马教廷的。

---

[1] "Preface to Werner" in Rheticus 1982, 233.

[2] Rheticus 1971, 126-27.

[3] "As for the fact that the planets are each year observed as direct, stationary, retrograde, near to and remote from the earth, etc., my teacher shows that this can be due to a regular motion of the terrestrial globe.... This〔terrestrial〕movement is such that the Sun occupies the middle of the universe while the earth, in place of the Sun, revolves on an eccentric that my teacher has decided to call the Great Orb" (Rheticus 1982, 54, 106; cf. Rheticus 1971, 135-36).

[4] Ibid.

他首先推荐了哥白尼在天文学方面所做的改进，接着将它与世界－历史预言关联在一起，然后，直到此时，方才把新天体秩序与新天文学所能带来的好处联系起来。

第8—10章终于介绍和定义了这种新的天文学假说。之后，作者的策略是直接开始说服读者。雷蒂库斯再次使用了自传体的叙事方式，用以制造一种逼真的氛围。他先是向勋纳介绍是什么原因说服哥白尼本人脱离了古代人的设想（第8章的标题是"古代天文学家的假设必须被摒弃的主要理由"），然后他问勋纳，说服了哥白尼的那些理由是不是足够充分（第9章的标题是"新的天文学假说作为一个整体的细目"）。

第8章尤其引起我们的兴趣，因为雷蒂库斯在此从哥白尼假说的立场出发，提出了一些最为激进的观点。其中就包括必然论：事情绝不会存在其他可能性。雷蒂库斯根本不曾考虑其他解释体系，这一行为尤其加深了读者的这种印象。他把这些必然论观点与其他一些理由混合在一起，而后者则与哥白尼《天球运行论》中辩证的、或者说／或然的论述更加协调。由此，有些人就开始相信历史学家的判断——提出必然论显然是雷蒂库斯一人所为。但是，我还是再一次坚信，哥白尼如果不同意雷蒂库斯所说的那些观点，是断乎不会允许将它们发表的。[1]

雷蒂库斯从不同的考虑角度出发，提出了三个观点，这些观点表明他是从何处入手、如何带着读者们看清楚，在地球运动与其他天体现象之间，存在着富有说服力的关联性。第一，雷蒂库斯称："二分点毫无争议的岁差，黄赤交角的改变，这些现象使我的老师形成了这样的设想，即地球如果是运动的，则能够引起大部分已经显现出来的天文现象，或者，无论如何，可以让它们得到令人满意的解释。"[2] 回归年长度的不一致不是由仪器误差产生的，而"完全是一种

---

[1] Granada（1996a, 794-97）also regards Copernicus as playing a silently supportive role for Rheticus's views about scripture and the Earth's motion.

[2] Rheticus 1971, 136; Rheticus 1982, 106. Cf. Copernicus 1543, bk. 3, chaps. 1, 3.

自洽性的表现"。如果恒星天球是静止不动的，那么，何以产生二分点的岁差呢？雷蒂库斯的答案是，哥白尼发现，地球的运动可以回答这个问题（或者，可以让各种天文现象得到令人满意的解释），并且，正是这个发现"说服我的老师形成了这样的假设"——地球是运动的。这里，雷蒂库斯为了获得更多的赞同意见，再一次使用了传记式的笔法，而不是正式的证明。他想要勋纳注意，哥白尼开始猜想，进而假设地球的运动是与岁差现象有关系的。至少有一位历史学家——杰瑞·莱维兹（Jerry Ravetz），曾试图把这段文字与哥白尼的发现联系起来。[1]

第二个观点更加大胆。"我的老师发现，只有在这个理论前提之下，宇宙中的所有圆周运动才能均匀地、有规律地绕着自己的中心点进行，而不必环绕其他中心——这正是圆周运动的一个基本特性。"[2]换句话说，只有假定地球在做周年圆周运动，才可能产生这种独有的结果——诸行星均匀的圆周运动。[3]这个观点立刻能够唤起我们对《短论》的记忆（只不过有一点值得注意，雷蒂库斯用了"圆周运动"这个说法，而没有用"天体"和"天球"）。[4]假如这个观点从逻辑上讲是正确的——事实上并非如此——那么，它的含义就可以解释成：地球运动这一假设的直接后果，是一个不存在偏心匀速点的行星体系。总之，我们

---

[1] Ravetz 1965, 1966; Curtis Wilson 1975. Working at a different historiographical moment, neither Ravetz nor Wilson was concerned with the rhetoric of Rheticus's arguments.

[2] Rheticus 1971, 137; Rheticus 1982, 107.

[3] See Copernicus 1543, bk. 1, chap. 4. The immediately preceding sentence reads: "Terrae igitur, ad Martis et aliorum planetarum motus restituendos, alium locum deputandam esse patet" (Rheticus 1982, 55).

[4] In a highly suggestive and influential interpretation of this *petitio*, Noel Swerdlow argued that Copernicus meant the spheres to be taken as material, impenetrably solid entities whose motions would be incoumpatible with the nondiametral axes of the equant (Swerdlow 1973, 424-25, 432, 438-40). Later, in outlining the arrangement of the universe, Rheticus wrote in such a way as to suggest that the planets are situated in eccentric orbs(*orbes*): "Intra concavam superficiem orbis Martis et convexam Veneris, cum satis amplum relictum sit spatium, globum telluris cum adiacentibus elementis orbe Lunari circumdatum circumferri." In my opinion, although talk of "concave and convex surfaces" warrants talk of "thickness," it does not logically imply impenetrability.

在这里再一次隐约看到了自传的痕迹，又或者是，一位热切的年轻人太崇拜自己的老师，由于过度夸张而导致了对其理论的误读。[1] 不管怎样解释，这段文字中赫然可见前文提到的"必然性"立场。

第三个理由，是一个没有提供证据的论点。雷蒂库斯借助普林尼（Pliny）的权威提出自己的主张："诸行星本轮的中心点邻近太阳，而太阳则被认定为宇宙的中心点。"同样还是以普林尼的权威观点为基础，他继续论述了火星的位置："毫无疑问，火星的天文视差有时候会比太阳大，因此，看起来地球不可能占据宇宙的中心位置。"有趣的是，雷蒂库斯在提出这些颇有分量的主张时，却没有采取自传式的说服方式，如指出哥白尼本人所做的某一次天文观测。像这样讨论行星次序问题，并提出一个重要的论点，却没有指出具体的观测实例，这在雷蒂库斯的书中属于罕见的几个例子之一。显然，他认为这种观点足以作为一个结论提出，因为火星距离的变化"断乎不可能出现在本轮理论体系当中"，所以，"地球的位置必须重新分配"。半个多世纪以后，米沙埃尔·梅斯特林在他的新版《第一报告》（1596）中支持了这一论点，他的证据是第谷·布拉赫写给卡斯珀·比克的一封信，信中提到了一次有说服力的观测记录。[2]

存在于结果之中的必然性

除了这种必然性的姿态，雷蒂库斯还效仿了哥白尼《天球运行论》中的一种策略。虽然这部著作在三年之后方才公之于世，但此刻已然摆在了雷蒂库斯的案头。他将书中的新体系描述为一种必须的前提，因为他的老师"作为一个

---

[1]　Swerdlow (1973) has suggested that Copernicus's starting point was not the Earth's motion but his dissatisfaction with the equant, already evident in the first *petitio* of the *Commentariolus*.

[2]　Rheticus 1982, 186-187; Kepler 1937-, 1: 119-120; the letter was dated September 13, 1588 (Brahe 1913-29, 7: 129)；when the letter came into Maestlin's possession is not known.

数学家"，不得不接受这样一个假设，理由是，相对于托勒密的设想，这个新设想可以引导出诸多真实的、和谐的结果。雷蒂库斯在此第一次采用了一种非常强有力的表达方式——"最接近绝对的天球运动系统"，这在《天球运行论》中从来没有出现过。这里，为了让读者们更好地理解新的宇宙设想的系统性，他反复使用的基本逻辑是：从最简单的解释方法出发，便可以得出这样的推论。雷蒂库斯试图借用大量的修辞手法和辩证常识，论证新体系的这种独特性，这一点在《天球运行论》中可谓绝无仅有。

这种"简单"首先表现在，它就仿佛一架精密的钟表，所有的效果都是由一种原动力引发的。这种意象通常会使人联想到 17 世纪流行的一个比喻——上帝好比一位钟表技师，创造出了最经济的齿轮系统。不过，雷蒂库斯说话尚不能像下一个世纪的人那么无拘无束，他和哥白尼一样，用了一种人文主义的、修辞辩证兼具的疑问句式，让读者们自然而然地觉得，答案是显而易见、不言而喻的："难道我们不应该把这种技巧归功于上帝吗？""还有什么能够阻止我的老师，一位数学家，采用这种最适合描述天体运动的理论呢？"[1]

接下来，雷蒂库斯试图建立一个概念：天文学的不确定性和天体秩序的某种法则是得到公认的。他的老师发现，"天文学中所有不确定性的原因"，主要在于某种"法则"被忽视了。按照这个法则，"天球的次序和运动在一个绝对系统中互相调和"。[2] 在这个章节的剩余部分，雷蒂库斯继续就这个话题做了对比，哥白尼遵守了这个法则，而古代先辈和他们的追随者则忽略或者违背了这个法则。

我认为，雷蒂库斯以夸张的修辞强调天体秩序的重要性，目的是为了转移

---

[1]　Rheticus 1971, no. 5, 137-38; Rheticus 1982, 107: "Since we see that this one motion of the earth satisfies an almost infinite number of appearances, should we not attribute to God, the creator of nature, that skill which we observe in the common makers of clocks? For they carefully avoid inserting in the mechanism any superfluous wheel or any whose function could be served better by another with a slight change of position."
[2]　Ibid.

人们的注意力，因为无论是他自己，还是哥白尼本人，都无法满足亚里士多德的必然性推理标准，即推理过程必须从真实的、无需证实的前提出发，而不是从可能的前提或者通常认为是真实的常识出发。[1] 雷蒂库斯和哥白尼对亚里士多德的标准都应该非常熟悉，因为这些在克拉克夫、博洛尼亚、帕多瓦和维滕堡的大学课程里都是必不可少的内容。[2] 他们的设想难以满足这些标准很好理解，也足以解释为什么《第一报告》先于《天球运行论》而一再强调其必然性。开普勒和伽利略都是后世公认的哥白尼主义者，他们都反对用神启式的证据来装饰新体系，有时候甚至公开表达他们的对立立场。

令人惊讶的是，雷蒂库斯本人也完全规避了关于神启证据的讨论。他只是借助人们普遍接受的比喻和其他修辞手法，一次又一次地回到和谐和秩序的话题。比如，各种现象"仿佛是被一条金链子"串联在了一起；[3] "天球及其运动的内在关联性和均匀性是如此奇妙……足以当得起上帝之神功"；这种"关系……在人类的任何语言能解释清楚之前，就已经被他们的头脑接受了（考虑到它与上天的结合如此完美）"。[4] 雷蒂库斯还用音韵的和谐做了生动的比喻："我们可以想象，他们（天文学大家）在建立和谐的运动体系时，就好像在模仿音乐家的精湛技艺，松紧一弦之时，协调其他所有琴弦的音调，直至共同产生最和谐美妙的韵律，而毫无刺耳的杂音。"[5] 紧接着雷蒂库斯就举出了阿拉伯天文学家的例子，说明不遵从法则会产生什么后果。他说，假如当初阿尔·巴塔尼能够遵循这个基本规律，"那么无疑今天我们就能对所有的天体运动有更加确切的理解"。而事实上，因为广泛使用的《阿方索星表》是以巴塔尼理论为基础的，所以最终导致了天文学的整体坍塌。这正是古代理论应被摒弃的"主要原因"。

[1] For an excellent discussion of dialectical topics, see esp. Goddu 2010, 275-300; Moss 1993, 7-9.

[2] For further analysis of Copernicus's logical resources, see Goddu 1996; Goddu 2010, 300-24.

[3] Rheticus 1971, 165.

[4] Ibid., 145.

[5] Ibid., 138.

最后，雷蒂库斯讲到了太阳在宇宙中的位置。他虽然没有明确提及普尔巴赫，不过在论述中指出，即使是在通常的天文学原则之下，诸多天文现象也与太阳的平均运动有关联。同时，古代人已经认为太阳具有重要的象征性身份，"自然的领袖和统治者，自然之王"。但是，古代人对太阳的这些赞美之词，后来都被忽略了。就这个话题，雷蒂库斯把亚里士多德也加进了推崇太阳的权威人士之中，这可不是《第一报告》最后一次援引这位伟人的话语。

书中这样写道："太阳是怎样完成其自然之王的使命的呢？是像上帝统治整个宇宙那样吗〔一如亚里士多德在《宇宙论》（*De mundo*）中所描述的〕？或者，因为它穿行于整个宇宙而无定踪，所以在自然界担当着上帝的行政官？这个问题看起来尚没有完全得到解释或解决。"[1] 谁又能比"几何学家和哲学家（因为他们对数学多少有些了解）"更好地回答这个问题？

虽然这种说法明显回应了雷吉奥蒙塔努斯和诺瓦拉的观点，不过它是第一次明确提出，要解决天体秩序问题，需要牵涉到新的学科。但仅就太阳的角色而言，雷蒂库斯并没有宣称旧的方法必须被彻底丢弃。"我的老师相信，……关于太阳在自然界的规律，那些被丢弃的方法必须重新活跃起来，不过前提是那些被接受和认可的方法继续保留原有的位置。因为他很清楚，在人类事务中，皇帝要完成上帝赋予的使命，并不需要亲自在城市与城市之间奔波；而在生物体之中，心脏为了保持生命的延续，也并不需要从头移动到脚，或是身体的其他部位，相反，它只需要通过上帝为此目的设计的其他器官，便可实现自己的功能。"[2] 这个比喻引人注目又发人深思。雷蒂库斯提醒读者注意普尔巴赫观察到的一个现象：太阳的运动出现在每一个行星的运行模型中，成为它们的组成部分。对于行星视运动中存在的这种现象，哥白尼已经提出了一种有效的解释原因。

123

---

[1]　Rheticus 1971, 139; Rheticus 1982, 108.

[2]　Rheticus 1971, 139.

与此同时，相同的原因产生了另外一个重大的结果，即"一种无可置疑的天文学说；只要无需重建整个体系，便无需对其做任何改动"。[1] 换句话说，在前提中未能显示的必然性，如今作为一种结果表现出来了。

当初说服哥白尼的那些理由，如今足以说服勋纳和其他的读者吗？雷蒂库斯这样写道："尊敬的先生，我要打断您的思路，因为我很清楚，当您听到这些理由的时候，尽管我的老师学识卓著，又曾全心投入这项研究，但您仍然会考虑，似这般令天文学得到重生的假设，究竟什么样的基础才能真正支持它。"[2] 这样的过渡方式似乎暗示了一种可能性：哥白尼的理由并不充分，必须有各种权威和各种解释一起来支撑它。在第9章，雷蒂库斯开始帮助哥白尼摆脱由其独自承受的证明负担。他的主要议题是，天文学和自然哲学就其本身而言，都是以归纳的方法展开的："物理学和天文学一样，都需要从效果和观察出发，得到一般性原理。"雷蒂库斯在这里用的是一把双刃剑：如果天文学和自然哲学始于对结果的研究，而后再回溯到基本原理，那么，这个程序就适用于任何一个研究者，既包括哥白尼，也包括亚里士多德和托勒密。此外，《后分析篇》中严格的必然性推理标准在这里显然缺失了。实际上，雷蒂库斯很小心地回避了引用亚里士多德的任何逻辑学思想。他所呈现的亚里士多德观点都是温和的、认识论意义上的，比如下面这段话中他引用的是《论天》："如果有人声称一定要知道天文学中最高级、最偏重基本原理的那一部分内容，那他应该和我们一起，感谢我的老师，并且会认为他配得上亚里士多德的这句话：'只要有人成功地找到了更确切的证据，那人们就理所应当要为这个发现而感激他。'"[3] 还有，"如果他能够为

---

[1]　Rheticus 1971, 140; Rheticus 1982, 57, 109.

[2]　Ibid.

[3]　Ibid. 140-41; Rheticus 1982, 110; Aristotle 1960, bk. 2, chap. 5, 287b34-288a1.

新的假说找到理由，那他就已经证明了他之前无所凭据而提出的假设性原则"[1]。

关于托勒密，雷蒂库斯是这样说的："在我看来，托勒密对自己的假说并不是那么故步自封，就好比明明看到数百年来的破坏已经封堵了原先的坦途，令其无法通行，还是坚持不去找其他的出路，重新构建更坚实可信的天文科学。"[2]这是让人们所熟悉的文艺复兴元素服务于一种新兴的归纳法优越论的概念：理性和智慧的古代先哲是能够改变想法的，相反，墨守成规、不可理喻的倒是当代人。假如亚里士多德和托勒密都认为天文学是可以修正的知识体系，那么，当有人针对各种天文现象提出更好的解释，他的思想就应该盛行起来。

第 10 章的开篇，雷蒂库斯再一次借用了亚里士多德的权威性，为假设和结果之间的关系做辩护，因为事实上二者之间只存在微弱的相关性，而不存在强有力的因果必然性。"亚里士多德说：'从一个原因推导出一个真理，这个原因本身一定也是真实的。'"这种逻辑后来在《天球运行论》中也有回响，可以说它对哥白尼和雷蒂库斯多有助益。不过在 16 世纪晚期，它成为哥白尼天文学最易受到攻击的一个点，因为许多作家都相信，从逻辑上讲，从一个前提推导出一个真实结论，这个前提本身完全有可能是虚假的。但是，雷蒂库斯对哥白尼的推理模式坚信不疑，他认为自己的老师"提出了一些假设，其中包含的原因，能够证明之前若干世纪中所得到的观测结果的真实性"，同时能够证明"所有关于未来天文现象的预测"。[3]

125

---

[1]   "Ego quidem statuo Aristotelem, auditis novarum hypothesium rationibus, ut disputationes de gravi, levi, circulari latione, motu et quiete terrae diligentissime excussit, ita dubio procul candide confessurum, quid a se in his demonstratum sit, et quid tanquam principium sine demonstratione assumptum" (Rheticus 1982, 58, 110; Rheticus 1971, 142)

[2]   Rheticus 1971, 141; Rheticus 1982, 110.

[3]   Aristotle 1961-62, bk. 2, chap. 1, 993b 26-27; Rheticus 1971, 142-43; Rheticus 1982, 111. See Goddu's important discussion (2010, 321-23). According to Rosen, Rheticus generally quoted from Greek authors, but in this instance, the passage that Rheticus produced came from Cardinal Bessarion's Latin translation of Aristotle's *Metaphysics* — which means that that work could have been in the Varmia library.

不过，第 10 章所论及的现象都是定性的。雷蒂库斯对《天球运行论》第 1 卷第 6、8、10 章做了简明但严密的解释，内容包括固定的最外层天球、"行星天球的一般尺度"、宇宙之巨大"近乎无限"，以及"行星运动与天球的对称性和内在关联性令人惊叹"，与之形成鲜明对比的，则是"一般的假说"所提出的缺乏必然性的体系。

有时候，书中论述的清晰程度和充分程度甚至超过了《天球运行论》的相关章节。比如，雷蒂库斯说："每个行星的天球，按照自然安排的运动方式匀速转动，完成一个又一个周期，其间不会因为上层天球的力量压迫，而出现速度不均的状况。"[1] 这段话显然是在与某种不同的看法争辩，有可能是阿基利尼版的欧多克斯－亚里士多德（Eudoxan-Aristotelian）天文物理学，因为这种观点认为，最外层天球与其下层天球之间，在运动中存在着相互影响。[2] 但是，在《天球运行论》第 1 卷第 4 章中，哥白尼的文字非常简洁，似乎并没有想要提出不同的观点。还有些地方，雷蒂库斯提出的想法很有启发性，而在哥白尼的书中甚至完全找不到与之对应的内容。举例来说："大的天球转动速度慢，这个可以理解；而距离太阳更近的天球，可能是因为太阳据说是运动与光亮之源吧，转动得则更快。" [3]

最明显的一个例子是，雷蒂库斯在第 10 章结尾处思考了一个问题：天上只有 6 个行星，这其中的原因是什么。这个想法应该是他自己独有的，因为此处他并没有提到"我的老师"。一如我们之前已经看到的，早期的路德宗信徒对世界的起始和终结有着深切的关注。纵观整个世界历史，已经有形形色色的自然

---

[1] Rheticus 1971, 146; I agree with the translation in Rheticus 1982, 113, which takes "orb" for *orbis*, rather than Rosen's "sphere."

[2] See Achillini 1498; chap. 1 above.

[3] Rheticus 1971, 146; Rheticus 1982, 60, 113: *principium motus et lucis*. The editors of Rheticus（1982, 169）comment here that "for Copernicus, the sun is simply a light that illuminates the world... the thesis of the sun as a principle of motion does not appear in Copernicus." Kepler later found inspiration in this particular passage, which he developed in ways anticipated by neither Copernicus nor Rheticus（see chap. 11, this volume; Kepler 1937-, 1: 70, 1. 34）.

征兆预示了时间的终结，但末世预言终究没有实现，对此他们深深地感到疑惑。如果雷蒂库斯认为地球的偏心运动掌控着以利亚预言，那么，他一定从哥白尼天体秩序的效力中看到了神的计划。但是，雷蒂库斯认为，天体的和谐，即"完整的体系"，是上天存在 6 个行星的结果，而不是它的原因。因为在哥白尼的假说中，月亮已经不再算是行星了，它是唯一剩余的一个以地球为运转圆心的星体。雷蒂库斯指出，数字 6 "相比于其他数字，在上帝的神谕中独享尊荣，在毕达哥拉斯和其他哲学家那里也是一样。因而，如果最原初、最完美的上帝杰作恰好吻合了最原初、最完美的数字，还有什么能比这个更配得上上帝的造化之功？"[1] 显然，雷蒂库斯没能找到一种适用于哥白尼天体秩序的圣经预言可以与以利亚预言和地球偏心率的关系相类比。他找到的是前基督时代毕达哥拉斯的启示，这种替代方案，强化了《天球运行论》树立的毕达哥拉斯的权威性。

雷蒂库斯的热情随处可见，并且，这种热情超过了开普勒之前的其他任何天学作者。然而，他的"热度"和必然论观点，却没有有效的演示性仪器相匹配。考虑到他正在为新的世界图景而据理力争，却没有为其"世界体系"设计一幅木版画，这着实令人费解。就是说，雷蒂库斯详细论述了一个技术性很强的问题，却完全没有图示，更不用提活动装置了。[2] 书中随处可见各种各样的距离和偏心率参数，雷蒂库斯也完全没有想办法把它们组织起来，制成表格，以便为测算或是教学提供快捷的帮助。

米沙埃尔·梅斯特林后来觉得有必要在他的新版本中添加这些元素，于是用单独的图表扩充了雷蒂库斯的文本，使它更适用于教学目的。[3] 可见，初版的《第一报告》就像它的书名所显示的，只是把一个全新的想法第一次公之于众。尽

125

[1] Rheticus 1971, 147; Rheticus 1982, 113.

[2] As Rosen observes, Rheticus sometimes does not follow carefully the lettering of the diagram that he is reporting from Copernicus's manuscript（see Rheticus 1971, 155 n.）.

[3] For an example of a diagram added by Maestlin, see Kepler 1937-, 1: 111; Rheticus 1982, 175-76; Maestlin 1596b, 134 ff. See also Grafton 1973.

管它论述明晰，人文主义修辞手法使用娴熟，但看起来作者并没有打算把这本书当作教材来使用。

没有偏心匀速点的天文学

理论天文学必须准确地描述整个世界，必须为它的观点提供论据。但是，是什么样的论据呢？雷蒂库斯的语言非常自信："我的老师提出的假说与天文现象本身是如此吻合，以至于它们之间甚至可以互相易位，就如同一个定义和它所定义的事物一样。"这种想法就仿佛是说，少胜于多的（简单性）原则决定了世界以这种方式而不是那种方式存在（必然性）。[1] 从一开始，哥白尼似乎就受到了一种期望的驱使——为自己的体系找到必然性，因为他坚信所有的设想都应当满足经济性原则。雷蒂库斯的解释则像是一枚硬币的两面，一面是假设之美，一面是结果之必然，他在这两方面所发表的言论同样笃定。天球受"其本性"（而非邻近天球）的驱使，围绕自己的中心旋转，这一点构成了新的"简单"天文学的核心内容。相反，在托勒密的偏心匀速圆体系中，天球实现匀速运动的相对点，既非宇宙的中心点，亦非行星运转之均轮的圆心。[2] 在哥白尼看来，这种偏心匀速圆模型与一条物理原则是不相容的：所有的天体运动都是匀速的圆周运动，或者是匀速圆周运动的组合。球体自然而然地具有这样的特性。实现这种运动方式，并不要求球体具有不可穿透性，至少雷蒂库斯和哥白尼都没有提

---

[1]　Rheticus 1971, 186; Rheticus 1982, 138.

[2]　For a representation of the equant, compared with Kepler's ellipse, see Dennis Duke's animation（http://people. scs. fsu. edu/~dduke/Kepler. html; accessed July 19, 2008）.

到过。[1]雷蒂库斯反复地宣讲哥白尼的新体系是如何替代了旧的偏心匀速圆模型的。黄纬的偏差、二分点的缓慢变化，这些都被两种匀速圆周运动的组合巧妙地解释了。[2]《第一报告》后半部分相当大的篇幅，都是在总结这样的设想——后来哥白尼在《天球运行论》中称之为对行星体系的几何学"证明"，这是很久以前他在《短论》中曾经许诺过要做的事情。不过，哥白尼为此在第3卷和第4卷一共用了133页的篇幅，而雷蒂库斯则把它们精简到了几页。

地球现在担起了"第一种运动"的责任，在旧体系中，这种运动是靠最外层天球和太阳（每日升落）来解释的。不过，一旦地球被赋予了一种运动形式，其他的问题也就相继而来，雷蒂库斯如是说。[3]第二种运动包括"地球的中心，以及相邻元素和月球，它们被统一安置在黄道面上"。在这里，雷蒂库斯是以数学方式描述地球的第二种运动的，就是说，是一种假设。直到《第一报告》的最后一个章节，他才从物理学角度提出了一些问题。这一节名为《普鲁士颂》（"Praise of Prussia"，拉丁文为"Encomium Prussiae"），其文内容丰富、意味深长。

这个章节足可以被视为雷蒂库斯作为人文主义者的凭据。他再一次将亚里士多德描绘为过时的、不可全盘接受的人物，他的物理学也没有持久的生命力。考虑到各方因素，在援引权威言论的时候，雷蒂库斯选择了哥白尼一生的朋友、瓦尔米亚教士蒂德曼·吉泽。吉泽笔下的亚里士多德不是为大学设立学术规范的逻辑学家，而是与他那个时代的天文学家们保持一致的自然哲学家。这位从时代和文化上讲都已经过时的"人文主义者眼中的亚里士多德"，其观点并非不

---

[1] As Edward Grant maintains: "Nothing that Copernicus said or implied in *De Revolutionibus* enables us to decide with any confidence whether he assumed hard or fluid spheres. Copernicus fits the pattern of the Middle Ages, when explicit opinions about the rigidity or fluidity of the orbs were rarely presented" (Grant 1994, 346; cf. Lerner 1996-97, 1: 131-38; Westman 1980a, 107-16; Goddu 1996, 28-32）.

[2] See especially chap. 12: "On Librations" (Rheticus 1971, 153-62; Rheticus 1982, 118-22, 172-75. This is the so-called Tūsi couple. See Hartner 1973, 420-22; Ragep 2007. It is noteworthy that Rheticus makes no ascription to Arabic authority.

[3] Rheticus 1971, 148; Rheticus 1982, 114.

可动摇，相反，它们是可以被批判和修正的。亚里士多德曾经说过，他从数学家的角度判断，认为地球是宇宙的中心。吉泽同样以地球为论题，认为现下的当代人也应该让自己再次思考，"天文学真正的基础"是什么："让我们同样勤勉、加倍用心，再次回到这个问题，并做出一个判断：地球的中心同样也是宇宙的中心吗？"[1] 接着吉泽提出了一系列辩证问题，把读者指向了新的答案和方向："如果地球被提升到月球的位置，地球表面松散的碎片会去寻找宇宙的中心而不是地球的中心吗？因为现在它们都以一定的角度落到了地球的表面。再者，我们都能看到，磁体的运动自然朝向北方，那么，地球的周日旋转运动因而必定是剧烈运动吗？还有，三种运动方式——离心、向心、环绕中心——事实上可以单独分开吗？"[2]

127

这些问题会不会同样也是哥白尼的问题呢？雷蒂库斯没有明确地把它们归至"我的老师"名下，而且《普鲁士颂》随即也在几行文字之后收尾了。但是，我们很难相信，对亚里士多德的这些批判，仅仅是雷蒂库斯和吉泽这两个人的言论。雷蒂库斯只用10周的时间就完成了这本书，而哥白尼至少花了30年的时间思考这些问题。用人文主义的方式提出修辞性问题，吉泽所问对学生们而言，是非常理想的学术辩论题目。1566年《第一报告》再版之后，对于第二代和第三代的哥白尼追随者来说，它们无疑起到了重要的启蒙作用。

基本原理还是不加证明的星表

从雷蒂库斯的《普鲁士颂》，依稀可见这样一种争论的影子：新的假说应该如何呈现，它又应该面向哪些读者。这种印象足令我们怀疑，早在此书出版之前，

---

[1] Rheticus 1971, 194; Rheticus 1982, 144.

[2] Ibid.

就已经有过一番精心筹划。事实上它也足以解释，为什么哥白尼的观点有两种完全不同的呈现方式。

《第一报告》明明白白地写给了纽伦堡的一位占星家，它并没有提到梅兰希顿和维滕堡。然而，雷蒂库斯在《普鲁士颂》中所使用的古典文学作品和占星意象，明显应和了梅兰希顿本人的立场。他模仿了品达（Pindar）的《奥林匹亚颂歌》（Olympian Ode），描绘出一派高贵的气象。曾经，太阳神阿波罗为罗得岛（Isle of Rhodes）带来了财富，之前它们都隐匿在海水之中，不见天日。如今，"拜诸神所赐，普鲁士得以传至阿波罗之手，阿波罗对其钟爱有加，一如他曾将爱妻罗得视若珍宝"。普鲁士与阿波罗的子孙遍布境内的伟大城市，在律法、议会和文学方面出现诸多伟人。这其中包括：柯尼斯堡（Königsberg，这里诞生了普鲁士公爵、勃兰登堡侯爵阿尔布莱希特）、托伦（哥白尼）、格但斯克（Gdańsk，它的议会）、弗龙堡〔哥白尼所属修会的主教约翰·丹提斯科（Johann Dantiscus）〕、马尔堡（Malbork，波兰国王的"珍宝"）、埃尔布隆格（Elblag，"古老的文学圣地"）、切姆诺（Chelmno，前身为库尔姆，"以文学和法律著称"，也是蒂德曼·吉泽主教所在地）。在《普鲁士颂》中，普鲁士人哥白尼的出现，就如同隐匿于大海之中的罗得岛浮出水面，见到了太阳的光芒；而关于太阳的真理正是哥白尼孜孜以求的。[1]

不过，雷蒂库斯笔下的哥白尼是一个谦逊谨慎之人，他担心新的假说一旦问世，不知道会引发什么样的后果，尤其是在自然哲学家中间。因此，尽管他已经意识到许多观测结果都在召唤新的假说，但是考虑到这将"推翻"旧的天体秩序，"给人们的感知带来巨大的震撼"，于是——

---

[1] Rheticus 1982, 189, 141. Melanchthon used the story of traces on the Rhodian shore in his preface to a 1537 edition of Euclid's *Elements*（see Moore 1959, 147）.

（哥白尼）决定，他不应该效仿托勒密，而是应该效仿编制《阿方索星表》的天文学家们，只是按照精确的规则制作星表，但不陈述证据。这样一来，他就不会在自然哲学家当中引起争议，同时，普通的算学家们能够正确地计算出行星的运动规律，而这个学科中真正的博学者，则会从这些数据，轻而易举地反向推导出背后的原理和来源。……这就等于实践了毕达哥拉斯的原则，即哲学的建立，在于将哲学中的内在秘密保留给真正的学问家，他们都曾就某个学科受到过严格的训练，比如数学。[1]

　　吉泽是哥白尼亲密的朋友和支持者。按照雷蒂库斯的记述，正是吉泽敦促将这些"内在秘密"和盘托出，呈现给世人。当然，是以印刷文本的形式。不错，"我的朋友敦促我出版此书"是近代早期广为人知的一种说辞，但是雷蒂库斯明白无误地道出了吉泽的姓名，这就很有可能是确有其事了，也许是指1539年两人曾在卢巴瓦商讨过这个问题。在雷蒂库斯的书中，吉泽以鲜明的态度表达了他的看法：哥白尼不应该仅限于为教会改良历法、为占星家提供更好的行星表，而应该为世人带来更多的东西。写到这里，雷蒂库斯加强了语气："主教大人指出，仅仅是这样的作品，只能算是带给这个世界一份不完整的礼物，除非我的老师把制作星表的理由也公布出来，同时还应该效仿托勒密的做法，把理论体系、基础知识和证据资料也都同时包括进去，正是依据这些内容，他才能研究天体运动，建立纪元起点，将其作为计算时间的原初之点。"就是说，在雷蒂库斯看来，行星表不能没有与之相匹配的假设和论述，它必须是一种既有实用性又有

---

[1] "Judicabat Alfonsinos potius quam Ptolemaeum imitandum et tabulas cum diligentibus canonibus sine demonstrationibus proponeendas; sic futurum, ut nullam inter philosophos moveret turbanm: vulgares mathematici correctum haberent motuum calculum, veros autem artifices, quos aequioribus oculis respexisset Iupiter, ex numeris propostitis facile perventuros ad principia et fontes, unde deducta essent omnia... atque illud Pythagoreorum observaretur, ita philosophandum, ut doctis et mathematicae initiatis philos ophiae penetralia reserantur, etc." (Rheticus 1982, 85, 143; Rheticus 1971, 192).

理论性的天文学表达方式。然而对吉泽来说，事情比这个还要严肃，因为雷蒂库斯口中的行星表"所要求的天文学原理和假说，是与古代的学说完全相反的"。换言之，问题不仅是要不要给出理由这么简单，而是能不能给出有充分说服力的理由，来成全与传统认知相左的观点。吉泽继续说道："对于那些有理论能力的人来说，他们之中鲜少有人会在事后验证星表背后的原理，并在星表的正确性得到事实证明和世人认可之后，把这些理论发表出来。"[1]吉泽称，处理朝廷大政和公共事务常见的一种策略是"决策过程都处于隐秘状态，除非决策者对于未来的成果有十足的把握，而且这些成果能够证明计划的正确性"[2]。但是在这件事上，这种做法并没有一席之地。

然后吉泽用大量笔墨论述了亚里士多德和其他哲学家。"亚里士多德确信，许多证据都能支持地球是静止的，最终他得出结论"，将地球放置在宇宙中心，这种假设能够解释许多现象。[3]而更多的理论哲学家们则认识到，亚里士多德的设想是值得商榷的，至少毕达哥拉斯的观点是与之完全相左的。他们需要继续论证，亚里士多德是否真的已经证明，地球的中心同时也是宇宙的中心。

---

[1]   The word *artifex* means, literally, "author." Rosen translates it as "scholar" ; the French team uses "savant." Had Rheticus used *homo doctus*, eruditus, or perhaps even *scholasticus*, the translation would have been straightforward. Clearly, Rheticus wants to contrast more than just *learned* and *unlearned*, as "ordinary mathematicians" are not unlearned. I suggest that the distinction that Rheticus is urging is between *theorica* and *practica*: only a few are capable of grasping the theoretical assumptions from which the tables are derived. A few paragraphs later, Rheticus offers clarification when he cites Aulus Gellius's *Noctes Atticae*(bk. 1, chap. 9, no. 8): "As for the unlearned, whom the Greeks call 'people incapable of speculation, people who are strangers to the muses, to philosophy, and to geometry, 'their shouts ought to be ignored" (see Rheticus 1982, 86, 144; Rheticus 1971, 195) .

[2]   Rheticus 1971, 193; Rheticus 1982, 143.

[3]   *De caelo*, bk. 2, chap. 14. Rheticus quotes the full passage in Greek. This confirms what already seems obvious: Rheticus availed himeslf of books in the library of Copernicus and Giese.

《天球运行论》的出版

奥西安德尔的《致读者信》

安德列亚斯·奥西安德尔是纽伦堡新教改革运动的重要领导人物，信仰坚定到偏执，但是非常善于传播自己的思想，并且产生了强大的影响力。[1] 不少政治领袖都曾向他寻求咨询意见，其中就包括勃兰登堡侯爵阿尔布莱希特（后来的普鲁士公爵），奥西安德尔成功地说服了这位重要的领主改宗新教，同时阿尔布莱希特对占星的热情也非同寻常。雷蒂库斯和伊拉兹马斯·莱因霍尔德都曾把自己的作品（分别是 1541 年出版的《地理图志》和 1551 年出版的《普鲁士星表》）献给奥西安德尔。此外，托马斯·克兰默，后来的坎特伯雷大主教，因为英王亨利八世诉求婚姻无效的案件一直悬而未决，曾长期居留欧洲大陆，此间便住在奥西安德尔在纽伦堡的家中。二人之间的关系颇为温暖：克兰默最终迎娶了奥西安德尔的侄女，奥西安德尔则把他的著作《福音的和谐》（*Harmony of the Gospels*，1538）献给了克兰默，而国王本人的婚姻问题也最终得到了一个令人满意的法律结果。[2]

奥西安德尔对《天球运行论》的出版也提出了建议。他参与到这件事当中绝非偶然，因为他在民事和宗教问题方面的权威性不容置疑。比如说，人们提出了这样的疑问：再洗礼派家庭出生的孩子应该如何受洗？奥西安德尔答曰：孩子的父母应该被流放，但孩子可以由路德宗的家庭养育、施洗。再有，可否以"所有圣徒"的名义来起誓？奥西安德尔给出的答案是：可以，因为"圣徒"

---

[1] For Osiander's life in relation to his views on natural knowledge, see Wrightsman 1975, esp. 215-21; Wrightsman 1970.

[2] Osiander 1532; Wrightsman 1970, 46.

一词并不仅仅是指罗马教会的圣徒。有关书籍的印刷和出售，纽伦堡有一个审查委员会，据说他们有这样一种说法：对于纽伦堡的公民来说，"只要是奥西安德尔所信持的，他们也都必须相信"[1]。

奥西安德尔同时还是以梅兰希顿为首的纽伦堡－维滕堡社交圈中的重要成员。主要表现包括：1526 年勋纳被任命为纽伦堡高等中学的教师，他曾经介入此事。勋纳则以奥西安德尔的名字安德列亚斯为其儿子命名。梅兰希顿曾邀请他为勋纳的《天文表》"润色"，只不过奥西安德尔没有答应这个请求。[2]1540 年3 月，安德列亚斯·奥利法贝尔（Andreas Aurifaber，1512—1559）送给加瑟一本《第一报告》，同时也送给他未来的岳父奥西安德尔一本。[3]1543—1546 年之间，彼得雷乌斯一共出版了奥西安德尔的五部著作。[4] 所有这些接触都表明，雷蒂库斯决定把《天球运行论》的手稿交给奥西安德尔，必定与梅兰希顿、勋纳、彼得雷乌斯甚至哥白尼本人对他所怀有的敬意有关。

更为重要的是，当奥西安德尔在纽伦堡收到手稿的时候，他因为阅读过《第一报告》，已经对新的假说形成了认识。（此时雷蒂库斯已然离开，前往莱比锡大学担当新的教职。）

可以想见，吉泽、雷蒂库斯和哥白尼之间早前的话题，即究竟是只发表实用性的星表，还是连同理论论证一起发表，对于此番策略的讨论，奥西安德尔应该是熟悉的。他同时也应该知道，吉泽的立场是偏向于积极的。如果他对第二版《第一报告》有所了解，他还应该知道加瑟的判断，即这是"最合乎事实的天文学修正版"。

第二版问世仅仅一个月之后，奥西安德尔分别写信给雷蒂库斯和哥白尼，

129

---

[1] Quoted and trans. in Seebass 1972, 36.

[2] Bretschneider et al. 1834-, 3: 115.

[3] Rosen 1971b, 403.

[4] See Shipman 1967.

谈到应该以何种方式把《天球运行论》呈现给世人。两封信写于同一天（1541年4月20日），后来它们的片断都归开普勒所有，我们只能通过他的摘录知晓信件的内容。[1] 这些信件显示，奥西安德尔后来在其匿名的《致读者信》中所表达的观点，这里已经私下先行透露了。这些讨论内容部分地是出于策略考虑，意在对可能的批判意见先发制人。奥西安德尔在给哥白尼的信中说，可以做一些事情，安抚那些"逍遥派哲学家和神学家，因为你担心的是恐怕他们将来提出反对意见"。奥西安德尔是一名神学家，也许哥白尼和雷蒂库斯早先在这个问题上征询过他的个人意见。不过，他所给出的咨询意见，应该不是出于他自己对反对意见的担心，而是出于他个人对哥白尼假说的信任，以及对相关知识领域组织方式的信任。奥西安德尔在信中对哥白尼说道："我一直感觉，这些假说与教义并没有关系，只是和计算的基础有关系。所以，它们是不是错了并不要紧，只要它们能确切地解释天体的运动现象。……出于这方面的原因，我希望你能够在前言中谈一谈这个问题。"[2]

作为牧师的奥西安德尔认为，神学关乎"教义"，而天文学关乎"计算的基础"。因此，即使是从错误的前提出发，天文学也可以很好地发挥作用。在写给雷蒂库斯的第二封信中，奥西安德尔更加充分地表达了自己的看法："如果有人告诉逍遥派哲学家和神学家，针对相同的视运动，可以有不同的假说，其实他们是很容易安抚的。提出哥白尼假说的时候应该指出，这样做不是因为它确实可信，而是因为它能够为计算视运动和复合运动提供最便宜的方式。有可能别人也提出了其他的假说，也就是说，为了解释同一种视运动，甲可以提出某种恰当的精神意象，乙同样可以，甚至可能更恰当；每个人都有表达观点的自由，而且还不止于此：每个人都有可能受到感谢——只要他提出的设想更为便宜。"他随

---

[1]　Kepler 1858-71, 1: 246; Prowe 1883-84, 1: pt. 2, 523 n.; Burmeister 1967-68, 3: 25-26; Rheticus 1982, 208-9.
[2]　Prowe 1883-84 1: pt. 2, 522.

后又补充了看法，认为用这样的方式提出新观点，可以逐渐引导人们由反对变为赞同："这样，他们会被引导着丢掉自己那些严厉的批判，转向研究所带来的满足感；他们首先会因此变得更加理性，然后，当希望落空之后，他们会慢慢靠近作者的观点。"[1]

两年之后，《天球运行论》出版。奥西安德尔的意见以一封匿名的、辩论性的《致读者信》的形式，出现在全书的首页（故而人们通常称之为"序言"，商务印书馆 2016 年版《天球运行论》也将其译作《序言》。原文中多采用"信"的指称方式，译文依照中文惯例采用"序言"之称。——译者注），而且，既没有征得哥白尼的同意，也没有征得雷蒂库斯的同意。奥西安德尔的这种做法并非绝无仅有。他曾被牵扯进一场神学争论，当时的表现也是这般自作主张，结果最终让他在纽伦堡渐渐变得不受欢迎。[2] 奥西安德尔在文中并未明确提及《第一报告》，但他显然预设了这部作品的存在，因为序言开篇这样写道："鉴于这部著作中的新假说已经广为人知。"[3] 紧接着，序言的辩论语气和内容就延续并呼应了之前的信件，其主旋律是重申这部作品不会打乱原有的学科等级，"博学之士"无需害怕，"长久以来建立在可靠基础之上的自由技艺"会因此"陷入混乱"。神学和哲学这样的高等学科试图了解事物的起因；实际上，它们试图了解事物的真正起因，但是"二者之中谁都不能理解或者说出任何确切的概念，除非是受的神的启示"。另一方面，论及寻求真正的解释，天文学也无能为力："因为这

---

[1] "Peripathetici et theologi facile placabuntur, si audierint, eiusdem apparentis motus varias esse posse hypotheses, nec eas afferri, quod certo ita sint, sed quod calculum apparentis et compositi motus quam commodissime gubernent, et fieri posse, et alius quis alias hypotheses exogitet, et imagines hic aptas, ille aptiores, eandem tamen motus apparentiam causantes, ac esse unicuique liberum, immo gratificaturum, si commodiores excogitet. Ita a vindicandi severitate ad exquirendi illecebras avocati ac provocati primum aequiores, tum frustra quaerentes pedibus in auctoris sententiam ibunt" (Prowe 1883-84, 1: pt. 2, 523; Brumeister 1967-68, 3: 25; Rheticus 1982, 208; Hooykaas 1984, 36-37).

[2] See Wrightsman 1975; Williams 1992, 249-54, 483-88, 998-1001.

[3] My italics. For English translations of the text of the "Ad Lectorem," see Rosen 1971a, 24-25; Copernicus 1978, xvi.

些假说不必是真实的，甚至不必有这种可能性。假如它们提供的计算数据能够与观测结果相吻合，有这一点就足够了。"在这里，为了说明天文学在认知方面的局限性，奥西安德尔举出了唯一一个例子：金星本轮大小与其视直径之间的关系令人费解。[1]雷蒂库斯曾提到过这个例子，他以金星的本轮问题来说明天文学的反对者在人们思想中所激起的"巨大混乱"——但是现在这个问题已经由哥白尼解决了！[2]奥西安德尔在一篇并不正当的序言中如此断章取义，想必雷蒂库斯读到此处怒气不小。[3]

不过，雷蒂库斯的愤怒最深刻的根源在于，奥西安德尔声称天文学这门学科从根本上讲，无法确切地认知任何事物。对雷蒂库斯来说，这种绝对的立场无疑与皮科·德拉·米兰多拉对占星学基础的攻击遥相呼应。事实上，奥西安德尔对皮科的熟悉程度，丝毫不亚于同时代的其他博学之士——不仅熟悉，甚至还抱有同情的态度。相比于持自然主义观点的路德宗领袖梅兰希顿、他的门生雷蒂库斯，以及教士哥白尼，奥西安德尔的论调显然不同，看上去他为皮科的观念提供了新的立场：皮科的结论是，天文学家之间的分歧证明，占星学的基础不足为信；如今奥西安德尔则宣称，天文学家很可能是从错误的前提出发，构建起了整个世界。由此，《天球运行论》这篇复杂的序言直接引发了皮科式的怀疑主义与星的科学之确切原则之间的矛盾。

奥西安德尔认为天文学的认识能力有限，这一观点与他对末日预言所持的态度完全吻合。在他看来，能够估算出基督来临以及灵魂因此得救的时间，固

130

---

[1] See Rosen 1971a, 24-25; Copernicus 197, xvi. : "Is there anyone who is not aware that from this assumption it necessarily follows that the diameter of the planet in the perigee should appear more than four times, and the body of the planet more than sixteen times as great as in the apogee, a result contradicted by the experience of every age?"

[2] Rheticus 1971, 146; Rheticus 1982, 113.

[3] Rheticus crossed out the offending Osiander letter with a red crayon before he sent it off to Wittenberg（see Gingerich 1992a, 72-73）.

然令人期待；然而这种估算终究只是人们的推测和猜想。1544 年，彼得雷乌斯出版了奥西安德尔的著作《关于世界末日与世界终结的猜想》（*Conjectures on the Last Days and the End of the World*），这是在《天球运行论》出版一年之后，也是在奥西安德尔阅读过《第一报告》四年之后。这本书的意图在于将梅兰希顿关于《但以理书》的评价发扬光大，为其预言的年代提供更加精确的计算结果。书中有四个猜想：第一个与以利亚预言有关；第二个算出在亚当时代与大洪水之间，时间已经流逝了 1656 年；第三个将基督的生年（33 岁）与教会的终结联系在一起；第四个则根据《但以理书》做出预测：罗马将两次获得世界的统治权。[1]

奥西安德尔的猜想既没有借助天文学的方法，也没有利用占星学的方法。[2] 事实上，文中丝毫没有提到雷蒂库斯对以利亚预言的解释方法，把地球的偏心圆运动与帝国的兴衰联系起来。假如说奥西安德尔愿意用某种圣经解释学的方法来解经的话，那么，这种方法就是皮科移植到基督教中的卡巴拉（Kabbalah）犹太教神秘哲学："这些猜想也用到了皮科·米兰多拉在我主基督纪元 1486 年的论述，他当时提出的 90 [0] 条结论引起了争议，其中就包括这条：如果人类关于世界末日有任何猜想，那只能求助于神秘的卡巴拉，依据这种哲学，世界将在 514 年之后走向终结。"[3] 布鲁斯·赖茨曼（Bruce Wrightsman）曾经强调，奥西安德尔将圣经视为唯一的毫无瑕疵的真理之源，这一点与皮科的观念是不谋而合的，皮科愿意向卡巴拉寻求帮助，后来又对自然占卜预言抱有强烈的怀疑态度。[4] 至于天文学，在奥西安德尔看来，它所能起到的作用，只是帮助提高教历

---

[1]　See Barnes 1988, p. 129.

[2]　This point is correctly stressed by Wrightsman 1975, 222.

[3]　Osiander 1548（trans. George Joye）.

[4]　Wrightsman cites a letter from Osiander to Luther's chaplain, Justus Jonas, following the comet of 1538（Wrightsman 1970, 229）："I do not wish to tell Germany's future on the basis of the stars; but on the basis of theology, I announce to Germany the wrath of God."

的准确性，或者说，能让人们更确切地计算圣经编年，[1] 仅此而已。因此，天文学并不能断言其天体秩序观点的真理性。

圣经与天体秩序

然而，从这个意义上讲，圣经的功能就变得扑朔迷离。奥西安德尔并非圣经语言的直接翻译者。[2] 但是，假如说圣经无论如何并非直译的，怎么能说它是一种确切无疑的来源，告诉人们什么是运动的，什么是静止的？圣经有几个篇章中使用了名词（太阳、月亮、星星）和动词（升起、落下、运动），通常认为它们是指称上天的，如此一来，这种相关性及其相应的权威性就大打折扣。圣经中当然不包括天文学的理论术语（比如黄道、偏心匀速点、赤经、天球）。但是这种词汇可以用来诠释圣经中语意模糊的段落。基督教义的捍卫者在这里要面对的核心问题仍然是：用关于自然的知识来帮助坚定信仰，最恰如其分的那个点在哪里。

霍伊卡 1984 年出版的雷蒂库斯的散佚作品，调和了圣经与地球运动之间的关系，对于理解这个核心问题取得了重大的进展。很遗憾我们无法获知这部作品的确切题目，但是，吉泽写给雷蒂库斯的一封重要信件提到了此文，对我们很有帮助，他说："在那本小书中，你很成功地保护了地球运动的概念，化解了它与圣经之间的分歧。"[3] 相比 17 世纪乌特勒支（Utrecht）出版商约翰内斯·范·威斯伯格（Johannes van Waesberge）在扉页上的题词（"关于地球运动的通信"）

---

[1] This interpretation appears to be supported by a fragment of an Osiander letter written from Nuremberg, 13 March 1540 (List 1978, 455-56).

[2] Wrightsman 1970, 161 ff.

[3] "Quia optem etiam praemitti vitam auctoris quem a te eleganter scriptam olim legi.... Vellem adnecti quoque opusculum tuum, quo a sacrarum scripturarum dissidentia aptissime ivndicasti telluris motum" (Giese from Lubawa to Rheticus in Leipzig, July 16, 1543; Prowe 1883-84, 1: (2), 537-39; 2: 419-421; Brumeister 1967-68, 3: 54-55).

或是类目描述（假说、天文学、哥白尼），《简论圣经与地球运动主张之分歧》（*Opusculum quo a Sacrarum Scripturarum dissidentia Telluris Motus vindicatur*）这种说法，显然是个更恰当的标题。一方面，这篇论文并非以书信体的形式写成的；另一方面，雷蒂库斯在文中从未提及"天文学家哥白尼"这个概念，这显然是一种 17 世纪的说法，带有开普勒主义或是伽利略主义的弦外之音。这部作品的出版日期也对我们的研究有影响。假如真像霍伊卡所设想的那样，雷蒂库斯此文写于 1541 年 9 月之前，那么此时他仍然与哥白尼居住在弗龙堡，哥白尼就有可能知道他的论点和解释，而且，他本人或是哥白尼，可以很容易地就这些内容与奥西安德尔和梅兰希顿沟通。[1]1543 年 7 月 26 日，吉泽收到《天球运行论》印刷本时，他表示希望雷蒂库斯撰写的哥白尼传记和那篇《简论》（*Opusculum*，我给它的称呼）都能够附在尚未售出的《天球运行论》中。这表明在吉泽看来，把相关类别的作品合订在一起是很正常的事情，正如传统上人们习惯于将天文学和占星学著作集合出版。这条信息同时表明，吉泽认为，相比于《第一报告》，把《简论》附于完整版的《天球运行论》中是更加恰当的举动。同时，有一部单独的作品专门论述圣经与地球运动的问题，这一事实也能够帮助解释，为什么哥白尼在《天球运行论》前言中对这个问题只是一笔带过，甚至还因此被认为有傲慢不敬之嫌。再有，如果奥西安德尔通过这篇论文，或者是与雷蒂库斯的通信，对文中的内容很熟悉，那么，一般来说，他应该在《致读者信》中对此做出回应。不过，并没有直接的证据表明，奥西安德尔或梅兰希顿清楚《简论》的存在。[2]

《简论》一文之所以值得关注，尤其重要的原因是，它表明，为了系统化地辩护圣经与新假说的兼容性，雷蒂库斯和哥白尼共同确立了一些基本要素。他

[1] Hooykaas 1984, 144.

[2] Hooykaas, offers no speculations or evidence on this matter, although in October 1541, Melanchthon wrote to Mithobius criticizing "that Sarmatian astronomer" (ibid., 145) .

们很清楚自己遇到的问题。从神学意义上讲,这篇文章努力追求一种温和的立场,这表现在以下方面:它将圣经与自然哲学区分开来,借用奥古斯丁作为方向性的权威人物,时不时向天主教提出抗议,向传统权威寻求帮助。[1] 这种方式对于雷蒂库斯这样的路德宗信徒自然是再好不过了,但是实际上,它也许并不能满足梅兰希顿那种由圣经强烈驱动的自然哲学。出于这个原因,因为要考虑到梅兰希顿,雷蒂库斯在是否出版这篇论文的问题上态度犹豫,也就完全可以理解了。吉泽极力敦促,他在此文的出版中担当了重要角色,这表明,雷蒂库斯的方法对于瓦尔米亚天主教这种温和的中间派来说,更加容易接受;而对奥西安德尔好辩的路德派作风,甚至对"德国之师"的神显自然主义立场来说,都绝非易事。所以,假如哥白尼还活着,他应该会和同为瓦尔米亚修士的吉泽持相同的态度,鼓励雷蒂库斯出版此书。随着哥白尼在特伦托会议前夕故去,这种哲学和圣经解释学方面的开放姿态,在短暂的亮相之后,很快被人们淡忘,直到半个多世纪之后,哥白尼学说的第二代和第三代信奉者再一次复苏了圣奥古斯丁的包容原则。

雷蒂库斯论点的核心,就是它对奥古斯丁弹性标准的诉求。这种标准具有包容性,表现之一是允许信仰忠诚与哲学自由分离。[2] 按照这种思路,解释者可以说,圣经中有几处提到了自然事物,它们就是一般意义上的言论。用雷蒂库斯的话来说:"它借用了一种话语,一种语言习惯,一种合乎大众经验的教导方式。"[3] 圣经的目的决定了它的话语——救赎与道德教化,而不是哲学或自然哲学教导。因此,雷蒂库斯所力促的,等于是有意识地建立起能够分隔圣经和自

---

[1]　Hooykaas 1984, 82 n. (referring to original pp. 1, 11, 16, 32, 33, 59, 63).

[2]　On the principle of accommodation, see Funkenstein 1986, 11-12, 222-70; Scholder 1966, 56-78; Westman 1986, 89-93.

[3]　Hooykaas 1984, 8 (45, 68): "Quemadmodum Scriptura genus sermonis, consuetudinem loquendi, et rationem docendi a populo et vulgo sumit." Subsequent references to this text in Hooykaas 1984 provide page numbers for the original Latin followed in parentheses by those for the modern Latin text and English translation.

然哲学的界限。圣经的言论可以与人的感知相符，就算它所说的从自然哲学的角度看是错误的。但是，就某些特定的事情而言，教会很久以前就已经毫不含糊地宣称了它的立场，比如，关于创世的教义。在这种情况下，人们可以认为圣经对哲学信念有着直接影响，这倒不仅仅因为圣经是这么说的，而因为圣经意义得到了古代教父的权威背书。对绝大多数其他情形来说，比如日升、日落，圣经中虽然有相关段落教导人们如何认识自然，但并不应该被解读成理论天文学和实用天文学这类技术学科的基本原则。

132

这样，无论是学问家还是普通人，都能从圣经的道德教训获益。那些倾向于哲学立场的人们，则可以在独立的自然知识基础之上，构建他们的信仰。对于有难度的篇章，人们应该通过文本对比寻求它们的意义，而不应该另外引入一套技术术语、假说、方法、门类以及其他类似的概念。从这个思路出发，形成了一个禁忌传统。奥古斯丁曾经说过，试图从圣经中"提取出"自己的哲学观点，这种过度诠释的做法是亵渎神明的。雷蒂库斯回应了这种立场，他说："因为圣奥古斯丁的期望是，我们不应该沉溺于自己对自然的意念，自我满足，认为它们是从圣经中提取出来的，以至于一旦事实证明真相并非如此，我们会羞于承认，反而要竭力为自己的观点抗争，就好像它们真的是圣经中的训条。"[1]

在雷蒂库斯看来，一些评论家堪称奥古斯丁谨慎解经态度的范例〔尤其是吕拉的尼古拉斯（Nicholas of Lyra）〕，而另外一些则违背了上述禁忌，从独立的、先行的基本概念出发，声称在圣经中"发现了"自己的哲学观点。其中一个违禁者是古罗马作家拉克坦修（Lactantius），"他原本是一位学富五车、能言善辩的了不起的人物，只可惜他嘲讽了那些认为地球是圆形的人物"[2]。不过，首当其冲的违禁者，当属皮科·德拉·米兰多拉：

---

[1]　Hooykaas 1984, 10（46, 70）.
[2]　Ibid., 35（54, 84）.

许多段落都表明，圣经常常会主动适应大众的理解力，并不像哲学那样追求确切性。正因为如此，吕拉的尼古拉斯认为，《创世记》的开篇部分没有提及空气，对火元素更是只字未提，是因为大众多处于未开化的状态，而对于没有受过教育的人来说，这样的处理方式不会超出他们的感知能力。显然，出于同样的原因，除了太阳和月亮，其他的行星也都没有被提到——不管皮科在《创世七日》（*Heptaplus*）一文中如何竭力要从圣经中提取出这些元素，这都是无可争辩的事实——更不用提其他的天文现象了。[1]

皮科在《创世七日》（1489）一文中的立场，与其在《驳占星预言》中对占星学和天文学基础的攻击如出一辙，虽然雷蒂库斯并没有明确地将两者做比较。皮科所想的是，要把圣经置于自然神意之上，但是，在为圣经的首要性辩护之时，皮科笔下的知识形象是深奥专业、与大众隔绝的。他认为，知识的意义并非流于表面，而是深藏在字里行间。能领会这种深刻意义者"寥寥无几，他们都是被赋予了特权、能够理解天国之神秘的信徒"[2]。至于"众人"，基督则以寓言故事的形式向他们传布福音。当摩西站在山巅，向众人训诫时，太阳原本照亮了他的面庞，"神采焕然"；但是，"因为众人像猫头鹰一样的眼睛无法忍受这种明亮，他时常蒙着面纱向他们教导诫命"。[3]那么，用什么方法才能接近《创世记》第1章"被埋藏的珍宝"和"被隐匿的秘密"呢？

皮科的答案是，人们需要独立的圣经注解学的帮助，它能够解释圣经中象征性的、常常是高度浓缩的语言。换言之，人们需要一种充分成熟的理论来理

---

[1] Hooykass 1984., 39（56, 87）: "Manifestum est propter eandem causam, excepto Sole et Luna nihil de reliquis Planetis ibidem dici, utcunque Picus in suo Heptalo eos conetur inde eruere, ut et alia taceam, quae ibidem praetermittuntur."

[2] Pico della Mirandola 1965, 69.

[3] Ibid., 69-70.

解摩西的训诫。这是皮科在《创世七日》中提出的。"第二种阐释"与雷蒂库斯紧密相关，因为它所涉及的是天界。皮科描绘的天上共有十个天球，包括七个行星天球、一个恒星天球，第九个只可推理而不可感知，第十个则是"固定的、安宁的、静止的，不参与任何运动"。为了支持自己的看法，皮科引用了中世纪若干权威人物的言论，而并没有做出证明，或是提供经验性的证据。这些被引证的人物包括：基督徒瓦拉弗里德·斯特拉波（Walafrid Strabo）和比德（Bede）；希伯来人亚伯拉罕和斯帕尼亚德（Spaniard，伟大的占星家，《驳占星预言》中也常常援引他的言论）；哲学家艾萨克·本·所罗门·伊斯雷里（Isaac ben Soloman Israeli）。[1] 皮科相信，八个较低的天球对应着《创世记》所称的"土"。随后，皮科"发现"特定的地界元素在天空中分为两种不同的序列：其一，月亮对应土，火星对应水，金星对应气，太阳对应火。其二，倒转过来，火星对应火，木星对应气，土星对应水，第八个天球对应土。[2] 对"土"的含义做出如此清晰的解释，反而衬托出一种沉默，因而皮科说了这样一段话："看看他〔摩西〕是如何借助象征手法，用寥寥数语向我们展示了月亮和太阳的性质。但是为什么他对其他部分却保持了沉默呢？我们还在全书一开始信誓旦旦地说，他会对整个宇宙都做出充分的、有见识的阐释。我会问，为什么他已经讲到了第十、第九和第八个天球，以及土星、太阳和月亮，却对其他四个——金星、水星、木星和火星——只字未提？"[3]

133

皮科在这里拒绝接受任何包容性原则，认为这是一种极度敷衍的逃避方式。"让我接受这个说法，我会脸红。因为我能保证，摩西没有省略任何事情，足以让我们完美地理解整个世界。"我们在第 3 章曾讲到，他在后来拒绝任何"天文学"或者"占星学"的解释，理由是长期以来它们内部存在着矛盾。因此，皮

[1]　Pico della Mirandola 1965 , 95-96.

[2]　Ibid., 100-101.

[3]　Ibid.

科对上述"沉默"的解释,既没有依据圣经本身,也没有求助自然哲学和数学:"我相信这隐藏着更深层的古代希伯来智慧,在他们的信条中,这一点很重要:太阳包括了木星和火星,月亮包括了金星和水星。如果我们要衡量这些行星的性质,希伯来人的这种信仰是有充分理由的,虽然他们自己并没有明确提出来。"[1] 鉴于这种情形在《创世记》中并没有记载,希伯来人也"没有提出理由",皮科提出了他自己的解释。作为《驳占星预言》的作者,他本人的解释倒颇富有占星学意味:

> 木星是热性的,火星是热性的,太阳是热性的,但是火星的热是愤怒而暴烈的,而木星的热则是善意的,至于太阳,我们既能够看到火星的暴烈也能看到木星的善意,也就是说,它混合了两者的暴躁和温和性质。木星主吉,火星主凶,太阳好坏参半,好在它散发光热,坏在它与行星的会合。白羊是火星的宫室,巨蟹是木星的禀赋,太阳在巨蟹座达到最高点,在白羊座表现出最大力量,很清楚地表明了它与这两个行星之间的关系。……月亮……显然分享了水星的水性,同时,在金星的宫室金牛座,月亮的吉相和善意达到极值,这表明它与金星也有密切的关系。[2]

皮科的结论是,元素性质与行星顺序之间有关联,同时他非常自信地做出一个判断:"至此,摩西已经充分讲清楚了最高天、第九天球、土星、太阳、月亮,说明他的沉默中包含着这些'其他部分'。"[3]

这些段落中的信息告诉我们,皮科的《创世七日》和《驳占星预言》之间有深刻的内在关联。不过,还有一点同样重要:它映照出了雷蒂库斯和哥白尼

---

[1] Pico della Mirandola 1965, 100-101.

[2] Ibid.

[3] Ibid., 101. Hooykaas（1984, 33）, who partly paraphrases and partly quotes these passages, ends with his own irritable judgment: "Evidently some allegorical exegetes did not shrink back from the most tortuous reasonings and the most gratuitous assumptions in order to reach their goal."

的立场。他们与皮科一样，也在寻求圣经中深层隐秘的转义，不过，他们转向的是数学方法。此外，皮科认为通过阅读《创世记》可以找到行星顺序，哥白尼和雷蒂库斯对此并不认可。

《天球运行论》

书名和前言

如果说《第一报告》指向的读者是纽伦堡和维滕堡的教士、占星家、自然哲学家与神学家，那么，哥白尼《天球运行论》的前言很清楚地表明，这本书是献给罗马教会的读者们的。尽管前言以教会庇护和教会革新的惯用文体写成，但它使用的绝非寻求职位的语言。这是一个人在他丰富的学问资源之上得出的观点，他在生命即将走向终结之时，希望他对天的理解能得到支持，并且暗示，教会应该拿这些内容来教化大众。1542 年 6 月，哥白尼撰写前言时，《第一报告》的两个版本都已经发行流通。此时，雷蒂库斯已经把哥白尼的手稿交给了彼得雷乌斯；而这位年届 69 岁的老教士定然已经感到自己时日无多。数月之后，因为一次中风，哥白尼瘫痪在床。1543 年 5 月 24 日，手里握着刚刚印刷出版的《天球运行论》，这位老人离世了。

早在雷蒂库斯到达罗马之前，在元老院和教廷，哥白尼的观点已经有了支持者。保罗三世的前任克雷芒七世，曾经听人当面口头表述过哥白尼的新假说。他的秘书，来自巴伐利亚的年轻人约翰·阿尔布莱希特·魏德曼斯泰特（Johann Albrecht Widmanstetter，1506 — 1577），是一位才华出众的圣经学者，曾在 1555 年出版了第一部叙利亚语的《新约全书》。[1]1533 年，他在梵蒂冈的花园里，向

134

---

[1] Hamilton 2004, 108, 115.

教皇解释了哥白尼的新理论，当时在场的还有两位红衣主教，一位主教，以及教皇的医生。作为回报，教皇送给自己的秘书一份礼物——几部希腊哲学论文手稿。[1]两年之后，魏德曼斯泰特转而服务于一位新近提升的多明我会红衣主教尼古拉斯·舍恩贝格（Nicholas Schönberg，1472—1537）；舍恩贝格去世之后，魏德曼斯泰特成为继任教皇保罗三世的秘书。

1536年11月，舍恩贝格写信给哥白尼，敦促他送一份手稿副本到罗马，甚至提出由瓦尔米亚教士会驻罗马代表、雷登的西奥多里克（Theodoric of Reden）任抄写员。信中没有提到支持这本书的出版。不过哥白尼明白，这种书信体的表达形式是寻求罗马认可和保护的一种策略。他当时应该很快就把舍恩贝格的这封信看作最终获得教皇许可的前兆。至少，魏德曼斯泰特的长期存在，显示了最高级别的元老院圈子对此事的支持。[2]哥白尼把舍恩贝格的这封信直接放在《天球运行论》扉页之后，在自己写给保罗三世的前言之前。这样的安排，等于让多明我会红衣主教尼古拉斯·舍恩贝格首先为他的新"宇宙论"代言："你在书中讲，地球是运动的。太阳占据着宇宙中最低的、也是中心的位置。"[3]也就是说，哥白尼如此讲究方式方法，目的就是为了借这封对自己有利的信件，赢得教皇的保护。偏偏奥西安德尔自作主张，把自己写的匿名《致读者信》安插在扉页和这封信之间，原本他也是想要为哥白尼争取同情的，但是这样却打乱了哥白尼的精心安排，等于明知故犯。难怪雷蒂库斯对这种横加干涉的行为怒不可遏，

---

[1]　On this episode, see Prowe 1883-84, 1: pt. 2, 274; Müller 1908, 25; Rose 1975a, 131; also Striedl 1953, 96-120; Rosen 1971b, 387-88.

[2]　For Edward Rosen, however, only the pope's personal knowledge and approval of *De Revolutionibus* could have indicated positive sentiment in Rome: "Had Copernicus actually received Paul III's permission to print the *De Revolutionibus*, what earthly reason would have deterred him from making a public proclamation to that effect at some prominent point in his Preface?" (Copernicus 1978, 337; see also Rosen 1975b). However, Rosen ignores the serious possibility that there was a negative shift among the Roman authorities only after the arrival, in July 1542, of a new master of the sacred palace, Bartolomeo Spina (see Kempfi 1980, 252).

[3]　Copernicus 1978, xvii. I have emended Rosen's translation. On schönberg's life, see Walz 1930; Rose 1975a, 131.

甚至打算把奥西安德尔和彼得雷乌斯告到市政厅，与他们对簿公堂——只不过最后并没能做成。[1] 在版权法出现之前的年代，作者们缺乏足够的法律资源来保障自己作品的权益。[2]

然而，等到哥白尼动笔起草前言的时候，他的支持者们都已经不在身边了——教皇克雷芒和红衣主教舍恩贝格先后去世。哥白尼决定把书献给新的教皇保罗三世（1534—1549 在任），应该对他的声望早已有所耳闻。新教皇和哥白尼一样，也受过严格的人文主义教育，他曾就读于比萨大学，本人是一位诗人，通晓希腊文，因为博学而受人敬重。[3] 在继任教皇之前，他是红衣主教亚历山德罗·法尔内塞（Alessandro Farnese），从这个姓氏我们可以知道，他出身于钟鸣鼎食之家。1526—1527 年，他的官邸合府上下有 306 口人，而他可以自己养活自己的仆从，不必完全依靠教廷财政。[4] 哥白尼是否了解新任教皇的财力，这一点我们不得而知；但是，早在这位教皇还是红衣主教之时，便不时有人投到其门下，寻求庇护，对于这个传统，他应该是非常熟悉的。比如说，卢卡·高里科的兄弟彭波尼（Pomponio）写过一篇关于贺拉斯（Horace）《诗艺》（Ars poetica）的评论文章，于 1504 年出版，他就把此文献给了红衣主教法尔内塞。[5] 这篇论文很有可能是在彭波尼两兄弟和哥白尼都在帕多瓦的时候写的。再比如，吉罗拉莫·弗拉卡斯托罗（Girolamo Francastoro）也与哥白尼在帕多瓦相识，多年以后，他也把自己的《同心轨道》（Homocentricorum Siue de Stellis Liber Unus，威尼斯，1538）

---

[1] See Burmeister 1967-68; Gingerich 1993c.

[2] See Faculty of Law, University of Cambridge, "Primary Sources on Copyright, 1450-1900," www. copyrighthistory. org/htdocs/index. html, accessed September 9, 2010. For an important account of the transitional moment in the conception of literary property, see Rose 1994.

[3] See Frugoni 1950; Thorndike 1923-58, 5: 252-74.

[4] D'Amico 1983, 47.

[5] Gauricus 1541. I have not been able to consult this early edition（1504）.

献给了已经成为教皇的保罗三世。[1]

此外，取悦于保罗教皇，还有更直接、更具有操作性的方式。1529 年和 1532 年，卢卡·高里科两次发布预言，宣称亚历山德罗·法尔内塞将成为教皇。其显见的结果就是，此后他成为红衣主教府的座上常客，时不时与之共进晚餐，并如愿成为教皇的宠臣。1543 年，梵蒂冈宫的法尔内塞翼楼奠基，卢卡·高里科主持占星仪式。他亲自为仪式计算黄道吉时，他的助手、博洛尼亚占星家温琴佐·坎帕纳奇（Vincenzo Campanacci）"在星盘上找到了这个时辰，随即高声宣布"。三年以后，高里科得到了回报，他被任命为主教。[2] 我们很容易发现，哥白尼的策略与彭波尼更相近，而与高里科则有相当的距离。对于发表预言，他始终却而远之，保持缄默。关于教皇的健康、寿命，或是政治前途，又或是出行宜忌，他从来没有做过任何预测。对雷蒂库斯所宣称的千年预言，他也没有做过任何反应。

全书唯一一点与占星学相关的线索，就是书名中的"运行"（Revolution）一词。确定书名需要在公认的知识或写作类型当中做出选择，这些类型可以帮助读者识别书的性质，可以帮助出版商打开市场，甚至有可能获得王室或宫廷赋予某些特权。〔普尔巴赫所著的《行星新论》已经是大学通行的教科书，哥白尼却没有仿用这个书名，这一点是可以理解的；但是，他也没有想过选用一个更加托勒密化的标题，比如《天文学大成新编》〔（New Almagest），这着实让人不太明白。后来里乔利（G. B. Riccioli）在 1651 年用了这个书名。〕中世纪的人们往往会把行星的运转与命盘联系在一起，哥白尼最后确定的书名，无疑与这个传统产生

135

---

[1]　Granada and Tessicini (2005) point out important rhetorical and linguistic parallels between Copernicus's and Fracastoro's prefaces while suggesting that "at least part of [Copernicus's dedicatory letter] was intended to neutralize and oppose the Fracastorian reform in order to win support for his own system" (472) .

[2]　See Thorndike 1923-58, 5: 256-59; Pèrcopo 1894, 123-69.

了共鸣。[1] 就我所知，之前从未有过作者将运转的概念与天球相结合。[2] 虽然运转的说法与占星有关联，但是哥白尼并未在书中提出任何试图取代《占星四书》的新想法，倒是直截了当地与《天文学大成》的第一原则分道扬镳，而这部书还是他完成自己作品的范本。

《占星四书》中标准的托勒密式主题是这样的：占星学需要对充满变数的物理世界做出判断，因而容易出错；相比之下，天文学从一般意义上讲是基于数学模型的，因而在更大程度上具有确切性。但是，在前言和被禁的第 1 卷引言中，哥白尼一遍又一遍强调的并非这一点，而是存在于传统天文学家之间的种种"不确定性"，包括金星和水星的次序。现在我们知道，这实际上恰恰是皮科·德拉·米兰多拉的批判意见。哥白尼不断地将两个事实加以对比：一方面是天文学研究对象之"纯洁"和"完美"，另一方面则是现有理论之"混乱"和"分歧"。除了各种假说的不同观点，另外一个情况是，"除非是随着时间的推移……否则，行星的运动和恒星的运转就不可能被精确地测定，从而得到透彻的理解"。

[1]　See, for example, *the Liber de revolutionibus et nativitatibus* of the Jewish astrologer and Talmudic scholar Abraham ben Meir ibn Ezra（1092-1167）, also known as Abraham Judaeus and Abraham Abenare. Pico cited him frequently as "Avenazram"（e. g., Pico della Mirandola 1496, bk. 1. chap. 1, 106-7）. The first published edition appeared in 1485（Venice: Erhard Ratdolt）withthe title *De Nativitatibus* and advertising itself as "utilissimus in ea parte astrologie qui de nativitatbus tractat: cum figuris exemplaribus singulis domibus antepositis." See also Petrus Pitatus, *Tractatus de Revolutionibus Mundi atque Natiuitatum*: "Reuolutionem annorum mundi, uidelicet Introitum Solis in primum Arietis, uel etiam in quodcunque aliud Zodiaci punctum, utputa natiuitaum, uel aedificiorum inuenire." As usual, Edward Rosen tried to dissociate Copernicus from any taint of astrology（Rosen 1943, esp. 468）.

[2]　Cf. the interesting remark written by a sixteenth-century commentator — probably from the Wittenberg orbit — on the title page of a copy of *De Revolutionibus*. The commentator guessed that "Copernicus derived the title of his volume from that passage in the *Astronomical Hypotheses* of Proclus [*Hypotyposis*, VI, 98] where he mentions 'Sosigenes the peripatetic and his work περὶ των ανελιττουσῶν, that is, de revolutionibus; it was not Copernicus who added orbium caelestium, but someone else. In these six books Copernicus embraced the whole of astronomy, stating and proving individual propositions mathematically and by the geometrical method in imitation of Ptolemy"（Prowe 1883-84, 1: pt. 2, 541-42; Rosen 1943, 468-70; Gingerich 2002, Wolfenbüttel 1, 96-98）. The last statement comes almost verbatim from Rheticus's Narratio Prima. Rosen argues that Copernicus was probably unfamiliar with Proclus's text, contrary to what the commentator believed; but Copernicus certainly was aware, from Pico's *Disputationes*, of the more familiar association between revolutions and nativities.

他得出的结论是:"有相当多的事实与他(托勒密)的体系所得出的结论不相符。"哥白尼举出的一个例子是,太阳的回归年长度无法确定,他还援引了普卢塔克(Plutarch)的观点,说明这个问题难住了到当时为止的天文学家们。"我想人人都知道,关于年的看法大相径庭,以致许多人已经对精确测量年感到绝望。"然后,他又进一步评论了这个怀疑主义的观点:"对于其他天体来说,情况也是如此。"[1]

在前言中,哥白尼处理天文学的不确定性时,用了一种嘲讽的口吻。他自嘲是可笑之人,提出的理论有违传统,注定要遭到批判。这种语气让人不由想起伊拉斯谟《诸神之宴》(*Godly Feast*)中的圣苏格拉底。[2]两位来自教会的朋友反复地敦促他出版此书,一位是卡普亚的红衣主教尼古拉·舍恩贝格,另一位是切姆诺主教蒂德曼·吉泽。他们认为,哥白尼的理论就算看上去很荒谬,"将来当我出版的著作用明晰的证明把迷雾驱散时,他们就愈是会对这一学说表示赞赏和感激"。最终他答应了他们的要求,"允许它面世,此时它埋藏在我的书稿中已经不止到第九年,而是在第四个九年之中了"[3]。贺拉斯所说的九年等待期在这里被增加到了四倍(贺拉斯在《诗艺》中劝说初露头角的作者们要等到九年之后再发表自己的作品。——译者注),也许36年之说有一定的事实依据。我们在这里很难不提及另外一件事情,那就是,哥白尼对《第一报告》只字未提,这应该是一种有意的回避——为了将作品献给两个读者群体,并把他们清楚地区分开来,而精心采取的策略。

---

[1] All quotes from suppressed introduction to bk. 1, Copernicus 1978, 7-8. (译文参见哥白尼著, 张卜天译,《天球运行论》, 北京:商务印书馆, 2016, 4 — 5。——译者注。)

[2] *Chrys*. : I think I've never read anything in pagan writers more proper to a true Christian than what Socrates spoke to Crito shortly before drinking the hemlock: "Whether God will approve of my works," he said, "I know not; certainly I have tried hard to please him. Yet I have good hope that he will accept my efforts."
Neph. : An admirable spirit, surely, in one who had not known Christ and the Sacred Scriptures. And so, when I read such things of such men, I can hardly help exclaiming, "Saint Socrate, pray for us!" (Erasmus 1965, 67-8) .

[3] "Qui apud me pressus non in nonum annum solum, sed iam in quartum nouenni um, latitasset" (Copernicus 1543, fol. iii, ll. 13-14) . (译文参见哥白尼著, 张卜天译,《天球运行论》, 北京:商务印书馆, 2016, xxx。——译者注。)

哥白尼提到的天文学传统中的第一种"分歧"，实际上他在《短论》中就已经提前指出了，它涉及天文学理论的基础。对那些使用"同心圆"的人来说，他们的理论无法与现象完全吻合；而对那些使用"偏心圆"的人来说，从他们的天球模型中可以推导现象，但却违背了"第一原则"。[1] 最糟糕的是，两者都不能推导出哥白尼所说的"宇宙的结构及其各个部分的真正对称性"[2]。一言以蔽之，天文学传统自身充满了矛盾和谬论。这里出现了那个著名的比喻，库恩和其他一些学者曾赋予它极其重要的意义，还有人因此认为，由于多米尼科·马利亚·诺瓦拉的缘故，哥白尼和佛罗伦萨的新柏拉图主义有关系。"他们的做法就像这样一位画家：他从各个地方临摹了手、脚、头和其他部位，尽管都可能画得相当好，但却不能描绘出一个人。因为这些片断彼此完全不协调，把它们拼凑在一起所组成的不是一个人，而是一个怪物。"[3]

哥白尼所说的"对称性"，多少类似于雷蒂库斯曾经热情洋溢地强调过的意象，不过他这里的出处，是贺拉斯《诗艺》中开篇的几行文字，这些话意义明确、

136

---

[1] "Pleraque tamen interim admiserunt, quae primis principis, de motus aequalitate, uidentur contrauenire" (ibid., fol. iii b, ll. 12-13). This refers to the equant's violation of the principle of uniform, circular motion. Cf. "Prima petitio" in the *Commentariolus*: "Omnium orbium caelestium sive sphaerarum unum centrum non esse": "There is no one center of all the celestial orbs or spheres" (Copernicus 1884, 2: 186). (译文参见哥白尼著，张卜天译，《天球运行论》，北京：商务印书馆，2016, xxxi。——译者注。)

[2] "Mundi formam, ac partium eius certam symmetriam non potuerunt inuenire, vel ex illis colligere" (Copernicus 1543, fol. iii b, ll. 14-15). I translate *Forma* as "arrangement" in order to convey *symmetria* (the due proportion of each part to another with respect to the whole). The sixteenth-century editor of Vitruvius, Guillaume Philandrier (1505-65), pointed out that there is no specific Latin sor the Greek *symmetria* and that Vitruvius appears to favor the noun *commensum*, from the verb *commetior*. Philandrier's notes are cited in Laet 1649, 38. (译文同上。——译者注。)

[3] "Sed accidit eis perinde, ac si quis a diuersis locis, manus, pedes, caput, aliaque membra optime quidem, sed non unius corporis comparatione, depicta sumeret, nullatenus inuicem sibi respondentibus, ut monstrum potius quam homo ex illis componeretur" (Copernicus 1543, fol. iii b, ll. 15-19). Cf. Pierre Gassendi's paraphrase of the same passage, where, as in my translation, the analogy to painting is stressed: "Sed iis perinde evenire, ac si quis Pictor manus, caput, pedes, membra caetera, optime illa quidem, sed non unius corporis comparationse depicta adunaret, sicque ex illis monstrum potius, quam hominem compingeret" (Gassendi 1655, 296). (译文同上。——译者注。)

表达有力。而且，哥白尼可能也知道，它能讨教皇喜欢。

如果一位画家选择把人头安在马脖子上，再用色彩东一笔西一笔地把羽毛涂抹在四肢上，或者，上半身是一位动人的女子，下半身却是一条又黑又丑的鱼，我的朋友们，假如大家可以发表个人观感，你们能忍住不笑吗？相信我，亲爱的皮索斯（Pisos），这种图画就像是一本书，想象不着边际，俨然痴人说梦，所以不管是头还是脚，都不能好好地安置在一个单独完整的身体上。你曾经说过，"画家和诗人一直以来享有一个共同的权利，就是可以大胆地尝试任何事情"。不过同时我们也知道，诗人主张这种特权，反过来也认可这种机会；但是，这并不等于我们可以让野兽和家畜结合，或是把蛇和鸟、绵羊和老虎拿来配对。[1]

贺拉斯在这段文字中所强调的中心主题，是"适合"和"从属"原则，这一点也被文艺复兴时期的评论家们注意到了。风格必须与主题相适合，语言必须与人物相适合，人物必须举止合仪、分寸适度，开头必须与结尾相适合。[2]读者们就是"适度"的监护人，那些让人感觉不合乎自然的东西，他们会笑而拒之。好的诗歌，就是能打动读者、说服读者、让读者产生愉悦感的诗歌。正是这种修辞观念，让文艺复兴时期的许多评论家非常欣赏贺拉斯。

哥白尼把贺拉斯的文字放在自己的书中使用，独树一帜，起到了重要的作用。首先，他把好诗歌的文学审美观念转移到了天文学领域，颇具匠心。就好像人们欣赏文学作品，总是喜欢整体协调的，而不喜欢前后不一的，同样的道理，说到行星理论，从数学角度看具有协调性的，与比较缺乏协调性的，人们总是更倾向于前者。这个道理的潜台词是说，这种世界图景并非偶然形成的，而是

---

[1]　Horace 1926, 451, ll, 1-13.
[2]　See Weinberg 1961, 1: 74.

因为艺术总是对自然的模仿；因此，有审美情趣的读者自然会判定，符合美学原则的理论是真的，而缺乏对称之美的理论应该是谬误的。如果说这样一种论点有违《后分析篇》，因为它把诗的主题和天文学主题混为一谈，而且拒绝了严格意义上的证明性知识，那么，用人文主义者对贺拉斯的评价来衡量，他是完全与之保持了一致的。举个例子，克里斯托弗罗·兰迪诺（Christoforo Landino）是佛罗伦萨大学一位著名的修辞学老师，1482 年，他曾经做过这样一番评论："鉴于所有艺术都是对自然的模仿，因此，如果一位画家画出来的是怪物，就是说，把人头安在马脖子上，马脖子接的是东拼西凑的鸟身子，最下面又是鱼尾巴，那他肯定会被人们嘲笑，同理，这样的诗人也会成为人们的笑柄。"[1]

哥白尼认为贺拉斯的比喻是有用的，还出于另外一个原因。像奥西安德尔和弗拉卡斯托罗这类人物，他们对天文学假说所持的观点，以这种类比也能做出应答。[2] 天文学家与画家、诗人一样，也拥有同样的权利去"大胆尝试任何事情"——包括哥白尼自己提出的、被人们认为是荒诞不经的假说：给地球设想一个圆形运动轨道，"以达到解释天文现象的目的"。相比之下，这种"荒谬的"的假设反而能指向"更加有力的证明"，这是它合乎美学之处，也是颇具讽刺意味之处。如此说来，书名中的"运行"一词，除了与占星学有千丝万缕的联系，还意味着新的天文学意义，因为书中论述的、被人们认定为荒谬的假想前提，能够生发出多种蕴含的意义。哥白尼强调了其中一点：只有自己的假说，才能够产生独特的"对称美"，这一点在其他竞争性理论中是缺失的："所有行星及其天球的次序和大小，以及天本身如此完美地联系成为一个整体，以至于如果你

---

[1]　Landino 1482, clvii v.

[2]　Fracastoro's difficulty was at the level of the assumed premises（eccentric vs. concentric spheres）, whereas Copernicus's objection was at the level of the consequence, the *mundi formam*: neither the one nor the other kind of spheres produced the right entailment.（For further discussion of Fracastoro and Copernicus, see Granada and Tessicini 2005, 462-63.）

想要改变其中一部分，必定会打乱其他部分和宇宙整体的平衡。"[1]

这种观点的逻辑是相对的，而不是绝对的，这是哥白尼所能提出的最好的逻辑了。他所建立的概念是：权衡各种假说的基础，是一种被人们普遍接受的标准，而非严格的亚里士多德式的观念——"由原因得出的确切认识"（cognitio certa per causas），意思是，真实的、正确的、必然的前提，推导出唯一的结论。[2]由此，哥白尼借助人文主义的修辞手法和辩证法，化解了皮科式的怀疑主义。在贺拉斯的比喻中，蕴含着局部与整体关系的辩证法经典概念。[3] 按照文艺复兴时期对《诗艺》的观点，判定什么是好的诗作，或者，什么才是工艺精巧的"世界机器"，读者们起着关键性的作用。哥白尼与兰迪诺一样，认为读者才是最终的裁判——只不过并非所有的读者。书的前言里有一句话广为人知——"天文学是为天文学家而写的"（Mathemata mathematicis scribuntur，直译应为"数学是为数学家而写的"——译者注），哥白尼强调，只有特定的人群，才拥有判断的能力，他们就是那些受过数学训练、具备数学技能的人。他所指的最直接的对象，是教会中通晓数学的同行，他们不仅能理解和认可自己的理论，还能接受对它做出评判的新标准；而那些没有这种学科资质的人，则会误解它、摒弃它。

前言对于同时代的占星–天文学理论家们的态度，往好处说，有很大的保留。它没有提及任何同行的名字，不管是雷吉奥蒙塔努斯、普尔巴赫，还是弗拉卡斯托罗、诺瓦拉，最重要的，甚至连雷蒂库斯和《第一报告》都只字未提。哥

---

[1] "Sed & syderum atque orbium omnium ordines, magnitudines, & coelum ipsum ita connectat, ut in nulla sui parte possit transponi aliquid, sine reliquarum partium, ac totius uniuersitatis confusion" (Copernicus 1543, fol. iii j, ll. 22-25). Cf. the translations in Kuhn 1957, 142; Copernicus 1978, 5; 1976, 26. For discussion of the terms *ordo* and *symmetria* in *De Revolutionibus*, see Rose 1975b, 153-58.

[2] For Copernicus's knowledge of the *Rosterior Analytics*, see Birkenmajer 1972a, 615. On demonstration, see Bennett 1943; see also Wallace's illuminating discussion of the later career of this ideal of knowledge in Galileo's period (Wallace 1984b, 99-148).

[3] For discussion of the dialectical intrinsic tops from an integarl whole, see Goddu 2010, 64-65, 67, 69, 83-84, 182, 283-84; Goddu 1996, 41, 50; Moss 1993, 44.

白尼在前言里构建的读者群，把教会人员划分为两个部分：受过数学教育的和没有受过数学教育的。教皇利奥十世、保罗三世，红衣主教舍恩伯格，主教蒂德曼·吉泽，以及米德尔堡的保罗，这些都被哥白尼归入第一类。第二类包括没有受过数学教育的神学家，哥白尼称他们为"空谈家"，认为他们对天文学一窍不通，却为了自己的目的，曲解圣经；哥白尼想象他们会对新的假说妄加指责。他为这一类别举出的唯一一个例子是拉克坦修。结合前文讨论过的内容，我们会发现这里的对比非常有趣。米德尔堡的保罗显然被认为是宣扬天文学理论之宗教正当性的，主张占星预言和历法改革的合法化；但是把拉克坦修当作不具有数学资质的例子指出来，唯一的参考是雷蒂库斯关于圣经的论文，而哥白尼在前言中又从未援引过雷蒂库斯的这篇文章。[1]

从更广泛的语义学意义上讲，贺拉斯的经典意象与哥白尼的诸多目的都产生了很好的共鸣。[2] 其一，长期以来，修辞学家、艺术家、诗人和视觉艺术家们从"诗画一体"（ut pictura poesis）思想中所领悟到的规律，如今哥白尼也领悟到了：一种关于人体整体性和文学整体性的话语，一种能唤起广泛共鸣的美学观念，它们能够把诗歌和视觉意象联系在一起。形成这种观念的原始条件，早在哥白尼就读于帕多瓦的时期就已经具备了。在那里，哥白尼不仅学习了医学，而且很有可能参加了当地十分活跃的艺术文化活动。有证据表明，哥白尼认识彭波尼·高里科，并进入了威尼斯艺术家世界这个大环境，其中包括革命性画家乔尔乔内（Giorgione），帕多瓦艺术家图里奥·隆巴多（Tullio Lombardo）、安德里

---

[1] According to Lucio Bellanti, Paul of Middelburg excelled "in both parts of astrology," that is, astronomy and "true astrology" (Bellanti 1554, 218).

[2] Cf. Hallyn 1990, 73-103.

亚·里乔（Andrea Riccio）及朱利奥·坎帕尼奥拉（Giulio Campagnola）。[1]1504年，就在哥白尼离开帕多瓦刚刚一年之后，彭波尼出版了他的论文《论雕塑》（*De Sculptura*）。罗伯特·克莱因（Robert Klein）曾这样评说："这篇论文有一个贯穿始终的特点，那就是把修辞和诗学的观念运用到了雕塑艺术中。"[2] 按照彭波尼的看法，人体雕塑要想做到比例协调，最理想的特性就是它的"对称性"："从各方面说，我们身体的各个部分都是按照比例，恰到好处地组合在一起的。因此，我们显然可以把它当成是一架完美、和谐的仪器，所有零件按照数据，井然有序地组装成整体。"[3] 从这种想法过渡到哥白尼的天文美学观，只有一步之遥："如果你想要改变其中一部分，必定会打乱其他部分和宇宙整体的平衡。"

其二，贺拉斯的经典意象明显地和当时的两大时代潮流会合在一起，一个是16世纪初罗马教廷的人文主义改革，及其所使用的政治语汇，另一个是新教改革，以及这场运动在大众宣传过程中所使用的、人所熟知的视觉形象。在当时那个历史时刻，贺拉斯意象所暗含的意义是调和与改革。我们能够看到，在语言和形象微妙交叠之界域，哥白尼小心翼翼地试图踩出一条路来，目的在于

[1] Nardi 1971, 99-120, and, following Nardi, Bettini 1975. A description of Copernicus's alleged selfportrait is known only through Biliński 1983, 276: "［One sees］a scar on Copernicus's face, at first not visible, and furthermore, what is more surprising, in his pupil one sees a reflection of the bell tower of a Gothic church." In response to my queries, Jerzy Dobrzycki reported that this painting is undoubtedly the one hanging today in the municipal high school of Toruń. However, although it is very like an original portrait, it seems to have been painted not by Copernicus but by a professional artist of northern European origin. Bettini and Nardi also suggest that Giorgione's *The Three Philosophers* portrays young Copernicus, al-Battani, and Ptolemy as the figures, but this hypothesis is just as conjectural as the interpretations of other art historians who have suggested three Aristotelians or three magi: cf. Wind 1969, 4-7, 25-26. For a more sober treatment of this painting, see Meller 1981, 227-47.

[2] Klein 1961, 215-16.

[3] Gauricus 1969, 92-93: "Mensuram igitur, hoc enim nomine Symmetriam Intelligamus, cum in caeteris omnibus quas natura progenuit rebus, tum uero in homine ipso admirabilissimam et contemplari et amare debebimus, Ita enim undique exactissime dimetatis partibus compositum est nostrum hoc corpus, ut nihil plane aliud quam Harmonicum quoddam omnibus absolutissimum numeris instrumentum esse uideatur." Cf. Vitruvius: "Symmetria est ex ipsius operis membris conveniens consensus" : Vitruvius 1496, bk. 1, chap. 2; bk. 3, chap. 1; bk. 6, chap. 2. Vitruvius, in turn, had drawn the notion of *symmetria* from ancient rhetoric.

说服教会，一方面改革实用天文学（暗示了历法不体面的现状），另一方面重新考虑它与理论天文学的关系，特别是天体秩序问题。

　　哥白尼在前言中所呈现出来的教皇，不仅是一个可以提供职位的权力人物，更是一位保护者。教皇"统治着教会共同体"，他所要面对应答的，不仅是万能的造物主，还是创造秩序的上帝——"最卓越、最有条理的匠人"。哥白尼作为新理论的主张者，他所迈进的是一片未知的疆域。他把教皇视作真理追求者和教会天文观的保护人，以此把自己与教皇联系起来。此外，教皇的权威不仅来自上帝，而且也来自他作为一个人的特质："即使在我生活的地球偏远一隅，无论是地位的高贵，还是对一切学问和天文学的热爱，您都被视为至高无上的权威。"面对某些天文学家和哲学家造成的敌意、不确定性和分歧，哥白尼敦请教皇保护自己："您的权威和判断定能轻而易举地阻止诽谤者的恶语中伤。"[1]前言所使用的语言有效地呼应了同一时期天主教改革的文风。拉菲尔·马菲（Raffaele Maffei，1451—1522）是元老院的重要人物，他的文章是当时政治文本的典范。他先是历数了教会中的一系列渎职行为，希望教皇予以修正，然后借助头与身体的意象，敦促教皇清除那些不合乎自然规律的部分——贪婪的部分。"圣父，您的城市必须要仔细照顾，才能重获新生，这样它才可能免受他人的统治，要知道，他们完全不在乎自己的家园。当务之急，［您的城市］必须恢复原初的自由，清除贪婪之风，因为它违背了您的道德。而自然之道则在于，成员遵从首脑，

138

---

[1]　Copernicus 1543, fols. iii b, iv b. Copernicus's emphasis on God's ordained power, or *potentia ordinata*（"ab optimo et regularissimo omnium opifice"），rather than his absolute power（*potentia absoluta*），fits well with the association of papal authority with natural order.

公民遵从君主，同样的道理，羊群遵从牧羊人。"[1] 教皇作为教众的首脑并不腐败；但是，他必须除去那些腐败之人，从而保护罗马不致堕落。[2]

天主教会的改革者们用头的形象来象征秩序和权威，不过，多头怪物在大众层面也代表着道德失序。在 16 世纪 20 年代的单页印刷广告中，路德借用《启示录》中的七头怪兽，作为一种视觉化的宣传形象，批判教皇发行赎罪券。后来，天主教会也反过来把路德描绘成一个多头野人。[3] 路德本人意识到了视觉形象具有强大的引导力量："尤其是对于儿童和普通百姓来说，图画和形象比字句或是教条更容易打动他们，让他们回想起神的历史。"[4]

这种来自"高端"和"低端"，或者说，"政治精英"和"普通大众"的改革派观点，有助于树立哥白尼的道德意象，将头与身体、教皇权威与教会改革联系在一起。除了贺拉斯式的美学观念，哥白尼还借用自然秩序和道德信仰的语言来支持自己的一个信念：天文学的第一原则是真实而纯净。[5] 他在秩序和改

---

[1]   Maffei 1518, fol. 141: "Imprimis urbs tua〔papa〕curanda interpolandaque quin frustra（ut inquit apostolus）aliis praesideat, qui domum propriam neglexerit. Ante omnia tuis contraria moribus auaritia purganda ac pristinae libertati protinus restituenda, quum natura id expetat ut membra capiti congrua, ciues principi ac greges pastori similes in hac parte reddantur"（quoted in D'Amico 1980, 182; my translation）. Maffei's measures included reform of the collection of revenues, curbing of lawyers' fees, policing of crime near the Curia, preservation of a regular and steady food supply, personal papal involvement in acts of charity, and the establishment of seminaries where the *artes liberales* might be taught（D'Amico 1980, 183）.

[2]   D'Amico 1983, 223.

[3]   For a superb treatment of this theme, see Scribner 1981, 100-104, 165, 232-34; for illustrations, see Westman 1990, 190-91.

[4]   Luther 1883-, 10: 2, 458; quoted and trans. in Scribner 1981, 245.

[5]   By contrast: "If the hypotheses assumed by〔traditional astronomers〕were not false, everything which follows from their hypotheses would be confirmed beyond any doubt"（Copernicus 1543, fol. iii b）. Cf. Gauricus: "As for what is said about poets and painters, that they may do what they please, this is valid to the extent that they do not depart from nature"（Gauricus 1541, fol. Aiii）. Here again, Copernicus's humanism is proboundly evident. As Paul Oskar Kristeller reminds us, "Moral teaching is often contained in literary genres cultivated by the humanists where a modern reader might not expect to find it.... The humanists also followed ancient and medieval theory and practice in their belief that the orator and prose writer is a moral teacher and ought to adorn his compositions with pithy sentences quoted from the poets or coined by himself"（Kristeller 1961b, 1: 295）.

革的话语——其中既有精英的又有大众的含义——之下，同时唤起了道德与政治的关系问题，对此，哥白尼自己的同乡、来自瓦尔米亚的教士们做出了回答。事实上，瓦尔米亚的宗教政治从精神上讲，表现出了强烈的人文主义色彩和伊拉斯谟的风格，温和、中立，但是，后来逐渐形成了反天主教的情绪，转而信仰路德教义。哥白尼在瓦尔米亚最亲密的朋友蒂德曼·吉泽，曾经与伊拉斯谟有书信往来。[1] 在前言中，哥白尼把《天球运行论》得以出版归功于吉泽的鼓励。雷蒂库斯在《普鲁士颂》中，把吉泽刻画成一位激进的改革者，正是他努力说服谨慎的哥白尼，把新的行星运动体系背后的理论原则公之于众。

最可敬的切姆诺主教大人蒂德曼·吉泽……意识到，如果真的存在着一部确切的教历，存在着关于行星运动的可靠理论和解释，那么，这对于基督的荣耀将至关重要。……主教大人指出，仅仅是这样的作品，只能算是带给这个世界的一份不完整的礼物，除非我的老师把制作星表的理由也公布出来，同时还应该效仿托勒密的做法，把他所依据的理论体系、基础知识和证据资料也都同时包括进去。[2]

吉泽还写了一篇论文〔题为《执盾手》（ Hyperaspisticon ），已失传〕，调和哥白尼理论和圣经的关系。伊拉斯谟曾写过一篇辩论文反对路德，文章标题的第一个单词是"执盾手"（ hyperaspistes ），吉泽本文的标题便借用了这个单词。[3] 他在文中分享了伊拉斯谟的一个经典观点：温和的劝说比尖锐的批评和讽刺更加有效。意见分歧可以通过爱与包容得到解决；基督教团结一定是来自教会之

---

[1]　See Kempfi 1972.

[2]　Rheticus 1982, 84-85, 142-43; see Drewnowski 1978.

[3]　See Cpernicus 1978, 342.

内。[1]正是基于这种脆弱而宽容的中间立场，路德宗的雷蒂库斯才得以与吉泽和哥白尼两位教士相见。

哥白尼在 1543 年前言中所遵循的说服策略，无疑反映了他早先与吉泽和雷蒂库斯商讨的成果，事实上雷蒂库斯的《普鲁士颂》就是对它的早期响应。在前言中，哥白尼一方面要闪避罗马的话语元素，另一方面，则要小心谨慎地避免提及路德宗的雷蒂库斯、梅兰希顿、加瑟和勋纳。他的修辞策略既非疾言厉色、一味争辩，也非冷嘲热讽、出言相讥，而是表现出了温和的贺拉斯和伊拉斯谟风格。它要达到的目的，是将问题指向天文学家之间存在的争议，并且暗示了占星学家之间的争议。他向教会内部的人文主义数学家精英们提出建议：改革有关上天的教义，提供新的理论原则，由此恢复行星序列和教历的准确性。教皇权威和古典时代的异教经典，可以支持这个行动的合法性。这种说服方法，既应和了伊拉斯谟所坚信的基督教与异教文化相调和的思想，也流露出早年间博洛尼亚贝鲁尔多圈子的余音，主张"基督哲学"（philosophia Christi），主张世俗的虔敬生活，并且，这种生活应该以基督的真实生平和基督教的早期原始经文作为规范，而不是遵从空洞的仪式和晦涩的经院哲学教条。

哥白尼墓在他家乡的教区教堂里，碑文上方镌刻着托伦的圣约翰（Saint John of Toruń）头像，这种图像志的呈现方式证明，至少在他的传人看来，他的人生体现了伊拉斯谟精神，他身体力行的是一种"基督天文学"（astronomia Christi）。[2]沃格尔（J. J. Vogel）是 17 世纪的一位艺术家，他以一位无名画家所作的哥白尼画像（约 1583）为蓝本，把它改成了一幅木刻作品。梅尔基奥尔·皮

---

[1] In 1525, Tiedemann Giese wroted one of the earliest anti-Lutheran polemics (*Anthelogikon*), in which he advocated tolerant persuasion and mutual compromise. See Borawska 1984, 303-43; Kempfi 1972, 397-406, esp. 400; Hooykaas 1984, 20-27; Hipler 1868.

[2] Alexandre Birkenmajer (1965, 15), has observed that on the four occasions when Copernicus refers to a deity, he nowhere uses the word *God* but rather employs such terms as *Opifex omnium*, *Opifex universorum*, and *Opifex Maximus*.

尔尼修斯（Melchior Pyrnesius，卒于 1589），一位年轻的医生同乡，为哥白尼定制了肖像和墓志铭。传说梅尔基奥尔所选的墓志铭铭文是遵照了哥白尼本人的愿望，这种说法也不能完全被排除。埃涅阿斯·西尔维乌斯·皮科洛米尼（Aeneas Sylvius Piccolomini），即后来的教皇庇护二世（Pius II，1458—1464 在位），曾在 1444 年写了 34 首基督受难颂词；哥白尼的墓志铭内容就出自其中一首，铭文以拉丁文萨福诗体（Sapphic meter）写就：

> 我不求圣保禄所受的那般恩典
> 也不求圣伯多禄得到的那般宽赦
> 你在木十字架上赐予盗寇的
> 才是我虔诚祈求的恩赏 [1]

"原则性想法"

用政治语汇和视觉元素描述秩序与失序，前言的这种语义学延展策略和效果，有助于扩大这本书的读者群，并把教皇也包括在内，因为作者希望能得到他的公开支持。[2] 虽然它是以书信体的形式撰写的献词，却远远超过了同类体裁一味做出颂扬与谴责姿态的范围。实际上，文中包含了很严格、很确切的内容，解说了哥白尼世界体系的逻辑结构。它所指出的哥白尼观点的要素，与《第一报告》及《天球运行论》第 1 卷第 10 章所论述的基本相同。简单地说，这个观

---

[1]　From Piccolomini 1551, 964, verse 32. See also Drewnowski 1973; Prowe 1883-84, 2: 278-80; Hipler 1875, 21.

[2]　As J. G. A. Pocock has observed about the languages of political thought, "We wish to study the languages in which utterances were performed, rather than the utterances which were performed in them.... When we speak of languages, 'therefore, we mean for the most part sub-languages: idioms, rhetorics, ways of talking about politics, distinguishable language games of which each may have its own vocabulary, rules, preconditions and implications, tone and style" (Pocock 1987, 21) .

点就是，虽然假设地球为行星听起来荒谬，但实际上这个设想所带来的结果却证明，它比其他任何替代理论都更能满足解释的需要。在所有结果之中，哥白尼和雷蒂库斯着重强调的是运转周期决定行星次序——这个问题自古以来就存在着分歧意见。哥白尼提出的解决方案已经由雷蒂库斯表述过，并借此平息了皮科对占星学深层基础质疑所挑起的争端。

年轻热情、才华出众的雷蒂库斯来到弗龙堡，似乎激励了瓦尔米亚教士哥白尼，唤起了他把自己的观点公之于众的决心。雷蒂库斯在《第一报告》中加入了许多修辞意象，不过这并没有改变哥白尼逻辑的整体结构，与此同时，文中所做的必要姿态，也并没能明显强化结论与前提之间的松散关系。但是，文章所采用的修辞手段，无疑放大了《天球运行论》中要克制表达的一个论点。作者以不容置疑的态度指出：天文学追求的是真实的解释体系，哪怕有时候只能提供可能的解释。与之形成对比的，是奥西安德尔在他的匿名致读者信中所表达的立场，即天文学理论的前提不必是真实的，甚至不必有这种可能性。这种想法，我相信，哥白尼早在30多年前写《短论》的时候，就已经把它彻底否定了。

于是，在《天球运行论》的前言中，我们依然能辨别出历史的痕迹，这里有哥白尼最早面对的疑惑和困境，也有存在于哥白尼问题自身当中的紧张感：两种相反的理论前提，逻辑上却能产生相同的结论。奥西安德尔并没有明确地说地球是一个假想的点，但他的立场很清楚地包容和鼓励了这种看法。不管地球是一个点，还是一个真实的球体，与其他行星一起围绕着静止的太阳旋转，实际上我们知道，行星的排序原则都是这样的：运转周期越短，距离太阳越近；运转周期越长，则行星与中心天体的距离越远。不管是哥白尼，还是雷蒂库斯，又或者是奥西安德尔，他们都无法把这个问题理解为"非充分决定"论题，因为迟至400年以后，迪昂和蒯因才"为任何有限的证据群"做出了这样的概括

140

总结。[1]彼得·迪尔（Peter Dear）曾对这个问题做过周密的研究，把他的观点换句话说，我们必须学会用 16 世纪的正确方式去解读如今对我们来说不言自明的历史意义。[2]

[1]　Laudan 1990, 323.

[2]　Dear 1995, 12.

5

141

维滕堡对哥白尼理论的诠释

在《第一报告》和《天球运行论》问世后的 20 年里，哥白尼很快享有了天文学家的声望。原本他在天主教会里早已颇为出名，《天球运行论》的出版更是将他的观点传到了欧洲各地。《天球运行论》虽以精简的拉丁文写成，而且还有与天主教义相悖的违禁内容，但还是得到了人们的广泛阅读，哥白尼这个名字也因此被世人所熟知。[1]

然而，《天球运行论》能否被人们理解，就是另一个问题了。克里斯托弗·克拉维乌斯，一位博学的耶稣会天文学家，讨论哥白尼进动理论的论述时做出了如下评论："他的语言很难让人理解，对问题的描述与解释也十分晦涩。以至于在我看来，他是故意写成这样的，好让一切都充满矛盾。"[2] 像这样的评论，在当时并不罕见。来自卡塞尔的数学家克里斯托弗·罗特曼（Christopher Rothmann）

---

[1] It was hardly "the book that nobody read" : see Gingerich 2002,2004.
[2] Clavius 1594,68.

认为，在地球轴心维持自身方向的问题上，哥白尼没有做出很好的解释："我发现在这个问题上，哥白尼的解释很含糊，也很不容易理解。"[1] 而在《宇宙的奥秘》（*Mysterium Cosmographicum*）一书中，作者开普勒听从了老师梅斯特林的建议，向他的读者推荐了更具说服力的《第一报告》，并且评价道："不是每个人都有时间看哥白尼的《天球运行论》的。"[2] 在 1615 年，伽利略也对《天球运行论》做出了评价，认为《天球运行论》虽然并不"荒谬"，但是却"很难理解"。[3] 在《天球运行论》出版 100 多年后，来自荷兰的哥白尼主义者马丁·霍滕修斯（Martin Hortensius）抱怨道，哥白尼的著作"行文过于模糊，以致没有人能够完全理解"。此外，他还认为，要是天文学家们能够多用天球模型做展示，哥白尼的理论就不会被广泛诟病了。[4] 这一问题确实很显著，因为当时的天球模型工匠们（包括赫马·弗里修斯和杰拉德·墨卡托）虽然很倾向于接受哥白尼的理论——哥白尼的学说在月球理论、日食预测以及固定恒星经度上，都有所进步——但是他们却并没有制作出符合哥白尼理论的太阳系仪，而这种仪器在 17、18 世纪很常见。[5] 霍滕修斯对《天球运行论》的评价证实，即使是同时代人，也会被哥白尼模糊的行文方式所困惑，而这并不是没有原因的。[6]

　　然而，传播哥白尼观点的著作并不只有《天球运行论》。1551 年，在莱因霍

[1] Rothamann to Brahe,April 18,1590,Brahe 1913-29,6:217,ll. 6-7, 20-22.

[2] "Nam ipsos Copernici libros Reuolutionum legere non ominibus vacat" (Kepler 1984,31;Kepler 1937-,1: chap. 1,p. 15).

[3] "Considerations on the Copernican Opinion" (1615), in Finocchiario 1989,71.

[4] Hortensius made these remarks in the dedication to a work by Wilhelm Blaeu (1571-1638), once an assistant of Tycho Brahe, which provided just such illustrations of Copernican and Ptolemaic globes as were called for: "Candido ac Benevolo Lectori M. Hortensius," in Blaeu 1690, unpag. The passage is referred to also by Thorndike 1923-58,6:7,and F. Johnson 1953,286.

[5] In 1551 Mercator made an elegant but still traditional celestial sphere and an astrological disc (see Vanden Broecke 2001).

[6] In recent historiography, Copernicus's beliefs regarding the ontology of the celestial spheres and the logic of his main claim are good examples of areas of philological difficulty. See,forexample,Swerdlow 1973, 432, 437-39,477-78;Rosen 1971a,13-21;Aiton 1981,96-98;Jardine 1982; Westman 1980a, 112-16.

图 34. 1738 年在迪恩（Deane）展出的哥白尼太阳系仪。制作者对它的描述是："对天体运动本身的真实再现。"这种太阳系仪对哥白尼学说在 18 世纪的普及有很大贡献。它的底座直径为五英尺，由光滑的乌木制成，上面有许多镀金的象牙小球，由绷紧的线绳牵引，不停地运动。在这些小球的上方，则是由铜柱支撑的银制天穹，它由若干圆弧及圆圈组成。通过观察这样的模型，观测者可以更好地理解哥白尼理论的准确性。不论是星表、计算公式还是示意图，都很难达到这样的效果。"那些热衷于研究天文学与地理学的先生小姐，只需要看一看这台伟大的机器，便可将太阳系中所有天球的复杂运动，以及由这些运动所带来的现象，尽收眼底；仅需要听几次讲座，得到的知识就比自己苦学一年的多得多了。"For futher discussion，see Westman 1994，110. By permission of San Diego State University Library，Special Collection，Historic Astronomy Collection.

尔德的《普鲁士星表》问世之后，哥白尼原本在天学领域中享有的重要地位开始明确地向实用天文学倾斜，即便是那些对《天球运行论》并不熟悉的学科也看到了这一点。[1]

从历史行动者的角度来考量，这种现象的原因很简单：当时拥有天文观测技能的人，主要从事的职业就是预测未来。而且，在 16 世纪中期，那些真正关心并且有能力研究《天球运行论》的人，大多是围绕着梅兰希顿的维滕堡学生和学者。

143

维滕堡：梅兰希顿和星的科学

1520 年，在来到维滕堡不久后，梅兰希顿就在自己的寓所开了一所"预科学校"（schola private），这种学校也叫做预备学校或微型学校。学校主要教授拉丁文的阅读与发音，以及逻辑、修辞和文法的后续学习。[2] 像这样把教授寓所当成学校的现象在维滕堡很常见，在图宾根也是如此，而那里正是梅兰希顿曾经学习过、讲过课的地方。这样的学校不仅对学生是一种帮助，对教授也是一项补贴。在当时，教授们——尤其是艺术和哲学学院的教授，他们的薪水通常都很少（有时薪水还会以谷物或木料的形式替代）。在梅兰希顿的寓所内，程度较好的学生学习希腊语，而最好的学生则学习希伯来语。对这些语言的学习，是之后能够进阶学习"三艺"和"四艺"的必要准备。每到周末，校长就会对所有学生讲授福音，其中男生们还需要铭记主的祷告、使徒的信条和戒律。[3] 这样的学校旨在向学生灌输社会、学术与天主教的规则；大学则延续了这一目标。向学生灌输对国家的忠诚，这无疑是一个非常好的方法。

---

[1]   The classic work on the *Prutenics* and their subsequent use is Gingerich 1973c.

[2]   See Hartfelder 1889,419-36,491-500;see also Woodward 1924.

[3]   Hartfelder 1889,210-22.

1524 年 10 月，受纽伦堡市议会的邀请，梅兰希顿在当地建立了一所高等中学。这所学校正是日后勋纳执教的地方。梅兰希顿拒绝担任这所学校的校长，但还是在这所学校发表了一篇就职演说。这篇演说为此类机构日后的运行划定了规范。将基督教教义与经典的课程相结合，是梅兰希顿课程改革的一项标志。所谓经典课程，指的是普林尼、盖伦、托勒密以及亚里士多德等古代先哲的学说。这些课程除了要满足宗教的要求，还要满足道德与政治的规范。[1] 这些元素也成为了梅兰希顿自然哲学作品的基础。在这之后，梅兰希顿为诸多新教大学起草修订了大量章程。除了维滕堡大学，还包括图宾根、莱比锡、法兰克福（Frankfurt）、格赖夫斯瓦尔德（Greifswald）、罗斯托克（Rostock）、海德堡（Heidelberg）等地的大学。而当时新建的大学也都折射出了梅兰希顿在教育上的人文精神，这些大学有：马尔堡大学（Marburg，建于 1527 年），柯尼斯堡大学（Königsberg，建于 1544 年），耶拿大学（Jena，建于 1548 年）和黑尔姆斯特大学（Helmstedt，建于 1576 年）。[2]

通过这些学校，以及受维滕堡教学和学术模式影响的学者们，梅兰希顿有关宗教改革的思想被广泛传播开来。即使在 40 年后，梅兰希顿的观点仍然历久弥新："对于梅兰希顿和维滕堡的学校来说，在很长一段时间内，都好似被神庇佑一般。梅兰希顿不仅在各种知识上引导学生的思想，还加强了他们对观点的判断能力。而这些能力可以使学生们更好地的服务社会。这样看来……梅兰希顿成为了所有人的老师。不论是演讲的方式，还是写作的文法，当时的学生无一不是取自他们博学的老师——梅兰希顿。"[3]

凭借着为数众多的教材序言和自己的言传身教，梅兰希顿的权威深深影响着神学和天文学。与以往充满道德说教的人文主义宣讲不同，梅兰希顿的序言

---

[1]   For the application of Melanchthonian principles at the Nuremberg *Gymnasium*, see Strauss 1966,236 ff.

[2]   Hartfelder 1889,489-538;Kusukawa 1995,185-88;cf. Eulenburg 1904.

[3]   Quoted and translated by Thorndike 1923-58,5:378;also quoted in Kusukawa 1995,186-87.

为传统学科赋予了新的含义。以欧几里得的《几何原本》为例，在梅兰希顿看来，《几何原本》可以教给学生谦逊、纪律与公正。"柏拉图写在学园门口的那句名言，'不懂几何者不得入内'，也可以有更广义的诠释。这句话不仅告诉我们，要将那些亵渎几何学的人赶出校园，还告诉我们，那些对体制和机构有成见或不敬的人，那些行动草率不受控制的人，不论出于怎样的动机，也应被赶出校园。"[1] 面对以数学和几何学为基础的天文学，梅兰希顿依旧将经典课本看作传播教育理念的最佳途径。除了撰写课本序言之外，梅兰希顿还做了其他推广天文学科的工作，比如，他写过《论占星学的尊严》（"Oration on the Dignity of Astrology"，1535），[2] 一篇关于占星学与数学的颂词（1536），还为一部收录了法加尼（Alfraganus）和巴塔尼作品的合集撰写序言（1537）。这部合集还包括了雷吉奥蒙塔努斯赞美数学的《帕多瓦演讲》（*Paduan Oration*，1472）。[3] 除此之外，梅兰希顿还在其他人的著作中，或是撰写序言，或是添加自己之前发表过的信件，这些著作有：萨克罗博斯科的《天球论》（1538），勋纳的《天文表》（1536），以及普尔巴赫的两版《行星新论》（1535，1542）。[4]

　　梅兰希顿还将莱因霍尔德关于雷吉奥蒙塔努斯的一篇演说收录到了自己的维滕堡演说集中。[5] 除此之外，梅兰希顿还为利奥维提乌斯编辑、雷吉奥蒙塔努斯所著的《小限法方位表》撰写了序言。[6] 显然，将这些作品全部与"天文学"拉上关系，是一种过度简单化的行为。[7]

[1]　Euclid 1537;Moore 1959,150.

[2]　Bretschneider et al.,1834-,9:261-66.

[3]　Melanchthon 1536,1537.

[4]　Zinner 1941, nos. 1602, 1647 (also Bretschneider et al.,1834-,3:115),1701,1802,1833,1881,2025. See also Pantin 1987,85-101.

[5]　Zinner 1941,no. 1969.

[6]　Ibid., nos. 2027,2047 (Augsburg 1551).

[7]　As I did in Westman 1975b,165-93. Although breaking with internalism in its heyday,the article failed to give any place to astrology. See now Kusukawa 1995;Brosseder 2005.

144

这些涵盖了天文学科各个方面的赞美性序言，与梅兰希顿的根本理念完全契合。梅兰希顿通过这些序言告诫读者，不要只是理解作品的字面含义，更要从中领悟到对神圣世界秩序的敬畏。这样一来，在没有对传统课程的核心内容做很大改动的情况下，梅兰希顿整合了这些经典课本，并为它们赋予了新的权威与含义。自然秩序基础之上的预言就这样被当成了一项神圣的活动。

想要通过天球的运行法则和世界的规律来认识上帝，预言是一个既真实又实用的方法，出于这样的原因，上帝也希望我们能够注视他的杰作。那么就让我们珍惜这个既能展示万物运行的道理，又能预测一年四季变化的学科吧。让我们不要被那些有害的观点所误导。因为总有些人，不论出于怎样的原因，总是厌恶追求真理的过程……上帝在天空为人们绘制了一幅与教会相似的图景。就像月亮受到来自太阳的光一样，耶稣基督将光与火传送到了教堂。[1]

在圣经中，自然世界的运行法则曾经被视为世俗与宗教秩序的一面镜子。简单地说，上帝创造了整个世界（起源），并且世界会在上帝所决定的时刻毁灭（《但以理书》中的预言）。在这期间，世界是一个有秩序的国度，按着历史的顺序向前发展——从天象之中尤其能看到一点（根据柏拉图和托勒密的学说）。人类作为其中的一分子，可以用他们自己的方式认识并敬畏这种秩序。不论是可预测的天象还是难以预测的天象，凭借着关于"天"的知识，人们就能对违背日常生活秩序的事件实现一定的控制——尽管也不是完全的控制（托勒密，《占星四书》）。梅兰希顿在他 1535 年《关于占星学的演说》（"Oration on Astrology"）中也谈到了这个问题：

---

[1]　. My emphasis. See Hammer 1951.

　　　　　　哥白尼问题

食相，合相，异兆，流星与彗星，如果它们不是上帝的预言家口中对灾难和命运的警告，它们又是什么？那些对这些现象不屑一顾的人都是在无视上帝的警告。然而，人们对这些现象越畏惧，对这些天象就应该更敬畏；而那些伟人，他们能够从神圣的文字中习得同样的道理，以免自己的灵魂被恐惧、无礼与不敬的念头所侵占。正如致力于预测风暴的农业与导航不能不被视为一种宗教活动一样，我们也不能把用自然现象来引导日常生活的做法视为非宗教的。因为上帝为我们安排了这样的现象，如此就可以使我们更加警醒、更加注意。所以，对那些虔诚的人来说，（敬畏这样的预兆）就是有用的。[1]

梅兰希顿的福音训诫与言传身教，深深影响着数代学者与他们的弟子，同时也影响着权威正统的占卜术的推行。在整个学术圈中，每个人都有着一种难得的统一的信念，一种独特的、易于识别的、体系化的信念。1540—1580年，从维滕堡走出来的作者们，在天学文献所有类目的论文写作数量上都保持着领先的地位，尤其是那些"以教学为目的"类型；这些作品所涉及的学科分类包括：天球理论、行星表和行星理论、占星学理论、占星预言。

梅兰希顿学术圈、雷蒂库斯、阿尔布莱希特的庇护

在这场维滕堡运动中，有几位主要的角色，他们是：伊拉兹马斯·莱因霍尔德（1511—1553），卡斯珀·比克（1525—1602），以及格奥尔格·约阿基姆·雷蒂库斯（1514—1574）。这些人物都在前文中提到过，但这是第一次把他们作为一个团体来看待。事实上，这三人之间彼此都有联系，并都得到了梅兰希顿的保护与支持。这个团体的影响力与社交的核心是在一种伙伴 – 子女关系上建

---

[1] Bretschneider et al.,1834-,11:265-66.

立起来的。他们三个中的两个人，莱因霍尔德和比克，后来都当过维滕堡大学的教区长。比克原本是住在梅兰希顿家里的一名学生，后来娶了梅兰希顿的女儿马格达莱纳（Magdalena）。比克在其《天体运行学说的元素》（*Elements of the Doctrine of the Celestial Circle*，1551）一书的首页，作有一首诗，他在诗中自然而然地把梅兰希顿亲切地称作"父亲"。书中还按编年顺序列出了一个"占星家"名单，从创世开始，一直延续到1550年，最后以伊拉兹马斯·莱因霍尔德结尾。在这里，比克将伊拉兹马斯·莱因霍尔德称作"我敬爱的老师"（Praeceptor mihi carissimus）[1]。

在当时的环境下，拥有这样的亲密关系非常重要。尤其是在德国大学中寻求学术发展时，这样的关系会成为很大的资源。[2] 而正是这三个人，在日后对哥白尼作品的权威解读中，起到了决定性的作用。

然而，以梅兰希顿为首的这个学术圈子，在其形成过程中，还有另一股难以忽视的力量在推波助澜。这股力量就是来自普鲁士公爵阿尔布莱希特·霍亨索伦的赞助。阿尔布莱希特有着众多的名号：领地亲王，勃兰登堡-安斯巴赫侯爵，普鲁士公爵（1490—1568）。普鲁士公爵领地是当时欧洲第一块信奉新教的领地。阿尔布莱希特还曾是条顿骑士团的大团长，不过在1525年4月，他作为波兰国王的封臣，成为了一名手握封地的世俗公爵爵位继承人。从政治上看，马丁·路德和安德列亚斯·奥西安德尔在这次转变中都扮演了重要的角色。将条顿骑士团领地转变为世俗领地，这个想法是由马丁·路德提出并推行的。而安德列亚斯·奥西安德尔在纽伦堡的游说则最终促成公爵改宗路德教。[3] 事实上，阿尔布莱希特是第一位明确表示改宗的亲王。除此之外，他还热情地推进了路德宗的教育体系。1544年，阿尔布莱希特赞助兴建了柯尼斯堡大学，大力支持

---

[1] Peucer 1553,preface.

[2] G. Kepler 1931,2:137-38;Jarrell 1971,36.

[3] Höss 1972;Burmeister 1967-68,3:8.

学校的神学和数学学科，这所大学秉承的正是梅兰希顿的教育理念。

从更广大的视野来看，阿尔布莱希特的转变，可以说是近代早期国家建设的一个缩影。当时的领地亲王，常常把天主教机构，包括学校与大学，作为社会融合的基石。这样做可以促进人们对社会等级制度的接受与服从。[1]阿尔布莱希特与梅兰希顿书信往来频繁，关系紧密，这足以证明，把维滕堡模式引入领地，是公爵自觉主动的追求。而公爵对新教改革的热情，最终限制了哥白尼在地理与政治上的活动空间：历史上的瓦尔米亚是一个大约有4000平方千米的三角形天主教飞地，由亲王－主教统治，其边境几乎被刚刚改宗路德教的普鲁士公国的土地所包围，只有西边的一小段土地与皇家普鲁士接壤。[2]

不过，这些边界与冷战时期以意识形态划分的波兰和德国的边界是不同的。尽管阿尔布莱希特曾积极地想把新教神职人员带入普鲁士，但他也不是一个专制的统治者。威廉姆斯（G.H.Williams）甚至将他称作"一位早期的信仰自由支持者"[3]。事实上，普鲁士公国在某种程度上成为了许多宗教异见者的"天堂"。这些异见者中，有来自荷兰的圣礼派，有通灵术士，还有再洗礼派教徒。我们不妨回顾一下雷蒂库斯的《第一报告》，以及书末的《普鲁士颂》。在这一章中，雷蒂库斯描绘的图画可谓在信仰问题上"左右逢源"："柯尼斯堡居住着阿尔布莱希特，普鲁士公爵，勃兰登堡侯爵……世上所有博学之士的庇护人。"[4]除了阿尔布莱希特，雷蒂库斯还列举了其他人：被誉为"普鲁士之光"的约翰·丹提斯科（1530—1548年在任），他既是弗龙堡的主教，还是一位诗人和外交家。与此同时，他还是波兰国王西吉斯蒙德一世（Sigismund I）的一位重要顾问，而后者

---

[1]　See Schilling 1981,1986.

[2]　Williams 1992,610;Swerdlow and Neugebauer 1984,1:10,2: figs. 1,2,pp. 564-65.

[3]　Williams 1992,613.

[4]　Rheticus 1971,190.

正是阿尔布莱希特的领主。值得注意的是，丹提斯科对路德宗并没有什么好感。[1]
同样是在这一章中，雷蒂库斯还提到了切姆诺主教蒂德曼·吉泽，赞扬他对宣传历法改革和传播"正确的天球运行理论"所做出的贡献。

在纽伦堡－维滕堡的交际圈中，阿尔布莱希特很早就因为对宗教异见者的友善，对学者、人文主义者以及熟练工匠的支持而为人所知。他曾经聘请约翰·卡里翁（1499—1537）作为他的宫廷占星师，直到1537年去世，卡里翁一直担任着这个职务。格奥尔格·哈特曼（Georg Hartmann，1489—1564）是一位来自纽伦堡圣塞巴尔德（Saint Sebald）教堂的牧师，同时也是一名仪器工匠。1541—1544年，哈特曼是公爵重要的通信员，除了提供钟表，也提供政治情报，还向公爵做各种汇报，比如他曾向斐迪南一世（Ferdinand Ⅰ）展示过磁铁的特殊性质。[2] 阿尔布莱希特还赞助了梅兰希顿的密友约阿希姆·卡梅拉留斯，纽伦堡高等中学的第一任教区长，他曾翻译了《占星四书》的前两部，并为公爵演算过占卜天宫图。[3]

在哥白尼、吉泽和雷蒂库斯这样的宗教温和派人士看来，阿尔布莱希特公爵是一位潜在的庇护人。结合上文的事例，他们这样想的确很自然。当雷蒂库斯还与哥白尼住在弗龙堡时，他与阿尔布莱希特公爵就已建立了联系。值得注意的是，在1540年4月23日，也就是雷蒂库斯的《第一报告》在格但斯克出版后的第一个月，吉泽就将这本书寄给了公爵。在附信中，吉泽向公爵推荐了哥白尼，称他是来自弗龙堡的一名牧师和医生。吉泽还向公爵介绍，哥白尼最近提出了"一个新奇的天文学猜想"，这个猜想在那些不甚了解天文学的人看来，可能会显得"奇怪"。

---

[1] Dantiscus, in his *Jonas propheta* or *Prophecy of the Destruction of the Free City of Danzig* (1538), warned the Danzigers of, among other things, Lutheran "impiety" (see Williams 1992, 615-16).

[2] See Hartmann to Duke Albrecht, April 27, 1543, in Voigt 1841, 283.

[3] See Voigt 1841, 111-12.

146

吉泽还表示，这个猜想现在引起了一位来自维滕堡的"相当"博学的数学家的兴趣。这位数学家希望能够到普鲁士进一步研究"猜想"的基础理论，这位（明显是路德宗的）数学家最近将自己的研究以一本小册子的形式发表。吉泽还称，在这本小册子中，这位数学家对普鲁士有很高的称赞。他还强调，这位数学家在书中"可没有吝惜对您（公爵）的赞美之情"。在信的末尾，吉泽请求公爵对这本书的作者给予保护。[1] 虽然在这封信中，我们还找不到直接的证据，但吉泽和雷蒂库斯可能还是希望，《第一报告》的再版能够直接打上公爵权威和正统合法的印记——比如被冠以像"普鲁士天文学"甚至是"阿尔布莱希特天文学"这样的书名。

1541 年 8 月 28 日，仍与哥白尼一同住在弗龙堡的雷蒂库斯，向公爵寄送了几份实用性的研究成果——一本被称为《地方志》（Chorographia）的短小精练的德文著作，一张由雷蒂库斯编绘的普鲁士地图，还有一件现已无据可考的科学仪器。在托勒密看来，"地理学是在宏观层面上描绘整个世界的学科。与地理学不同，地方志则着眼于世界的组成部分，着眼于每个部分的细节。有时地方志甚至会描绘像海港、农场、乡村和河流走向这样的区域性细节"。这样看来，地方志的作者就好像在用自己的眼睛和耳朵来描绘地图一样。[2] 除此之外，地方志还与占星学有联系，因为它可以精确地描述，特定地区中的事物如何受到行星与黄道的影响。[3] 雷蒂库斯在献给公爵《地方志》的同时，还附有一封信。在信中，雷蒂库斯将哥白尼称作"伟大的老师"。他没有像吉泽一样，把哥白尼的学说称为"猜想"或是"看法"，而是对其大为赞誉："因此，我们应该引进我伟大博学的老师哥白尼的重要成就——迄今为止对时间年份最精准的记录（也就是历法），以及对星辰轨迹最精确的描述；还有对行星运行方式最完美的诠释

[1]　Burmeister 1967-68,1:47.

[2]　Ptolemy 1991,25.

[3]　See Barton 1994,179-81,206,209,212.

——众所周知，当今流行的行星理论还存在许多缺陷与不足。"[1] 还是在这封信中，雷蒂库斯赞誉了占星学，并强调了占星学与地理学的关系：如果对地球经纬度没有精确的了解，我们就不能准确预测日食将会影响哪些区域，这些区域和其中的居民又会受到什么样的影响。[2] 通过这样的解释，雷蒂库斯从占星学和地方志学的角度赋予了天文学更多的实用价值，使资助天文学研究变得更有意义。

阿尔布莱希特很快做出了回应，他送给雷蒂库斯一枚精致的葡萄牙金币，其价值大约有 10 个达科特（dacut，当时欧洲通行的金币。——译者注）。这种金币代表的更多是一种荣誉上的嘉奖，而非金钱上的赏赐。收到金币的第二天，在公爵肯定态度的鼓舞下，雷蒂库斯向公爵提出了一项新请求：公爵能否动用他的影响力说服萨克森的选帝侯，推迟自己作为维滕堡教师的"离职时间"，好让自己能够专心于《天球运行论》的出版事宜？公爵允诺了，几乎一模一样的两封信分别被送到了选帝侯以及维滕堡官员的手里。[3] 这样看来，虽然阿尔布莱希特公爵对哥白尼的理论并未发表任何看法，但是他对雷蒂库斯实用性成果的赏识却是毋庸置疑的。

从雷蒂库斯和公爵的这番对话中，我们可以窥得当时庇护恩主的动机：文艺复兴时期对天文学提供赞助和保护的诸侯，往往把研究的实用性放在第一位——不管研究结果是物质呈现还是视觉呈现，都应该以某种方式表现出有用性。但是对于展示在宫廷里的科学仪器来说，仅仅具有功能性是不够的。想想看，科学家会把恩主的名字印在自己的著作上，而恩主也会仔细装裱自己赞助过的著作。这个道理同样适用于制造科学仪器的工匠——在科学仪器上印刻恩主独有的标记，是工匠常用的手段。所以，地图，地球与天球模型，计时工具，观

---

[1]　Brumeister 1967-68,3:28-29.

[2]　Ibid.,28-38. Presumably,Rheticus had in mind that part of a particular prediction that concerns the region of the Earth affected by eclipses (see Ptolemy 1940,bk. 2,chaps. 4-5).

[3]　Brumeister 1967-68,1:65-69.

测与测量工具，凯旋门和宫殿中的壁画——它们的创作者在自己作品中打上恩主的标志，这就不足为奇了。所有这些举动，其目的都是炫耀与符号控制。[1] 占星学家的情形也是一样，他们为统治者测算本命盘，一方面统治者可以用本命盘指引自己未来的决策；另一方面，占星家还可以用星运来表现恩主的独特性。总而言之，在当时，作为实用知识（诸如医学和政治预言）前提的自然哲学，在本身不与神学相违背的情况下，是可以得到鼓励和支持的。

不过这种鼓励和支持是有限度的，比如它们就不能像地球仪一样，放在宫廷里展出。事实上，当时自然哲学只是局限在大学里的一门学科，而中世纪对学科的分类又只是纯学术的。天文学理论如果与星的科学其他部分没有关联，是无法在宫廷中获得文化生态环境的。

回顾一下梅兰希顿的观念。他认为占星学是物理学的一部分，而物理学包括一整套解释体系，从质料因、目的因，到动力因、形式因。数学是天文学构成机制中的一个部分，不过数学本身并不具备认识论特性，不足以形成关于地球性质的真实表述。数学在天文学中能够起到的最大作用，就是从圣经或亚里士多德－托勒密学说中找到一些物理学的前提。尽管梅兰希顿对星的科学评价颇高，数学在当时的学科体系中仍然只能算是一门自由艺术学科。当时，不管是在维滕堡还是在其他大学，数学和天文学都没有对应的博士学位。官方也没有签发正式许可，认证这两门学科的职业属性。当时大学教育的目的，是使学生学习包括教学、布道、行医以及诉讼在内的课程，为学生将来能够获得相应的职业资质打下基础。对于那些希望学习数学以便可以掌握实用天文学技能的学生来说，他们有两个选择，一是攻读更高级别学位的学科，如法学、神学和医学，大多数人选择了医学；二是成为一名数学老师，之后也可以从事占星实践。[2]

147

[1]　See especially Moran 1978,190-96;Moran 1977,1991b;Feingold 1984;Zinner 1956,604-5;Clulee 1988,32-33,192-93;Hill 1998;Hayton 2004. Consider also the great market for ivory sundials (Gouk 1988).

[2]　As I argued in Westman 1980a,117-18.

雷蒂库斯就是这样一位老师。1541年9月末，在结束了与哥白尼近两年半的学习之后，雷蒂库斯回到维滕堡，重新当起了老师。他主要教授那些正准备进入医学或神学领域的学生。就在此时，让人意想不到的事情发生了：从纽伦堡带回许多新书和哥白尼手稿的雷蒂库斯，作为一名数学教师，竟被选为了学院的院长。对于一名只有27岁的教师，这个职位象征着荣誉与地位。除非他将自己的朋友和支持者都得罪一遍，否则他是无法卸掉这个职务的。[1]因为那个学年从1541年10月18日持续到了1542年4月30日，所以雷蒂库斯没有能够亲自监督《天球运行论》在纽伦堡的出版。在那段时间中，雷蒂库斯做了许多关于"天球运行理论"的讲座，其中包括了许多占星学上的观点，这一点倒不足为奇。但是没有证据显示，雷蒂库斯在这些讲座中，曾用自己的《第一报告》作为天文学理论的教材，也没有证据显示，他曾在任何公开或私人场合推广过日心说。[2]

雷蒂库斯、梅兰希顿与哥白尼

一个心理动力学假设

雷蒂库斯为什么要回到维滕堡？很遗憾，在这件事上，并没有一个万无一失的解释。伯迈斯特（Burmeister）曾认为，维滕堡之所以没有出现一个"哥白尼学派"，原因就在于雷蒂库斯在这里呆的时间不够长。[3]这个时间如果再长一些会发生什么，我们不得而知。但不容忽视的是，不论是在莱比锡还是在克拉克夫，雷蒂库斯周围都没有形成支持哥白尼理论的团体；《第一报告》和《天球运行论》本身，也没能使雷蒂库斯对哥白尼学说的解读在当时的学生中得到传

---

[1]　Burmeister 1967-68,1:67.

[2]　Ibid.,1:69.

[3]　Ibid.,1:72.

播与认可。这里的学生指的是 16 世纪中期就读于维滕堡和其他梅兰希顿系大学的人。而这种现象并不是人们对《天球运行论》的不了解造成的。1541—1542 年上过雷蒂库斯课的学生，有一部分已经得到了伯迈斯特的确认；在这个名单〔卡斯珀·比克，希罗尼穆斯·施海伯（Hieronymus Schreiber），马赛厄斯·斯托伊乌斯（Matthias Stoius），约翰内斯·霍姆留斯（Johannes Homelius），约阿希姆·海勒（Joachim Heller），马提亚斯·劳特瓦尔特（Matthias Lauterwalt），弗雷德里希·斯塔菲洛斯（Friedrich Staphylus），约阿希姆·阿康提乌斯（Joachim Acontius），约翰内斯·斯蒂格留斯（Johannes Stigelius），汉斯·克拉托·冯·克拉夫特海姆（Hans Crato von Krafftheim）〕中，我发现，没有人对雷蒂库斯的天体秩序表示过支持，也没有人对《第一报告》中的预言解释表示理解。即使是《天球运行论》中那些贺拉斯 – 伊拉斯谟式的辩词，也没有受到人们的欢迎。伯迈斯特名单中的前五个人，还有莱因霍尔德，在现存的属于这六个人的《天球运行论》中，我发现，他们在第 3 卷和第 4 卷所做的批注最为详细，相反在第 1 卷中几乎没有任何批注。[1]这个现象与莱因霍尔德的一条笔记完全吻合："他们选择性地接受了哥白尼的行星模型，却忽视了他提出的行星秩序的假说。"

唯一的例外来自雷蒂库斯的密友，一个公开的支持者，阿基利斯·皮尔明·加瑟，他对《天球运行论》的批注与上述情形不同。[2]

在对待哥白尼学说的态度上，雷蒂库斯表现出的热情，和其他人表现出的冷漠，两者形成了巨大的反差。这进一步说明，雷蒂库斯跟随哥白尼学习的经历，以及由这种经历带来的热情，很难被外人理解。雷蒂库斯回到维滕堡后，把自己的新观点向梅兰希顿、莱因霍尔德以及其他人作了汇报。不仅如此，正像汉

148

---

[1]　For descriptions of these copies and their owners, all from 1543, see Gingerich 2002; Peucer(Paris 12, p. 40);Heller(Rostock, p. 90);Schreiber, later owned by Kepler(Leipzig, pp. 76-80);Stoius(Copenhagen 1,p. 32);Homelius,later owned by Praetorius(New Haven 1,CT,Yale,306-13);Reinhold(Edinburgh,Crawford Library,268-78).

[2]　See Gingerich 2002, Vatican 2,108-10.

斯·布鲁门贝格（Hans Blumenberg）所描述的，雷蒂库斯变成了哥白尼学说热情而虔诚的信徒。[1] "头脑过热"，或许可以形容这时的雷蒂库斯。

通过《第一报告》，梅兰希顿可以很轻易地理解雷蒂库斯的动机——把哥白尼当作对抗皮科学说的盟友，但是，梅兰希顿却没有对哥白尼学说展现出过多的热情。事实上，梅兰希顿显然无法理解，跟随哥白尼学习这件事，给雷蒂库斯带来了多么大的影响。并且，他也不愿意去大幅修改现有的课程体系，修订由他撰写的诸多自然科学课程手稿。1542 年 7 月 25 日，在雷蒂库斯回到维滕堡大约 10 个月后，梅兰希顿在写给他的朋友卡梅拉留斯的一封信中说："因为年纪的关系，我对我们的雷蒂库斯一直都很宽容，希望他能改改，把那些被热情煽动起来的精力，转移到他自己所熟悉的哲学方面。不过有好几次我都对自己说，希望他身上能体现出苏格拉底哲学的影响，这一点，或许等他来日成为人父之后，就可以做到了吧。"[2]

在较早前的一项研究中，我曾经提出，我们或许可以从雷蒂库斯潜意识里对年长男性的感情，以及他父亲的去世这两条线索上，发掘哥白尼理论对他的个人意义。雷蒂库斯的父亲格奥尔格·艾斯林（Georg Iserin），是来自菲尔德基希的一名内科医生，1528 年，他因为诈骗和偷盗的罪名被斩首。[3] 更加不幸的是，雷蒂库斯家族因此再也不能合法地使用格奥尔格的姓氏了。他不幸的妻子被迫改回了意大利娘家的姓氏德·波里斯（De Porris）；而小格奥尔格后来则取了个有学者风范的名字——"雷蒂库斯"，因为他出生在罗马帝国雷蒂亚省（Rhaetia）的边界地区。[4]

---

[1] Blumenberg 1965,109.

[2] Bretschneider et al.,1934-,4:847.

[3] New evidence,based on the records of Iserin's trail,undermines an earlier claim that the main charge was that of sorcery(Burmeister 1967-68,1:14-17;Westman 1975b,187. See now Burmeister 1977;Tschaikner 1989;Danielson 2006,15-17).

[4] See Rosen 1969.

14 岁的小格奥尔格·艾斯林，不仅丢掉了自己父亲的姓氏，也丢掉了自己家族的归属感，这时距他与哥白尼相见还有 10 多年的时间。我们找不到雷蒂库斯对自己父亲的死的直接评论，也不知道他是否亲眼目睹了这一切。不仅如此，我们对雷蒂库斯儿时的家庭关系也是一无所知，更不用说从中得出一个可能的心理动力学解释了。[1] 证据如此匮乏，或许，停止进一步猜测是最简单的方法，而不是去寻找一个既不太寻常又不大可能被接受的解释。但是，我们不能回避一个最基本的事实：雷蒂库斯是唯一一个能被称为哥白尼"门生"或是"追随者"的人。他的出现要比 16 世纪 70 年代的米莎埃尔·梅斯特林和托马斯·迪格斯早很多。雷蒂库斯不仅领先同时代的人，笃信哥白尼（辩证的）学说，还对哥白尼有着明确的认同感。实际上，雷蒂库斯成为了哥白尼的合作伙伴，并帮助哥白尼在维滕堡文化圈中传播他的新理论。哥白尼将原本各执一词的天球理论整合统一的做法，对雷蒂库斯似乎起到了一种解放的、近乎迷醉的效果。这位老师令他如此仰慕，与别人分享其学说之时，雷蒂库斯的笔下透露出一种似乎被压在心底已久、迫不及待想要释放的热情。[2]

童年经历与感知、潜意识中的愿望、幻觉、梦想，建立在这些元素之上的心理动力学解释，必须先从研究对象儿时入手，寻找足够的证据，总结出对象与他人人际关系的典型模式，才能进一步准确建立与对象后期行为相符的并行模型。研究对象早年间没有解决的矛盾，常会在后期以不同的"伪装"形式重新出现。历史学家有着对重复性规律的敏感，这种能力可以帮助解释研究对象

---

[1] Lorraine Daston has articulated this feeling most cogently: "Whatever and however vehement their other confessional differences,historians, sociologists,and philosophers of science share a certain horror of the psychological,properly so-called,and I confess I am no exception to this general hostility" (Daston 1995,4). As will be apparent,I do not share this horror.

[2] Rheticus had written: "In my teacher's revival of astronomy I see,as the saying is,with both eyes and as though a fog had lifted and the sky were now clear,the force of that wise statement of Socrates in the *Phaedrus*: 'If I think any other man is able to see things that can naturally be collected into one and divided into many, him I follow after and "walk in his footsteps as if he were a god" '" (Rheticus 1971,167-68).

后期所表现出的行为，比如种种不合常规的、夸张过激的、出人意料的甚至是破坏性的行为。除了涉及父母与兄弟姐妹的普遍模型，一些特定的创伤性事件有时也会放大某些较小的冲突，有时甚至会形成新的冲突。目击如强奸、战争或是惨烈死亡这样的事件，一个人的反应是由许多因素决定的：年龄、基本的自控力量以及外部助力；但是无论如何，即便对一个正常人来说，这样的事件也有很大的冲击力。

按理说，就算有很好的证据，历史学家还是应当止步于可能的或是出于直觉的猜测，因为就目前的心理学研究而言，并不存在否定自由联想的临床实验机制。[1] 缺乏直接的临床学证据，这是事实，但是，历史学家还是拥有一个极有价值的资源。正如弗兰克·曼努埃尔（Frank Manuel）所指出的："历史学家们……眼前所呈现的都是完整的人生，而人生的终点总是能够很好地反映人生的起点。"[2] 在对雷蒂库斯的研究上，我们有三份重要的证据：他父亲的惨烈死亡，他在《第一报告》中的表述，以及他在弥留之际对哥白尼的回忆。

首先，雷蒂库斯父亲的死。对雷蒂库斯来说，这究竟意味着什么呢？我们没有找到他本人对这件事的直接言论。但我们知道小格奥尔格·艾斯林不仅失去了他的父亲，也失去了他的家族身份。在当时德国家长式的家庭文化下，我们可以想象一下：一个少年，不仅失去了每一个男孩都会深深敬畏的父亲，还失去了与他父亲姓氏和职业紧密联系的社会身份，这样的经历对他来说应该是非常痛苦的。从心理学上分析，这种经历在他之后与男性，尤其是年长男性的关系上，留下了深刻而强烈的矛盾情绪烙印。一方面，杀死父亲的那种极具侵略性的力量，使雷蒂库斯感受到了明显的恐惧与悲痛。在这之后，只要他的心中出现了某种敌意，不管它多么微不足道，都会令他产生罪恶感，而之前的恐

---

[1]　On the nature of psychoanalytic validation,see Wisdom 1974;Glymour 1974,332-48,285-304.

[2]　Manuel 1968,5.

惧与悲痛便会再次浮上心头。这种对自身侵略性想法的恐惧感，还有一个伴随的心理活动，那就是努力在潜意识中修复他的父亲所遭受的极度伤害，以满足他寻求自我力量、自我和谐与自我完整性的需求。另一方面，雷蒂库斯也一定感受到了潜意识当中的解脱感——终于从一个暴君式的老年男性那里获得了自由。后来，哥白尼和帕拉塞尔苏斯的学术反叛得到了雷蒂库斯的认同，这样的态度与这种自由感完全契合。[1]

那么就让我们从《第一报告》中，通过分析雷蒂库斯的语言风格与写作手法，尝试找出上述猜想的例证吧。首先，在雷蒂库斯对约翰内斯·勋纳的介绍中，我们发现了矛盾。《第一报告》的开篇献言中，有如下一段："致卓尔不凡的约翰内斯·勋纳，致其令人敬重的父亲。雷蒂库斯向他们致意。"[2] 可是，扉页上的箴言却完全是另一种语气。这句出自阿尔喀诺俄斯（Alcinous）的名言，可谓是一种革命性的宣言——"思想自由的人一定是那些渴望求知的人"，而这句话并没有在《天球运行论》中出现。[3]

对权威的尊敬与反抗，这种矛盾在开篇就浮现出来，并会在之后的行文中多次出现，愈加清晰。雷蒂库斯是这样介绍勋纳的：

勋纳，这个世上最著名与最博学的人，这个我一直把他当作父亲一样来尊敬的人，现在我怀着感激和热烈的心情，将我的这部作品献给您……（要知道我们年轻人经常会有高涨而无用的热情），如果我因为这样的热情说错了任何话，或者一不小心口出狂言，有悖于神圣传统，有损其尊严与地位，我相信您一定

[1] Rheticus mentions that he had met Paracelsus in 1532(when Rheticus was eighteen)and was impressed by him. It is interesting that he did not then decide on a career in medicine,a vocational choice that would have identified him directly with his father. But in 1554,at the age of forty and after his travels had in effect ended,Rheticus became a practicing physician in Krakow,and his interest in Paracelsus revived. See Brumeister 1967-68,1: 35,152-55.

[2] Rheticus 1971,109.

[3] Ibid.,108. Afacsimile of the title page is reprinted in Burmeister 1967-68,2:58-59.

会念及我对您的敬仰，怀着一颗宽容的心，原谅并指正我的错误。

这样的措辞已经超出了礼节的范畴，其中充满了谨慎、恭敬和歉意。好像在潜意识中，雷蒂库斯在乞求自己的父亲，乞求父亲不要因为自己过激的言行而责罚自己。而在下一句话中，我们可以进一步看出，哥白尼本人也是比较崇尚传统权威的："关于我博学的老师哥白尼，我希望您能了解，对于他来说，没有什么比跟随托勒密以及其他先贤的脚步更重要，就像托勒密也曾经跟随他的前人的脚步一样。"[1]

之后，当谈到哥白尼假说打破传统，具有革命精神的时候，雷蒂库斯的行文似乎在说，当时的研究已经超出了哥白尼的控制范围。在结尾处，雷蒂库斯又引用了曾出现在扉页的阿尔喀诺俄斯的名言："然而，在研究过程中，哥白尼意识到，不论是左右着天文学家的天文现象，还是数学计算，都在迫使他做出一些特定的假设，这些假设是有悖于他的初衷的。哥白尼认为，即使是这样，只要他能够用托勒密那样的方法，把手中的箭瞄准托勒密那样的目标，他的目的就达到了——即使他手中的弓和箭已与托勒密的大不相同。在这一问题上，我们需要铭记那句箴言，'思想自由的人一定是那些渴望求知的人'。"[2] 弓与箭的比喻，代表着哥白尼在抨击"现象"时所使用的全新的、不同于以往的理论假设。

这些比喻本身也暗示了，这部分理论与假设，是哥白尼学说吸引年轻的雷蒂库斯的重要原因。因此，在这之后的许多年中，雷蒂库斯都在极力说服哥白尼出版他的学说。事实上，除了雷蒂库斯，没有一个人能够说服哥白尼公开他的学说，即使是吉泽也不能。在雷蒂库斯晚年发生的一件轶事佐证了上述推断。瓦伦丁·奥托（Valentine Otho）曾经师从卡斯珀·比克和约翰内斯·普雷托里乌

150

---

[1]　Rheticus 1971. 186.

[2]　Ibid.,186-97.

哥白尼问题

斯（Johannes Praetorius），而这两人是雷蒂库斯在维滕堡的继任者。1574年，奥托来到了位于塔特拉山脉（Tatra）的科希策镇（Kosice），在那里，他见到了将不久于人世的雷蒂库斯。[1] 在奥托看来，年迈的雷蒂库斯把他当作了过去的自己——他看着自己，就好像在看着一面通往过去的镜子。奥托回忆道："我们一开始几乎没有说话，但是，在得知我来访的意图后，他突然说，'我当年拜访哥白尼时，就是你这个年纪。要是我没有去见他，他的作品就不会被后世所知了'。" [2]

在哥白尼身上，雷蒂库斯看到了一个既和善，又坚强的父亲的影子。不像梅兰希顿，哥白尼的心中还有着一股年轻人的反叛精神。对雷蒂库斯来说，这是一个同他的生父截然不同的父亲形象——一位用学术当武器挑战古老权威，却不会被击败的父亲；一位像他自己的学说一样，和谐统一的父亲。在这样的男人面前，雷蒂库斯不仅找到了认同感，还把他当作了自己崇拜的偶像。[3]

这样看来，雷蒂库斯同哥白尼的私人关系是很特殊的；其中所包含的亲密而强烈的情感，在维滕堡没有人能完全理解。这或许能解释，雷蒂库斯用以利亚预言诠释的哥白尼理论在维滕堡受冷遇的原因。毕竟在维滕堡，没有人把哥白尼看作先知或是神。而在《第一报告》中，雷蒂库斯笔下的苏格拉底，实际代表的是神化的哥白尼——帮他拨开迷雾，将箭准确地射向目标。他的理论可以预测世间国度的兴亡盛衰。然而在梅兰希顿眼中，苏格拉底则是一个勤恳工作、沉思冥想、为夫为父之人。比克和莱因霍尔德都很符合这样的描述，雷蒂库斯

---

[1]　Burmeister 1967-68,1:175.

[2]　Prowe 1883-84,1: pt. 2,388: "Profectus itaque in Ungariam,ubi tum agebat Rheticus, humanissime ab eo sum exceptus. Vix autem pauco sermone ultro citroque habito,cum meae ad se profectionis causam accepisset,in has voces erupit: 'profecto',inquit,'in eadem aetate ad me venis, qua ego ad Copernicum veni. Nisi ego illum adiissem, opus ipsius omnino lucem non vidisset. '" Also quoted and translated in Koestler 1959, 189-90.

[3]　In 1557 Rheticus wrote of Copernicus, "whom I cherished not only as a teacher, but as a father" (quem non solum tanquam praeceptorem, sed ut patrem colui). This letter (Rheticus to King Ferdinand I in Brumeister 1967-68,3:139),which shows no animosity toward Copernicus, weighs against Arthur Koestler's thesis that Rheticus felt betrayed by Copernicus when the latter failed to mention him in De Revolutionibus. This omission is perhaps to be understood as part of a deliberate strategy to direct the two works to different confessional audiences.

则不然。1550 年，雷蒂库斯因鸡奸罪被迫离开了莱比锡。[1]

在雷蒂库斯为数不多的支持者中，阿基利斯·皮尔明·加瑟是其中之一。在他为《第一报告》写的序言中，他对雷蒂库斯和哥白尼都表示了支持，同时也认为新的天体秩序与以利亚预言之间存在联系。不仅如此，他在自己所著的《编年史》中，又进一步强化了这种联系。作为一名来自雷蒂库斯家乡的医生，加瑟立即接替哥白尼，在雷蒂库斯心中扮演起父亲的角色。1542 年 10 月，刚刚离开哥白尼归来的雷蒂库斯，把一本有他"父亲"签名的医学书送给了加瑟。可见在雷蒂库斯心中，加瑟有着非常高的地位。[2]

与上文形成对比的是，受到梅兰希顿的冷遇，可能成为了雷蒂库斯一生中的重要转折点。对哥白尼问题的演变而言，这可能也是一个关键时刻。这不仅意味着《第一报告》不会出现在维滕堡的课程体系中，也意味着雷蒂库斯再也不能仰仗梅兰希顿，获得来自公爵的保护和支持。原本可以冠以"普鲁士天文学"之名的《第一报告》，也永远不会问世了。

莱因霍尔德、阿尔布莱希特以及维滕堡诠释的形成

莱因霍尔德第一次接触哥白尼学说的时间，最早有可能是在 1540 年，主要

---

[1] Presumably same-sex and represented as an Italian vice (another term being *florenzen*, "to florence"). For an excellent treatment of sodomy's practice and diverse meanings,see Puff 2003. We learn the details about Rheticus from Jacob Kröger (d. 1582),a Hamburg pastor who,like many readers, kept personal notes in his copy of Johannes Stadius's *Ephemerides, 1554-1576* (Stadius 1560): "Excellens Mathe: qui vixit et docuit Lipsiae aliquandiu,postvero circa annum 1550 ea urbe aufugit propter Sodomitica et Italica peccata. Ego hominem novi" (cited by Voss 1931,179-84,182-83;also,Zinner 1988,259). I have not been able to locate the original,formerly located at the Hamburger Staats- und Universitätsbibliotek;it may have been destroyed in World War II.

[2] Konrad Schellig,*In pustulas malas morbumquem malum de francia vulgus appellat*,in Stevenson 1886, no. 1270,56.

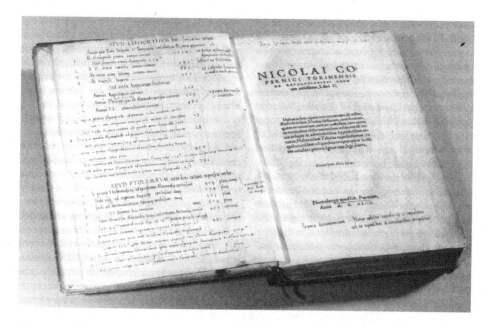

图 35. 莱因霍尔德所藏《天球运行论》（1543），书 名 页（Courtesy Crawford Library, Royal Observatory, Edinburgh. Cr.8.43 ）。

151

的途径应该是与雷蒂库斯通信（无记录），以及阅读《第一报告》。[1]1542 年，也就是雷蒂库斯归来的那一年，莱因霍尔德出版了《关于普尔巴赫〈行星新论〉的评述》（*Commentary on Peurbach's New Theorics of the Planets* ），并在书中表达了对行星理论现状的不满，提出了与《天球运行论》序言相似的结论，他认为："为了解释众多的天文现象，一些博学的天文学家设想了偏心圆均轮模型，并把它当作定论。另一些人则提出了多个天球和多重运动的学说……而天球数量过多的原因，一定是因为现行（天文学）艺术还不够完善，人们对天球运动的理

---

[1] See Gingerich 1970;Voigt 1841,514-46;Rheticus to Duke Albrecht,29 August 1541,in Brumeister 1967-68,3:38-39.

解还有缺陷。"[1]之后，他提到了改革天文学的新希望："我最近结识了一位学识非凡的作者，他唤醒了所有人重振天文学的期望。现在他正准备出版自己的著作。其中，在对月球相位的解释中，他放弃了托勒密模型，为月球引入了双本轮模型。"[2]

这样一来，在《天球运行论》出版之前，仅通过雷蒂库斯的介绍，哥白尼没有偏心匀速点的模型，就已经激起了莱因霍尔德"极大的期待"。在哥白尼对月球的第二个不规则性（second inequality）的处理上，雷蒂库斯写道："他假设月球是沿着双本轮的轨迹运动，而双本轮又沿着一个同心圆的轨迹运动。"[3]在随后的解释中，雷蒂库斯进一步引申了这个观点："博学的勋纳先生，请看：在这个问题上，该理论的假设不但使我们摆脱了偏心匀速点，还更符合经验与观测结果。我的老师也将其他天球的偏心匀速点一并去除了。"[4]

有趣的是，莱因霍尔德在为普尔巴赫一部作品所写的序言当中，对"双本轮"的假设大加赞赏，而这本书却是建立在偏心匀速均点理论基础之上的。在《天球运行论》出版后不久，莱因霍尔德就拿到了一本。很明显，没有偏心匀速点的哥白尼模型，对莱因霍尔德有很大吸引力。在那本书中，莱因霍尔德用漂亮工整的红字，醒目地写下了哥白尼模型的基本原则："天文学公理，即天体运动是均匀的圆周运动，或是复合的均匀圆周运动。"[5]

在构建行星模型的过程中，哥白尼努力使之符合上述原则。这一原则也被莱因霍尔德数次在笔记中提及。在《天球运行论》的第5卷中，哥白尼在结束了对日月问题的讨论之后，转而开始论述行星理论的其余部分。这次他将矛头直指偏心匀速点理论："因此他们承认，圆周运动相对于一个并非其自身中心的

[1] Reinhold 1542,fol. C2v.
[2] Ibid.,fol. C7r.
[3] Rheticus 1971,134;Rheticus 1982, 54, 105.
[4] Rheticus 1971,135.
[5] Reinhold's copy was first identified by Owen Gingerich(1993b, 176-77;Gingerich 2002,Edinburgh 1,268-78).

哥白尼问题

中心而言也可以是均匀的，这个概念是西塞罗著作中的西庇阿所难以想象的。现在，水星的情况也是一样，甚或更加如此。"[1] 哥白尼进一步补充了"天文学原则"的三种特殊变体："可能是两个偏心圆，或者是两个本轮，或者是一个混合的偏心本轮。正如我前面对太阳和月亮所证明的那样，它们都能产生相同的不均匀性。"[2]

莱因霍尔德再一次以大胆的笔触，对水星天球运动做出了如下解释："水星的天球，是由两个偏心圆叠加在一个承载着本轮的偏心均轮之上构成的。"[3] 春分点退行，是一种地轴的震荡运动。哥白尼生动地把它比喻成"就像悬挂着的物体，沿着相同的路径，在两个最高点之间来回摆动"。对此，莱因霍尔德是这样理解的："两个对等且规律的圆周运动，可以产生如下的现象：'1. 直线运动；2. 相反的运动；3. 不均匀的运动，在远端的速度会小于中间位置的速度。'"[4] 这正是消除了偏心匀速点的行星模型的强大之处。早在 14 世纪时，来自西班牙马拉加（Marahga）的阿拉伯天文学家们已经提出过这种理论。而现在，莱因霍尔德和之后的第谷·布拉赫，则把它当作了革新天文学基础的重要突破。

152

同样重要的是，莱因霍尔德很有选择性地忽视了地球的运动，他无法把它当作哥白尼天文学的一个公理或前提。在他的批注中，仅有一条曾明确显示，他认为哥白尼对地球运动的描述是非常荒谬的。[5] 莱因霍尔德认为天文学的首要原则既不是物理的，也不是形而上学的。对他而言，只有天文学理论中的数学推演，才能被称为"天文学公理"，而正是在这样的"天体运动法则"基础之上，

---

[1] Copernicus 1978,bk. 5,chap. 2,240(alluding to Cicero,*Republic*,VI). (译文参见哥白尼著，张卜天译,《天球运行论》，北京：商务印书馆，2016。380。——译者注。)

[2] Copernicus 1543, bk. 5,chap. 2: "principia artis"；Copernicus 1978, bk. 5, chap. 4,242. (译文参见哥白尼著，张卜天译,《天球运行论》，北京：商务印书馆,2016。385。——译者注。)

[3] Copernicus 1543(copy in Crawford Library,Edinburgh),bk. 5,chap. 4,fol. 142r: "Primus Modus per Eccentrepicyclum;" fol. 142v: "Secundus Modus per Homocentrepicyclos";Ibid.,bk. 5,chap. 25,fol. 164v.

[4] Ibid.,bk. 3,chap. 3, fol. 67v.

[5] Ibid.,bk. 1,chap. 6,fol. 4v.

具有实用意义的星表才能被测绘出来。在后来出版的《普鲁士星表》中，他列出了自己计算时使用的二十一条规则，并且指出，哥白尼和萨比特·伊本·库拉（与托勒密相反）认为，恒星年比回归年更加准确，这是因为"在二至点附近对太阳的观测不够准确与恒定"[1]。因此，莱因霍尔德说："哥白尼这个名字将会被所有的后人所铭记。在他之前，天文学的基本原则一度近于崩溃，可哥白尼的出现却拯救了天文学。上帝以他的仁慈在哥白尼的心中点了一盏明灯，让他得以在至今弥漫在我们周围的黑暗中，探索发现世间的真理。"[2]

　　莱因霍尔德决定开始编撰《普鲁士星表》的时间与契机，标志着哥白尼问题的演变来到了另一大转折点。在《普鲁士星表》中融入哥白尼的观点，这样做的效果之显著，即使放到16世纪80年代，人们对《天球运行论》的各种诠释不断涌现之时，依然不容小觑。1542年5月，离哥白尼完成《天球运行论》的序言还有一个月，雷蒂库斯则刚刚结束院长的任期；就在此时，莱因霍尔德与阿尔布莱希特公爵建立了最初的联系。建立庇护关系所使用的策略，很好地解释了双方如何按照当时当地的惯例，相互谈判，建立起特定的关系，最终促成了《普鲁士星表》的诞生。这个过程同时表明，关于哥白尼作品的意义，如何形成了一种影响深远的注解体系。

　　莱因霍尔德没有通过中间人，而是直接与公爵建立了联系，并保持了多年（梅兰希顿以及他的一些学生也曾作为莱因霍尔德的代表，与公爵接洽）。莱因霍尔德把自己形容为一个显赫恩主面前的无名小卒。[3]他赞美公爵大力襄助"天文学

---

[1]　Cf. Ptolemy 1998,bk. 3,chap. 1,132: "The only points which we can consider proper starting points for the sun's revolution are those defined by the equinoxes and solstices on that circle."

[2]　Reinhold 1551, "Praeceptum xxi," fol. 34v. Reinhold 1571,held by the Schweinfurt Stadtbibliothek,contains Maestlin's extensive annotations. I have used this copy.

[3]　Reinhold to Albrecht,May 12,1542,in Voigt 1841,516: "Wiewohl ich E. F. G. unbekannt bin."

和宇宙学"，称其行为令自己感动。[1] 他把自己出版的一部"小书"作为礼物送给了公爵，希望能得到公爵的赏识。这部作品不是别的，正是《关于普尔巴赫〈行星新论〉的评述》。他向公爵坦白，这本书作为学校教材，看起来不像科学仪器那么拿得出手，[2] 但是它能为日后人们正确应用天文学理论打下坚实的基础。如果没有这种基础，理解托勒密学说、使用星表和科学仪器就都成为了空谈。莱因霍尔德恳请公爵接受这本"由一位数学教师敬献的"书，并表示："正如阁下您知道的，我们这门艺术虽然每每受到王侯的照顾，却经常被其他人忽视。"[3]

三个月后，公爵发来了令人振奋的回复。有趣的是，公爵不仅非常具体直接地探讨了莱因霍尔德的顾虑，他还真的看了那本书，并表示从中收获良多。[4] 公爵很明确地表明了他"推动与荣耀"天文学和宇宙学的意愿，同时表示，他愿意为"所有自由的、值得赞美的艺术"提供支持。

公爵还对莱因霍尔德在书中对他的致敬做出了回应："在书中，你将这门艺术的基础作品献与我们，给我们家族带来了荣耀。"[5] 而现在，为了报答莱因霍尔德 "高尚的善意"，公爵将"一份表达我们感激与祝愿的礼物"送给了莱因霍尔德：一个小酒杯。对，就是喝啤酒的那种。

用《关于普尔巴赫〈行星新论〉的评述》换个啤酒杯，仔细想想，这其实还算一个不错的开端：对一本还算深奥，却称不上新颖的理论课本来说，能得

153

---

[1]　Reinhold to Albrecht, May 12,1542,in voigt 1841,516. : "Bin ich dochaus der Ursache, dass E. F. G. vorandernFürstenTugend und löblicheKünste und besonders die Astronomie und Cosmographielieben,ehren und förden,bewogenworden."

[2]　Ibid. : "Dieses Büchlein Schulmaterie ist" ; "Und nicht ein grosses Gepränge macht,wie wenn man viele Instrumente maletu. s. w."

[3]　Ibid. : "So ist es doch der Grund der rechten Kunst,woraus die Instrumente kommen,und ein Schlüssel dieser Künste,dem ohne eisen Anfang kann man den Ptolemäus und die Tafeln nicht verstehen oder brauchen."

[4]　Albrecht to Reinhold,August 8,1542,ibid.,517: "Wir haben euer Schrieben sammt dem Büchlein,welches ihr uns zugeschrieben,empfangen, gelesen und wohl veronmmen."

[5]　Ibid. : "Dass ihr uns den Grund derselben löblichen Kunst zugeschrieben habt und damit unsern Namen rühmen thun."

到一位显赫恩主的赏识，并收到一份代表着互惠精神的礼物，已经很难得了。况且在这本用拉丁文撰写的书中，还引用了许多希腊先贤的话作参考。在这一来一往的交流中，公爵表示他真的花时间看了那本书（至少他是这么说的）；还表达了对莱因霍尔德数学教师身份以及天文学和宇宙学的尊敬。值得一提的是，在公爵眼中，天文学和宇宙学与其他自由艺术学科的地位是相同的。公爵还向莱因霍尔德做出了另外一个肯定的答复：他很愿意让一本天文学著作冠以他的名字，即使它只是写给年轻学生的教科书。

到了那年秋天，莱因霍尔德与公爵又进行了一次互惠交流。莱因霍尔德引经据典、旁征博引，表达了对公爵的感激之情，再次强调了自己工作的非凡意义，为之后的请求做了些语言上的铺垫："'著名的数学家'阿拉托斯（Aratus）和狄奥克勒斯（Diocles）曾经把他们的作品献给马其顿国王安提柯（Antigonus of Macedonia）；埃拉托斯特尼（Eratosthenes）关于欧洲、亚洲以及非洲的著述不仅首开先河，更是典范之作，他把自己的星表献给了托勒密国王。"莱因霍尔德继续写道："虽然我不能与这些大家相提并论，可阁下却以仁慈之心，允许我们这些数学家将作品冠以您的名字，好让这门学科发扬光大，并为后世的学生建立一个典范。"写到这里，莱因霍尔德进一步透露了自己想写一部"伟大作品"的意愿，但他并没有明确表明是什么作品，只是表示，在这个"基督教世界极为动荡的时期"，人们比任何时候都需要它——很大的原因是"我们的（数学）学科被严重低估与忽视了"。[1]

同年12月，公爵做出了十分友好的回应。他以一种与自己的社会地位相当的口吻、以一种谦逊的姿态回复："之前对您赠予作品略表心意，对此，您委实不必如此客气。其中缘故在于，多行善举，多表仁心，襄助您与其他博学多才之士，

[1]　Reinhold to Albrecht, October 8, 1542, ibid., 518.

则我的心意可表天下：一位仁善之君，自当热心一切正当之事。"[1]公爵希望自己能被看作是学问家们的庇护人。更重要的是，阿尔布莱希特很明确地表示，他可以进一步为莱因霍尔德提供支持。比如他说，他很愿意知晓"您在占星方面的看法"。就这样，莱因霍尔德不仅获得了公爵的信任，也看到了乐观的前景。[2]

1544 年 1 月，莱因霍尔德对这种信任进行了一次考验。此时，雷蒂库斯去莱比锡任教已经有一年半的时间了。而莱因霍尔德已经很好地理解了哥白尼的学说，他的许多批注在那时或许已经成形。他向公爵报告，称自己开始了一项新的研究，已经进行了"至少一年"，也就是说，最晚在 1543 年 5 月《天球运行论》问世的时候，研究就开始了。莱因霍尔德强调，这项研究具有极强的"实用性"。

一年前，我收到了阁下的来信。在信中，您希望我能时不时地写信给您，并将我的作品一同寄送。您对我的照顾以及热情支持使我非常感激，而回复您则是我的义务与责任；在那时，我其实就已经草拟了一部全新的实用性作品，我把它叫作"天体运动新表"（New Tables of Heavenly Motions）。我决定将这部作品献给您，并将其冠以《普鲁士星表》的名字。在这部作品中，我使用了哥白尼的观测数据，并将它和其他新老学者的观测进行比对。除此之外，我会为先前以及未来发生的日食现象制作一个新的表格，收录在星表中。不论是完善编年史，还是澄清历史，这个表格都会有极大的帮助。另外，在星表中我还会更新可以预测未来很多年的星历表。当时我之所以没有立即回复您，是因为我

---

[1] Albrecht to Reinhold,November 27,1542,ibid.,518-19. The duke's language closely resembles phrasing that he had used a month earlier in acknowledging thanks for a gift to the Nuremberg instrument maker Georg Hartmann: "Your high thanks, however, were not necessary because what I have done for you in this case is done out of grace for you and to show our affection to your person and the praiseworthy arts" (Albrecht to Hartmann,5 October 1542,ibid.,279).

[2] Ibid. : "Wollten wir uns immer als der gnädige Herr in allem Ziemlichen finden lassen" ; "In Gnaden bit-tend,ihr wollet uns bisweilen *ex astris* euer Judicium."

希望待这部作品有一定进展后，一并寄送。而编撰工作进展缓慢的原因，主要是我时常被学校事务缠身，无暇全力工作。然而，为了表达对您的感激，我将这封信寄给您，随信附上我最近发表的小作品，一份日历。我希望这对那些学习（数学）原理的人能有所帮助。至于《普鲁士星表》，待散页装订成册后再行寄送。希望不久的将来，在神的庇佑下，我能尽快将日食观测结果和几位君主的星象报告送达给您。[1]

154

在这封态度诚恳、言语坦率的信件中，我们可以清楚地看出，为了得到公爵的支持，莱因霍尔德使用的修辞手法是强调实用性而非真理性，这样的描述无疑应和了当时的庇护人对实用作品的期待。公爵关注的是结果，他希望从书面证据或是具体产品中看到这些结果。莱因霍尔德明白公爵的想法。至于对哥白尼的看法，公爵早已通过与雷蒂库斯和吉泽的接触了解了他的学说，莱因霍尔德更是不假思索地把哥白尼的理论当作了（新）的观测指南。莱因霍尔德曾表示，不论是完善编年史，还是改善历法，或是计算本命盘，《普鲁士星表》都会起到很大的帮助作用，这一切也都与哥白尼的理论紧密相关。在随后的书信往来中，公爵对这样的关联性并没有提出异议，好像在他看来，这是显而易见的。

另外一个有趣的细节是，这封信没有寄给维滕堡大学的官方庇护人——萨克森的选帝侯，而是直接寄给了公爵。很明显，梅兰希顿非常看重这件事情，他们认为萨克森选帝侯并不是一个可靠的资助者。写信给公爵，表明梅兰希顿有灵敏的洞察力，知道应该如何谋求物质支持。或许我们可以这样说，他知道该按下哪个"按钮"——将作品的实用性和贵族的荣誉相结合。

当下学习数学的人还很少，同样，支持数学的贵族们也不多。在这里（维

---

[1] Ibid.,Reinhold to Albrecht,January 8,1544,519-20.

滕堡），有一位学问家决心投身到数学研究中，他最近开始的作品有助于传播数学知识。然而，我们的王公贵族对这类研究却一点也不关心。如果阁下您能够每年给予他一些资助，不论是捐赠还是奖学金，我相信，这样慷慨的举动会对数学的发展有很大帮助。请容许我提醒您，这位学者能为我们带来实用性作品和星历表。反之，如果阁下您不支持这样的工作，星历表也就无从谈起了。不论如何，还请阁下您原谅我这或许不太恰当的请求。[1]

这几封求助信件，尤其是梅兰希顿的那一封，达到了预期的效果。阿尔布莱希特很快在1544年8月做出了回应。他表示，虽然还要照顾自己的学者，"但为了使您满意，不让您的请求落空，我还是决定每年给予他（莱因霍尔德）100莱茵盾的资助，为期两年。他会分四期收到这笔赞助（也就是每六个月一期）"[2]。

莱因霍尔德与梅兰希顿两人重新解读了公爵的赞助，为它赋予了新的意义。此举不仅是对莱因霍尔德这位穷困的数学家的赞助，更是对一门学科的赞助。标志着这门以数学手段来研究天文的学科，得到了公爵的支持。梅兰希顿曾强调，自然界的秩序能反映造物主的计划。公爵的行为恰恰与这一论述吻合："人类在世上，必须拥有这几门学科的支持——数学、测量学、历法和宇宙结构学。太阳周年运行的轨迹秩序完美，上帝借此证明，自然是由一位睿智而有条理的艺术大师创造的。因此，我们应该热爱这些歌颂上帝的学科，借助它们，我们能够解释世间的秩序。毫无疑问，如果没有统治者的支持，仅凭一己之力，不可能付得起费用，去制造仪器，观测太阳、恒星、日食、二分点，以及诸如此类的天体和天象。"[3]与梅兰希顿相似，莱因霍尔德从数学的学科地位和教会教义

[1]   Melanchthon to Albrecht,July 16,1544,ibid.,520-21,my italics. Shortly thereafter,Melanchthon's son-in-law Sabinus,who was working to help establish the duke's university at Königsberg,put in a further endorsement of Reinhold(p. 521).

[2]   Albrecht to Melanchthon,August 2,1544,ibid.,521.

[3]   Melanchthon to Albrecht,October 18,1544,ibid.,523:Bretschneider et al.,1834-,5:510-11.

的角度，解释了公爵的赞助行为——公爵的赞助之所以如此重要，是因为"如下两个事实：（1）有序的生活离不开这些学科，发扬基督教教义离不开这些学科，诚如上帝所言，太阳当头，人类始有四季轮转。现在，如果没有统治者的帮助，人们就无法理解一年四季，无法观测天象，无法学习这些学科，而且……（2）这些学科根本无法幸存下来。因此，您将援助之手伸向了我们这些穷苦的数学家，这样的善举值得赞美。而我则怀着诚挚的谢意，接受您对这份奖学金的高尚许诺"[1]。

1545 年 12 月，公爵来到维滕堡面见了莱因霍尔德，原本存在于宫廷与学校之间的联系，如今成为私人的来往。在这次会面中，他们应该讨论了命相天宫图的话题，因为在这之后，莱因霍尔德就向公爵寄送了一份资料，包含多位统治者的命相天宫图。这些人选都是按照公爵的心意决定的。值得注意的是，这其中也包含了哥白尼与路德的天命图。

如果津纳的推测是正确的话，那么，莱因霍尔德的这份表格最后落入了卢卡·高里科手中。[2] 除此之外，公爵随后还索取了自己家庭成员的天宫图——他的妻子、他的女儿安娜·索菲亚（Anna Sophia）、他的堂兄阿尔布莱希特侯爵，以及勃兰登堡侯爵卡西米尔（Casimir）的儿子。除此之外，名单中还包括查理五世以及年轻的波兰国王西吉斯蒙德一世。公爵要求莱因霍尔德尽快将这些天宫图准备好，并许诺回以一份礼物。[3] 莱因霍尔德表示，他很乐意完成这些天宫图。可能是想讨价还价，他又明确表示，自己常被维滕堡大学的事务缠身，并暗示，完成计算和注解可能会需要很长时间。[4]

然而，对于莱因霍尔德来说，接下来的两年里，时间成了最不必担心的事

---

[1] Beinhold to Ablrecht,October 14,1544,in Voigt 1841,522.

[2] Zinner 1988,503.

[3] Albrecht to Reinhold,December 11,1545,in Voigt 1841,524.

[4] Reinhold to Albrecht,December 13,1545,ibid.

情。1546 年 2 月，马丁·路德去世。作为宗教改革运动的标志性人物，马丁·路德的去世不仅影响到了大学，也影响到了他所维系的脆弱的宗教 – 政治联盟。由此开始的混乱而苦难的宗教战争，直到 1555 年《奥格斯堡和约》(*Peace of Augsburg*) 签订才宣告结束。1547 年 4 月，查理五世的帝国军队跨过易北河，在德累斯顿 (Dresden) 和维滕堡之间的米尔贝格 (Mühlberg) 登陆。在那里，他们消灭了施马尔卡尔登同盟 (Schmalkaldic League) 中的新教军队，活捉了萨克森选帝侯约翰·弗雷德里希（卒于 1554 年），他正是维滕堡大学的庇护人。[1] 自然，维滕堡大学的生活受到了影响。许多学生和教授，包括莱因霍尔德在内，逃离了维滕堡。莱因霍尔德拖家带口在外游荡了整整一年，无法专注于他的工作，只寄给了公爵少量的天宫图。在这期间，他的妻子过世，留下三个孩子由他独自抚养——这是一种情感与经济上的双重负担。但是自始至终，梅兰希顿和公爵还是明显流露出了继续提供资助的可能性。[2] 梅兰希顿一再对公爵重申，王公们的赞助对数学学科十分重要，因为像这样几乎不产生利润与收入的学科时常被大众忽视与嘲笑。而公爵则清楚地表明，如果莱因霍尔德愿意考虑以神学为职业的话，他觉得这件事情还是很乐观的。[3]

　　这样的姿态，在我们看来是十分令人惊讶的。它很清楚地表明了，公爵愿意将莱因霍尔德提拔到一个更高、更稳固的社会阶层，从而保证他能继续进行天文学研究。这是怎样的一个职位呢？自 1535 年，维滕堡的神学机构就被赋予

[1]　See Grimm 1973,205-8.

[2]　Ablrecht to Reinhold,April 20,1547,in Voigt 1841,525: "Your apology that you have not been able to complete everything,given the present tumultuous times,was not necessary. Since we have already pledged to support your studies with a gracious assistance,you should have complete faith in us;because we are always inclined to show you our goodwill." Albrecht to Melanchthon,June 1547,ibid. : "We are sorry from the bottom of our hearts that Erasmus and other pious and very learned people,because of the unsettledness of the current times, have been impeded from their work. But we are very pleased that you continue to praise him as a highly useful man and,on account of your recommendation,we want to show him that we are not going to cut his funding."

[3]　Albrecht to Melanchthon,October 18,1547,ibid.,526.

了审查政府职员候选人的官方权力。并且，随着德国的地域管辖分化达到了前所未有的程度，许多王侯接管了本属于主教的教会职能。以传统上由主教掌管的宗教法庭为例，当时，宗教法庭变为民事法庭，而选帝侯则有权指派神学家与律师。这样的法庭掌控着各种各样的宗教职能——审判婚姻案件，维持信仰统一，对民众进行道德评判，并握有开除教籍的权力。路德离世之后，宗教法庭成为领主用来控制人们日常生活与宗教生活的中枢机构。[1] 而那些学术型的神学家，除了进行自己的研究，也可以在这样的机构中任职。

面对这样的机会，莱因霍尔德虽然没有同意，但也没有回绝。1548 年 4 月，梅兰希顿在写给阿尔布莱希特的信中说，再过几年，莱因霍尔德就能完成《普鲁士星表》了。到那时，他便可以完全投身于宗教解读与祷告的生活之中。其实他现在已经是一个敬畏上帝的人了，过着虔诚的生活，对哲学与神学有着很深的了解。梅兰希顿还说，就算是在现在，以莱因霍尔德的学识，也足够被提拔为一名神学博士了。或许日后他还能去公爵的柯尼斯堡大学，进入那里的神职机构呢。[2]

莱因霍尔德在 1548 年 11 月完成了《普鲁士星表》，比梅兰希顿预期的要早。他很快就从柯尼斯堡的一位希腊语与神学教授梅尔基奥尔·伊辛德（Melchior Isinder）那里得知，公爵准备送给他 50 泰勒（thaler，银币）作为完成这部作品的奖赏。[3] 之后不久，莱因霍尔德对公爵说："我们这些学习数学的人愈发感到，大人的慷慨支持对我们至关重要。"此外，他还承诺："不久的将来，我们手中就会握有最好的行星表。在这之后，我将会转向进行占星学研究，解读星象的影响力。"[4]

---

[1]　Gimm 1973, 183-84.

[2]　Melanchthon to Albrecht,April 29,1548,in Voigt 1841, 526-27.

[3]　Melanchthon to Albrecht,November 1548,ibid.,527. Isinder was first dean of the philosophy faculty and was recommended for the job by Camerarius (Voigt 1841, 117-18).

[4]　Reinhold to Albrecht,May 2,1549,ibid.,527-28. My italics.

虽然公爵始终表示会支持莱因霍尔德，但《普鲁士星表》毕竟是一部对技术要求很高的作品。

这意味着，它的出版费用会很昂贵。此外，出版此书还需要有一位非常有经验的、熟悉数学作品排版的出版商。完成这样的任务需要向公爵寻求更多资助，而公爵此时的热情似乎减弱了。约翰内斯·彼得雷乌斯显然是最佳出版商人选。在他出版的书中，勋纳、奥西安德尔、加瑟、卡尔达诺以及哥白尼的名字赫然在列。早在 1544 年 11 月，梅兰希顿就曾让勋纳与彼得雷乌斯联系，建议由他出版《普鲁士星表》。[1]1549 年 9 月，莱因霍尔德得到了帝国特许权，授予他出版《普鲁士星表》和其他著作的权利，包括一本对《天球运行论》的评论，和一本修辞学新作。[2]

此时，莱因霍尔德向梅兰希顿的另一位学生、柯尼斯堡的神学家弗雷德里希·斯塔菲洛斯写了一封长信，详述了自己工作的前前后后。他想通过斯塔菲洛斯居中斡旋，得到进一步资助。这封信显现了中间人对赞助谈判的影响力。他可以更坦率地表达双方的想法，也可以更有效地达成双方的诉求。莱因霍尔德对斯塔菲洛斯诉说了自己近乎窘迫的经济状况，称自己是"要养家糊口的穷苦父亲"；同时，他还提到"帮忙做基础计算的穷学生"。他向斯塔菲洛斯介绍了公爵多年以来对自己的支持，以及自己想把《普鲁士星表》献给这位慷慨的"米西纳斯"（Maecenas，指文学艺术事业的慷慨资助者。——译者注）的坚定意愿。他强调了自己作品的独特性与优越性，称其为"全新的天文表"（Novae Tabulae Astronomicae）："通过这份星表，人们可以往回推算近 3000 年的时间。如果不行

156

[1]　Melanchthon to Schöner,November 13,1544. no. 3073,Bretschneider et al.,1834-,9:526-27: "Sciunt typographi,scholasticos libellos, qui artium praecepta continent,excudi foeliciter. Ideo si authoritas accesserit tua, obtineri res poterit. Solvi pretium pro labore describendi iustum est. Quaeso igitur scribe,vel per Ioachimum Leucopetr. significa,quid de editione earum tabularum Erasmo sperandum sit. Ioachimo Leucopetreo pro muneribus missis gratias ago."

[2]　Reinhold 1551,fols. α1v-α2v: "Diploma Caesareum Concessum Erasmo Reinholt Salveldensi" (June 24,1549).

的话，至少也能推算到以西结的时代。"[1]

　　莱因霍尔德随后坦率地表达了他的忧虑。他说，完成《普鲁士星表》，从身体方面讲，有损自己的健康；从经济方面讲，拖累了自己的家庭。他十分需要一位能照顾自己孩子的"米西纳斯"。为了还债，他已经从工资里支出了近500基尔德（gulden）；公爵赞助的那250泰勒，也所剩无几了。为了让自己全身心投入到数学研究中，他已经有七年没有在私人学校教过课了。近两百年来，学者们都在使用由西班牙国王阿方索赞助的星表。而为了制订这些星表，当时动用了24个人。作为回报，国王赏给了他们一吨的黄金。现在，阿方索的星表已经不符合托勒密的理论了，莱因霍尔德希望自己的这部经过极大改进的星表，在冠以资助者名字后，可以为其带来后世500年的荣誉。莱因霍尔德把这种荣誉与哥白尼的荣誉联系在了一起："我把这部作品命名为《普鲁士星表》，并把它献给阿尔布莱希特公爵，这背后有许多原因；其中最核心的一点是：我使用的许多观测数据都来自哥白尼，它们是编订《普鲁士星表》的基础与准则。而尼古拉·哥白尼，正是一位博学的普鲁士人。"[2] 在强调了《普鲁士星表》将给公爵带来无上荣誉之后，莱因霍尔德转而详细表明自己想得到的报酬："我不会厚颜索要一吨黄金作为奖赏。结束如此沉重而漫长的工作之后，我只是希望得到一份与之相称的酬劳，弥补我多年的付出与辛劳。这样一来，孩子们也不至于跟着我一穷二白，这也算是我的心血之作得到的成果吧。"[3]

　　斯塔菲洛斯将莱因霍尔德的讯息简练地转达给了公爵。为了凸显莱因霍尔德作品的独特性，斯塔菲洛斯除了强调了莱因霍尔德的窘境外，还很娴熟地添

[1]　Reinhold to Staphylus,September 8,1549,in Voigt 1841,529.

[2]　"Ich habe nun aber viele Gruünde, warum ich die *Tafeln Tabulae* Prutenicae nennen und dem erlauchten Fürsten Herzog Albrecht von Preussen dediciren möchte; und zwar ist der vornehmste der,dass ich die meisten Beobachtungen,von welchen als den Principien und Fundamenten ausgehend ich dies Tafeln entworfen und ausgeführt,von dem hochberühmtesten Nicolaus Copernicus,einem Preussen, entliehen habe" (ibid.,528-32,esp. 530).

[3]　Ibid.,531.

了一笔："有人曾经向莱因霍尔德建议，劝他把自己的作品献给查理五世，把它命名为《查理星表》，就好像《阿方索星表》一样；而当时阿方索国王用一大笔奖金奖赏了制表的学者们。伊拉兹马斯只是说，他宁可把作品献给您，并冠以《普鲁士星表》的名字，给您带来赞誉和荣耀。"[1] 斯塔菲洛斯威胁要将星表献给查理五世，莱因霍尔德对此显然不知情。斯塔菲洛斯还说，在回复莱因霍尔德的问题上，他给不了公爵任何建议。[2]

莱因霍尔德与斯塔菲洛斯的策略只起到了部分作用。公爵再一次表示了他对这门艺术的热爱，以及帮助莱因霍尔德的意愿。但他也第一次流露出了对开销的质疑。最后的结果是，公爵同意"在一个商量好的时间和地点"，付给莱因霍尔德 500 基尔德，不过，对于星表的赞助到此为止。"他会对此满意的"，阿尔布莱希特公爵这样写道。

莱因霍尔德对此并不满意。他或许还对斯塔菲洛斯对这件事的处置有些失望。

当他与彼得雷乌斯就出版事宜讨价还价（印刷纸张的规格可不可以从普通皇冠纸升级到帝王豪华纸），他也没有忘记对斯塔菲洛斯发牢骚："我还是认为，要是你能当面把事情对公爵讲清楚的话，现在的局面会好得多；我还想说，我告诉你的那些难处和付出的代价，句句都是实话。"[3] 莱因霍尔德希望在一年内收到全款，并表示自己和孩子们都已经受够了。或许除了那笔许诺的酬劳外，公爵还能再加一件披风或"其他表示荣誉的物件"。此外，公爵还应该了解一下到目前为止的往来钱物。按莱因霍尔德的说法，他总共收到了大约 300 基尔德的财物—— 232 基尔德的现金，还有"两个镀金的酒杯"——为此，他把自己对

---

157

[1] Staphylus to Albrecht,September 1549. ibid.,532.

[2] Albrecht to Staphylus,November 29,1549,ibid.,533.

[3] Reinhold to Staphylus,Day of the Innocents,1550,ibid.,534.

普尔巴赫的评述献给了公爵。[1]

从客户的角度来看，一件代表荣誉的礼物与一件代表金钱的礼物，它们之间的区别并不是很明显。因为由贵金属制成的物件是可以兑换成金钱的。当资助者的金钱供给放缓之时，装满醉人液体的酒杯就可能会变成口袋里清脆作响的金币。从资助者的角度来看，有时直接从（很可能被塞满的）书架上拽出些有价值的物品，要比从城堡的金库中拿钱来得更实惠些。而且，从已知的16世纪早期纽伦堡周边的物价来看，莱因霍尔德索要的《普鲁士星表》出版费用的确很昂贵。举几个例子。阿尔布莱希特·丢勒（Albrecht Dürer）在1512年为查理五世和西吉斯蒙德一世画肖像，收到的报酬是85基尔德。预言家耶格·涅特莱因（Jörg Nöttelein）做一次年度预测，作价21基尔德。法伊特·史托斯（Veit Stoss）是纽伦堡的一名雕刻家，他在1499年以800基尔德的价钱买了一栋房子。富人维利巴尔德·伊姆霍夫（Willibald Imhof）在他的年度账簿中分门别类地列出：家庭开销156基尔德，红酒134基尔德，啤酒45基尔德，医疗12基尔德，妻子的花费70基尔德，孩子的花费140基尔德。1565年，伊姆霍夫共交了400基尔德的税。[2] 以这个标准来衡量，莱因霍尔德出版《普鲁士星表》的费用，是伊姆霍夫年度家庭开销的三倍有余。这样的对比或许可以解释公爵不愿意付钱的原因。

此时，一个新的障碍的出现了。这个偶然因素揭示了作者、出版商以及资助人之间的脆弱关系。1550年夏天，彼得雷乌斯意外身亡。那时，他已经拿到了莱因霍尔德的部分手稿。但他的死亡意味着，《普鲁士星表》——《天球运行论》的衍生作品——再也不会出现在纽伦堡了。同时也意味着，莱因霍尔德先

---

[1]　Reinhold to Staphylus, Day of the Innocents, 1550, Ibid.,534.

[2]　These excellent examples can be found in Strauss 1966,206-7;see also Strauss's helpful discussion of Nuremberg monetary units and values, 203-8.

前与彼得雷乌斯达成的出版协议也全部失效。[1] 当时的作者通常不会从其作品的销售中获得任何利润，所以他们对像阿尔布莱希特这样的资助人有着很强的依赖性。[2] 莱因霍尔德不仅失去了出版商，还被教学与行政任务压得抬不起头。他于 1549—1550 年被选为了学院的院长；而现在他又当上了教区长，这意味着他需要监督整个学校的公告及声明的印制。为了完成《普鲁士星表》的出版，他必须从纽伦堡索回自己的书稿，找一个新的出版商，并就献词征得公爵的同意。

相比于确保公爵的赞助能如期付讫这件事，上述最后一个任务简单多了。这份献词中包含着之前通信中提过的主题，莱因霍尔德将它们进一步融合、强化。举一个例子。莱因霍尔德先从梅兰希顿对天体运动的解读入手，引出了他的献词："我坚信这样的真理：关于数字、度量与天体运动的科学，以及它所代表的智慧，是上天的光芒在人类的思想中闪耀。天的存在向我们昭示，世界并非由德谟克利特所说的原子偶然组成，而是由永恒、公正与仁善的上帝创造出来的艺术杰作。关于天的科学，是人类最有用的科学。"[3]

人们固然可以用文学作品、历史传记、纪念奖杯或是建筑物来铭记公爵的名字，追忆他的品德，不过相比之下，直接把公爵的名字与永恒的上天联系起来，无疑能达到"更加辉煌灿烂"的效果。莱因霍尔德进一步解释了他使用哥白尼理论作为星表基础的原因："在阿特兰图斯（Atlantus）和托勒密之后，学识最渊博的就要数哥白尼了。他在观测基础上，以其高深的学识阐释了天球运动及其原因。然而，他却没有在此基础上编订星表。因此，如果有人用哥白尼自己曾经使用的星表计算，就会发现得到的结果甚至与哥白尼的观测不相吻合，而这样的观测却是哥白尼理论的基石。"[4]

---

[1] We do not know how much Petreius intended to contribute to the publication expenses.

[2] See Vogit 1841,537. Luther,for example, received from his printers only a few copies of his writings.

[3] Reinhold 1551,fol. α3v.

[4] Ibid.,author's preface,quoted in Gingerich 1973c,48.

158

随后，莱因霍尔德表明自己和家人为了完成这部作品，为了报效国家，在八年时间里，付出了怎样的艰辛，遭受了怎样的痛苦与不幸。他原本可以把自己的时间花在"更有利可图的工作或占卜上"，但他却选择了繁重的计算工作。而现在，凭借这份星表，人们可以将天体运动推算至世界之初，也可以精确计算星食与合相发生的时间。最后，他还借用了其他资助者的例子。阿方索国王（声称）花了40万片黄金完成了他的星表；亚历山大（声称）交给了亚里士多德8万名人才去探索自然——一共花了48万块皇家钱币。其弦外之音不言而喻：资助这份星表实在是太经济了。

公爵看了这篇献词，自己做了计算。

仔细读过您这份献词之后，我们非常高兴。首先我们相信，您这部作品会有人比我们理解得更好。毕竟我们并不擅长拉丁语(ein schlechter Latinus)。其次，为了使您更有效地尽快完成这部作品，为了表达我们支持您的意愿，我们之前约定好的 500 基尔顿的报酬，将会在五年内结清。酬金会以 1 : 21 或 1 : 30 的汇率换算成普鲁士货币。也就是说，当您完成《普鲁士星表》时，第一笔总计100 基尔顿的报酬会立即汇给您。在这之后，您每向我们献上一份您曾许诺过的作品，就会收到一笔 100 基尔顿的报酬。[1]

很明显，公爵决定尽其所能的从莱因霍尔德那里压榨出更多的作品。而且，公爵对莱因霍尔德所握有的出版许可一清二楚，自然也知道他诸多作品的标题。在这些作品中，已经命名的有两本，一本是《天球摩写，行星理论与天文表相结合 》(*Hypotyposes orbium coelestium, quas vulgò vocant Theoricas Planetarum, congruentes cum tabulis Astronomicis suprà dictis*)，另一本是《对哥白尼理论的评

---

[1] Albrecht to Reinhold, July 27,1550, in Voigt 1841,540;for monetary values,see Strauss 1966,203-8.

论》(*Eruditus Commentarius in totum opus Reuolutionum Nicolai Copernici*)，此外还有一本关于球面三角形的作品，一部对欧几里得所有著作的评论，一部用拉丁语重新翻译的托勒密《地理学》及评论，一篇关于天象仪的论文，还有一本未曾发表的关于海塞姆（Alhazen，即 Ibn al-Haytham）光学理论的评论。莱因霍尔德的作品，包括但不限于上述这些作品，都应该在书中表示对公爵的敬献之意。而对公爵来说，在这些研究中，他会去阅读的或许只有这些献词了。

然而，到了最后，只有《普鲁士星表》一份作品被献给了公爵。1551 年 10 月，由乌尔里希·莫哈德（Ulrich Morhard）的图宾根出版社出版的《普鲁士星表》，送到了公爵的手中，随之寄送的还有一封信。在信中，莱因霍尔德敦促公爵找人鉴定这份作品的价值。他还特别说道："阁下您不仅可以找其他专家来鉴定这份作品，还可以请令人尊敬的［安德列亚斯·］奥西安德尔博士过目。他因为渊博的数学知识而享有盛名。"[1] 莱因霍尔德的推荐强烈暗示，他知道是奥西安德尔添加了《天球运行论》里的那段匿名序言——可能是从雷蒂库斯那里听说的——并认为公爵会相信奥西安德尔。在这一点上他的判断很正确。1552 年 3 月 21 日，公爵回复说："我们没有辜负您的期望，将这部作品请奥西安德尔过目了。他仅在快速浏览之后就对这部作品大加赞赏。我们也从其他人那里得到了相似的反馈。奥西安德尔先生还表示，他会抽空仔细品评这部作品。"[2]

奥西安德尔最后是否通读了《普鲁士星表》，我们不得而知。他在同一年就去世了。另外，虽然公爵继续给莱因霍尔德施压，促使他完成命相天宫图的测算，可没过多久瘟疫爆发，莱因霍尔德被迫逃离维滕堡。1553 年 2 月 19 日，莱因霍尔德在自己的家乡萨尔菲尔德（Saalfeld）去世。[3] 传说他在离世之前留下这样一

[1]　Reinhold to Albrecht,October 14,1551,ibid.,542.

[2]　Albrecht to Reinhold,March 21,1552,ibid.,543.

[3]　Ablrecht was particularly interested in the nativity of the King of France(Albrecht to Reinhold,April 12,1552,543).

句遗言:"主啊,我这一生都是在您的指引下度过的;而现在,我要离去了。"[1] 终其一生,莱因霍尔德都没有从公爵那里得到财富。为了他的儿子〔后来成为了普法尔茨伯爵路德维希(Ludwig, count of Palatinate)的宫廷医师〕和两个女儿(她们的生活我们一无所知),莱因霍尔德苦苦寻金,旷日持久,以求摆脱入不敷出的困境,可惜最后还是以两手空空而告终。[2]

《普鲁士星表》、庇护人和天学作品

《普鲁士星表》很快被占星学采用,却在中世纪的其他学科中反响不大,其中原委,今天的我们可以看得很清楚。

《普鲁士星表》对数学与天文物理学之间传统关系的改动并不大,尚不及《阿方索星表》的改动。而莱因霍尔德与其庇护人之间的资助谈判,以及他在这种权力结构中的位置,反而强化了当时通行的天学学科组织方式。在主从关系构成的社会经济框架之中,庇护关系双方共享知识的成果。在此结构中驱动认知意愿的,是对预言知识的渴望——这种知识不仅是符号性的,更是实用性的。莱因霍尔德与阿尔布莱希特你来我往,为公爵荣誉与控制天象预测的新资源讨价还价,而就在此时,梅兰希顿所领导的新教改革运动,正全神贯注于自然力量的神圣性和启示性,赋予了它意识形态意义上的特殊重要性。

在这一过程中,哥白尼作品所扮演的角色简单明了。《天球运行论》只是一部关于天文学基本原则与模型的作品,它并没有为任何具体的操作提供任何实用的依据。相比之下,《普鲁士星表》则具有实用功能,任何人都能用它进行天学计算,不管是出于什么目的。实际上这份星表起到了重写《天球运行论》的

---

[1]   Voigt 1841,543.

[2]   Ibid.,543-46.

效果，把它从一部关乎"原则"和"理论"的作品，仿效 13 世纪的《阿方索星表》，转换成了一部关乎"规则"和"操作指南"的作品。[1] 熟悉《阿方索星表》的人都会发现，转而使用《普鲁士星表》简单易行。莱因霍尔德很清楚地预见到，自己的作品会成为天文从业者的法则，成为预言家和星历表制作人的便捷工具。

《普鲁士星表》成功地填补了哥白尼理论和天文从业者实际运用之间的鸿沟。不同于托勒密，哥白尼并没有提供与自己的理论相吻合的星表。按莱因霍尔德的话来说，哥白尼"逃避了制作星表的责任"[2]。欧文·金格里奇（Owen Gingerich）描述了莱因霍尔德解决这个问题的做法：他对哥白尼原书中的数据进行了大量的重新计算。这样做的好处是，《普鲁士星表》将圆弧修正角的精度从每三度为一单位提高到了一度为一个单位，并将数值从分精确到了秒。此外，起始位置（或基数）也制表列出，一目了然，而不是像在《天球运行论》里那样，被置于整段文章之中。还有，哥白尼说明了每个行星的拱点线都会出现缓慢的长期变化，但他却没有提供在特定时间寻找拱点线的方法。莱因霍尔德则提供了这样的方法，并极大地完善了计算木星轨道视差的数值。金格里奇对莱因霍尔德的计算做了再次计算，他发现，莱因霍尔德遵从了哥白尼的偏心－本轮模型，而没有使用托勒密的等径模型。[3] 然而，莱因霍尔德并没有向他的读者们阐释这一点，而是向他们保证，会在另一本书中讨论这个问题："在我对哥白尼著作的评论中，我分别对不同的计算给出了个别的原因和解释。"[4] 当时在维滕堡有一小部分人，他们或者曾与莱因霍尔德共事过，或者直接看到了莱因霍尔德批注的《天

[1] The first printed edition occurred in the heyday of the early publication of Arabic astrological works: Alfonso X 1483. See the useful commentary in Thoren 1974.

[2] Reinhold 1551,author's preface,quoted in Gingerich 1973c.

[3] Gingerich 1972c,49-50.

[4] Reinhold 1551,author's preface,facing fol. α3: "Causas veró & rationem singularum compositionum exposui in commentarijs nostris, quos scripsi in opus reuolutionum Copernici." For Reinhold's commentary, see Henderson 1975;Birkenmajer 1972c,765.

球运行论》。只有他们才明白，《普鲁士星表》是建立在哥白尼学说之上的。[1]

莱因霍尔德自己非常小心地解释，《普鲁士星表》并不是一部关于占星学的作品。他在序言中对读者说，把占星学和天文学等同只是一种语言上的习惯：

> "占星学"是一个古老的称呼，古代人对它的理解，不仅是指恒星与行星的效力和影响，还指它们的运动。但是到了后来，人们习惯于把解释星的运动并用数学做出表达的这一部分内容称为"天文学"；而"占星学"则单指那些用星象来预测事件或解释事件的行为。关于占卜的话题我会另找机会再谈。[2]

由此可见，莱因霍尔德并不认为自己或哥白尼的作品是有关占星学的。这是个很好的例子，说明当时的作者们自觉地区分了天学作品中天文学与占星学这两个范畴。

不过在《普鲁士星表》中，莱因霍尔德还是想方设法展示了星表的实用性，他举了一个特殊的例子——阿尔布莱希特公爵的生日（1490 年 5 月 17 日）。

通过对公爵星运的分析，读者可以了解怎样计算太阳的平均运动、怎样针对特定经线〔这里指公爵的诞生地安兹巴赫（Onolsbach）〕调整计算方法、阿方索与哥白尼在计算平均运动的方法上有何差异，以及哥白尼如何处理地球进动和岁差问题，凡此种种，不一而足。[3]对公爵星运的计算演示，实际上成为了连接哥白尼理论和莱因霍尔德实践的教育手段与政治资源。这样的做法在当时并

160

---

[1] For detailed description of the family of interrelated Reinhold copies and their subsequent lineage, see Gingerich and Westman 1988, 27-41; see further Gingerich 2002.

[2] Reinhold 1551, "Praefatio," β2v: "Vetus nomen est Astrologiae,qua intelligebant olim doctrinam non solum de viribus seu effectibus: verumetiam de motibus syderum ac corporum coelestium. Posterior autem aetas eam doctrinam, quae rationem motus stellarum contemplatur ac numeris persequitur. Astronomiam consueuit dicere, & Astrologiae nomen accomodauit ad solas praedictiones de euentibus, qui astrorum motibus & positu efficiuntur, aut significantur in hac inferiori natura. Verum de hac diuinatrice parte alias dicitur."

[3] Ibid.,fols. 4r,15r,18v,25v,29r.

不少见：彼得·阿皮亚努斯在《御用天文学》(*Astronomicum Caesareum*, 1540)中，为了演示手绘三星仪的功能，使用了查理五世的生辰。

综上，莱因霍尔德在阿尔布莱希特这位路德宗公爵的资助下，凭借着东普鲁士教士哥白尼的学术权威，向世人呈现了《普鲁士星表》，以此加强了梅兰希顿学派神意与圣启的世界–历史观。莱因霍尔德举例证明了其星表对宗教的重要性。他说，路德教派自基督诞生之日起计算年份，原因很充分。第一，因为上帝希望通过上帝之子基督来显示他对人类罪恶的宽容。第二，因为"教会希望弥赛亚能尽快归来，这样，虔敬之人就可以准备享受永恒的生命与光荣了"[1]。据莱因霍尔德的计算，基督诞生之时，世界已经走过了 3962 年。他为后人留下的任务，就是去判定世界还有多久会走向尽头。

维滕堡诠释的巩固

雷蒂库斯离开后，维滕堡对哥白尼理论的看法不再充满争议。莱因霍尔德从实用天文学方向对哥白尼理论的解读，在许多层面上都成为了权威。除了地球仍然保持静止之外，维滕堡的学者们在天学领域的各个类别都引进了哥白尼学说。这些类别包罗万象，从天球的基本设置到行星理论，从编制星表到预测天气和卜算个人命运。曾在 16 世纪 40 年代帮助莱因霍尔德计算《普鲁士星表》的那些学生之中，有些人可能受到了他在《天球运行论》书中批注的启发。约阿希姆·海勒是莱因霍尔德和雷蒂库斯的学生，他还接任了勋纳在纽伦堡高等中学的职务。在他所做的 1549 年预言中，曾经很亲切地提到了哥白尼。[2] 虽然不知道莱因霍尔德与此事是否有直接关系，但这可能是哥白尼第一次在应用领

---

[1] Reinhold 1551, fol. 21.

[2] Heller 1549. See also Heller's dedicatory poem to Schöner 1545: "In Astrologicum opus Clarissimi Mathematici D. Ioannis Schoneri, Carmen Ioachimi Helleri Leucopetraei Ludimagistri Noribergensis."

域作为参考源被援引。1551年，也就是《普鲁士星表》问世那一年，[1] 海勒在他的预言前写了这样一段话："在我的预言中，计算基础遵循了尼古拉·哥白尼在其作品中论述的天文学原理，这种新的理论是建立在天象观测的牢固基础之上的，证据充足，确实可信。不过我必须谨慎对待原有理论和哥白尼理论中子午线的差异。"[2]

在这篇预言中，海勒再也没有援引哥白尼的名字来加强自己预测的权威性。而我也没有找到任何证据证明，哥白尼的名字曾出现在海勒后来所做的预言中。不过有一点很清楚，到1551年的时候，海勒认为这种语焉不详的引用会增加其预言的可信度。显然，作为一位预言家，《天球运行论》对他个人具有重要的价值。事实上，我们不能排除海勒拥有多本《天球运行论》的可能性。因为他曾将一本没有批注的书赠予了他的朋友克里斯托弗·施塔特米昂（Christopher Stathmion），16世纪中期最多产的一位德国预言家。[3]

莱因霍尔德故去之后，他的那本《天球运行论》的去向我们不得而知。它会不会跟随莱因霍尔德一起来到了萨尔菲尔德，最终成为他的儿子伊拉兹马斯的囊中之物？它会不会被直接送给了莱因霍尔德的学生比克，或是比克从莱因霍尔德本不富裕的家中买走了它？不管真相如何，当时在维滕堡，大家都知道莱因霍尔德准备出版一本对《天球运行论》的评论集，因此，人们很可能对其

[1] Heller 1549. See also Heller's dictionary poem to Schöner 1545;for Heller's copy,see Gingerich 2002 (Rostock), 90.

[2] Heller 1551,fol. Aii r. We cannot assume that Heller refers here to *De Revolutionibus*,as he might have had prepublication access to reinhold 1551 or Reinhold 1550.

[3] Gingerich 2002(Rostock),90: "Clarissimo & doctiss:artium philosophicarum ac medicinae Doctori D. Christop[horo]Stathmioni amico cariss[im]o: suo d[ono] d[edit]. Joach[im] Hellerus Leucopetreus." A note directly adjacent to Heller's,but in a different hand,contains some natal information about Copernicus identical to that found in the nativity shown earlier(see fig. 32,this volume): "Natus est 1473. 19 Febr. hor. 4. min. 48 met. Thorunij in Borussia/ Nicolaus Copernicus Mathematicorum nostro seculo praeceptor obijt 1543. aetat. 70." Further research is needed to establish whether this note was added by Stathmion.

藏书的去留有着极大的兴趣。[1]

维滕堡对哥白尼理论的解释，后来得到了制度化巩固。卡斯珀·比克作为梅兰希顿系大学的一员，在其中起到了重要作用。比克的父亲是一位来自包岑（Bautzen）的艺术家，比克自己在 15 岁来到维滕堡大学的时候，就已经展现出过人的天赋。[2] 除了跟随莱因霍尔德和雷蒂库斯学习天文学外，他还跟随米沙埃尔·施蒂菲尔（Michael Stifel，1487—1567）学习过数学。莱因霍尔德在 1553 年过早离世之后，比克接替了他的职位。1559 年，比克被任命为医学部的主席。1560 年，梅兰希顿去世，比克接替他的岳父，成为维滕堡大学的教区长。

维滕堡诠释，正如在比克及其同学作品中反映的那样，与比克的两位导师梅兰希顿和莱因霍尔德的看法完美契合。多年以来，梅兰希顿以口述的形式进行了许多自然哲学的讲座。1549 年，其内容汇编成《物理学初级教程》（*Initia Doctrinae Physicae*）出版。[3] 在这本书的初版中，梅兰希顿强烈反对了阿里斯塔克陈旧与荒谬的"悖论"，并警告学生们他的理论有悖于圣经，有悖于亚里士多德对简洁运动的信条。[4] 这些言论也可以被看成是梅兰希顿反对雷蒂库斯观点的证据。与之相比，哥白尼的月球理论受到的待遇就要好很多了，因为该理论是"如此完美的构建成一体"（*admodumconcinna*）。在书中，梅兰希顿好几处都使用了哥白尼的数据，用以计算太阳远地点和外行星远地点。[5] 作为一本自然哲学的课本，《物理学初级教程》对天文学表现出了不寻常的关注。而在几年后出版的第二版中，作者则去掉了很多对哥白尼不利的言论，诸如"不论是出于对新奇事

161

---

[1]　The Imperial Privilege printed with the *Prutenic Tables*(Reinhold 1551) lists a "Commentarius in Opus Revolutionum Copernici" (see Gingerich 1973c, 58-59; Henderson 1975). It seems reasonable to infer that knowledge of Reinhold's unpublished commentary must have been common among close members of the Melanchthon circle.

[2]　For biographical details,see *Nouvelle biographie générale*,767-70;Blount 1710,735-37;Voigt 1841,500-508.

[3]　Bretschneider et al.,1834-,13: cols. 179-411.

[4]　Ibid.,216-17.

[5]　Ibid.,244,225,241,262.

物的喜爱还是对标新立异的渴望",（哥白尼）才会提出地球运动的假说。[1]而这种语气转变的原因，其中一种解释是，梅兰希顿可能在该书出版后看到过莱因霍尔德对《天球运行论》的批注。

比克所编写的入门教科书遵循了梅兰希顿《初级教程》的理念。他在谈到日食和一天长短的问题时，引用了哥白尼对日月距地球绝对距离的解释。[2]此外，他还表示哥白尼复活了阿里斯塔克的学说，而这种学说有悖于圣经和亚里士多德的简洁运动理论。[3]

维滕堡这种（对哥白尼学说的）零散引用在 16 世纪 50 年代之后很常见，不论是在教科书里还是在课堂展示中，都是如此。而梅兰希顿与莱因霍尔德则为此举开创了权威的先例。在这之后的 10 年中，不论是对哥白尼还是对《天球运行论》的引用，都变得越来越常见；在此后的 25 年中，这种现象则变得相当普遍。关于《天球论》和新版《行星理论》的介绍性作品，基于莱因霍尔德研究的星历表，这些都用到了哥白尼理论。1566 年，《天球运行论》首次出版 20 年后，也是《普鲁士星表》问世 15 年后，新版《天球运行论》出版了。这一版由巴塞尔出版商海因里希·佩特里（Heinrich Petri）出版，书中还收录了雷蒂库斯的《第一报告》。促成该书出版的原因，很可能是人们对哥白尼的频繁引用，以及学生们对其功用的推荐。不论是什么原因，1566 年版《天球运行论》极大地增加了人们拥有和阅读"路德宗"及"天主教"日心说解释的机会。欧文·金格里奇曾统计出，这两版《天球运行论》分别出版了 400—500 本。也就是说，

---

[1]   The change in tone from the 1549 edition to the 1550 edition was first pointed out by Wohlwill(1904,260-67), and was then widely adopted by later German historians such as Maurer(1962,223), Müller(1963), and Blumenberg (1965,101-21,174; the texts are printed in parallel columns). Thorndike(1923-58,5:385),made use of Wohlwill's discovery, but it was overlooked by Kuhn(1957,191-92,196),and Boas(1962,126). Wohlwill's position is found in more recent American studies: see Christianson 1973;Wrightsman 1975,347-48;Moran 1973.

[2]   Peucer 1553,fols. E3v,P2.

[3]   Ibid.,fols. E4,G2v.

在 16 世纪 60 年代，有 800—1000 本《天球运行论》在市面上流通。[1]

　　当时，维滕堡编写的教材具有很大的教学价值。这并不是因为新鲜的科目或是引用了哥白尼理论，而是因为它们友好的、易于理解的、演绎式的内容组织形式，以及明确清晰的定义。作为一部关于自然哲学的作品，梅兰希顿的《物理学初级教程》为整合物理学和天文学开创了先例。这在一定程度上使相关基础教学带有更多亚里士多德学说的影子，而托勒密学说则被弱化了。《物理学初级教程》也因此使学生们更易于接受物理与数学在天文学中的应用。反过来我们也可清晰地看出，梅兰希顿将占星学归于物理学的用意。占星学涉及天界的原因及其对地界的影响，因而，维滕堡教科书关注天球理论中的数学应用，承载着梅兰希顿将神学和物理学命题相结合的思想。

　　关于维滕堡处理"问题"的典型做法，塞巴斯蒂安·狄奥多里克（Sebastian Theodoric）为我们提供了一个案例。在《天球新问》（*New Questions on the Sphere*）中，狄奥多里克采取了一种很流行的格式，将每个问题的答案拆分成多个小论题来论证。这种形式易于记忆，学生们经久不忘。比如，书中提出了这样一个问题："地球是不是运动的？"

　　地球是没有运动的，并静止于世界的中心。以下是对它的证明：

　　只要是圣经所确认的，就是毋庸置疑的。

　　圣经确认地球是固定且无运动的。

　　因此，地球静止于世界的中心。

　　对小前提的论证

　　以下的论据论证了小前提。

162

---

[1]　Gingerich 1992a,81.

《诗篇》104："他将地立在根基上，使地永不动摇。"

《传道书》第 1 章："大地永远长存；日升日落，急归其所出之地……"

如果地球向前做局部运动，则会出现荒谬之事……地球会从中心向赤道或向两极或向二者之间的方向运动。

但这样的荒谬之事并没有发生。

因此，地球没有做局部运动。

以直线下坠的重物所落向的平面必须是静止的……如若不然，与重物垂直的落点位置就会移动。而直线下坠的重物不能以非垂直的方式下坠。

所有坠向地面的重物，其轨迹都是直线。如果没有地面的阻挡，它们就会坠入地球的中心。

因此，地球是固定的；世界中心是静止的。

如果地球是运动的，它只能以直线或圆周轨迹运动。

而地球没有以直线或圆周轨迹运动。

因此，地球没有运动。

对地球不以直线轨迹运动的论证：

如果地球以直线轨迹运动，由于其快速的运动，所有的重物都会逆行，并飘浮于空中。

对地球不以圆周轨迹运动的论证：

如果地球以圆周轨迹运动，这会阻碍所有生物的生长。因为生物生长需要与自身的其他部分联结，而运动会阻碍这种联结。

生物不能平稳地站在地面上。

被抛出的物体既不会回到原来的位置，也不会以正确的角度回到地面。

如果地球向东移动，天上的流星以及所有的物体看起来会向西行，反之亦然。如果大气以及大气中的所有物体都能与地球一起旋转，那么所有的物体看起来都将是静止的。

但是上述的现象并不符合我们的生活经验。

因此，地球是没有运动的，并静止于世界的中心。[1]

在上述论证中，除了关于圣经的论证，其余在物理学上的论证都遵从了典型的否定后件律结构（如果 X 事件会发生，那么就会造成 Y 事件的后果；然而 Y 事件并没有发生，因此 X 事件不会发生）。

"致用于学生"——这是维滕堡关于天球与行星理论教科书的座右铭。这也解释了为什么在梅兰希顿系大学里，许多基础教科书与培训课本的作者，虽然算不上是天文学或数学专家，但往往拥有多重资质。其中有一些人成为了神学家，另一些人则选择教授人文主义语言（humanistic languages），也就是希腊语和希伯来语，还有许多人同时拥有数学与医学的职务，以此来增强自己的地位。更有甚者成为了地方或宫廷的医师，同时兼职为庇护人计算天宫图。这些都从侧面反映了莱因霍尔德《普鲁士星表》所带来的影响。我们还知道，这些人中，有不少人拥有自己的《天球运行论》。

在梅兰希顿的影响下，一代由走出大学校门的学生组成的骨干力量，将"改革过的"天学文献带到了维滕堡之外。在这场运动中，莱比锡是一个非常重要的据点。在那里，有梅兰希顿的密友、传记作家约阿西姆·卡梅拉留斯。雷蒂库斯也于 1542 年来到了莱比锡；除此之外，还有维多利努斯·施特里格留斯（Victorinus Strigelius，1524—1569），他是一位多产的神学家，曾出版过《第一运动教理摘要》（*Epitome of the Doctrine Concerning the First Motion Illustrated by*

---

[1] Theodoricus 1570, 116-19.

Some Demonstrations，莱比锡，1546），其中包含了大量的圣经评述、神学演说，还有对原罪与自由意志的驳斥。施特里格留斯曾拥有一本《天球运行论》，在他死后，这本书辗转流入图宾根的梅斯特林藏书室。[1] 施特里格留斯的同事约翰内斯·霍姆留斯（1528—1562）曾是雷蒂库斯和莱因霍尔德的一名学生。他并没有发表什么著作，并且只在莱比锡大学教过数学，但还是在查理五世和萨克森选帝侯奥古斯特（August）御前享有"数学家"的称号。霍姆留斯也拥有一本《天球运行论》，而他可能是向年轻的第谷·布拉赫推荐《天球运行论》的第一人。[2]

来自格尔利茨（Görlitz）的巴尔托洛梅乌斯·舒尔特斯（Bartholomeus Scultetus，1540—1614），是霍姆留斯的继任者，他因为拥有霍姆留斯的笔记，又是第谷的老师而出名。[3] 米沙埃尔·尼安德（Michael Neander，1529—1581）于1551年任职于维滕堡大学艺术学院，不久后他就前往耶拿教授希腊语和数学，并在1561年发表了一篇关于《天球论》的简短作品。[4] 他在耶拿的继任者雅各布·弗拉赫（Jacob Flach，1537—1611）也曾在维滕堡大学学习，任教后先是担任数学教师（1572—1581），后来又成为医学教师（1582—1611）。[5]

赫尔曼·威特肯（Hermann Witekind，1524—1603）也曾是梅兰希顿的学生。他先是海德堡大学的希腊语教授，1581年又成为诺伊施塔特（Neustadt）的一名数学教师。同尼安德一样，1574年，威特肯也曾发表过一篇关于《天球论》的作品。不过，书中不仅参考了当时已经普遍使用的哥白尼参数，还简要讨论了1572年

---

[1] The Strigelius/Maestlin copy is now located at the Stadtbibliothek Schaffhausen.

[2] Ramus 1569,66: "Homilius etiam Carolo imperatori & Augusto Saxoniae electori mathematum magister fuit,& ab utroque ampla praemia consecutus." Notes derived from Homelius appear in the following extant copies of *De Revolutionibus*:1543 New Haven 1;1543 Schweinfurt; 1543 Gotha 1 (see Gingerich 2002).

[3] Sculteuts kept a notebook in which he recorded the annotations from one of Homelius's copies of *De Revolutionibus*(Bamberg,Staatliche Bibliothek, shelfmark J H Msc aster 3). See further Gingerich and Westman 1988, 30-31.

[4] Neander 1561. Neander was promoted to Master of Arts in 1550 under the deanship of Reinhold (*Album AcademicaeVitebergensis* 1841 1:239).

[5] Poggendorff 1863,1:757;Smith 1958, 135. Flach is not known to have published anything.

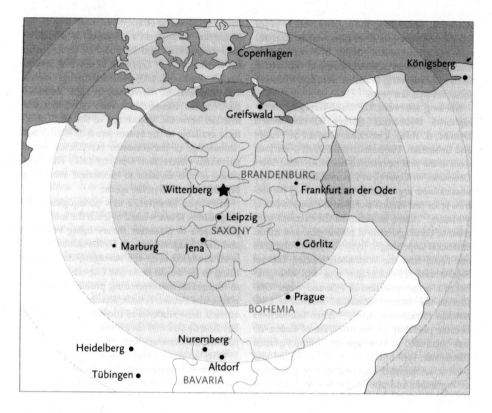

图 36. 维滕堡势力范围。图中所示为受梅兰希顿影响的主要地区：哥本哈根（丹麦王国）；奥德河畔法兰克福（勃兰登堡侯国）；格尔利茨〔上卢萨蒂亚侯国（Upper Lusatia）〕；格赖夫斯瓦尔德〔波美拉尼亚公国（Pomerania）〕；海德堡（普法尔茨选侯国）；柯尼斯堡（普鲁士公国）；莱比锡、耶拿和维滕堡（萨克森选侯国）；马尔堡（黑森伯爵领地）；纽伦堡和阿尔特多夫（巴伐利亚公国）；图宾根（符滕堡公国）。

163

出现的一颗新星。[1] 冯·瓦雷尔（Von Varel，1533—1599）曾在维滕堡和图宾根学习神学与数学（1566 年获得文学硕士学位）。后来在耶拿（1564—1567）和维

---

[1] Witekind 1574, 63, 79-83 (on Copernican values), 108-11 (on solar and lunar distances), 122-27 (on the equinoxes), 224-38 (on Reinhold). Copy used: Schweinfurt Stadtbibliothek. I have not been able to inspect Witekind's *Oratio de Doctrina et Studio Astronomiae* (Neapoli Nemetum, 1581). Witekind also wrote several polemical works against the Jesuits.

滕堡（1567—1573）教授数学，在奥德河畔法兰克福教授希伯来语和历史，在海德堡（自 1578 年）教授神学与希伯来语，最终在阿尔特多夫（Altdolf）新建的大学中教授神学。[1] 伊拉兹马斯·弗洛克（Erasmus Flock，1514—1568）曾在维滕堡短期教授数学（1543—1545），并担任院长职务（1544），与莱因霍尔德的任期有所重合，之后成为纽伦堡的一名地方医师。[2] 维克托利努斯·舍恩费尔德（Victorinus Schönfeld，1525—1591）曾在比克任教期间（1554—1557）在维滕堡学习，后来于 1557—1591 年在马尔堡教授数学。[3]

小约翰内斯·加尔克乌斯（Johannes Garcaeus Jr.，1530—1575）是比克的一位重要的学生，他曾跟随莱因霍尔德的弟弟约翰内斯学习过几年，从 1561 年开始在格赖夫斯瓦尔德教授占星学和天文学。

尤尔根·克里斯托弗森·迪布瓦（Jørgen Christoffersen Dybvad，卒于 1612 年）曾是比克和塞巴斯蒂安·狄奥多里克的学生。获得文学硕士学位的那一年，他发表了一篇充满求知欲的作品，名为《短评哥白尼著作第二卷：确证初始运动学说，展示星表构成》(*Short Comments on Copernicus's Second Book*, *which by unmistakable arguments prove the truth of the doctrine of the first motion and show the composition of the tables*)。[4] 之后在哥本哈根大学，他成就非凡，成为神学、自然哲学以及数学教授（1575—1607）。来自图宾根的塞缪尔·赛德罗克拉底〔Samuel Siderocrates，艾森门格尔（Eisenmenger），1534—1585〕曾在维滕堡学习。他发表过一篇对 1561 年的预言，写过《行星会合的医用数学分析方法》(*Oration*

---

[1] Hildericus 1568, 1590.

[2] Poggendorff 1863, 762-63. In 1550, he assisted in the production of an edition of Ptolemy's *Almagest* (Zinner 1941, no. 1997).

[3] Bauer 1999, 357-60, 417-24; Poggendorff 1863, 2:833; Gundlach 1927-2001, 1:365.

[4] The work is curious because *De Revolutionibus*, bk. 2, is essentially a work of trigonometry. See Dibvadius 1569; Moesgaard 1972b, 117-18.

on the Iatromathematical Method of Conjunction，斯特拉斯堡，1563）。[1] 赛德罗克拉底后来做了巴登伯爵的医师，他在图宾根的职位由菲利普·阿皮亚努斯（Philipp Apianus，1531—1589）接替。菲利普·阿皮亚努斯的父亲正是来自因戈尔施塔特的名人彼得鲁斯·阿皮亚努斯，他不仅是一位多产的天文学家和出版商，还是梅兰希顿学术圈中为数不多的非维滕堡占星家之一。[2] 最后，还有约翰内斯·普雷托里乌斯（1537—1616），他曾于 16 世纪 70 年代早期在维滕堡任教，后来成为阿尔特多夫的第一位数学教授。综上可见，维滕堡人对中世纪天文学教科书数量激增做出了巨大贡献。

维滕堡的高级课程

那些进阶学习高级理论的学生，会使用莱因霍尔德《关于普尔巴赫〈行星新论〉的评述》作为教材，这部书是以三段论的结构编撰的。虽然 1553 年版的《评述》对哥白尼的引用仅做了几处增补，但该书在教学上的简便性，以及莱因霍尔德颇有见地的批注，还是让不少老师把它当作了教科书。直到这版书问世后 20 年，比克当年的学生们，诸如约翰内斯·普雷托里乌斯、安德里亚斯·沙特（Andreas Schadt）、卡斯珀·斯特劳布（Caspar Straub），他们仍把《评述》当作介绍天文学理论的教材。最晚至 1594 年，在格拉茨（Graz）任教的开普勒可能还在使用《评述》备课。[3] 正如梅兰希顿和莱因霍尔德所强调的，《评述》是一本介绍托勒密《天文学大成》的书。[4] 该书侧重于对托勒密模型的描述与展现，而不是几何学和三角学上的推导。亚里士多德曾将人类知识分为两大类，一类

---

[1]　See also Siderocrates 1563; Thorndike 1923-58, 6:123.

[2]　Apianus studied in his hometown of Ingolstadt, received a medical degree from Bologna in 1564, and then taught geometry and astronomy at Tübingen from 1568 (Poggendorff 1863, 1:52; Schaff 1912, 54).

[3]　See Rosen 1967, 33n. 14.

[4]　Reinhold 1542, "Prefatio," fols. C4v-C5; Aristotle 1975, bk. 1, chap. 13, 19-21.

是"实践知识"，一类是"理论知识"，前者是人能直接感知的结果，而后者则是特定结果的原因。在 1542 年，莱因霍尔德正是用这种分类方法，诠释了自己在《评述》上的取舍标准。到 16 世纪 40 年代，把这种分类标准应用于天文学理论，已经是合乎正统权威的了。

然而，到了 1543 年，天文学教学开始面临一个新的挑战。如果一位老师想要用普尔巴赫和《天文学大成》作教材，教授更复杂的行星理论，那么，因为《天球运行论》是模仿《天文学大成》而作的，显然这位老师应该做的就是用哥白尼的作品解释相应的问题。这就回答了，为什么包括比克、沙特、斯特劳布和普雷托里乌斯在内的老师们，都曾建议自己的学生直接去查阅《天球运行论》；同时也解释了，为什么这些人本身对《天球运行论》如此熟悉。[1]

曾经对普尔巴赫做出评论的作者当中，没有任何人提及哥白尼假说中涉及静态地球的部分。莱因霍尔德显然是有意这样做的。在 16 世纪 40 年代，莱因霍尔德很可能已经将托勒密和哥白尼的模型都引入课堂了。为了解决前后两本书之间缺乏统一性的问题，老师们能够做的就是把《天文学大成》和《天球运行论》同时提供给学生——这明显是一个既昂贵又费力的做法。最后，到了 1568 年，一本天文学假说新作在斯特拉斯堡问世了，只不过留给了我们诸多疑惑。它的名字与莱因霍尔德在 1549 年取得出版许可证的那个书名一模一样——《天球摩写》，这样的说法很明显等于是哥白尼作品标题《天球运行论》的一个转化。[2] 在我所使用的这个版本中，并没有作者的署名；[3] 然而在另一个版本中，则附有一篇序言，作者是康拉德·达西波迪斯（Conrad Dasypodius，1531—

[1]　Universitätsbibliothek Erlangen-Nürnberg: Straub 1575, fol. 2r; Schadt 1577, ibid., fol. 72r.

[2]　In his brief *Vita et Opera Procli*,the Freiburg *mathematicus* Erasmus Oswaldus Schreckenfuchsius lists "Hypotyposes Astronomicorum" among the works of Proclus Diadochus(Proclus Diadochus Lycii 1561 fol Aly). Proclus's title may have been the inspiration for the work of Reinhold and Peucer and the title that Tycho Brahe used to designate his planetary arrangement.

[3]　Peucer 1568.

哥白尼问题

1601），来自斯特拉斯堡的数学家和钟表匠人。他在序言中声称，这本书的作者是莱因霍尔德。此外还有第三个版本，书名变成了《天文学假说》(*Hypotheses astronomicae*)，署名卡斯珀·比克。它于 1571 年出现在维滕堡，献给了黑森卡塞尔的威廉伯爵。

这本书还声称，其中包含的都是比克的讲座内容。[1] 这些书的作者究竟是谁我们不得而知。我们所能做的只是猜想：比如，最初的手稿可能是比克某个学生的盗版，更有可能的是，这个人就是达西波迪斯本人。对于这本书建立在比克讲座基础之上的说法，虽然我们没有什么理由怀疑，但是无论如何，其内容带有清晰的莱因霍尔德的印记。[2]

与《普鲁士星表》相似，《行星摩写》(*Hypotyposes Planetarum,* 原文如此。上文提及的只有另外两个书名，此处似有谬误。——译者注）是第一本宣称"与哥白尼理论和《阿方索星表》都保持了一致"的教科书。这本书体量庞大，有534 页之多，其中包含了大量冗长的解释与证明。在结构上，该书既没有遵循《天文学大成》，也没有遵循《天球运行论》，而是在开篇先讨论了"天文学"的定义，并表示，数学方法是天文学的"首要"构成。虽然该书曾提到过直线运动，但并没有详细论述诸如引力、行星智慧以及天体之类的物理学话题。与梅兰希顿的《物理学初级教程》不同，它并不是一本关于自然哲学的书，也没有对学科做任何系统的整合。这样看来，这本书是不符合梅兰希顿理念的。关于天文学中的物理学部分，比克向读者推荐了托勒密的《占星四书》，称其解释了"星的力量和影响"（第 1—3 页）。他还补充道，"天文学"和"占星学"这两个词交替成为该书的主题。贯穿全书，比克都使用了"假说"这个词（而不是像"摩写"或"生动刻画"这样的字眼），其意义是"作者编创的虚构故事……推想或

[1]　For a discussion of the different versions of this work, see Zinner 1988, 273-74.
[2]　Peucer 1568, 312: "Est autem hoc anno 1559."

165

假定"。这样看来，1571年版的标题《天文学假说》更为符合原作的本意。在这些天文学假说中，最重要的一个，正是被莱因霍尔德称为"天文学公理"的那一条，比克在书中对其作了如下的定义："天球运动是永恒的圆周运动，或是由数个圆运动叠加而成的永恒运动；此外，这些运动是均匀且规律的。"此外，书中的用词有不少都符合哥白尼或莱因霍尔德作品的习惯，比如"同心本轮"（homocentrepicycle）和"学说"（theoria），而不符合普尔巴赫作品的习惯，比如"理论"（theorica）。然而，贯穿全书，页眉标题则使用了（Theoricaeplanetarum）的写法。比克还习惯使用一些特定的表达，比如"圆周系统"（systemacirculorum）和"天球系统"（systemacoelestiumorbium），但是，雷蒂库斯对哥白尼日心体系始终坚持的那种"必然性"，比克从来都没有流露过。在书中，比克为太阳分配了一个特殊的角色，这样的处理显然呼应了普尔巴赫理论中对太阳的理解——"太阳是（行星）共有的一面镜子，或者是度量它们的运动的共同法则"。比克在书中这样说："每个行星都以特定规律与太阳运动相关联。这样看来，太阳成为了所有行星及其运动的协调者与管理者。或者可以说，太阳规定了行星的运动规律，且这些规律不容侵犯。"[1]这着实是一段令人吃惊的评论：比克在此处完全忽略了雷蒂库斯的观点——雷蒂库斯认为，太阳的运动不仅是"出于想象"，还是"自因的（self-caused）"，"（太阳）既是舞者，又是指挥"。[2]

　　《天文学假说》对哥白尼行星模型的拓展诠释——不论是图解还是其他形式，都有明显的缺失。这样的缺失使读者难以明白，作者笔下地心和日心两大体系是如何"调适"或转换的。关于行星问题，全书与哥白尼体系最相近的一章，名为"这些假说与哥白尼学说的调和"。比克在这一章中延续了他对托勒密月球理论的解释。他先总结了哥白尼的双本轮假说，之后把它与托勒密模型进行比对。

---

[1]　Ibid.,7, 12,113,333,403.

[2]　Rheticus 1971,139.

然而，在这一章的末尾，比克却对自己的学生表示，如果他们想继续了解关于这些假说的"证明"，可以直接去参考"哥白尼本人的著作"[1]。

　　整本书中，有一个假设贯穿始终，却从未被明确提出，更不用提把它形成概念了，那就是，在将哥白尼学说的参数转移到地心说框架结构的过程中，不会遇到任何问题。比如，谈及以地球半径衡量的绝对距离，比克很自然地引用了哥白尼的数据（从地球到月球：55⅛到65½；从地球到太阳：1179）。[2]此外，更能说明问题的是，比克还声称，哥白尼关于岁差的模型可以"被转化"成地心模型，方法是在原有天球的基础上再添加第九和第十个天球：

　　　　如果我们可以通过添加第九和第十层天球的方法，将这些假说转而应用到第八层天球；那么，通过同样的方式，我们可以在宇宙中设置一个移动的赤道，与之伴随的，还有它的移动两极和地轴，以及黄赤相交点和黄赤最远点；假设黄道和它的极点相对于第八层天球始终静止不动，那么我相信，在不改变原有地心假说的情况下，我们也能达到相同的效果。[3]

　　"被转化"的不仅是这些假说，还有一些图表和关键的措辞。这是一种对原文的整体转化。比克直接使用了他从《天球运行论》中截取的两张图表，包括天平动机制以及"扭曲的小王冠"（*intorta corolla*）。他所作的改动，仅仅是将罗马字符换为了希腊字符。[4]随后，在没有得到任何一般性结论的情况下，这本书戛然而止。

　　金格里奇曾找到了一套1564—1570年间的维滕堡教学讲义〔现存于剑桥

166

---

[1] Peucer 1568,299-301.

[2] Ibid.,485-91.

[3] Ibid.,516-17.

[4] Cf. Copernicus 1543,bk. 3,chap. 3,and chap. 4,fols. 66v-67r;Peucer 1568,523-25,526.

大学冈维尔与凯斯学院（Gonville and Caius College）〕。这些讲义显示，上述这本教科书在当时的维滕堡课堂中，起到了问题框架的作用。这一点类似于 13 世纪萨克罗博斯科的《天球论》，它们都为研究者提供了很大的自由，让他们得以在现有资料基础之上灵活运用课本知识。[1]1297 年，帕尔马的巴尔托洛梅奥（Bartholomew of Parma）撰写了一篇评论，其中谈到"关于天球，关于理解天球的关联话题，有许多内容，萨克罗博斯科在他的论文中都没有谈到"[2]。这种研究自由能够使评论家们在已有的学科架构中吸收理解材料，并从自然哲学和占星学的角度构建话题。14 世纪，皮埃尔·达伊曾提出过一系列问题——占星学是不是属于数学或自然科学？数学概念是不是完全从运动、物质和可感知的特性中抽象出来的？[3]1564 年，维滕堡的评论家雅各布·普雷托里乌斯（Jacobus Praetorius）继承了上述评论传统，他指出，在阅读《天球论》第 6 章时，读者应该参考"物理学"这一哲学科目，它们提供了"所有物体的基本原则"。不过，人们还需要了解满足下列条件的"所有哲学"："关于语言的艺术""关于自然的规律""关于运动的法则""关于生命的信条"，以及"关于道德的规定"。[4]另一位教师约翰内斯·巴尔第努斯（Johannes Balduinus）关注了狄奥多里克的《天球新问》，巴尔托洛梅乌斯·舍恩博恩（Bartholomeus Schönborn）则关注了比克的《原理》（Elements）和《论地球的大小》（On the Size of the Earth），以及施特里格留斯的《第一运动教理摘要》，并对《天球运行论》作了少许参考。[5]这些讲义中，时序上最靠后的一部分论述了比克的《天文学假说》。这表明当时的课程内容从天球部分自然发展到了理论部分。塞巴斯蒂安·狄奥多里克延续了上述话题，

---

[1]　Gonville and Caius College: University of Wittenberg lecture notes,1564-70.

[2]　Quoted in Thorndike 1949,29.

[3]　Ibid.,39;Smoller 1994,44-54.

[4]　The note taker was apparently Laurentius Rankghe of Colberg,who put his name and the date(beginning April 10,1564) at the head of the commentary,but the handwriting is not consistent throughout.

[5]　See Cambridge University, Gonville and Caius College MS. 387.

他在 1569 年 4 月的授课内容中，讨论了如何通过《普鲁士星表》计算日食和月食的问题，并对发生在 1570 年 8 月 15 日的日食做了一次真实的演算。在这一整套天学讲义的末尾附有一份本命盘，虽然讲义并没有清楚地说明它的绘制方法，但很显然它应该是塞巴斯蒂安·狄奥多里克讲义中的华彩段落。

冈维尔与凯斯学院收藏的讲义中的本命盘，只是相关课程遗留下来的一份文件。弗罗茨瓦夫大学（Wroclaw University）图书馆收藏有另一套维滕堡课程的补充讲义，其中有一份属于巴托洛梅乌斯·舍恩博恩夏季学期课程（1570 年 6 月 19 日—8 月 22 日），这门课讲的是比克的《论天球》。[1] 紧接着这份讲义，附有一篇关于本命盘的论文。因此，学生们在掌握了《论天球》中的知识后，就可以进阶到更高级的课程，轻松地进行各种各样的占星学研究。当然，在这之前他们最好还学习过《行星新论》以及《普鲁士星表》的应用法则。从 16 世纪 30 年代到 40 年代，纽伦堡和图宾根出版了许多种关于占星学理论的教学资源，它们有：约阿希姆·卡梅拉留斯版的《占星四书》（1535）；安东尼乌斯·德·芒图尔谟的《论本命占星术》（1539）；勋纳的《占星小手册》（*Little Astrological Work*，1539），又称为《本命占星三书》（*Three Books Concerning the Judgments of Nativities*，1545）；以及约阿希姆·海勒版的马沙阿拉汗著作《年代循环、本命意义及接纳互容三书》（*Three Books concerning the Revolution of the Years of the World*，*concerning the Meaning of the Planets' Nativities*，*concerning Reception*，1549）。[2] 不过，16 世纪 50 年代早期，上述著作在市面上有多少本在流通，又有多少维滕堡的学生能负担得起，我们不得而知。并且，所有这些著作，都没有介绍怎样借助《普鲁士星表》《论天球》以及《天球运行论》来构建和计算本命盘。尤其是在莱因霍尔德于 1553 年去世后，关于如何使用《普鲁士星表》来计算本

---

[1]　Schönborn 1570-72.

[2]　Messahalah 1549.

命盘，人们对于这样一本教科书的需求变得越来越迫切。当时，比克本人正在忙于撰写天文学课本和一部关于占星预言的作品。

重建改良之后的天学，这项工作可以算是最后一环。这个重任最后落到了约翰内斯·加尔克乌斯的身上，他是比克和莱因霍尔德的一位非常重要的学生。

加尔克乌斯的第一部作品名为《关于天文作图、验证以及天体运转与方位的实用简明论述》(*A Brief and Useful Treatise on Erecting Heavenly Figures, Verifications, Revolutions, and Directions*)。[1]占星预言从未远离过主流的世界 - 历史观。1563 年，加尔克乌斯出版了一本关于末世学说的小册子，在其中列出了 30 条关于末世和基督回归的问答。罗宾·巴恩斯对其中的主要问题做了精辟的转述："为什么审判日会被提前公布？关于审判日的到来，我们掌握有哪些证据？上帝为什么等待了这么久？伊壁鸠鲁派对此有什么看法？上帝为什么不想让我们知道审判日的确切日期？有什么预兆能证明审判日的临近？审判日之后会发生什么？我们又该做什么准备？"许多自然现象都被当作了末世来临的证据："从天空中我们看到过多少萦绕心头难以忘却的画面——可怖的彗星、闪耀的裂谷、惊诧的异象。同天上相同，我们在地上（也经历着）可怖的狂风、大地的震动、汹涌的洪水，飞升的物价、残酷的战争和疾病——这些令人错愕的预兆，不管是过去，还是现在，无时无刻都在发生着。"[2]1576 年，加尔克乌斯放松了他对末世的凝望，转而开始进行一项雄心勃勃的工作—— 400 份名人生辰图，此举远远超过了由高里科于 1552 年完成的共计 160 份生辰图。[3]

《实用简明论述》显示了天学研究门类之广泛。它是一本计算本命盘的手册，并不关注对计算结果的解读。此书出现在 1556 年，由维滕堡的一家主要的出版社出版，它的经营者是格奥尔格·劳（Georg Rhau）的继承人。该书还附有一篇

---

[1]　Garcaeus 1556.

[2]　Garcaeus 1569;Barnes 1988,62-63.

[3]　Garcaeus 1576. See Thorndike 1923-58,6:104,595-98.

由比克撰写的敬献诗篇。该书的结语则称，"真正的天文学基底"和"如今人们所称的占星学"，是这部作品的根基。在书中，加尔克乌斯明显有侧重地向读者们推荐了托勒密的《占星四书》和《金言百则》，而没有推荐任何阿拉伯占星作品："现在是让学生们对托勒密的学说学以致用，并加以传播的时候了。作为一名最杰出的学者，托勒密的判断几乎没有出错的时候。而像我们这样遵从托勒密经验的人所做出的判断，自然也很准确。"加尔克乌斯将这部作品敬献给了萨克森选帝侯，而不是勃兰登堡公爵。该书扉页的背面就出现了选帝侯的本命盘（生于1526年7月30日上午5时30分）。

加尔克乌斯遵循了梅兰希顿的评判标准，认为天学兼具思想价值和效能价值。首先，他声称，世间并不存在德谟克利特所提出的必然性。星之美妙、其运动之有序，已然昭示了直接的圣经征兆。仅仅是见证神的指示本身，就足以证明星的科学这一主题具有思想的价值，且不论行星的位置能不能反映天气变化或人类生活的规律。[1] 当然，实际上加尔克乌斯还是相信行星位置是具有特殊含义的，并且相信不同的位置会产生不同的效力。而他的作品则会向读者说明做出这样预测所需要的知识类别与相关资源，不过书中并不会介绍如何对它们做进一步的解释。那么，到底需要哪些知识呢？

首要的要求是找到以经纬度描述的太阳的真正位置。这要求观测者能够以星历来区分回归年与恒星年。除此之外，观测者还需知道，不同的历法怎样设置闰日或闰月，以及怎样处理进动和岁差问题（这一点上加尔克乌斯遵循了哥白尼的方法）。加尔克乌斯具体使用了《天球运行论》第3卷的数个章节，和《普

---

[1]　Garcaeus 1576,fol. A5v: "De diuinatrice parte nihil dico,nisi hoc. Etamsi nullae essent tempestatum aut temperamentorum significationes in positu stellarum,tamen hance mantiki,quae uerissima et longe potior est, magnificaendam esse, quod uidelicet pulchritudocorporum et ordo motuum, illustria testimonia sunt de Deo,et de prouidentia....Sed in alijs scriptis saepe uiri docti et Deum timentes dizerunt de dignitate et usu harum artium. Quare hanc meam commemorationem uolui breuiorem esse. Totus autem hic meus labor tantum illustrat doctrinam de motibus. Adiuuo discentium laborem in computanda tota anni ratione."

鲁士星表》中的第 21 条原则，有时还提到了"哥白尼的新星历表"——这里他指的显然是莱因霍尔德于 1550 年发表的作品。这种把哥白尼与莱因霍尔德随意交换的举动表明，当时莱因霍尔德的作品已经被视为哥白尼学说的代名词。加尔克乌斯接着谈到了分宫制，他提到了四种不同的分割黄道的方法，其中包括：古代人所使用的将黄道十二等分的方法；雷吉奥蒙塔努斯和亚伯拉罕·伊本·埃兹拉的分割法；坎帕努斯分割法；以及阿卡比特斯和约翰一世的分割法，最后这种方法曾被"博学的雷吉奥蒙塔努斯"批驳。最后，加尔克乌斯向学生们推荐了最易掌握的十二均分法。而对于那些熟悉天文学的读者，他则推荐了雷吉奥蒙塔努斯的分割法。

贯穿全书，加尔克乌斯只给出了一个例子，就是选帝侯的生日，以及他的诞生地弗莱堡市（Freiburg im Breisgau）的经度。最后，他终于谈到了构建天宫图的问题，用他的话说，是构建"天宫图的回归周期"：太阳回到"十二分盘"（dodecatemoria）中同一位置所需要的时间间隔，以及这一刻所对应的个人的生辰。[1]

由于星的科学教学法正处在变革之中，加尔克乌斯其他一些原本并不值得一提的作品，如今也占据了重要的位置。在 16 世纪后半叶，维滕堡的天文学 - 占星学教科书成为了最有影响力的范本，为基于自然现象的预言提供了安全的知识。通过这些教科书，一系列的定义、论点和通用模型不断被复制，直至标准化。同时，这些课本也自觉地服务于严格基于圣经的预言体系。[2]

168

---

[1] Here he made considerable use of precepts 23,24,and 33 in the *prutenics* and,again,Copernicus's values for the sidereal and tropical years in *De Revolutionibus*,bk. 3 (Garcaeus 1576, prop. 21).

[2] See Biblioteka Uniwersytecka Wroclawiu, "Brevis Repetitio." The lecture is anonymous, but the hand resembles that of Peucer.

德国——数学的摇篮

16 世纪 60 年代，法国的人文主义者和教育改革家彼得·拉穆斯（Peter Ramus，1515—1572）曾进行了一项关于欧洲数学学科状况的调查。他在 16 世纪 60 年代末亲自走访了帝国内的数座城市——包括纽伦堡、奥古斯堡和巴塞尔，不过他主要的数据来源还是他的朋友、学生，以及与不同国家学者的书信往来。在这些学者中，就包括英国人约翰·迪伊（John Deei）。[1] 拉穆斯所做的统计十分有趣，它反映了 16 世纪 60 年代的现实状况。

拉穆斯怀着既嫉妒又敬仰的心情总结道，德国（帝国）是"数学的摇篮"[2]。经典学科分类方法将知识区别为思想性和效能性两大类，拉穆斯更倾向于后者。他对各知识门类的效能及实用（而不是思想及理论）价值大加赞扬，并肯定了数学在实用方面的重要性。拉穆斯进一步解释（虽然经常是错误的），德国的历史，充满着伟大的发明与发明家："我想强调，德国的数学家们，发明了三大非凡的艺术——火炮（bombardica）、印刷术和航海术。"这些发明都具有实用价值和重要性。比如 15 世纪时，威尼斯人曾用火炮与热那亚人作战。至于印刷术的好处，雷吉奥蒙塔努斯出版普尔巴赫星表时就已经显现出来了。（拉穆斯所称的）史上第一本印刷著作、西塞罗的《论责任》（*Office*），于 1466 年由约翰·福斯特（Johann Fust）在美因茨出版（他称自己拥有其中的一本）。[3] 就德国在知识领域所取得的领先地位，拉穆斯解释了几种原因，包括德国拥有大量的金矿和银矿，以及强大的军事力量。他说，德国有伟大的工匠和画家，比如阿尔布莱希特·丢

---

[1] Ramus 1569,64-75. For a good treatment,see Hooykaas 1958,75-90.

[2] Ramus 1970b: "Germaniam ut mathematum altricem animo complector."

[3] Ramus 1569,65. Fust was involved with Gutenberg, but this edition of Cicero was not "the first book ever printed."

勒；还有黑森卡塞尔伯爵威廉四世这样的博学亲王，他对资助数学研究很有兴趣。不过，最高的评价，拉穆斯则留给了菲利普·梅兰希顿：

柏拉图曾以他的雄辩与博学在希腊复兴了数学研究，同样，当梅兰希顿发现，德国的绝大部分大学都鼓励这门学科的发展，唯有维滕堡是个例外的时候，便开始借助形式各异的教导，并以自己的虔诚正直以身作则，最终点燃了人们（对数学）的热情。维滕堡的神学和雄辩术原本就享有盛誉，经过梅兰希顿的此番努力，不仅在这两个领域无出其右者，在数学方面，维滕堡也同样挺然翘楚。在我看来，德国全国上下，没有一个博士或教授能与梅兰希顿比肩。[1]

拉穆斯很看重维滕堡将语言上的雄辩术与数学上的敏锐性相结合的做法：他把莱因霍尔德比作了"数学学科不朽的传播者"；将比克比作了"梅兰希顿的接班人，数学的下一代传播者"；而雷蒂库斯则成为了"第二个哥白尼"。[2]拉穆斯还列举了其他十几位德国数学家（其中有些人是非维滕堡背景的），以表现德国数学研究的卓尔不群，以及他们所受到的大力资助。拉穆斯诚挚地希望，这样的做法能被法国等其他国家效仿。这份名单中包括了来自天主教和新教的学者，同时也并没有区分先后。名单中很大一部分人是中世纪教科书的编撰者，这可能正是拉穆斯及其信息源对他们有所耳闻的原因。这些人是：赫马·弗里修斯（鲁汶）；菲利普·阿皮亚努斯（因戈尔施塔特）；约翰·施托弗勒、约翰·舒伊贝尔（Johann Scheubel）和塞缪尔·赛德罗克拉底（图宾根）；塞巴斯蒂安·明斯特和克里斯蒂安·乌尔施泰森（Christian Wursteisen，巴塞尔）；伊拉兹马斯·奥

---

[1]　Ramus 1569, 66.

[2]　Ibid. : "Literae erant in eo latinae & graecae semonis ea facilitas, ut Melanchthonis discipulum facile posses agnoscere: mathesis & matheseos diligentia tanta, quae bibliothecas omnium mathematicorum,si superfuisset aetas, mathematici scuiusquemodi libris expletur videretur."

斯瓦尔德·施赖肯法赫斯（弗莱堡）；瓦伦丁·奈波德（Valentine Naibod，科隆）；克里斯蒂安·赫林（Christian Herlin）和康拉德·达西波迪斯（斯特拉斯堡）；瓦伦丁·恩格尔哈特（Valentine Engelhardt，爱尔福特）；格奥尔格·雷蒂库斯和约翰·霍默尔（Johann Hommel，莱比锡）；约翰·维尔东（海德堡）。

尽管拉穆斯对德国的数学家大为赞赏，可他对天学却有着自己独特的见解：在他看来，天学应该是排除了所有理论内容的天文学，也就是星表数据所代表的实用天文学。或者按他的话来说，"天学是没有假说的占星学"[1]。拉穆斯的见解与我之前提出的维滕堡诠释完全是两回事。后者对《天球运行论》采取了选择性的解读，其目的是借哥白尼理论完善托勒密假说。拉穆斯则不同，他反对哥白尼的理由，不仅是因为哥白尼提出了一个（他认为）错误的结论（地球是运动的），更是因为（他认为）这个结论是从错误的原因（行星假说）推导出来的。[2] 事实上，按照拉穆斯的立场，不单单是哥白尼，所有使用了哥白尼原理的占星学家，都应该受到批评。拉穆斯将这些原理称为"幻想"（commenta），并表示"用错误的前提来诠释自然的真理，是最荒谬的无稽之谈"。[3] 拉穆斯明确表达了他对雷蒂库斯"将占星学从（所有）假说中解放出来"的期望，并邀请雷蒂库斯前往巴黎，与他一同讨论这一问题。[4]

可想而知，拉穆斯激进的观点让不少占星学家颇为懊恼。邓肯·利德尔（Duncan Liddell）是苏格兰的一位医师和数学家。他任教于黑尔姆斯特，是亚伯

[1] Ibid.,50,66. Previous commentators,including myself,have translated this phrase as "*astronomy* without hypotheses," failing to motice that the Latin consistently employs *astrologia*. From the context,it is clear that Ramus intended to equate the two terms,perhaps following Reinhold's *Prutenics*. See Jardine 1987,esp. 95;Hooykaas 1984,157-64.

[2] Ramus 1569,50: "Atque utinam Copernicus in istam Astrologiae absque hypothesibus constituendae cogitationem potius incubuisset, longé enim facilius ei fuisset astrologiam astrorum suorum veritatir espondentem describere, quam gigantei cujusdam laboris instar terram movere, ut ad terrae motum quietas stellas specularemur."

[3] Ibid. : "At in posteris fabula est longé absurdissima,naturalium rerum veritatem per falsas causasdemonstrare."

[4] Ibid. : "Rheticus etiam Cracoviam mathematis illustravit & literis nostris ad studium liberandae hypothesibus Astrologiae spem quoque illustrandae parisiensis academiae dederat."

丁大学数学系的创建人，并与属于威廉四世学术圈的第谷·布拉赫相识。利德尔在拉穆斯《数学学者》（*Scholarum Mathematicarum*）一书的页边空白处写道："他的要求是荒谬和不现实的。"[1] 第谷·布拉赫曾与拉穆斯在奥格斯堡见过面。多年后他对拉穆斯的观点表示了反对，称如果没有哥白尼假说的帮助，人们根本就理解不了天文现象。[2] 1609 年，开普勒很大度（也很聪明）地对拉穆斯"无假说的占星学"口号表示了欣赏，用它来参照自己提出的"基于真实物理前提的天文学"，并以此为证据，在自己的《新天文学》（*Astronomia Nova*）中向巴黎的皇家数学机构提出要求，因为拉穆斯曾许诺，会对实现他天文学改革想法的人给予奖励。[3]

结论

让我们回到 15 世纪 90 年代，回顾哥白尼当时所面临的问题，并以此作一个小结。当时，天文学被三大问题困扰着：（1）皮科·米兰多拉宣称，天文学家们对行星序列问题的争论，破坏了占星学的认识基础。（2）人们普遍认为，星表作为各种历法、年鉴和预言的基础，其准确度还不够理想。（3）制作星表时所使用的多种行星模型，孰对孰错，依旧没有定论。它们之中包括同心圆、偏心圆以及偏心本轮模型。在这三个问题基础之上，还应该再添加第四个：普尔巴赫所提出的"共有运动"；从所有已知的确切资料来看，当时只有哥白尼把它当作了一个问题，几乎没有人认为值得对它做出解释。不管哥白尼如何形成了他的地球周年运动假说，这一设想事实上回答了第一和第四个问题，它们都是哥白尼在克拉克夫和博洛尼亚时代面对的困惑。至于第二和第三个问题，哥白

[1]　Ramus 1569, copy held at university of Aberdeen,shelf no. pi 5102 LaR S1.

[2]　Brahe to Rothmann, January 21,1587,in Brahe 1913-29,6:88-89.

[3]　Kepler 1992,28;Kepler 1937-,3:6.

尼的解决方案虽然并不构成新体系的必要成分，但已经内化为其题中应有之意。

维滕堡意识到了行星序列与行星模型的相对独立性，这让他们能够忽略和拒绝哥白尼体系中关于地球运动的假说，拒绝以此为基础的任何理论深化尝试。他们这么做，一方面是因为地动说威胁到了中间科学（middle science）的秩序；另一方面是因为维滕堡的学者们（正确地）认识到，这种假说对于修复星表的误差无关紧要。因此，维滕堡对于哥白尼学说解决第二个问题的价值大加赞赏，认为就制订星表而言，他提出的恒星参考框架和改良版托勒密模型，比阿威罗伊的同心圆模型〔不论是阿基利尼、弗拉卡斯托罗还是阿米柯（Amico）的诠释〕显然更加优越。因为他们相信哥白尼的双本轮模型确实提升了行星表的精确度（莱因霍尔德的《普鲁士星表》也可佐证），所以他们也相信，他的改良将在很多方面解决占星预言的不确定性。

即便这样，哥白尼对行星序列问题提出的解决方案竟然没有得到任何反响，这仍然是一件匪夷所思的事情。莱因霍尔德与比克明白无误地知道行星运动与太阳相关，但他们还是忽略了哥白尼的解释和雷蒂库斯对它的热切推崇。与此同时，如果说天球的不可穿透特性对哥白尼提出地球运动假说产生了影响的话，在 1543 年的《天球运行论》中，他并没有拿这个前提来论证日心理论。的确，哥白尼理论缺乏严格的证明，没有人——甚至包括雷蒂库斯在内——可以宣称《天球运行论》满足了必然推理的证明条件。

对于理论和实用占星学的支持者来说，行星序列问题并没有带来太严重的麻烦——这一点，从贝兰蒂早期对皮科的反驳，一直到中世纪众多版本的《占星四书》都可以看出。所有这些回应，无疑再度低估了哥白尼假说的意义，要知道，他提出的解决方案，原本对解决占星学困境有着独一无二、无可比拟的价值。

由于梅兰希顿的教育改革，16 世纪 40 年代到 70 年代之间，在经过改革的新教大学中，"合法预言"的从业者大幅增加。莱因霍尔德对《天球运行论》的解读，将复合圆周运动这一行星理论，在维滕堡大学联系紧密的学生和同事圈子中推广开来。至于哥白尼提出的地球运动这一物理学观点，则被人们从物理学和神学双重立场上予以否定，梅兰希顿的《物理学初级教程》以及为数众多的维滕堡教科书，无疑在其中起到了推波助澜的作用。与此同时，阿尔布莱希特的赞助强调了哥白尼理论与占星实践相结合的效用。在接下来的一个世纪中，莱因霍尔德的《普鲁士星表》都是进行天文预测和占星预言的重要参考资料。从这个意义上讲，莱因霍尔德的成就确实对皮科批判占星学提出了一个哥白尼式的答案。但归根到底，这只是一个不完整的答案，因为它忽视了皮科关于天体秩序的质疑，所以也忽视了天文学作为一个中间学科的地位。莱因霍尔德的辛勤工作固然促进了《天球运行论》研究的广泛开展，但是由于梅兰希顿的介入，雷蒂库斯对其中日心假说的解读完全被忽略了。由此可见，对于构建本命盘和预言年鉴有所帮助的，并不是雷蒂库斯的《第一报告》，而是《天球运行论》和《普鲁士星表》。《第一报告》试图在新的天体秩序和占星学之间建立关系，而维滕堡对哥白尼理论的诠释方法，就这样断送了雷蒂库斯的殷切希望。

6

占星学可信度的多样性

人类先见之明的危险性

16 世纪中叶，形形色色的预言活动呈现出浪潮之势，加剧了不同先知群体之间的紧张感。近代早期的教皇们和红衣主教们都是有名的占星咨询消费者，然而神学领袖们，不管信奉的是天主教还是新教，都团结在一个信念之下：只有他们的上帝，才掌握着对未来的确切知识。可是，恒星与行星的存在，无时无刻不在提醒他们，异教诸神仍然依稀存在（指诸星由古罗马神的名字命名。——译者注），并且拥有力量和世俗功德，与此同时，纯粹的自然决定论也构成了一种威胁。[1] 凡此种种，让神学家们决心正本清源。他们极力维护自身的判断权威，宣称只有自己才能决定哪些算是正统之道，有资格做出短期预言，而且这些预言必须与他们所解释的教会法令和圣经预言保持一致。至于其他的先知

---

[1] Seznec 1953.

卜测，都是邪魔作祟制造的迷信。魔鬼是可疑事物的具体化身：他的力量能蛊惑人们的感官和心智，能以假乱真，能通过梦境和幻觉愚弄人类，能让人们沉迷于偶像而忘记了正当的崇拜，能让他们在上当受骗成为受害者的时候还自以为知晓未来。神学家们的另外一个担心是，坏的魔鬼有可能取代好的灵魂，成为行星效力的主宰者。[1] 他们一致认为，必须与邪祟做斗争；但是讨论到魔鬼究竟在哪里，他是怎么施法的，立刻便众说纷纭。就算一名教士或是一位君主，也完全有可能中了恶魔的阴谋诡计；[2] 那么，要判断一个占星家的可信度，人们自然免不了担心，即便他的预言是成功的，何以保证他的知识没有被魔祟沾染？

哥白尼的名字与一种乐观的、安全的占星观念联系在一起，尤其是在《普鲁士星表》发行之后。对于那些编写星历表或是绘制本命盘的占星家来说，不论信仰什么宗教、来自哪个国家、倾向于何种理论，自从 1551 年《普鲁士星表》问世以来，哥白尼就成了他们所有人的朋友。以哥白尼假说为基础的星表和其他仪器在维滕堡得以流传，成为占星预言的可靠资源，这标志着梅兰希顿领导的新教改革派对他的特殊信任，相信他的理论能够解码自然所昭示的神的计划。之前我们曾经讲到，梅兰希顿和他的女婿比克对各种自然占卜术都抱有相当宽容的态度，相比之下，对于并非排他性地建立在圣经和教会文本基础之上的各种预言，路德的立场则更加谨慎。至于约翰·加尔文（John Calvin），他介于梅兰希顿和路德之间。1549 年，也就是在比克撰文区分好坏预言的四年之前，加尔文用方言写了一篇论文，从表面上看是写给"未受教育之人"的。

文章明白无误地排除了"自然占星术"（natural astrology）之外的所有其他占星预言。所谓"自然占星术"，就是指借助星象预测天气、潮汐以及人体的变化。而"判断占星术"（judiciary astrology）则关乎所有人类活动和互动。加尔文

---

[1] On this matter, see Walker 1958, 45-53.

[2] The problem of separating legitimate from illegitimate prognostication was analogous to determining the criteria for detecting witches. See S. Clark 1997.

攻击这部分占星术的理由，很大程度上建立在皮科和奥古斯丁的怀疑论基础之上，这些都是广为人知的反占星理论。[1] 比如说，占星家们过度依赖出生时刻，对受孕时间却忽略不计，而后者显然更加难以判断。计算出生时刻的时候，几秒钟的误差都有可能造成个人命运的巨大差异，因为预言判断是建立在一整套复杂的行星性质及其组合方式之上的。母亲受孕的约略时间，是"比所有星的力量强大一百倍"的原因。[2] 无所不能的上帝完全不需要借助星星就可以给人以特殊的力量，或是决定谁可以得到永恒的救赎。显然，15 世纪末皮科与贝兰蒂之争仍然是问题的核心，不同的观点围绕着它展开辩论。关于哪些种类的占星学是可以接受的，正统的加尔文派和天主教所持的神学观点是非常接近的。

许多预言家希望动摇皮科的权威，来弱化神学家的抵制。策略之一就是用占星的手段给神学家的怀疑泼上点儿脏水。在一本名人本命盘合集中，博学家吉罗拉莫·卡尔达诺再次沿用了贝兰蒂的攻击手段，说"一名占星家"曾经预言皮科会在 33 岁的时候死去。同样，萨伏那洛拉的命盘中，月亮和火星处于摩羯座中天，"毫无疑问"地预示了盘主将会被当众烧死。卡尔达诺在书中写道："果然他在佛罗伦萨被焚。"[3] 占星家们对付神学家的另一个办法，是用一个神学权威去攻击另一个神学权威的观点，比如基督的星象。在上帝之子的天宫图中，诸星的组合对他产生影响了吗？弗朗西斯科·朱恩蒂尼在 1573 的回答是：没有。

---

[1]　Calvin 1962, 7: "Mais les affronteurs qui ont voulu, sous ombre de l'art, passer plus outre, en ont cont rouvé une autre espèce qu'ils ont nommée judiciaire, laquelle gît en deux articles principaux: c'est de savoir non-seulement la nature et complexion des hommes, mai saussi toutes leursaventures, qu'on appelle, et tout ce qu'ils doivent ou faire ou souffrir en leur vie; secondement, quelles issues doivent avoir les entreprises qu'ils font, trafiquant les uns avec les autres; et en général de tout l'état du monde."

[2]　. Ibid., 9: "S'il falloit faire comparaison, il est plus que certain que la semence du père et de la mère ont une influence cent fois plus vertueuse que n'ont pas tous les astres, et ce nonobstant on voit qu'elle défaut souvent, et aussi la disposition peut être diverse." Perhaps because Calvin cast his work as an "advertisement" for the unlearned, he did not see fit to cite learned authorities, such as Pico.

[3]　Cardano 1967, 5: 490.

诸星并没有造就基督的命运，但是它们宣示了其命运的含义。[1]

相比于这种防卫的姿态，哥白尼和雷蒂库斯则直接从星的科学的上游学科入手，终结了天文学理论的分歧。从表现形式上看，它是对天文学原则的修正，而并非对占星实践做出了直接贡献。然而在 16 世纪 40 年代，《普鲁士星表》诞生之前，不论是雷蒂库斯书中的基本要义还是哥白尼书中的详细模型，两者实际上都对占星学的可信度带来了新的问题：哥白尼的行星序列提高了占星预言的准确度吗？它能为行星影响力的变化提供更有力的解释吗？它能解决星食、星位、二分点的缓慢移动这些存在已久的问题吗？ 16 世纪四五十年代是值得关注的历史时期，其间，占星家们做出了种种努力，试图重新建立占星学作为可靠的天学知识的地位。

成为一名成功的预言家

没有什么比成功预言一位君主的身份更能提高一名预言家的声望了。1528年，一位名叫普拉托的朱利亚诺·里斯托里（Giuliano Ristoriof Prato，1492—1556）的加尔默罗修会僧侣发布了一篇预言（现已佚失），宣称洛伦佐·德·美第奇二世（Lorenzo de Medici the Younger）的私生子亚历山德罗（Alessandro）公爵很快将成为佛罗伦萨的统治者，但他命不长久，注定早亡。果然，1537 年 1 月，亚历山德罗公爵被绞杀在卧榻之上，悲惨地结束了一生。统治权很快传给了他18 岁的堂兄科西莫一世（Cosimo I）。[2] 元老院拥戴他为公爵，美第奇统治的复兴由此发端。而里斯托里的名声也由此发端。

里斯托里的预言在此后几个世纪一直都是一个著名的范例。他声名鹊起，

---

[1]　Giuntini 1573, fol. 6.

[2]　See Cox-Rearick 1993, 22 ff.; Hemminga 1583, 105-16.

很大程度上是因为他预言了一位君主的早亡，满足了统治阶级当中普遍存在的迫切需求。虽然缺少一份公开出版的预言作品，但这并不妨碍里斯托里名扬四方，包括比萨、锡耶纳、佛罗伦萨以及他本人授课和发布预言的其他城市。卢卡·高里科到了16世纪40年代已经是一位著名的占星学作家了，他曾借用里斯托里的例子证明自己所在学科的成就："卡尔默罗修会的兄弟朱利亚诺测得天机，算出亚历山德罗·德·美第奇公爵将统治佛罗伦萨，但将在1537年被他的堂兄弟绞杀在卧床上。"[1]

　　数十年之后，西克·范·海明加〔Sicke van Hemminga，又称西克图斯·阿布·海明加（Sixtus ab Hemminga），1533—1586〕从高里科的文字中得知了这个案例，大费周章对它进行了激烈的辩驳。[2]尽管后来证明，对这则预言做出修正还是有必要的，但这并没有对里斯托里的名声造成任何麻烦。1571年，弗朗西斯科·朱恩蒂尼在作品中记述，他作为里斯托里的学生，1548年在比萨听过老师讲授托勒密的《占星四书》，课堂上里斯托里曾经为亚历山德罗的本命盘"纠偏"。所谓"纠偏"，是占星实践中的一个标准程序，指的是占星家们用已知的结果，反过来重新推算行星角度及宫角数据，使之与实际发生的情形相一致。[3]从这个意义上讲，占星学与库恩所描述的"一般科学"相似——时常出错的是木匠，而不是他的工具。[4]迟至1618年，鲁道夫·郭克兰纽（Rudolf Goclenius，1527—1621）仍

173

---

[1]　Gaurico 1552, 9: "Haec coelestis figura fuit supputata per Fratrem Iulianum ordinis Carme litanorum, et fundataIussu Ducis Alexandri Medices, qui circa mediam noctem in cubili suo fuit iugulatus a suo Consobrino Anno Seruatoris 1537. vertente, uti colligitur ex Sole et Saturno partiliter alligatis. Labentibus 1583. mutabit sceptra. Anno autem 1627. eradicabitur et Solo aequabitur Arx illa infausto syderefundata." The assailant was Lorenzino(1514-48), son of Pierfrancesco the Younger（1487-1525），a member of the collateral branch of the Medici family（see Cox-Rearick 1984, 4, 49）.

[2]　Hemminga 1583, 105-16.

[3]　For well-developed cases of rectification, see Quinkan-McGrath 2001; for Luther, see Grafton 1999, 74-75.

[4]　According to Kuhn（1970, 80），the object of normal science "is to solve a puzzle for whose very existence the validity of the paradigm must be assumed. Failure to achieve a solution discredits only the scientist and not the theory. Here, even more than above, the proverb applies: 'It is a poor carpenter who blames his tools. '"

然继承了朱恩蒂尼的论点，表示里斯托里的预言几乎震惊了整个意大利。[1]

1537 年 6 月 28 日，科西莫一世掌权六个月之后，里斯托里向这位新大公献上了一部极尽其详的长文，演算了其恩主的个人命盘，预言了他的未来前景，页边批注着许多华而不实的引文。[2] 里斯托里在文中将其预言放置在了一个二元的分类结构之中：

在人类科学之中，占星学的两个部分，即思想部分和实用部分，都是最高贵的科目，因为它们中的一部分掌管着最值得景仰的上天诸星，另一部分则掌管着动物之中最高贵的物种——人类。一部分依据几何推理的确切性，另一部分则借助长期积累的经验，因而它们足以有资格掌控所有的事物。两者之中，大部分实用性的知识一般被称为"判言"，因为它意在推理和掌管人间之事。事实上，有哪个王国、哪个城邦、哪个共和国、哪个家族，不希望能得到最好的、最合理的建议，以便在处理事务之时，能够看到和遵行上天的意志？[3]

里斯托里的类目为我们提供了一个很好的范例，说明当时的学者如何灵活应用了古代和中世纪的分类方法。莱因霍尔德把方便的实用天文学数据表放在了显著的位置上，里斯托里则不同，他更强调占星的解释性。所以，他没有用"星的科学"这个称呼，而是用了"人类科学"这种说法。此外，他把托勒密在《占星四书》中对天文学和占星学的区分，归纳在了"思想的"和"判断的"占星学之内。前者对应的是诺瓦拉的康帕努斯分类法中的"理论天文学"，托勒密只是笼统地称之为"天文学"；后者对应的内容既包括理论占星学，也包括实用占

[1] Goclenius the Younger 1618, 49; Giuntini 1581-83, tome I, 126, 621; cf. Thorndike 1923-58, 5: 326. Goclenius (Goeckel) held chairs in physics (1608-11), medicine (1611-12), and mathematics (1612-21) at Marburg.

[2] BibliotecaMediceaLaurenziana, Florence: Giuliano 1537. Castagnola (1989) has transcribed and edited the full text with briefintroduction. I have made comparisons with the original.

[3] Castagnola 1989, 133.

哥白尼问题

星学，也就是说，既包括《占星四书》，也包括在此基础上提出的建议。

里斯托里把他的预言作品设计成了一篇内容广泛的谏言文章，因此，他把科西莫作为一个完美君主的形象，与自己提出的大量实用建议结合在了一起，比如应该警惕谁（教皇保罗三世），应该与谁为友（查理五世皇帝，乌尔比诺、曼图亚和费拉拉的各位公爵）。[1] 对于涉世未深、经验不足的科西莫来说，建议当然是多多益善。尽管从小在宫廷之中长大，他早已经习惯了各种明争暗斗，但毕竟他继承的是一个充满了政治紧张感的世界，其中的各个角色更是关乎当时的欧洲大局：教皇与美第奇家族，法国与帝国，帝国与佛罗伦萨。佛罗伦萨背景的政治流亡者们，很快将在战场上对这位新大公的权威发起挑战。

1543 年，科西莫有足够多的理由奖励这位著名的里斯托里。他先是在锡耶纳教授神学，后又在比萨得到了占星学教授的任命。[2] 此时科西莫决定要为家族势力得到巩固而庆祝一番，于是下令征集一系列的壁画，装饰自己的宫殿韦奇奥宫（Palazzo Veccio）。在这项视觉意象工程中，里斯托里为他推算的本命盘成为最权威的参考资料。[3] 科西莫的上升星座（生辰星位或是命宫）在摩羯座（土星是摩羯座的宫主星）。里斯托里同早先的美第奇家族占星家一样，在科西莫的诞生时刻把土星放在摩羯座。这个完美的组合看起来完全指向了科西莫大权在握，并开创了美第奇的黄金时代。不仅如此，人所共知，摩羯座也是奥古斯都大帝（被认为是佛罗伦萨的建城者）以及查理五世皇帝的上升星座。[4] 1537 年 8 月 1 日，也就是里斯托里的 6 月预言之后不久，科西莫在蒙特穆洛（Montemurlo）

[1]　Castagnola 1989, 128.

[2]　Castagnola places the appointment at Florence (ibid., 130) , whereas Cox-Rearick (1984, 256 n.) and Charles Schmitt (1972b, 259) put it at Pisa. It is certain that Ristori was lecturing at Pisa in 1548.

[3]　The astrological foundations of Medici dynastic imagery is the subject of Cox-Rearick's important study (1984, 206 ff.) . Allegri and Cecchi (1980) have produced a useful guide to the palace, but they failed to note the astrological theme running throughout the motifs.

[4]　Cox-Rearick 1984, 257.

大战中获胜，这一天恰好也是奥古斯都大帝赢得阿克提姆（Actium）海战的日子。[1]难怪"土星入摩羯宫"这一主题，在美第奇家族的数座宫殿和别墅中反复出现，成为艺术家们在创作占星题材作品时压倒性的首选。[2]事实上，在呈现美第奇家族的视觉艺术作品中，科西莫一世本命盘中的吉兆符号出现得如此频繁，以至于艺术史学家珍妮特·考克斯－瑞里克（Janet Cox-Rearick）曾经宣称，"其频度在文艺复兴君主中是史无前例的"[3]。

如果说，里斯托里作为新大公的占星顾问所具有的权威性，使他在韦奇奥宫的艺术主题设计中成为一个高度可靠的信息源，那么，他的案例同时说明，在16世纪中叶的意大利宫廷中，占星判断还在学术与宫廷文化之间承担着桥梁功能。同样，在莱因霍尔德与阿尔布莱希特公爵的个案中，公爵急切地渴望得到有关星象影响力的可靠知识，因为这些影响可能会限制、也可能会引发其政治行动的可能性。

说到预言家的建议如何在关键决策中帮助他建立了声誉，另外还有一个例子。[4]1554年春天，科西莫对锡耶纳发动了一场战争。他的首席司令官、马里尼亚诺（Marignano）侯爵贾恩贾科莫·德·美第奇（Giangiacomo de Medici）率领着一支阵容强大的军队，包括4500名步兵、400名骑兵、20门火炮，以及1200名专门负责攻克堡垒的工程兵。1月，贾恩贾科莫两次攻城都以失败告终。科西莫还是希望在冬天结束战事；他审时度势，出于节省时间和开支的考虑，决定把大军分成三支队伍。1554年3月27日，科西莫得到了罗马占星家弗米科尼（Formiconi）的一份预言书，时间跨度从1553年晚春到1554年夏末。它特别强

---

[1] Cox-Rearick 1984, 257.

[2] Already in the 1520s, Cosimo's association with Saturn-in-Capricorn themes shows up in Jacopo da Pontormo's *Vertumnus and Pomona*, a lunette for the Salone at the Medici villa in Poggio a Caiano（Cox-Rearick 1984, 117-42, 212-20）.

[3] Ibid., 256; Cox-Rearick 1964, 1: 303-4 and n. 32.

[4] See Rousseau 1983, 476-83.

调了公爵在1554年2月和3月面临的困境。虽然一般说来春天是进攻的最佳时节，不过实际情况是，到了5月，佛罗伦萨的封锁线就已经形同虚设了。锡耶纳军队看准这个弱点，6月11日，8000步兵和1000骑兵攻出城来，贾恩贾科莫惊惶失措，他认为年轻的科西莫完全指挥了一场错误的行动。而科西莫则按照弗米科尼预言中的建议，一直保持克制，直到7月12日，他否定了贾恩贾科莫的意见，命令军队大举进攻。8月初，皮耶罗·斯特罗齐受到致命重伤，佛罗伦萨则联合帝国军队，在马尔恰诺（Marciano）战役中大获全胜。此时恰逢蒙特穆洛和阿克提姆大捷的周年纪念日。[1]

看来，宫廷占星家们仅凭一次成功的预言，就可以成就自己的声望。而且，一个案例预示着更多成功的可能性。在占星预言这个毫无法则可言的世界里，对于失败的测算，总有这样那样的方法去遮掩、修正或是索性忽略不计。像里斯托里和弗米科尼这样的占星家，与其说是卡斯蒂里奥内声名远扬的《朝臣论》所描述的朝臣，不如说是宫廷顾问体系中处在军事和政治文化之中的外交家。因此，他们的声誉既取决于计算技巧，也取决于提供建议的能力，为了自身，也为了他们的恩主，这样的建议必须足够审慎。不过，令人惊讶的是，星的凝望者作为一种社会类型存在于宫廷之中，而卡斯蒂里奥内在其大作中，居然对他们只字未提。[2]

佛罗伦萨似乎有一个传统，无论是美第奇家族还是其他的主顾，他们的占星家往往都拥有圣职。里斯托里和弗米科尼并非仅有的侍奉佛罗伦萨大公的占星家，里斯托里也并非其中唯一的教士：另一个是他的学生、声名显赫的弗朗西斯科·朱恩蒂尼。他在两卷本的巨著《占星之镜》（*Speculum Astrologiae*）当

---

[1]　Rousseau suggests both that propagandistic considerations factored into the duke's deliberately delayed military engagement and that he felt confident of victory because of the astrologers' predictions（ibid., 479）.

[2]　However, Agostino Nifo, who wrote on the prognostication of 1524, did use Castiglione in a book that he wrote on the courtier（see Burke 1996, 48）.

中甚至直接宣称，占星学实际上源自神学。[1]美第奇还有一位占星家，多明我修会的弗拉·伊尼亚齐奥·丹蒂（Fra Egnazio Danti，1536—1586）。丹蒂向他的恩主讲授占星学的基本知识，后来还被赐封了大公宫廷宇宙学家的头衔。[2]至于其他两位美第奇占星家，关于乔瓦尼·达·萨伏依（Giovanni da Savoia），我们现在知之甚少，只有一篇他写给科西莫一世的预言流传至今；乔瓦尼·巴蒂斯塔·圭迪（Giovanni Battista Guidi），则在1567—1583年，为科西莫之子及其继承人弗朗西斯科编算了大量的天宫图。[3]第13章将会讲到，伽利略属于佛罗伦萨占星传统中的一员，但他似乎是这个体系当中唯一一个不具有教士身份的人。

本命占星集的涌现

如果仅凭对某个名人的一次成功预言，就可以建立起一位占星家的声誉，那么，何不将诸多名人的本命盘集纳在一起出版呢？事实上，就在里斯托里着手发布他为科西莫所做的预言之时，吉罗拉莫·卡尔达诺正好开始在他的书中〔《小书两册》（Libelli duo），1538，1543〕进行了这样的尝试，并且，这种做法的影响力一直持续到了世纪中叶。[4]这样的想法其实并不新鲜。早在古代世界，人们就已经开始收集和比较名人的本命盘。[5]桑代克（Thorndike）从14、15世纪的医学史档案中发现了这一点。[6]希拉里·凯里（Hilary Carey）则表示，从13

175

---

[1] Giuntini (1581, 1: 14-15) located his own defense against Pico and Averroës; see further Ernst 1991, esp. 254-58.

[2] See Righini-Bonelli and Settle 1979.

[3] For Savoia's geniture of Cosimo I, see Biblioteca Nazionale Centrale di Firenze: da Savoia 1537, XX. 10; for Guidi's geniture of Francesco, see Biblioteca Nazionale Centrale di Firenze, Guidi 1561; Guidi 1566.

[4] See Grafton 1999, 64-65.

[5] Ibid., 65.

[6] This is Thorndike's hypothesis (1923-58, 6: 100).

到 15 世纪，英国的御用占星家们一直在收集和保存天宫图档案。[1] 但是，到了 16 世纪中叶，占星合集只不过成为了更宏大的发展潮流当中的一小部分：印刷厂为信息的复制和比较提供了前人难以想象的便捷条件。特别值得一提的，是用极富视觉化特点的方式生产的各种各样的出版物，这类图书包括：安德列·维萨里《人体的构造》，伦哈德·富克斯（Leonhard Fuchs）《植物之书》（*Book of Plants*，1545），康拉德·格斯纳（Conrad Gesner）《动物史》（*History of Animals*，1555），埃涅阿斯·维科（Aeneas Vico）《古代钱币上的帝王形象》（*Images of Emperors from Antique Coins*，1553），温琴佐·坎帕纳奇《诸神之形象》（*Images of the Gods*，1556），约阿希姆·卡梅拉留斯《符号与徽章集》（*Collection of Symbols and Emblems*，1593—1604）。[2] 下文我们很快就会讲到，新出现的占星汇编集也加入了这种大气候，试图借用富有感官吸引力的方式来表现内容——至少他们有这样的强烈愿望。

这里需要区分两个概念：一个是采集行为，将累积起来的信息呈现出来；另一个是在此基础之上所作的判断和它们的逻辑。与上述作品不同，新的占星集的权威性，并不依赖于任何视觉效果的诱惑。它们的优势多种多样，比如，最简单的，命盘的数量；命盘主人的名望，以及吸引他们成为作者主顾或是恩主的可能性；盘主传记式档案资料的质量；对盘主时常流露的阿谀之词的质量；足以显示占星家特殊才能的个人轶事；比其他占星家更有优势的自我陈词；在手中握有充足个人资料的情况下，八面玲珑的人物评价。[3]

对于预言年鉴作者而言，熟悉掌握当地情况，无疑可以强化他们预言的可信度。同时，这些汇编资料可以给他们提供无穷无尽的机会，对各种事件做出不同的解释，为特定情形赋予不同的意义。不过，因为这些资料包括了重要统

---

[1] Carey 1992.

[2] See Ashworth 1990, esp. 305-16.

[3] See Grafton 1999, 109-26.

治者、学者或是城市的名字，很难想象它们会缺少知名度、政治价值或是学术吸引力。[1] 不仅如此，这类汇编的编排格式为读者添加注解留下了充足的空间。[2] 桑代克在研究中发现，1546 年版本的阿波哈里（Albohali）本命占星集收录了 52 份天宫图。[3]

安东尼·格拉夫顿（Anthony Grafton）认为，从 1538 和 1543 年的《小书两册》到 1547 年的《小书五册》（Libelliquinque），卡尔达诺所汇编的命盘集规模越来越大，这无疑为同类作品的兴起提供了重要的启示。令人感兴趣的是，出版卡尔达诺作品的正是彼得雷乌斯，他当时正在扩充星的科学方面的出版书目。尽管卡尔达诺向读者们保证，他所收集的伟人占星资料都是建立在可靠基础之上的，而且他的技术方法也是无可争议的，但实际上书中充斥着个人特色的决断和随心所欲的言论。[4] 博洛尼亚的年度预言只是预测统治者的短期运势，对此卡尔达诺应该是很熟悉的。相比之下，他的汇编版本则描述了统治者完整一生当中的若干细节，从米兰公爵、查理五世皇帝、亨利八世国王、教皇利奥十世和保罗三世，到路德、奥西安德尔等在内的宗教人士。书中的一些本命盘来自其他同行的笔记。格拉夫顿发现了一个着实让人吃惊的事实：其中有四个人物的本命盘是雷蒂库斯寄送给卡尔达诺的，他们是皮科、萨伏那洛拉、普尔巴赫和阿尔布莱希特·丢勒。[5]

事情还不止于此。1546 年 3 月，雷蒂库斯前往米兰探访了卡尔达诺。[6] 卡尔

---

[1] Examples include the horoscope collection of Nicolaus Gugler at Wittenberg（see Grafton 1999, 74-75）.

[2] See for example, the copy of Garcaeus 1576（British Library 718. k. 32.），or the loose insertions of horoscopes in Giuntini 1581（Bologna University Library［IV. K. I. 68]）. Such compilations of astrological particulars also motivated comprehensive indexing and tabulation of information.

[3] Thorndike 1923-58, 6: 105. Thorndike does not give the full title, but the copy is in the Bibliothèque Nationale, Paris（Rés. V. 1300）.

[4] Grafton 1999, 65-70.

[5] Ibid., 82.

[6] Grafton（ibid., 94-96）has provided an excellent account.

达诺对造访者的描述完全以自我为中心，而且是在其《天文格言》(*Astronomical Aphorisms*）一书中不经意提到的。其中一些细节显示了他为自己以及他的占星实践扬名的另一种策略。卡尔达诺并没有把雷蒂库斯描绘成一位天学作者，更没有提及他与莱因霍尔德、梅兰希顿以及已故的哥白尼保持着非同寻常的关系，而是语焉不详地称之为"在（解释）星的运动方面最有能力"之人，"一个有学养的人和一名数学专家……一位一丝不苟尽职尽责的高贵绅士"。[1] 更为不堪的是，卡尔达诺把自己刻画成一个无所不知的师者形象，而把雷蒂库斯描绘成一个在他面前曲意逢迎的学生："他（雷蒂库斯）不止一次听我说过，我自己发明并且传授了一种技艺，只要给我一份天宫图，不必告诉我它的主人是谁，我就能够对他的身体、性格和主要经历做出种种不同凡响的预测。他也试过两次，果然成功了。"[2] 卡尔达诺接着做了一番解释，把雷蒂库斯描写成一个好学好问，但对他这个老师充满了景仰和敬畏之情的学生。

176

最后，到了 1546 年 3 月 21 日，他来看望我，带着下面要说的这份天宫图。他并没有告诉我图主的姓名，因为他自己对此也全然不知。他请求我对这份天宫图说些什么，因为其中有大事发生。但是在此之前，他已经根据自己的计算而不是特定的诞生时刻，把水瓶座第三度定为生辰星位。我看了看图，说："此人性格沉郁忧伤。"他回问："您从哪儿看出来的？"我答道："因为土星所处度数正在生辰星位对面，注视着它，对它有统治权。而且土星位于狮子座，加强了忧伤的程度。"然后我补充说："但是他谈吐有致，言语从容，而且看上去温文尔雅。"他问："您从哪儿看出来的？"我回答："因为水瓶座是人性星座，土星让人言语平稳，而龙首（这个因素至关重要）处于升势，表明此人言谈举止优雅有

---

[1]　Grafton 1999, 92.

[2]　Cardano 1547a; quoted and trans. in Grafton 1999, 94.

度。"听完我的解释，他插了一句："您把这个人抓得很准，再没有比这个更准的了。不过这也没什么值得惊讶的。因为您一直都有这样的本领，您可以轻而易举地做到这一点。不过，还是请继续说完吧。"我回答说："他会死得很惨。""您是怎么知道的？"他问。我接着回答："因为他的土星在第七宫受到了龙尾的诅咒。因此，我的方法告诉我，他会死得很惨。""怎么个死法？"他问。我说："绞死。""您是怎么知道的？""因为土星和龙尾居于第七宫，就预示着他会被绞死。"然后我又补充说："绞死之后，他还会被火焚。"他满脸疑惑地望着我，问道："您是怎么知道的？"[1]

　　前文讨论过，雷蒂库斯总是会被年老的、有名望的男性所吸引，尤其是那些似乎有很深的秘密要透露的人，他会把他们理想化，并且感到有一种要去取悦对方的强烈需求。因此，这次他再次被卡尔达诺所吸引。因为后者对天宫图几乎可以用贪得无厌来形容，所以，雷蒂库斯来到米兰，给卡尔达诺送来了诸多名人的天宫图——维萨里、雷吉奥蒙塔努斯、阿格里帕、波利齐亚诺（Poliziano）、奥西安德尔等。[2] 很有可能，为了填补三年前哥白尼去世的情感空白，雷蒂库斯以一种近乎崇拜的姿态，拼命地要拜倒在卡尔达诺面前。同时，如果卡尔达诺从《第一报告》那里熟悉了雷蒂库斯的文学角色，他应该会认为，自己堪比那位可敬的"我的老师"，有资格公开以这样的角色自居。无论如何，零散的参考资料表明，雷蒂库斯感到自己在卡尔达诺那里受到了不公正的待遇，因而利用一切可能的机会，在别人面前表示对他的嘲笑。[3]

　　五年之后，卢卡·高里科超越了卡尔达诺，在威尼斯出版了一本包含 160

[1]　Grafton 1999, 94-95.

[2]　Cardano, *Liber de exemplis centum geniturarum* in: *Opera Omnia*, vol. 5, geniture 67, 491; quoted and trans. in ibid., 92.

[3]　See the evidence cited in ibid., 96.

人的天宫图集。[1] 高里科此前已经收集了近 20 年，其中有一些是他在 16 世纪 30 年代早期途经维滕堡的时候得到的。这是高里科的最后一部作品，其中倾注了他的大量心血。书中本命盘的盘主包括：教皇（7），红衣主教和高级教士（29），学者（41），音乐家（9），艺术家（5），死于非命之人（46），畸怪之人（9）。在高里科和卡尔达诺之间，不存在有没有失去友情之说。高里科也借着这本书宣扬了自己，一方面，显示了他本人作为一名预言家的成功之处；另一方面，对卡尔达诺天宫图中的一些细枝末节做了微小的改动，动摇了其解释的可信度，这也算是自恋的另一种表现吧。[2]

天宫图集结出版的风潮还在继续。1576 年，维滕堡的约翰内斯·加尔克乌斯一举列出差不多 400 份本命盘，和他之前的作品一样，这部汇编集也献给了萨克森选帝侯。[3] 书中有 100 名盘主是学者，包括维滕堡的许多作者，比如普尔巴赫、雷蒂库斯、霍姆留斯以及莱因霍尔德。在这个规模小但影响力大的作品群中，还有一部由海因里希·兰佐夫（Heinrich Rantzov）完成，其名为《占星科学之确切性得以建立的范例》（*Exempla quibus Astrologicae Scientiae Certitudo Astruitur*）。这本书于 1580 年在安特卫普出版，五年之内就发行到了第三版。[4] 兰佐夫是第谷·布拉赫的好朋友。他在书中为统治者排序时，依据的是他们在位的时间长短、生年长短，以及在哪个月故去。

但是这些汇编作品从总体来说究竟起到了什么样的效果？或者说，在占星实践者们看来，这些作者们不断地搜寻新的天宫图，把它们集结成书，究竟对这个学科类别的逻辑地位起到了什么作用？按照托勒密的区分方法，相比于

177

[1]　Gaurico 1552.

[2]　Grafton (1999, 75-76, 96-108) cites important annotations from two English readers, Gabriel Harvey and Thomas Smith, showing that they appreciated Gaurico's hostility to Cardano.

[3]　Garcaeus 1576. The dedicatory letter is dated 1570. Herzog August Bibliothek 6. 1. Astron. 2° (2) is bound with Bellanti 1553 and extensively annotated; cf. Thorndike 1923-58, 6: 42.

[4]　Rantzov 1585.

天文学，占星学的"自足性有欠缺"（《占星四书》第1卷第1章），这就给后世的编者和评论家留下了发表评论的机会。卡尔达诺对《占星四书》（巴塞尔，1554）的评述作品售价昂贵，它主要关注了三位古代权威人物：希波克拉底、盖伦和亚里士多德。他从盖伦和希波克拉底那里继承的观点是，占星学与医学相似，是从单独的案例出发构建知识体的。卡尔达诺在他的天宫图集里，曾经竭尽全力反驳同行中的竞争对手，强调自己解释的可信度，但是在这部《占星四书》评论作品里，他的辩证方法达到了一个更高的层次，对哲学家来说可能也是有说服力的。在书中他并没有把占星学简单地归结为"缺乏确定性"，而是把它看作了一种"推测艺术"，从认识论的角度赋予了它积极的意义。

卡尔达诺根据学生时代在帕多瓦所学的"分解与构成"（resolution and composition）方法，建立起了他心目中理想的占星学。[1] 这种方法是从"事实"（touhoti）走向"由推理得出的事实"（toudioti），从描述走向解释。逻辑学家的表达方式是：把感官认知的事物分解为原则，或者元素，或者原因。当人们能够"重构"抽象因素、显示它们与观测到的事实之间的松散关系之时，一种合理的科学解释就成立了。这个逻辑链条叫作"分解与构成方法"。

对卡尔达诺来说，从使用这种处理方法的角度来讲，占星学在预言科学这个群体概念中是最好的。

像大多数自由艺术一样，这种方法是通过分解和构成这样的环节而实现的。……从效果出发而知晓原因。[托勒密的处理方式是]从诸多事物的相似性、从它们的构成出发，演绎出原因。因此，这门艺术与其说是一门确切的科学，不如说是一种推测艺术。人们时常从原因出发得到效果，这个程序在数学中是安全的，但是在自然事物中却未必。以推测方式知晓或指示未来的艺术包括：

---

[1] For Zabarella on the method of resolution and composition, see Jardine 1988, 690-91.

农业、航海、医学、相面术、梦的解释、自然巫术以及占星学。其中占星学是最高贵的，因为它关注所有事物，而其他［艺术］只关注某一种事物。[1]

卡尔达诺在此承认，占星学如同其他关于自然世界的物理知识一样，是从变量和不确定的感官信息得来的。这正是物理学能够传递的那类知识。对于几何学科来说，不变的真理和公设总是作为前提存在的，占星学则不同，它不能够宣称拥有确定性，实际上，它深受诸般弱点之苦。比如说，卡尔达诺很清楚地意识到，一则高度负面的预言如果公之于众，它所引发的社会后果，极有可能给占星家本人和他的预言主体都带来不利影响——可以类比 2003 年 7 月美国五角大楼提出的一个短命议案：建造一个期货市场，用以评估是否存在恐怖袭击的风险。[2] 然而卡尔达诺并没有试图从上游修正天文学，他相信，占星学虽然不能够逆行而上，对天文学本身产生影响，但它可以在个别判断的基础之上得出某些一般论断。卡尔达诺对 67 个本命盘的解释，也许能够算是这种一般论断的具体例证。彼得雷乌斯出版这部作品的那一年，恰好哥白尼的《天球运行论》也在纽伦堡问世。

这里呈现出了各种各样死亡的方式：毒毙、电击、水淹、公开谴责、铁器、事故、疾病，这些过程可以是漫长的、短暂的或是不长不短的。还有各种各样诞生的形式：双胞胎、怪胎、遗腹子、私生子、出生过程中母亲死亡的。然后是各种各样的人物：腼腆的、胆大的、谨慎的、愚蠢的、着魔的、骗人的、简单的、异教徒、小偷、强盗、鸡奸者、兽奸者、妓女、通奸者。再有各种各样的学科：法学家、哲学家、将要成为医生和占卜者的人、著名的工匠、将会轻视美德的人。我还追究了人

---

[1]　Cardano 1967, 5: 94（"Prooemium Expositoris"）.

[2]　On Cardano's handling of his errors in the geniture of King Edward, see Grafton 1999, 121-23; for applied predictions as a futures market, see Lindorff 2003.

生中不同的变故，解释什么类型的人会遇到什么样的事：杀妻、遭到流放、身陷牢狱、久病致死、改宗，人生从巅峰跌入低谷，或者反过来，一步登天。[1]

当然，不管是这份不体面的调查，还是 1543 年作品中的 67 份本命盘，又或者是 1547 出现的 100 份本命盘，都不能显示占星学严格遵循了"分解－构成"这种理想方法。它们混合了人物评估、地方政治消息、数字罗列，占星学的不同部分最终组合成了一种解释行为或是判断行为。对于卡尔达诺和之后的天宫图汇编者来说，占星格言是一个关键性的中间环节，在它的连接之下，个别案例转变成为一般化的概念。[2] 从上述情况我们可以看到，占星家们利用逻辑程序的权威性大做文章，试图支撑起这样一个观念：多个具体案例组合在一起，可以形成可信的知识，更不必提证实占星学在多种占卜术中的主要地位了。从历史的角度看，这样的行动并非最后一次。

在这类本命盘汇编作者里，约翰内斯·加尔克乌斯可能是最有野心的一个。他以卡尔达诺和高里科的作品为判断先例，在此基础之上走得更远。加尔克乌斯书中不仅列出了内容详细的本命盘，还系统性地补缀着格言警句、对相关梦境的评价（起因是上帝还是魔鬼），以及频繁出现的"注意事项"，其中要么表明了自己的资质，要么把自己的解释和其他占星家做了比较。不过，加尔克乌斯并没有顺着卡尔达诺的思路捍卫占星知识。他采用的二元分类方法更接近于梅兰希顿。在他看来，在星的科学之中，天文学这部分是由证据充分、确切无疑的星体运动规律所掌控的，行星作为原因对宇宙的下界产生了效力。占星术可以知晓这些效力，不过，对于其中的原因，加尔克乌斯所能做的解释也仅限于："长久以来一直与占星经验保持一致。"[3] 正因为如此，占星学的地位无法高于"艺

---

[1] Cardano, 1543, epistolary dedication, fol. Aiij v-r; quoted and trans. in Grafton 1999, 80.

[2] See Vanden Broecke 2005.

[3] Garcaeus 1576, preface, fol. A3v.

术"。他还进一步承认，说到行星效力，"几乎没有什么证据"；上帝知道人类在认识上的局限性，只是希望能借此在他们的头脑投下一些光亮。所以，占星术被看作是"有用的艺术"，因为它显示出上帝创造的是一个有秩序的世界，而不是偶然为之，这无疑能唤起人们对上帝的虔敬之心；此外，它还能解释人的不同性格，能帮助医生减缓身体疾病，等等。总结起来，虽然加尔克乌斯在书中展示了一页又一页的本命盘，但是他仍然无法把这些内容和某种抽象的原则联系起来，推定前者是由后者得出的。可见，在这一点上他并没有比卡尔达诺走得更远。换句话说，他无法建立起证明性知识的关系结构。同时，无论是他还是卡尔达诺，都没有向哥白尼理论寻求帮助，把它当作对自己的本命盘汇编产生信心的依据。

从维滕堡到鲁汶

占星学可信度与哥白尼问题

16 世纪四五十年代，另一个引人注目的特点是：知识界高层人士也试图阻击皮科主义的怀疑论，他们借助天文学和光学混合学科的方式，证明占星知识的可靠性。这一行动恰好与哥白尼学说的早期传播同时出现。我们先回顾一下：在宣传和推广过程中，《天球运行论》声明，全书的主题是针对数学家的意见分歧所做的回应。然而，不管是出于什么原因，这本书终归没有提及皮科，虽然他曾经把这种分歧当作批判占星知识的核心问题。雷蒂库斯一直担当着重要的地方角色。在维滕堡，没有人能比他更直接地了解，哥白尼如何试图在全书主题与皮科的批判之间建立关系。然而，雷蒂库斯本人却没能有效地传播这个信息。在他突然离职去往莱比锡之后，莱因霍尔德对《天球运行论》的个人解读，开始迅速地在维滕堡流传开来，逐渐取代了《第一报告》在当地的权威性。即便是像卡尔达诺这样无法进入莱因霍尔德圈子，却与彼得雷乌斯和雷蒂库斯有着个人交往的人物，也没有做出过任何姿态，意图借助《天球运行论》巩固占星理论基础。[1] 一个明显的佐证是，卡尔达诺对《占星四书》第 1 卷第 4 章所做的评论，依据的是托勒密的行星序列，丝毫没有提及关于金星水星次序问题的任何分歧。[2]

鲁汶在这个过程中代表了一种新的变量。占星家们未能预言 1524 年洪水，引起了一阵波澜，此时皮科式的疑问开始走上前台。举一个例子。科尼利厄斯·德·赛珀（Cornelius de Scepper，卒于 1555 年）是一位颇有学养的人文主义者，偶尔从事占星实践，是流亡的丹麦国王克里斯蒂安二世（Christian II）的顾问。他虽然没有用皮科的《驳占星预言》完全排除占星学，但把它限制到了需要双重检测的地位。上帝的行动居于首位，他可以通过自然动因达成自然结果；他无需等待行星会合发生。他要引发一场洪水，所需要的只是"令上天发出火光，或者令瀑布飞流直下，或者令风暴骤起"[3]。正是在这个背景之下，数学家和医生赫马·弗里修斯（1508—1555）的手上，出现了一本初版《第一报告》（1540年 3 月），这是在 1541 年 7 月之前的某一天。这本书通过但泽（Danzig）的一位商人雅各布斯·巴尔滕（Jacobus à Barthen）和上面讲到的德·赛珀辗转而来。[4] 此时，1524 年洪水预言的失利仍然留存在鲁汶的记忆之中；《天球运行论》尚有差不多两年才能出版，《普鲁士星表》出版更是还有十年之遥。更何况，鲁汶并

[1] Because of his strong Nuremberg contacts, it would be surprising if Cardano had not received a copy of *De Revolutionibus* from Rheticus, Osiander, or Petreius; although no such identification appears in Gingerich 2002, Gingerich recently reported that the copy stolen from the Biblioteca Palatina, Parma — and since recovered — once belonged to Cardano（Gingerich 2008）.

[2] He remarks only that "those who fashion celestial spheres are accustomed to join Venus to the Sun in one sphere"（Cardano 1967, vol. 5, text xxx, 122-25, p. 124b）.

[3] Quoted in Vanden Broecke 2003, 103; on de Scepper, see 97-111.

[4] Waterbolk 1974, 233-34; Lammens 2002, 61-62.

没有人认识雷蒂库斯。然而就在此时,《第一报告》在这里现身,远在维滕堡对《天球运行论》的诠释形成之前。

赫马·弗里修斯是一个很好的例子,代表了这一时期一种普遍的社会群体类别,他们的主业以数学为基础,并且至少在一段时间之内还拥有医学教职。[1]赫马在鲁汶大学担任医学公共教授（1537—1539）,同时与工匠文化有关联,主要是以安特卫普为中心的地图、地球仪以及其他仪器制作行业。此外他还开设私塾教授数学科目,包括天文学,可能也包括占星学。[2]在他的学生中,有一些日后凭借自己的成就建立了很高的声望,他们包括:杰拉德·墨卡托（1512—1594）、约翰内斯·斯塔迪乌斯（1517—1579）、西克·范·海明加（1533—1586）、安东尼奥·戈加瓦（1529—1569）以及约翰·迪伊（1527—1608）。后来,他自己的儿子科尼利厄斯（1535—1578?）也成为鲁汶大学的医学教授,发表过星历表和占星预言。[3]不过,要想进一步确定这个小群体的特点,就变成一件相当棘手的事情了。比如说,考虑到这些人物的年龄差别,他们是相继来到赫马门下的,还是同时跟随他学习的?他们是居住在一起的吗?是自觉地互相认同为一个团队,以赫马作为共同的领袖、庇护者和家长吗?他们所关注的理论和实践问题,以及对此所持有的立场,是相同的吗?[4]

关于当时的情景,有很多令人期待的档案资料。先说一说约翰·迪伊,他回忆往事的文字可以当作再现当时情形的佐证。迪伊在为比林斯利（Billingsley）版《几何原本》撰写的名篇《数学前言》（*Mathematical Preface*,1570）当中,简单提到了他 1548—1549 年在鲁汶的经历:"（21 年前,）因为与学识卓著的杰拉德·墨卡托和安东尼奥·戈加瓦时时有认真热烈的争论,令我受益良多;（因

---

[1] For preliminary comments, see chap. 8 below and Westman 1980a, 119-20.

[2] For Gemma, see Lammens 2002; Vanden Broecke 2003; Hallyn 2004; Waterbolk 1974.

[3] For Cornelius, see Vanden Broecke 2003, 186-90.

[4] Vanden Broecke has suggested that they constituted some sort of *familia*: ibid., 149, 160-63, 177, 181.

为始终怀有坚贞的热情，）孜孜不倦地观测上天（对当下）的影响，令我充满喜悦。"[1] 这里值得注意的是，迪伊将自己占星学知识的早期形成归功于鲁汶。安东尼奥·戈加瓦和迪伊的年龄大致相仿。然而，考虑到迪伊肯定是认识赫马的，却对他只字未提，这一点的确令人诧异。还有赫马的另一位重要学生约翰内斯·斯塔迪乌斯，他的年纪比迪伊大许多，迪伊曾多年把他的星历表的空白处当成占星日记，可是也没有提到他的名字，这同样让人吃惊。[2] 不仅如此，迪伊把自己的作品《格言概论》（*Propaedeumata aphoristica*，1558）献给了墨卡托，却还是没有在上述文章中提到他。另外一份史料牵涉到《天球运行论》文本的流传。赫马拥有的《天球运行论》批注量巨大，其细密翔实的程度，居现存诸多版本之最。[3] 因此，很有可能他的大部分学生——就算不是全部——都对这本书以及赫马对它的读解有所了解。然而，在目前存世的各个版本当中，我们并没有找到任何与赫马的批注内容相同或者重复的边注评论。这一点与莱因霍尔德的注解内容在维滕堡的流传大不相同。最后一份史料，是赫马对两个学生的公开评论，他为他们的作品写了致读者信，并大加赞扬，一部是安东尼奥·戈加瓦的《占星四书》拉丁译本（1548），另一部是约翰内斯·斯塔迪乌斯以《普鲁士星表》为基础编制的《星历表》（*Ephemerides*，1556）。最后这个例子让我们开始考虑一个大的语境：赫马如何逐步加深了对哥白尼作品的关注。

赫马最初听说哥白尼理论，可以追溯到《第一报告》出版的十年之前。当时的引介人是约翰内斯·丹提斯科，他一度曾经担任驻波兰宫廷的使节，并且继任了哥白尼舅父瓦米亚主教的职位。[4] 在略早于 1451 年 7 月 20 日的某个时间，

---

[1]　Dee 1975, fol. b. iiij.

[2]　Nicholas Clulee（1988, 304）rightly calls attention to the fact that John Dee's so-called diary was really a group of discrete entries in various ephemerides.

[3]　Lammens 2002; Gingerich 2002, Provinciale Bibliotheek van Friesland, Leeuwarden, Netherlands, 146-50.

[4]　Gemma to Dantiscus, July 20, 1541（Lammens 2002, 1: 35, 213）. If Gemma actually had access to the *Commentariolus*, which seems dubious, there are certainly no telltale references to its language.

赫马得到了雷蒂库斯的书，他向丹提斯科流露出这样的想法："假如您所介绍的这位作者能够推论和证明这些观点——他之前送来的"引言"强烈了预示了这一点——这难道不是等于说，他要给我们一个新的地球、一个新的天国、一个新的世界吗？"[1]

这种充满激情的文字似乎预示了一种前景：赫马会对《第一报告》予以全力支持。但是，接下来的发现让我们的这种想法落空了：赫马同意书中的某些细节，但并不包括雷蒂库斯着力宣扬的行星序列问题。相反，吸引了赫马注意力的内容是一些具体的参数，比如火星的经度位置，回归年长度，分点岁差，等等。这些问题虽然雷蒂库斯也都强调了，但是书中最独特的部分，即地球的周日和周年运动，赫马却丝毫未曾关注。实际上，就在赫马脱口而出"新世界"之后，紧接着他就解释说："这里我说的并不是哥白尼用来支持他的论证的那些假设，不管他是要论证什么，不管其中包含了多少真理。对我来说，地球究竟是运动的还是静止的，这个并不重要。只要我们能保证星的运动和时间间隔是精确的，是由确切至极的计算得来的，这就足够了。"[2] 如果有人想在这里挥舞起迪昂式的工具主义大旗，那倒大可不必。毕竟赫马并没有走得太远，远到认为，关于上天的自然特性，人们绝然无法知晓；或者，所有天文学理论都只是用于计算的工具。他只是认为，这里并非讨论真理问题的地方，也不是需要讨论这个问题的地方。赫马之所以做出这样的判断，其中一个原因也许是他还没有读到《天球运行论》，虽然他知道这本书即将问世。

他并没有等待多久。1545 年之前的某个时间，赫马得到了一本《天球运动论》，书中大量的批注表明，他读得极其认真，而且目光敏锐。辛迪·拉曼斯（Cindy Lammens）对这些批注所做的研究细致周密，堪称典范。研究显示，赫马标注和

180

---

[1]　Quoted in Lammens 2002, 1: 60-65.

[2]　Ibid., 1: 108-9.

划线的地方，几乎涵盖了全书的各个方面。[1] 但是大部分评论都是对哥白尼语言的简要释义，而且基本上没有违背赫马对其中观点的判断。最终，赫马似乎还是表现出了他对理论在计算方面的实用性的兴趣，如同他在 1541 年写给丹提斯科的信中所表示过的。[2] 不过，令人吃惊的是，他并没有对前言和奥西安德尔的致读者信做任何注释。哥白尼对神学家以及奥西安德关于天文学知识的怀疑论发起了有力还击，同样，赫马对此也完全没有予以关注。至于说哥白尼观点缺乏圣经意义，有关这一点，至少，赫马的私人评论与维滕堡的意见并不一致。

1548 年，在赫马研究《天球运行论》数年之后，一个可以把占星学改革与哥白尼理论联系起来的绝佳机会出现了。戈加瓦出版了他的新版拉丁译本《占星四书》。按照赫马的说法，这本书"一部分基于卡梅拉留斯，另一部分则基于格雷文的戈加瓦（Gogava of Graven）"[3]。戈加瓦承认，托勒密的文本非常之难，尤其是后两卷书，即使是学识渊博的卡梅拉留斯也没有翻译。现在戈加瓦完成了卡梅拉留斯的译本，成为第一部完整的希腊文和拉丁文《占星四书》，它甚至早于梅兰希顿的译本。长期以来，知识界一直存在着保护原始文本的趋向，戈加瓦版本只是这一传统中最新问世的一部作品，这一点本书第 1 章曾经论及。赫马的《致读者信》解释说，托勒密的古典文本中夹杂着"数不清的草籽、虫子和菌菇"，让读者只能因噎废食。可以说，原文是如此晦涩，许多人都知难而退，放弃了通读全文的念头。新的鲁汶版本直接建立在维滕堡对古代占星学的维新基础之上，既是对阿拉伯版本的常规改良，同时也表现出了现代思想的倾向性：

---

[1] Quoted in Lammens 2002, vols. 2-3.

[2] The same attitude prevails in Gemma's writings on instruments（see Goldstein 1987, 167-80）.

[3] Ptolemy 1548. It has been suggested that this work first appeared in 1543, but Gogava's preface is dated August 1548, and the appended letter from Gemma Frisius is dated October 1548.

"真正做到请古人让位，证明青出于蓝而胜于蓝。"[1]

实际上，戈加瓦还为他的新书附加了两篇论文，并且把它们描述为"非同寻常"。第一篇是关于抛物型二次曲线的研究，戈加瓦把它归名于阿波罗尼奥斯；第二篇则是关于燃烧镜的："数学研究者和学者无疑会欣喜万分，因为阿波罗尼奥斯的《圆锥曲线论》（*Conic Elements*）是很基本的读物，但目前通过公开渠道很难找得到。"[2] 至于这两篇论文的一些细节，我们就不必追究了。比如说，它们的原文是阿拉伯文，源起于10世纪和11世纪的海塞姆和他的追随者，通过罗吉尔·培根得以流传。[3] 因为附加这两篇论文的目的，看起来是努力想要为光线的强度提供一种物理学和光学的解释方法，而从某种意义上说，来自星球的光线被看作是起到了与燃烧镜类似的作用。但是，无论是赫马的《致读者信》，还是戈加瓦本人，都没有试图把这种光学物理知识与哥白尼的行星序列观点联系在一起。可以感觉得到，关于这一点，赫马在头脑中有一些想法，但是，他还是遵循传统，以修辞学角度的恰当方式，将自己的评论限制在作品本身的主题范围内，对它多加赞扬。而对戈加瓦的新书来说，这个主题就是理论占星学，而非理论天文学。

梅兰希顿为改良占星学投入了巨大的精力，光线的强度也在维滕堡的考虑之列。《物理学初级教程》在1549年问世，比戈加瓦版《占星四书》晚一年，梅兰希顿在书中探究的一个问题，看上去和戈加瓦的作品有些关系：行星距离的不同如何影响了其效力的强度？这实际上是个恰当的机会，讨论哥白尼体系与这个问题的相关性。但是，一方面，因为雷蒂库斯表现出了夸张失度的热情，梅兰希顿认为他对哥白尼体系的推介是夸大其词、不足取信的，这一点我们在

181

---

[1] Ptolemy 1548, Gemma Frisius, "Letter to the Reader"："LacunisArabum ad nosdeductas, foedas sane illas et ineotas, utreprehensione et criminecareretempora nostra uixpossent, sirenatisartibus ac literisoblininosfecibus et barbarieistapateremur"；"Cedantsanèuetera, dummodomeliorasuccedant."

[2] Ptolemy 1548.

[3] Vanden Broecke 2003, 177-78.

第 4 章和第 5 章分析过；另一方面，梅兰希顿相信，没有什么理由去怀疑古代知识所提供的选择。这里还可以对这个立场做进一步的具体介绍。梅兰希顿认为，行星在其本轮之上的位置变化，足以解释它们的力量变化。他曾经很清晰地陈述过这个想法："经验告诉我们行星对下界的事物拥有何种影响力。当它们位于本轮的远拱点之时，也就是当它们距离地球最远之时，这些行星对下界事物的影响力最弱小。而当它们位于本轮的近拱点之时，也就是和我们的距离拉近了有数千个地球直径的时候，这些行星的力量会变得强大得多。"梅兰希顿遵循了托勒密分配给各个行星的固定性质——相关内容在《占星四书》第 1 卷第 4 章中有详细的叙述——并且具体讨论了外行星所散发出来的性质和力量："土星的力量足以让事物变冷，并且能缓缓地将它们变干。而火星的干性和燃烧质十分活跃。木星则居于两者之间，性质温和。同时，它温暖而湿润，能够激发和保持最适合孕育的状态。"[1]

因此，当行星靠近地球，也就是在其本轮轨道上的近地点，且变得最为明亮的时候，它们内在性质的强度——而非性质本身——将会发生变化。但是，对于内行星而言，本轮中心点是不确定的、有分歧的。当然了，天文学家们在这个问题上缺少共识，也是皮科的攻击点之一。梅兰希顿清楚地表述，外行星和内行星的本轮中心分为两类：内行星的总是位于地日之间的无形连线

---

[1] Bretschneider et al. 1834-, 13: 267: "Nam quas vires in adficiendis his corporibus infimis hos Planetas habere experientia docuit, has necesse es tillos exercere languigius, quando in summis epicyclorum apsidibus collocati, longissime a terra abscesserunt: sed longe erfficacius et potentius, quando in imis partibus suorum epicyclorum constituti, aliquot millibusdiametrorum terrae, propriores nobis facti sunt. /Habet autem Saturnus vim frigefaciendi, et leniter exiccandi. Mars vero vehementer exiccat et urit. Sed Iupiter inter hos medius temperatam naturam habet. Calefaci tenim simul et humectat, et foecundos generationique rerum aptos spiritus excitat et fovet."

上，而外行星的则没有任何约束。[1] 因此，两颗内行星（水星和金星）的平均运行周期必然是相等的（一年），并且，它们相对于太阳的距角是一定的（水星：27°37′；金星：46°）。因而这两颗行星被认为与太阳"永远处于会合位置"。就像梅兰希顿所表述的，它们"就像卫星，料理和照顾着王者之身"[2]。但是对于"陪伴着"太阳的卫星的次序，梅兰希顿并没有直接断言。在这一点上，梅兰希顿的表现显然不同于卡尔达诺，他公开承认，对于水星和金星究竟是在太阳之上。（柏拉图这样认为）还是在太阳之下（西塞罗和托勒密这样认为），古代人的意见并不一致。同时，梅兰希顿表示："我们应该统一保留像西塞罗和托勒密那样的大多数古代人的意见，这也是最近的一些数学家所认可的意见。"他补充道："因此，我们说金星紧邻太阳并位于其下，再往下是水星，它位于月球之上。"[3] 对梅兰希顿来说，解决方案是相信托勒密的权威性，相信当时像莱因霍尔德那样的评论家。

　　1556年，《普鲁士星表》出现五年之后，约翰内斯·斯塔迪乌斯和约翰·菲尔德（John Feild）分别出版了以这份星表为基础的最早的星历表。从赫马在为斯塔迪乌斯所写的致读者信中，近期的评论家们已经发现了有说服力的证据，表明他更倾向于哥白尼的观点，这一点是之前的研究所没有能够证明的。不过，至于说赫马对新理论的信任度究竟有多深，以及他究竟是改变了之前的观点，还是把早先已经持有的观点进一步澄清，这些我们就不是很清楚了。相关段落

---

[1] Bretschneider et al. 1834-, 13:276: "Animadversum est, horum trium Planetarum, Solis, Veneris et Mercurii, eandem esse lineam medii seu aequalis motus, hoc est, centra epicyclorum semper circumferri cum linea aequalis motus Solis. Unde etiam dicitur horum trium Plane tarum esse perpetua coniunctio, secundum medium seu aequalem ipsorum motum." ; 285: "Tres superioresPlanetae, qui non ita ad Solis viciniam alligati sunt, sed libero incessu per totum Zodiacum vagantur（nisi quod in epicyclo suum cursum accommodant ad Solis motum）."

[2] Ibid., 286: "Perpetuo igitur quasi satellites, qui ministerio et custodiae corporis regii praefecti sunt."

[3] Ibid., 276: "Sed nos retinemus antiquissimorum Astrologorum sententiam, quam Cicero quoque, Ptolemaeus et alii recentes Mathematici magno consensu sunt secuti. /Dicimus igiturVenerem proxime infra Solem, et sub hac Mercurium supra Lunae sphaeram collocari."

在其三页半的文章中占据了大约一半篇幅。我把这些内容分成三部分，并分别加以解读。

一、关于地球运动和太阳静止于宇宙中心这个问题，还存在着最后的困难。不过，对于那些缺少哲学训练和证明方法训练的人来说，他们无法理解什么是原因，什么是假说。因为事实上，作者们建立一个假说的时候，并不是说事情必须就是这样的，且没有其他的存在方式。只是为了从星的视位置出发，以一种既适用于现在，也适用于过去和未来的方法，对它们的运动方式做出确切计算，我们做出了与自然原则相符合的假定，而放弃了那些显然荒谬的想法。[1]

这段文字看上去非常适用于它所附属的作品。赫马区分了天体的视运动与计算这些表象所需要的设想或假说（几何模型）。与奥西安德尔不同，赫马并没有采取怀疑的立场：他没有说，天文学家无法知晓在多种假说中究竟哪种是真的，甚至哪种有可能是真的。相反，赫马形成了一种通过比较来做出选择的判断标准，认为某些假说会比其他的假说更令人信服，即便天文学家们并没有宣称前者是独一无二的、必不可少的。事实上，一眼看去，赫马的标准似乎与哥白尼和雷蒂库斯的非常相似。我们不妨再来看看下面这段文字：

二、虽然乍一看托勒密的假说可能比哥白尼的更令人信服，但实际上前者存在着许多谬误，不仅因为在它的解释体系当中，星的圆周运动是不均匀的，而且因为它不能像哥白尼体系那样，为各种天文现象提供清晰的理由。托勒密提出，当三个外行星正对着太阳的时候，它们处在其本轮的近地点上。这只是一个事实。而哥白尼的假说不仅指出了同样的事实，认为它是一种必然的存在，

[1]　Gemma Frisius in Stadius 1560, sig. b3-b3v.

并且给出了理由。同时，[哥白尼假说]中几乎不存在与自然运动相悖的任何观点，从而让我们对行星距离问题有了更充分的认识，这一点是其他任何假说无法比拟的。当然这只是一个例子。[1]

第二段区分了"事实"（touhoti；quia）与"事实的理由"（toudioti；propter quid）两个概念，这是亚里士多德提出的一个广为人知的逻辑区分。这种区分显然赫马在大学训练过程中早已熟悉，只不过他在莱因霍尔德对普尔巴赫《行星新论》的评论中，找到了特别恰当的应用实例。回想一下，莱因霍尔德曾经宣称，普尔巴赫的模型提供了"事实"，而托勒密《天文学大成》中的完整模型则提供了"事实的理由"。[2] 在这里，两者之间是互补关系。而赫马则在另外一个意义上应用了这种概念区分——他借此建立了一种比较的或者说是辩证的判断标准：那些能为已知运动（赫马称为自然运动或必然运动）提供理由的假说，相比于那些不能提供理由的假说，应当更具有优越性。虽然赫马几乎要脱口而出，宣称哥白尼的所有假说在这方面都成功了，而托勒密的假说并没有做到，但他毕竟还是止于这种想法，并没有把它表达出来。他举出的唯一一个例子取材于《天球运行论》第 1 卷第 10 章，他由此得出的结论是，相比于托勒密假说，哥白尼能够对行星距离问题提供"更充分的认识"。[3]

我以为，如果把这个段落与早先引自《物理学初级教程》的那段话相提并论，我们可以把它解读成对梅兰希顿的回应。赫马感兴趣的是，三颗外行星处在什么位置时显得最亮，光照强度最大。对于梅兰希顿和托勒密来说，这只是一种事实巧合，当这三颗星同时处在各自本轮的六点钟方向、排成一线时，也

[1] Gemma Frisius in Stadius 1560, sig. b3-b3v.

[2] On *dioti/touhoti*, see chap. 5, this volume; Hallyn 2004; Lammens 2002, 1: 114-15.

[3] Copernicus 1543, bk. 1, chap. 10, fol. 8v; Copernicus1978, 15: 20-26. Copernicus says nothing at this point about the Ptolemaic alternative; moreover, his discussion is preceded by an argument for a reordering of the inferior planets that Gemma Frisius entirely ignores.

就是他们所宣称的最靠近太阳的位置时，可以显现出最明亮、光照最强的效果。而对于哥白尼来说，这里存在着"事实的理由"，存在着一种解释：当这三颗行星最靠近地球，并且太阳恰好处于地球的另一侧之时，它们看上去最明亮。[1]

虽然赫马很有希望成为哥白尼主义者，但是因为他的立场并不彻底，所以评论家们给予他的多是混合评价，比如，辛迪·拉曼斯用过"打了及格分"这样的说法，费尔南德·哈林（Fernad Hallyn）提到过"审慎的现实主义"。[2] 实际上这样的特点还可以继续挖掘下去。就其中一点来说，赫马原本可以指出更多的例子，来支持他所提出的唯一一个"谬误"之处，比如，逆行运动，内行星的次序，以及根据行星运转周期推断出的更加"自然的"排序。[3] 可见，赫马充其量只是暗示了一组观点之争。他虽然指出了对行星距离的"更充分的认识"，但并没有提出任何"更令人信服"的测量数值，或者是一种全新的计算行星与太阳之间相对距离的方法。

不仅如此，他还全然忽略了梅兰希顿在教学中论述的物理和经学的评价。换言之，赫马的局限性并不仅存在于文学传统，更是因为他从来不曾站在鲜明的立场上，从淘汰必然性出发，为哥白尼理论进行彻底的争辩。

183

三、实际上，如果任何人有这个想法的话，他也可以把哥白尼所设想的地球运动转移到别的天体上，在前两种假说之外再提出新的假说，并且仍然使用相同的计算法则。不过，因为他有过人的天才，所以，即便是最博学最明智的人，也不会愿意彻底颠覆他的整个假说，而是会对其中足以发现真实天象的那部分

---

[1] This feature can be inspected just by consulting the simplified Copernican arrangement in *De Revolutionibus*, bk. 1, chap. 10. For a much more helpful approach, see the visual animations on Dennis Duke's website: http: // people. scs. fsu. edu/~dduke/models. htm.

[2] Hallyn 2004, 83.

[3] Noel Swerdlow (2004a, 88-90) lists some twenty-seven nonarbitrary (i. e., *dioti*) entailments of the Copernican theory.

内容保持认可态度。[1]

第三段内容至关重要。它的作结方式与维滕堡遥相响应，表明赫马所赞同的是一份星历表，而非一部自然哲学作品，同时表明他的言论仍然保持在同类书籍的传统修辞框架之内。赫马回应了奥西安德尔的态度，认为仅仅出于计算的目的，没有必要完全抛弃旧的理论。不过，赫马同时持有相反的观点，与前者相平衡：同样是出于计算的目的，没有理由不相信地球运动假说的部分甚至全部内容。这里，赫马似乎完全把自己定位在了实用的、计算的议程之内，也可以算是一种变形了的实用天文学吧：作为一种以计算为目的的假定前提，地球的几种运动方式可以被采纳；但是作为一种真实存在，这些运动不能被接受。——这样的想法，也许在哥白尼《短论》完成之前的几年里也曾有过。看起来赫马并没有否认这样一种观点：天文学家也不具备知晓真相的能力；他只是对这种观点保持了沉默。从这个角度讲，赫马的策略又与维滕堡保持了距离，后者总是念念不忘地声明他们的自然哲学和神学教条。总之，我们也许可以把赫马的位置，设定在哥白尼《天球运行论》的成熟立场与维滕堡对它的解释之间。另外一个历史事实可以坚定我们对这种判断的信心：在 16 世纪或 17 世纪，没有人把赫马划归到哥白尼阵营。甚至鲜少有人知道赫马还曾制作过一个哥白尼式的地球仪。尽管如此，他的那些言简意赅的观点还是产生了很大的影响。

---

[1] Gemma Frisius in Stadius 1560, sig. b3-b3v. In making my own translations, I have benefited from Cindy Lammens's helpful readings（2002, 1: 110-17）.

约翰·迪伊和鲁汶

占星学光学改良的开端

在 16 世纪 40 年代，与赫马和鲁汶其他数学实践家们有严肃交往的英国人当中，约翰·迪伊似乎是第一位。虽然他在这里停留的时间很短（1548—1550），这一时期却建立了他早期思想形成的可能空间。如果能知道他为什么选择了前来鲁汶学习，他又是怎么来到这里的，是谁资助了他，这当然再好不过了，只可惜我们对这些背景只能做一番推测。[1] 在来到鲁汶求学之前，迪伊已经在剑桥大学圣约翰学院学习过数学，这个学院正是以数学见长的。[2] 都铎（Tudor）时期的英国学生往往会去意大利，尤其是帕多瓦深造，为什么他没有走这条寻常路，原因我们不得而知。有可能迪伊已经与伦敦的佛兰德（Flemish）移民们有了接触，比如很有名气的印刷商、英格兰的吉米尼（Thomas Gemini，约生于 1510 年）。[3] 1545年，吉米尼在伦敦出版了安德列·维萨里《人体的构造》；1555 年，他出版了伦纳德·迪格斯的《吉兆预言》（*Progonostication of Right Good Effect*）。杰拉德·特纳（Gerard L'E Turner）推测，墨卡托和吉米尼可能曾在卡斯珀·范·德·海登（Gaspar van der Hayden）的鲁汶工作坊接受过雕刻培训。[4]

---

[1] Deborah Harkness（1999, 129-30）has called attention to the importance of eirenic tendencies that may have attracted Dee — especially the ideas of the group known as the Family of Love, which was involved in promoting toleration in the frame of a universal religion. Among its members were Gerard Mercator, Gemma Frisius, and the major Antwerp publisher Plantin.

[2] For what little can be reconstructed of Dee's early studies at Cambridge and Louvain, see Nicholas Clulee's judicious remarks（1988, 22-29）; for more general background, see Feingold 1984.

[3] Conversation with Steven Vanden Broecke, History of Science Society meeting, Pittsburgh, November 1999. For further details on Gemini（Lambert, Lambrit, or Lamnbrechts）, see Turner 1994, 347; O'Malley 1972.

[4] Turner 1994, 348.

迪伊一到鲁汶，就与当地精通数学的一批专业人士迅速交好。不过，他曾公开说从戈加瓦和墨卡托那里受益良多，却并没有提到赫马·弗里修斯或是约翰内斯·斯塔迪乌斯。不论这种归功或是忽略的举动有什么意味，总之迪伊非常努力，很快就在占星实践各个方面取得了令人瞩目的成绩，这是显而易见的。其中一部分原因，应该归结于迪伊刚刚萌发的收藏图书的趣味。这与当时的出版业背景不无关联：大批高质量的数学和占星学作品，从欧洲大陆的主要出版机构源源不断地涌出。迪伊短暂居留鲁汶期间，显然购买过大量图书，其中许多出自彼得雷乌斯的出版社。[1]在他的藏书生涯当中，迪伊几乎收购了当时流通的有关星的科学的所有工具书，包括多个版本的《占星四书》。[2]1551年8月，他还在巴黎买到（并且批注了）1519年的早期洛卡特利版本（迪伊藏书编号37），并附有令业内人士仰视的阿里·阿本罗丹的注解。

这些购书行为表明，迪伊具有强烈的收藏嗜好，经过多年累积，最终他的藏书量达到了超过2292册印刷书籍，199册手抄书本，其中还包括1548年的鲁汶天气观测记录。[3]

1558年，离开鲁汶差不多八年以后，迪伊在伦敦出版了一部包罗了120条格言警句的杂录书集，其中有些条目简洁明了，有些则冗长拗口，书名为《自然力量要义之格言概论》（*An Aphoristic Introduction to Certain Especially Important Natural Powers*，拉丁文为 *Progaedeumata Aphoristica*）。《金言百则》曾被后世托名于托勒密或者赫尔墨斯，它收录了许多方便实用的格言，用一些既有普遍意义又能指向具体细节的概念，指导占星家们对人的出生星盘做出解释。迪伊的

---

[1] In Roberts and Watson 1990: Albohaly's *De Judicijs Nativitatum* (1546; #693), Joachim Heller's edition of Messahala (1549, #509), and a collection of Messahala's works (1532; #510). Hereafter references are to the Roberts-Watson numbering of Dee's catalogues of 1557 (designated "B") and 1583 (designated "#").

[2] Camerarius (B15; #375, #526), Gogava (Ptolemy 1548; B17, #462), Melanchthon (1553; B115), and Cardano (B202).

[3] Roberts and Watson 1990; Clulee 1988, 251 n. 1.

这部书则不同，它由大量的理论箴言构成，是《占星四书》的辅助工具，也可以说，它是一本关于占星学理论的书。后来，迪伊在他的《数学前言》中，明白无误地把《占星四书》中的"占星学"定义与《格言概论》当中的确定概念联系在了一起。他说，占星学"不仅仅是由'事实'为基础构成的，而且也是由被自然和数学证明的'理由'构成。因此，各门科学（无一例外）所必需的，我在这里宣告，书中适用的部分也做到了：在我的《格言概论》之中，（除了该书表现出来的其他途径，）数学证明的方法从始至终贯穿全书"[1]。

迪伊在《格言概论》当中只是用数学编号把各条格言松散地串联起来，这就在写作形式上避免了当时在维滕堡学术圈子中流行的简要问答格式，而更接近于卡尔达诺和尤利乌斯·凯撒·斯卡利格（Julius Caesar Scaliger）布置给学生的习题形式。[2] 不管怎么样，他自己认为，书中的主题是以证明的形式呈现出来的："读者能够看到，对于这门有关无限数量之特定情形的艺术，本书采用了证明的处理方法；不仅如此，书中还列出并建立了这门艺术的主要原则。"[3] 这本书旨在用天文学和光学的理由，解释星的运动产生的效力及其不同强度。最近的研究者们做了一件有别于大多数前辈的事情，他们创造性地从迪伊列举的条目中找到一种秩序感，并用图示的方法把它们视觉化地呈现出来，这些都是早先的研究所没有发现的，应该说是给那些险些被埋没的知识投射了一束光亮。[4]

迪伊的作品也可以看作是对皮科（也许还有加尔文）的明确回应，他们都反对把星的力量和地界效果联系起来。[5] 戈加瓦的《占星四书》附录了光学作品，这种用光学解释占星学的举动逐渐在鲁汶形成一种趋势，迪伊在书中也表

---

[1] Dee 1975, fols. b. iijv-b. iiij. See Clulee's excellent discussion of this question（1988, 60-64）.

[2] See Maclean 1984.

[3] Dee 1978, 113.

[4] Especially useful are Bowden 1974, 62-78; Clulee 1988, 19-73; Heilbron in Dee 1978, 204-41.

[5] Dee owned a copy of Bellanti's critique of Pico（Bellanti 1554; see Roberts and Watson 1990, B92, #106）; on Dee and Pico, see Vanden Broecke 2003, 170-78; Bowden 1974, 63-78.

现出了同样的倾向性。主张语言创新的迪伊在把《格言概论》译成英语的过程中，雄心勃勃地要把它构建成一种新的解释体系，用以为星的力量变化提供"理由"或是解释。[1] 可以把行星想象成类似于燃烧镜那样可聚集光线的物体。迪伊在这里注意到了一系列的变量：行星直径、表面亮度、光线与地平线之间的角度、角距与直线距离、特定效力的持续时长。[2] 想要预测出效力最大化的那个时刻，必须把各种各样的问题考虑周全，它们构成了不同因果的功能性依据——效力持续多长时间，被覆盖的表面区域有多大，距离光源的远近，不同光线汇聚在一起产生的强度有多大，不同的行星排列组合联合作用所形成的净效果如何。托勒密曾经在《占星四书》第1卷第4章中列出了行星性质的变化，而迪伊在书中过度繁冗的描述，则为这种现象提供了一揽子新的判断方法。迟至1582年，他仍然特意把自己和莱因霍尔德归为一类，而避免与哥白尼理论有任何瓜葛："请注意，数学家伊拉兹马斯·莱因霍尔德在其《普鲁士星表》中，将哥白尼理论加以精简，择其最耗心血之成果、最精华之天文观测结果，使其趋于完善。……提及哥白尼本人之计算与天象解析，除去其理论假设，余者均不在讨论之列。"[3]

鲁汶同行们所持的观点，应该与迪伊认可的改良版托勒密占星学有相似之

---

[1] In February 1583, Dee（1583 in Dee 1968b, 19）was also using Aristotelian demonstrative ideals in his work on the correction of the Julian calendar. His personal inscription of this work to Lord Burghley, "Lorde Threasorer of Englande," shows that he also took for granted that his patrons would understand his reform in such terms:

τοδτι and τοδιοτι,

I shew the thing and reason why;

At large, in breif, in middle wise,

I humbly give a playne advise;

For want of tyme, the tyme untrew

Yf I have muyst, commaund anew

Your honor may so shall you see

That love of truth doth govern me.

[2] "By so much as the passage of a star above the horizon takes longer, by so much it is better fitted to make a stronger impression of its virtue by means of its direct rays" (Dee 1978, aphorism 51, p. 175）.

[3] Bodleian Library: Dee 1582, art. 7, fols. 38, 65.

处——赫马与戈加瓦的关系很明显，而《格言概论》则是题献给墨卡托的，迪伊与他们之间的关系显而易见。[1] 迪伊的"反射光学"是不是促进了鲁汶数学家群体的改良行动，这一点不好说；我们唯一能确定的是迪伊做了什么。[2] 并且，有一点看上去很显然，迪伊明确地把自己对天文学的理解，建立在了改良版的梅兰希顿–托勒密模型之上。[3] 角距与热模拟对迪伊来说同样非常重要（想想夏至日的正午太阳高度）。垂直角度是具有特殊力量的角度："任何行星的辐射轴与任何表面之间的角度越接近于垂直，行星作用于暴露区域的力量就越强大。当然，直接原因是此时两者的距离最接近，还有一个原因则是因为反射，此时反射光线与入射光线结合得最为紧密。"[4] 诚然，原则上讲，不管行星位于远地点还是近地点，它的光线都可以垂直射向地球。对梅兰希顿来说，这种垂直角度只有在近地点出现时，才会产生效力增强的效果。而迪伊则提出了一种相反的补充意见，当天体位于远地点的时候，它的力量对于黄道带上其他星体所具有的特殊意义达到最大值。因为此时光辐射锥的基底达到最大值，光线敛聚于中轴线上。[5] 如此，光学就成了迎战行星序列的王牌，因为邻近关系在这个逻辑中并不是一个相关变量；《天球运行论》因此成为一种无关紧要的解决方案。

---

[1] Vanden Broecke (2001) has found suggestive evidence concerning Mercator's role in forming Dee's project for an astrological physics in Louvain.

[2] What is known of Mercator's views dates to much later in his life (see Bowden 1974, 90 n. 6).

[3] Dee's 1557 lists "Physica Melanchthonis (B118) and the 1583 catalogue "Philippi Melanth Physices Epitome 8° Oporin, 1550" (#827), both of which I take to refer to the *Initia Doctrinae Physicae*.

[4] Dee 1978, aphorism 54, pp. 149, 151.

[5] Ibid., aphorism 89, p. 175: "Planets situated at their greatest distances from the earth, near their apogees, exercise their powers more strongly and splendidly in matters of which they would then be proper significators than they do in the same matters when they are borne close to the earth, near their perigees. In contrast, they act more vigorously and effectively in other matters subjected to them at their greatest nearness to the earth than they can when they are as distant as possible from the earth …. [L] et the positions of greatest and least distance from the earth first be known to you for each planet individually." See further Heilbron's commentary in the same volume, 218-19, 233-34.

乔弗兰克·奥弗修斯：关于星之力量变化的半托勒密式解决方案

1556 年之前的某个时间，乔弗兰克·奥弗修斯（Jofrancus Offusius）写成了一篇言辞犀利的辩论文，这部作品迟至 1570 年作者已然故去之后，才得以在巴黎出版。此文名为《论星之神力，驳伪占星学》（*Concerning the Divine Power of the Stars, against the Deceptive Astrology*；拉丁文为 *De Divina Astrorum Facultate, in Laruatam Astrologia*），[1] 文章从全新的角度出发，回应了皮科的挑战。与赫马一样，奥弗修斯对《天球运行论》的内容也非常熟悉。与迪伊不同，奥弗修斯倾向于借用这本书作为参考，解决星的力量变化的问题。区别于前两者——更不必提当时的其他天学家们，奥弗修斯准备对托勒密提出批判，目标是他在《占星四书》第 1 卷第 4 章中设计的元素性质，转而借助哥白尼行星序列中的某些特点，找到新的解决方案。

考虑到他的作品具有如此鲜明的特点，而我们无法找到更多的细节确定他的身份，这实在是一件憾事。作品扉页上他的印刷头衔只是"热爱知识的德国人"，除了表明了他的国籍，关于他所从属的大学或是宫廷，我们一无所知。其他证据显示，他的出生地是威斯特伐利亚（Westphalia）下莱茵地区的盖尔登（Geldern）。然而，他的名字并没有出现在德国几所重要大学的入学名册上。[2] 不过，出版物所能提供的非常有限的证据，将他定位在了巴黎。比如，作者献词签署日期之处，注明的是"巴黎，1556 年 1 月"，这一日期表明至少有这种可能性：在这之前的几年，他在巴黎居住并工作。同时，这封献词是将哈布斯堡皇帝马克西米利安

---

[1] Offusius 1570. For discussions of Offusius, see Bowden 1974, 78-107; Stephenson 1994, 47-74.

[2] Gingerich and Dobrzycki（1993, 239）checked Louvain, Cologne, Wittenberg, Leipzig, Cambridge, Oxford, and Basel.

二世作为目标庇护人的。[1] 后来，在他寡居的妻子的安排之下，这部作品由皇家出版商让·罗耶（Jean Royer）出版，而其献词的主要对象则变成了法国王室。[2]

这里还有一个相关的话题：奥弗修斯与约翰·迪伊的关系。迪伊在 1550 年离开鲁汶之后，先是来到了巴黎，然后至迟在 1551 年返回了英国。不管他和奥弗修斯有没有在巴黎相见，有一点是确定的：两人后来在伦敦萨瑟克区（Southwark）见过面，时间是在 1552 年或是 1553 年。最后，我们还知道，奥弗修斯的书出版之后，曾经进入过（又淡出了）巴黎的同业圈子。我们没有足够的证据声称这本书掀起了轩然大波，但我们确定它很快燃起了圈内人的兴趣。比如说，弗雷德里希·里斯纳（Friedrich Risner）是彼得·拉穆斯的合作者，两人关系密切，同时他还是海塞姆和威特罗（Witelo）光学作品的编辑，1557 年，他把奥弗修斯的书送给拉扎勒斯·舒纳（Lazarus Schoener）一本，后者是马尔堡大学的哲学和数学教授，后来还担当了拉穆斯数学作品的编辑。[3] 国王的外科医生弗兰西斯科斯·拉西乌斯·德·诺恩斯（Franciscus Rassius de Noens），同时藏有《天球运行论》和奥弗修斯的这本书。[4] 第谷·布拉赫曾经对奥弗修斯使用"神秘数字"测算行星距离做过严肃的评论，但我们无法得知他是从什么时候开始熟悉这部作品的。[5] 学问精深的奥克森尼安·亨利·萨维尔（Oxonian Henry Savile）似乎也拥有奥弗修斯的这本书。[6] 显然，《论星之神力》的读者群，同时

---

[1] A reference to December 1557 (Offusius 1570, fol. 28v) suggests that the text was nearly finished by the end of the year in which the author completed his ephemerides (Offusius 1557, published at the end of January).

[2] Francisca de Feines to Elizabeth, Queen of France (Offusius 1570, fol. aij: "Viri mei deffuncti in patrem tuum"); for further clues to Offusius's Parisian years, see Sanders 1990, 212-17.

[3] "D [omi] no Lazaro Schonero paedagogiarchae Marpurgensi F Risnerus Lutetia misit 10. Calend. Martii 1577" (Columbia University copy). On Risner, see Lindberg 1976, 185.

[4] Offusius 1570: "Franciscus Rassius Noëns Chirurgiens Parisiensis. 1572" (Biblioteca Nazionale di Firenze). Noens had already acquired *De Revolutionibus* in 1559 (Gingerich 2002, copy in Bibliothèque Municipale, Évreux, France, 53).

[5] *Progymnasmata Astronomiae* (1602), Brahe 1913-29, 2: 421-22.

[6] Bodleian: Savile T 3.

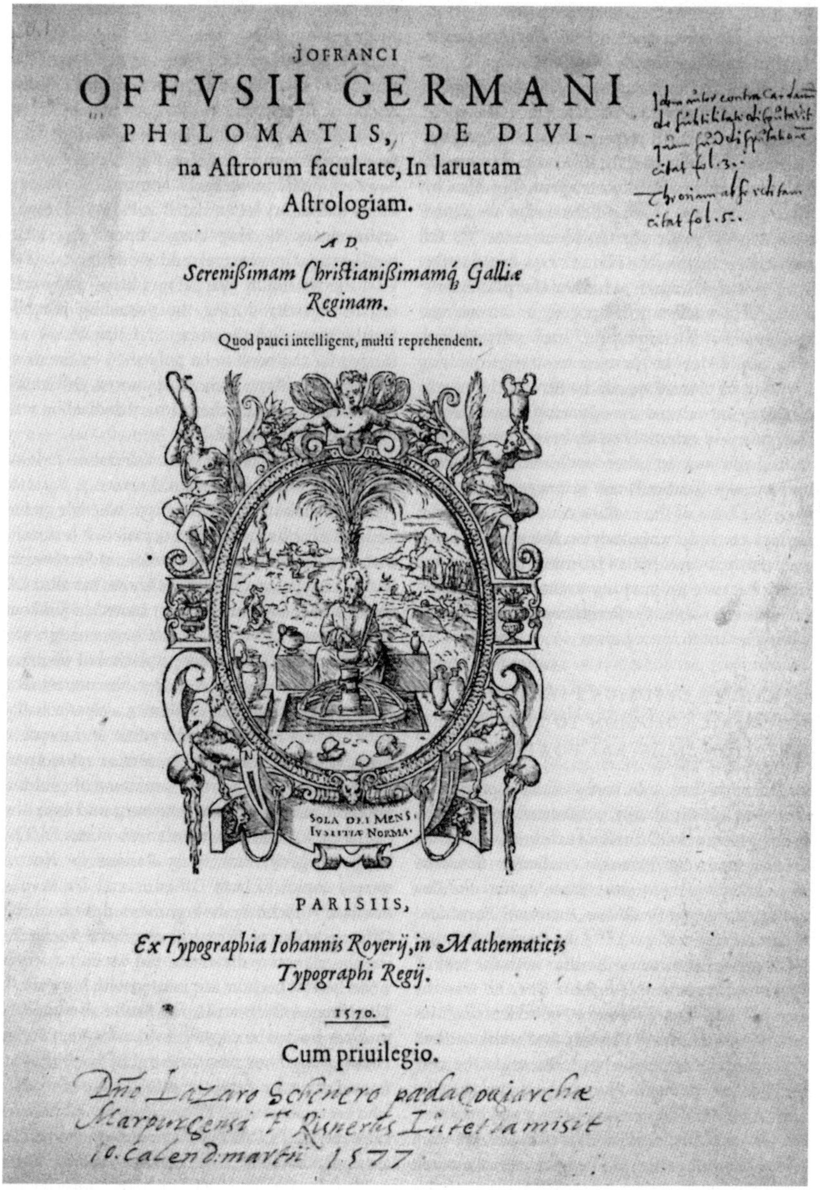

IO. FRANCI
OFFVSII GERMANI
PHILOMATIS, DE DIVI-
na Astrorum facultate, In laruatam
Astrologiam.

AD

Serenißimam Christianißimamq; Galliæ
Reginam.

Quod pauci intelligent, multi reprehendent.

SOLA DEI MENS
IVSTITIÆ NORMA.

PARISIIS,

Ex Typographia Iohannis Royerij, in Mathematicis
Typographi Regij.

1570.

Cum priuilegio.

Dño Lazaro Schonero paedagogiarchae
Marpurgensi F. Risnerus Lutetia misit
10. calend. martii 1577

图 37. 奥弗修斯《论星之神力》(1570)：弗雷德里希 · 里斯纳送给拉扎勒斯 · 舒纳的礼物，地点：马 186
尔堡，时间：1577 年 3 月 10 日。Courtesy Rare Book and Manuscript Library，Columbia University.

也是《天球运行论》的读者群，关注前者的人，同时也有兴趣、有能力阅读后者。[1] 文献资料显示，除了唯一的一个例外，这群读者也都对迪伊的《格言概论》表现出了相当的兴趣。这个例外就是奥弗修斯，关于这一点我们很快会讲到。

关于奥弗修斯作品的独特之处，我们从皮科的驳占星学长文，以及菲奇诺的《人生三论》中都可以看到熟悉的影子，卡斯珀·比克也曾在他 1553 年发表的论各种占卜术的文章中详细阐述过类似观点。[2] 奥弗修斯苦心孤诣地区分了坏的占星学和好的占星学。他认为，前者是建立在幻想基础之上的，是被魔鬼的骗术和恶人的阴谋及谬论驱使的，是被圣经所谴责的；而后者则是神圣的。奥弗修斯在标题中以嘲讽的口吻使用了 "larvatum" 一词，其含义是指没有实体的存在，比如鬼魅、幻影，或是疯傻、痴迷、癫狂、着魔之人。他认为，虽然有些反对者同样攻击了坏的占星学，但是他们却犯了把孩子连同洗澡水一起泼掉的错误；他们在对占星学的批判道路上走得太远，否定了整个学科。这些人当中，第一个需要指出的就是皮科。"皮科·德拉·米兰多拉与伪占星学做斗争，但是，在我看来，他的所作所为只不过是让那些没有读过书的人听起来顺耳罢了。皮科观点没有任何过硬的理由，也没有提出教导或者建议。没有读过书的人似乎把什么都能当成真的，他们自然很高兴从中发明出一些关于未来的事情。当然，这会对哲学造成伤害。"[3]

在这段话中，奥弗修斯对皮科的批判是如此笼统、模糊，以至于没有读过

---

[1] Offusius's book continued to be of interest to mid-seventeenth-century astrologers（William Lilly bound his copy with Kepler's *Ephemerides* of 1617: Bodleian: Ashm. 470［2.］）.

[2] Pico della Mirandola 1946-52, 1: 42: "Videas umbram aut quasi *larvam*, et sub aperta luce fallaciam tenebrarum abomineris."

[3] Offusius 1570, fol. eiij r: "Opusculum perpusillum est, ac magna in eo latere cognoscet studiosus rimator, quod etsi in laruatam Astrologiam nominem, non abs re hoc à nobis facum est, nec omnino temerè. Picus Mirandulus eam impugnauit meo iudicio, quae hactenus ineruditorum auriculas pulcherrimè detexit, qui proposita omnia sine ulla ratione, doctrina vel consideratione, tanquam vera assumpsere, déque futuris iucundissimé cum Philosophiae quadam iniuria, fabulati sunt ex illa."

哥白尼问题

皮科原文的人，可能根本不明白奥弗修斯究竟是要反对什么。不过，他只是遵循了 16 世纪广为应用的一种攻击方式——寻找代言人。他的论点基本上都是通过先前的权威人物，或是以他们的名义表达出来的，至于说同时代的评论家，文中则鲜少提及，这样就可以不透露作者与他们的关系。奥弗修斯似乎想当然地认为，他的读者对皮科很熟悉。这种想法看上去也有道理。一个选择拥有《论星之神力》的读者——比如里斯纳、舒纳、拉西乌斯·诺恩斯，的确应该早已熟悉奥弗修斯所批判的皮科观点。

充满了论战气息的"伪占星学"一词，实际上指向了《占星四书》所遗留的一系列问题，主要涉及的是行星对应的元素性质。也正是这一点，让我们看到了奥弗修斯与迪伊－戈加瓦之间的对比。尽管奥弗修斯承认，自己对托勒密的大作怀有无比崇敬之情（并且认为鲜少有人能真正懂读《天文学大成》），但是他对于《占星四书》第 1 卷第 4 章的论述却完全不屑一顾。而与他同时代的评论家们，包括卡尔达诺、高里科和梅兰希顿，对这部分内容则是全盘接受的。这些人物都认可这样的观点：行星所具有的热性与湿性能量，与它们之间的相互关系有关，与它们和地球的邻近关系有关。

在第 1 卷第 3 章［原文如此。指《占星四书》第 1 卷第 4 章］中，他［托勒密］声称，月亮有湿润效力，因为他说月亮靠近地球，而潮湿之气正是从地球散发出来的。同理，他说土星能让物体变干，因为它距离地球的湿气最远。如果我们说，与腐朽相比，永恒是不言自明的，这当然不是明智之举。不过，同样的道理，他给出的理由也让我们无所适从：我们可以继续说，木星是干到极致了，因为它处在两个干性［行星］之间；可是，要知道他曾说过，处在一个凉性［行星］和一个热性［行星］之间的星，其性质是两者调和的结果。[1] 他还讲到其他

---

[1] Ptolemy 1940, bk. 1, chap. 4, 37: "Jupiter has a temperate active force because his movement takes place between the cooling influence of Saturn and the burning power of Mars. He both heats and humidifies; and because his heating power is the greater by reason of the underlying spheres, he produces fertilizing winds."

一些事情，在哲学家看来都是不值一提的。[1]

公开对托勒密这个关键性章节提出直接批评，奥弗修斯是中世纪评论家中的第一人。显然，他希望将托勒密留给占星学的问题解决掉，而且他没有把希望寄托在像卡尔达诺和高里科那样大量搜集本命盘的方法上，他在写给皇帝的献词中解释了自己的方法："我们的处理方式应该一部分是物理学的，一部分是数学的。为了子孙后代，我们希望它（我们的艺术）能配得上科学这个称号。……我们自己的艺术赖以存在的基础不是别的，而是对占卜作品的反复检验，以及靠长期经验积累得到的规律和模式。"[2] 奥弗修斯夸张地说，自己在四处周游的过程中收集到了 2700 份观察记录。[3]

那么，他究竟要把占星学带往何处呢？奥弗修斯提出了一种全新的方案，用以解答行星亮度变化的问题。他认为，要解决这个问题，既不必从行星的物理"影响力"性质判断它们与地球的距离，也不必使用托勒密的行星偏心率数据，这在传统的梅兰希顿–托勒密体系中，是因为需要堆叠诸多天球而产生的结果。[4] 奥弗修斯采用的是先验的和演绎的方法。他的论点是：行星与地球之间的距离是由特定的数字所规定的，而这些数字的意义体现在它们的宇宙和谐性上。在这里他使用的语言类似于哥白尼用过的"对称性"。

---

[1] Offusius 1570, Dedication to Maximillian（1556），fol. aiiii: "Ut videre est illius libri I. cap. 3. ubi Lunam humectare asserit: quia, inquit, prope terram fertur, unde humidae exhalationes exeunt. Item ait Saturnum exiccare, quia à terrae humiditate longissimè distat. Certe aeternum pati à corruptibili, non est sapientis dictum: Imòsieius ibidem rationes robur in se haberent, sequeretur Iouem esse exiccantem, quia inter duos arefacientes fertur, cùm dicat temperatum esse, qui inter frigidificam et aestuosam, Stellas vehitur. Sunt et alia apud illum, homine Philosopho indigna." Cf. discussion of bk. 1, chap. 4 in chap. 3 above.

[2] Ibid., fol. e: "In quapartim Physicè, partim Mathematicè procedemus, in dubijs verisimilia amplexantes, speramúsque ut etiam scientiae nomine digna in posterum fiat"；"Ab inspectione operis diuini, longaque experientiae ollecta norma et regula."

[3] Ibid., general letter to the reader, fol. eij v: "Quibusdamnostrasobtulicirciter MMD. CC. obseruationes, ècoelo ipso scrupulosèsumptas inter peregrinandum, sperans ab ijstalionem, hoc est, quid obseruatumrecipere ad hancartemstabiliendam, sed me hercle nihil minus."

[4] For the so-called nesting hypothesis, see Van Helden 1985; Stephenson 1994.

188

表2　行星与地球的平均距离、最小距离和最大距离

据奥弗修斯的观点　　　　　　　　单位：地球直径

行星	平均距离	最小距离	最大距离
月亮	30	25	34
金星	81	49	113
水星	216	144	288
太阳	576	551	600
火星	1536	851	2220
木星	4096	3488	4744
土星	10922	10082	11763

来源：Offusius 1570, fov. 7v.

表3　"性质数字"（576）的推导过程

据奥弗修斯的观点

正多面体	平面的数目	每个面上三角形的数目	结果
四面体	4	6	24
六面体	6	4	24
八面体	8	6	48
十二面体	12	30	360
二十面体	20	6	120
总计			576

来源：Offusius 1579, fols. 3–4.

　　他同时把视线投向了柏拉图的《蒂迈欧篇》（*Timaeus*），从中发现了五种正多面体之说（这一点后来也对开普勒产生了深刻影响），这让他更加确认了前面提到的想法：造物主在建造世界的时候，应用了和谐的概念；他带给我们的是再美妙不过的结果；整个世界就是一个为人类创造的、充满神意的建筑杰作。[1]

---

[1]　Offusius 1570, chap. 1, fol. 1r.

但是，与哥白尼所说的和谐有所不同，奥弗修斯设想的对称性，并没有使用恒星周期作为独立的行星次序标准，以此来计算距离；也就是说，奥弗修斯思想的起点并非"地球是运动的"这一设想，而是仍然使用了传统的亚里士多德－托勒密体系，即地球静止位于宇宙的中央。这一点至关重要：奥弗修斯与中世纪的其他"准天学改革家"一样，仍然信奉地静天文学理论。这并不是因为他们缺乏对哥白尼方案的仔细研读。奥弗修斯提出的基本上是一个修订版的托勒密天球体系。不过他没有采纳这个模型中的偏心圆概念，即每个行星各自有一个天球，而是设想了一个单独的、统一的原则：任何一个行星与地球之间的平均距离（以地球直径而非半径为单位），都是在靠近地球一侧与其相邻的行星与地球之间距离的倍数。比如说，如果你假定，就与地球的距离而言，水星紧随金星之后，那么，水星与地球之间的距离，就恰恰是金星与地球之间距离的2倍。奥弗修斯认为，这个数字如果不能算是"神圣的"，至少是令人愉悦的。他用这个数字来规定相邻两颗行星与地球之间的距离。但是，这个概念是怎么来的呢？

奥弗修斯选择了576这个"富有神意的数字"，以地球直径的576倍（地球半径的1152倍），作为地日之间的绝对距离，同时也是叠加其他行星的起始点。他提出，这个数字的价值由一个新的论点支撑，而这个新论点则可以从柏拉图五种正多面体的理论中找到。根据奥弗修斯的论述，这些多面体的每一个平面，都可以拆分成有限数量的三角形——或者是等腰三角形，或者是不等边三角形。将每个多面体的平面数目与每个平面上三角形的数目相乘，就可以得出表3中的数值。奥弗修斯知道，关于日地距离，其他学者也曾提出过其他数字，比如他列举了托勒密（580）、阿拉托斯（555）以及"当代人"（哥白尼使用过571），甚至"我本人曾在文章中反对过卡尔达诺的《事物之精妙》（他在书中提出了579这个数字）"。但是，奥弗修斯认为，还有其他理由，也能够支持576应该作为一个候选数字被普遍接受。古代人曾经把五种正多面体拆分成若干三角形，得出结论：576这个数字是"世界的灵魂"。如今奥弗修斯认为它还包含着一种与地球的"和谐"关系，他把这种和谐称为"性质数字……上天以这些数字为依据，对我们产生各种影响"。[1]

所谓的"性质"，是指我们已然熟悉的成对的元素性质：热与冷，湿与干。《占星四书》第1卷第4章为各个行星都分配了不同的性质。奥弗修斯的想法是，如果以"对称性"为指导原则，人们有理由对这些性质的力度（它们影响了地界，而地界的回应并没有让它们发生变化）作出猜测。奥弗修斯的"对称性"具体表现为一套特殊的数目。他把立方数字与冷热性质的力量相对应，而把平方数字与干湿性质的力量相对应——例外情况是金星的湿性和水星的干性。他还分配给每一种元素性质一种对应的正多面体——角锥体（热）、二十面体（湿）、八面体（冷）、六面体（干），同时，每一颗行星也被分配了与其性质相对应的数字。举例来说，太阳又热（27，或者说3的立方数）又干（49，或者说7的平方数），土星冷（107，或者说的立方数）而干（12，或者是的平方数）。这些"数字化了的性质"加起来一共有360种，恰恰是十二面体拆分出来的三角形的总数，因而是上天之神意的体现。除了合乎命理数字的精妙，奥弗修斯还指出，360这个数字正好介于太阳年（365）和太阴年（354）的天数之间。[2]

作为一种毕达哥拉斯–柏拉图式的推理演练，到目前为止，一切还说得通。接着奥弗修斯转向了内行星的次序问题。关于金星和水星次序的不确定性，赫马在为斯塔迪乌斯作品写的致读者信中完全忽略了。奥弗修斯就此展开的讨论，显然是受到了《天球运行论》第1卷第10章的启发，而他所做的思考，到当时

189

---

[1]　Ibid., fol 3v: "Non solùm praefatam distantiam (ex qua Sol tanquam naturalis caloris fons, vitam nobis infundit) aperiunt regularum corporum Trigoni per numerum illum 576, veteribus quoque *Animam mundi* dictum, verùm per eorundem corporum inter se proportionem quantitatis (eodem orbe contentorum et circunscriptorum) se manifestat, quod hic unicè desideramus, nempe in qua harmonia sit qualitatum quantitas (scilicet intelligendo eas quantas, quantitate intelligibili) quae nobis àcoelo causatur."

[2]　For a clear discussion of Offusius's scheme, see Stephenson 1994, 48-51.

为止是完全没有先例的。虽然下面这段引文有些长，但的确值得一读。

　　在这里，我把金星置于水星之下，以免破坏［体系内］统一协调的关系（对称性）。曾经出版过《百科全书》的马提亚努斯·卡佩拉认为，这两颗星共同围绕着太阳转动。很久以来，我认为这种想法是可信的。［与此同时］，柏拉图在《蒂迈欧篇》中提出，这两颗星都位于太阳之上。比特鲁吉则把水星放在太阳之下，把金星放在太阳之上。至于托勒密，他把金星放在了太阳和水星之间，而对他的理论，几乎所有接受现代数学教育的人都信奉不疑。不过，在他之后，至少出现了一个哥白尼。他丝毫不比其他任何（数学家）逊色，——相反，他比当代那些数学家都要出色，［他独自一人帮助提高了所有人的观测（质量）］，这是他们的幸运。哥白尼证明，如果这两颗行星都是围绕着静止的太阳转动的，那么关于它们（以及其他行星）的解释当中存在的错误就都能得到纠正。从他的理论出发，（把所有行星都考虑进来，）结果就是，金星会比水星距离地球近得多。为了避免我的观点过于主观，请问大家，你们打算如何安排这两颗星的位置，看看你们是不是会承认，我提出的理论，与人们观测到的逆行和视直径这类问题，都能完全吻合、保持一致？ [1]

_____

[1] See Stephenson 1994, fols. 6-6v:

Quod autem hic Venerem sub Mercurio locarim, ne propterea damnetur symmetria. Martianus Capella qui Encyclopaediam edidit, putauit quod hae stellae circuncurrunt solem. Huius credulitatis (sola causam reuolutionis excogitans in singulis) et ego diu fui.

Timaeus Platonis credidit ambas supra Solem positas. Alpetragius Mercurium sub Sole, Venerem verò suprà, Ptol. et post eum tota ferè recentiorum Mathematicorum Schola, ponit Venerem intere Solem et Mercurium: tamen sub illo tandem Copernicus, vir reliquis non inferior, imò meliorem quàm illi fortunam in hoc nactus (omnium obseruationibus se solus ac recentiorum quoque iuuit) demonstrat amborum siderum (sic et aliorum quoque) errores saluabiles, si Solem quiescentem circuncurrant, nec aliud sequitur ex eius Theoria (singulis consideratis) quàm Venus ipsa aliquando longè proprior sit terrae quàm Mercurius. Haec igitur libertasmea ne ob hoc reprehendatur, nam ubilibet has stellas locari quis velit, praescribam illi Theoriam obseruatis excursionibus apparentibusque diametris omninoc onuenient-em, quid ergo superest quàm concedere?

自从 1543 年《天球运行论》问世以来，奥弗修斯关于行星序列问题的这番言论无疑是最大胆的。他在陈述中不仅同意马提亚努斯·卡佩拉和哥白尼的观点，而且为水星和金星的这种位置设想提出了辩护，他的论据是，哥白尼的排列原则能够使系统中的各部分完美契合，因而是确实无疑的。不过，在这段文字中，他同样拒绝了支持地球运动的假想。事实上，尽管奥弗修斯采纳了卡佩拉－哥白尼关于金星水星次序的观点，但是在他列出的行星－地球距离表中，太阳和月亮始终是作为行星出现的。如同赫马和莱因霍尔德一样，奥弗修斯在地球运动这个问题上，保持了十分醒目的沉默。

奥弗修斯读到哥白尼的书绝非偶然。他对《天球运行论》的熟悉程度，实际上可能要比他在书中表现出来的还要深刻得多。欧文·金格里奇和吉尔兹·多布茹斯基已经证明，至少有八部现存的《天球运行论》中包含有奥弗修斯本人或相关人物的边注，这个批注圈子的规模接近于莱因霍尔德在维滕堡的小团体。同时，金格里奇和多布茹斯基还找到相当有说服力的证据，表明大约在 1552—1558 年，奥弗修斯在巴黎非常活跃（其后的踪迹便冷寂下来）。[1]

苏格兰国立图书馆（爱丁堡）藏有一本《天球运行论》，后面装订着奥弗修斯关于此书第 1 卷的详细手写总结。这份重要史料具有特殊的价值，因为它指向了哥白尼前言中一段关键性文字，对此赫马和莱因霍尔德都未曾置评。哥白尼的原文是这样的："因此，从这些资料中获得启发，我也开始思考地球是否可能运动。尽管这个想法似乎很荒唐，但我知道既然前人可以随意想象各种圆周运动来解释天界现象，那么我认为我也可以假定地球有某种运动，看看这样得到的解释是否比前人对天球运动的解释更加可靠。"（译文参见哥白尼著，张卜天译，《天球运行论》，北京：商务印书馆，2016，xxxii。——译者注）回顾前文我们应当还记得，哥白尼假说的推理逻辑使他遭受到众多的批评，人们认为他

190

---

[1] Gingerich and Dobrzycki 1993, 239, 245.

的"想法"实际上完全有可能是错误的，而不仅仅是"荒唐"的。但是奥弗修斯在他的评述中并没有采取这样的立场："哥白尼并没有完全断定地球是运动的（许多不求甚解的人都会错了意），但是，从地球运动的假说出发，从书中的其他见解出发，他推论出并解释了我们能观测到的天体和天球现象。他还为我们提供了各种方法，用以判断各种现象和表征，或者计算天体的运动。不仅如此，他同时演示了数学推理的方法和各种有效的法则。"[1]

奥弗修斯的评论表明，他对哥白尼的假设和推理抱有欣赏之情，但是，这并没有让他走得更远，以至完全支持这种假说的真实性。事实上这些注解说明，奥弗修斯对哥白尼的解读，与赫马在他1556年的《致读者信》中所表达的立场是相同的：从计算目的出发，地动假设可以使天体视运动得到更好的几何证明。

在奥弗修斯未公开出版的其他评论中，他清楚地表明了对地球运动假说的反对意见，这些意见基于圣经和物理学，与梅兰希顿及其弟子们的立场十分相似。极有可能，奥弗修斯知道梅兰希顿的《物理学初级教程》，以及或者比克的《运动天体及第一运动初级教程》（*Elementa Doctrina de ciculiscoelestibus et primo motu*，维滕堡：J. 克拉托，1551）。[2] 他肯定对莱因霍尔德的《普鲁士星表》非常熟悉，因为他本人正是以此为基础制作了1557年星历表，虽然他没有指出这

---

[1] Quoted and translated（ibid., 240）from Offusius's notes to *De Revolutionibus*, bk. 1, chap. 5, refering to the preface. The entire Latin passage is given in 252 n. The authors render the crucial adverb *omnino* as "arbitrarily" ; I have emended their translation.

[2] Ibid., 241: "When the arguments from geometry and physics are inadequate, we do not doubt, following the testimony of the Holy Scripture, that the Earth is at rest and that the Sun moves. For the Psalmist clearly confirms the Sun's motion: 'He set the tabernacle for the Sun, which is as a bridegroom coming out of his chamber, and rejoiceth as a strong man to run a race. His going forth is from the end of the heaven, and his circuit unto the ends of it'［Psalms 19: 4-6］. Another Psalm tells of the Earth, 'which He hath established for ever'［Psalms 104: 5］. And Ecclesiastes in the first chapter states: 'But the Earth abideth for ever. The Sun also ariseth, and the Sun goes down and hastens to his place where he arose'［Ecclesiastes 1: 4-5］." These are exactly the verses cited by Melanchthon in his *Initia Doctrina Physicae*（Bretschueider et al. 1834-, 13: col. 217）and later echoed by his followers（cf. chapter 5 above）.

一点。不过，安特卫普的斯塔迪乌斯也以《普鲁士星表》为基础，制作了1556年星历表，奥弗修斯却极力与之划清界限。[1] 最重要的是，他对命理数字抱有如此强烈的热情，雷蒂库斯曾经暗示"六"是一个神圣数字，他对此却只字未提，而且对雷蒂库斯推崇新的行星序列的理由也不置可否。可见，对奥弗修斯来说，某些特定数字会比其他的更能代表神意。

综上所述，在《天球运行论》出版后的大约十年之内，哥白尼的主要假说显然得到了严肃的关注，一批试图自上而下提升占星学可信度的天学家把它当作了一种计算依据。奥弗修斯在这个过程中提出了一种理论，意图用数字化的方式表现行星的亮度，并把行星性质的力度变化与地界的效果联系起来。约翰·迪伊的思想偏向传统，他遵循了托勒密的行星序列设置，这也是梅兰希顿所推荐的体系；相比之下，奥弗修斯的主要变量是线性距离，它所构建的是乔瓦尼·巴蒂斯塔·里乔利在1651年所称的"半第谷体系"。虽然奥弗修斯推荐了源自柏拉图理念的数字方式，作为度量距离的一种新途径，但他同时也很自如地以哥白尼的方式应用了"对称性"原则。不过，他的这种应用并没有一以贯之。事实上，在开普勒出现之前，没有人试图对"对称性"做出诠释，并以此作为设定行星序列的重要原则。

走在危险占卜术的边缘

本章的开篇，探索了神意占卜术和邪恶占卜术的分界线。中世纪那些为了捍卫占星术的声誉而孜孜以求的实践家，试图沿着这条危险的界线，找到一个能够实现目标的平衡点。划定这条线，区分正统与非正统的占卜术，显然是这个议题的核心焦点。正当迪伊、奥弗修斯和鲁汶的其他天学家们忙于提出新的

---

[1]　Gingerich and Dobrzycki 1993, 245-47.

想法，建立安全、有效的占星学之时，在维滕堡，上述分界问题变得尤为突出。经典学术思想、晚近的天文学理论、中世纪的光学研究，这些资源看起来都有助于人们理解行星的效力，但是，它们都无法保证占星家所确信的这些影响力具有道德和宗教意义。想想看，如果人们能够从异教的星神那里萃取力量，这些效力又怎么能与基督教的正统思想保持同步呢？

这个问题菲奇诺已经提出了。他的《人生三书》是一部新柏拉图主义的医学占星著作，影响深远。书中洋溢着难以抑制的乐观精神，意图通过对自然力量的控制，改善人的生命和健康。

这部书做出了保证，医生们只要能得到菲奇诺和诸星的指示，就可以找到治疗方案，打败学者们的头号敌人——忧郁症。按照菲奇诺的看法，学者型的忧郁症，根源在于身体不够活跃和头脑过度活跃所造成的不平衡。身体的怠惰会产生黏液，"阻碍智力，令人迟钝"；而大脑的过度兴奋则会产生黑胆汁，进而引发忧郁症状。菲奇诺在书中说："因此，我们有充分的理由说，假如不是因为黏液质这个包袱，做学问的人会比平常人更健康；同样，假如不是因为受到了黑胆汁的负面影响，导致这些人精神压抑甚至时有愚蠢之举，他们会是最快乐最智慧的一群人。"[1]

菲奇诺的《人生三书》击中了要害：对于学者们来说，它非常有吸引力，因为没有谁能对它置之不理。其实要关注的只是两个问题：一个关乎宗教，一个关乎科学。对于前一个问题，抑郁的学者们可能更愿意抛开弥撒，转而去焚香，吃蔬菜（而不是那些肥腻的或者刺激性的食物），在自己的鲁特琴上弹奏舒缓的灵性音乐，定期锻炼（因为如果不做少量的身体练习，过剩的精力就无法散发，厚重晦浊的气体也无法呼出）。[2] 在有些人看来，自然魔法威胁到了教会关照灵

---

[1] Ficino 1989, bk. 1, chap. 3, 113.
[2] Ibid., bk. 1, chap. 4, 115.

魂的垄断地位。对此 D. P. 沃克曾经做过恰如其分的解读："教会的弥撒自然有她的魔法在其中；没有任何余地给其他任何途径。"[1]至于"科学"问题，它是要解释行星力量所能产生的效力，这个倒不必太担心。

在约翰·迪伊的藏书中，有一本 1516 年版的《人生三书》，不过，他得到这本书是在去鲁汶之前还是之后，我们无法确认。[2]尼古拉斯·克卢里（Nicholas Clulee）首先发现，迪伊在一段边注中提到，他在"1552 年或是 1553 年"，曾经遇见过吉罗拉莫·卡尔达诺和乔弗兰克·奥弗修斯两人，地点是在法国使节位于萨瑟克区的家中。[3]这个发现的确令人心驰神往。文中提到的时间也让人兴奋。我们从别的档案资料中知道，1552 年前后卡尔达诺停留在英国，并且曾为国王爱德华四世和他的老师约翰·奇克绘制过本命盘。[4]另外，迪伊的边注与正文混杂在一起，几乎难以辨认；不过，他的注文写在不同的星历表上，迪伊把这些星历表当作了日记本，用来记录生日、小病、天文观测、与访客会面——以及与精神存在会面。[5]因此，迪伊、卡尔达诺、奥弗修斯的会见时间与边注的位置都强烈暗示，在他们的萨瑟克谈话中，至少有一个主题是关于菲奇诺作品的。边注的内容正是针对这一点写的。

菲奇诺书中第 3 卷第 15 章的内容并非关于忧郁症，而是关于如何控制形象

---

[1]　Walker 1958, 36.

[2]　See Clulee 1988, 12-13.

[3]　Ficino 1989, 160; Folger Shakespeare Library, call no. BF1501 J2 Copy 2 Cage, signed "Joannes Dee"："Similem ego lapidem vidi et eiusdem qualitatis. anno 1552 vel 1553. Aderant Cardanus Mediolanensis, Joannes Franciscus et Monsie［u］r Beaudulphius Legatus Regis Gallici in aedibus Legati in Sowthwerk." Cited in Roberts and Watson 1990, 85n. 256; Gingerich and Dobrzycki 1993, 252 n. On the Offusius-Dee contact, see Clulee 1988, 36; Heilbron（in Dee 1978, 54, 59, 60）. Grafton (1999, 112 and 112 n. 18) read "Joannes Franciscus" as John Francis Cheke.

[4]　See Thomas 1971, 289. Thomas cites Morley 1854, 2: chap. 6.

[5]　See, for example, Dee 1968b, 15: "May 23, 1582, Robert Gardener declared unto me hora 4 ½ a certeyn great philosophicall secret, as he had termed it, of a spirituall creatuer, and was this day willed to come to me and declare it, which was solemnly done, and with common prayer."

的模拟力量，以及如果识别那些能把特定行星或恒星的力量拉进下界的物体（比如磁石或者宝石）。这种做法绝非毫无风险，菲奇诺本人也这样说："我从神学家和杨布里科斯（Iamblichus）那里得知，造形之人常常被魔鬼把持和蛊惑。"不过他接着说："我本人曾在佛罗伦萨见过一块来自印度的宝石，它是从一个龙头中挖出来的，状若圆形钱币。自然之力在上面雕刻出许多斑点，排列成行，宛如星星。向其泼洒醋液，这些星星则沿直线略略移动，然后倾斜，随即快速四散，直到醋蒸汽消散殆尽。"[1]

对于迪伊来说，菲奇诺笔下的印度宝石并非仅仅停留在文字上。在和卡尔达诺及奥弗修斯共同拜访法国大使府邸的时候，迪伊相信自己的眼睛恰恰也看到了菲奇诺所描写的那种物体："我当时看到了类似的石头，两者有着相同的性质。"[2]但是菲奇诺的文本把这个话题放到了更广大的意义语境之中，具体来说，即，如何将星的影响力拉进下界，以及，在一个由无孔不入的宇宙精神充当介质的世界里，如何找到那些最有吸纳力的物体。看起来迪伊本人是在菲奇诺的意义框架内理解了这块石头，并且，在场的其他目击者也同意菲奇诺对印度宝石的描述，认为它被邪恶的魔鬼占据了。这是一则关于目击事件的批注，而不仅仅是作为读者的解释。边注中没有提出异议，这表明迪伊接纳了菲奇诺此段文字的完整意义。事实上，迪伊后来的一条日记内容与这段边注内容性质几乎完全相同。还有一点值得一提，迪伊的大部分日记是用英语写成的，只是有关自然哲学主题的内容保留了拉丁文。

菲奇诺会不会因此而成为三个人深入交谈的话题呢？现有的证据不允许我们做出确定的回答。

192 　　　　不过根据迪伊的记载，1553 年秋天萨瑟克会面之后不久，奥弗修斯曾经请

---

[1] Ficino 1989, bk. 3 chap. 15, 317; on music spirit, bk. 3, chap, 21. For further discussion, see Walker 1958, 16 ff.
[2] Ficino 1989, 160; Folger Shakespeare Library, call no. BF1501 J2 Copy 2 Cage.

求他允许自己分享他"为巩固占星学而提出的假说",其内容主旨是"大气变化的原因"。尼古拉斯·克卢里猜想,这里所说的"假说","是指迪伊声称在 1553 年写成的'300 条占星格言'",这些文字很有可能就是迪伊第一部出版作品《格言概论》的草稿。[1] 如果这个猜想是正确的,那么我们还可以补充一个推测:迪伊写作《格言概论》,至少目的之一是为了给菲奇诺提供确切的证明基础,以支持他书中所论述的"好的"占星学,以及各种驱魔辟邪的做法。菲奇诺对他笔下的"世界之灵魂"(World Soul)做了物理解释,指出它通过"精气"传播力量,而精气则"是一种非常细微的存在,就好像此一时为灵魂而非驱体,彼一时则为驱体而非灵魂"。虽然菲奇诺有此一解,但他并没有说,当精气在对每个个体产生效力的时候,力度的变化有多大。他只是简单地断言,之所以存在这种变化,是因为因果之间的关联度有大小之分。这种说法与托勒密的立场差别不大,后者也提出了一个定性的概念:行星元素性质的强弱,取决于它们与太阳或是月亮的距离远近。但是,没有定量的描述,一个人也就只能提出一些模糊的想法,比如驱邪护身之法,或是简单的一个方子(没有剂量),教给学者们如何避免忧郁症。假如说菲奇诺用斯多葛–新柏拉图主义的术语,为《占星四书》提供了理论基础的话,那么,在迪伊看来,他并没能提出一个好的理论,解释星的影响力与地界事物之间的匹配关系,因为他没能说清楚,是什么原因导致了这种影响力的力度变化。几年以后,当迪伊指责奥弗修斯剽窃了他的格言之时,他再次确认了早先这种关联思考的深刻重要性。[2]

不过,《格言概论》本身是一部占星学理论著作,它在 1558 年问世之时,并没有和菲奇诺的《人生三书》联合出版。从另一方面说,这本书又可以和当时出版的任何一部或几部实用占星书籍组合在一起,比如勋纳、高里科、卡尔

---

[1] Clulee's evidence (1988, 36) is based on Dee's later recollection (*A Necessary Advertisement*, by an Unknown Friend … , from Dee 1968a, 58-59).

[2] Dee 1851, 58; cited by Heilbron (in Dee 1978, 54).

达诺或是海勒的作品。假如彼得雷乌斯还在世的话，一定会争取让这本书在纽伦堡出版。不过迪伊最终还是选择了英国出版商亨利·萨顿（Henry Sutton）。两人都认为，这本书的初版，应该以本书作为卷首内容，书后合订一本实用占星工具书。本着这个原则，最后选定的是西普里安·利奥维提乌斯刚刚出版的一本新书：《本命占星术的简明方法，基于真实经验和物理原因》（*Brief and Clear Method for Judging Genitures*，*Erected upon True Experience and Physical Causes*，1557）。这本书显然受到了勋纳作品的影响，书中附有许多方便简明的表格和数据，有了它们，占星家可以快捷地整理出每个行星的净影响力。[1] 此外，出版商还在利奥维提乌斯的书前附录了希罗尼穆斯·沃尔夫（Hieronymus Wolf）捍卫占星学的对话短集——《关于真实合法地使用占星学之警示》（*A Warning concerning the True and Lawful Use of Astrology*）。[2] 也许加入这个作品，是为了保护迪伊反对菲奇诺的越界之嫌。沃尔夫是奥格斯堡富有的银行家雅各布·富格尔（Jacob Fugger）的秘书，他与第谷·布拉赫也时有交往，而且，和他的朋友梅兰希顿一样，也是一位著名的希腊学家。因为利奥维提乌斯本人曾一度担任富格尔家族的数学家，所以，将沃尔夫的对话集附加在他的书之前，也为整部作品增添了不少人情味。出版商形容沃尔夫是"一位精通各国语言、文学以及艺术和数学的杰出人物"[3]。

在这本对话短集中，沃尔夫为自己创造出一位"弟子"，借他之口捍卫占星学，反对皮科的攻击：

弟子：对于皮科的说法，您怎么想？他谴责了普遍接受和民间认可的审慎

---

[1] Leovitius 1558, fol. E2v（"De Fotitudine et Debilitate Planetarum"）. See also Clulee 1988, 35.

[2] Wolf's dialogue first appeared in Leovitius's *Ephemerides*（1556-57, fols. y5v-z4v）. I quote below from Turner's English translation（1665）.

[3] Turner 1667, 163; Leovitius 1556-57, fol. z2r.

行为，即借助思想的倾向、身体的温度、事情的成功来做出判断。

　　占星家：我赞扬他，信从他；但是，占星学并非如他所言全无用处。

　　紧接着作者做了一番陈述，重申了占星学家实践活动的适当范围：

　　弟子：占星家会做出什么样的决断？

　　占星家：对于自己所作的吉凶预言，占星家并不坚持，而只是宣布。同样，对任何事，他也不做出决断，而只是劝说。

　　凡人皆无所谓好坏，只不过凡事皆源自于上天之意，故人人生而有命。

　　对于虔敬、审慎、勤奋之人而言，善可积累，恶可消减；预言之要义，不过如此。

　　万千之事自有其无可避免之必然，对此我们并无断言；然而对于这万千之事，我们自会依照万物意义之根源所显现的力量，做出判别。[1]

　　迪伊《格言概论》中描述的世界，包含了许多菲奇诺式的元素，这一点吸引了学者们的注意。这些元素包括：以相似性作为组合纽带的自然宇宙；宇宙的一部分如七弦琴弹奏的乐曲一般和谐美妙，另一部分则制造出"刺耳的噪音"；世界像一面巨大的"镜子"，反映出神的计划；诸星发射出的活跃力量，"就像特性各异的封印，对应的元素不同，印痕就不同"。（格言26）并且，与菲奇诺一样，迪伊相信，那些知道如何弹奏世界之音的人，能够控制人的思想和身体。（格言23）从格言22开始，迪伊把一个皮科式的概念引入了讨论之中——光的力量（他本人在《数学前言》中称之为"光的距离"或是"角度"）。[2] 关于这个话题，

193

---

[1] Turner 1667, 165; Leovitius 1556-57, fol. z2v. Among those mentioned by Wolf was Lucio Bellanti.

[2] Dee 1975, bi v.

迪伊的书中还暗含了《创世记》的意味，虽然没有明示，但的确很明显："首要的感知形式就是光，没有光，其他的形式便都全无用处。"（格言 22）除了皮科，迪伊关注光的问题还有一个原因，那就是 13 世纪的方济会修士罗吉尔·培根。他的许多手稿迪伊都收藏了。培根在自己的文章中讲述过，如何借助透镜和反射镜聚集太阳光，产生热和燃烧，以此研究光的效果。从培根的文稿中，迪伊还发现了两个概念的区分：一个是邪恶魔法（受到了培根的诅咒），另一个则是"正当的魔术表演，人们可以借用自然的秘密作为工具，达到令人叹为观止的效果"[1]。

培根的区分方式，再加上沃尔夫短文的助力，实际上为迪伊编织了一张安全网，让他能够自在地归类于激进的、菲奇诺式的、驱魔施法的术师派别，而区别于维滕堡的比克和梅兰希顿所认可的、更加谨慎的占卜术。不仅如此，它还把迪伊和普通的占星预言家区分开来："那些普通又粗俗的占星家，或者叫法师，他们做事行动像个头脑简单的呆子，简直是给那些谨慎小心、举止有度的占星家丢脸。"[2]1555 年，迪伊曾因"卜卦""施魔法"和"行巫术"的罪名，一度被关进了牢狱。当时，有没有人已经怀疑他把菲奇诺的想法付诸行动？[3] 至于其他人：雷蒂库斯，他的父亲 20 年前就被判刑、斩首；卢卡·高里科，因为预言成真而被投入监牢；卡斯珀·比克，因为异端神学思想而被囚禁多年。可见，对于 16、17 世纪的学人来说，最大的危险是被国家或者教会认定为从事"迷信活动"。为什么他们都需要一个庇护人或是恩主，这是一个主要原因。

不管这次短暂入狱的直接结果是什么，总之，迪伊还是在继续摸索正当卜术的界限。1570 年以后，迪伊改变了方向，他不再严格依据行星的力量对抗学者忧郁症，而是尝试了一种新的方法。从它个人化的方式来，更接近于新教的做法。迪伊把自己关在家里的一间小屋子里，把它当作了自己的礼拜室。身

---

[1] Clulee 1988, 65.

[2] Dee 1975, fol. B. iiij. *Bayard* refers to one who is blindly self-confident, an ignoramus.

[3] Clulee 1988, 34, 35, 122, 147, 161, 169, 193, 225.

边伴有一位助手，或者叫占星师，另外还要放置一块水晶，用来收集光线。迪伊自己就在这间小屋子里，严格按照要求反复地祷告。他认为，这样做的回报，是天使带回了神的消息。1581 年 12 月 22 日，一位天使告诉迪伊，他应该按照僧侣的戒律来修炼，而不是按照人夫人父的标准来要求自己。包括斋戒、禁性欲、禁过度饮食、注意身体整洁、多做祈祷。[1] 几个月之后，迪伊录用了一位名叫爱德华·凯利（Edward Kelly）的占星师，他自诩擅长"精神操练"。迪伊与他合作了数年之久。[2] 迪伊的妻子简（Jane）不喜欢凯利。然而，整日在封闭的空间中与天使相伴，天长日久，两个男人之间自然产生了密切的关系。1587 年，一位天使相告，两人应该共享一位妻子。根据德博拉·哈克尼斯（Deborah Harkness）的说法，这个愿望后来似乎是实现了。1587 年 5 月，迪伊在他的日记中写道："所约得践（Pactu [m]factu [m]）。" [3] 很快，凯利离开了这个家。这显然令迪伊十分气恼，因为迟至 1591 年，他仍然在日记中说，梦中时常见到以前的占星师，困而不得脱。

---

[1]　See Harkness 1999, 127.

[2]　Ibid., 20-21.

[3]　Ibid., 22.

7

194

罗马的预言，怀疑论与天体秩序

　　哥白尼谨慎而优雅地向保罗三世献上了《天球运行论》，这位教皇明白，在最适合的时刻应该向谁寻求占星建议，为其家族在梵蒂冈宫的一席之地奠定基础；但没有迹象表明，在此之前他的占星师们向他预言了一部行星理论的学术著作的到来。保罗埋头于其他事务。一个多世纪以来，极力主张精神与制度更新改革的声音日渐高涨。[1] 到 16 世纪中期，罗马教廷集中了全部精力应对"德国分裂主义"带来的文化与政治分裂效应，以维护自身的传统权威。同时，哈布斯堡王朝军队于 1527 年发动的罗马之劫（Sack of Rome）的记忆，依然如阴霾一般萦绕在克雷芒七世（1523—1534）及其继任者保罗三世（1534—1549）的疆域之上。[2] 自保罗统治的最后几年起，天主教的回应呈现出或防御或革新的多种形式。由西班牙贵族依纳爵·罗耀拉于（Ignatius de Loyola，1491—1556）1542 年创立

---

[1]　See Hsia 1998, 10-41; Bireley 1999, 25-69.

[2]　See esp. Partner 1976, 25-41.

的耶稣会为教廷带来了崭新而非凡的文化能量与创造力。1545—1563 年（1547—1551 年及 1552—1562 年中断），在意大利特伦托市举行了盛大的大公会议。特伦托大公会议所面对的最重要问题，就是通过恢复严格的教士纪律并更新神学教义，为信徒增加一定的安全感。后者的执行相当成功，而前者则基本失败了。但无论最终实际完成了何种改革，部分新举措形成了委员会、教会与神学家过度控制细节、无限解读教义，以及在社会冲突地区倾向于刻板、教条主义方法的立场——新教徒也以自己的方式促成了这样的气候。[1]

特伦托大公会议一经启动，罗马教廷就接收并研究了哥白尼的著作，但没有将其包括在委员会的正式法令中。即使是第五次拉特兰大公会议（1512—1517）中作为主要议题的历法改革，也没有成为被考虑的主要问题。[2] 教廷认为在其他领域中明确划分合法与非法界限的需求更加迫切：（1）对未来事件进行预知的占卜行为；（2）经文的权威版本；（3）解读圣典的正确注释标准。到特伦托大公会议结束时，人们对这些问题形成的态度与梅兰希顿主义者（Melanchthonian）的主张已经大相径庭。

罗马教廷的《天球运行论》

胎死腹中（负面）的反响

特伦托大公会议中没有讨论哥白尼的理论。[3] 自然哲学议题，甚至历法改革都没有成为讨论的主要问题。[4] 但得益于欧金尼奥·加林（Eugenio Garin）发

195

---

[1]　See Delumeau 1977, 126.

[2]　This statement is based on a study of the indexes of Ehses 1961-76.

[3]　This section is a revised version of a section from Westman 1986, 87-89, a highly compressed article written for a general audience.

[4]　This statement based on a study of the indexes of Ehses 1961-76.

现的一份新文档，如今我们知道大约在会议开始时，教廷最高层内部形成了深思熟虑的反响。《天球运行论》出版一年后，几乎与哥白尼同时代的佛罗伦萨多明我会教徒乔瓦尼·玛利亚·托洛桑尼（Giovanni Maria Tolosani，1470/1471—1549）完成了一篇长文为其辩护，名为《关于圣典的真理》（*On the Truth of Sacred Scripture*）。[1] 托洛桑尼的论文从未发表，其研究的对象正是即将在特伦托进行讨论的问题。1546—1547 年，托洛桑尼添加了一系列针对多个主题的"短篇文章"：教皇的权力与教廷委员会的权威、历法修订、天主教与异教徒之间的冲突、因信称义与因行称义、红衣主教的尊严与职责，以及教廷的结构。因此托洛桑尼成为了教义方面的顾问，并在罗马教廷获得了较高的身份。另外，他还是一位能力超群的天文学家。他撰写了一篇关于历法改革的文章，与哥白尼不同，他在立法委员会负责人、米德尔堡的保罗的命令下实际参与了第五次拉特兰大公会议。[2]

早在 1544 年，托洛桑尼就获得了一本《天球运行论》。在哥白尼的授权下送到教皇手中的可能就是同一本（但我们无法确定）。没有直接证据表明哥白尼事先安排了对罗马献词的措辞；如果确有其事，他应该会提到。当然，路德教徒雷蒂库斯由于其在维滕堡的显耀交际，无法在此事上充任中间人。如果不向庇护人献词，作者可能会被认为违反法纪或势单力薄；除此之外，一本著作能否得到庇护人对其内容的认可是不确定的。如一位英格兰作家在 1620 年所说，缺少了献词，庇护人就会"怀疑要么作者没有值得交的朋友，要么作品不值得

---

[1]　Biblioteca Nazionale Centrale di Firenze: Tolosani 1546-47, with the provenance of the important monastery of San Marco in Florence.

[2]　See Marzi 1896.

赞助"[1]。理想情况下,庇护人应阅读并赞同著作的观点,从而为作者提供保护,[2]但如果将作品交给了与作者不相识的庇护人,那作者就只能指望通过论证的说服力来争取潜在的庇护人与其他读者。哥白尼向教皇献书一事,似乎是最合理的解释了。

然而,不能排除哥白尼从第五次拉特兰大公会议起就结识了托洛桑尼的可能性,也许哥白尼请求直接将一本作品交给他,因为凭借其数学家的身份,他与米德尔堡的保罗一样有资格评估哥白尼的假说。[3] 显然,托洛桑尼收到《天球运行论》时正在忙于自己那部关于教廷与圣典的长篇著作,因为他将针对《天球运行论》第 1 卷的扩展意见加入了自己的作品,作为 12 项附加作品中的第 4 项。[4]

这与哥白尼理论在维滕堡受到热烈欢迎(恰好在同一时间)形成了鲜明对比。在教廷上,没有雷蒂库斯宣传这部作品的理论价值,没有莱因霍尔德将最新的模型翻译成表格,也没有梅兰希顿向潜在的庇护人推荐它的预期效用。不论哥白尼本人对教皇及其手下的数学顾问有多少了解,没有人知道教皇是否阅读了那段专门为他小心撰写的序言。[5] 而且托洛桑尼既没有提到教皇也没有提到哥白尼的序言。我们能够确定的是,这位博学多闻的多明我会教徒并没有怀着赞许的心情阅读哥白尼的著作。

---

[1]   Scudder 1620, sig. A3(cited in Bennett 1970, 26).

[2]   See, for example, Sir Richard Barckley, *The Felicite of Man* (1631):"All bookes should be protected by such noble patrones whose dispositions and indowments have a sympathy & correspondence with the arguments on which they intreate" (cited in Bennett 1970, 31).

[3]   If this copy has survived, it lacks Tolosani's provenance.

[4]   Tolosani 1546-47, fols. 339r-343r: "De coelo supremo immobile et terra infima stabili ceterisque coelis et elementis intermediis mobilibus." The entire text of this little work is transcribed by Garin 1975. All citations are to the Garin transcription, although I have also noted a few discrepancies with the original. See further Granada 1997a; Lerner 2002; Rosen 1975b.

[5]   Andrzej Kempfi (1980, 252) believes that there was a hardening of the papal attitude between the last years of Clement VII, who, as chap. 4 shows, was introduced to Copernicus's ideas through Johann Widmanstetter in 1533, and the time of Bartolomeo Spina, Master of the Sacred Palace from July 1542.

托洛桑尼在天文学方面肯定是有所研究的，亚里士多德的自然哲学、基督圣典，以及他本人偏爱的评论家托马斯·阿奎那，都影响了他对《天球运行论》的阅读。托洛桑尼没有对《天球运行论》第 1 卷之外的话题进行评论，这显然是有意选择，而不是没有完整地阅读。他的批判策略集中在物理学与神学方面的缺陷，并且毫不犹豫地贬低了作者作为读者与思考者的败笔。"尼古拉·哥白尼，"他轻蔑地评论道，"既没有阅读也没有理解哲学家亚里士多德与天文学家托勒密的理论。"[1] 而且，托洛桑尼似乎完全不知道是奥西安德尔增加了"序言"，这个秘密在纽伦堡 – 维滕堡当地是众所周知的，可是他并不在其中。

不过，至少他在阅读的时候足够机敏与细心，发觉了"序言"不是哥白尼写的，而是某个"未知作者"的手笔。[2] 但托洛桑尼没有以维滕堡所赞成的温和方式对"未知作者"的评论做出解释。他直接引用了"序言"中的一段话，[3] 不过，和奥西安德尔不同，他做出的解释对哥白尼进行了强烈批评："根据（"序言"中的）这些文字，谴责了本书作者的愚蠢之处。因为他（哥白尼）试图通过愚蠢的努力让不堪一击的毕达哥拉斯观点死灰复燃，该观点明显与人类理性相悖，并且与圣典背道而驰，早已遭到抛弃与毁灭。由此，圣典的天主教解读者与固执地拥护这一错误观点的人之间就会很容易出现分歧。"[4]

---

[1] Garin 1975, 38: "Ut facilius lectores cognoscant Nicolaum Copernicum non legisse nec agnovisse ra tiones Aristotelis philosophi ac Ptholomaei astronomi."

[2] . Ibid. : "Haec ille ignotus author."

[3] Ibid. : "Unde author ille cuius nomen ibi non annotatur, qui ante libri eius exordium loquitur 'ad lectorem de hypothesibus eiusdem operis,' licet in priori parte Copernico blandiatur, in calce tamen verborum, recte considerata rei veritate absque assentatione sic inquit: 'Neque quisquam (quod ad hypotheses attinet) quicquam certi ab Astonomia expectet, cum ipsa nihil tale praestare queat, ne si in alium usum conficta [m] pro veris arripiat, stultior ab hac disciplina discedat quam accesserit.' Haec ille ignotus author."

[4] Ibid. : "Ex quibus verbis authoris eiusdem libri taxatur insipientia, quod stulto labore conatus fuerit Pictagoricam confictam opinionem iam diu merito extinctam deuno suscitare, cum expresse contraria sit rationi humanae atque sacris adversa literis, ex qua facile possent oriri dissensiones inter divinae scripturae catholicos expositores et eos qui huic falsae opinioni pertinaci animo adhaerere vellent."

托洛桑尼的阅读满足了他自己辩护的需要。通过将《天球运行论》定义为"毕达哥拉斯观点"的复辟，他将该作品明确定位于亚里士多德－托马斯主义框架中，而哥白尼采用的是托勒密理论框架。正如亚里士多德驳斥了毕达哥拉斯学派的观点，托洛桑尼作为信仰守卫者距此仅有一步之遥——完全符合他为圣典真理所撰写的作品："我们写下了这篇短文，目的是避免这桩丑闻。"因此，虽然托洛桑尼很乐意将"序言"作为反击《天球运行论》的武器，但是他无法在接受这封信的怀疑性观点的同时还确信天文学。

不过，虽然托洛桑尼在提出自然哲学主张时正确阅读了《天球运行论》，但他没有与序言中提出的关键论点进行交锋。其中没有提及贺拉斯式的暗喻，也没有证据表明托洛桑尼了解《第一报告》的比喻与逻辑。虽然如此，他不仅满足于根据托勒密－亚里士多德物理理论推翻哥白尼的物理学主张，还选择了将《天球运行论》明确定位在托马斯主义学术等级结构中，并且指出这一理论违反了分类原则。

他（哥白尼）的确是数学与天文学领域的专家，但他非常缺乏物理与逻辑知识。此外，他对圣典（的解读）似乎并不熟练，因为他违反了其中很多原则，不无欺骗自己和本书读者之嫌……低级的科学会接受经过高级科学证明的原理。的确，所有科学都如此相互连接，下级需要上级，如此相辅相成。其实任何天文学家的知识体系都不完整，除非他先研究了物理学，因为占星学假定了自然天体和这些自然（天体）的运动。要想成为完全的天文学家与哲学家，就必须通过逻辑推理明白如何分辨真理与谬误，并且掌握论证方式，具备艺术、哲学、神学以及其他科学所需要的知识。由于哥白尼并不理解物理与逻辑科学，因此他错误地持有这种（毕达哥拉斯主义）观点，并忽视这些科学而将谬误作为真理就不令人意外了。召集通晓这些学科之贤士，让他们阅读哥白尼提出地动星静理论的第 1 卷。他们一定会发现他的论证非常无力，可以被轻易戳穿。因为向长久以来每个人都接受的、具有坚实论据的观点提出异议是愚蠢的行为，除非反驳者能用更为强大并且无法撼动的实证，彻底推翻前面的论据。但他（哥白尼）丝毫都没有做到。[1]

托洛桑尼的评价开启了对哥白尼的论战。它表明典型的天主教徒会强调传统的重要性，特伦托大公会议的决定更是加重了这种强调。大公会议提出，正如没有人会轻易抛弃教父的观点，因此也没有人会轻易放弃长期建立的物理学与天文学观点。奥西安德尔试图通过强调在天文学中数学与物理学是相互独立的，从而为哥白尼的著作提供保护，托洛桑尼则指出，为了保证结论的真实性，天文学必须依赖更高等的物理学和神学。凭借高贵的主题与悠久的传统，物理学与神学比数学更高级。[2] 托洛桑尼说，哥白尼错误地"仿效了毕达哥拉斯学派"。

他提出了一个错误的物理主张，即太阳（一个不可动摇的天体）位于宇宙（一个随时变化的地方）中心——正如毕达哥拉斯学派的信徒错误地将一种元素（火）放在了中心，但是实际上这种元素会自然地离开中心。

托洛桑尼的这篇短文以如下重要启示结尾："神圣与使徒宫的主人已经计划对这本书进行判决，但受阻于疾病与死亡，他无法实现这一目的。但是为了捍卫真理，为了维护圣教会的共同利益，我在本文中小心谨慎地完成了这项工作。"[3] 神圣与使徒宫的主人是托洛桑尼的朋友、重权在握的巴尔托洛梅奥·斯皮

---

[1] Ibid., 35, 39-41: "Aristoteles vero in 2. de coelo et mundo, textu commenti 72, proponit rationes Pictagoricum et inde solvit eas. Tandem ponit et exprimit opinionem sua iuxta rei veritatem, textu commenti 97, de loco et quiete terrae et per naturales rationes et per singa astrologica. Mittimus ergo lectorem ad librum secundum Aristotelis de coelo et mundo, et ad commentarios divi Thomae super eum, lectione 20, 21, et 26, ubi plena veritas manifestatur" (Aristotle, *De Coelo*, bk. 2, chap. 14, 296a 24-297a 8; Thomas Aquinas, *In Aristoteli Libros de Coelo et Mundo Expositio*).

[2] For important discussions of the doctrine of subalternation, see McKirahan 1978; Livesey 1982, 1985.

[3] Garin 1975, 42.

纳（Bartolomeo Spina），他参与了特伦托大公会议的开幕会，但卒于 1547 年初。[1]
托洛桑尼对哥白尼的批判虽然非常尖锐，但并没有证据表明他的批评得到了高度
重视，不论是使徒宫的新主人还是教皇本人都没有重视。在此期间，本着特伦托
大会精神撰写的未出版手稿有可能被搁置在了佛罗伦萨圣马可教堂的多明我会图
书馆中，等待某位新控告者前来使用。有证据表明，后来有位多明我会教徒托马
索·卡契尼（Tommaso Caccini）阅读了这篇文章，而他于 1613 年 12 月在佛罗伦
萨发表了一篇强烈批判伽利略的布道文。[2] 然而，直到卡契尼出现之前，托洛桑尼
的观点变成了"乏人问津"的鸡肋，在天主教社会无人响应；之后整个 16 世纪都
没有任何天文学家或哲学家在神圣目录或宗教法庭正式禁令下进行工作。

神圣目录与天文学

在保罗四世（1555—1559）担任教皇职务的短暂任期内，宗教法庭的权力
大大增长，罗马犹太人被限制在新的隔离区内，而主要改革者（包括伊拉斯谟
和梅兰希顿）的所有著作都在罗马被禁。[3]1559 年的罗马目录和 1564 年的特伦
托目录标志着一场将目录的权力收归罗马，而不再分配给教区检察官的运动。[4]
特伦托大会的最后两次会议（1562 年 2 月 25 日，1563 年 12 月 3—4 日）上，
委员会为了确立一系列长期的地方审查机制，建议建立一个出版书籍的列表，
规定不经权威校正或特殊批准，禁止天主教徒阅读这些书籍〔"禁书目录"（Index

---

[1]　Spina presented articles concerning baptism and justification（Ehses 1961-76, 12: 676, 725）; he was
succeeded on his death by the Bolognese Domincan Egidius Fuschararus（ibid., 5: 728 n.）.

[2]　. Caccini's deposition, March 20, 1615（Finocchiaro 1989, 136-41）.

[3]　Partner 1976, 45-46.

[4]　Bujanda 1994, 22.

librorum prohibitorum）〕。[1] 最终教会在 1571 年 3 月成立了禁书审定院。[2]

　　但当目录正式建立时，改革者们的主要作品已经涌进了市场，而有关天体的文学著作横扫欧洲，如洪水般势不可当。如何控制这样的洪水呢？实际上，禁书目录中有一定程度的变化和重复，而且分类策略也在持续演变。按照规定，地方目录（在特定城市发行）一般会列出大量神学著作的题目；但在 16 世纪 40 年代，谴责特定的作者而非其作品的做法越来越普遍。根据作者而不是题目分类的行为显然与作者的宗教信仰有关，至少这减轻了审查官的工作，因为他们不必决定特定的书（甚至特定段落）是否需要禁止了。禁书目录包括了许多作品被归入天文学类别的作者，但他们仅仅因为撰写了有异议的神学作品，甚至因为结交了杰出的新教改革者或统治者就被判有罪。[3] 例如，1559 年目录中的保罗四世列表中包括了许多来自维滕堡势力范围的作者的姓名（而不是作品）。除了梅兰希顿本人，我们还发现了阿基利斯·皮尔明·加瑟、安德列亚斯·奥西安德尔、卡斯珀·比克、西普里安·利奥维提乌斯、伊拉兹马斯·奥斯瓦尔德·施赖肯法赫斯、哈特曼·拜尔（Hartmann Beyer）、雅各布·麦里修斯（Jacobus Mylichius）、约阿希姆·卡梅拉留斯、约翰·卡里翁、约翰·勋纳、维多利纳斯·斯特里格留斯，并且首次发现了格奥尔格·约阿希姆·雷蒂库斯。[4] 值得注意的是伊拉兹马斯·莱因霍尔德并不在其中——更令人惊讶的是，如我们所知，莱因霍尔德指出了他的《普鲁士星表》之于路德教会的特别价值，而且以勃兰登堡公爵（世袭）命名。[5] 与莱因霍尔德的《普鲁士星表》一样，勋纳也将《本命占

---

[1] See Blackwell 1991, 13.

[2] Bujanda 1994, 22.

[3] Thorndike（1923-58, 6: 147）makes a similar point about "the occult."

[4] "Index Paulus IV ... January 1559," in Reusch 1961, 176-208.

[5] Nonetheless, Reinhold's *Commentary on Peurbach* is listed on the Rome Index in 1590 （Bujanda 1994, o82E）, and his name has been crossed out, probably by the 1572 owner, on a copy once held by the Biblioteca Nazionale di Roma （now Huntington #701416）, which contains many books from the Collegio Romano. Albert of Brandenburg appears on the Munich 1581 Index （Reusch 1961, 344）.

星三书》献给了阿尔布莱希特公爵，但它的序言来自梅兰希顿，可能因此而被列入了目录，例如国家图书馆的副本曾经因宗教指令而被藏于禁书图书馆。[1]

198

除了根据作者身份进行批量封禁，1559 年的目录还对占卜著作规定了其他危险类目，这些著作在 1586 年受到了教皇诏书的全面制裁：

> 所有（关系到）手相（手掌纹路）、面相（面部特征）、气候占卜（天气现象）、泥土占卜（小石、谷粒或沙砾的散落）、水占卜（水的颜色、涟漪和波浪）、姓名占卜（名字中的字母）、火焰占卜（火），或妖术（黑暗或邪恶的魔法）的书籍与著作，或者关于预言、巫术、预兆、肠占卜（根据动物肠道进行占卜）、咒语，根据魔术或判断占星术对未来的或有事件或偶然事件的结果进行占卜——除去用于导航、农耕或医学艺术，并且由自然现象观察组成的书籍与著作。[2]

自那以后，这段文字以及上述重要排除条款成为了禁止所有此类书籍的标准规定。[3] 而且有趣的是，这些合法的预言领域刚好是皮科选出的领域。[4] 因此，虽然天主教廷并没有完全排除某些占星学，但它对魔法与占卜的全面诅咒实际上将自己与梅兰希顿和比克对立起来，后者声明有些魔法、预言与先知并不邪恶。但虽然比克为个体读者（以及大学或监督委员会和世俗法庭）敞开了大门，让他们自己来决定何为邪恶，但宗教法庭指定作者、印刷商与城市的行为几乎没

---

[1] Schöner 1545（"Ne extra hanc Bibliothecam efferatur. Ex obedientia"）. The same label is found in the same location on the frontispiece of G. B. Riccioli's *Almagestum Novum*（Bologna, 1651）, held by the Stanford University Library, reproduced in Westman 1994.

[2] Reusch 1961, 196-97. This declaration was anticipated by the less refined 1554 Indexes of Milan and Venice, wherein the inquisitors used a generic listing of the form "［All］Books of —— ," without making any exclusions（ibid., 175）.

[3] See, for example, the 1593 Rome Index, "Rule 9"（Bujanda 1994, 857）.

[4] Pico della Mirandola 1496, bk. 3, chap. 19.

有给人们留下任何想象空间。[1]

这种封禁手段在逐渐发展，但是并不完善。至于列表的成功，布罕达（Bujanda）发现正是由于审查员从未掌握材料，列表才会出现"误传的姓名、歪曲的题目、重复或交叉的禁令。这些差错，这些谬误，这些误解，明显表现了负责收集并交流这些信息的不同等级的官员在文化与智力方面的局限性"[2]。

在此我们只列举这些官员在建立清单时所做的一些笨拙尝试。在教廷开始按照类别排除书籍之前，官员们负责列出明确的书籍题目。例如，1549 年，威尼斯审查官乔瓦尼·德拉·卡萨（Giovanni dela Casa）收录了奥西安德尔的《关于世界末日与世界终结的猜想》；1550 年，索邦神学院明确收录了卡当的《事物之精妙》；[3]1559 年，虽然保罗四世的目录已经建立了魔法与占卜的一般类别，但他的审查官依然认为有必要指定卢卡·高里科的《占星术》和《判断占星学》。[4]不过还有其他的分类策略。安特卫普地区（1571 年）指定了以下学科的某些作者：神学、法理学、医学、哲学、数学，以及自由艺术。前文提到的数学家中，除了彼得·拉穆斯，其他所有人都来自帝国著名新教法院、大学以及城市：西普里安·利奥维提乌斯（巴列丁奈的奥特－海因里希法院），伊拉兹马斯·奥斯瓦尔德·施赖肯法赫斯（巴塞尔、弗莱堡），卡斯珀·比克（维滕堡），威廉·克胥兰德（William Xylander，海德堡），约翰·勋纳（纽伦堡），塞巴斯蒂安·西奥多

---

[1] See Franz 1977.

[2] Bujanda 1994, 35-36: "Noms déformés, titres bouleversés, prohibitions qui se répétaient ou se chevauchaient, précisément parce que les censeurs n'arrivaient pas à dominer la matière. Toutes ces erreurs, ces imprécisions, ces incompréhensions montrent d'abord, et d'une manière évidente, les limites culturelles et intellectuelles...des fonctionnaires qui, à divers niveaux, recueillaient et transmettaient les informations."

[3] Reusch 1961, 99. The Venetian Inquisition had begun to confiscate and burn books in 1547; in July 1548, the copy of Osiander's book owned by the printer Antonio Brucioli was one of several burned (see P. Grendler 1977, 82).

[4] Reusch 1961, 194.

里克（维滕堡）和塞巴斯蒂安·明斯特（纽伦堡）。[1]1580 年的帕尔马目录收录了约翰内斯·加尔克乌斯的《占星方法》(*Astrologiea Methodus*)与马尔西里奥·菲奇诺的《从天体获得生命》(*De Vita Coelitus Comparanda*)，但没有包括安特卫普目录列出的条目。[2]1581 年的葡萄牙目录进一步扩大了撒网范围。其警告了所有出版于苏黎世、巴塞尔、沙夫豪森（Schaffhausen）、日内瓦、图宾根、马尔堡、纽伦堡、斯特拉斯堡、马格德堡（Magdeburg）、维滕堡的书籍。而且还对极度危险的出版商建立了"名人录"：安德列亚斯·克拉坦德（Andreas Cratander），巴尔托洛梅奥·奥斯特米尔斯（Bartholomeus Ousethemerus），约翰内斯·赫尔瓦根，约翰·奥帕里努斯，罗伯托·斯蒂芬努斯(Robortus Stephanus)，克里斯托法鲁姆·弗洛斯科夫勒斯（Christophorum Froscoverus），（马尔堡的）克里斯塔努斯·伊格诺夫斯（Christanus Egenolphus），亨里克斯·彼得雷奥（Henricus Petreiua），托马斯·沃尔夫斯（Thomas Wolfius）和克拉图·米利厄斯（Crato Milius）。1583 年，西班牙目录尝试了另一个战术。它禁止了 1515 年后异教领袖（异教创始人）出版的所有书籍；但它谨慎地标注了"除非其提到上述异教创始人，否则天主教书籍不受禁止"[3]。由于奥西安德尔的身份已经与"序言"公开联系在一起，《天球运行论》可能正因如此才很早就遭到了谴责。

归入正统

199

来自特伦托的专业意见

目录制定了指导禁止危险书籍工作的普遍规则，这促使人们需要得到专

---

[1] Reusch 1961, 321-22. Also included were Jacobus Zicolerus, Joachim Vadianus, Martin Crusius, Martin Borrhaeus, and Michael Saselius. Not until the Munich Index of 1581 do we find Johannes Garcaeus listed（p. 347）.

[2] Ibid., 586-87.

[3] Ibid., 381.

业意见来描述并解释信仰的正确条件，并且指导审查措施的实施。特伦托对整个天主教学术界产生了巨大的影响；一部能够表现特伦托市地位的早期尤其有影响力的作品就是迈克尔（米格尔）·梅迪纳〔Micheal（Miguel de）Mdedina，1489—1578〕的七卷本《基督徒的劝勉，或关于对上帝的正确信仰》（*Christianae Paraenesis siue de Recta in Deum Fidei*，威尼斯，1564）。梅迪纳是方济各修会的成员；1550 年他当选阿尔卡拉大学（University of Alcalá）的圣典主席，1560 年菲利普二世派他参加特伦托大公会议。虽然后来对梅迪纳正统身份的怀疑使他被监禁于托莱多，但他仍是西班牙出席大公会议的主要代表。[1]

梅迪纳这部密集而详尽的大部头著作共有约 289 页，其唯一的目的就是确定正统信仰的根据。仅仅第 2 卷就有将近 80 页。它囊括了所有形式的占卜、预言和魔法，对古代与当代权威进行了丰富的引证。梅迪纳的写作用词清晰，与通常冗长而学术性的用词风格有明显的差别，从而使虔诚的信徒能够避开邪恶。

第 2 卷第 1 章的主要论点就是梅迪纳所谓的"预言性先知"[2]。其目标是对人类预知未来事件的行为进行分类，并甄别出其中危险的类别。这个问题有重要的神学先例，尤其是司各脱派哲学家对于未来偶然事件的讨论。但如我们所见，梅迪纳的权威不仅限于神学家。的确，他通过将自身与"古代教廷神父和多名异教哲学家"相联系，为自己的精神权威打下了广泛基础——最显著的就是西塞罗的《论神性》。但他这方面知识的主要来源是乔瓦尼·皮科·德拉·米兰多拉及其侄子贾恩·弗朗西斯科·皮科。[3]

此二人中，梅迪纳更多地借鉴了较年长的皮科。在他集中批判占星家的 10 页文章中，乔瓦尼·皮科的名字出现了至少三次，即使在没有明确提及皮科的名字时，梅迪纳的思想来源也很明显：例如，他的论述一开始就承认了存在基

---

[1] *The Catholic Encyclopedia*, 10: 144. Medina was posthumously exonerated.

[2] Medina 1564, bk. 2, chap. 1, fol. 9v: "Prophetica euentuum praenunciatio; de prophetico euentuum uaticinio."

[3] Ibid., fol. 15v.

于自然知识进行合理预测的领域。[1]梅迪纳认为，通过组合不同的经验或收集近因与远因，就会使这样的预测成为后验的判断。其实这种预测理论正来自皮科以及在他之前的尼古拉·奥雷姆认为可以接受的领域：农业、航海与医学。梅迪纳还在这些皮科主义者的原则中加入了其他的几个占卜类别——根据身体占卜（相术），包括面相（利用面部特征）、手相（手部）、足相（足部）；根据元素占卜，包括气象占卜（空气）、水占卜（水）、泥土占卜（泥土），以及火焰占卜（火）；根据梦占卜（解梦）。

以上每个领域都与占星术有关（例如"占星相术"）。[2]梅迪纳的中心论点是定义"迷信的"与"神学的"占卜形式之间的界限。例如圣典中包含受到神启的梦境；但占星术则是许多迷信行为的来源。

梅迪纳以多种角度进行论证。他结合了古代权威，利用学术先例来支持自己的立场。他尤其欣赏西塞罗并引用了他的文献，之后他谴责"判断占星术"是迷信的，并将其称为迦勒底人、巴比伦人与埃及人"无用的发明"。他将这种用于审判的占星术从"理论占星术"中分离出来，显然他指的是理论天文学而不是《占星四书》中的占星学原理。[3]他还引用了塔西佗（Tacitus）的观点："数学家（人们通常对他们的称呼）……这一类人背叛王公，欺骗信任自己的人，总是被禁止但从未被驱逐出我们的城市。"[4]

梅迪纳还提出了质疑性的问题，例如：如果占星术是合法的学科，为什么占星家的预言中有如此多的错误？

预言的用词为什么都如此模糊不清？如果占星术缺乏足够的现实与超现实

---

200

[1] Medina 1564, fols. 1or, 2or-v, 24r, 28r.

[2] Pico della Mirandola 1946-52, bk. 3, chap. 19, 357-63: "Cur nautae, medici, agricolae, vera saepius praedicant quam astrologi."

[3] Here is a good example of the way that the interchangeability of the terms *astrology* and *astronomy*, noted earlier by Reinhold and Peucer, can lead to confusion among historians.

[4] Ibid., fol. 16v.

基础，为什么还可以自称为科学？

　　随后梅迪纳批判了将亚里士多德的《气象学》作为证明行星影响的物理基础的做法。[1] 如第 4 章所述，梅兰希顿使人们注意到了亚里士多德针对天象对地球的因果影响所做的（有限的）陈述有不足之处。但梅兰希顿将此看作改进了亚里士多德的描述，而梅迪纳所强调的观点则与之相反：亚里士多德从没有意愿表明天体会产生隐形的“流”。他认为，主要是太阳对地球产生影响，因为天体的光会产生（progignitur）热量，而且光线遇到固体时会反射或折射。由光的活动产生了感官特征（热、冷、湿、干）。因此，天体本身“实质上而不是形式上”具有产生地球上物体的能力。[2] 另一方面，占星术的辩护者（梅迪纳特别引证了卢西奥·贝兰蒂）编造了故事与小说，他们称是行星的影响产生了金、银、铜等物质。但是其真正的成因是太阳的天然热，它如父亲的精子一样，作为“形成的功德”（formative virtue）温暖了地球母亲的子宫，使各种元素混合从而产生金、银、铁等物质。

　　梅迪纳提出了重要的皮科主义主题：围绕占星学规则与权威的无休无尽的争论。据称有许多占星术持续了几个世纪，经历了多个文明。在这些通常相互矛盾的教义中，应该将哪一个作为占星预言的可靠基础呢？以黄道不同宫位的天体为例：“不朽的上帝，有多少不同的声音啊：埃及人这样教，阿拉伯人那样教，希腊人又不一样，拉丁人不一样，古人不一样，现代人不一样，托勒密不一样，保罗不一样，赫利奥多罗斯不一样，马尼利乌斯不一样，（费尔米库斯·）马特尔努斯不一样，（哈里·）阿本拉吉不一样，约翰内斯·雷吉奥蒙塔努斯又不一样。那我们应该相信哪一个是真正的占星学呢？因为他们都声称自己的占星术与经

[1]　Aristotle 1962b, bk. 1, chap. 2, 339a 11 22 ff.: "This ［terrestrial］ region must be continuous with the motions of the heavens, which therefore regulate its whole capacity for movement: for the celestial element as source of all motion must be regarded as first cause" (etc.). See North 1986b, 46.

[2]　Medina 1564, fol. 17.

验相符。"[1]

占星学还有其他争议之处，这更增加了这种不确定性。占星家们不能确定宇宙中有多少天球，因此（作为对哥白尼序言的附和）他们对同心、偏心与本轮轨道存在争议。梅迪纳按照历史顺序援引了多种权威理论。上至卡斯提尔的阿方索国王时代，例如，许多人认为只有八个天球〔他引证了柏拉图《蒂迈欧篇》，亚里士多、"柏拉图的学生"欧多克索斯（Eudoxus）、阿威罗伊、"占星学之父"托勒密，以及大阿尔伯图斯〕。另一方面，"巴比伦的赫尔墨斯的追随者"相信存在九个天球〔他引证了拉比（Rabbi，犹太教士——译者注）伊萨克（Isaac），阿尔比特鲁吉，萨比特·伊本·库拉，阿方索，拉比亚伯拉罕·伊本·埃兹拉、亚伯拉罕·扎库托（Rabbi Araham Zacuto）以及利维·本·热尔松（Rabbi Levi ben Gerson）〕。与拉比不同，当时普遍认同的是大阿尔伯图斯的十天球观点。最后，还有人认为不存在天体物质，他们信奉普林尼，认为行星在"空气空间"（in aëris spatio）中运动，此空间在土地与水之上延伸。[2]

对于多少种运动属于导致了岁差的第八天球——一种还是多种，学者们也存在争议。同样，天球参数的定义方法也有所不同。雷吉奥蒙塔努斯和查尔卡里（Arzachel）信奉萨比特的观点，在"头部"也就是与第九天球的昼夜平分点对相（白羊座与天秤座）加入了两个小圆。这两个圆的缓慢运动使第八个天球的昼夜平分点产生了振荡运动。但这些参数本身也带来了问题。查尔卡里认为"头部"与"定点"（即白羊座的第一点）相距 10 等份；萨比特的定位为 4 等份，距离约为 9—10 分，而雷吉奥蒙塔努斯认为距离不超过 8 等份。梅迪纳从这些差异中得到了预测性的皮科派结论：不仅对正确陈述的选择存在争议，即使对模型达成一致的人之间也针对具体参数有不同意见。[3]

---

[1]　Medina 1564, fol. 17v.

[2]　Ibid., fol. 18r.

[3]　Ibid.

在16世纪完全无序的引证实践中，学者们（特别是与西班牙皇室有关系的人）通常会随意地在自己的学科中引用各种符合自身立场的权威人物。

为了提供令人信服的证词，梅迪纳常常不论古今胡乱拼凑多个权威人物。因此确信度比较低的资料信手拈来。梅迪纳建立了一份无情的清单，列举出了以他的学术术语称为"奇异的"（即不同的）不确定性与权威类别的人物。梅迪纳对权威的归类同样很不同："著名占星家"，"重大的"或"最尖锐的哲学家"，"熟练的数学家"，"拉比"，等等。[1] 如此众多的权威人士更增加了导致行星运动知识陷入危机的不确定性。举例来说，这些权威人士对第八天球移动一度所需的时间持有不同观点：托勒密（100年）；阿尔巴塔尼（60年），与他持相同意见的有拉比利维和亚伯拉罕·扎库托，以及校订表格后的阿方索国王；查尔卡里（75年）；希帕克斯（78年）；拉比约书亚、摩西·迈蒙尼德（Mose Maimonides）、托莱多的亚伯拉罕·伊本·以斯拉和阿里·阿本罗丹（70年）；雷吉奥蒙塔努斯（80年）；最后，阿格斯提诺·里奇（66—70年）。和这些各不相同的数值不同的是，拉比扎库托认为两颗在直径上对置的星体完成循环需要144年，他跟里奇一样是根据印度的传统作出的推断。[2]

棘手的不只是第八天球。许多重要的观测结果对行星的位置做出了不同的判断：火星的位置、太阳进入春分与秋分点的时间，以及太阳与其他行星的关系。梅迪纳将这些疑问列举如下：

据（奥卢斯·）盖里乌斯（Aulus Gellius）称,（阿尔勒的）法沃里努斯（Favorius of Arles）在他的《反对本命盘的演讲》（*Oration Against the Genethlialogues*）中赞成火星的运动在整个占星学科中是未知的；杰出的占星家约翰内斯·雷吉奥

---

[1]　Mrdina used the Scholastic term *difformiter*, referring to a body's nonuniform motion.

[2]　Medina 1564, fol, 18-18v.

蒙塔努斯在《致布兰奇努斯的信》（*Letter to Blanchinus*）中真诚地对这一事实表示悲哀；200年前，著名占星家纪尧姆·德·圣克劳德（Guillaume de St. Cloud）在他的观察记录中重新计算了其（火星的）运动误差；拉比利维（本·热尔松）认定不可能确定太阳进入昼夜等分点的时间；另外，对于天空的形状与形式以及固定的星体，印度人、迦勒底人、埃及人、阿拉伯人、希伯来人的叙述方式都各不相同，提摩太（Timothy）、希帕克斯、托勒密和当代人的观点也不尽相同。

权威人士之间意见不合，这正与天主教神学教义的中心准则相悖：教会神父之间达成共识。在关于天文知识最后的重要主张中，梅迪纳再次利用了一连串的权威以强调争议：

不论如何，最引人注意的（主张）是：埃及人、毕达哥拉斯、蒂迈欧·洛克路斯、柏拉图、亚里士多德、欧多克索斯、托勒密的评论者西翁，以及几乎所有的希腊哲学家都将太阳定位在第二天球。另一方面，阿那克西曼德（Anaximander）、迈特罗多鲁斯·奇乌斯（Metrodorus Chius）和克拉特斯·特巴努斯（Crates Thebarus）将其作为最高的行星。迦勒底人、阿基米德与克劳蒂斯·托勒密将其定位在第四天球；但与所有人（哲学家）不同，色诺克拉底（Xenocrates）认为所有行星与其他星体都在天空表面移动，这与天文现象以及正确的哲学都不矛盾。

在权威意见相左的混乱背景下，梅迪纳最终来到了他自己所处的时代：

尼古拉·哥白尼用强大的推理能力得出了一个观点，（对许多博学之人来说）这个观点几百年来都无人问津，而且被古代占星学所摒弃。他大胆地主张太阳位于世界中心，地球在运动，另一方面，天空是静止的〔正如某些古人以及切利奥·卡尔卡尼（Celio Calcagnini）有关地球运动的观点〕，而且地球并不在天空中央，而是像星球一样在其中急速飞驰。这一切都表明——即使不实（因为我无法比其他人对这一观点更有信心）——即使是研究天体本质的最可靠的人经过长期研究，也很难有能力取得进展。[1]

一方面，梅迪纳对哥白尼的表述使人回想起10年前托洛桑尼的描写：哥白尼会被看作一个复兴古代"观点"的哲学家，权威人士可能对这一提议表示同意或反对，但不会将他看作一个天文学家，认为他提出了值得进一步调查的假设。虽然方济会修士梅迪纳的表述很消极，但他比多明我会教徒托洛桑尼的态度温和得多。他没有抨击哥白尼的能力，也没有嘲笑《天球运行论》的学科地位，也没有将它与圣典段落以及亚里士多德的《物理学》中的主张进行比较。梅迪纳通过对哥白尼的"观点"进行简短总结，进一步论证了自己的主张：人类预言的天文学基础是不确定的。

占星学、天文学，以及后特伦托时代天文学中数学的确定性

迈克尔·梅迪纳对信仰的辩护并不是天主教神学者最后一次利用皮科对星的科学基础进行严厉批评。但他是在全新的背景之下复兴了皮科派怀疑论：后特伦托时代维护教会传统与特权，以及在非法的自然主义预言与合法预言之间划清界限。梅迪纳的怀疑论在初期提出了一系列问题：如果天文学充满了矛盾，教会可以认可怎样的宇宙知识呢？对于此事，应将教会中哪一方的观点作为权威呢？怎样的知识基础在神学方面是安全、合法而可行的呢？很明显，圣典与

---

[1] Medina 1564, fol 18v.

传统都要求教会对《创世记》中创造的意义做出解释。不仅如此，几个世纪以来教会都称自己对神圣节日，例如复活节的计算持有特权。历法计算不需要任何自然哲学的本体论承诺，但如果逐字逐句阅读圣典，就无法避免涉及天文学中的物理部分。另外，如托洛桑尼所说，对于与教会自身长期联系在一起的自然哲学，不应草率地推翻。

梅迪纳的著作出现后几年内，天主教世界出现了对宇宙的新研究。占星学预言的"强硬路线"在许多地区推行，最明显的是天主教国家意大利。一个重要结果就是独立于占星学，而转向证明天文学的基础。这种发展在不同的作者中表现出了不同的形式，西克斯图斯五世（Sixtus V）1586年颁布的"反占卜法令"对列举非法预言领域的调查实践进行了编纂与正式化，但这一过程至少30年前就开始进行了。

正如约翰·迪伊，这些作者中许多人都和雷吉奥蒙塔努斯在1462年帕多瓦演说中一样，强调了数学证明的必然性。但讽刺的是，虽然对数学基础性优势的宣扬从16世纪60年代开始就成为了战斗口号，但它再次强调了不确定性的持久困境。因为数学证明既可以用于论证占星行为的可行性（利用神学占星术在神学天文学中的稳固基础），也可以用于证明天文学与所有占星学问题之间的独立性。也就是说，如果天文学原理根植于几何学，而几何学证明在认知上与演绎知识同样可靠，那么天文学就不需要通过占星学实践来证明自身的正当性。这方面讨论的最重要的智力来源是雅典柏拉图学院院长普罗克洛斯·狄奥多库斯（Proclus Diadochus，411—485）。

1560年，弗朗西斯科·巴罗齐（Francesco Barozzi）在帕多瓦首次出版了普罗克洛斯《评欧几里得〈几何原本·第1卷〉》（*Commentary on the First Book of Euclid's Elements*）的拉丁语版本。[1] 但如埃克哈德·凯斯勒（Eckhard Kessler）所述，

---

[1] Proclus Diadochus Lycii 1560.

普罗克洛斯的观点早在 1501 年就已经通过乔吉奥·瓦拉（Giorgio Valla）的百科全书《论寻找什么而回避什么》（*Concerning What to Seek and What to Shun*）加入了学术讨论。瓦拉翻译了普罗克洛斯《评欧几里得〈几何原本·第 1 卷〉》的一部分内容，并将其收入了自己的著作，但没有注明原作者。[1] 如我们所见，哥白尼是瓦拉的忠实读者之一，但他显然没有对普罗克洛斯书中的任何数学成分表示赞同。如果瓦拉的学生巴尔托洛梅奥·赞贝蒂（Bartolomeo Zamberti）在 1505 年出版了完整的拉丁语译本，那么普罗克洛斯的影响力在世纪初就会体现出来。[2]1533 年，巴塞尔的出版商埃尔瓦古斯（Hervagius）发行了普罗克洛斯作品的希腊语版本，该版本由梅兰希顿的朋友西蒙·格林艾尔斯（Simon Grynaeus，1493—1541）翻译。格林艾尔斯在简短的序言中称，几何学不仅是研究可感知世界的重要基础，而且从更普遍的意义上讲，他和逻辑学一样是"一切艺术的规则"。唯一的区别在于逻辑学利用通用的推理法则传授知识，而几何学利用示例传授知识。[3]梅兰希顿并没有接受对数学如此强烈的观点，但在他本人的教学改革以及对占星学持有坚定信念的背景下，他显然对这一学科的辩护表示赞同。[4]

1560 年之后，巴罗齐翻译的普罗克洛斯著作的拉丁语译本在意大利激起了关于数学学科地位的讨论。[5] 因此，1560 年后顺理成章地出现了大量作品，吹捧数学（即欧几里得《几何原本》）的价值与范围。除了迪伊为比林斯利（Billingsley）版《欧几里得》撰写的著名序言（1570）外，还有亨利·萨维尔的牛津讲座（1570—1572）、弗朗西斯·弗瓦·德·康达尔（Francois Foix de Candale）翻译的欧几里得《几何原本》（1566），以及彼得·拉穆斯的《学术数学》（*Scholarum Mathematicarum*，1569）。较少为人所知的还有多明我修会的伊尼亚齐奥·丹蒂

203

---

[1] Kessler 1995, 289.

[2] The Zamberti translation was completed in 1539 (P. Rose 1975a, 52).

[3] Kessler 1995, 292.

[4] Pantin 1987.

[5] Giacobbe 1972a, 1972b, 1977; Mancosu 1996, 8-19.

（Egnazio Danti，1536—1586）1577年发表的一张图表，非常详细地总结了数学科学。克里斯托弗·克拉维乌斯显然加入了这场著名的发展运动（他本人的《几何学》在1574年出版），笛卡尔似乎代表了发展的高潮。[1]但如后文所述，开普勒绝对算是其中的卓越人物。

对数学的新热潮并没有阻止在博洛尼亚进行一年一度预言这一悠久传统走向终结。1572年去世的拉坦齐奥·贝纳齐成为了最后一位博洛尼亚年度预言师。占星学没有在大学中完全绝迹，但在贝纳齐的继任者伊尼亚齐奥·丹蒂的作品中，显然转变了对占星学的态度。他在科西莫一世的统治下为托斯卡纳大公爵（1519—1574）做了12年宇宙学家，1575年秋被迫离开了佛罗伦萨的美第奇宫廷，之后才成为博洛尼亚的数学教授。[2]他在宫廷效力期间与柯西莫紧密合作，进行了多个天文学、地理学与工程学项目，包括（成功的）多明我派圣母堂外墙上的大象限仪，（未成功的）从伊特鲁里亚到亚得里亚海的运河工程，以及为韦奇奥宫的地理室（Sala di Geografia）设计两个球仪，其中一个是地球仪，另一个是浑天仪。[3]托马斯·赛特尔（Thomas Settle）的描写令人叹服：

在16世纪的概念中，他是一名数学家、地理学家，可能是金匠，但绝对是乐器制作师、建筑师与工程师，以及有一定价值的天文学家，他对天文学的全面改革充满好奇并十分感兴趣，他是数学文本的翻译者与注解者、博洛尼亚大学的数学教授，最终成为了主持历法改革的教皇委员会成员，最后，他还是一名主教。在佛罗伦萨期间，也就是1563—1575年的12年，他担任了宫廷宇宙学家；他的职责结合了上述的大部分内容，还包括教授所有的数学学科。[4]

---

[1] Kessler 1995, 295-308.

[2] For biographical details, see inter alia, Palmesi 1899.

[3] Righini-Bonelli and Settle 1979.

[4] Settle 1990, 27.

大公对丹蒂的项目十分感兴趣，偶尔会探访丹蒂在圣母堂修道院的工作室。最终，多亏了柯西莫的努力，丹蒂获得允许从修道院搬到宫殿中。[1] 之后，丹蒂不出意料地指导勤学好问的柯西莫学习天文学基本原理与占星术预测。他最早的出版作品之一将天球理论总结浓缩为四页纸；丹蒂也许在教导大公及其家庭成员时使用了这份材料。[2]

五年后，即 1577 年，在他搬到博洛尼亚后，也许是作为新的教学地位的标志，他扩展了之前的五个表格，出版了一部华丽的大部头著作：《简化为表格的数学科学》（ *The Mathematical Science Reduced to Tables* ）。[3] 这本书在细节上足以媲美甚至超越了约翰·迪伊更为著名的《数学基础》（ "Groundplat of Mathematics", 1570 ）。其目的与迪伊不同，并不是改革数学科学，而是在普罗克洛斯的权威之下说明已知的知识，将数学概念作为"自然科学与形而上学中间"的对象进行深入思考。[4]

---

[1] Seetle 1990, 30.

[2] Danti 1572, dedicated to the "most excellent and most illustrious Signora Donna Isabella Medici Orsini, Duchessa di Bracciano."

[3] Danti 1577. The work had evidently been under way for many years before Danti arrived in Bologna, as he dedicated the section on astronomy to the Duchess Isabella Medici, with a date of November 18, 1571:

Se bene ho fino à qui tenuto appresso di me questo trattato della Sfera, il quale è già quattr'anni, che per mio passatempo ridussi in tauole, senza mai lasciarmi da preghi altrui persuadee, che ne chiedeuon copia, ho volsuto hor nondimeno farne humilmente dono a Vosta Signoria Illustrissima, à fin che, se mai gli conuerrà uscire in publico, non esca pe altre mani, ne sotto altro nome che'l suo, dal quale harà non piccolo fauore poi ch'ella （fra molt'altre） tanto di questa nobilissima, et piaceuole scienza diletta. Io mi sono ingegnato nel raccor queste tauole di non lassare à dietro cosa alcuna, che alla intelligenza di tal facultà sia necessaria, è di non offendere ancora chi legge con cose troppo sottili, ò superflue come vedrà bene ella, la quale conquella reeuerentia ch'à me si conuiene supplico ch'al puro, et sincero affetto dell'animo mio riguardando accetti il piccol presente è l'ardentissimo desiderio ch'ho di seruirla in qual si voglia occasion maggiore. Di Firenze alli 18 di. Novembre 1571.

[4] Ibid., 4: "E però （come Proclo afferma） deuono essere collocate quanto al subietto nel mezzo fra le scienze naturali, & le Metafisicali. Atteso che essendo il subietto della Metafisica separato da ogni materia, & quanto all'essistenza, & ancho quanto all cogitatione, seguirà, che il subietto delle Matematiche sia nel mezzo fra quello delle due sopradette, poi che esso essendo materiale viene considerato senza materia alcuna sensibile."

在丹蒂对数学科目的分类中，他将几何学分为三部分：实践、推测和混合。[1]
与迪伊不同的是，他用一种明确的学术性的分类语言（"像哲学家一样说话"），
将天文学定位为一种"从属于几何学的科学"，就像音乐从属于算术。[2]换句话
说，几何学提供的原理为天文学奠定了基础；研究天空的人会利用直线与圆形，
再加入物理的部分，即物理体的运动。说到天球的研究，他明确推荐普罗克洛斯，[3]
但说到行星理论，他承认对于不了解此理论因而不熟悉图表的人来说，这是一
门很困难的学科。因此，他为没有提供图片而道歉，并推荐在阅读大纲的同时
结合巴黎版莱因霍尔德《关于普尔巴赫〈行星新论〉的评述》。[4]

---

[1] Ibid., 8:

PRATICA, la quale và misurando le cose secondo ciascuna delle tre misure per longo, largo, etprofondo, appllicandoui per tutto i numeri. dimostra la quantità delle linee, delle superficie, et de'corpi. SPECULATIVA, che considera i principij, cioè i punti, linee, superficie, et corpi, comparando le linee alle linee, le superficie, alle supeficie, et i corpi à i corpi secondo la uguale, et ineguale ragione, che hanno fra di loro, senza l'applicatione de'numeri, et di essa i primi principij sono. MISTA (per dir cosi) laquale considera i principij come fa la speculatiua, ma ci aggionge i numeri, et le misure nella materia sensata come fa l'Architettura, et altre simili mechanice.

[2] Ibid., 15. "Se bene l'Astronomia è una delle scientie soggette et subalterne (parlando come i Filosofi) nondimeno essendo ella nobile, et degna, meritamente deue essere posta fra qual si voglia scienza principlae, si perche tratta del Cielo et di quei risplendenti corpi celesti da noi chiamati stelle, si ancora perche le Matematiche hanno per soggetto, et quasi sempre sopra certissime cose discorrono" (Danti 1569, dedicated to Ferdinando de Medici. The work was issued again in 1578 at Florence after Danti had announced himself as "Publico Lettore delle Mathematiche nello Studio di Bologna" and dedicated to "Francesco de'Medici, Secondo Gran Duca di Toscana.")

[3] Danti 1577, 23. Cf. Proclus Diadochus Lycii 1561.

[4] Danti 1577, 24:

Et se in alcuna parte delle Matematiche sono necessarie le figure in questa parte della Astronomia, che s'aspetta al trattato della Sfera, et delle Teoriche de'Pianteti, sono necessarissime. La onde potremmo dubitare di recuere non picilbiasimo, hauendo stampate queste tauole senza le solite figure, se non sapes-simo, che cosi fatti compendij sono per quelli, che di già hauendo apprese cotali scienze, possono con essi ridursele a memoria, et che quelli che in esse sono meno esperti so potranno seruire delle figure, special mente delle Teoriche de'Pianete con le annotationi del Reinoldo stampateà Parigi, con le quali dallo Autore sono state ordinate le presenti tauole, et scusar noi, che non poteuamo che bene stesse, adattare le figure in esse tauole senza guastare i ordine loro; Oltre la difficultà che habbiamo delli Intagliatori; poiche questa pestilente contagione ci ha di maniera serrati i passi da ogni intorno, che non si può hauer copia de'periti di cotal mestiero."

This is especially interesting because it shows that Danti regarded Reinhold's commentary as providing a *tou hoti* preparation for the *Almagest*.

204

丹蒂偶尔会引用哥白尼的理论，这是令人敬重的，而且这显然得益于莱因霍尔德对他的关注。[1] 随后丹蒂介绍了其他从属于几何学的科学大纲，其中包括透视学、反射学、日晷学、星体测量学（恒星与行星位置的测量）、机械学（对机器的研究）、建筑学（包括筑城术、绘画与雕塑）、时间测量学、地理学（对地球的描述），以及水力学（对海洋、海岸与风的描述）。天球与理论的详细大纲中都不包含占星学原理，这一点值得注意。

1588 年，乔瓦尼·安东尼奥·马基尼（Giovanni Antonio Magini）被任命为下午的数学主讲人〔上午的主讲人是彼得罗·安东尼奥·卡塔尔迪（Pietro Antonio Cataldi）〕，博洛尼亚的教员中增加了一名极有天赋且作品丰富的星历学家。马基尼没有加入任何宗教团体。他在星的科学的多个领域出版了多部作品，其中包括理论占星学与天文学。但他的任命没有带来年度预言的复兴。[2]

耶稣会的"进行方式"

教学部、中间科学、占星学与天体次序

梅兰希顿主义的教学改革包括，在改变信仰的路德教贵族信徒的赞助下接管并重新建立现有大学的纲领，与之不同的是，耶稣会教学部在现有大学附近建立了独立学院。最初，这些学院只是一些寄居房屋，耶稣会成员在此居住的同时会到邻近的大学学习。耶稣会早期组织的中心就是教学部。到 1544 年，巴黎、鲁汶、科隆、帕多瓦、阿尔卡拉、巴伦西亚与科英布拉（Coimbra）已有的大学

---

[1] For example, Danti 1577, 35: "Il centro del corpo solare quando è nell'Auge, ò nel suo opposto, hoggi è più vicino all terra, che non era al tempo di Tolomeo tret'uno semidiametri della terra, si come egregiamente è dimostrato dal Copernico."

[2] Dallari 1888, 2: 231.

附近建立了七个这样的寄居处。但依纳爵·罗耀拉对这些机构的教学方法不完全满意，决定允许并鼓励耶稣会成员之间自行训练与联系。1551 年，耶稣会在罗马开设了第一所主学院——罗马学院（Collegio Romano），其大门上的铭文为："教授语法、人性以及基督教义和自由。"[1] 罗耀拉的秘书胡安·阿方索·德·波朗科（Juan Alfonso de Polanco）很好地解释了这项政策："首先，我们接受任何人，不论他是贫是富，出于慈善，我们不收取费用，不接受任何报酬。"这项政策非常了不起，而且强调了耶稣会对人类本性的积极、正面的看法。拒收学费等元素推动了耶稣会学校的快速扩张；免服务费的政策也延伸到了告解部等其他部门。如约翰·奥马利（John O'Malley）所言，"（圣赫罗尼莫）纳达尔（Jerónimo Nadal，罗耀拉的密友，其观点的解读者，非常有影响力）坚持认为，耶稣会成员听取他人的忏悔后不会接受任何礼物，即使是之后出于与圣礼没有任何关系的自愿赠予的礼物也不接受"[2]。不仅如此，虽然社会精英经常光顾耶稣会在各处建立的学校，但教会原则上并不偏爱富家子弟，他们的学校通常包含各个阶级的学生。[3] 不过，这项社会政策要一直与人道主义者保持一致并非易事，它与方言、课程矛盾，因为人文主义课程设定的读写技能是社会底层的男孩们很难掌握的。[4] 到 1560 年，波朗科对教学之于耶稣会其他部门的重要性已经形成了清晰的看法："总的来说，耶稣会有两种帮助邻居的方式：一种是在学员中通过教育年轻人识字、学习与基督生活；另一种是在各地通过布道、忏悔，和其他符合我们习惯的方法帮助各种人。"[5] 卢斯·贾尔（Luce Giard）认为，1540 年耶稣会成立时不可能预见到其整体的发展，它逐渐进步，没有明确的初步设计，但却与波朗科

---

[1] O'Malley 1993, 202-3.

[2] Ibid., 149.

[3] Ibid., 206, esp. 226.

[4] Ibid., 211-12.

[5] Ibid., 200.

的构想一致。[1]

如教学课程的一般组织中所表现出来的，针对教学部门的角色，教会中出现了重要的分歧。应该以什么形式进行教学，由谁教学，教什么？

关于天文学的这些争论最终将耶稣会的讨论转向了这个问题：什么样的理论基础最能说明该学科是一门混合科学——它包含的原理应该依据数学、物理还是圣典？这种转变没有消除理论与实践之间的分歧，但它对划分原则提出了质疑。这一有争议的混合科学框架最终造成了筛选行星运动、影响及次序的环境。

对于占星学在天文学中的新定位，耶稣会成员起到了至关重要的作用。[2] 他们不仅和多名教会权威几个世纪以来的观点一致，反对占星术预知的危险，而且最终对天文研究的基本理由提出了质疑。梅迪纳出版《直线论》(*De Recta Fidei*, 1563）的 10 年前，1552 年，纳达尔（1507—1580）的一条评论中表露出了早期耶稣会的观点："数学家无法解释判断天文学；他所有的工作只有投机的数学。"[3] 纳达尔的评论（可惜很简洁）说明，对于天文学的二元划分以及亚里士多德学派对物理与数学的划分，他更偏向理论的或冥想的部分。后来受托马斯理论启发的耶稣会自然哲学手册广泛支持亚里士多德学派的划分方法。这些哲学综合著作中最早且最原始的，就是西班牙耶稣会成员贝尼托·佩雷拉（Benito Pereira，1535—1610）所著的《论一切自然事物的一般原则与分布》(*On the Common Principles and Dispositions of All Natural Things*)，其中对亚里士多德《物理学》做了系统的阐述。[4]

佩雷拉主张数学对象与物理实体相比具有不同的（而且较低的）真实性，

---

[1] See Giard 1995b, liii-lxiv.

[2] As usual, because of the ready interchangeability of the terms *astrology* and astronomy, one needs to pay close attention to context.

[3] Clavius 1992, 1: pt. 1, 63; as John O'Malley writes: "More than any other individual, he ［Nadal］ instilled in the first two generations their *esprit de corps* and taught them what it meant to be a Jesuit" (1993, 12) .

[4] Pereira 1609.

因为它们都只是物质的抽象思维。如托马斯·阿奎那所说："数学事物无法单独存在，因为如果说它们的存在有什么好处的话，好处即它们存在本身。"但与梅兰希顿的《物理学初级教程》相比，佩雷拉对天文研究的了解相对较少，对当代同心天文学的支持者更没有了解。自然哲学学者通常会利用天文学与数学的普遍引用，从而在与数学保持学科距离的同时使这些科目维持在较低的位置。当佩雷拉谈到天空时，他同样主张数学家的理解范围是有限的。他指出物理学家与占星家都在研究天空，但他论证道他们的思考模式不同：本质上来说，占星家仅限于理解数量关系，例如距离、时间与角运动。[1]佩雷拉表示，占星家"不关心（non curat）对真正的原因以及与事物本质一致的（原因）进行研究并提出主张"。而另一方面，物理学家关心这些事情，比如行星运动的原因，天上的物质的组成（佩雷拉遵循传统观点，认为天上与陆地上的物质有根本的区别），以及重物下落的原因——换句话说，他处理的是"适当且自然的原因"。由于占星家根据在天上看到的现象做出后验的推论，他们无法确定自己的解释手段是正确的；而且佩雷拉明确遵循阿威罗伊的主张，认为这种本轮与偏心的手段"与自然而正当的理由相矛盾"[2]。理论天文学的模型可以用于预测，但它们没有物理真实性。因此如果物理学家可以对天上一切事物的真正原因掌握可靠的知识，而（数学）占星家做不到，那么存在一种以可接受的物理原理为基础的判断占星学吗？

佩雷拉的答案是否定的。由于他对物理学家的认知能力大加赞赏，因此他成为了针对天体因果关系及其可能影响的怀疑论者。1591 年，佩雷拉发表了一篇广泛且频繁再版的批判占星学的文章《反对谬误与迷信的艺术，即魔法、解

---

[1] Pereira based his distinctions on two Aristotelian commentators — Simplicius, reporting on the views of Geminus, and Averroës: Simplicius, *2 Physics*, *Text 17*. Averroës, 1 *Metaphysics*, *Commentary 19*; *De coelo* 2, commentary 59（Pereira 1609, bk. 2, chap. 3, 83）．

[2] Ibid.："An differat Astrologus a Physico"（in response to the tenth doubt）．

梦 与 星 象 占 卜 》（*Against the Fallacious and Superstitious Arts*，*That Is*，*About Magic*，*the Heeding of Dreams and Astrological Divination*），作为一部范围更宽的著作的一部分。[1]这部作品中所有关于占星学的观点本可以在 30 年前轻易表达出来，因为这些观点都不是以之后出现的作品为基础提出的。由于我们所说的是一小部分组织紧密的人，我将继续假设 1591 年之前佩雷拉的观点就在罗马学院人尽皆知了。在这部作品中，佩雷拉将反对判断占星学的观点分成了几类，例如：它与圣典不一致，它的说明结构薄弱而不完善，而且恶魔可以利用它摆布人们的命运。

皮科和梅迪纳已经预示了其中的许多论点。[2]佩雷拉以皮科的著作过于"冗长"为借口为自己采纳米兰多拉的观点辩护，不过其中也有他自己的原创性观点。[3]

首先，佩雷拉批判了将亚里士多德作为占星学权威的明显谬误："亚里士多德，全世界公认的哲学王子，坦率而率直地承认，他对许多天文知识都没有确

206

---

[1]　Pereira 1661. According to Thorndike（1923-58, 6: 410），the work first appeared at Ingolstadt and Venice in 1591, followed by subsequent printings in 1592 (Lyons and Venice)，1598 (Cologne)，1602 and 1603 (Lyons)，1612 (Cologne)，and 1616 (Paris)．An English translation of the book against astrological divination (only) was prepared by Percy Enderbie in London（1661）and reprinted in 1674 as *The Astrologer Anatomiz'd Or the Vanity of Star-Gazing Art*．All citations are to the 1661 edition and preserve the seventeenth-century English spelling.

[2]　For example, Pereira 1609, bk. 9. chap. 5, 535: "Idemque firmatur auctoritate Ptolemaei, qui *in opere suo quadripartito* dicit, effectus qui ex superioribus corporibus procedunt, non evenire inevitabiliter. In *Centiloquiuo* etiam dicit, signa coelestia quae sunt indicia rerum sublunarium, esse media inter id quod est necessarium et possibile"（my italics）．He then follows with a passage from Thomas Aquinas on variations of effects from celestial causes.

[3]　Pereira 1661, fol. A4: "*Johannes Picus Mirandulanus* hath written very largely and learnedly upon this subject, but his prolicity retards his Readers from perusing his whole works; therefore in this Tract (though the field be large and spacious) such method shall be used, that nothing shall be brought upon the stage (yet many curious Questions offer themselves) but only such as shall be succinct, and most conducing to the purpose." Elsewhere, he refers the reader directly to Pico's *Disputationes*（bk. 2, chap. 5, and bk. 5, chap. 11）for evidence of astrology's threat to Christianity（fol. C3）．

定或精细的了解，只有想象与推测，由于缺少真实明白的理由，他不得不利用可能的论据与推测。"[1] 除了这些缺陷外，佩雷拉还指出，亚里士多德"丝毫没有提及或说到这种占星学"[2]。

关于天体的因果关系，他同意皮科主张天空只会产生一般原因（运动与光）而不是直接原因，因此我们无法确定未来可能发生的特定的效应。[3] 但即使占星家能够对天上的原因有完美的了解，他们仍然无法预测特定的事件。以经典的奥古斯丁理论为例，同样的行星组态下出生的双胞胎拥有不同的财富。再延伸到几千个婴儿的出生："当荷马、希波克拉底、亚里士多德和亚历山大大帝出生时，同一时刻出生的人不也很多吗；但最终（没有）几个人和他们一样优秀。"[4] 再一次，考虑预测下任教皇的无效性："任何人获得如此高度的荣誉并不是依靠这一方本人的意志或权利，也不是其他某个人，而是依靠整个教皇选举秘密会议的法令与投票，其负责选举首席主教；因此不仅有必要（假设我断定这个人是彼得）了解他的降生星座；还必须了解联合投票并选举彼得获得获得最高优先权的人降生时的星座以及星体的准确位置。"[5] 再进一步，我们就可以知道所有原因和所有影响，并且这一切不受任何人类自由意志的影响："如果选择拒绝与避免，那么提前这么久的时间预知事件有什么用呢？……还有什么更令人痛苦，不仅要受到现实不幸的折磨，还要为之后无法避免的痛苦而忧心？"[6] 即使这些预言偶尔真的实现了，佩雷拉认为（没有举例）占星家的预言很少成真：如果预言真的实现了，那是"他们不知不觉地偶然发现了真相"，他们的结果是"随机的"。的确，"为什么我们要相信占星家预言呢，他说了一条真实的预言，可是他的许多言论却

[1]　Pereira 1661, 23-24（referring to *De caelo* bk. 2, chaps. 2, 5, 9）.

[2]　Ibid., chap. 3, 69.

[3]　Ibid., 38.

[4]　Ibid., reason 3, p. 44.

[5]　Ibid., 57-58.

[6]　Ibid., 55.

又与事实相左？"[1]

佩雷拉还以城堡或城镇的奠基时刻为例批判了历史占星术与选择性占星术。另外，和梅兰希顿一样，他还将皮埃尔·达伊作为令人担忧的例子（"因为与历史和亚里士多德一致而沉浸在自负中"）进行批评。据佩雷拉所述，轻信的红衣主教达伊相信占星家的预言：康斯坦茨会议将会止于基督教的一场灾难中；最终预言没有成真，这本应使他从此抛弃这一学科，可惜事与愿违。[2]

最后，佩雷拉反对了天体影响的理论。主要的困难在于行星相反属性的归属问题。例如，土星与其他星体共同拥有照度这一普遍特征，但与其他行星不同的是，它还应该具有产生寒冷的特殊属性。对于佩雷拉来说，土星本身就是冷的，还是它只是本身具有产生寒冷的能力，这并不重要。但如果与陆地相对的天体具有均匀的组成，那么它们本质上就应该只具有一种自然属性——光。可是光产生的不是寒冷，而是与之相反的热，因此，天体影响的学说一定是不合逻辑而且错误的。

这符合佩雷拉认为数学地位较低的观点，他的论证风格完全避开了预言的天文学基础以及行星表。他对于数学家的观点表示沉默，那么他没有引用哥白尼理论也并不意外了。梅迪纳强调了天文学家之间的争议，与他不同的是，佩雷拉强调占星学错误的物理原理，及其与普遍"经验"的矛盾，并最终否定了这个学科。

因此，虽然佩雷拉的作品出版的时机受到了西克斯图斯五世1586年反占星法令的影响，但他据以提出反对观点的哲学基础仍然完全符合他的主张：反对长久以来认为耶稣会课程应以数学为中心的人。

数学家的论证最终在耶稣会的研究课程中留下了印记〔《教学大纲》(*Ratio*

---

[1] Pereira 1661, 59, 67.

[2] Pereira 1661, 64, 60.

Studiorum），1586、1591 和 1599 年版〕，但这仅仅是与佩雷拉等哲学家进行深入而持久的辩论后才实现的，后者的观点在教会中得到广泛的认同。到 1599 年最终版本面世时，《教学大纲》将数学与相关学科整合成了更大的知识生活的理想。[1]

这一发展的领军人物是班贝克的克里斯托弗·克拉维乌斯（1538—1612）。克拉维乌斯作为耶稣会成员的使命以数学中心：他被誉为"当代欧几里得"[2]。他于 1555 年开始见习，属于第一代与耶稣会创始人依纳爵·罗耀拉相交的重要人物。1557—1560 年，克拉维乌斯在科英布拉跟随佩德罗·德·丰塞卡（Pedro de Fonseca）共同学习哲学与逻辑学。他首次（已知）对数学产生兴趣是在丰塞卡关于《后分析篇》的课程中，在这篇课文中亚里士多德举例说明三角形的三角之和等于两个直角。[3] 这个例子显然对克拉维乌斯有重要意义；数学与亚里士多德哲学之间的关系后来成为了耶稣会课程的中心。到 1563—1564 学年，正当特伦托大公会议即将结束时，克拉维乌斯在罗马学院教授数学。第二年，他开设了一门关于天球的课程。在这一学科的未出版手稿中，他纳入了一些占星学的元素。[4] 但是，1570 年克拉维乌斯对萨克罗博斯科的《天球论》做出评论时，这些占星学的参考资料又完全消失了。

只要雅典（在这里是指亚历山大港）效忠于耶路撒冷，它就能被教廷接受。

---

[1] See esp. Giard 1995b, liii-lxvi; Baldini 1992b; Crombie 1977; Brizzi 1995; Hellyer 2005, 119-22.

[2] For Clavius's life, see the excellent annotated chronology provided by Ugo Baldini and P. D. Napolitani (Clavius 1992, 1: 33-58)．

[3] Ibid., 38-39. We have this on the authority of Clavius's student Christopher Grienberger: "Audiebatur quidem in scholis, et in Posterioribus ab Aristotele saepius repetebatur geometricum illud, quo asseritur *Tres angulos cuiuscunque Trianguli aequales esse duobus* rectis, et fortassis nomen triangli adhuc agnoscebatur: sed quid esset, tres angulos esse aequales duobus rectis, vix erat qui explicaret, et fortassis meno qui demonstraret. Eaedem voces feriere quoque non semel aures Clavii, atque ad Geometrim iam olim a Nature factas etiam vulneravere: non enim sonos, sed verborum seneum, atque sententiam percipere cupiebant. Quare iam diu multumque solicitum tandem P. Petrus Fonsca, quo tunc Conimbricae utebatur Magistro in Philosophia."

[4] Ibid., 43, 63, based on Ms. Vatican, Urb. Lat. 1303 and 1304. Exactly which elements of astrology Clavius treats is unclear without examination of the evidence.

但鉴于占星实践的广泛传播，到底应该怎样达到平衡呢？同样，关于数学的应用，界限应该在哪里呢？经常有人引用阿威罗伊（或是"阿威罗伊派"）的名字，以唤起人们对过度依赖推论及哲学以致有损启示与秘密的恐惧。[1]选择地心学说学者萨克罗博斯科作为文学与组织的典范，克拉维乌斯发出了肯定传统的信号。[2]不论忏悔的忠诚度如何，它依然是校长们心中的理想形式。在维滕堡，与罗马一样，重组教会的服务中增加了天文学研究。因此耶稣会与梅兰希顿派成员萨克罗博斯科（及他们的变体）变成了教导学生利用天文学支持信仰的工具。但在后特伦托时代的环境下，人们对天体力以及相关文献的怀疑日益增长，这表明信仰正受到威胁。如前文指出的那样，禁书目录将抗议的出版商和作者作为这些文献的主要生产者。保罗四世 1559 年目录中的强大禁令指出，克拉维乌斯的《〈天球论〉评注》（*Commentary on the Sphere*）故意触犯禁止星象占卜的禁令。[3]这正是克拉维乌斯《〈天球论〉评注》开头部分提出的分类方案所表现出的主题。克拉维乌斯利用了耳熟能详的理论与实践之间的区别，但他的构建方式与之前的作者都不同。首先，他将书中的整体主旨确定为"天文学"而不是"关于天体的科学"。其次，他将主题限制在两个类别——理论天文学与实践天文学。与施赖肯法赫斯不同，他没有承诺在另一部作品中探讨占星学。

　　天文学分为理论，即思考的部分，以及实践，即制造和实施的部分。理论

---

[1]　For Jesuit worries about Averroist tendencies, see Hellyer 2005, 16-19.

[2]　For extensive analysis of Clavius's *Sphere* commentary, see Lattis 1994.

[3]　Clavius 1570, second dedication, unpag. : "Quid, quod ex una eorum obseruatione, uaria et maxima ad hominum usus in omni genere commoda promanarunt? quomodo enim uel agricultura, uel nauigandi medendiue ars, uel ad omnes uitae functiones, ususque necessaria illa anni in menses diesque descriptio, aut principio excogitari, aut deinceps retineri, sine Solis ac Lunae ductu, et quadam quasi institutione potuissent? mitto supputationes Eccleiasticas, quae *a Tridentina sacrosancta oecumenica synodo tantopere commendantur*, Deique ac diuorum cultum, stataque ac solennia sacrificia; quorum omnis ratio atque constantia, quin ex eodem profluant fonte nemini dubium est."

部分考虑世界的整体结构，描述世界的秩序，并将世界的全部范围分为以太和基本区域。随后，它（理论天文学）研究所有天体的数量、大小和运动，并且考虑行星与恒星的上升与下落。同样，它还会考虑所有星座的图形与象征，并且教导人们如何通过计算估测固定的恒星和移动的行星的实际位置。类似地，它（理论天文学）孜孜不倦地探究行星的向前、向后运动与静止位置，行星之间的相合与分离，譬如太阳和月亮等发光体的日（月）食现象，以及其他各种相似的关系。

克拉维乌斯随后提供了这个类别的推荐著作。从《〈天球论〉评注》1570 年第一版到 1611 年最后一版，他的书目一直保持不变。"托勒密的《天文学大成》或《伟大建筑》（*Great Construction*），或者约翰内斯·雷吉奥蒙塔努斯的《〈天文学大成〉概要》，阿尔巴塔尼的天文学著作，法加尼的短篇作品，格奥尔格·普尔巴赫的《行星新论》，尼古拉·哥白尼的《天球运行论》，以及其他几乎数不清的著作中，都对这种（理论）天文学进行了说明。"他较早地无条件收录《天球运行论》，并且没有表示反对，说明他和同时期的新教学校一样，视其为显而易见且合理的理论天文学资源。这样轻易的收录，似乎也证实了他并不熟悉托洛桑尼对哥白尼的批判。但是，克拉维乌斯将通常归入实践天文学的主题纳入了理论部分。

208

理论天文学在一定程度上涉及天文学家尽最大努力发明的许多仪器，他们的目的是将天体运动展现在人类眼前。其中通常包括托勒密的等高仪（星盘）或平面球形图，赫马·弗里修斯的天主教或通用等高仪，以及胡安·德·罗哈斯（Juan de Rojas）的通用平面球形图、天文环、象限仪、黄道仪、天文半径，以及其他同类仪器。最后，理论天文学的教学通常采用表格式，其中天文学家通过表格中数字的秩序探索天体运动，例如西班牙的阿方索国王、费拉拉的约翰内斯·布兰奇努斯（Johannes Blanchinusof Ferrara），以及尼古拉·哥白尼等人的星表（通常被称为"普鲁士星表"）。[1]

    克拉维乌斯没有论证他对理论部分共同要素的重新分组，他只是提出了自己的分类方法，似乎自然而然。因此"理论性"的概念立即将占星学排除出了任何满足说明性（而不是推测性）知识标准的主张，并且使克拉维乌斯的观点符合星象预言的后特伦托时代地位。他还主张将占星学归入天文学的实践部分，而这部分通常是指星表、历书与仪器："实践天文学，也有人称为判断、预言或占卜天文学，包含了人类生活中一切有用的事物。但许多人对这部分的利用很轻率，因此希望将占卜的部分拓宽，从而使这一学科转向迷信，所以，完全正确，教会是迷信的。圣奥古斯丁在关于基督教条的著作中谴责了这一点，因此，我也认为我们不应对此（预言的部分）进行任何讨论。"[2]

    在 1585 年版《〈天球论〉评注》中，克拉维乌斯的论证更进一步。他将上述引文最后一句话结尾的句号改为逗号，并添加了下述揭示性的评论："正是因为下列作者彻底将其（funditùs evertunt）毁掉了：乔瓦尼·米兰多拉·皮科的《驳占星家十二书》（*Twelve Books Written against the Astrologers*）；他的侄子贾恩·弗朗西斯科·皮科的《关于先入为主的想法》（*Concerning Preconceived Ideas*）；卡萨塔主教《决斗》（*Monomachia*）的第 22、23 和 24 册；[3] 迈克尔·梅迪纳的《关于对上帝的正确信仰》（*Concerning the Right Faith in God*）第 2 册第 1 章；以及

---

[1]　Clavius 1591, 5. Unless otherwise noted, all citations are to this edition.

[2]　Ibid., 5. Later, when describing the division of the zodiac, Clavius noted that "many things ought to be said here about the various properties and names of the signs but because they pertain more to judiciary astrologers, should be omitted here" (ibid., 244) .

[3]　Mirandulanus 1562, 397-432.

尤利乌斯·赛勒纽斯（Julius Syrenius）的《论命运》(*On Fate*)。"[1] 我们只能猜测克拉维乌斯在第一版发行 15 年之后决定强调排除占星学，[2] 以及他进一步决定添加一份严格的名单，其中大部分由当代权威组成（与佩雷拉主要利用经典与古代教会权威形成反差），并且他选择了 everto 这个很强硬的词——它还有"推翻""颠覆""驳斥"和"使混淆"的意思。在耶稣会天文学家中，克拉维乌斯的构想后来成为了针对占星学的标准态度。[3]

克拉维乌斯以这种方式推荐了皮科派对占星学的反对观点，但与哥白尼相比，他更偏向传统思想。这使他选择的教材很容易被当作莱因霍尔德《关于普尔巴赫〈行星新论〉的评述》的完善补充或预备材料：以地球为中心的次序，符合普尔巴赫的轨道与天球理论，因此也符合托勒密的计算（包括等径运行轨道）。然而，《〈天球论〉评注》并不是成熟的理论，虽然克拉维乌斯承诺出版一本这样的书，但他从未实现这一诺言。[4]

那么在梅迪纳对天文学持怀疑态度，与弗拉卡斯托罗同心论者拒绝偏心装置之间，还有什么选择呢？显然，当《〈天球论〉评注》第一版于 1570 年出现时，这些极端思想让克拉维乌斯生成了自己的怀疑，不过，克拉维乌斯在 1581 年的版本中又增加了反对弗拉卡斯托罗的论证。也许为了将个人对抗最小化，克拉维乌斯评论中大部分的论证反对的都是一类人而非特定的个人，例如"怀疑论

---

[1] Clavius 1591, 5-6.

[2] To the 1581 edition, Clavius merely added a postil at the bottom right, which reads: "Astrologia Iudiciaria res est superstitiosa." There is a partly underlined copy of the 1496 Hectoris edition of Pico's collected works in the extant library of the Collegio Romano, but there is no indication of when the book was acquired (Biblioteca Nazionale di Roma, shelf no. 70. 2. B. 9, 2).

[3] See, for example, Blancanus 1620, 399.

[4] Clavius 1591, 463: "Rationes autem, quibus haec omnia inuestigari possint, et examinari, (Distantias enim centrorum, et magnitudines semidiametrorum examinare per tempus hic non licuit, sed eas ex alijs auctoribus, ut scriptae sunt, accepimus) in nostris theoricis explicabuntur." Following this final sentence of the commentary, Clavius provides a prelude to "our *Theorics*," a schematic tabulation of the basic terminology of the orbs and spheres (464-83).

者""对立者"以及"阿威罗伊学说论者"。

209

例如，它没有指名道姓地提到佩雷拉，但明确提到了 1553 年去世的弗拉卡斯托罗。另外，它虽然提到了哥白尼，但没有特别将他塑造为某个新奇的形象，而是描述为"托勒密之前 400 年的萨摩斯的阿里斯塔克的追随者"[1]。如此说明哥白尼和他的宇宙，后果就是歪曲了简单的阿里斯塔克同心圆图案和哥白尼机制复杂的偏心系统之间的重要差别。不仅如此，《〈天球论〉评注》中没有涉及任何学术"学派"或有组织的社会运动，没有提及"哥白尼学说"或"追随者"——连一张日心说图像都没有。从这一点来看，克拉维乌斯对哥白尼的次序理论进行了（过于）简化的说明，这种做法与这一时期的其他教科书完全相同。

克拉维乌斯对行星次序的看法

克拉维乌斯的《〈天球论〉评注》对 16 世纪萨克罗博斯科关于传统行星次序的评论进行了非常全面的探讨。与萨克罗博斯科不同，克拉维乌斯将自己的分析归类于"行星次序"这一标题之下，这一名称含有"序列"的意思，但这种序列不一定是"系统性的"，因为克拉维乌斯并没有使用"宇宙学"的标签。尽管如此，这种语言的使用说明，即使是在传统主义者的作品中，哥白尼将"运行"作为自主主题对待的讨论方式也影响了克拉维乌斯的行文组织。因此"次序"的概念使得克拉维乌斯能够更容易地将自己的讨论构建为"观点"（opiniones，sententiae）的集合，而哥白尼则是"实例"的集合。"一部分以托勒密之前 400 年的萨摩斯的阿里斯塔克为首的古人（当代的尼古拉·哥白尼赞成他关于天体运行的著作）构建了组成整个宇宙的天体的秩序：太阳在世界中心或中央静止不动，周围环绕着水星的天球，之后是金星的天球，外侧是包含地球、元素与

---

[1]　Clavius 1591, 5.

月球的巨大天球，再外侧是火星的天球；之后是木星的天球；再之后是土星的天球；最后是固定恒星的天球。"[1] 由于教学手册中通常采取这种处理方式，克拉维乌斯省略了哥白尼与雷蒂库斯的全部天体次序理论。即使是他个人在《天球运行论》中的注释也集中在关于几何学的部分，而不是序言及第 1 卷第 10 章中所表达的证明标准。[2] 和同时代的大部分人一样，克拉维乌斯不知道哥白尼所提出的秩序方案是为了解决皮科对天体次序的批判。即使他熟悉雷蒂库斯的《第一报告》，他依然没有进行任何参考，甚至谴责其作者是异教徒。

与克拉维乌斯偏爱托勒密的行星次序相比，次要的是，他对这一问题的解决方法却和哥白尼相似，承袭了托勒密与雷吉奥蒙塔努斯的传统。与当时亚里士多德的评论者不同，克拉维乌斯整理的论证资源主要包括关于天文效应（例如日月食、掩星、距角、角速度、行星的相对可视直径，以及周日视差）的主张。从这个角度来讲，他的实践和作为数学家的作者身份与《天球运行论》的作者是类似的。

在克拉维乌斯的心智世界中，古代权威依旧是强大且直观的。克拉维乌斯从雷吉奥蒙塔努斯、哥白尼（以及皮科）那里熟知了古人对水星与金星相对于太阳的位置存在争议。但值得注意的是，他自己的论证中没有表达出这一问题在当代存在的争议。因此，在阿里斯塔克的观点之后，克拉维乌斯说明了以下替代选择："最古老的埃及人，柏拉图的《蒂迈欧篇》，亚里士多德《论天》第 2 卷第 12 章和《气象学》第 1 卷第 4 章认为，天体的天球顺序如下：月球的位

---

[1] Clavius 1591, 64; see also Lattis's discussion of this passage, Lattis 1994, 117-18.

[2] Copernicus 1543, bk. 1, chap. 11, Biblioteca Nazionale di Roma, shelf no. 201 39 I 26 （Provenance: "Collegij Rom Societ［atis］Jesu/Cat［alog］o Inscripsit C CL"）："Fallitur hic Copernicus" (fol. 20) ; "Lapsus est hic Copernicus. Qua de re vide scholium nostrum propositionis 21 de triangulis sphaericis" (fol. 3) ; "Hallucinatur hic Copernicus. Lege scholium nostrum propos［itionis］24 de triangulis sphaericis" (f. 25) ; "Labitur hic Copernicus Consule scholium nostrum propos［itionis］23 (f. 25). These references to Clavius's *Theodosii Tripolitae Sphaericorum Libri III* (Rome, 1586) show that he studied parts of the text quite carefully.

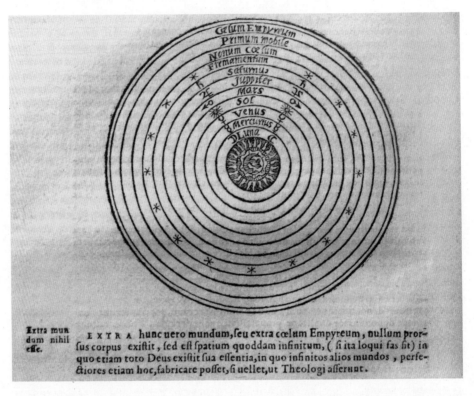

图 38. 克拉维乌斯的天球年轮木版画，展示了"整个宇宙中所有天体的数量与次序"。克拉维乌斯 1591 年，72。作者收集。

置最低；紧邻其后的是太阳；之后是水星；之后是金星；火星第五；木星第六；土星第七，最后第八是星空或天穹。只有在亚里士多德为亚历山大所著的《宇宙论》中将金星排在太阳之上，而水星在太阳之下。"

　　要注意的是，对克拉维乌斯来说，这一观点并不比阿里斯塔克与哥白尼的观点强："这种行星与天空的次序也受到了占星者的明确驳斥。"[1]

　　从《〈天球论〉评注》1570 年版到 1581 年版，克拉维乌斯将他对托勒密天

---

[1]　Clavius 1591, 64.

体次序的指称从"真实"（verus）改成了"较真实"（verior）。[1] 这一用词是在注释中改动的。这一改动的重要性如何呢？有人指出缓和的用语可能反映出了耶稣会对"可能性"（即"更有可能的观点"）的特别偏爱。这一观察结果很重要，但克拉维乌斯后一版的观点比前一版更加"偏耶稣会"的原因并没有立即显明。[2] 他对于托勒密排序的原始论证保持不变。实际上，他坚持认为没有任何一个论点能够充分证实这种秩序。

通过收集克拉维乌斯零零散散的参考文献，我们可以总结出指导他进行论证的主要假设。[3]

行星与第一推动者的距离越近，移动越慢；与第一推动者距离越远，移动越快。

天体与地球距离越近，其他参数相等，则其视差角越大。

掩蔽其他星体的天体与地球的距离较近。

距太阳较近的行星亮度较高。

太阳的运动是其他行星的"规则与测量标准"，因此太阳是三个上级与三个下级之间的"平均值"。[4]

两个相邻天球之间，同心的轨道上要么是天体，要么是真空。

具有不规则运动的行星，即包含多个轨道的行星，接近其他不规则运动的行星。

---

[1]　Clavius 1591.

[2]　Ibid., 64. The postil reads: "Verior sententia de ordine caelorum." Wallace（1984a, 33）first pointed out the shift from *verum*（1570）to *veriorem*（1581）. This point is well discussed by Lattis 1994, 76-77.

[3]　Clavius 1591, 63-69.

[4]　Ibid., 68-69. Clavius is clearly referring to Peurbach's shared-motions passage（"ut in Theoricis planetarum explicatur"）.

211

这些命题都值得评论。戈尔茨坦认为就是第一个命题激发了哥白尼对行星进行记录；但克拉维乌斯没有评论卡佩拉的提议，并且不予接受。克拉维乌斯对每日视差的讨论是根据几何学而非根据观测进行的。每日视差的理论包括对行星位置进行三角测量，利用观察者在地球表面的位置以及地心的位置作为必要的点。克拉维乌斯做出了一个表格，说明了组成三角形的不同方式。需要得到观察者看到物体的视角，以及根据地心计算出的实际角度——通常称为视差角，但克拉维乌斯将其称为"方向偏差"。据称利用从较远天体获得较小视差角，这一方法适用于从月亮到太阳的所有天体。据推测，这种调查可以解决水星与金星相对于太阳的次序问题。但即使克拉维乌斯尝试了任何测量方法，他的被动语法结构（"据发现"）对读者隐藏了观测证据。[1] 不仅如此，克拉维乌斯确认的这种技巧并不适用于比太阳更高的天体，例如火星——后来第谷·布拉赫对这一行星进行了大量的观察活动。

接着，克拉维乌斯根据上述第一个假设，论证了根据速度的排序（"ex velocitate & tarditate motus"）。他很快不得不承认"用这一方法，无法确定太阳、金星与水星之间的任何关系……因为它们由西向东的固有运动时间相等"[2]。正是在此时，克拉维乌斯本可以提到普尔巴赫或哥白尼，甚至马提亚努斯·卡佩拉的论点；但正如面对其他许多提出不同主张的机会一样，他始终保持沉默。但注释自信地宣称"天空的次序以经过运动的快慢得到了证明"。

下一个注释，以（上述）第三个命题为基础，告诉读者"通过食现象确认了天空的秩序"。当然，月亮是个很好的开始，因为克拉维乌斯认为它能够掩蔽任何星体——因此它在宇宙中的位置最低。但对于金星和水星，他只能坚持"金

---

[1]　Clavius 1591, 65: "Atqui Luna maximam deprehensa est pati aspectus diuersitatem." Lattis (1994, 74) speculates that Clavius had obtained observations of daily parallax from his teacher maurolyco; but if he did, he does not cite them, and this lack of citation still leaves open the question of how Clavius conceived of evidence.

[2]　Clavius 1591, 67.

星高于水星与水星高于金星的可能性相同"。同样，克拉维乌斯没有新的观察结果，也没有参考已有的观察结果。他一再遇到这两个行星的问题。

克拉维乌斯对这三个论点的归因并不显著，因为他称它们造成了视差（infallibiliter）、反向速度（convenienter）以及食（firmter）。"绝对无疑""适当地"和"坚决地"这些用词可能很令人信服，类似于很久以后被正式化的"必要的"与"充分的"证明。但在此处这样的使用似乎主要是起到夸张的作用。"这些理由都不能充分建立这一顺序，但它们结合在一起很大程度上确定了天空的次序就是这样的。"[1]

之后，克拉维乌斯划分出第二组论点，它们显然很重要，但明显不具备与第一组相同的说服力。他对这一组的介绍如下："为了进一步了解这个次序，我认为如果公开天文学家的其他论点证明这种次序具有最佳的适合性，应该不算偏离主题。"[2] 这些论点为：

1. 太阳处于行星的"中央"（medius），在上面和下面三个（行星）之间。水星与金星的天球刚好处于月亮与地球的最远距离（地球半径的64倍）和太阳的最近距离（地球半径的1070倍）之间（地球半径的1006倍）。这一位置必须得到填充，因为"自然痛恨真空"。雷吉奥蒙塔努斯、托勒密和阿尔巴塔尼等权威直接表达了这一主张，但亚里士多德没有——说明克拉维乌斯为了满足个人目的，引用或者忽视权威。

2. 太阳是"运动的测量标准与规则"（regula et mensural motuum）。克拉维乌斯的解释令人回想起普尔巴赫关于共享运动的段落；但正如布鲁泽沃的阿尔伯特，克拉维乌斯的解读保留了普尔巴赫的立场：较高的三个行星"与太阳的运动一致"，因为它们的本轮周期均为一年；与之相反，月亮、水星与金星的不

212

---

[1] Clavius 1591, 68.

[2] Ibid., 67: "Ut autem plenior cognitio huius ordnis habeatur, non abs re facturum me arbitror, si rationes alias Astronomorum in medium adducam, ex quibus conuenientia huiusce ordinis elucescet."

同运动与太阳一致，"如《行星新论》所示"[1]。语言选择同样明显模仿了哥白尼与雷蒂库斯对地球与太阳固定间距所采用的措辞——"行星天球的公测度"[2]。当然，正是这个问题支撑着哥白尼做出了地球－太阳次序的调换。但《天球运行论》面世 30 年后，克拉维乌斯的描述再次突出说明天文工作者并没有在逻辑上或观察方面受到日心秩序的强迫。

3. 太阳位于中央为"王"，而且"就像所有行星的心脏一样"。建立了太阳位于行星中央的概念后，克拉维乌斯接下来详细描述了行星的属性："因为年纪较大，土星是顾问；木星是一切事物的法官，因为他宽宏大量；火星是战士的领袖；金星就像家里的母亲，是一切美好事物的分配者；水星是她的书记兼内臣；最后，月亮履行信使的职责。"[3]

显然，克拉维乌斯的描述没有向行星分配明显的基督教美德；它们依然像无宗教的神一样，只不过现在失去了占星的力量。[4] 由于他从星的科学中排除了占星学，占星力量的崩溃显然在意料之中。克拉维乌斯从而有效地将自己的主张与世俗法庭和宇宙占星师的观点严格地对立起来，后者依旧宣称自己在臆测群星诸神的权力和意义方面的权威，进而替天行道。

4. 行星距离太阳越近越明亮。这一推断基于上述第三个原则，即太阳中央位置的属性。克拉维乌斯表示太阳的光"等量地"（aequabiliter）照亮所有行星，但距离它最近的行星（火星与金星）的亮度比其他行星高。这一主张虽然只是声明，对他来说（至少根据一致性）进一步确认了金星与水星的正确次序。

---

[1]　Ibid., 69-70. Clavius does not refer here to his own promised work, which he always designates as "our *Theorics*," but to the description of the Mercury model in Peurbach 1472, "On Mercury." unpag.

[2]　See chapter 4 above.

[3]　Clavius 1591, 69: "Estenim Sol omnium rex; Saturnus autem, ob senectutem, eius consiliarius; Iuppiter, ob magnanimitate, iudex omnium; Mars dux militiae; Venus, dispensatrix omnium bonorudm, instar matrisfamilias; Mercurius eius scriba, ac cancellarius; Luna denique nuntij officio fungitur."

[4]　See Seznec 1953; Cox-Rearick 1984; Rousseau 1983.

5. 之后是另一个关于太阳位置的论点，利用了阿尔布马扎的权威，以太阳的有效产热能力为依据。如果太阳位于土星的位置，那么低处事物的温度就会过低；如果太阳与地球的距离太近，地球上的事物就会被烧毁；因此，它应该位于中央，在那里它的"活动"就会得到"缓和"，从而能够使位置较低的事物更好地适应。

6. 太阳的位置确定后，克拉维乌斯回到了水星与金星的问题。他对此提出了一种简单性的标准。他提出水星"恰当地"位于月亮上方与金星下方，因为它在五个天球与一个本轮上的运动比金星"更不规则"，金星只需要三个天球与一个本轮。这种论证看起来有一种特别的姿态，因为克拉维乌斯没有将它一致应用于其他行星。从雷蒂库斯的示例中就可以看出，提出简单性的理想并不罕见，但还没有人提出通用的规则来在同一个应用领域判断两个理论的相对简单性。

7. 古人利用行星来命名一周中的每一天以及一天中的每个小时。克拉维乌斯的行星秩序没有和一周中每天的顺序对应，但他用一种聪明的特别戏法实现了一致。他认为引入这种论点似乎是可信的，这种想法也许可以解释为他想在学生的教科书中增加趣味性，或许是记忆行星及其次序的助记法。[1]

之后，克拉维乌斯插入了一段短短的文字，其中加入了前文提及的对萨克罗博斯科秩序的赞同，并且为反对以下不同"观点"提供了基础：迈特罗多鲁斯和克拉托斯（太阳和月亮是最高的行星）；德谟克利特（水星在太阳上方）；阿尔巴塔尼（金星在太阳上方）；柏拉图与亚里士多德（太阳与月亮是"较低的地方"）。此处的停顿看起来格格不入，其实恰恰相反。不仅如此，它使"当代观点"没有落脚之地。事实上，这样的做法优于提前提出反对并进行长篇论证。

8. 注释为："为什么水星与金星在太阳之下却不会形成日食呢？"克拉维乌斯承认"有些人"提出了这一反对意见，但根据托勒密与雷吉奥蒙塔努斯的权

[1]　Clavius 1591, 69-70.

威，这一论点非常无力，因为水星与金星的视直径非常小，所以经过太阳时观察不到。克拉维乌斯没有（像时差论证中一样）忽略"非常小"；他放心地宣称"根据阿尔巴塔尼与萨比特（伊本·库拉）及其他天文学家的观点，太阳与金星的视直径之比……是 10 倍"。[1] 相对直径的平方得到面积比是 100：1；因此"金星只会掩蔽（太阳）的一百分之一，无关紧要……所以毋庸置疑，水星也不能（掩蔽太阳），因为它的视直径比金星小得多"[2]。

克拉维乌斯的说明完全没有参考哥白尼挑选出的阿威罗伊关于太阳上有两个"黑色物体"的报告。他是不是在阅读《天球运行论》时忽略了这一点呢？他是不是认为这个观点不值得考虑，不如行星次序和工作日名称重要呢？还是他只不过没有做出回应呢？我们不得而知。

最后，克拉维乌斯用一幅名为"整个宇宙中所有天体的数量与次序"的木版画总结了他的结论。每个版本的《〈天球论〉评注》中都有这幅图，同时对宇宙之外的事物做出了解释："不存在任何天体，而是某种无限的空间（如果可以用这种方式来描述神），其中存在着上帝的全部精华，如果他愿意，他可以在其中创造无穷多的世界，比这个世界还要完美——如神学家所述。"[3] 克拉维乌斯的构想很符合 13、14 世纪唯意志论者关于神的全能可能性的观点，而且和哥白尼一样，他举例说明了天文学家普遍从事的针对性的（而不是系统性的）自然哲学思维与学科边界。

[1]　Clavius 1591, 71: "Praeterea secundum Albategnium & Tebith, & alios Astronomos, diameter uisualis Solis, ad diametrum visualem Veneris (sunt autem visuales diametri illorum circulorum, qui nobis apparent in astris) proportionem habet decuplam."

[2]　Ibid.

[3]　Ibid., 72: "Extra hunc uero mundum, seu extra coelum Empyreum, nullum prorsus corpus existit, sed est spatium quoddam infinitum, (si ita loqui fas sit) in quo etiam toto Deus existit sua essentia, in quo infinitos alios mundos, perfectiores etiam hoc, fabricare posset, si uellet, ut Theologi asserunt."

学科张力

16 世纪下半叶，克拉维乌斯与梅兰希顿（及其门徒）的教学手册是向学生介绍行星次序的最有影响力的资源。它们具有完善的写作与结构，因此作为大规模教学改革的一部分得到了复制。作为迅猛扩大的宗教运动中的改革者，两位作者将天文学描述为有利于各自的教会，并且将天文学家描述为教授天空真实结构的人，从而以不同的方式推动了将天文学作为传统自然哲学一部分的观点。

但二人所面对的当地情况却不同，而这些差异有助于解释他们所陈述的参数，以及对哥白尼的处理与利用方式。克拉维乌斯对他的案例进行三角测量，在多个不同的天文知识理想观点上加强了天文学的权威性：（1）梅兰希顿的星的科学，为控制占星力量打下了基础；（2）试图利用阿威罗伊 – 亚里士多德派物理原理统一天文学；（3）后特伦托时代去除行星力以证明天文学正当性的怀疑性要求；（4）罗伯特·贝拉明的观点，即只有圣典和教会神父的一致意见才能作为天文学的可靠基础。

对于第一个问题，克拉维乌斯被迫反对传统哲学家的观点，为数学研究的合理性进行斗争。

耶稣会一致赞成反对星的科学的某些部分后，一些为天文学研究辩护的资源，例如梅兰希顿的占星物理学和约翰·迪伊的《格言概论》，显然无法再利用了。得到勃兰登堡的阿尔布莱希特支持的梅兰希顿快速建立了学生与教师骨干队伍，他们都具有实践天文学与占星学所必需的数学专业知识，比克拉维乌斯成功得多。在对耶稣实施多年的课程进行的谨慎讨论中，克拉维乌斯的论证并不是特别针对天文学的，而是更加广泛地针对提升所有数学学科教授相对于自然哲

214

学教师的地位的。根据 1586 年耶稣会称为《教学大纲》的研究课程，首先，数学教授必须有权在正式仪式上与其他教授公开辩论；"这样就会轻易让学生看到数学教授与其他教师一同参加这种活动，有时还会参加辩论，他们就会相信哲学与数学科学是相互关联的——它们的确如此；特别是目前为止学生们几乎鄙视这些科学，仅仅因为他们认为这些学科没有用甚至没有价值，因为教授这些课程的人从没有和其他教授一样受召唤参加公共活动"。其次，数学教授不应负担"其他职务"。最后，必须让学生看到数学是哲学与其他科学最好的准备课程："由于忽视数学，有些哲学教授经常会犯很多错误，甚至极其严重的错误；更糟糕的是，他们在写作的过程中也会犯错，有些还是非常容易犯的错误。"[1]

到 1586 年，成功引入这样大胆而具有批判性的语言标志着克拉维乌斯成功论证了数学之于哲学及其他学科的必要性。《教学大纲》中的其他段落和措辞表明，其目标正是阿威罗伊学派对亚里士多德的解读［克拉维乌斯在《〈天球论〉评注》中曾经毫不掩饰地将其嘲讽为"谬误派"（"阿威罗伊学派"与"谬误派"两词在英文中谐音。——译者注）〕。克拉维乌斯的目的是在损害托勒密的数学天文学的情况下表示一种对哲学的不健康的依赖，不过没有证据表明他和同时代的一些人一样正在转向以柏拉图替代亚里士多德。[2]《教学大纲》奋力争取一个不同的亚里士多德，主张哲学教授必须了解数学，以避免歪曲"亚里士多德以及其他涉足数学学科的哲学家的段落"。这些教授应该停止在学生面前提出诋毁数学权威的问题，"例如他们教导学生数学不是科学，没有实证，是存在和美好的抽象化，等等；对于经验教学来说，这些问题极大地阻碍了学生，对他们没有帮助；尤其是因为教师教授这些知识时一定会嘲笑这些科学（这一点我不了解，只是根据传闻）"。最后，"令我们感到耻辱的是，我们的教授能够教导的

---

[1] The full text and translation of the relevant passages is given conveniently in Crombie 1977, 65-66.

[2] Clavius 1591, 455: "Auerroem, et Auerroistas, quos uerius hac in parte Erroistas dixeris."

数学无法满足如此众多而出色的运用。在罗马同样如此，指望有一两个这样的人才是不可能的，几乎没有人能够胜任这些学科的教授职务，罗马教会手边也没有这样的人才"[1]。

在维滕堡，数学和哲学教授之间没有类似的协商。16 世纪三四十年代，学者们就合适的课程内容顺利达成了一致意见：从梅兰希顿支持的基础球面几何学，到莱因霍尔德对普尔巴赫的评论，以及《天文学大成》和《普鲁士星表》。托勒密是理论天文学领域的卓越权威。在 1549 年的物理学讲座上，梅兰希顿欣然摒弃了阿威罗伊派对行星机制的批判："我们应该反感阿威罗伊以及其他嘲笑这种基于（托勒密的）伟大著作（《天文学大成》）的（偏心）教学的人的邪恶与傲慢，因此我们不能宣称这种图案（machinas）真的遍布天空。不能使勤奋的学生受到这些诡辩的阻止，否则他们将无法理解（天体的）运动……的确，没有必要在天上创造这样的轨道。"[2]

阿威罗伊的同心天文学的权威性来源于阿基利尼，它在意大利有着另一种命运。16 世纪 30 年代中期到末期，吉罗拉莫·弗拉卡斯托罗与乔瓦尼·巴蒂斯塔·阿米柯很快在帕多瓦相继出版了不同版本的同心天球秩序理论。[3] 很难说这些复兴著作用了多久才传到阿尔卑斯山脉以北。[4] 保罗·维蒂希（Paul Wittich）在 16 世纪 70 年代末 80 年代初为多部《天球运行论》作注解，他猜测哥白尼了解弗拉卡斯托罗的著作。[5] 在某种程度上，这种地区的可用性可以解释哥白尼的

[1]　Clavius 1591, 69.

[2]　Melanchthon in Bretschneider et al. 1834-, 13: col. 232: "Hic vero perversitas et petulantia Averrois, et multorum aliorum detestanda est, qui hanc doctrinam magna arte extructam derident, propterea quod non possit adfirmari in coelo re ipsa tales ubique machinas esse. Hac calumnia non deterreri se sinant studiosi, quo minus cognoscant motus, quorum leges ut aliquomodo ostendi possent, haec erudite tradita sunt, etiamsi non necesse est talem in coelo sculpturam esse orbium."

[3]　See Swerdlow 1972; Di Bono 1990; Baldini 1991, esp. 51-53.

[4]　Amico 1536; Fracastoro 1538. The San Diego State University copies are bound together.

[5]　Copernicus 1971b, fol. iii v.

著作与新的同心天文学译文的不同作用。《天球运行论》在维滕堡立即引起了梅兰希顿的注意，之前《启示录》刚刚激起了他对占星学的关注，而在罗马，克拉维乌斯在自己与弗拉卡斯托罗天文学的抗衡中明确得到了哥白尼理论的帮助。[1]

　　哥白尼本人几乎没有为同心主张费什么笔墨。[2] 他在 1542 年的序言中直率地评价"同心圆"没有考虑现象，并且使人们将宇宙看作一个支离破碎的"怪兽"。如果哥白尼从这里开始继续辩护偏心、本轮与等分圆的效用（像克拉维乌斯主要面向教师与学生一样），他有可能会写出类似普尔巴赫对传统理论天文学的辩护。但如我们所知，哥白尼替换了等分圆，并且为了计算随意地使用了偏心轮与本轮。他反对等分圆的原因引起了不小的争论。[3] 如上所述，很难从他的语言中判断他是否相信存在坚硬的、不可穿透的天球，结论最多是模棱两可的。哥白尼与雷蒂库斯都没有将长久以来引起争议的行星天球的物理状态作为著作的中心论点。

　　但在 1581 年版《〈天球论〉评注》中，克拉维乌斯以长篇辩论的形式加入了这方面的讨论。这种扩展注释，如近期解读者的评论，揭露了克拉维乌斯本人关于天文学与自然哲学关系的表达。同时高度展现了他对哥白尼理论的挪用，将其作为争议中的同盟。[4] 克拉维乌斯论证，天文学与自然哲学都是归纳性的——后验的，从感官效应反推到原因。他没有注意到雷蒂库斯与哥白尼也在《第一报告》中采用这一立场以缓解天文学与物理学之间的关系。[5] 他们以典型的人

---

[1] Clavius's arguments about the status of eccentrics and epicycles have been discussed extensively（Jardine 1979; Lattis 1994, 113-15, 126-44）.

[2] But cf. Barker 1999, esp. 354-55.

[3] For discussion see Swerdlow 1973; Aiton 1981; Jardine 1982; Barker 1999; Goldstein 2002; Barker 2003.

[4] Clavius 1581; "Disputationem perutilem de orbibus Eccentrcis, et Epicylis contra nonnullos philosophos." This disputation remained in all subsequent editions.

[5] Clavius 1591, 450: "Sicut in philosophiae naturali per effectus deuenimus in cognitione causarum, ita etiam in Astronomia, quae de corporibus coelestibus a nobis remotissimis agit, necesse est, ut in cognitionem ipsorum, coordinatione, constitutionemque perueniamus ex effectibus, hoc est, ex motibus stellarum per sensus nostros perceptis."

文主义姿态提醒读者亚里士多德也是人，他的天文学原理借鉴于同时代的欧多克索斯与卡里普斯，受时代的限制，因此如果他还在世，他也会在天空秩序的问题上改变想法。目的是在自然哲学家的脑中消除用演绎法从物理或形而上学基本原则出发来论证的可能性，并依靠论证结果的真实性。克拉维乌斯也应用了这一比喻，表示亚里士多德主张人应该始终依靠天文学家。[1] 但与哥白尼不同，克拉维乌斯用这一逻辑论证了，与弗拉卡斯托罗的同心天球相反，普遍理论中托勒密的偏心天球不会产生错误或荒谬的结论。[2]

这枚逻辑硬币的另一面就是反对由假得真（ex falso sequitur verum）。如果偏心轮与本轮是虚构的，那么真正的原因就不确定了，"因为如亚里士多德在《逻辑学》中的主张，允许根据错误的前提得出正确的结论"[3]。反对由假得真的论证是克拉维乌斯反对弗拉卡斯托罗观点的关键。克拉维乌斯在此做出了区分。他主张"反对者"所采用的规则符合三段论的逻辑形式，但不符合做出天文学假设的形式。在上例中，根据已知正确的结论可设想很多错误的前提。例如，我们可以根据所有动物都是敏感的这一命题得出一个结论，之后构建三段论："所有植物都是敏感的；所有动物都是植物；因此，所有动物都是敏感的。"或者："所有石头都是圆的；所有星体都是石头；因此，所有星体都是圆的。"克拉维乌斯认为，本轮与偏心轮属于不同的分类，因为与其他无法得到新信息的推论不同，根据假设得到的结论并不能提前预知。值得注意的是，如其举例所示，克拉维乌斯提出的是天文学假设而不是占星学预言或降生。

根据偏心轮轨道与本轮，不仅辩护了过去已知事物的现象，而且预测了未

---

[1]　Clavius 1591, 456.

[2]　Ibid., 450.

[3]　Ibid., 451: "Vera causa illarum apparentiarum: quemadmodum etiam ex falso verum colligere licet, ut ex Dialectica Aristotelis constat."

来的事物，但时间未知。

因此，举例来说，如果我怀疑 1587 年 9 月满月时会发生月食，我可以根据偏心轨道与本轮的运动确定月食会发生，因此我就不再会怀疑了。的确，我根据这些运动知道了月食从几点开始，以及月亮有多大一部分会受到掩蔽。同样可以预测所有的日（月）食现象，以及它们的时间和程度；即使它们本身没有特定的规律，这样两次连续的食之间有确定的时间间隔，但有时一年会有两次，有时一次，有时没有。[1]

这个示例证明了偏心轮和本轮可以用于预测，但并不能证明它们存在于天上。

克拉维乌斯在这一论证中将哥白尼作为某种同盟者。"他（哥白尼）并不认为偏心轮与本轮是虚构的，是与哲学矛盾的。事实上，他认为地球本身就在本轮上，并将月球放在本轮的本轮上。"在这种暂时的同盟关系中，克拉维乌斯并没有赞成哥白尼的主要假设，而仅仅赞同了有助于他进一步反对同心论者的部分：行星与地球的距离会变化。

哥白尼直率地承认……行星与地球的距离总是不相等的，他认为地球的位置在第三层天上，远离世界中心。但从他的主张只能推断出托勒密的偏心轮与本轮秩序并不是完全确定的，因为还有另一种方式可以说明很多现象。在这个问题中，我们只想向读者说明行星与地球之间的距离不是相等的；地球，在托勒密建立的次序中既有偏心轨道也有本轮，我们当然也应该对这些现象设想其

---

[1] Clavius 1591, 452; translated and quoted in Lattis 1994, 135.

他与偏心轮和本轮等效的原因。[1]

克拉维乌斯认为未来有一天可能会对距离变化找到不同的解释。但我们还不清楚应该怎样理解他的这种大一统的姿态，因为他没有讨论哥白尼提出的替代普尔巴赫模型的新模型，并且完全忽略了雷蒂库斯。[2]

反对弗拉卡斯托罗的同心理论是克拉维乌斯与哥白尼最大的一致之处，也是他与传统自然哲学最疏远之处。他很快就话锋一转，利用反对由假得真来辩护自己的观点。[3] 现在错误的前提成了地球的运动而不是同心圆：

如果哥白尼的天体位置没有错误或谬论，那么就要严重怀疑这两个观点（托勒密与哥白尼）中哪一个更适于证明这类现象。但事实上哥白尼提出的位置中有许多谬论与错误——因为地球不在天穹中央并且进行三重运动（我对此很难理解，因为根据哲学家的观点，一个简单的物体应该只有一种运动）；不仅如此，太阳位于世界中央并且没有任何运动。这一切（主张）都与哲学家和天文学家的普遍教导冲突，而且似乎与圣典的教导不一致。[4]

根据（目前为止的）传统物理论点与克拉维乌斯之前攻击过的哲学权威，哥白尼受到了驳斥与反对。这些论证远不够全面。克拉维乌斯根本没有参考哥白尼对新的行星秩序所做出的主要论证。这并没有与年轻的耶稣会学生应该接触到的事物产生冲突。争论的最后，克拉维乌斯在抵制哥白尼与弗拉卡斯托罗

---

[1] Clavius 1591, 452-53.

[2] Lattis（1994, 138）suggests plausibly that Clavius was "not rigidly dogmatic." Clavius's copy of *De Revolutionibus* did not include the *Narratio Prima*.

[3] Clavius 1591, 452. Clavius accuses Copernicus of having procceeded "just as in many syllogisms we can prove some already known conclusions even from false premises"（Lattis 1994, 137）.

[4] Clavius 1591, 453; Lattis 1994, 139（trans. slightly emended）.

的同时对他们表达了赞同，因为他们无论如何还是具有一些可靠的天文学知识："因此托勒密的观点优于哥白尼的发明。综上所述，很明显偏心轮与本轮的存在和八层或十层移动天空的可能性不相上下，天文学根据现象与运动发现了（偏心与本轮的）轨道。"[1] 这一结论说明克拉维乌斯反对梅迪纳与皮科深远（但不完全）的怀疑论，也反对他所讨论过的哲学"反对者"。不应将天文学与占星学混为一谈；即使占星师的主张是迷信的，这一学科仍然可靠。

最终，他从适用性与根据可见世界思考上帝的角度进行论证，说明了天文学的价值。[2] 这样的天文学不需要求助于占星预言。"并非空穴来风。托勒密在《天文学大成》开头说到——而且后来被阿拉伯传统所保留——这门科学是了解最高的神的正确方式与道路。圣保罗给罗马教会写的（信）第 1 章并没有背离这一判断，他说：'通过上帝创造事物的智慧感知上帝的无形。'" 一种审美的正当理由出现了，克拉维乌斯将其称为"自然神学"，它根据神的设计谨慎地预料到了开普勒更加完善的理论。[3] 克拉维乌斯特别将天体形容为万物中最美丽与高贵的事物，为保罗增添了光彩。他进一步从圣诗中的两条线详述了自己的观点，第一条在萨克罗博斯科的作品中已经出现，并且被之后的很多作者引用："天空象征上帝的荣耀，苍穹宣示了他的杰作。"第二处引用比较少见，后来用于里乔利《天文学大成新编》著名的扉页中，这本书的标题明显受惠于克拉维乌斯："我

---

[1] Clavius 1591, 453; Lattis 1994, 140（trans. slightly emended）.

[2] Regarding utility, Clavius argued that astronomy is useful for theology, metaphysics, natural philosophy, medicine, poetry, navigation, and cosmography and also valuable to ecclesiastics, kings, and emperors. Next to its value on fostering admiration for the divine handiwork, Clavius devoted the most space to the popes' longstanding interest in reforming the calendar, an occupation that finally reached fruition in 1583. Clavius alluded in passing to his own role: "I was occupied in this matter for not a few years at the command of the highest pope and not enough in my studies and works" (Clavius 1591, 7-10).

[3] Clavius 1591, 7: "Astronomy is called by most 'natural theology' [*Theologia naturalis*] because it examines the most superior bodies."

要注视着你的天空与你手中的杰作，你创造的月亮与星辰。"[1]

　　支撑克拉维乌斯将天文学与圣典结合的是一件重要而平凡的事：他假设天文学家的方法能够独立运作，而不会与圣典的含义冲突。这一观点符合传统与革新的天文学和自然哲学手册的立场，效仿了 1546 年托洛桑尼与 1651 年里乔利的观点。克拉维乌斯对怀疑论者的主张回应道，天文学家的天文学观点有可能是错的。与梅迪纳不同（照例没有指明姓名），他声称基于天文学，有些关于天空的观点比其他观点的可能性更大（建立得更好）。梅迪纳的论证风格是许多神学者在做出解释时的典型代表：整理权威并通过共识达成一致。克拉维乌斯的作品留下了一个开放性的问题：神学家对天空是否还有更多的说法呢？也许要回答梅迪纳的怀疑论，就需要对圣典指定更加积极的角色，利用教会神父的共识作为宇宙真相的可靠来源。1546 年 5 月，特伦托大公会议的第四场会议正式将请求教父共识批准为解读圣典中不确定词语或段落的准则。更重要的是，它捍卫了教会解读圣典的权威。教会作为一个集体而不是个人，是圣典含义的最终仲裁者。[2]

六基数流派的天文学

罗伯特·贝拉明

　　在鲁汶天主教学院的一系列讲座中，罗伯特·贝拉明（1542—1621）将教父共识作为解读圣典中与天空有关段落的准则。他的结论是新颖而空前的。

---

[1]　Ibid. : "Caeli enarrant gloriam Dei, & opera manuum eius ennunciat firmamentum," and "Quoniam uidebo caelos tuos, opera digitorum tuorum, Lunam & stellas, quae tu fundasti." For detailed analysis of Riccioli's frontispiece, see Westman 1994, 80-81.

[2]　See Blackwell 1991, 36 ff.

1616 年，贝拉明在加入伽利略与加尔默罗修会的 P. A. 弗斯卡里尼队列之时，他的圣典理论加强了他在哥白尼问题的地位上所采取的立场。贝拉明杰出的讲座在 1570 年 10 月—1572 年复活节进行，也就是克拉维乌斯第一版《〈天球论〉评注》出版后不久，以及 1572 年 11 月引人注目的新星出现之前。[1] 虽然贝拉明的讲座从未出版，但在耶稣会及其亲友之间得到了长期的赞誉，而且，克拉维乌斯在《〈天球论〉评注》中煞费苦心地提出了一连串的反驳观点（虽然他从未指明贝拉明的名字）就证明了这些讲座的重要性。[2] 当代的评论者没有忽略鲁汶讲座中许多观点所具有的非正统特质——设想天空是流动的、炽热的、易变的，将上升与下落现象解释为太阳、月亮与其他行星向西的转动，行星的螺旋形轨迹，天体在其中"像鸟在空中，鱼在水中一样"自行运动。[3] 鉴于这些观点的作者后来成为了伽利略事件中的核心人物，其历史价值是毋庸置疑的。

但贝拉明的讨论的整体特征却无法轻易概括。即使到哥白尼《天球运行论》出版 30 年后，宇宙学这个词语依旧没有得到普遍使用，在贝拉明本人这里也不例外。

鲁汶讲座归入了六基数流派（the hexameral genre），它们包括了一系列独立的评论，假定世界是在六天中创造的。因此其权威性来源于对文本的评论：托马斯·阿奎那《论六天的工作》（"Treatise on the Work of the Six Days"）的最后 10 个问题，其中包括"天空的本质是不是易毁坏的"，以及"天空是否真的能够被毁坏"。

虽然贝拉明的六基数主题表面上是关于多层天空的，但其中也涉及对萨克罗博斯科《天球论》的不同解释方法。《创世记》的评论者会利用各种不同的材

---

[1]　See Baldini and Coyne 1984. For the dating of the manuscript, see 5.

[2]　Besides the important notes of Baldini and Coyne（1984）on Bellarmine's lectures, see Lattis（1994, 94-102）on Clavius's reply to Bellarmine.

[3]　See esp. Baldini 1984; Blackwell 1991, 40-45.

料来解释文中的寓意与物理语言；但与萨克罗博斯科的评论者不同，他们不需要用天文学或几何学作为解读工具。[1] 在 16 世纪，《创世记》的评论者们越来越多地在文中以自然哲学为工具进行解释。不仅如此，如爱德华·格兰特（Edward Grant）所述，中世纪的问题（quaestiones）与格言警句（sententiae）通常都是由一系列分散的命题组成的。这种划分内容的方法有利于分别处理多个主题，这也解释了贝拉明为什么选择了某些主题，而放弃了其他主题。[2]

贝拉明的观点所属的流派获得了关注，很快使人注意到他与克拉维乌斯《〈天球论〉评注》的其他显著差异。由于贝拉明是在阿奎那的神学与自然哲学框架之下进行天文学讨论，因此他没有遵循天文学的理论 – 实践分类方法。故此，行星次序与星象影响都没有成为正文中的自然主题——这同样说明了贝拉明并没有将自己的讨论看作宇宙学、球面几何学，或者是行星理论。相反，这些讲座的内容是在讲述上帝创造天地时所发生的事，它们提出了一系列关于存在的主张，说明天空的组成：由于天空是由火组成的，因此它们不仅会变化，而且未来"很有可能"发生深远的变化。所以他从自然哲学的角度进行论证，与亚里士多德坚信的世界永恒背道而驰。

还有可能存在另一个动机：当时广为流传的世界末日理论认为自然在衰落，世界将会灭亡。贝拉明引用了《彼得后书》第 3 章 10—11，似乎认同这种熟悉的感觉：

主的日子要像贼来到一样，那日，天必大有响声废去，有形质的都要被烈火销化，地和其上的物都要烧尽了。这一切既然都要如此销化，你们为人该当怎样圣洁，怎样敬虔，切切仰望上帝的日子来到。在那日，天被火烧就销化了，

[1]　For example, there is only one brief allusion to Genesis in Thorndike 1949. For Genesis commentary, see A. Williams 1948; Steneck 1976.

[2]　Grant 1978.

有形质的都要被烈火熔化。但我们照他的应许，盼望新天新地，有义居在其中。

然而，与路德教的预言者对这段话的理解（稍后将会提到）不同，贝拉明没有准确预言"新天新地"何时来临。他的目的是利用圣经来反驳亚里士多德世界永恒的观点："亚里士多德的追随者将'天空会继续'解读为天空会静止而且永远不会移动；但是'它们会消逝'当然不是这个意思。"[1] 纵观全文，贝拉明的解读风格与方法具有分析与学术性；他利用了教会神父的作品，分析细微的差别而不是神秘地揭示隐藏的真相："将天空解体看作实质性的还是随机性的，这一点无法确定。圣格里高利（Saint Gregory）在《道德论集》（*Moralia*）第18卷第5章中说……'将会有新的天空和新的大地'，并不是说会形成其他的天地，而是指真实的天地会改变现在的面貌。"[2] 如此，在仙后座新星出现前夕，贝拉明谨慎地解读了世界末日将会发生的变化。[3]

贝拉明的讲座还阐明了耶稣会教育目标的形成阶段所具有的多样性与解读的灵活性。克拉维乌斯不仅成为了传统托勒密行星秩序的捍卫者，还为托勒密的天文实践进行辩护。与贝拉明不同，克拉维乌斯坚持认为自行运动的天体没有明确的运动方向。我们只能通过几何形状得知行星的运动与返回规律。从这个角度来讲，不论克拉维乌斯对天体的移动与静止持有何种观点，作为一个实践者，他更接近哥白尼与莱因霍尔德。

而且，哥白尼也从这个意义上在16世纪被广泛称为"托勒密第二"。因此，克拉维乌斯关于有必要将数学纳入课程的论点完全符合弗朗西斯科·巴罗齐复兴普罗克洛斯1560年《评欧几里得〈几何原本·第1卷〉》时的观点，并且与

[1] Baldini and Coyne 1984, 10.

[2] Bellarmine's reference is erroneous（ibid., 32 n. 33）.

[3] Cf. Blackwell 1991, 41-42: "It is purely a historical accident that he had already taken such an anti-Aristotelian stance only a few months before the observation of a nova in November 1572, which was the beginning of the decline of the Aristotelian notion of the immutability of the heavens."

雷吉奥蒙塔努斯和哥白尼的早期数学化方法一致。

　　贝拉明指向了另一个方向：如果占星师与天文学家在现象的解释上达成一致，那么，由于真相只有一个，因此圣经必须与这些解释一致；但贝拉明说宇宙观察者的争执在于，"我们有可能在其中选择与圣经最相符的解释"[1]。正是在此，依靠教会神父的共识、圣经的字面含义，以及他本人的理解直觉，这位神学家得以在天文学传统之外的前沿阵地获得了自信。

---

[1]　Baldini and Coyne 1984, 20, 21: "Respondeo primum ad theologum non spectat hoc diligenter in vestigare. Et idcirco dum inter astrologos durat lis, sicut vero adhuc durat de modo explicandi huiusmodi apparentias. Nam alii explicant per motum terrae, et quietem ommium stellarum, alii per quaedam figmenta epyciclorum, et eccentricorum; alii per motum syderum a se ipsis: possumus nos eligere id constiterit, stellas moveri ad motum coeli, non a se, hoc videndum erit, quod recte intelligantur scripturae, ut cum ea perspecta veritate non pugnent. Certum enim est verum sensum scripturae cum nulla alia veritate sive philosophica, sive astrologica pugnare."

第三部分

接纳意料之外的、异常的新奇

8

行星秩序、天文学改革，以及非凡的自然规律

天文学改革与天文迹象的解读

维滕堡文化圈一直对天文科学有所关注，但 16 世纪 70 年代天空中突然出现两次前所未闻的奇异景象之后，关注度意外地增加了。其中一个是在 1572 年出现并持续到 1574 年 5 月的闪耀天体（人们对此有多种描写，称其为流星、彗星或新星）；另一个只在 1577 年 11 月—1578 年 1 月这两个月出现（几乎被普遍称为"带须的星体"或彗星）。这些前所未闻的现象被认为证明了上帝有干预自然秩序的伟大能力，[1] 在整个欧洲引起了广泛的关注。当时德国普遍的实践与预言中都充斥着最可怕的警告，预测了一切的终结："敌耶稣"的到来（土耳其人与罗马教廷的表达），忠实信仰的荒废（同样是天主教会的说法），离经叛道

---

[1] Charles Webster（1982, 16 ff.）noticed and extrapolated on the important image of God as monarch in his Eddington Memorial Lectures at Cambridge, November 1980.

哥白尼问题

的教派的崛起（加尔文教徒、再洗礼教徒、狂热者、三位一体说的反对者），以及犹太人的皈依。[1] 不出意料，许多路德教徒、物理学家与神学家都认为，这些新的奇异现象不仅是天文学研究与占星判断的机会，也可以用来从《新约》预言作品，以及教会神父著作的关键启示篇章中搜集末世论的意义。不乏有人用圣经段落来助长命数天定的悲观情绪。比如，1570 年左右，西蒙·保利（Simon Pauli，1534—1591）在罗斯托克布道时引用了《路加福音》第 21 章 25—26："日月星辰要显出预兆，地上的邦国也有困苦，因海中波浪的响声而惶惶不安。人想到那要临到世界的事，就都吓得魂不附体，因为天上的万象都要震动。"他还预见了"许多彗星与闪光"[2]。可以轻易以这种广泛的含义对天空传递的信息进行解读，预示自然界的无常和即将到来的万物毁灭。

与末世观点和阐释行为的盛行相反，一种新的社会三角划分开始成形。一小部分从事天体研究的人提出了新的可能性。他们将对"不可预知"的讨论转向对天空进行研究，根据自己的能力将新的现象作为天文事件进行解析，而不是看作受到占星影响而在尘世造成的气象事件。这些实践者认为自己的数学能力高于那些资历平平的预言家，并且开始自信满满地为自己制定新的话语权，提出关于天空本质的主张——按照惯例，这些是《创世记》和亚里士多德《物理学》与《论天》的评论者，以及斯多葛派或柏拉图派非数学的、反亚里士多德的哲学家专有的领域。[3]

这些发出新声之人无论智力、社会地位还是所处地理位置全都各不相同。有些人是学术型的数学家，还有些是贵族出身的实践者。数学在不同的学科领域与制度体系中都有一定的学术地位。不过，贵族与绅士参与天文学和占星学研究是前所未有的，这标志了这一时期的重要进展。我们将通过几个例子来说

224

---

[1] See again Barnes 1988, 82-93, 118, 170 ff.

[2] Pauli 1856; Barnes 1988, 162.

[3] For an excellent account of this evolving philosophical strain, see Lerner 1996-97, 2: 3-15.

明分化的主要规律。

　　由于星的科学研究没有较高级别的学科，因此数学科目的学术从业者通常有较高的医学学历，因为这是较高等的大学学院中唯一一个广泛涉及自然世界的科目。然而，这并不是权力结构的唯一模式。比如在图宾根，较高等的学科是神学，因为符腾堡直辖领地中地位较高的教育机构是神学院。[1] 米沙埃尔·梅斯特林（1550—1631）就是最好的例子：他具有浓厚的图宾根特征，曾在当地福音派大学学习。他在 1570—1576 年担任数学老师，监督学生在下午复习图宾根神学院早课所进行的练习，他在这一时期经历了新星的出现。在研究彗星时，他在巴克南城中担任教区牧师（1576—1580），不过当 1580 年出现新彗星时，他作为数学家搬到了海德堡大学，之后在 1583 年或 1584 年回到了图宾根。

　　梅斯特林的例子说明了取得较高神学学位的图宾根模式。同样是图宾根人，海里赛乌斯·罗斯林（Helisaeus Roeslin）的例子说明了一种更普遍的形式，将理解行星的运动与医学联系起来。罗斯林是一名研究星的科学的物理学家；他在图宾根的导师是曾作为维滕堡人的塞缪尔·艾森门格尔（Samuel Eisenmenger）与梅斯特林的老师的前辈——菲利普·阿皮亚努斯。他为巴列丁奈伯爵、费尔登茨－鲁茨斯坦的（普法尔茨格拉夫·）格奥尔格·约翰一世〔（Pfalzgraf）Geog Johann I〕担任宫廷医生。科尼利厄斯·赫马（Cornelius Gemma，1535—1579）与罗斯林一样，也是一名医师，不过他留在了大学里。就此而言，他具有一项特殊的优势：他是星历学家赫马·弗里修斯的儿子，而这种关系有可能使他成为了鲁汶的普通与皇家医学教授。另一位成为预言家的后代是伊莱亚斯·卡梅拉留斯（Elias Camerarius），他的父亲是纽伦堡的占星人文主义者约阿希姆，伊莱亚斯后来到奥得河畔的法兰克福成为了数学教授。比较特殊的是西班牙的热罗尼莫·穆尼奥斯（Jeronimo Muñoz，1517 ？—1591），他担任希伯来语（1563）

---

[1]　See Caspar 1993, 41-50; Jarrell 1971; Methuen 1998.

与数学（1565）联席主任。[1]

虽然统治者长期支持这些"桥梁"人物在大学教授数学科目，并为统治者提供星命盘或年度预言，但贵族或专有宫廷从业者的出现标志着天文学家角色演变关键时刻的来临。贵族与宫廷从业者的社会特权不带有教育责任，为措辞、著作与材料提供了新的可能。由于这些从业者的主要事业不是教学，因此他们的地位催生了一种新的自由文体形式。每个宫廷都有自由的特点和传统；没有人写教学手册。16 世纪，尤其是卢道芬时代（1576—1612），除了腓特烈二世（Frederick Ⅱ）的丹麦皇家宫廷外，哈布斯堡的神圣罗马帝国皇帝为欧洲的天文研究提供了重要支持。在布拉格，不仅是财政支持，而且是如 R. J. W. 埃文斯（R. J. W. Evans）所说，在赫拉德卡尼城堡（Hradcany Palace）的知识精英中实现了"国际化的自由"，以及哲学态度的多样化。[2]同时，不能混淆这些贵族或宫廷从业者与规范手册中所描写的理想文学形象，后者之中不可能会出现天文实践者。[3]

这一时期的重要人物很快使人们注意到了这一奇特的现象：托马斯·迪格斯（1546—1595）是在英格兰拥有土地的绅士预言家，并且曾是约翰·迪伊的学生；撒迪厄斯·哈格修斯·阿布·海克（Thaddeus Hagecius ab Hayck，1525—1600）与保罗·法布里修斯（Paul Fabricius，1519/29？—1589），是三位哈布斯堡皇帝的医师；威廉伯爵四世（1532—1592），是黑森 - 卡塞尔的统治者，在这里，他在自己的城堡中修建了天文台，并且收留了一小群有能力的数学家；第谷·布拉赫（1546—1601），出生于一个古老而显耀的丹麦家庭，最终获得了一个小岛，并在那里修建了一座独特的城堡，专门用于研究星的科学。到 16 世纪 70 年代末，

225

---

[1]   I surmise Muñoz's date of birth by subtracting twenty years from the date on which he obtained his bachelor of arts degree from the university in Valencia, the city of his birth. For further biographical details, see Víctor Navarro Brotóns, "La obra astronómica de Jerónimo Muñoz," in Muñoz 1981, 18-22.

[2]   R. Evans 1973, 146 ff., 255. This is still the best study of Rudolf's court.

[3]   For the actual reception of the most famous among courtiers' manuals, *Castiglione's Il cortegiano*, see Burke 1996.

天文学家与数学家的称呼开始在这些作者的笔下获得了新的含义，因为在迄今为止仅限于神学家和自然哲学家的学科领域中，视差计算（本身并不是全新的方法）的应用占取了一定的说明性资源。但亚里士多德的以太和行星天球理论并没有因 1572 年的新星事件被驳倒，因为即使是最大胆的视差运用者也认为上帝是在普通的自然规律之外创造了这个新星。[1]

当上帝以这种方式运用他的力量时，自然哲学家将这个事件描述为非凡的或"超物质"的——超越了自然解释的界限。比如说，上帝创造世界就是一种形而上学行为，他凭空创造了世界。相反，宇宙中平凡的事件都来源于自然的原因，在亚里士多德看来通常是"有效"原因，比如石头落入湖中会形成涟漪，不过上帝也可以通过自然的内在原因行事，这种情况下就称他的行为是"物理的"行为。[2] 不论是做出物理学的解释还是形而上学的解释，一小群运用视差的数学家提出的主张打破了星的科学、自然哲学与神学之间的传统学科界限，开始表示出对自己理论的信心。

为了突出这一论点的历史特征，我们来看一个较早的构想。1957 年，托马斯·库恩想要努力利用 16 世纪 70 年代的天文奇观来说明哥白尼理论逐渐获得了优势地位。虽然库恩没有研究过原始文献，但他明白这些新的现象并没有直接证明哥白尼的行星秩序理论。为了保全"哥白尼学说"作为分析的核心，库恩认为他可以将时间范围从 10 年扩展到 100 年。

哥白尼死后的一个世纪中，所有新奇的天文观察与理论，不论是否由哥白尼提出，不知为何都成为了哥白尼理论的证据。这一理论显现出了丰硕的成果。但是，至少对于彗星与新星来说，这样的证明有些奇怪，因为观察到彗星与新

---

[1]　See esp. Lerner 1996-97, 2: 9; Granada 1997b, 415-17.

[2]　For a clear statement of this distinction, see Timpler 1605, 27, problema 5.

星和地球的运动没有任何关系。托勒密派天文学家同样可以毫无困难地解读这些现象……但它们无法独立于《天球运行论》，也无法脱离当时的舆论。[1]

库恩的"不知为何"和"舆论"（使他出名的开放式措辞）说明，用"哥白尼学说"解释他自己的学说在叙事和逻辑方面都很困难。

同时，库恩干脆利落地利用自己哲学家的身份，在《科学革命的结构》中用 1577 年的彗星事件强调了知识断裂的主题，这是在之前的作品中没有提到的。"利用传统的仪器，最简单的只有一根线（指梅斯特林），16 世纪末的天文学家多次发现彗星漫游在原本留给不可变的行星与恒星的空间。天文学家们用旧仪器观察旧对象时如此轻易而快速地发现了新的事物，我想说，在哥白尼之后，天文学家们生活的世界改变了。无论如何，他们的研究表明确实如此。"[2] 在本章我研究的证据不再支撑这种解读，它证实了社会、逻辑与语言断裂的累加。哥白尼的作品出版后隔了两代人（大约 30 年），对于无法比较的范例之间的根本转变，甚至是两种相对立的"宇宙学"之间明显的竞争，库恩的理解中并没有"哥白尼式天体运行"。为什么呢？

再次说明，运行的概念（不论是早期的还是后来库恩的构想）模糊了 16 世纪知识分类的空间与推论的可能性。1572 年之后的 10 年中，在"专业天文学家"的学科环境中，并没有在哥白尼与托勒密的"宇宙学"之间出现库恩式的广泛争论，这门由占卜推动的星的科学继续建立了主要的分类模型，而天文著作的作者们就在这样的分类标准下提出主张、测试方案、建立新的计划，并且讨论这个行业的结构。在这样的预言框架下，涌现出一批作者提出通过发展技术来解读天上的迹象，并且进行年度预测。

226

---

[1] Kuhn 1957, 208.

[2] Kuhn 1970, 116-17.

对他们来说，最急迫的就是理解上帝所著的"自然之书"。是如梅兰希顿派所说，上帝真的通过自然原因与神迹和人类直接沟通，还是如路德和其后更加正统的追随者所说，上帝仅仅通过经文、启示和古代预言与人沟通？另外，如果他通过自然示意，那么通过自然规律和奇特的无规律现象的表达方式是一样的吗？最后，哪些专业人群最有资格解读这些自然神迹：神学家，自然哲学家，还是数学家？如果数学家的仪器、表格和理论如此不确定，谁能保证他们的判断是可靠的？皮科抨击占星学（1557年、1572年）以及贝拉明反击（1553年、1554年、1578年）的再版说明，出版商依然相信有人愿意阅读这些问题；这说明了天体科学中占卜部分的认识论地位还没有确定。在这个论证空间内，梅斯特林与迪格斯引入了哥白尼提出的新的行星次序——但如第9和第10章所述，这仅仅是人们试图解释天文奇异现象的多个方法之一。

新皮科派学者

受到15世纪末关于预言占星学的争论的启发，中世纪后开始出现新一轮的批判。我们可以认为后来的理论建立在重新组织早期理论的基础上，同时将它们应用于新的目的。这些讨论围绕两个最突出的主题：真正的预言只有上帝才能作出，或者人类更适于解释这些有疑问的现象。对于预言者来说，政治总是会受到星象影响的限制，但有迹象表明政治理论开始脱离星象的支配。马基雅弗利认为国家是公民主体，他的理论把影响限制在无法预知的命运中。莎士比亚照常紧扣时代的脉搏："亲爱的布鲁特斯，错不在我们的星辰，而在我们自己。"[1]

在有关解读自然神迹的讨论方面，托马斯·伊拉斯塔斯（Thomas Erastus，

---

[1] *Julius Caesar*, I. ii. On Machiavelli, astrology, and Fortuna, see Parel 1992, 63-85; but for critical reservations about Parel, see Najemy 1995.

1523—1583）做出了重要的贡献，他是一名瑞士新教物理学家、神学家与政治理论家。16 世纪 50 年代，伊拉斯塔斯在博洛尼亚和帕多瓦学习，当时皮科和贝兰蒂的新版著作刚刚面世，关于星的科学的书籍还没有受到 1559 年禁书目录的限制。当他回到德国从事过渡职业时〔在海南堡（Hennenberg）担任宫廷医生，后来在海德堡担任医学教授（1558—1580）〕，他以《天文学杂志》（*Astrologia Confutata*，1557）为题出版了萨伏那洛拉《论反占星家》（*Treatise against the Astrologers*，1497）的德语译文。[1] 他选择萨伏那洛拉的原因可能是因为这本著作比皮科的《驳占星预言》短得多，并且面向的是本国读者：直到 1581 年，萨伏那洛拉的作品才被托马索·波尼塞尼（Tommaso Buoninsegni）译为拉丁语；波尼塞尼是多明我会教徒，在佛罗伦萨大学担任神学教授。[2] 出版译作之后，伊拉斯塔斯在 1569 年发表了《辩护吉罗拉莫·萨伏那洛拉关于预言占星的著作，驳科堡医师克里斯托弗·施塔特米昂》（*Defence of the book of Jerome Savonarola concerning divinatory astrology against Christopher Stathmion a physican of Coburg*），与维滕堡的预言家及市政医生克里斯托弗·施塔特米昂展开了全面辩论。[3] 约阿希姆·海勒曾赠予施塔特米昂一本《天球运行论》。由于伊拉斯塔斯的作品意在为萨伏那洛拉辩护，而萨伏那洛拉的论证又是建立在皮科的批判基础之上，因此这部作品包含了许多皮科派的主题；但总体来说，这部著作（及其续作）致力于为萨伏那洛拉的论点赋予特权。伊拉斯塔斯通过攻击帕拉塞尔苏斯的医学与占星理论，继续驳斥占星学。[4]

---

[1]　Erastus 1557, fol. Aiv: "Der inhalt dieses Buchs. Erstlich ist ein büchlein in drei theil oder tractat getheilt / welches ungefehrlich vor lx jharen / durch Jeronimum Sauonarolam in welscher sprach geschriben worden / und im truck ausgangen ist / zu einter betrefftigung des / so her Joannes Picus ein herr zu Mirandulen wieder der Astrologos dem gemeinen mann zur warnung geschrieben."

[2]　Savonarola 1581; D. P. Walker 1958, 57.

[3]　Erastus 1569（preface, Heidelberg, 1568）.

[4]　Erastus 1571-73, 140-65.

但伊拉斯塔斯不是这一时期唯一的新皮科主义者。1560 年，约翰·迪伊的伦敦出版商亨利·萨顿（Henry Sutton）发行了威廉·富尔克愤慨但冗长而空洞的作品《反预言》（*Anti-prognosticon*）。[1]

227

1583 年，富尔克败阵于西克·范·海明加的《以推论与经验驳占星学》（*Astrology Refuted by Reason and Experience*，安特卫普）。范·海明加认识赫马·弗里修斯，但他的年纪不足以加入 16 世纪 40 年代的鲁汶文化圈。他曾在格罗宁根大学学习，可能曾在科隆讲授医学与占星学。但他在晚年经历了观点的彻底颠覆。在完全熟悉皮科派的观点后，他认为有必要提出一种新的方法："乔瓦尼·皮科·米兰多拉引经据典地撰写了反对占星学的著作。[2] 锡耶纳的卢西奥·贝兰蒂做出了回应；之后更加博学的科尼利厄斯·塞帕撰文对他们分别表示了支持与反对。但这些争论、对立的论证、对其他论证的驳斥，以及针锋相对的文字导致没有人转向实践与经验，并对星命盘的预言进行驳斥。" [3]

范·海明加毫不犹豫地掌握了这一方向，将世俗经验用于针对本世纪三个作品最丰富的占星预言家：西普里安·利奥维提乌斯、吉罗拉莫·卡尔达诺和卢卡·高里科。[4] 和这些中世纪的星命盘编纂者一样，范·海明加积累了许多算命星命盘，其中有一半是为杰出的统治者绘制的。他尖锐而准确地详细检查了 30 多幅，审查偏差、垂直与偏斜的上升、对立等内容。在每个案例中，他说明了真实的结果与预测之间的不一致，而且人的意志力比行星秩序更适于解释这些结果。例如，卡尔达诺预言英格兰国王爱德华六世将会健康长寿，但不幸的是，

---

[1]　Fulco 1560.

[2]　See Scepperius 1548.

[3]　Hemminga 1583, preface, fol. *6r.

[4]　Ibid. Hemminga did not explain his omission of Giuntini and Garcaeus, who might have served his purposes equally well. In the spirit of Hemminga, Kepler expressed disdain for the compendia of Schöner, Garcaeus, Leovitius, and Giuntini, which he regarded as constructed on "frivolous foundations" (Kepler to Herwart von Hohenburg, May 30, 1599, Kepler 1937-, 13: 354, ll. 607-10) .

这位国王在被预言后不久就去世了。还有亨利八世国王的连续婚姻呢？在检查亨利多位妻子的命运后，范·海明加注意到国王的生辰预示着不育、阳痿，并且不重视女性。"占星家们，告诉我们，他为什么与妻子断绝关系？他为什么想要私生子？"他问道："是因为金星与月亮的位置吗？根本不是；是因为他自己想要。"[1]之后，他将观点推进到最脆弱的领域："他（亨利国王）为什么在罗马教皇将他开除教籍后改变了（王国的）信仰？是像卡尔达诺所想的，因为金星的位置吗？根本不是；他想这么做，是不想遭受教皇的侮辱。但是，他为什么这么想？因为他觉得这样就可以处理国家事务了。"[2]

范·海明加还用整整一节讨论了声名狼藉的亚历山德罗·德·美第奇案例（见本书第6章）。他总结道，这位年轻人实际上度过了星命盘所预示的最危险的几年。例如，他8岁、42岁、64岁这几年，星命盘预言了淹死、窒息、绞杀、崩溃与毒害。但他被杀的时间并不在这些年份。"因此，这证明了占星预言的不确定性以及此占星学教授的无用性，因为他们努力并且保证可以预言未来，但事情的结果很快就确定地证明了（他们预言的）错误。"[3]最后，范·海明加用书中将近百分之二十的篇幅来分析自己的星命盘。[4]他将在自己命盘图案中找到的秩序与具有相同秩序的名人相对比，但他们的命运却大相径庭。

1586年，教皇颁布了占星禁令。这一年，作品丰富的图宾根诗人与历史学家尼科迪默斯·弗里什林（Nicodemus Frischlin，1547—1590）为一部赞美天文学的著作《最杰出的希腊与拉丁作家、神学家、医生、数学家、哲学家和诗人与天体及自然哲学一致的天文学艺术精选集五册》（*Five Books on the Astronomical Art in Agreement with the Teachings Of Celestial and Natural*

---

[1]　Hemminga 1583, 117; see also Clarke 1985, 263.

[2]　Hemminga 1593, 118-19.

[3]　Ibid., 113.

[4]　Ibid., 225-86.

Philosophy and Collected from the Best Greek and Latin Writers, *Theologians*, *Doctors*, *Mathematicians*, *Philosophers and Poets*）附加了一篇非技术性但有理有据的文字——《最杰出的现代与古代作者重复的驳占星预言，他们的名字在前言之后》（*Solid Refutation of Astrological Divination Repeated from the Best Modern and Ancient Authors*, *Whose Name You Will Find after the Preface*）。[1] 弗里什林赞美了 16 世纪 20—50 年代的维滕堡数学家（勋纳、米丽奇、比克、温塞姆），但谴责了梅兰希顿和他的社交圈，因为他们为占星学进行了辩护。[2] 为了举例说明占星家的过分行为，他引证了卡尔达诺所谓的亵渎神明，绘制了耶稣的十二宫图。不出意外，弗里什林自由地吸收了皮科派与新皮科派的资源。

228 不相信数字

除了占星怀疑论传统的复兴，还出现了对现代化主义者的怀疑：在预测占星学的重大合与食现象方面，《普鲁士星表》比《阿方索星表》更可靠吗？西普里安·利奥维提乌斯的《1556—1606 年新星历表》（*New Ephemerides for 1556—1606*，奥格斯堡，1557）就是根据《阿方索星表》完成的。[3] 但是，第谷·布拉赫在 1568 年去往奥格斯堡途经劳因根（Lauingen，巴伐利亚州）时，结识了利奥维提乌斯并且询问了他的观察实践——实际上，他提出了为什么利奥维提乌斯以《阿方索星表》为基础得出的数据与实际的观察结果不一致。利奥维提乌斯曾为著名的富格尔银行家族担任数学家（后来又做过巴列丁奈的奥托海因里希的数学家），他回答道自己没有合适的仪器，但他"利用富格尔的钟表"所见证的日食与《普鲁士星表》更加相符，而月食与《阿方索星表》更相符。同样，

[1] Frischlin 1586. (Copy used: San Diego State University, 1601.)

[2] Ibid.

[3] On Leovitius, see Birkenmajer 1972d.

三颗外行星的位置与《普鲁士星表》更相符，而两颗内行星的位置则与《阿方索星表》更相符。[1]

这些问题在他对预言的关注中占有很大比重。利奥维提乌斯刚刚收集了大量占星－历史学信息，其中他回顾了过去的合、食现象，与彗星对重要历史人物的（主要是负面的）影响，上溯到耶稣与尤利乌斯·恺撒的时代。的确，任何一位打了败仗、失去了权力，或已去世的著名统治者都是利奥维提乌斯讨论的对象，因为可以（也确实）轻易将近期（或者并非近期）的食与合现象与任何人的失败相联系，包括近期的人物，从路德与梅兰希顿到教皇保罗四世与皇帝查理五世。[2]

在 1563 年令人沮丧的调查之后，利奥维提乌斯确信自己发现了圣经展现在天空中的更宏大的故事:《但以理书》和第四君主的预言成真。这些阐释工作使他更加大胆地为利希滕贝格的部分增加了单独的预言。[3] 利奥维提乌斯的预言事实上脱离了地面——几乎像是在终章指挥天国合唱团。在多个天文事件中，他预言 1583 年 5 月双鱼座的外行星会有一次重大的合现象；1584 年 3 月底和 4 月初，白羊座会发生一次更加强大的聚合；稍后，金牛座 20° 会发生食现象。这些秩序是满足以利亚先知的神迹的吗？这显然是预言的时刻，因为在查理大帝时期行星聚集于最高点时，世界的寿命已经将近有 5000 年，但世界末日仍未到来。另外，八年后下一次规模相似的相合现象将会超过以利亚的 6000 年预言 40多年。[4]

利奥维提乌斯戏剧性的预言所具有的权威性轻易吸引了世界末日论作者

---

[1] Brahe 1913-29, 3: 221-22.

[2] Leovitius 1564, fols. H4v-K1v.

[3] "Prognosticon ab anno domini 1564 usque in viginti annos sequentes, desumptum ex Coniuntionibus et Oppositionibus superiorum planetarum, Solis eclipsibus, alijsque Stellarum configurationibus, quae intra id tempus accident" (ibid., fols. L2, N2v) .

[4] Ibid., fols. N2v-N3; cf. Granada 1997b, 398-401.

们的注意，即使没有任何专业知识，他们也会利用星的科学。英格兰出现了两部严重依赖利奥维提乌斯理论的作品：荷兰人谢尔特科·格福伦（Sheltco à Geveren）的《世界末日，耶稣再次降临，为悲惨而危险的日子进行慰藉而必要的论述》（*Of the End of this World，and the second coming of Christ，a comfortable and most necessarie discourse，for these miserable and daungerous daies*，伦敦，1577）与理查德·哈维（Richard Harvey）的《将于1583年4月28日发生的土星与木星伟大而明显的外行星相合》（*An Astrological Discourse upon the great and notable Coniunction of the two superior Planets，Saturne and Jupiter，which shall happen the 28. Day of April 1583*，伦敦，1583）；这两部作品同时还援引了以利亚的预言与从贝兰蒂和梅兰希顿到朱恩蒂尼的反皮科理论的文献。[1]

与衍生的世界末日论者不同，第谷·布拉赫并没有轻易动摇：包括他与利奥维提乌斯相遇在内的多种经历使他相信天体观测必须发生根本的变化，而且需要建立新的、严格的精度标准。这次会面之后很久，他对利奥维提乌斯评论道，"如果他进行了天文学计算训练——他也完全有能力并且适合这样做——如果他没有进行占星判断或者至少更加谨慎节制，也许对他与整个行业都是值得引以为傲的，而且他也不会处处遭到攻讦"[2]。布拉赫对利奥维提乌斯的批判性评价反映了他对自己一生的回顾。

---

[1] Geveren appeared in many editions: 1577, 1578, 1580, 1582, 1583, and 1589. A note to the 1589 edition advises that the author did not intend his predictions as "demonstrations" but "as probable thinges so long to be embraced, till we learne more certaine: in these and like things" (fol. A2) . Harvey 1583, 2-3: "The slight arguments of Picus Mirandula, Cornelius Agrippa and diuers other to yet contrary, haue been thoroughly answered by Balantius, Schonerus, Melancton, Cardane, and sundry other, but specially of late by Iunctinus, who in his confutation proceedeth compendiously, and directly from argument to argument, leauing in a manner nothing untouched that hath beene, or can been objected in disgrace of this knowledge." See also Granada 1997b, 402-4.

[2] Brahe 1913-29, 3: 224. By the time he wrote these words, Brahe was aware of Van Hemminga's attack on Leovitius: "A quibus non saltem Sixtus ab Hemminga nuper contra Astrologiam, non tam ratis, quam plausibilibus ratiocinijs & experimentationibus facile conuellendis, scribens, sibi haud temperauit."

229

1598 年，他认为自己 16 岁时决定转向天文学研究关系到他如何认知新旧星表和（新）星历表的不确定性。

我很快就被行星的运动吸引了。但当我通过在它们之间划线注意到它们在固定恒星之间的位置时，当时仅仅利用小星象仪就发现，它们在天空中的位置与《阿方索星表》和哥白尼的表格都不相符，不过与后者的一致性高于与前者。在那之后，我就越来越仔细地观测它们的位置，并且频繁地与《普鲁士星表》中的数字相比较（我已独自熟悉了这些内容）。我不再相信星历表，因为我发现当时根据这些数据（例如莱因霍尔德的数据）建立的星历表在很多方面都是不精确乃至错误的。[1]

第谷所描述的这个情景发生在 1562—1563 年，在他遇到利奥维提乌斯几年之前，当时他是莱比锡的一名大学生，受到导师安德斯·韦德尔（Anders Vedel）的关照（与密切观察），并且与接受了维滕堡教育的数学家约翰·霍默尔和巴尔托洛梅奥·舒尔茨（Bartholomew Schulz）保持着密切联系。第谷在这种环境中的所作所为在某些方面正印证了笛卡尔的格言，即相信自己的经验，而不是学校的书本。[2]第谷此时相信自己的能力高于古代或现代的星表制作者。但为了进行观察，他需要违反他的家庭和社会阶级所强加的体力劳动禁令。甚至巴尔达萨雷·卡斯蒂里奥内著名的《朝臣论》也没有将天文作为贵族值得从事的行业。[3]最关键的问题是天文仪器。因此，第谷对仪器的众所周知的痴迷具有双重含义。这既是完善星象图的实践手段，利用仪器可以测量所有的天体运动，又可以作

---

[1] Translated in Raeder, Strömgren, and Strömgren 1946.

[2] Descartes 1998, pt. 1, 5: "As soon as age permitted... I completely abandoned the study of lette... rsresolving to search for no knowledge other than what could be found within myself, or else in the great book of the world."

[3] See Burke 1996.

为特殊身份的标志：贵族中的天文从业者，（普通）天文从业者中的贵族。因此，按照他一向喜欢自夸的风格，第谷夸耀自己年轻时重要的观测结果胜过了过去人们累积的那些数据。

不过，由于我没有可以应用的仪器，而且地方长官拒绝资助我，我尽可能利用一对大圆规，将顶点靠近眼睛，其中一只脚指向要观察的行星，另一只指向附近某一颗固定的恒星。有时我会用同样的方法测量两颗行星之间的距离,（通过简单的计算）确定它们的角距离在整个圆的周长中所占的比例。虽然这种观察方法不是很准确，但我据此取得了很大进展，这使我明白两种星表都存在无法容忍的错误。根据1563年土星与木星的重合就可以充分显现出来，我在（叙述）开头就已经提到，正因如此，这成为了我的切入点。因为与《阿方索星表》相比差了整整一个月，与哥白尼星表只差了几天。[1]

对于第谷来说，星表的精度显然比行星秩序更重要。这些数字是所有预测的基础。为什么这样的问题没有能在世纪初成功预测1524年的大洪水时提出呢？答案之一就是第谷所重视的精度问题是新的可能性问题。1551年《普鲁士星表》的出版让人对精度产生更高的期待；同时还开启了与《阿方索星表》的比较，并且很快扩散到不同地区的其他星表：伦敦（J.菲尔德，1557年）；科隆（J.斯塔提乌斯，1570年）；威尼斯（J.卡雷利，1557年；G.莫莱蒂，1563年；G.A.马基尼,1580年）；图宾根(M.梅斯特林,1580)。[2]在这样的背景下,天文学"改革"（显然响应了宗教复兴）成为了第谷的主要主张，他希望在10年的末日期望与两次意外的天文奇观之后，改变并提升星的科学事业。

---

[1] Brahe 1598, 107.

[2] See Gingerich 1973c, 52-53.

230

理论天文学家与 1572 年新星 "科学" 的兴起

　　除了哥白尼与雷蒂库斯的著作，1572 年意外出现的天文奇观也使天文学家的概念发生了重大转变。林恩·桑代克有针对性地写道，"1572 年新星产生的震动比 1543 年哥白尼理论的出版还要大"[1]。《天球运行论》是一部艰深而学术性的著作，其中心论点并不是深入浅出的。与之相比，1572 年 11 月发生在天上的这次意外事件不需要识字就可以观察到。早期学术预言家与市井先知已经为类似的异常事件铺平了道路，他们创造了一个概念，认为怪兽和无法预知的凶兆"将会出现"[2]。梅兰希顿派助长了这样的氛围，他们将怪异物体的出现与世界末日即将到来的迹象联系在一起。人们认为这种自然的衰退迹象是一种积极的信号，说明圣经中的描述成为了现实——虽然预言家在准确的时间上没有达成一致。[3]但这次事件很快使人们开始疑惑，谁能够处理它的分类与含义呢？

　　要回答这个问题，我们先回忆一下 1006 年的一次类似事件，近来被称为"记录在案的最亮的新星"，只有零零散散的（手写）记录，例如日本诗人及朝臣藤原定家（Fujiwara Sadaie）的个人日记，阿里·阿本罗丹的《占星四书》注解，以及多个欧洲修道院的编年史。[4]如第 1 章所述，出版业在 15 世纪 70 年代开始使预言事业发生转变，并且很快与年度预言实践联系在一起。一个世纪后，出版业与预言之间的联系更加深刻了。[5]例如，纽伦堡的约阿希姆·海勒在他本人

---

[1]　Thorndike 1923-58, 6: 68.

[2]　Barnes 1988, 141-81; Niccoli 1990, 140-67; Zambelli 1986a.

[3]　See Barnes 1989, 170 ff.

[4]　Magnitude -9. 5, brighter than the quarter Moon and visible in daytime. See Clark and Stephenson 1977, chap. 7; Marschall 1994, 56-59.

[5]　Clark and Stephenson（1977, 114）remark that "the intellectual climate in Europe which prevailed before the Renaissance was anything but favourably disposed towards the recording of new star … ［yet］ not until AD 1572 do we find another new star which is so well documented."

的出版社发行的《年度预言》中描述了 1556 年彗星及其未来的影响；皇家数学家保罗·法布里修斯在维也纳发布了对同一颗彗星的说明，他为当年自己在《年度预言》中预测不会出现彗星而公开道歉。[1] 从 1573 年到 1574 年，很快出现了许多关于新星的说明，出版业将其变成了公共事件，而这在 1006 年是不可想象的事情。与最近出现的彗星不同，据我所知，这从未被纳入《年度预言》的惯例。只有学识渊博、熟练应用数学的预言家才能使出版商将这个物体描述为"新星"，因为虽然这个物体的确很新颖，但只有测量了它的距离（主要是确定很小的视差角）才能确定它是一颗"星体"，而不仅仅是一个"新的现象"。而那些测量出小于月球视差角的人，通过观察提出了这颗星体的距离及其物理学或神学意义。这颗新星几乎是难以察觉地被纳入了理论天文学的范围。

第谷·布拉赫在整理《新编天文学初阶》（*Astronomiae Instauratae Progymnasmata*，英文名为 *Exercises Preliminary to the Reform of Astronomy*，1602）第 1 卷时，他以视差为标准将各位作者对 1572 年新现象的观点分成了两部分。这部著作是他在 16 世纪 80 年代初撰写的，属于针对整个天文学改革的三部曲作品。当然，这种标准的实施有利于第谷以天文学改革者自居，因为在屈指可数的没有提出任何有效结果的天文学从业者中，他可以据此居于中心位置。与这些无效视差的作者〔我称他们作无效作者（Nullist）〕相反，其余的（相当多的）人提出了一些大于月球视差角的值。无效作者们作为一个文化群体努力支持第谷将"天文学家"描述为具有杰出技能与知识的从业者。虽然无效作者通常都谨慎地将这个现象解释为具有重大占星学意义的异象，但他们认为可以利用自然哲学和神学作为解读工具。可以将新现象看作凶兆，但只有新星才能成为质疑亚里士多德所提出的天体永恒的证据。这种关于天体的主张所依据的计算与

[1] P. Fabricius 1556, fol. Aij: "Ich habe in meiner Pratica / welche ich ampts halben auff das 56. Jar habe machen unnd vor zehen monat aufgehen lassen mussen / im erstrn Capitel under andern gemet / das diss jar ohn Cometen nicht ergenehn werde / wie denn die all sehen unnd lesen werden / dieselb meine Practica haben"; Heller 1557.

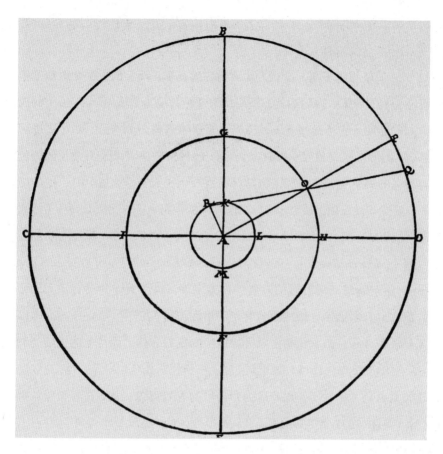

图 39. 两条线（BOQ，AOP）组成的视差角（BOA）——一条从地球表面的一点（B）出发通过月球（O）到达固定恒星天球上的一点（Q），另一条从地球中心（A）通过月球（O）到达恒星天球上的另一点（P）。视差角越大，物体与观察者的距离越近；角度越小，物体越远。第谷·布拉赫，《新星》（1573），布拉赫 1913—1929 年，1：26。

1524 年洪水预言不同。预测 1524 年洪水的天文学权威根据 1499 年的施托弗勒 – 普夫劳姆（Stöffler–Pflaum）星历表从行星相合的预测得出了大洪水的结论。

231

这次预言以年历为基础，长期以来被人们认为一定会发生（直到它并没有发生），它的中心含义来自大灾难预言。[1]

1572 年的新星与此不同。没有人预测到它的发生，而它的天文学可信度依赖于对彗星视差的计算，讽刺的是，那些认为这颗新星是"星体"（stella）的人应用这个方法证明了它不是彗星——或者，至少不是典型的彗星。对行星进行计算所需要的时间之长是值得一提的。公元前 3 世纪，阿里斯塔克在食期间测量了太阳与月亮的视差角，当托勒密将这些数值写入《天文学大成》时，他的结果获得了权威性并且长期保持稳定。[2] 其他天体的距离太远，无法看到食（或通过）现象。但 1472 年，雷吉奥蒙塔努斯编写了《关于彗星大小、精度与实际位置的十六问》（*Sixteen Problems on the Magnitude, Longitude, and True Location of Comets*），用于确定彗星位置的一般性视差定理。这部著作并没有像人们曾经认为的那么具有原创性：伯纳德·戈尔茨坦和彼得·巴克（Peter Barker）认为，雷吉奥蒙塔努斯总结了托勒密对月球所用的视差方法，而且他的技巧与利维·本·热尔松（1288—1344）的《天文学》中所用的技巧相同。

232

此处的重点是《十六问》没有成为预言家的有效资源，直到雷吉奥蒙塔努斯的推广者勋纳在 1531 年将其出版。[3] 从那以后，虽然这项技术得到广泛应用，雷吉奥蒙塔努斯的几何学本身并没有得出彗星是天外之物的推测（或结论）。事实上，他的目的是计算空气与火焰区域的尺寸，人们通常认为彗星在这个区域运动。[4] 因此，雷吉奥蒙塔努斯之后一个世纪，预言家们需要建立一种测量月下物体（彗星）距离的可靠方法，将其应用于迄今为止已知区域的物体上。作为

---

[1]　Zambelli 1986a, 239-63.

[2]　See Van Helden 1985, 6-8, 16-19.

[3]　Regiomontanus 1531. Another edition appeared at Nuremberg in 1544. Jervis （1985） provides a translation, commentary, and facsimile edition of this later edition; for further discussion, see Barker and Goldstein 1988, 303-7, 312-13.

[4]　Jervis 1985.

一个天体，新星不像是彗星，因为它看起来没有运动；但是，和彗星一样，它的出现意外且短暂，可以认为它预示着未来的影响。

因此需要强调两个关键问题。第一，将这个物体纳入天文（而不是气象）物体与概念的分类的预言家认为自己具有特殊权威，能够解读它的未来意义与影响，以及它存在的原因。当然，当时有独立的自然哲学趋势（著名的帕拉塞尔苏斯派），开始接受天空有可能产生与毁灭。[1]重点是其中一些预言家得出的结论是这个物体是一颗新星，同时意识到可以用自己的测量结果挑战亚里士多德关于天空永恒的权威教条。这些批评没有立即破坏天上与地下的等级划分，但它确实加强了批评者的认知权威所依据的距离测量技巧。同时，这也提出了问题，炫耀视差主张的天文从业者具有怎样的可靠性呢？[2]不出所料，无效作者做出很大努力来说明并为自己的技术方法辩护。同样有趣的是，他们没有满足于这些测量结果；一些人利用关于新星的结论对天空的次序提出了新的含义。16世纪出现的另外两个较大的彗星（1532年、1556年）并没有引起这样的反响。这些作者开始利用通用的与辩论的资源检验天文学、神学与自然哲学实践之间的传统界限。

接下来，将无效作者与维滕堡圈子中的预言家相对比，后者接受了《天球运行论》出版后的直接影响，并且致力于将文中强大的技术资源用于占星，但并没有忠于哥白尼对行星次序的叙述。雷蒂库斯没有说服梅兰希顿或维滕堡的任何人相信，哥白尼的太阳偏心长时间运动可以作为有力证据证明以利亚6000年的预言或者新的行星秩序。除了老朋友阿基利斯·皮尔明·加瑟，雷蒂库斯也没能使任何人接受哥白尼的理论与圣经一致，或者相信它可以战胜逍遥学派

---

[1] Donahue 1975, 254-55; Christianson 1979, 121-22, 133. Hellman 1944, 92-93; Lerner 1996-97, 2: 7-15; Granada 2006, 128-30.

[2] As Barker and Golstein observe, it was still possible to argue against the terrestrial location of comets, as Jean Pena did, based on prior physical or optical claims about their constitution as spherical lenses (Barker and Goldstein 1988, 316-17).

自然哲学家根深蒂固的反对观点。

一小群地理位置分散的人做出的反应正好相反，他们认为，1572 年出现的异象是"星体"。他们相信这个新星一定是某种神圣的信息，它要么是自然的，要么是超自然的；大部分人认同后者。不仅如此，不论它是什么，这颗星体都导致形成了一个史无前例的作家网络，类似弗莱克的"群体思维"概念，一群天文实践者成功超越了本地引用与实践的传统。[1]

这一发展虽然并不神秘，但很值得说明。首先，它的成员之间的关联仅仅在于对相同的天文现象做了"探究"或"观察"或"深思"（这些字眼都属于他们所选择的措辞范畴）。出版商很快就发行了他们的报告，引用不到一年前发表的文章的做法屡见不鲜，而且已经开始出现了对比与批判。对比的方式各不相同，有时是表明赞同，有时是强调反对。这两种方式的目的都是加强新近作者主张的权威性。

233　　此外，这颗新星还具有其他历史意义，对星的科学产生了更深远的影响。第谷·布拉赫以超出常人的努力将新星作为更普遍的天文改革的关键元素（先驱或准备）。他的巨著《新编天文学初阶》目的就在于此。[2]16 世纪七八十年代，通过书籍资料较丰富地区的朋友的帮助，他努力收集了与这颗新星有关的专著。[3] 这种通过收集来了解的做法与卡尔达诺、高里科、朱恩蒂尼和加尔克乌斯类似。但是，《新编天文学初阶》是一项更加充实的事业（包含了长篇引用，

---

[1] The notion of a *Denkkollektiv* was first introduced in 1935 by Ludwik Fleck（1979）.

[2] Ralph Cudworth's usage gives a clue: "A *progymnasma* or Praelusory attempt, towards the proving of a God from his Idea as including necessary existence"（Cudworth, *Intellectual System*, I. v., 724; *Oxford Engish Dictionary*, 2nd ed., s. v. "Progymnasma"）. *Praelusory* denotes that which is a precursor or preparation to something that comes next. In an excerpt translated into English from the *Progymnasmata*, Tycho's son-in-law Franz Tengnagel lamented that the book "deserveth a more famous title, than to be called Astronomicall Exercises"（Brahe 1632, fol. Av）.

[3] Unfortunately, few, if any, of these books survive. For Tycho's library, see references in Gingerich and Westman 1988, 5n.

有时完整而忠实地誊写新发表的作品），它将作者分为两类——正确的与错误的。在措辞方面，标题的第一部分使人想起教学习练（高等中学），目的可能是低调地说明这项伟大的改革计划。但在逻辑方面，这本书指出月下主义者的观察相对来说不够充分，从而为证明新星的存在奠定了基础。它还无意识地完成了对16世纪后期天文从业者的社会调查。然而，到1602年《新编天文学初阶》出版时，第谷已经不在人世了，作品的出版是由他的女婿弗朗茨·腾那吉尔（Franz Tengnagel）和他在布拉格的继任者约翰内斯·开普勒完成的。

1572年11月11日傍晚，第谷·布拉赫第一次观察到一个明亮的星体，当时他正在他叔叔的封地埃瓦德庄园（Herrevad Abbey）和他自己的仆人在一起。他在新星事件多年后发表的报告中说明了这一点。虽然这段情节众人皆知，但人们并没有仔细研究第谷的原话。

当我说服自己这样的星体从来没有出现过时，我对它的不可思议感到非常困惑，说实话我简直怀疑自己的双眼；因此，我指着头顶的方向，问身边的仆人是不是也看到了一颗非常亮的星体。他们立即异口同声地回答自己肯定看到了，而且它非常明亮。虽然经过了他们的确认，我仍然怀疑这个奇异的现象，因此我询问了一些刚好坐车路过的淳朴的农村人，是否在天上（in sublimi）看到了某颗星体，他们喊着他们看到了那颗巨大的星体，从没在那么高的地方见到过。最终，我确定自己的眼睛没有看错，那里真的出现了一颗异常的星体，我惊讶于如此前所未有的新现象，我立即开始用仪器进行测量。[1]

---

[1] Brahe 1913-29, 3: 307-8. Both Dreyer (1963, 38) and Thoren (1990, 55) describe the event well in their own words, but the former offers no source and the latter's citations are, uncharacteristically, inaccurate; the passage is cited correctly in Clark and Stephenson 1977, 174.

这段描述非常有趣，因为它强调了第谷询问了没有特殊技能或学识、社会地位很低的人，以使自己相信这个新的物体的存在。这段经历意义深远，所以多年后编写《新编天文学初阶》时，他认为利用这个事件和证人的回忆可以增强自己的说服力（与1573年的方式不同），从而说明他是如何将这个物体看作一颗新星的。

因此第谷最初确认这个异象是星体所采用的策略与上述后来的作品有所不同。在最早的报告（1573年）与后来的叙述（1602年）中，第谷的目的都是一样的：将他的观察结果转变为学术上的主张，不仅依据粗略的独立观察，而且依据理论论证。[1] 不仅是学术性的，而且是高贵的：这是第谷本人的观点，并且带有他的社会地位特征。他在1573年出版的短篇著作中应用了多种方法说服读者。这个奇异的现象与他的"气象日记"相符，但他表明后者并不完整，不值得学者阅读。在密友约翰内斯·帕顿西斯（Johannes Pratensis, Jean de Près）的敦促下，他决定只发表前半部分——关于星体的部分。帕顿西斯是一名法国人，在哥本哈根大学教授医学。

被敦促出版这样的说法带有修饰的成分，但也有一定的真实性。第谷最初在晚宴上向表示怀疑的朋友进行了说明并带他们到外面观察，说服帕顿西斯和法国外交官查尔斯·德·但赛（Charles de Dançay）相信了新星的存在。他观察所用的仪器是一台象限仪，三年前他为朋友、奥格斯堡市议会的贵族成员保罗·海恩瑟尔（Paul Hainzel）制作了这台仪器。

234

但如果第谷的第一批听众是贵族友人和学者，那么接下来要讨论的就不在于是否存在一个新的天体，而是它的位置在何处。它是星体还是月下的物体呢？另外，既然没有先例，它在知识体系中应该如何定位呢？

---

[1] This episode does not fit the representation of servants as unreliable witnesses that is found in contemporary courtesy books（cf. Shapin 1994, 91-92）.

新星的一般位置

当时还没有描述新星的流派。关于彗星和天文奇观有很多著作，但这些对象都存在于月下。那么，第谷 1573 年的著作题目——《关于不久前 1572 年 11 月第一次看到的新星的数学思考》(*A Mathematical Ccontemplation concerning the New Star，Never Seen before This Time but First Observed for the First Time Not Long Ago in November of the Year 1572*) 有什么意义呢？"数学"这个形容词告诉读者文中的处理方法来自天文学的数学部分，而不是气象学部分。"思考的""推测的"与"理论的"性质相同，标志着这项研究属于理论天文学范畴。换句话说，它所说明的几何学原理证明了这个物体是一个"星体"，与地球距离很远，在月球之上，第八天球之下，即，是属于天文学范畴的星体，而不是气象现象。随后，文中依据一般的预言惯例明确区分了"占星判断"与天文前兆，但在占星方面做出了重要考虑，因为第谷在著作中加入了另外两部具有这一特征的作品。

据 J. L. E. 德雷尔所述，第谷观察到这颗星体的时候已经开始撰写其中的第一本书：《整理气象日志的新学术方法》(*A New and Learned Method for Composing a Metorology Dairy*)。[1] 这本书揭示了第谷早期的思想。气象学讨论的是"空气中丰富的区域"，涉及宇宙的影响，因此是一个很重要的学科。但是第谷认为："它在很多地方蒙受了耻辱，逃不过那些没有技能的普通人，那些自负而卑微的年度预言作家。我们将在《拥护占星术，反对占星家》(*For Astrology，Against Astrologers*) 中更全面地讨论这些人的暴虐与邪恶。"[2] 第谷并没有批判占星学本身，而是批判了其"平凡而没有技能的从业者"，他们误解了他所谓的"微

---

[1] Dreyer 1963, 42; Brahe 1913-29, 1: 35-44; ibid., 44: "From our study at Herreward［Abbey］, December 1572."

[2] Brahe 1913-29, 1: 36, my italics.

观天文学"。同样，他在对利奥维提乌斯的评论中失望地表示，根据"一般的天体运行星表（不论是《阿方索星表》还是哥白尼星表）"对食进行的观察，"……与计算不完全相符"。因此，他宣称将会每 10 年发行一部"《天文观察目录》"（ *Catalogue of Celestial Observations* ）……不仅包括发光体（太阳与月亮）的运动，还包括其余的运动和恒定的星体，尤其是火星与水星"。在此，我们简单概括了第谷终身计划的初期要素：与预言基础直接相关的观测学的变革。在发表这些内容的同时，他还发表了对新星的描述并预测 1573 年 12 月将会发生月食，当中他利用《普鲁士星表》与《阿方索星表》对食进行了详细计算，之后又发表了《关于此次月食影响的占星判断》（ *Astrological Judgment concerning the Effects of This Lunar Eclipse* ）。

第谷将这三部作品作为同一册书出版（哥本哈根：劳伦斯·本尼迪克特，1573 年），他明确希望读者同时阅读并研究这些作品。[1] 与后文中的撒迪厄斯·哈格修斯（Thaddeus Hagecius）一样，第谷在已有的星的科学分类中建立了无法预知的目标。在"数学思考"中，第谷致力于证明自己的观测结果与视差理论。之后第谷将《气象学》描述为"某种占星及气象日志"[2]。这部作品概述的自然哲学将"世界机器"描述为一个"剧场"，它在组成天空与地面的高低实体之间相互协调，居住在中央的人类就像是整个世界的镜子。这种表达方式具有熟悉的新柏拉图主义与帕拉塞尔苏斯派的味道，不过他在解释新星的产生时谨慎地避免用到帕拉塞尔苏斯的天力。[3]

在第三部作品中，第谷作为实践天文学家预测 1573 年 12 月 8 日晚 8：10，太阳、地球与月亮的特定次序将会产生日（月）食现象。

---

[1] See, for example, Dreyer 1963, 52. Cf. Brahe 1913-29, 3: 93: "Diarium illud una cum ijs, quae de Noua Stella adiunxeram, inspiciendum dedi."

[2] Brahe 1913-29, 1: 9, l. 21; 3: 93.

[3] Brahe 1913-29, 1: 18, ll. 33-37; Segonds 1993, 370-75.

哥白尼问题

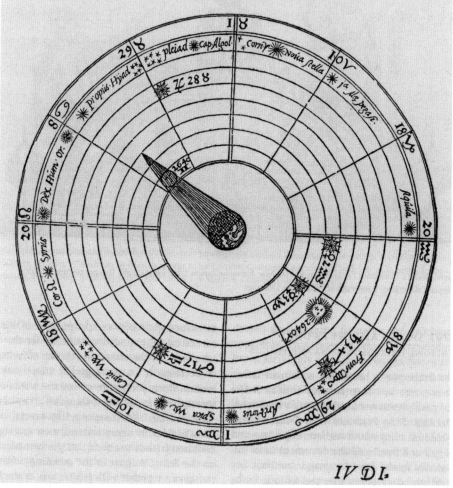

图 40. 十二宫中新星相对于行星的位置，来源于第谷·布拉赫《新星》(1573 年)，布拉赫，1913—1929 年，1 : 57。

第一幅图遵循了展示月食的传统方法。但开头进行的说明突破了传统，他将日（月）食纳入了完整的、托勒密派的、未缩放的行星次序图中。第一次有人力图在行星次序的框架中将预测的事件（食）与不可预知的事件（新星）联系在一起。在随后的说明中，第谷更进一步。如果将新星的产生解释为神迹，但它始于某个地方，比如一座城堡或一座城市，那么就可以将它联系到与星体共鸣的剧场中所具有的占星学含义与影响。因此第谷·布拉赫的新星形成了一个新问题——如何调节大自然的寻常与异常事件。

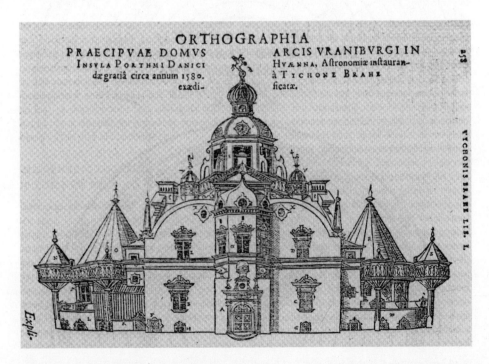

图 41. 第谷·布拉赫的乌拉尼亚堡（Uraniborg）。摘自《天文书信集》（*Epistolarum Astronomicarum Liber Unus*, 1596）。Image courtesy History of Science Collections, University of Oklahoma Libraries.

236

宫廷空间与网络

乌拉尼亚堡、哈布斯堡、维也纳与布拉格

第谷·布拉赫是具有世袭身份的贵族。他的社会地位与传统的封建领主没什么不同。丹麦国王腓特烈二世赐给他一个小岛"自由占有、享受、利用并持有",据文件中封建法制语言的记载,"一生不需要租金,只要他在世并愿意继续遵循他的数学研究"[1]。这样的地位非常罕见。1576 年 8 月 8 日,一位熟悉的朋友——法国大使但赛为乌拉尼亚堡主建筑打下了第一块基石,两年前,第谷在他家中演讲时为星的科学辩护。石头上简短的铭文写道:克鲁德斯特鲁普(Knudstrup)贵族第谷·布拉赫,"依照国王的意愿建造了这里……用于研究哲学,尤其是关于星的哲学",而且这块石头是作为"纪念与吉兆"打下的。第谷建造这座新式城堡的目的是"思考星体",而奠基石的铺设是占星中的吉兆,这二者之间显然有所联系。确定铭文后,他描述道,但赛在"注定的"日子到来了:"与几个贵族和共同朋友中的几个学识渊博的人一起参加这次活动,8 月 8 日早上,当朝阳与木星共同位于狮子座中心,月亮位于宝瓶宫的西天,他在我们共同的见证下打下了这块石头,而且首先用多种葡萄酒将它献给神,与周围的朋友共同祈祷万事如意。"[2]

这一刻富含星象图像的象征。石头放在城堡地基的东方角落,指向木星与朝阳,在真正意义上建立了"新的基础",使更加可靠的(实践)天文学为研究天体影响打下了基础。

---

[1] Dreyer 1963, 87; Tycho was also granted other holdings by the crown (108-13).

[2] Brahe 1913-29, 5: 143; Brahe 1598, 130. On the stone-laying ceremony, see Christianson 2000, 53-57. On interpretations of Uraniborg, see Hannaway 1986; Shackelford 1993.

237

图 42. 左：第谷·布拉赫指向 1572 年出现的新星。17 世纪英文版本。第谷的格言："要是，不要似"（Non haberi，sed esse）。右：拟人化的仙后座和她的新星。布拉赫，1632 年，面向前板。Courtesy Linda Hall Library of Science，Engineering &Technology.

　　这座宫殿的建筑平面图体现了维特鲁威风格的对称原则，直接将各部分组合成一个协调的整体，相邻的塔楼满足 2：1 毕达哥拉斯比例，将中心塔作为对称轴。[1] 第谷还根据垂直对应的建筑方法构造了天空与地面。天空的影响通过雨降落到地面，而动物、蔬菜与矿物"受到影响"在地上与地下生长。但如托名托勒密的《金言百则》所述，智慧的人类与低等生物不同，不是由星体主宰的；在这里，整个协调一致的系统的智慧统治者就是第谷本人。体现这种智慧的就是依照天空规则制作的仪器、巨大的测量装置，这些在《天文学机械》（*Astronomiae Instauratae Mechanica*，1598）中得到了仔细描画和手工上色——这部著作整理

---

[1]　On the use of *symmetria* as an architectural principle at Uraniborg, see Thoren 1990, 106-10.

了象征垂直对应的符号。"向上看就是向下看"，靠在星象仪上望着天空的人这么说；"向下看就是向上看"，他的同伴跨坐在一堆地下熔炉与（炼金）化学装置上。这幅关于天文知识的图像惊人地符合《新星》中提到的内容，以及下文将会讨论的哥本哈根演说（1574）与《天文学机械》中的段落。

虽然第谷与德国大学的天文从业者建立了良好的关系，但他最终达到了一定程度的政治、社交与经济独立性，在这一时期的天文学者中无可匹敌。他的地位使他能够在天文学研究活动中获得经济与身份上的贵族特权。即使在贵族从业者之中，他也成为了星的科学领域新的榜样与显赫人物。众所周知，16世纪80年代中期，他建成了大量的观测仪器，观测精度能够达到平均一分弧度——即使与为威廉伯爵建造的仪器相比，也是那个时代首屈一指的。[1] 从1584年开始，他还拥有了自己的印刷机。[2] 这使他能够对观点的表达实现高度的控制。

他可以随心所欲地随时（除了造纸厂产品短缺时）发表内容，更重要的是随意选择读者。他第一次以个人名义自行印刷并发表著作是在1588年；其中包括他对1577年彗星的描述，以及对自己新的世界系统的简单介绍，但是这份出版物并未发行。不过并不是他一生所有的出版物都没有发行。例如，1597年春，法兰克福书展上发行了《天文书信集》；第谷于1601年去世后，他的继承人立即开始出版他的多部著作。[3] 不仅如此，不论遇到什么实际问题，作为封建领主，第谷总是能够避开自由资本主义市场，并且将书籍的发行限制在他认为值得赞赏与理解的拥护者之中。因此，第谷自恃的贵族身份与天文从业者角色通过印刷技术紧密地结合在了一起。而且第谷将城堡领主的身份完全投入天文研究，这在当时是独一无二的。

宫廷占星师中，医师与仪器制造者更加常见。撒迪厄斯·哈格修斯先后在

238

[1] On the accuracy of Tycho's observations, see Dreyer 1963, 356-60; Wesley 1978; Thoren 1990, 188-91.

[2] Dreyer 1963, 115.

[3] Mosely 2007, 125; and for an excellent discussion of Tycho's entire publishing program, 119-26.

维也纳和布拉格担任王室的医师。表面上看他也是一个桥梁人物，轻松地在大学与宫廷之间活动，在二者之间熟练地应用推论技巧。从这个角度来看，他和意大利君主宫廷的天文从业者（阿沃加里奥、里斯托里、丹蒂），以及他的同事西普里安·利奥维提乌斯类似。但仔细研究发现，他与学术数学家保持着密切联系，并且最终拒绝了与教学相结合，因此似乎和第谷·布拉赫更相似。他得到了皇帝的大力支持，1595 年，他在晚年才被授予了爵位。[1] 他的职责包括发布年度预言，不过我不知道他是否发表过皇帝的十二宫图（一定有过），这一点我不太清楚。他还是 16 世纪后期最有学识的宫廷人物之一。[2] 他的房子和第谷的乌拉尼亚堡宫殿一样，有时会用于炼金术研究。约翰·迪伊在那里居住了几个月（1584 年 8 月—1585 年 1 月），并且在《忠实关系》（*True and Faithful Relation*）中形容哈格修斯的书房塞满了书"以及许多难解的关于哲学家作品中的鸟类、鱼类、花、果实、叶子和六血管的注释"[3]。

马克西米利安和鲁道夫宫廷同样吸引了许多优秀的德国和瑞士的仪器制造者，例如在维滕堡受过训练的约翰内斯·普雷托里乌斯（他在 1575 年搬到了阿尔道夫的新学院）、约斯特·布尔基（曾经是伯爵珍视的机械师）、作品丰富的奥格斯堡人伊拉兹马斯·哈伯梅尔（Erasmus Habermel，约 1538—1606），以及海因里希·施托勒（Heinrich Stolle）。[4] 在"科学"中心城市建立的过程中，贵族的虚荣心得到满足，贵族之间的身份竞争逐渐加剧——美丽的观察与计时仪器，雇佣实践机械师与受过数学训练的人和统治者分享学识，增加自己的声望，作为回报，统治者会提高他们的职业地位。

---

[1]　R. Evans 1973, 204.

[2]　He sometimes signed himself "Nemicus," sometimes "Hayko." He was known in French as "Hagèce" and in Czech as Hajek, and Galileo called him "Agecio."

[3]　Dee 1659, 212; Evans 1973, 204 n.; Harkness 1999, 28-29.

[4]　For a brief entrée to this subject, see the illustrations accompanying Švejda 1997, 618-26; Slouka 1952. Stolle's life dates are unknown.

图 43. 1591 年，鲁道夫二世治下布拉格与赫拉德卡尼城堡区的景色。佛兰德宫廷画师约里斯·赫夫纳格尔（Joris Hoefnagel，1542—约 1600）为鲁道夫二世所绘。作者收藏。

　　但是，虽然这些宫廷人物有许多共同关注点与能力，但在君主的庇护下为天文学理论做出贡献的人并不是君主的机械师，而是像哈格修斯这样的医师。这也在意料之中，因为在超出学士学位的星的科学研究中，医学是最普遍的预备学科。16 世纪所有哈布斯堡王朝的君主都有多个医师，或者说私人医生。即使是霍夫堡皇宫仍在维也纳的时候，从马克西米利安一世统治时起，医师显然成为了最有兴趣对天空进行理论研究的群体。他们掌握了广泛的哲学认识，为哈布斯堡宫廷的"智慧领域"做出了历史界定——他们分为新柏拉图派、赫耳墨斯·特利斯墨吉斯忒斯派、帕拉塞尔苏斯派、巫师、术士、炼金术士与风格主义者。虽然每一类都有一定的价值，但我认为 16 世纪末到 17 世纪初的哈布斯堡宫廷最显著的特征就是能够包容如此多样的观点与关注点，而不是只有单一的看法。[1] 还有一点很有趣，那就是宫廷作为交通和通信的节点促成了广泛的社会与知识合作——与其说是医学院校，不如说是松散结合的人文文化，广泛分布在全世界，容纳不同的表达方式，而且具有丰富多样的哲学理论。[2]

　　虽然这种包容哲学差异的开放态度背后的原因比较复杂，但君主容纳宗教异端邪说的倾向肯定是一个显著的因素——当然不是出于无私的目的，而是如 R. J. W. 埃文斯所述，鲁道夫对新教教派与自己所在的天主教廷都不满意。[3] 因此马克西米利安与（特别是）鲁道夫时期的哈布斯堡宫廷欢迎梅兰希顿派温和的加尔文教徒，甚至欢迎带有明显犹太教色彩的和平主义天主教文化。[4] 这种相对宽松而特别的环境与其说反射，不如说折射出并且缓和了当时紧张的宗教倾向。它似乎转化成了一种包容哲学差异的普遍意愿，直到鲁道夫 1612 年去世，1620 年开始了 30 年战争，整个计划才分崩离析。哈格修斯、保罗·法布里修斯与约翰内斯·克拉图·冯·克拉夫特海姆（Johannes Crato von Krafftheim）等宫廷医师并没有教条地反对学术学习，而是对亚里士多德的批判产生了共鸣，愿意接受帕拉塞尔苏斯的观点，并且心胸开阔地对待新的行星秩序构想，例如哥白尼、布拉赫以及后来的雷马拉斯·乌尔苏斯和开普勒。从这个角度来讲，与丹麦的情况有重要的一致性，在那里，帕拉塞尔苏斯的观点被广泛接受。帕拉塞尔苏斯与哥白尼的例子代表了宫廷的一种新趋势，他们对认识论多样性持开放态度。例如，雷蒂库斯曾经受到阿尔伯特宫廷的吸引，他同时还与哈格修斯

---

[1] Cf. R. Evans 1973, 245.

[2] Robert Evans'judgment here seems to me to be correct: "We cannot say for certain how far they formed a conscious, closed circle, but it seems probable that there was a tendency in that direction" (ibid., 203) .

[3] Ibid., 87-88.

[4] Ibid., 196-242.

及他曾经的学生克拉图，以及皇帝费迪南德保持着书信联系。[1] 在戒律严格的世界里，不是所有宫廷都具有哲学开放性的，但表现出新趋势的知识分子们明白到何处寻找最包容的舞台。他们也用自己的理论成果提升了宫廷的声望。

作为鲁道夫统治早期居于首位的宫廷从业者，哈格修斯表现出了当时社会环境中的传统与最新趋势。哈格修斯出生于布拉格一个富裕的书香门第，是博学的布拉格人文精神的典范。16 世纪 40 年代，他在布拉格与维也纳学习。从 1554 年到 1557 年，他在查尔斯大学执教并一直与学校保持联系。他与皇室建立正式关系的时间尚不清楚，大概是在费迪南德一世（生于 1503 年；任期 1556—1564 年）统治时期，之后居住在维也纳的霍夫堡。[2] 他服侍了马克西米利安二世（生于 1527 年；任期 1564—1576），后来又在 1576 年追随鲁道夫二世（生于 1552 年；任期 1576—1612）到布拉格，同年第谷开始建造乌拉尼亚堡。[3] 他在那里经历了赫拉德卡尼城堡的建造，建造过程持续了整个 16 世纪 80 年代，以及 20 多年的复杂装潢和皇家花园的建造。[4] 16 世纪 50 年代结束在布拉格与维也纳的学习后，哈格修斯放弃了教学工作。他在皇宫、大学与布拉格和维也纳之外的人文圈所掌握的丰富人脉使他成为了关键的宣扬者，他通过人脉、书籍、书信和手稿向皇宫引入新的观点。

作为典型的学术医师，哈格修斯精通星的科学。和第谷·布拉赫一样，他拥有并评注了卡雷利（Carelli）通俗易懂的《星历表》，这是后《普鲁士星表》

240

---

[1]　In a particularly long and extremely learned letter to Ferdinand, Rheticus referred frequently to the Turkish wars and also to Copernicus as "not only my teacher but also whom I revered as a father" (Rheticus in Krakow to Ferdinand in Vienna, 1557, Burmeister 1967-68, 3: no. 34, pp. 132-40)．

[2]　Evans 1973, 203-4 n.

[3]　Hagecius was living in Vienna as late as January 1576 and in Prague no later than February 1578. He "had been the personal physician of Rudolf's father and grandfather" (Fučíkova 1997b, 26)．Mattioli was best known for his important commentaries on Dioscorides; he published *Epistolarum Medicinalium Libri Quinque* in 1561, several years after arriving in Prague.

[4]　On the Prague Castle, see Fučíkova 1997b, 2-71.

时期的第一部此类作品。[1] 他的丰富作品包括关于日（月）食现象的论著（1550）、赞扬几何学的演说（1557）、关于解读面线特征的论著（1562）、来自未知作者的占星学片段（1564），以及在捷克完成的多篇预测（1554、1557、1560、1564、1565、1567、1568、1570、1571）。[2] 哈格修斯的《相学格言》（*Book of Aphorisms on Metoposcopy*）为读者提供了多种资源，有些是占星的——根据眉毛中皱纹的形状解读性格。[3] 他兴趣广泛，从星体到药草及其占星特征——注意，蔬菜和矿物界也会受到星象影响。当博洛尼亚自然主义者皮耶尔·安德里亚·马蒂奥利（Pier Andrea Mattioli）成为了一名宫廷医师（1554—1577），哈格修斯对马蒂奥利华丽的《植物标本集》（*Herbarium*）完成了捷克语翻译。[4] 马蒂奥利与乌利塞·阿尔德罗万迪（Ulisse Aldrovandi）是好友，他辅助建立了博洛尼亚与皇宫之间的重要知识联系。[5] 而哈格修斯将这部作品译为本地语言，正是宫廷所偏爱的智力成果。

哈格修斯关于新星的争论

　　哈格修斯对新星的表述策略与第谷的单独行动不同：第谷在自己的贵族环

---

[1] Carelli 1557. The printer acknowledged that it was "difficult to print astronomical tables" and that "ephemerides were the most difficult of all to adjust accurately" (fol. 92v) . On Hagecius, see Kořán 1959; Evans 1973, 152.

[2] Horský and Urbánková1975, 12-13. I have seen only the *Practica teutsch auffdas* 1554 *jar zu Wienn* (Vi-enna: Syngriener, 1553) .

[3] For example: "Latitudo frontis incipità radice nasi ubi terminantur cilia, versus commissuram coronalem. Longitudo frontis intelligatur per latitudinem corporis, ut villi ac nerui incedunt" (Hagecius 1584, 31) .

[4] Hagecius 1562. One of the copies at the British Library is partially hand watercolored, which suggests the strong possibility that this book was used for identifying plants as well as being considered a work worthy of presentation to the emperor. Melantrich was the official imperial printer. At Vienna, Hagecius is known to have studied with Andreas Perlach; he may also have worked with Joachim or Elias Camerarius at Frankfurt.

[5] Mattioli's contacts with Aldrovandi continued after his arrival at the court (see Findlen 1994, 178, 270, 356) .

境之中介绍了新星，而哈格修斯将宫廷与大学数学家 – 医师已有的作品组合成一部著作，目的是说明有些现象是天上的，而有些是气象学和月下的。这颗新的星体属于第一类。哈格修斯这部 127 页的作品《关于一颗前所未有的新星的探究》（*Dialexis de Novae et Prius Incognitae Stellae Apparitione*）代表了文集中的主导观点。[1] 整部作品在结构上与人文主义者的对话有一点相似，其中不同的观点共同加入讨论，没有得到确定的结论。[2]

　　哈格修斯贡献的资料表明，作者认为这种申诉可以增加自己的可信度——他向皇帝提交了一封类似自传的信，证明了自己的数学依据与其他医师的证词。对第谷来说，数学研究一直都是禁果，而哈格修斯讲述的故事是为了展示自己的学术储备。开始致力于严格的医学研究之前，他曾是 1549—1550 年维也纳大学（Vienna Archgymnasium）安德列亚斯·珀拉赫（Anderas Perlach）人数不足的班上唯一的一名学生。哈格修斯说自己帮忙向年轻学生讲授数学，有了充分的准备，珀拉赫就会有更多的听众。因此在赫马和穆尼奥斯的作品出版时，哈格修斯才刚好掌握了熟练的数学知识，于是决定加入关于是否存在新星的争论。

　　在这封宣传哈格修斯具有凭据的信之后，又有两封证明性的书信进一步强调了他的可信度。第一封来自他的医学同事约翰内斯（汉斯）·克拉图，这封信认可了哈格修斯的视差测量技能。

　　第二封摘录自穆尼奥斯寄给哈格修斯的朋友巴尔托洛梅奥·雷萨切（Bartholemeu Reisacher）的信件，该信请求发表哈格修斯"关于视差"的著作。完成自己的作品后，哈格修斯整理了"皇帝的医师与数学家"（保罗·法布里修斯）

---

[1]　　Hagecius 1574. Hagecius announced himself on the title page as "Aulae Caesareae Maiestatis Medicum." On Mattioli, see Evans 1973, 118.

[2]　　See Burke 1996, 19-20.

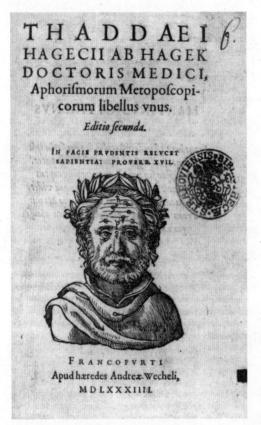

THADDAEI
HAGECII AB HAGEK
DOCTORIS MEDICI,
Aphorifmorum Metopofcopi-
corum libellus vnus.

Editio fecunda.

IN FACIE PRVDENTIS RELVCET
SAPIENTIA: PROVERB. XVII.

FRANCOFVRTI
Apud hæredes Andreæ Wecheli,
MDLXXXIIII.

图 44. 基于面线的占星学。封面，哈格修斯 1584 年（By permission of Strahov Library, Prague）。

与"鲁汶皇家医学教授"（科尼利厄斯·赫马）的著作与赞美信件。[1] 哈格修斯在这部文集中增加了一段引用，这些引用来自雷吉奥蒙塔努斯关于 1475 年彗星的著作以及 1532 年约翰·沃格林《论 1532 年彗星的含义》（*On the Meaning of*

---

[1] These were Paul Fabricius, *Stellae nouae vel nothae potius, in coelo nuper exportae, & adhuc lucentis, Phaenomenon descriptum & explicatum* (The appearance of a new, or rather illegitimate/bastard star recently risen and still shining in the heavens); Cornelius Gemma, *Stellae peregrinae iam primum exortae, & coelo constanter haerentis, Phaenomenon vel obseruatum, diuinae Proudentiae vim, & gloriae Maiestatem abundeconcelebrans* (The appearance of a strange star, risen now for the first time and constantly adhering to the heaven, abundantly celebrating the power of divine providence and the majesty of his glory).

the Comet of 1532）。两位作者进一步标志着维也纳本地大学与宫廷之间的联系：沃格林与哈格修斯一样，在维也纳跟随珀拉赫学习，并且在自己的研究中应用了雷吉奥蒙塔努斯的视差方法。

比弗朗西斯·培根《学术的进步》（*Advancement of Learning*，1605）早了 25 年，因此，哈格修斯认为自己的探究集合了多种观点，并且采用了比较法作为依据。作为主要作者，他可以在自己的论证、方法和结论中结合支持自己观点的数学医师和预言家（科尼利厄斯·赫马、穆尼奥斯、法布里修斯）所具有的权威性和概念资源。由于这些作者的观点和结论与他非常相近，因此哈格修斯认为"它们都来自相同的真理，因为我们致力于探索同样的事物，只不过在时间和空间上相互分离"[1]。

这种结论的一致性使他认为应该发表自己的观察结果，"结合其他与我们的认知一致的学者的作品"，因为"我认为，为了建立真相，众人的推动将会载入史册"。这种观点与星命盘的连续增加一致，但哈格修斯的构想明显背离了亚里士多德理论的必要性证明标准："教导真理时，一致性是（基于）可能但不必要的论证的。"[2] 第谷·布拉赫在 1602 年的《新编天文学初阶》中显然最大限度地达到了这一标准。

242

如果据其所述，一致性证明了可能的知识，那么那些否认存在新星并赞成亚里士多德的学说、认为天空不可能有瑕疵的人，也可以获得一定程度的可能性。[3] 哈格修斯没有承认这种可能性。首先，他利用比喻说明大师比追随者更愿意改变观点：亚里士多德本人不了解视差，因为当时的天文学非常"粗糙而简

---

[1]　Hagecius 1574, 6: "Quod ex eodem veritatis fonte deprompta essent, cùm & temporibus diuersis & locis magno interuallo disiunctis, uterque eidem rei explorandae incumberemus."

[2]　Ibid., 7: "Nam consensus in doctrina veritatis, argumentum est probabile, non tamen necessarium."

[3]　Ibid., 108: "Ut frustra timere videatur hic Aristot. Nequid maculae aspergeretur coelestibus, aut ea collabi aliquando & interire necesse sit, si quid elementaris naturae illuc deferatur: aut vicissim coelesti naturae indignum incompeténsue, in domicilio caducarum rerum aliquandiu hospitari."

略";但如果他生活在我们的时代,他是会改变想法的。随后哈格修斯以演绎法(syllogimus scientificus)进行了论证:

大前提:任何没有视差或视差小于月亮的物体,都属于以太而绝不属于元素区域。

小前提:我们发现这颗星没有视差。(证据来自赫马、穆尼奥斯与哈格修斯本人。)

因此,它属于以太,而不属于元素区域。[1]

由此断定,如果无视差推论是正确的,那么与地球运动或无限虚空存在的——仅仅是"有可能的"——假设论证不同,根据上帝全能(只要上帝想要新星,那么他就能制造出来)进行的论证就不充分了。因此哈格修斯强调了上帝"注定的"力量。而且他将上帝而不是天空视为直接的肇因:上帝能够而且确实选择无中生有地创造了这个奇迹,借着他的道,就像耶稣诞生的时候,他创造了神圣的流星。[2]另外,虽然哈格修斯原本可以针对许多著作者来表达对小前提的否定,但最终他的作品附录抨击了维罗纳医师安尼巴莱·雷蒙多(Annibale Raimondo),后者否认了新星的存在。

措辞方面,对雷蒙多的抨击与《关于一颗前所未有的新星的探究》有意识的温和语调不同。然而与哈格修斯两年后陷入的争议漩涡(这场争议蔓延到了有关彗星的讨论上)相比,这种抨击已经表现得相当礼貌了。哈格修斯在1575年10月9日于雷根斯堡(Regensburg,他在这里第一次见到第谷·布拉赫)受

[1] Hagecius 1574, 60-62.

[2] Ibid. :"Dubium non est, ut omnium miraculorum, ita huius quoque, Deum supremam efficientem causam esse, nec illi ullam aliam cooperari. Materia hîc penitus ferè à sensibus & intellectu abstracta est. Nam quali materia Deus usus sit in efformando illo prodigio, dici haud potest: cui aequè promptum & facile est, ex nihilo, solo verbo, vel etiam qualicunque assumpta materia, quiduis facere, & quae maximè discordantis naturae inter se videntur."

到了雷蒙多的刺激，到 1576 年 1 月 10 日，他发表了粗鲁的回应:《回复来自维罗纳的恶毒而凌辱的安尼巴莱·雷蒙多，生于巴尔多山下，再次致力于证明 1572 年和 1573 年闪耀的星体不是新星而是旧星》(*Response to the Writing of the Virulent and Abusive Anibale Raimondo of Verona，born under Montebaldo，who again endeavors to confirm that the Star which shone...in the year 1572 and '73 was not a nova but an old star*)。[1]

雷蒙多的论著满足了哈格修斯逐步发展的目的。这使他能够区分出新生的反传统主义者，他们不仅有相同的主张与推理，而且掌握了技能、学术合作以及阶级身份。[2] 除了赫马和穆尼奥斯，哈格修斯还纳入了托马斯·迪格斯和第谷·布拉赫:"所有熟练掌握数学科目的人……其中最后两个，不仅在数学学科具有独特的学识与研究，而且是著名的贵族。" [3] 贵族出身提高了迪格斯和布拉赫的数学价值，而不是赋予他们这种特质。雷蒙多则作为反面;而且，由于拉伯雷式的语言配得上他这个年纪的政治与宗教辩论术，因此哈格修斯肆意地用侮辱性词语形容他:狂叫的狗、瞎子、莽夫、诡辩家、骗子、观点愚蠢的白痴、藏在城堡里的拙劣而肤浅的天文学降格者、未开化的没礼貌的伪占星师。这种措辞倒装使人想起 15 世纪末以数学为基础的占星预言家与一般预言家之间的界限斗争，也鲜明地体现了哥白尼对于数学家们更加温和的吸引力，只有他们能够理解他的作品。

提出天文学观点的人为了提升自己的学科地位而完全颠覆能力品质，戏剧化地扩大感知与认知的不足，做出道德与宗教的谴责，这绝不是最后一次。

---

[1] Hagecius 1576. Two years later, Hagecius (1578) appended to his treatise on the comet of 1577-78 a new attack on Raimondi. A dedication copy in the Prague Klementinum is to Wenceslaus Wyesovitz.

[2] On the predominance of social class, see Shapin 1991; Biagioli 1993, 115-16, 288.

[3] Hagecius 1576, fol. B4v.

图 45. 哥本哈根大学，来自彭托皮丹，1760 年（Courtesy the Research Library，Getty Research Institute，Los Angeles，California）。

贵族天文学家的新兴角色

第谷·布拉赫与哥本哈根演说

　　1574 年 9 月，关于新星的小册子发行后一年，第谷在哥本哈根的法国使馆进行了一次长篇演说，主题是数学科学的传统与价值。这次演说是一系列天文学术讲座的开始。听众包括大学的学生、教员（包括他的朋友、医师约翰内斯·帕顿西斯），和丹麦皇宫的法国大使查尔斯·德·但赛。很有可能就是后面两个人安排了这次活动。[1] 整场表演承担着皇家正统的重担，正如第谷在标题与引言中所述，他受国王之命（ex Regis Voluntate）来做演讲。[2] 这次演说一直以来都被认为是极其重要的，因为它代表了第谷的早期思想。[3] 它发表的环境也说明了第谷积极地自诩为新的天文学从业者，他以最人文主义的方式向大学致辞，但却是在大学校园之外。

　　这次活动典型地表征了第谷反对传统社会的角色。不顾家人的反对，他已经在莱比锡城进行了自己大学期间的天文学研究。10 年后，他再次抵抗传统，这一次是在城堡和宫廷中："我并不想拥有仁慈的国王慷慨地给予我的城堡……我对这里的社会、惯用的做法和所有垃圾都不满意……在我这个阶级的人中……我浪费了很多时间。"[4] 另外，他对国王新的常任医师彼得鲁斯·塞维林（Peterus Severinus）表示了解宫廷生活的不确定："因为宫廷奉承而仁慈地接受所有人，但又会强行赶走未满足他们的人。"[5] 第谷 1576 年在汶岛（isle of Hven）接受宫廷俸禄，这并不出人意料，而正是他自己的主意，恰合他的目的。

　　在哥本哈根演说中，第谷毫不犹豫地宣布脱离教师们对占星学鲜明的反对态度，尤其是神学与哲学教授的观点。作为具有学术风格的演说人，第谷利用数学－人文主义者宣传的公共资源，劝诫高校授予所有涉及数学的学科较高的

244

---

[1]　Dreyer（1963, 73）says that the lectures took place at the behest of some aristocratic students at the university; but it is just as likely that Pratensis had been involved, as one might infer from his earlier plea for Tycho to publish his nova tract（May 3, 1573; Brahe 1913-29, 1: 6-8）.

[2]　Brahe1913-29, 1: 145: "Clarissimi viri, vosque studiosi adolescentes, rogatus sum, non solum a quibusdam vestrum, amicis meis, sed ab ipso etiam serenissimo Rege nostro, ut nonnulla in Mathematicis disciplinis publice propenerem. Id muneris, etsi a meis conditionibus, et ingenij ac exercitationis tenuitate, admodum sit alienum: tamen Regiae Majestatis petitioni resistere non licuit, vestrae non placuit, et meapte sponte ab ineunte aetate eo propensus fui."

[3]　See Bailly 1779, 429-42; Dreyer 1963, 73-78; Moesgaard 1972a, 32; Westman 1975c, 307-8; Christianson 1979; Westman 1980a, 123; Thoren 1990, 80-86; Jardine 1984, 263-64.

[4]　Brahe to Pratensis, February 14, 1576, Brahe 1913-29, 7: 25-26; Christianson 1979, 111.

[5]　Ibid., 7: 39, ll. 25-26; Brahe to Severinus, September 3, 1576, Christianson 1979, 111.

地位。至少在主题上，第谷的演说赞美了基于数学的学科所具有的价值；同一流派的赞歌包括：雷吉奥蒙塔努斯的帕多瓦演说、梅兰希顿的多篇前言、彼得·拉穆斯的《学术数学》（1569）、亨利·萨维尔在牛津的《数学简介》（*Proemium Mathematicum*，约 1570）、约翰·迪伊为比林斯利版《欧几里得》（1570）撰写的前言，以及克拉维乌斯《〈天球论〉评注》的引言（1570）。演说强调了如今耳熟能详的数学的必然性与适用性，以此为基础论证了它在其他学科中的卓越之处。如果哲学有任何作用，那也是因为数学："我认为古代哲学家能有如此高度的学识，是因为他们从小学习几何，而我们大多数人都将青春期最好的时光浪费在语法和语言的学习上。"[1] 但与上述作品不同的是，第谷的演说着重强调了天文学与医学占星的价值。如果谨慎地研究这个科目，剔除迷信，并且保留自由意志，那么它会成为一个宝贵的学科。[2] 这是一门适当保守的占星学。另外，拉穆斯的《学术数学》很有可能直接启发了这次演说，因为如德雷尔所述，第谷和拉穆斯曾于 1570 年在奥格斯堡相遇。这次见面可能也使第谷更加迫切地需要革新天文学，但第谷并不赞成拉穆斯的观点：应该有一门"没有假设的占星学"，一门仅仅基于数字的学科。任何改进都应该基于传统的看法，将天文学看作基于几何学的科学。[3]

哥本哈根演说扩充了梅兰希顿对天文研究的辩护，与克拉维乌斯和加尔文的主张形成鲜明对比。它将帕拉塞尔苏斯的微观－宏观类比作为天空与地球的联系，基于《旧约全书》而不是《新约全书》：根据第谷的说法〔追随弗拉菲乌斯·约瑟夫（Flavius Josephus）〕，最早展示星的认知（cognitionem astrorum）的神圣人物不是克拉维乌斯引用的使徒保罗（《罗马书》1：10），而是亚当、赛特和始祖亚伯拉罕。不过，第谷说明星的科学传承自希腊人（提莫恰里斯、希帕

[1]　Brahe 1913-29, 1: 146.

[2]　Ibid., 1: 146-49, 1: 166-67, 1: 172.

[3]　Dreyer 1963, 34.

克斯、托勒密）、阿拉伯人（阿尔巴塔尼）、拉丁人（阿拉贡国王阿方索），和"我们当代的"尼古拉·哥白尼——"托勒密第二"。如今我们所有的知识都来自托勒密和哥白尼。[1]

第谷在演说中表达了对哥白尼的关键看法，但这不是因为他强烈反对日心说。重要的是，第谷没有将哥白尼看作古代教条的复兴者，而称他为"当代人"。哥白尼是可以和托勒密相提并论的权威；他被看作对托勒密这位古代大师持批评态度的托勒密主义者。此观点与雷蒂库斯所展示的哥白尼形象一致，并且符合保罗·法布里修斯在鲁道夫二世 1577 年进入弗罗茨瓦夫时所设计的凯旋门上的形象。[2] 第谷认为，哥白尼评论托勒密的观察与假设"违背数学公理"而且不符合《阿方索星表》的计算，因此，他利用天才的非凡技能，发明了新的假说；他建立的元素与物理原理相矛盾。第谷没有以学校手册的方式将哥白尼的假说描述为一组同心圆，而是用了数学与物理两种理论原理。[3] 他遵循维滕堡的解读，赞扬了哥白尼的行星理论原理：

在当代，尼古拉·哥白尼，当之无愧的托勒密第二，通过自己的观察发现了托勒密遗漏的东西。他判定托勒密建立的假设与数学公理不符并且冲突；而且他发现《阿方索星表》的计算也和天体运动不符。因此他以另一种方式，以令人钦佩的敏锐学识提出了自己的假说，从而重新还原了天体运动，并且以前所未有的精确性研究了天体的轨迹。

---

[1] Brahe 1913-29, 1: 149: "Ex his duobus artificibus, Ptolomaeo et Copernico, omnia illa, quae nostra aetate in astrorum reuolutionibus perspecta et cognita habemus, constituta ac tradita sunt."

[2] See Kaufmann 1993, 136-50.

[3] Brahe 1913-29, 1: 149.

245

虽然他与物理原理有一些矛盾，比如说太阳位于宇宙中心，地球及其相伴的元素和月亮都以三重运动围绕太阳旋转，而第八天球依然静止，但他没有违背任何数学公理。从这个角度检查托勒密的假设，却会发现数学上的荒谬之处。因为它们主张天体在本轮与偏心轮中相对于这些圆的圆心做不规则运动，而且通过不规则性，它们不恰当地保留了天体的规则运动。因此，我们如今认为显而易见且熟知的一切关于星体运行的知识，都是由两位大师托勒密和哥白尼建立并传授的。[1]

演说结尾，第谷暗示了一个新的可能性，但仅仅做了模糊的描述："依照哥白尼的观点与数据，但要将一切都归因于地球静止，而不是他（哥白尼）所提出的（地球）三重运动。"不仅如此，如果不是很快就会离开（"我想到德国去"），他准备展示如何将这种对太阳与月亮的分析应用于其他行星。他承诺这样的解释将优于"比克和达西波修斯（Dasyposius）最近出版的书中无用的假设。因为他们将哥白尼的计算错误地应用于托勒密与《阿方索星表》的假设"[2]。这些片段说明第谷早在当时就很熟悉《天球运行论》了，并且因为熟悉《天文学假说》（1571），所以显然了解莱因霍尔德－比克对《天球运行论》发表的评注；但他对维滕堡诠释的认识可能仅仅来源于 1566 年与比克的交谈，而没有直接了解 16 世纪 50 年代初就开始在维滕堡流通的评注版本。

虽然哥白尼的主题帮助第谷建立了行星理论的早期思想，但它只是哥本哈根演说的副主题。的确，这篇演说中大部分篇幅都用于说明天文学之于占星的价值，以证明天文学的实用性。第谷的辩护表明，关于天文学正当性的分歧在1570 年有所变化：梅兰希顿派、耶稣会、梅斯特林派、迪格斯派。由于时间限制，第谷只是粗略地论述了天文学的实用性，随后宣称，其最伟大的用途之一

---

[1] Ibid. Quoted and trans. in Moesgaard 1972a, 32; quoted with modifications in Westman 1975c, 307.

[2] Brahe 1913-29, 1: 172-73; Moesgaard 1972a, 32. The reference is clearly to Peucer 1568 (perhaps under the title *Hypotheses Astronomicae*; see chap. 5) .

就是与被"他们"称为占星学的"另一个学说"之间的联系，占星学不言而喻的大前提是"较低的世界无可置疑地受到较高世界的支配与灌输"[1]。占星学研究的是恒星对较低的世界造成的影响（"感觉比较神秘而难以理解"），并且据此作出判断。随后，第谷没有指明托勒密的名字，但提出了传统的托勒密体系的特征："许多人"认为占星学是一种"猜测的而不是证明的"理解。但第谷立即采用了梅兰希顿关于占星学的看法，坚持认为占星学的猜测性特征来自其中的物理成分而不是数学成分。[2] 因此，占星学就像医学：属于物理学的一部分，但其所具有的可靠性都依赖天文学的数学成分。

第谷与皮科，普通的反对者与指名道姓的反对者

第谷的演说中最长也最实质性的部分就是针对"反对者"为占星学进行辩护。哥白尼、克拉维乌斯、贝拉明和奥弗修斯的文体风格一般都会点名指出反对者，第谷也完全采用了这种方式。他通常会将占星学的反对者认定为哲学家或神学家，但从来不会指称为数学家或天文学家。指名道姓的反对者只会出现在第谷演说的结尾，这有助于揭示他所反驳的知识权威的含义。近在咫尺的反对者是

[1] Brahe 1913-29, 1: 152: "Non dubium est enim, hunc inferiorem mundum a superiori regi et impregnari: 'O quam mira et magna potentia coeli est, Quo sine nil pareret tellus, nil gigneret aequor. 'Hinc nata est alia occultior et a sensibus externis magis separata doctrina, quam Astrologiam appellarunt. Haec enim de effectibus et influentia siderum in elementarem mundum et corpora, quae ex elementis constant, judicium profert."

[2] Ibid., 1: 152-53: De qua quidem non libenter hic verba facerem, siquidem non ita demonstrationi indubitatae pateat atque ea, de quibus prius diximus: tamen, quoniam plures inveniantur, qui hac mantica et coniecturali potius, quam demonstratiua cognitione delectentur, plusque hac, quam reliquis antedictis afficiantur, lubet etiam in eorum gratiam, siquidem in Astrologiae mentionem incidimus, nonnulla disserere, praesertim cum haec partim Mathematica, ob eam quam cum Astronomia, de qua antea diximus, habeat cognationem, partim Physica sit, nec satis demonstratiua: cumque insuper multi sint, qui cum alias Mathematum partes ita suis demonstrationibus esse fulcita viderent, ut eas in dubium vocare non possent — quis enim a Geometra edoctus, omnes trianguli tres angulos simul sumptos esse aequales duobus rectis, non fatebitur?

本地人尼尔斯·赫明森（Niels Hemmingsen，1513—1600），哥本哈根大学资深神学家，不过但赛大使同样认为福音派的教义与占星预言不符，尤其是星命盘。[1] 如约翰·克里斯蒂安森（John Christianson）所述，赫明森在丹麦是梅兰希顿理论（也称"丹麦的菲利普理论"）的主要发言人，梅兰希顿理论也是第谷坚信的理论；但在占星学方面，赫明森没有追随梅兰希顿。[2] 相反，他驳斥占星学的观点似乎主要来自"加尔文反对占星师的小册子"[3]。但第谷注解道，虽然加尔文是一个条理分明、聪明睿智的作者，但他对此学科一无所知；[4] 而且加尔文和伊拉斯塔斯（同样有注解）以及 16 世纪所有反对占星学的人一样，他们的论证大部分来自皮科。[5]

第谷有可能在 16 世纪 70 年代初期研究过皮科的《驳占星预言》，但没有记录说明研究的深度。不过，他肯定读过卢西奥·贝兰蒂的书，因为他在哥本哈根演说中称之为"驳斥他（皮科）的反对意见的学术著作"。贝兰蒂的这本书（现存于布拉格克莱门特残留的第谷藏书室）说明，第谷熟悉世纪末关于星的科学的争论。另外，第谷遵循贝兰蒂的措辞，既赞扬又谴责了"学识渊博的米兰多拉伯爵皮科，他自小极具数学天赋，并且熟知占星学规律及其对人类命运的影响，他的经验并不肤浅"。第谷赞美皮科的贵族出身与非凡才能，并提出了一个

---

[1] Brahe 1913-29, 1: 172: "Nam & ipse Danzaeus tacite Astrologicis praedictionibus, praesertim Genethliacis, minus fauebut, utut is in adolescentia hoc etiam studium excoluerat, atque mangum in eo profectum fecerat, ita ut multa uero euentu hinc in priuatis personis praedicere potuerat … Putabat uero etiam is, Astrologicas praediciliones Euangelicae doctrinae refragari."

[2] "Haec post orationem subiungenda" (Brahe 1913-29, 1: 170)；Christianson 1979, 113-15.

[3] Brahe 1913-29, 1: 70: "Is uero, quo conscius esset, se eiuscemodi argumenta ijsdem studiosis contra Astrologiam dictasse, & postmodum Commentarijs suis ad Paulinas epistolas inserta publicasse, quae tamen pro maiori parte e Caluini libello contra Astrologos desumta videntur."

[4] Ibid.："Existimo autem ipsius & aliorum argumentis in hac oratiuncula satis obuiatum esse, et quantum ad Caluini eruditum alias libellum attinet, quem contra Astrologos uibrauit, is non tam contra eos, quam pro illis facit, uel ipso autore, alias satis perspicaci & ingeniosi, ignorante."

[5] Ibid., 1: 166-67: "Mirum tamen est, nonnullos, inter quos famosus ille Erastus, quicum Medicinam, quae physica quaedam est cognitio, et ex naturae inferioris investigatione dependet, coelestia, unde haec vires et mutationes suas sortitur, inconsiderate negligere."

很大的条件："要么是因为某些伪占星家的迷信与错误，或是由于当代不赞成其（占星学的）乐趣的人的厌恶，他（皮科）炫耀着反对占星学的伟大著作，他分了 13 卷，写出了无能占星师多余、无聊、愚蠢而轻浮的文字，却没有粉碎这个学科更加实质性的工作——任何受惠于更真实或更神秘占星学的人都不会支持这种做法。"[1]

第谷对"更真实"与"无聊"占星学的区分使人立即想起了一年前《气象学日志》中所提出的作品标题，他在其中痛斥"无用而自负的年度预言作者"："反对占星师，支持占星学。"[2] 第谷承认占星学具有固有的脆弱性，但重要的是，他所关注的不是占星学本身，而是皮科对星的科学的整体批判。"前面所述的米兰多拉伯爵肆意怀疑占星学的真理（很容易成为争论对象，因为它既是实质性的，也是推测性的，而且可变的物质流是有可能发生变化的），以及天文学的真理，例如黄道的最大倾斜角从古代以来发生了变化。"[3]

黄道的倾斜或歪斜指的是太阳相对于恒星向东移动的平面，与天球赤道所形成的夹角，而相对于天球两极，恒星与行星看起来每天都向西升起再落下。两个平面相交的两个点名为昼夜平分点（春分点与秋分点），对历法、四季与相关节日的定义至关重要。[4] 从特征上来讲，第谷从皮科的批判中挑选出的特征是倾斜值的精确度，而不是行星的次序。根据第谷对皮科的天文学批判所进行的紧凑展示，希帕克斯和托勒密发现的倾斜角最大的变化是六十分之一度（1 分），而"当代"普遍认为倾斜角比古代小了三分之一度（20 分）。然而，第谷并没有

---

[1] Brahe 1913-29, 1: 168.

[2] Ibid., 1: 36, ll. 39-42.

[3] Ibid., 1: 168, my italics: "Quin et eo licentiae devenit dictus Comes Mirandulanus, ut non solum Astrologica (quae cum Physica & Mantica sint, atque prosubiectae materiae fluxibilitate varie alterari queant, facile in controuersiam veniunt), sed et Astronomica, adeoque mutationem maximae obliquitatis Ecclipticae a veterum temporibus hucusque factam in dubium vocare non sit veritus."

[4] See J. Evans 1998, 31-32, 54-55.

用此例对皮科的职责做出实质性的回应。他以演说的形式特别说起贝兰蒂的"深思熟虑的"反驳，之后联系到著名的预言皮科之死的故事：

某些意大利学者（其中有基夫尼主教卢卡·高里科，因占星学专业而著名）肯定地说，三位意大利占星师根据皮科的十二宫图"方向"（预言皮科）是33岁时去世。虽然预言的对象皮科尽力拒绝这个预言并且渲染它的无用，在这样的情况下，据说他在生命中的这个时期藏在一个修道院中；不仅如此，在做出预言的同年，他做出了充分的让步，尽力用自己的身体和生命来测试占星学的可信度，同时利用自己的天赋与写作破坏它的真实性。[1]

讽刺的是，16世纪，皮科刚好死在了"著名占星师们"所预言的时刻。但是，重要的是，第谷的反驳没有停留在1574年演说的措辞水平上。到1598年，我们在《天文学机械》中发现，第谷回顾并更加准确地说明了占星学改革的道路，他认为这是自己在天文学领域成就的直接结果。

我们的目的是消除占星学研究中的错误与迷信，并且与它们所依据的经验尽可能地一致。因为我认为这些研究几乎不可能找到和事实完全相符的推理。我年轻时完全沉湎于天文学的预测部分，这部分内容涉及占卜并且会建立推测，但后来我觉得自己对它的基础——星体的运动了解更少，所以我搁置了这个方

---

[1] J. Evans 1998, 1: 168-69: Aiunt enim pro certo Italici quidam scriptores, inter quos est Lucas Gauricus, Episcopus Geoponensis appellatus, et ob Astrologiae professionem clarus, eidem Pico tres praestantes in Italia Astrologos annum aetatis 33 fatalem, ex directione Horoscopi ipsius Aphetae ad corpus Martis anaretae: quod et in Genethliaco ipsius Themate（modo id quod circumfertur, verum sit）satis quadrat. Et quamuis idem Picus hanc praedictionem amoliri, atque irritam reddere, quantum in ipso erat laborarit, adeo ut se in coenobium quoddam circa idem aetatis tempus abdidisse dicatur, nihilomiuns eodem anno, quo praedictum fuerat, satis concessit, ut sic in proprio corpore, adeoque vitâ ipsâ Astrologiae certitudinem expertus fuerit, quam ingenio et calamo labefactare nitebatur.

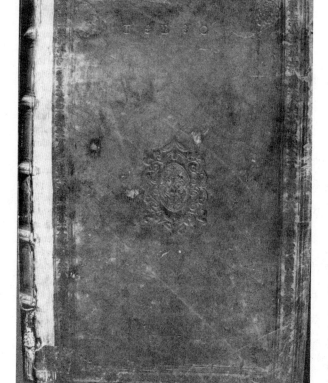

图46. 第谷·布拉赫所藏贝兰蒂《占星学的真理》(1554), 显示了浮雕的姓名缩写(顶部: TBO)与装订日期(底部: 1576)(Courtesy National Library of the Czech Republic, Klementinum. M34（14 A 66）。

向的研究，先弥补这方面的不足。在我对星体轨迹有更加准确的了解后，我再次开始从事（占星学的预测部分）并且得出结论，这种探究比人们想的更可靠——虽然不仅普通人，还有许多有学识的人，甚至有一些数学家都认为这种探究没有意义——而且在气象影响与（天气）预测方面的准确性与星命盘的准确性一样高。[1]

第谷问题，1574 年

　　哥本哈根演说标志着第谷问题形成的重要时刻。神学与哲学对自由意志的
反对相对来说比较容易抛弃：星体会控制，但不会决定，了解了星体的布局就
可以避免厄运。但天文学的反对则有所不同。早在 1574 年，第谷就遇到了哥白
尼在博洛尼亚时期遭遇的皮科问题。和哥白尼一样，他坚信对占星学这门推测
性学科的最佳辩护，就是借助某种天文学改革。在这方面，他强烈赞成哥白尼
引入的非等分、双本轮机制——也许比比克更赞成，比克还保留了对等分的偏
爱。和迪伊与奥弗修斯一样，他依然没有完全接受哥白尼对皮科反对水星与金
星次序的解决方法。实际上，即使他对维特鲁威的对称建筑原理进行了深入调查，
也不足以使他投身于哥白尼的对称天文原理。目前看来，他还没有想到水星与
金星可以在环日轨道中重新排列，同时不需要安排地球的运动。他认为修正年
度预言的错误与不严密需要遵循他在《气象学日志》中提到的路线，制定新的
星体观测方案。作为一项集体的事业，这个项目的规模是空前的，连莱因霍尔
德的《普鲁士星表》中乏味的计算都相形见绌。

---

[1]　Brahe 1913-29, 5: 117: In ASTROLOGICIS quoque effectus siderum scrutantibus non contemnendam
locavimus operam, ut & haec, a mendis & superstitionibus vindicata, experientiae, cui innituntur utplurimum
consona sint. Nam exactissimam in iis adinvenire rationem, quae Geometricae & Astronomicae veritati par
sit, minus duco possibile. Cum vero huic Prognosticae Astronomiae parti, quae mantica & Stochastica est, in
adolescentiâ impensius addictus fuissem, posteaque ob motus Siderum, quibus fundatur, non satis perspectos eam
seposuissem, donec huic incommodo subveniretur; compertis demum exactius Siderum viis, eam subinde in manus
resumendo, majorem subesse certitudinem huic cognitioni, utut vana & frustranea non solum vulgo, sed & plerisque
Doctis, adeoque nonnullis inter eos Mathematicis habeatur, comperi, quam quis facile existimârit: Idque tam in
influentiis & praedictionibus meteorologicis, quam Genethliacis. I have made modifications to Brahe 1598, 117.

第谷对皮科批判的解决方法?

水星与金星的环日秩序

第谷早期的传记作者 J. L. E. 德雷尔写道:"第谷系统的概念显然是哥白尼系统的推论,必然分别发生在很多人身上。"[1] 虽然现在回过头来看这样的推论很显然,但这个观点在 16 世纪 70 年代并没有那么明显, 提出这个观点的动机也不清晰。实际上,人们觉得"明显的"是这项理论的主要构成,这项理论在中世纪就非常出名,并且从 1499 年开始就出现在出版物中,如马提亚努斯·卡佩拉《菲劳罗嘉与墨丘利的婚姻》("水星和金星……根本不绕地球运动,而是以更自由的运动绕太阳旋转")。[2] 哥白尼在《天球运行论》第 1 卷第 10 章中将卡佩拉的表述转化为更加严格的天文学假说,这可能对他在 1499 年之后转向新的行星秩序理论产生了一定影响。[3] 虽然第谷在哥本哈根做讲座时很可能熟知哥白尼的光彩,但他当时没有在这些场合提起,即便——如他所说——他曾对学生讲道,"根据哥白尼的框架与数据,尽管一切都归纳为静止的地球"[4]。

1575 年,长期游历于帝国的多个城市时,热爱藏书的第谷获得了一些新的书籍资源。1575 年,就在鲁道夫的加冕仪式之前,他在雷根斯堡第一次见到了哈格修斯,并且收到这位皇家医师赠送的《短论》,一本在哈格修斯家中收藏多年的珍贵手稿。[5] 这份礼物为一段持久的智识友情与相互尊重奠定了基础,这段

---

[1] Dreyer 1953, 367.

[2] Capella 1499, bk. 8, fol. r5; Simplicius, 519. 9-11 in Cohen and Drabkin 1966, 107; Eastwood 2001; Grant 1994, 312-13.

[3] See Goldstein 2002, 229.

[4] Brahe 1913-29, 1: 172: "Sequenti uero die … praelectionem inchoauj … iuxta Copernici mentem et numeros, reducendo tamen omnia ad stabilitatem terrae, quam is triplici cieri motu finxerat, idque circa Fixas stellas, et duo mundi luminaria."

[5] Brahe 1913-29, 2: 428.

关系多年后在第谷担任皇家天文学家时圆满达成了。现在第谷手上拿到了关于哥白尼观点的最早的叙述，它是以命题的形式整理的，而且还不具备后来扩大的论述结构。因此，在哥白尼去世后 30 年，他终于能够欣赏这个美丽但还不完全有说服性的理论获得的进展。他还为自己的藏书室买了 30 多本书（不过我们没有理由认为他的藏书室达到了迪伊的规模和广度）。[1] 在这次买书的过程中，第谷买到了瓦伦丁·奈波德（Valentine Naibod）的《天空与地球以及世界每日运转的初级教程》（*Three Books of Primary Instruction concerning the Heavens and Earh and the Daily Revolutions of the World*）。[2]

关于奈波德的信息不多，只知道他在博洛尼亚和埃尔福特的天主教大学教书，1593 年 3 月在威尼斯遭到谋杀。他属于新一代的教科书作者，这类人对哥白尼的作品有所熟悉并且理所当然地将它纳入了天文学理论写作的资料库。这样的熟识可能促使他增加了《多种关于天体次序的观点》这一章，其中，他将人们熟知的古代权威（柏拉图、西塞罗、普林尼、托勒密）的观点应用于一个古老的问题：金星和水星在太阳之上还是之下。[3] 我们不能排除是奥弗修斯最近出版的《论星之神力》使他注意到了这个问题。

随后是一个与众不同的图表，题注是"根据马提亚努斯·卡佩拉的观点得到的宇宙主体系统"。奈波德对卡佩拉图表的展现采用了公认的同心圆惯例，艺术家画金星的天球时使它距地球最远的点与火星天球距地球最近的点相切。很明显插图中的轨迹依据的是《天球运行论》，因为其后紧接着另一幅图，题注为"根据托伦的伟大的尼古拉·哥白尼得到的宇宙系统"。然而，第一眼看到这种以太阳为中心的表述就知道它不是通过严格分析《天球运行论》绘制的，书中的天球不再相切，微调了利用连续的同心圆描绘行星秩序的艺术惯例。这就使插图

---

[1] Christianson (2000, 102) cites a figure of "well over three thousand books."

[2] Naibod 1573; his print identity was "Physicus et Astronomus."

[3] Ibid., fols. 39v-42r.

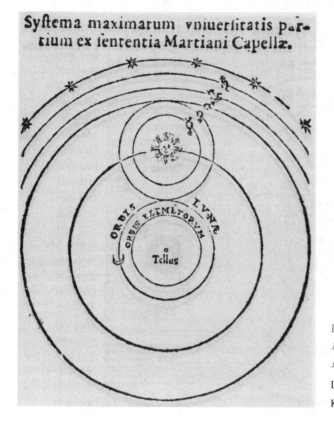

Syftema maximarum vniuerfitatis par-
tium ex fententia Martiani Capellæ.

图 47. 卡 佩 拉 主 张 的 金 星 与 水 星 次 序。奈 波 德 1573 年，fol.41（Courtesy National Library of the Czech Republic, Klementinum.5.J.2. ）。

249

绘画者在尺度方面犯错，他画的月亮天球的直径与金星的直径相等，并且与火星相切。

基本的卡佩拉秩序很有意义。在奈波德的版本中，金星和水星像本轮一样在总天球的限制下绕太阳旋转，总天球至少由月亮和火星的天球确定。[1] 奈波德图表中所有随意的对称性，包含了对皮科抨击水星与金星秩序的回应——而且

---

[1] Whoever labeled the diagram left it ambiguous as to whether the (unlabeled) circle on which the Sun is riding defines its orb or, as I have suggested, the orb is given by the surfaces of the Moon and Mars. If the former is the case, then there would be a problem concerning the two points where Mercury and Venus "cut" the solar circle(see further Lerner 1996-97, 2: 49) .

图 48. 哥白尼的行星秩序。奈波德 1573 年，fol.41v。这个识别标记与他收藏的其他几本书都一样（Courtesy National Library of the Czech Republic, Klementinum.5.J.2.）。[1]

250

这样的做法没有移动地球。另外，第谷·布拉赫注意到奈波德的作品一定是在羊皮纸封皮上戳印的时间之前（"TBDO/1576"），不仅如此，卡佩拉图表所在章节与其他少量章节一样，带有藏书人的标记。我们不了解第谷赋予这项新的视觉资源什么意义，但很难相信这幅图没有激发关于环日轨道和地球静止的新观点，因为对比不同的行星秩序还不是天文学手册的常见做法。至少这幅插图集

---

[1] Westman 1975a, 324 n. 91.

中关注了哥白尼《天球运行论》第 1 卷第 10 章中对卡佩拉的参考，当时第谷应该已经熟读这本书了。那之后不久，他没有将 1577 年的彗星定位于月亮之上，而是安排在金星之外的环日轨道上，这只是个巧合吗？

1577 年的彗星及其论证空间

1577 年的彗星，和新星一样，都是出版与预言界的文化现象，同时也是自然研究的对象。仅在 1578 年，100 多名作者对这颗最近闪过欧洲天空的幻影做了描述并发表了看法。[1] 根据已发表作品中明确的交叉引用的频率，至少无效作者的作品提高了天文从业者中本不存在的公共参与、相互对比与借鉴。研究彗星与新星的作者都在文献中为自己建立了博学者的身份。通常"博学"一词是用来说明某人通晓人文科学的，但这里的含义主要是指专门熟练掌握数学学科的人。这种熟练从业者共同群体的概念进一步延伸：它隐含了与其他人不同的权利，就好像所有被认为掌握这种知识的人在犯错时都不会损失荣誉一样。例如，梅斯特林反对哈格修斯与安德里亚斯·诺尔修斯，他称前者为"最博学的人"，称后者为"一位博学的学者兼著名数学家"。哈格修斯说过，"我们这个时代许多博学而虔诚的人似乎都持有相同的观点"[2]。

---

[1] Hellman 1944, 318-430.

[2] Maestlin 1578, 14; cf. Hagecius 1578, 15-16: "Nostra etiam aetate *plurimi viri docti et pij* eandem opinionem habuisse videntur［Cometas ex occultis naturae causis prouenire］: ut Iacobus Zieglerus, Ioannes Vogelinus, praeclarus olim Viennae Astronomus … nostro Gemma … Ego haec mea eius, & Tychonis Brahe Dani, viri nobilissimi doctissimique item Ioannis Praetorij Norimbergensis Mathematici, ac etiam Hieronymi Munnos Hispani, Hebreae linguae & Mathematum professoris, in Academia Valentiniana, eximij, &*aliorum doctorum virorum* censurae and iudicio lubens subijcio" (my italics). Hagecius 1576, fol. B4v: "Nomina autorum qui de stella scripserunt, ac mihi cognita sunt, haec sunt: Cornelius Gemma Louaniensis, Hieronymus Munnos Hebreae linguae et Mathematices professor in Academia Valentiana, idiomate Hispanico, Thomas Diggesseus in Anglia, & Tycho Brahe in Dania, sermone latino: *viri in Mathematicis exercitatissimi, & verè inter artifices numerandi*" (my italics).

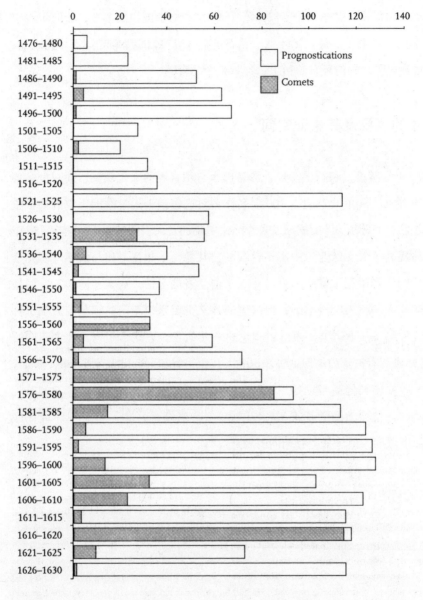

图 49. 1470—1630 年德国关于彗星与占星预测的出版物。依据津纳，1941 年，73。

哥白尼问题

这种社会参照的礼貌措辞产生了一种包容的交流，不同的观点、计算和假说都可以进行发布和比较。虽然这些人反对那些所谓"无技能"（imperiti）的人，但他们还使用我们在前文见到的学科符号区分自己。天文学家与物理学家等通用说法一般用于彗星和新星文献，用于指称众所周知的权威。例如梅斯特林在总结关于彗星物质成分的观点时写道："所有物理学家认为那是被恒星等天体的力量从地球吸出的一团炽热干燥的蒸汽。许多天文学家也有相同的看法。"[1] 如下一章所示，1588 年这个过程又转变了，第谷出版了一部新型著作，系统性地总结了自己对彗星的观察与计算，制作了表格，并与其他众多作者进行了对比。

彗星的占星学与末世论含义

这些物体往往被描述为瞬间可怕地闪着光的，因此，占星判断中的社会与政治预言多数是耸人听闻而非予人慰藉的。想要根据彗星做出占星判断，技术上就要求预言者将彗星可见的特征（例如颜色和经度）与相对应的行星的常见特征相联系，之后再与本地的政治问题挂钩。如果结合了预言者预期天文事件的保留节目，例如重大的食、合，或者末世预言，那么这种影响的力量就会有所增强。但将这些幻影看作末世征兆的预言者们曾经有过令人惊讶的失败经历。作品丰富的占星家与星表绘制者西普里安·利奥维提乌斯预测，伴随着 1583 年土星与火星的伟大相合，世界将会在 1584 年之后某时灭亡。1572 年新星的出现虽然出人意料，但刚好累积了戏剧性的自然事件。然而，利奥维提乌斯没有抓住机会撰写一部因时制宜、激动人心且夸大其词的著作；1573 年伦敦版《大合相》（*Great Conjunctions*）中只有一段简短的、几乎可以忽略的说明，他以诗的形式

---

[1] Maestlin 1578, 17. Likewise, he uses the term *optici* （"opticians" or "opticists"）to refer to two well-known authorities: "At contrà Vitellio & Alhazen Optici demonstrant" (18).

说明彗星与伯利恒星体相关——伯利恒是耶稣的降生地；他隐微暗示而不是明确宣称新的彗星与基督再临有关。[1]

如果说 16 世纪的神学观点在天文学与占星学的关联这个问题上产生分歧，因为这个问题似乎威胁到了神的自由，那么预言家对彗星之于末世论的重要性也存在分歧。第谷·布拉赫准备将新星与彗星的占星学含义归于预言中 1583 年大合并造成地球巨大变化的"前兆"[2]。但在无视差作者中，他和梅斯特林与众不同，两人在解读彗星的末世论含义方面都十分克制。第谷指出的占星学关系与利奥维提乌斯产生了共鸣，但他没有得出和利奥维提乌斯一样的结论。虽然第谷严格区分了从天文事件一般的、可预测的联系所可能了解到的信息，与非凡的、不可预测的事件背后只有上帝才能给出的解读，"其实并没有可靠的依据来根据天上的星座预言世界末日，"他写道：

因为这样的知识不是来自自然光及其认识，而是来自神的预言与上帝的意志，没有人，甚至天上的天使也不会了解……我们应该理解这颗彗星，虽然它也以非自然的方式诞生于天空中，但它无法标志世界末日，因为耶稣诞生前人们就看到过彗星，而且自从世界之初已经看到了很多次……因此，虽然根据耶稣的神迹与先知，世界末日即将到来，但无法对末日进行可靠的预测，不论是通过自然的日食与月食，还是天上其他的星座或彗星；所以我主张只有万能的上帝才知道世界末日，任何生物都不会知晓。[3]

---

[1] See Granada 1997b, 401.

[2] Christianson 1979, 139: "It seems to me that the new star *anno '72* was a harbinger of the maximum conjunction, for it was united across the poles of the world with the beginning of Aries, in which location this aforenamed maximum conjunction will be celebrated and held."

[3] Ibid., 139-40.

第谷重要的反对立场使他能够追寻曾在哥本哈根演说中辩护过的梅兰希顿派占星学，同时避开许多同时代人所从事的极端末世论占星学。[1] 从这个角度来讲，天文学不需要"适应"先知的预言。

语言、语法与彗星观测的可靠性

评论者赞成这颗彗星对天文学、自然哲学与行星次序都有前所未有的深远影响，但这些影响与其占星学或末世论应用没有关系。和新星一样，彗星使一小部分天文从业者有机会破坏（不过不会摧毁）划分天空与陆地界限的本体论。认为它是月下物体的主张与每个无视差作者的观察和计算的可靠性密切相关。新星出现五年后，认为1577—1578年的彗星位于天空中的从业者形成了一股强大的势力，为论证新星的存在开辟了新的空间。这种重叠不是偶然：一旦突破，曾经不可信的无视差迅速成为了可能得到的测量结果——不过多数从业者并没有得出这个结论。新星群体最初的参与者中，大部分（布拉赫、梅斯特林、赫马、波斯特尔、穆尼奥斯和威廉伯爵）开始加入关于彗星的讨论，并且迎来了一个直言不讳的新人物——曾就学于图宾根（1561—1569）的哈根瑙市政医师海里赛乌斯·罗斯林（1544/1545—1616）。[2] 但最初使新型群体紧密团结的约束协议并没有自动转移到新的群体。出于不同的原因，活跃而多产的哈格修斯和梅兰希顿派的卡斯珀·比克出人意料地产生了分歧，热心的托马斯·迪格斯和约翰·迪伊没有发表任何作品。而早期第谷也没有试图利用自己的贵族权威支配他人接受自己的主张。广受尊敬的宫廷医师哈格修斯同样如此。那么月下主义者如何

[1]　Thoren（1990, 128-32）makes the interesting suggestion that Tycho's position reflects local conflict with Jørgen Dybvad, the Copenhagen professor of theology and mathematics, for royal favor; but Dybvad's apocalyptic views about the comet were by no means unusual, and the evidence for the whole account is thin.

[2]　See Diesner 1938.

证明自己的主张具有可靠性呢？

对于这些作者，彗星的天文学定位具有与新星相同的分类问题。彗星和新星一样，对天文观察的可靠性提出了新的问题。那么应该如何评价每个人的描述呢？怎样面对 1578 年全年印制的众人各自提出的观察报告呢？我们必须谨慎地区分"观察报告"的标准化或理想化概念（当代哲学家偏爱的"O"）与 16 世纪未校准的观察描述行为，甚至是 17 世纪呼吁第二或第三证人来担保观察结果可靠性的行为。[1]更糟糕的是，没有长期平均运动的星表，就没有明确的方式预测彗星的轨迹。轨迹的计算仅仅是猜测而已。另外，还出现了解释异象从何而来的问题。这是自然的还是超自然的事件？如果是后者，可以对它的影响进行标准的占星学判断吗？

从天文学角度来看，新星与彗星之间最大的差别在于，后者相对于固定的恒星表现出了正常的运动，并且有一条可视的尾迹（因此俗名为"扫把星"）。不论最终将其归为月下还是月上事件，观察者都根据每日的而不是长期的观察结果撰写报告。因此，虽然他们依据的是古人的星体位置知识，但它相对于恒星运动的证据主要依赖于作者自己的观测。所以，与自然哲学（自然的常规过程）中可以将广义的经验作为证据不同，这些报告在彗星出现的时间和位置方面都具有历史特定性。[2]私人与公开的描述中都具有这种特定性，它也体现在第谷为弗雷德里克国王撰写的彗星描述中。从这个角度来讲，仅仅为了国王，第谷区分了彗星第一次出现（11 月 11 日"日落后的晚上"），"真正开始"（"11 月 10 日，大概午夜后一小时，不过很多航海者报告 11 月 9 日晚上从波罗的海看到，但我无法保证"），以及他本人第一次看到的时刻（"我第一次用仪器看到是在 11 月

---

[1]　On observational practices in early-seventeenth-century astronomy, see Dear 1995, 25, 66, 93-123; the notion of the collectively witnessed observation lies at the heart of the story of late-seventeenth-century experimental science, famously narrated by Shapin and Schaffer（1985, 336）.

[2]　For this important distinction, see Dear 1995, 6-7.

13 日，因为在那之前天空都不够晴朗"）。[1] 第谷在这篇叙述中表现出的可靠性并不是依赖于他本人的社会地位，也不是航海者或五年前看到过闪光异象的"路过的农民"。他将报告的可靠性归于自己的观察活动。1588 年，他通过系统性地对比自己特定的观察结果与其他人的结果，改变了说服他人的理由。

位置和次序，彗星和宇宙

赫马、罗斯林、梅斯特林和布拉赫

即使是最反对亚里士多德的作者也无法抛弃亚里士多德提出前提：非均匀宇宙是由两个本质上不同的区域组成的。[2] 虽然每个区域的本质成为了争议的对象（较高的区域是液态的还是固态的），但很少有人不相信有形的物体一定有"位置"，一定"属于"某个适合它的区域。可是，彗星和新星不同，它具有自己的运动方式，因此肯定和行星更类似——是某种不属于第八天球的四处漫游的星体。这个事实引出了一个问题（这个问题在新星这里不存在）：要么彗星附属于某个已有的、不规则运动的行星天球，要么它具有自己的天球。如果是后者，那么它的载体从何处而来？例如，它是从创世开始就存在了，还是重新创造出来的？[3] 还有，彗星只现身了三个月，因此，如果它是位于天球内的周期性现象，那么并没有足够的信息确认一个完整的循环。不仅如此，对它与地球之间距离的估测都是根据经验得出的推测值。不过，即使是推测，也需要某种理论方案的指导，因为理论的功能就是将可预测的规律用于少量分散的观察结果。理论

---

[1]　Christianson 1979, 134.

[2]　See Donahue 1981. Grant emphasizes the juxtaposition of heterogeneous and, at times, inconsistent positions within the larger compass of Aristotelian natural philosophy（1994, 676-79）; see also Granada 1997b; Lerner 1996-97.

[3]　On the last point, see Lerner 1996-97, 2: 54.

化的工作再次证明处处是惊喜。

如果彗星附属于行星天球，就必须考虑之前确立的行星秩序，因为仅靠少量的零散观察无法确定它的轨迹。科尼利厄斯·赫马是鲁汶星历学家赫马·弗里修斯之子，他是最早发表有关彗星的著作的人之一。他了解第谷关于新星的短篇论述，与第谷一样，他接受了传统的托勒密行星秩序。与对新星的定位一样，他将彗星安排在月亮正上方，因为他相信水星是第二高的天球，所以认定这个最新的异象肯定被包含在其中。[1]但赫马对这个异象的关注不足，与彗星的经线位置及其占星学与末世论含义相比，我们可以看出这个现象对他来说没那么重要。[2]

罗斯林和赫马一样，本来也可以轻易遵循许多德国市政医师的道路，投身于为资助人绘制星命盘和发表年度预言的事业。[3]但他是一名更偏向哲学与末世论的医师：他在训诂实践中使用《圣经》段落与先知的作品解读其他作者的天文学主张的含义，他显然承继利希滕贝格的传统，不过与后者不同，他坦诚地借鉴同时代作者的作品。当梅斯特林开始在图宾根开展研究时，他在同年取得了医学学位，两人保持了多年的通信。但在关于彗星的重要论著中，他根本没有提及梅斯特林，而是非常依赖赫马的论述，对赫马十分欣赏。他还利用了哈格修斯的《关于一颗前所未有的新星的探究》。赫马的论著及插图对于他来说实际上就是副文本。此外，他也欣赏赫马的彗星－行星假说，不过他对于如何描述彗星运动有自己的主张。罗斯林的描述不涉及行星，而完全是以恒星框架作为参考。[4]他赞成，彗星的运动在有规则方面与行星相似。类似地，哈格修斯也

---

[1] Brahe 1913-29, 4: 249-50; for Gemma's Dutch treatise on the nova, see Van Nouhuys 1998, 150-56.

[2] Gemma 1578, 57. The postil reads: "Cometa praesens in caelo Mercurii."

[3] He came to Alsace around 1572 and was in Hagenau for more than twenty years. For details, see Diesner 1938.

[4] Roeslin 1578, fols. E-Ev: "Ut ex veris fundamentis parallaxeos notavit & demonstravit Cornelius Gemma in Mercurij Sphaeram illum collocans, quem sanè virum, utpote in isto genere studirum, quasi hereditate paterna exercitatissimum, longè maiorem facimus quam istos Astrorum malos observatores omnes."

论证了新星一定在以太中，因为它每天的运动是均匀的，与月下物体不同。[1] 对于罗斯林来说，是这种规则性本身，而不是赫马的视察测量，可以充分证明它位于月亮之上，因为所有常规的亚里士多德体系的彗星都做不均匀运动。[2]

　　但罗斯林认为，规则性意味着可以在十二宫里的两个或三个间隔中选择毕达哥拉斯比例。他对和谐的追求与奥弗修斯高度相似，虽然他并没有引用奥弗修斯，但应该对其很熟悉。例如，据罗斯林所述，彗星在摩羯座中平均每天移动 2 度 4/13 分，而在下一个星座宝瓶座中刚好减半，变成了 1 度 2/13 分，他还宣称，在双鱼座中，彗星速度又减半，变成了 34 分（原文如此）——总的来说，从摩羯座到双鱼座，速度变为原来的四分之一。罗斯林认为彗星的运动表现出了毕达哥拉斯的规律性："如果根据之前的（十二宫）星座观察彗星的运动，或者互相参照观察它的三种运动，我们明确发现它的运动遵循确定的比例——尤其是 2 : 1，3 : 2 和 4 : 3，这在音乐中显然是八度，第五音和第四音成为最令人愉悦而完美的和弦。"罗斯林忽略了数字（来自他自己与赫马的观察）的不精确性，急忙向读者保证他不想捍卫古老的毕达哥拉斯关于（普遍）天体和谐的教义，只是想说明彗星的运动符合毕达哥拉斯调音系统中合乎审美的和音："最简单、最持久、最完美而均衡的和声。"[3] 这不是人类第一次或最后一次在证据不足的情况下用理想的认知去证明可能的应用领域。

255

[1]　Hagecius 1574, 60: "Quòd igitur ad aetheream non ad elementarem regionem accensenda sit haec stella, duo sunt firmisssima quae id confirmant quorum alterum est aequabilis & perfecta ipsius cum motu proprio conuersio. Quae enim in elementari consistunt regione, non possunt ea aequabilitate conuerti: Alterum carentia parallaxeos."

[2]　Roeslin 1578, fol. Ev: "Dicere mihi nunc physicus velit, quomodo tam aequalis constans & proportionalis motus cadere possit in elementarem regionem aëris vel ignis? cum elementorum partibus innatum sit vagari & huc illucque incertis sedibus agitari? Aut si ductu & tractu materiae viseosae flamma serpsit, & quasi peculiare iter pabulo allecta fecit, ut Aristoteles velle videtur: Quomodo quaeso materia fuit ita aequaliter disposita, ut eandem proportionem flamma prorependo semper servaverit, & iter suum ad locum Stellae novae direxerit? Quare hunc Cometam & aethereum & in aethereum regionem collocandum iudicamus."

[3]　Ibid., fols. C2-v.

亚里士多德认为，上帝在天空中创造了一个特殊区域，其中会产生某些彗星和新星，罗斯林对此表示反对。他的新奇而复杂的方案似乎混合了赫马针对新星与彗星分别发表的两幅图。与据说会影响天气的常规彗星相比，他认为1577年的异象非常稀有而异常，因此具有玄学与先知的含义：它具有自己的极点，沿二至圈的轴线对称分布，东至十二宫极点，西至赤道极点——一分为二的偏心轮。罗斯林认为从这种"对称性"应该推导出"新的彗星天球与上帝的奇迹"。区分月上与月下两种彗星的观点和罗斯林的其他大部分观点一样，直接取自赫马和哈格修斯，但是他试图在同一个区域内将彗星与新星建立联系，这就说明罗斯林为什么只有通过与水星"类比"才能描述彗星的运动：为了支持毕达哥拉斯的音乐理论，罗斯林放弃了视差的论述，因此只能跟水星的纵向运动而不是水星与其他行星的距离进行类比。[1] 在此，比起毕达哥拉斯的标准，罗斯林的猜测与克拉维乌斯的行星秩序大杂烩更相符。

在最终章，罗斯林的天文学推测变成了对天外信使进行严格详细的末世论训诂。他的方法类似于改革派神学解读者，即寻找能够联系到《旧约全书》与《新约全书》的一段记叙。据罗斯林所述，上帝从创世开始，就以天意创造了"奇迹、预兆与不祥的征兆"，如今这颗异常的彗星与新星"违背常规的自然规律"出现了，并且明确指向最后的时代，如以利亚所预言的世界末日。在此过程中，罗斯林提出了25个命题，进一步将异象与利奥维提乌斯预言的火三角中的合现象，以及雷蒂库斯预言的地球偏心率减小之间建立联系（不过在这个例子中，他没

---

[1] Roeslin 1578, fol. E2v: "Quemadmodum emim Mercurius in annuo spacio, quatuor Zodiaci quadrantes perficiens, quater etiam ferè est retrogradus, quater velox &directus, octies verò stationarius. Sic Cometa noster exactè unum circuli sui quadrantem perficiens in unius anni quadrante, semel fuit retrogradus, semel directus & velox, bis verò stationarius, in longitudinibus Epicycli medijs, ut vel hoc nomine constet in Mercurij Sphaera rectè observatum fuisse Cometam & collocatum." At the end of chap. 6, Roeslin speaks of the comet as being located "in the region of Mercury" (E3v) .

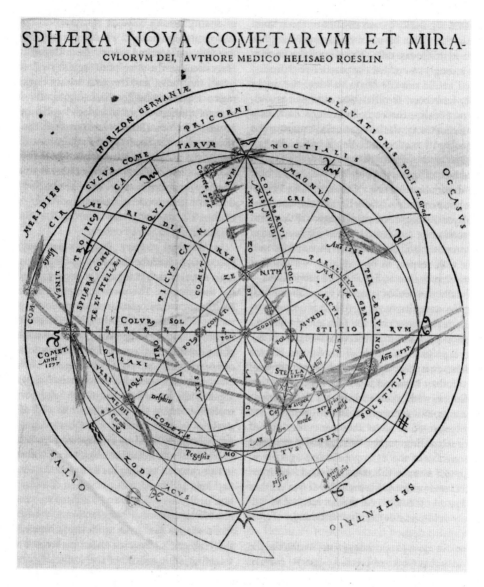

图 50. 罗斯林《新的彗星天球与上帝的奇迹》，包括 1532 年、1533 年、1556 年和 1577 年的彗星，以及 1572 年的新星（Roeslin 1578.Courtesy Bibliotheque nationale de France）。

256

有说明来源）。[1] 仿佛这种"一致性"还没有获得充分的说服力，这位宫廷伯爵的医师在论述的结尾对末世中"关键的几年"提出了医学"预后"，利用微观－宏观类比保证世界将会进入疾病的最后四个阶段。"宏观危机"始于 1574 年新星的消亡，之后是关键的 40 年周期（分别在 1614 年、1654 年和 1694 年结束）。他总结道："这些关键的年份应该更能说服我们，因为它们与《旧约全书》和《新约全书》之间的类比恰当对应。所有预言和神谕都结束并终止了；另外，伟大的世界之书与所有造物会自然成为证据。"[2]

　　虽然罗斯林和梅斯特林已经远离了越来越严格正统的图宾根宗教世界，但罗斯林似乎倾向于导师赛德罗克拉底的施文克菲尔德主义观点。[3] 他们二人的天文学能力高下再明显不过了。梅斯特林已经接受了哥白尼的主张，他是唯一完全使用哥白尼天文理论构造彗星轨迹的实践者。同样重要的是，当罗斯林陶醉于圣经与末世论的解读中时，梅斯特林谨慎地否定了所有占星学判断。这种谨慎也符合梅斯特林说起自己的天文学"推论"时的谦虚态度，而且第谷也将梅斯特林的主张称作"推测"或"假说"。

　　在彗星出现后紧接着发表的论述中，梅斯特林的理论在天文学方面也是最详细复杂的。[4]

　　第谷对梅斯特林的论述印象深刻，在 1588 年的总结中将它作为核心予以重点介绍："梅斯特林的发现明显表现出了伟大的智慧与勤勉的品格，并且具有非凡的天才特质。"[5] 问题的关键是什么？与新星问题不同，主要的困难是找到一个

[1]　These connections are nicely described by Granada 1997b, 444-52.

[2]　Roeslin 1578. fol. G4v: "Illi critici autem debent nobis eò magis commendati esse, quod ijs aptè correspondeat Analogia veteris & novi Testamenti: coincidant prophetiae omnes & oracula, in ijsque finiantur & claudantur: accedant insuper naturae ipsius testimonia, desumpta ex magno Libro Mundi & creaturarum."

[3]　Granada 1997b, 450n.

[4]　For a fuller account, see Westman 1972a.

[5]　Brahe 1913-29, 4: 266.

257

天球，它与对同一个物体的多个观察结果相符，而这个物体活动范围很大，与任何行星都不相似。罗斯林很大程度上依赖于赫马的观察结果，却没有解释自己是如何进行观察的，与他不同的是，梅斯特林说明了自己是利用一根线来瞄准。而且梅斯特林在论述中写道，罗斯林依据的是赫马和哈格修斯的权威，而他自己在努力着尝试了许多推测后，最终选择了哥白尼的日心轨道，并且改进了哥白尼用于金星的天平动装置，将其用于彗星运动。

梅斯特林的解决方法采用了哥白尼的建模技巧，在当时独树一帜，但也遇到了困难：彗星相对于行星逆行，如果它真的位于金星天球中，就会产生严重的问题，因为这样一来彗星与行星的运动方向就是相反的。梅斯特林将彗星安排在金星外侧的天球中从而解决了这个问题，"它就像一颗外来的非凡的行星"，如第谷·布拉赫 1588 年所述。[1]

但是第谷在 1587 年还没有提出这种解释，当时他正在为国王撰写论述。如约翰·克里斯蒂安森所述，这部从未发表的作品的手稿中有三种不同的描述方法，说明彗星位于"金星天球之中"。随后的说法表明第谷在哥本哈根演说之后更进一步，采用了哥白尼－卡佩拉对水星与金星的排序，同时认为地球是静止的。他如此写道："我的结论是，如果要依照天体的一般分布，那么它（彗星）位于金星天球内。但是如果接受了多位古代哲学家与当代哥白尼的观点，即水星紧邻太阳，随后金星包围水星，那么太阳大约位于这两个天球的中心位置，虽然并没有遵循哥白尼的假说认为太阳在宇宙中央静止，但这并没有完全偏离真相。"[2]

罗斯林的观点则更加明确，并且他依赖其他作者获得天文学信息。他在 1578 年 10 月向梅斯特林写了一封信，提出将梅斯特林的金星彗星安排在他的新

---

[1] Ibid., 4: 190; Barker and Goldstein 2001, 94.

[2] Christianson 1979, 129, my italics. Variant 3 reads: "Mercury has its orb around the sun and Venus around Mercury."

的彗星与恒星天球上。梅斯特林欣然在《根据普鲁士星表计算的……新星历表》开头重印了这封信，但并没有赞成罗斯林的"新天球"。[1]

小结

绝大部分作者认为 16 世纪 70 年代出现的两次引人注目的异象都是神迹或预兆，带有末世论或占星的含义，但他们并没有得出自然哲学或星的科学的新成果。只有相对较小的一部分作者用彗星与新星突破了亚里士多德的传统本体论；他们之所以认同这一观点，主要原因并不在于对哥白尼的支持。广泛认同的结论是上帝可以随心所欲奇迹般地在天上创造异常的变化。在 13 和 14 世纪，这种神圣力量的可能性已经被自然哲学家广泛接纳。而新的重要结论实际上是强调了上帝在预期的时刻（1572 年和 1577 年）使用他命定的力量向虔诚的人类发出了预言，预言中似乎体现了末日的各种情节。[2]

值得注意的是，自认为能够解读上帝神迹的人（天意的携带者与解读者）都是数学预言者。对于这些作者，1572 年的新星与 1577 年的彗星激发了他们作为理论天文学家与实践者的学科认知，他们利用自己的数学技能成为了享有特权的解读者，不仅是在他们习以为常的政治领域，还有受到社会与认知限制的自然哲学和神学领域。同时，这些事件使人们第一次有机会在彗星文献中推测行星的次序。但这种激发并没有使人们达成共识。到 16 世纪 70 年代末，天文学从业者关于行星次序的争议反而比之前更加激烈了。

事实上，伴随着过于自信的末世论宣言以及对亚里士多德天空恒定理论的反驳，16 世纪 70 年代天文学著述持续爆发之后，一种认知不确定性的印象

258

[1] Maestlin 1580; see Granada 1997b, 446n.

[2] For the importance of the distinction between God's absolute and ordained power, see Funkenstein 1986, 121-52.

历久犹存。"我见到有些人研究和评论他们的历书，并且在现代发生的事件中引用他们的权威著作，"机敏的绝对怀疑主义者米歇尔·德·蒙田（Michel de Montaigne）写道，"他们的所有言论中，必然有真有假。射箭的人不可能永远百发百中……而且，没有人记录他们的错误，因为犯错太平常，也数不清；而正确的预言则是非常稀有而且不可思议的，因此很受重视。"[1] 蒙田的怀疑论不只是皮科派的，而是很大程度上受惠于西塞罗和塞克斯都·恩披里柯（Sextus Empiricus）的重要著述。[2] 在别人眼中的乐观时刻，蒙田对哥白尼的粗略参考凸显了新兴的易谬主义者倾向："当我们得到某种新的学说时，我们有很大可能不予相信，并且认为在此之前流行的是与它对立的观点；由于前一个学说被这个学说推翻了，那么未来有可能会创造出第三个学说同样打破第二个学说……它们有什么样的专利特许，什么样的特殊优先权，可以使我们的创造进程停止于此，可以使我们的信仰永远属于它们？它们和之前的先例一样，都无法避免被抛弃的命运。"[3] 如果 16 世纪 70 年代为这种绝对怀疑主义者的态度提供了生长的沃土，那么接下来 20 年就很难减少继续怀疑的可能性了。

---

[1]　Montaigne 1958, 29, italics in original: "Of Prognostications."

[2]　On Montaigne's skepticism, see Popkin 2003, 44-63.

[3]　Montaigne 1958, 429: "Apology for Raymond Sebonde."

9

第二代哥白尼学说支持者：梅斯特林与迪格斯

　　"一代人"这样的表述，可以说为一群从业者定义了受时代限制的经验与概念上的可能性。受到维滕堡共识影响的一代人大部分生于 16 世纪 40 年代，他们到 16 世纪 70 年代（在 16 世纪 80 年代最显著）开始积极致力于《天球运行论》全文的研究。当代人受到最新科学的影响，认为革命性的变化应该发生得比较快，因此会期待 1543 年之后的一二十年应该出现延迟的发展——然而这种情况并没有发生。事实上，正是这种缓慢进展的节奏，使库恩在谈及哥白尼作品影响力的时候，谨慎地使用了"引发革命"一词。至于库恩之前的作者，他们并没有将革命认定为主题，因此仅仅将其影响称为"渐进的"。本章与下一章讨论的正是这种转变的年代与转变的类别。

　　哥白尼之后的第二代激进主义者不再仅仅将《天球运行论》作为占星预言的工具，而是认真地将文本作为推测行星序列与行星模型的资源。[1] 这样的推测

---

[1]　Note that this actors' formulation avoids the excessively global analytic categories *instrumentalism* and *realism*, without relinquishing the possibility that a particular agent could be, say, "realist" or "instrumentalist" with respect to different parts of the natural world.

本身意味着突破传统的学科实践。这些从业者中多数是具有足够数学技能的天文学家，他们使同时代的其他人瞩目、钦佩，甚至畏惧；值得注意的例外是乔尔达诺·布鲁诺（Giordano Bruno）和迭戈·德·苏尼加，他们相当尊重哲学家与神学家之间解读方式的界限。

在这一代人中，米沙埃尔·梅斯特林（1550—1631）与托马斯·迪格斯（1546—1596）是雷蒂库斯之后最早的哥白尼追随者。他们的作品与其他精通技术的预言家如赫马·弗里修斯和乔弗兰克·奥弗修斯不同，不包含后者作品中的限定条件、约束与沉默。他们与哥白尼没有个人交往，彼此没有个人或交际圈的往来。梅斯特林是一位德国学者，迪格斯是拥有封地的贵族，也是约翰·迪伊的门徒。二人都熟练掌握当时的数学知识，并且与赫马·弗里修斯和奥弗修斯一样，能够理解《天球运行论》中的技术细节。但他们对于占星预言的地位有不同的观点。在占星学上，迪格斯是梅兰希顿派，而梅斯特林则对皮科派批判的大部分观点持保留的、审慎的、支持的态度。虽然他们没有极端的分歧，但他们代表了哥白尼中心秩序主张的拥护者中的典型差异。

米沙埃尔·梅斯特林

牧师、学者、数学家、哥白尼学说支持者

米沙埃尔·梅斯特林比克里斯托弗·克拉维乌斯小十几岁，他一生中大部分时间在大学讲授数学，和克拉维乌斯一样编写了学生教科书。

他的《天文学概要》（*Epitome Astronomiae*）初版于 1582 年的海德堡，后来又有过多个版本。[1]他还撰写了许多天文学著作，它们从未出版，但手稿流传至今。

---

[1]　See Maestlin 1597; Maestlin 1624.

他的文字表现出人文主义倾向，他通晓古代文献与天文学经典，也像布拉赫与克拉维乌斯一样，精通多种数学学科，其中，天文学对他来说是最重要的科目。

作为有影响力的教科书作者，梅斯特林在某种意义上是克拉维乌斯的路德教对手，虽然他一生从来没有获得这样的称谓，但他的部分天文学作品表现出了明确的自白特征。1586 年，他针对克拉维乌斯撰写了一篇详细而尖锐的抨击文章。[1]1588 年，他对另一位耶稣会教徒安东尼奥·波塞维诺（Antonio Possevino）的历法发表了辩论。[2] 克拉维乌斯利用《普鲁士星表》设计了一种民用历的解决方法；1582 年教皇格里高利八世将其颁布为基督教界的正式历法。克拉维乌斯的调整意味着，通过罗马的计算，所有人都要将日历提前 10 天。这项改变显然成为了一个政治问题，实际结果的严重程度超出了天文从业者的想象：这使得预言与年历都依赖于罗马的时间管理法令。梅斯特林建言反对这种依赖性，因此德国的新教领域都反抗罗马法令，继续使用旧式历法，这种状况一直持续，直到几个世纪后拿破仑修改历法。

大概在同一时期，梅斯特林与托马斯·迪格斯开始分别研究哥白尼对行星次序的表述。梅斯特林成为哥白尼学说支持者的过程更加被世人熟悉，因为他的许多著作和手稿都幸运地流传了下来，其中包括第一版《天球运行论》，现藏于瑞士沙夫豪森图书馆。他得到这本书时还是图宾根的一名年轻学生。他在卷末衬页上写道，这本书于 1570 年 7 月 6 日购自维多利纳斯·斯特里格留斯的遗孀之手。斯特里格留斯曾属于梅兰希顿交际圈，后来成为了一名图宾根神学教员。斯特里格留斯的初级天文学教科书是以梅兰希顿派的一问一答形式编写的，没有表现出对哥白尼的认可，传给梅斯特林的这本《天球运行论》既不带有原始所有者的来历，也没有读者的笔记。梅斯特林 1631 年去世后，一位名为斯特凡·斯

---

[1]　Maestlin 1586.

[2]　Maestlin 1588.

普雷斯（Stefan Spleiss）的瑞士校长将这本书与梅斯特林的其他藏书一同从图宾根带到沙夫豪森时，书页的空白处有梅斯特林添加的许多注释，数量几乎比同一时期任何其他副本都要多。

梅斯特林很早就了解到哥白尼的主要作品，这与他在正统的路德教神学院和图宾根大学（1568—1571）成为具有非凡数学天赋的文科生的经历形成了对比。1571 年，获得硕士学位一个月后，梅斯特林就发表了一版莱因霍尔德的《普鲁士星表》，这说明他迅速超越了天球与"理论"的基本要求。[1] 我们不知道他的兴趣与能力如何远远超过了正常的课程范围。我们只知道他跟随菲利普·阿皮亚努斯（1531—1589）学习过星的科学，后者是塞缪尔·艾森门格尔（赛德罗克拉底）的继任者，其父是更有名的彼得鲁斯，彼得鲁斯被天主教因戈尔施塔特大学以信奉异教为名辞退后于 1569 年来到了图宾根。[2]（阿皮亚努斯后来在图宾根也遭遇了同样的命运，作为秘密加尔文教徒而被辞退。）

我们也可以推断出梅斯特林与引起争议的诗人、剧作家、历史学家尼科迪默斯·弗里什林相交甚好。弗里什林 1568 年来到大学，同年梅斯特林开始在此学习。弗里什林写下了一首长诗，赞美 1572 年的异象是一颗新星，而梅斯特林的《天文学论证》（*Astronomical Demonstration*）则是这首诗的续篇。虽然占星诗是一种出名的文体，但这种与众不同的作品并置可能与弗里什林认识到梅斯特林具有特别的天文学能力与一丝不苟的精神有关。[3] 他们应该是在 1571—1572 年开始相识的，这个时期梅斯特林正在学习神学（他在 1573 年 1 月完成了学业），而阿皮亚努斯离开后，弗里什林负责讲授天文学课程。显然梅斯特林使弗里什林改变了原本的观点，如弗里什林在献给庇护人的前言中所述，他一直

---

[1] Dated September 5, 1571 (Zinner 1941, no. 2553). Maestlin's copy, today located at the Schweinfurt Stadtarchiv, contains a number of his own corrections and additions as well as those of its subsequent owner, the Altdorf mathematician Johannes Praetorius.

[2] For biographical details, see Betsch and Hamel 2002; Jarrell 1971, 10-44.

[3] On heavenly poetry, see Pantin 1995.

追随亚里士多德，"直到另一个学识更渊博的人教导我更真实的知识"[1]。

1577 年以后，梅斯特林承担了牧师的职责，在巴克南的教区教堂担任助祭。1580 年，他被任命为海德堡大学的数学教授。[2]1584 年，当阿皮亚努斯因被怀疑具有异教信仰而离开图宾根时，梅斯特林受命取代了他的位置，并且执教于此直到 1631 年去世。

梅斯特林在《天球运行论》页边空白处留下的丰富注释显然说明，他认可哥白尼行星秩序的中心表述早于第谷·布拉赫。有理由相信阿皮亚努斯激发了他最初的兴趣，就像后来梅斯特林对开普勒的激励；但阿皮亚努斯（在另一个副本上）的注释并不会使人认为他与自己的学生有相同的反应。[3]在宗教观点上，梅斯特林是正统而可靠的；但在天文事务上，他小心而固执地遵循了现代路线。同时，与第谷·布拉赫不同，梅斯特林对《普鲁士星表》没有持保留意见。1576 年，代替阿皮亚努斯出任讲师时，他发表了一份基于《普鲁士星表》的星历表，将斯塔迪乌斯的表格从 1577 年延伸到 1590 年。[4]人们认为这种批判性的、形成性的状况是由于他早期阅读了雷蒂库斯的《第一报告》。虽然梅斯特林受到哥白尼前言中天文学论述的强烈吸引，但那封信开头保罗三世的名字却与梅斯特林强烈的反教皇态度不符。[5]另外，当他在 1596 年发表新版《第一报告》时，他对这部作品的熟悉可能始于获得《天球运行论》的时期，不过这有待考证。

梅斯特林针对新星的寥寥几页特别参考了《天球运行论》中的多个段落，表明他很早就全面熟悉了这部作品的全部内容。最关键的是，梅斯特林认同宇

[1]　Frischlin 1573, 1-26; Maestlin's work follows on 27-32. Whatever else Frischlin may have imbibed from the young Maestlin, he did not so much as mention the name Copernicus in his poem.

[2]　This was the same year in which the physician and theologian Thomas Erastus left Heidelberg for Basel. The two shared an opposition to astrology; but it is not known whether Erastus influenced Maestlin's appointment or whether they ever met.

[3]　Apianus's copy of *De Revolutionibus* contains a few notes by Maestlin（Gingerich 2002, Stuttgart 1, 93-94）.

[4]　Maestlin 1576; reissued in 1580.

[5]　Kepler 1858-91, 1: 56-58.

宙必须足够大，从而能包容这颗新星；他从这个角度找到了解释哥白尼世界的巨大规模（quasi infinitum）的优势。他参考了哥白尼的外层天球（《天球运行论》第 1 卷第 6 章）巨大而不可知的距离，及如果一个物体附着在某个行星天球上，将会具有"变换的运动"（第 5 卷第 3 章），[1] 以及哥白尼证明的"行星天球与世界中心的确定距离"（前言；第 1 卷第 10 章）。[2] 最后一项参考之后，梅斯特林在文中公开脱离了亚里士多德天空恒定的教义。他声明这个现象不是彗星而是新星，而它出现的原因不是自然的。他认为彗星要么出现在元素区域，要么出现在恒星球中，"据哥白尼所述，恒星球是最高一层包含万物的天空，因此我们要反对亚里士多德和所有物理学家与天文学家，要声称天空从不缺少新生和破坏"[3]。我们可以认为梅斯特林的评论是为了说明上帝决定用自己的力量在天空中造成变化。梅斯特林承认，认为天空本身可变是"荒谬的"，但也必须承认宇宙足够广阔，能够包容这颗巨大的星体。

由于承载恒星的天球高度（半径）巨大，因此不能肯定太阳和地球之间的距离与之有可比性（由此证实了哥白尼，在天文学王子托勒密之后，后者在证

[1]　*Demonstration Astronomica Loci Stellae Novae*: "Quod nullo modo fieret, si Orbi alicuius Planetae Affixa esset, nam ut uidere licet 5. Lib. Coper. commutationibus motus expers non esset" (Brahe 1913-29, 3: 60) . Tycho omitted Maestlin's postils from his edition. Yet it is useful to know that references to Copernicus occur four times in the postils, so that a reader such as Frischlin could not have missed them.

[2]　Ibid., "Quoniam immensa est Altitudo Orbis stelliferi, quae quousque se extendat, non constat, ad quam, quae inter Solem at Terram est distantia, concerni nequit（ut testatur Copernicus, Astronomorum post Ptolemaeum Princeps, qui omnium Orbium Planetarum certas distantias a Centro Mundi demonstrans, in Orbe Stellato subsistit) ideoque impossibile veram huius Stellae, uel magnitudinem uel Altitud. a Centro Mundi dimetiri, certium tamen est."　In this passage, Maestlin avoided identifying the Sun with the center of the world, although without that assumption the statement makes no sense.

[3]　Ibid., "Ex dictis patet noui huius luminis apparitionem, non a naturali causa dependere, qualem sane supra enumerati plaerique reddere conati sunt, nec Cometam, sed potius Stella Nouam dicendam esse: nisi Cometas non tantum in Elementari Regione, sed etiam in Orbe stellato, qui secundum Copernicum est Coelum extremum, seipsum & omnia continens, generari posse, adeoque Coelum generationis & corruptionis, contra Aristotelem omnesque Physicos & Astronomicos, non expers esse, dicere uelimus."

明行星天球与世界中心有确定的距离时，没有考虑恒星球）。[1] 故此，这颗星体的大小和它（从恒星球）距离世界中心的高度都无法测量。虽然如此，（这颗星体的）表观尺寸一定超过了所有一等（固定）恒星，而且与地球相比无限大。[2]

梅斯特林的简短叙述说明，他早在 1573 年就接受了哥白尼关于恒星距离的论述。

但至于这次异象出现的原因，哥白尼没有解释，梅斯特林只能推测。[3] "我找不到解释，除非也许它的出现是出于超自然的原因。那么，为什么我们不能说这一切都是超自然的呢？这颗新星是由最新的时代最伟大的创造者创造出来的，它的开始和结束都是奇迹，而二者的原因都超越了人类的理解范围。"[4]

和布拉赫、哈格修斯等人一样，梅斯特林遵循"否定后件的假言推理"，也就是说，如果出现的是物体 x（彗星、行星或固定的恒星），那么它就会有确定的属性 y（尾迹、不闪烁、闪烁）。没有观察到这些属性（非 y），因此，它们不属于这些物体（非 x）。由此，将新星排除出任何已知自然物体的类别之后，他利用哥白尼的权威证明了这颗星体与地球的距离确实无法确定，并且证明了它的来源是神迹或"超自然的"。梅斯特林暗示了"在最新的时代"可能会发生各种各样的奇迹（超出人类的理解范围）。

梅斯特林将新星解释为干涉了正常自然进程的非凡神迹，这就引出了它的

---

[1] In his treatise on the comet of 1580, Maestlin again referred to this passage, using the Earth-Sun distance as a comparison reference to the insensible distance from the center of the world to the starry sphere: "Sic nollem inficiari Stellam nouam anni 1572 similiter caudatam fuisse, sed quoniam distantia eius, sicut & totius orbis stelliferi, in quo versata est, tanta fuit, ut ad eam integra Solis & terrae distantia non sentiatur, sicut Copernicus asserit, nobis certe in terris eius cauda sursum porrecta non apparuit" (Maestlin 1581, xiiii) .

[2] Brahe 19013-29, 3: 60.

[3] He appears to assume here something like Descarter's scholastic premise that the cause of a being must have at least as much perfection as the being itself.

[4] Brahe 1913-29, 3: 60.

预示的问题。圣经中预测到它的出现了吗？如果梅斯特林早在当时就了解了《第一报告》，他为什么没有将以利亚的预言与新星或者太阳偏心轨道的运行联系起来？在他后来批判格里高利历法改革的作品中也许能找到答案，与维滕堡人雷蒂库斯、梅兰希顿、比克、卢瑟等人相比，他对这一预言的权威性持谨慎态度。对梅斯特林来说，圣经先于以利亚的预言，正如圣经权威对于末日接近的解说排除了任何"错误历法"的必要。[1] 甚至到 1596 年，梅斯特林对《第一报告》的评论中也没有对以利亚的段落做出特别注释。[2] 因此，虽然梅斯特林与同时期的路德教信徒共同信仰圣经中关于世界末日的预言，但他不愿公开将这些预言与新星的出现联系在一起。[3] 新星的意义只能留给弗里什林去解释。

梅斯特林对占星学的犹豫

梅斯特林在赋予新星特殊预言意义方面的谨慎反映了他对占星主题一贯的慎重，对于这个时期的路德教天文从业者来说，这是很独特的。考虑到梅斯特林将论述限制在新星的天文坐标，而不像布拉赫、哈格修斯和科尼利厄斯·赫马一样涉及占星判断，更难确定的是，这种谨慎是基于他的保守性格，还是与政治环境有关。在后来关于 1577—1578 年和 1580 年彗星的著作中，他对这些现象的含义做出推测，但同时也明显表现出不愿意做占星学解读的态度。在 1578 年关于

[1] "Jar nach der zeit Messiae stehn soll / dann an den letzten zweytausent Jaren sind nu nit vil mehr uber 400 jar uberig. Es komme nun diser Spruch von Elia oder nicht / dann in Heyliger Schrifft wird er nicht gefunden: so ists doch gewiss / dass wir von der Welt end nit ferrn sind. Alle Propheceynungen der Schrifft lauffen aus. Paulus 2. Thess. 2. wil ein weit zil stecken / den Thessalonichern damit die Gedancken zunemmen." (Maestlin 1583, 37; cf. Barners 1988, 113) .

[2] Kepler 1937-: 93, ll. 12 ff.

[3] Brahe 1913-29, 3: 62: "Quid vero Nova haec Stella portendat, aliis disputandum relinquemus; nobis autem tantum illa, quare Astronomus Veritatis amans, de ea pronunciaret, conscribere placuit" ; Granada 1997b, 415. Granada has recently found evidence that Maestlin initially included eschatological sentiments in his treatise but suppressed them in the published version (2007b, 109)

彗星的著作中，他通过向符腾堡公爵的献词确定了自己作品的限定性：

我在此承认，我一般不会满足我的读者的期待；虽然我整理了天文学家对彗星的评论，我记录的推测并不是基于占星学的，而是来源于其他学科的。但是，我希望自己可以因此得到原谅。因为，虽然我熟悉抽象数学和具体的数学，但对于具象的（数学），我忠实地坚守天文学，而不是占星学思考。

虽然如此，他的担忧之一是运动星表的可靠性。许多学者的争吵是关于数字的；梅斯特林希望能够通过整理古人（希帕克斯、托勒密、阿尔巴塔尼）和现代人（雷吉奥蒙塔努斯、普尔巴赫、哥白尼）的观察，重建星表的“绝对完整性”。他再一次强调，“我一直都更喜欢天文学而不是占星学。因此我不希望也不能做出占星学判断，但我会让给别人做判断，我认为很多人很聪明，能够大胆地预言（因为这很简单）。所以，由于以上原因，应该在天文学的框架下研究彗星，从而以多种方式领会伟大上帝的智慧与万能”[1]。

[1] Maestlin 1578, fol. A4r-v: Veruntamen mihi hîc confitendum est, me multorum expectationi, in quorum manus hac mea incident, non omnino satisfecisse: nam licet quae Astronomus de hoc Cometa dicere potest, compilauerim, quae tamen is portendat, ego coniecturas tantùm, non ex Astrologiae fontibus promanantes, sed aliunde deriuatas, notaui. Spero autem, me eius rei causam venia non indignam afferre. Etsi enim hactenus Mathematicam abstractam & concretam mihi nonnihil familiarem fecerim, in concreata tamen, cui motuum coelestium considerationes subiacent, ego Astronomiae potius, quàm Astrologiae incubui. Cùm enim ex multiplicibus aliorum eruditorum virorum querelis, & etiam proprijs experimentis intellexissem, in motuum tabulis & calculo aliquid desiderari, quanquam motuum rationes siue hypotheses ab Artificum diuina solertia probè inuentae & demonstratae sint, quòd ipse calculus tamen faciem coeli nonnihil vel excedat, vel ab eo deficiat: Ideo illi me dedere coepi, ut obseruationes in coelo complures ego ipse notarem si forsan ex earum collatione cum antiquissimorum Hipparchi, Ptolemaei, Albategni, & recentiorum Regiomontani, Peurbachij, Copernici & aliorum obseruationbus, possem breui（si modo Deus vitam & vires mihi largiatur）calculum ad absolutam & diu expectatim integritatem reducere. Hinc factum est, ut Astronomiam Astrologiae perpetuò praeposuerim. Quare iudicium Astrologicum mihi hîc arrogare nec possum nec volo, sed id alijs relinquo, quorum multos video admodum esse solicitos, ut audacter（siquidem hoc facile est）diuinent. Hanc igitur ob causam quatenus Astronomicae scientiae Cometa subditur, à me explicatus est, ut Dei Opt. Max. sapientia & omnipotentia hîc, ut & in alijs, conspiciatur.

这些段落表现出个人的而不是基础的目的。其他一致的证据加强了他在投入占星学解释方面缺少自信的印象。例如，在理查德·贾雷尔（Richard Jarrell）找到的一封未标注日期的信中，梅斯特林回复了为孩子占卜星命盘的请求："我无法写下所要求的占星意见，也不具有这样的技能，因为我公开与私下里都（对其）表示过抗议……我从未从事过占星学。"[1] 另外，梅斯特林在 1580 年 4 月还为一些著作授予了出版特权。这项重要的记录中既没有提出占星预言，也没有占星理论。

天文学纲要。对天球学说或者天文学中关于初动的第一部分更加丰富的解释或评论。行星理论，或者对于天文学第二部分的评论。清晰、通用的算法。关于平面与球面三角形最完整的学说。对克莱奥迈季斯的评论。同样，对狄奥多修（Theodosius）天球著作中主张的学术评论与证明。可以通过太阳或星体的影子或高度调查白天或晚上的多种农日晷与新的悬挂式仪器。同样，其他可以用于观察天文现象或（测量）平面与立体几何尺寸的仪器。模仿托勒密的《天文学大成》与尼古拉·哥白尼的《天球运行论》的天体运行理论。这些新的运行论中模仿《阿方索星表》与《普鲁士星表》的天体运动星表。同样，模仿比安基尼的分解星表。以及根据这些新的星表计算出的星历。[2]

---

[1]　Wurttemburgische Landesbibliothek Stuttgart, 4°15b no. 55; quoted and trans. in Jarrell 1971, 139.

[2]　Maestlin 1580, fols. : 2-2v: Compendium Astronomia. Explicationem uberiorem, siue commentarium in doctrinam sphaericam, seu priorem Astronomiae partem, de primo motu. Thesrias Planetarum, siue commentarium in alteram Astronomiae partem. Arithmeticam vulgarem, perspicuam. Doctrinam Triangulorum planorum et Sphaericorum absolutissimam. Commentarium in Cleomedem. Commentarium item eruditum, et demonstrationes propositionum Theodosij librorum de Sphaera. Varia scioterica et suspensilia noua, quibus per umbram Solis, vel altitudinem eius, aut stellarum, hora diurna vel nocturna inuestigatur: Item alia instrumenta, ad obseruationes Phaenomenon coelestium, et ad dimensiones planimetricas et stereometricas utilia. Reuolutiones orbium coelestium, ad imitationnem Almagesti Ptolemaei, et Reuolutionum Nicolai Copernici. Tabulas motuum orbium coelestium, ex istis Reuolutionibus nouis derkuatas, ad imitationem Tabularum Alphonsinarum et Prutenicarum. Tabulas item resolutas, ad imitationem Tabularum Blanchni［sic］. Nec non Ephemerides nouas, ex nouis his Tabulis computatas.

263

梅斯特林提出的出版物日程实质上更新了之前莱因霍尔德《普鲁士星表》中的日程，显然梅斯特林从自己手中的版本对后者有所了解。但梅斯特林的星历中没有体现出利奥维提乌斯和马基尼的星历对占星学的全面论述。不仅如此，虽然希罗尼穆斯·沃尔夫对献词提供了证明，但他没有提到这颗星体的影响。[1] 同样，梅斯特林及其清晰而全面的天文学教科书也丝毫没有关注占星理论或实践。[2] 最后，直到 1619 年（开普勒提出自己的占星学改革之后很久），梅斯特林反对占星判断的立场丝毫也没有让步。[3]

对从事实践占星学的抗拒似乎取决于进一步的区分——对已经预测到（食，合）与没有预测到（彗星，新星）的事件的含义做出判断。梅斯特林可以轻易接纳对没有预测到的天文事件进行解读，因为从神学上来讲，这些都是上帝的特殊行为，是上帝在使用其绝对权力对人类传递（爱或愤怒）信息。这种有趣的立场符合图宾根的神学观点。例如，梅斯特林的神学教授之一、雅各布·赫尔布兰（Jacob Heerbrand，1512—1600），对 1577 年的彗星进行的布道有力而令人恐惧，他认为这是上帝直接而不可预见的行为的结果，是要求人类悔改的惩罚信号。[4] 赫尔布兰曾经是梅兰希顿的学生，但在占星学观点上并不是完全的梅兰希顿派，他认为可以通过"自然之书"了解神的意志。但是，虽然赫尔布兰证实了数学是解读自然之书的有效工具，但他没有明确说明如何使用。例如，它并不能得出如下结论——可以通过视察测量得到天体的距离，或者彗星

---

[1]　See Wolf in Leovitius 1556-57, fols. y5v-z4v; Wolf（in Maestlin 1580），refers to the ephemerides of both Leovitius and Stadius（1560）.

[2]　Maestlin 1597.

[3]　The occasion was the appearance of a comet in 1618. Maestlin to Johann Faulhaber, January 18, 1619, MSS, University of Tübingen, Mi Ⅻ. 27b: "I am not an astrologer"（quoted by Jarrell 1971, 176）

[4]　See Methuen 1999, 105.

在十二宫中的"诞生位置"需要占星学判断；赫尔布兰没有试图提供这些内容。[1]

如果可以将末世论先知与占星预言相联系（正如 1488 年约翰内斯·利希滕贝格著名的做法），那么这种联系绝不是必然的。图宾根对两者的分离显然是在梅斯特林到来之前。雅各布·安德里埃（Jacob Andreae，1528—1590）在一次布道中明确拒绝了占星预言，他是大学校长兼资深神学教授，于 1567 年发表了反对占星预言的宣讲。神学再次与皮科的论点联合：预言细节的不确定性与上帝预知的绝对优先。人类的好奇心驱动人们向往通过"年度惯例"对未来的天气和疾病进行预测，但为了平息这些渴望，安德里埃引用了先知耶利米的话："不要畏惧天上的征兆。"[2]

因此，梅斯特林对于实践占星学的犹豫似乎与权威安德里埃有原则的怀疑非常一致，虽然他们的动机都不是怀疑主义。另外，梅斯特林肯定非常熟悉一流权威与皮科派或新皮科派怀疑性的异议。

其中许多意见在尼科迪默斯·弗里什林加入 1586 年天文学教材的一篇辩论文中有所提及，梅斯特林熟知这篇文章。[3] 弗里什林的权威名单罗列了 16 世纪

---

264

[1]　For Heerbrand, see Hübner 1975; Methuen 1998, 132-37; Hellman 1944, 262-65.

[2]　Andreae 1567, fol. Aa iiir: "Das es aber nach solchem mutinassen allwegen und zu aller zeit gewisslich und nicht anderst geschehen solt / wann gleich des Himmels Lauff getroffen / und umb ein Minuten die Rechnung nicht fehlete / das würdt kein verstendiger Mathematicus / noch vil weniger ein Christ sagen / wie ich dann von dem berhümtesten Mathematico（so meines wissens auff disen Tag in Teutschland lebet）dergleichen vil und offt gehört / welcher die Weissagungen / so auss des Himmels Lauff gemacht / da sie auff besondere Personen und Landschafften gezogen / vergleicht einem / der mit Würffel spilet / da gantz ungewiss ist / ob er alls Sei / oder alle Es werffen werde." See also fol. Aa iiir-v and Methuem 1996, 125-29.

[3]　Frischlin's work was based on astronomical lectures delivered between 1569 and 1572 while the regular lecturer, Philip Apianus, was away. See Hofmann 1982, 247 n. 58.

七八十年代在图宾根流传的作品。[1] 他求助于路德与加尔文，同时对梅兰希顿不置一词，这显然表明了图宾根的反梅兰希顿趋势。[2] 当公爵请梅斯特林就弗里什林的作品提出正式观点时，梅斯特林谨慎地克制自己发起反对论战：他在报告中没有提到弗里什林对占星学的抨击，但是通过对弗里什林的数学能力表示怀疑而巧妙地暗中削弱了这本书的影响力。[3]

梅斯特林的修饰以及对抨击占星学基础的迟疑，使他能够抱有对占星学理论做出调整的希望。10 多年后，当开普勒在格拉茨被要求发表年度预言时，梅斯特林反对开普勒将关于理论占星学的论述引入 1598 年的预言："我认为（这件事）可以保留到其他论述中，只与有学识的人进行辩论……（而不是与）乡下的土包子和傻子……一次预言只会持续一年，而另一种写作是永久的，对这件

---

[1]　Frischlin 1601, 420-21:

Anyone who dares to adduce proofs against the astrologers from among those about whom we have spoken or reckoned thus far, let him read the Sacred Bible, Basil, Chrysostum, Nazianzus, Theodoretus, Augustine, Ambrose, Lactantius, Eusebius, Girolamo Savonarola; from the ancient philosophers ［let him read］ Plato, Aristotle, Hippocrates, Galen, Celsus; from the moderns, Celius Rhodingus, Pico Mirandola, Angelo Polzizno, Luis Vives, Mainardi, Fuchs, Valleriola, Lang, Schegck, Thomas Erastus, each one cited by me in places; and also in books written publicly against the vanity of astrologers. Luther also taught that the astrological art is diabolical, and Calvin published a singular book against the same thing. No one can object to me, therefore, either on the basis of how long astrology has endured or on the ［universal］ consent of men.

[2]　Earlier in his treatise he even felt it necessary to defend himself against the charge that he had endorsed Melanchthon's ethical, logical, grammatical, and physical writings. Ibid., fol. 5: "Quasi verò Tubingenses non iamdudum, Melanthonis utramque Grammaticam, cum Rhetorica et Dialectica ex Academia sua eiecerint: aut quasi ullus ibi reperiatur artium Studiosus, qui initia doctrinae Physicae atq; Ethicae, conscripta à Philippo in manibus habeat: aut quasi non iam olim Philippus cum suis locis communibus et toto corpore doctrinaeà à Tubingensibus, publico concilio, sit ad orcum damnatus. Et tamen isti homines affirmare audent, non sordere ipsis Philippi scripta. Sed quia de hac re exit ima peculiarisàme Dialogus, in quo mea demonstratur innocentia, & noxa aduersariorum, iccirco pluribus por me dicendis nunc supersedeo."

[3]　"Hic itaque Frischlini liber... deprehenditur habere Methodum quidem talem, quae cum modo tradendarum scientiarum non admodum congruit: Res autem quae negocio haud sufficienter satisfaciunt. Plaeraque enim ibi compraehensa a rectitudine non leuiter recedunt: multa item satis intricatè et imperfectè traduntur. Ex quibus non obscurè colligitur, Autorem scientiae Mathematicae esse oblitum." (Hauptstaatsarchiv Stuttgart: Maestlin 1586; see also Methuen 1998, 101-6, 129-32).

事的处理也更加适宜。"[1]梅斯特林担心的不是开普勒的推理,他显然支持开普勒,他担心的是应该以适当的体裁,与合适的读者进行讨论。同时,梅斯特林已出版的作品中对占星学的沉默态度使得克里斯托弗·克拉维乌斯在反对历法方面也采取了相似的立场。不论他们有哪些差异,梅斯特林和克拉维乌斯都根据《圣经》段落证明天文学研究的正当性,认可对天空的思考是独立的神圣活动。

推理的实践

梅斯特林对哥白尼的注释

新星宣传册中的"哥白尼学说"段落说明,《天球运行论》第 1 卷与第 5 卷中的假设是如何首次被借用来施加于独立而不可预见的事件:适应一个新的月下物体。这个例子显示了在"上"和"下"的含义彻底改变的宇宙中,亚里士多德假说(宇宙中的万物都有专有的位置)如何依然适用;此外,它还说明 16 世纪的天文学家广泛倾向于避免整体采用哥白尼的理论。另外,梅斯特林没有利用这个机会以雷蒂库斯的方式展示自己的信徒身份,也没有坚持对日心行星秩序的必要性进行更加广泛的证明。他对 1577 年的彗星的论述也是如此,他声称在金星环日天球中找到了这颗有胡须的星体的"位置",这是第一次有人使用哥白尼的天平动机制来解释彗星高度的剧烈变化。[2] 最终这种有限的立场表现出了脆弱性。第谷·布拉赫后来批判他的论点基于未证明的前提:梅斯特林无法说服他人相信土星天球与外层天球之间的间距如此之大,除非他先证明太阳是静止的,而地球绕着太阳旋转。[3]

---

[1]　Maestlin to Kepler, May 2, 1598, no. 97, Kepler 1937-, 13: 210.

[2]　See Westman 1972; Hellman 1944, 137-59.

[3]　Brahe 1913-29, 3: 62, ll. 39-45; 63, ll. 1-15.

但是，梅斯特林对《天球运行论》中与这些论点相对应段落的注释表明，他私下的观点比公开拥护的观点更加坚定。这些笔迹具有一定的连贯性。哥白尼在前言中提出了关键主张：行星次序无法随意改变；梅斯特林在此草草写下了如下评论："这个论点完全合理。这就是整个巨大机器的配置，有待进一步证明；整个宇宙的确以这种方式运行，一旦产生变化，就会使其（零件）产生混乱，因此，借助这些（更加可靠的证明），就可以非常精确地证明所有运动现象，因为它们向前运动的轨迹中不会出现不适当的情况。"[1] 这段话预示了梅斯特林在接下来的笔记中对哥白尼的论述，并且说明他的注释比赫马·弗里修斯和奥弗修斯的更令人满意。这段评论还表现出他的注释所具有的许多典型特征。

这些注释模仿、阐明、详述并间或重复了哥白尼的用语：梅斯特林通常不会替换哥白尼的推理，而是会加入自己的判断。如此大量的注释和偶尔使用的第一人称单数形式，说明他想要出版一个新的评注版本，也许比他所收藏的《第一报告》还要有野心。有时，他会加入一段有启发作用的评论，作为前一段话结尾的插入语："关于天文学，哥白尼作为天文学家而不是物理学家撰写了整本书。"哥白尼更像是几何学家而不是自然哲学家：他构建论据的方式更接近托勒密而不是亚里士多德。他利用几何学、光学与观察结果证明自己的结论，而不是寻求亚里士多德的结论、材料与直接原因。但梅斯特林不认为天文学家不可以接触物理命题。

注释还说明，梅斯特林认为天文学能够对世界提出正确的主张。其中的一个迹象就是明确反对奥西安德尔的立场。梅斯特林在直接从阿皮亚努斯那里了解到作者的真实身份之前，就已经持强烈的反对意见了：

---

[1] "Rationi omnino consentaneum est. Talem esse constitutionem machinae totius immensis, quod firmiores admittit demonstrationes: quod ita totum universum conuertit, ut nihil sine istius confusione transponi possit: per quas omnia motuum phaenomena exactisime demonstrari possunt: et in quod nullum in progressu occurit inconueniens." (Gingerich 2002, Schaffhausen, 219-27［1543, fol. iiij]）

这篇序言是某人强加上去的，不论他是谁（的确，用词与单薄的文风说明不是出自哥白尼笔下）……不论他的观点如何，任何求新的人第一眼看上去就不会赞同这些（假设），而初读之后再读，之后就会作出判断。从此以后，果真（如果有人接受了这封信），那么证据就无法反驳。至于这封信的作者，不论他是谁，虽然他想要唆使读者，他既不是大胆地抛弃这些假说，也不是表示赞同，而是在本该保持沉默时鲁莽地浪费口舌。破坏基础并不能巩固一个学科。因此，除非这个人更好地捍卫它（哥白尼的假说），否则他是白费工夫，因为他的含义与推理都很薄弱。所以，我无法认同这封信中愚蠢而混乱的内容，更无法为其辩护。[1]

但天文学应该怎样寻找真相呢？梅斯特林反对"序言"的作者，热情地赞同哥白尼的基本论点，认为"对称性"是假设地球周年运动的结果。对他来说，这个论点可以作为示例证明真理始终可以自证："这绝对是最伟大的论点。"他注解道，"所有现象以及天球的次序和距离都在地球的运动中联系在一起"[2]。在对页空白处的精彩评论中，他写下了对哥白尼推理地球运动的注释以及自己接受这一学说的理由：

受到他的论证的感染，我赞同哥白尼的观点和假说，我认为很多人也会接受这个观点，只要不惧怕推翻长时间以来地球静止的假说会给他人带来不悦，正

---

[1] Gingerich 2002, fol. 1v. At the top of fol. ij r, Maestlin wrote that he had learned of Osiander's identity from a letter in a book that he had purchased from the widow of his old teacher, Phillip Apianus (d. 1589). Many years later, in 1613, Maestlin told Kepler that Apianus's widow, "as a result of certain occult insinuations (undeserved and against me), sold every copy that had survived and allowed me to inspect what books that remained" (Kepler 1937-, 13: 58).

[2] "Magnum [est] certe argumentum omnia tam phenomena, quam ordinem et magnitudem orbium, in terra mobilitatem conspirare" (Copernicus [Schaffhausen] 1543, fol. iiij r).

如（伊拉兹马斯）奥斯瓦尔德·施赖肯法赫斯在评述《天球运行论》的著作中所提出的。[1] 现在哥白尼并没有胡闹，他不像某些熟练的大师一样炫耀自己，而是决定重建几乎已被破坏的运动，为此他认为具有内部一致性的假说（hypotheses conuenientibus）是必要的。但是，由于他在证明时发现整理一般的假说是不够的，大部分证明都失败了，而且发现了许多荒谬之处，最终他认可了同样的地球运动观点，因为的确，它不仅充分满足现象，而且没有在天文学中引入不合理之处，而是（得到了）符合逻辑的结论。

事实上，如果有人清理了一般的假设从而使它们符合现象并且不容矛盾，那么，我当然会认真对待这样的人，而且他显然会说服其他大多数人。但事实上我看到有些在数学领域非常杰出的人研究过这些（假说），但最后没有成功。因此，在我看来，除非改革惯用的假说（对此我还没有做好充分的准备，因为我性格鲁莽），否则我要赞成（approbabo）哥白尼的假说，他是托勒密之后所有天文家中的佼佼者。[2]

梅斯特林显然理解了这段话中哥白尼的本意，这是一段辩证的论证，对读者的主张进行了比较性的权衡取舍。总的思想是应该选择一致性较多而错误较少的一方。

他展示了具有两种可能假设的情况，二者都属于天文学范畴："惯用的"假设和新的假设。一边具有（不详尽的）观察错误与不一致性，另一边具有逻辑一致性而没有（提到）不相容性。这种明显的不平衡更倾向于哥白尼的主张。

266

---

[1]　Schreckenfuchs 1569, 36: "Caeterum cùm mobilitas terrae uarie disputari potest, ut uidere est apud Nicolaum Copernicum, virum incomparabilis ingenij, quem meritò possem dicere mundi miraculum, ni uererer quosdam uiros, ueterum philosophorum sanctionum tenacissmos, & non immeritò, offendi. Et ne in re dubia multa adducam argumenta, quae longissima egeant explicatione, de hac re in Commentarijs nostris in Copernicum, si fata sinent, prolixius et manifestiùs dicemus."

[2]　Copernicus (Schaffhausen) 1543, fol. iiij: for full Latin text, see Westman 1975d, 62-63.

但当梅斯特林在16世纪70年代早期写下注释时，他在这种辩证标准的使用上遇到了很大问题：他无法向更大的群体表达，从而支持自己的判断。他无法使用与过去20年的星座解读者卡尔达诺、加尔克乌斯和高里科相似的诱导支持者的方法。前言中哥白尼以贺拉斯美学标准为基础的、开头与结尾相呼应的语言，在教皇权威与天文改革之间建立的联系，显然没有在他心中唤起任何积极的道德形象。[1] 对于路德教徒梅斯特林，天文学的首要原则当然不能以教皇权威为基础！

梅斯特林没有意识到《天球运行论》中表现出的哥白尼的知识理想与当地政治的关联。事实上，关于这部作品出版时的政治环境，梅斯特林只知道有人附加了一封无礼的（匿名）信件，差一点消除了这本书最有说服力的前提。因此，雷蒂库斯对日心秩序的表述更加恰当，因为它没有直接面对教皇；而且，这本书相对简短，这也解释了为什么梅斯特林后来决定连同开普勒的《宇宙的奥秘》（*Mysterium Cosmographicum*）一起发表一个新版本。

16世纪70年代早期是关键时期，当时将哥白尼的秩序作为真实世界的主张可能没有得到任何拥护。除了梅斯特林和雷蒂库斯，还有谁的核心论点支持《天球运行论》的作者呢？没有任何一个解读者表示自己是支持者。相反，学校天文文献手册的"传统路径"主张反对地球运动的假说，并且仅靠频繁的重复来增强其权威性。至多在赫马·弗里修斯为安特卫普所制的星历表所附信件中有一些赞成的评论。

在这种情况下，梅斯特林在关键注释中只能略微提及有人似乎对另一种假说持有和他一样的态度。这就是他为什么短暂地提及《天球运行论》的评论者伊拉兹马斯·奥斯瓦尔德·施赖肯法赫斯，和他一样，施赖肯法赫斯也是作品

---

[1] Although Maestlin did not directly annotate the "symmetria" passage, he gave a full citation from the *Ars Poetica* opposite the sentence where Copernicus says how long it took him to complete his work. This annotation shows that he was completely familiar with Horace.

丰富的德国（弗莱堡）大学数学教师，非常赞赏哥白尼假说，甚至在对地心说的评论中插入了一小段引文。施赖肯法赫斯提到他自己写过"对哥白尼的评论"，其中的论述"更加完整也更加清晰"。但是施赖肯法赫斯说他"恐怕某些古代哲学家的顽固崇拜者会受到冒犯"（这段评论对梅斯特林具有关键价值）。[1] 他的含义很明确。即使哥白尼的论证很有说服力，打破传统还是会引来危险的批判，可能会挑起政治"不悦"与抵制。由于梅斯特林本人完全明了这种抵制，这段评论完全可以理解为一种自我参照。因此，重要的是将评论限制在天文学框架内，并且在表达确信哥白尼的秩序时谨小慎微。

总的来说，梅斯特林之所以认同哥白尼假说，不是由于哥白尼的个人权威、对教皇的献词，或是奥西安德尔的自白姿态。的确，根据从注释中推断出的信息，梅斯特林似乎将哥白尼的辩证认知思想及相关的论证形式与其发表时存在争议的政治环境割裂了。

同时，另一个标准也在实施：梅斯特林将哥白尼的原则解读为，真理乃是一个适当的标准，它能够提供一个契机使前提与论证结论都为真。这种认知理想往往表现为梅斯特林的一句格言，它在他的注释与他所出版的作品中都出现过："苏格拉底是朋友；柏拉图是朋友；但真理是更好的朋友。"（"*Amicus Socrates*，*amicus Plato*，*sed megis amicum veritas.*"）[2]

但这位从业中的天文学家应该怎样解读这句格言的逻辑呢？当我们只能根据可见的现象和影响举一反三，如何判断一个论点的前提是正确的呢？如安德列·戈杜所述，哥白尼在写给教皇的前言中主要依赖一种典型逻辑，但缺乏必然的确定性："如果他们（古人）提出的假说不是错的，那么由这些假说推断的

---

[1] See Schreckenfuchs 1569, 36.

[2] Copernicus（Schaffhausen）1543, fol. iiv.

一切论述都可以毫无疑问地得到证实。"[1] 早期《天球运行论》的注解者忽略了这一小段话，但梅斯特林赞许地注释道：

真理与真理相符，真理只能推断出真理。如果在推理过程中，根据所接受的观点或假说得到了错误或不可能的结果，那么假说一定存在错误。因此，如果地球不动的假说是真的，那么据此推断出的结论也是真的。但是在（传统）天文学中，推断出了大量前后矛盾的结论与谬论——在天体秩序与行星运动方面都有。因此，假说本身一定有错误。至少问题出现在太阳相对于回归年长度的运动；同样，还有三个外行星的运动；但首先是金星与固定恒星天球的问题。[2]

在这段发人深省但依然具有局限性的注释中，梅斯特林没有继续详细论述前面提到的天文学困难，或者如何将它们视作只有一个系统才能解决的关键问题。同样，梅斯特林也没有在意错误前提可能推断出正确结论的逻辑可能性，这也时克拉维乌斯在1581版《〈天球论〉评注》中提出的反对意见。[3] 他还排除了非天文学的条件，包括维滕堡教科书中普遍的异议：哥白尼学说的确包含（自

[1] André Goddu opens a new perspective by suggesting that Copernicus had in mind here a criterion of relevance that he could have learned at Krakow from Peter of Spain's topical logic: "If hypotheses must be relevant to the observations, then we must be able to see how all of the observations follow from the hypotheses and in that sense are confirmed beyond a doubt" (see Goddu 1996, 51; Goddu 2010, 285-300; 321-3), Goddu also identifies a statement in Aristotle's *Nicomachean Ethics* (bk. 1, ch. 8, 1096b11-12) that Copernicus could have known: "With a true view all the data harmonize, but with a false one the facts soon clash" (Goddu 2010, 390).

[2] Copernicus (Schaffhausen copy) 1543, fol. iiv: "Verum vero consonat et ex vero non nisi verum sequitur. Et si in processu ex dogmate vel hypothesibus aliquod falsum et impossibile sequitur, necesse est in hypothesibus latere vitium. Si ergo hypothesis de terrae immodilitate vera esset, vera etiam essent quae inde sequuntur. At sequuntur in Astronomia plurima inconvenientia et absurda tam orbium constitutionis quam orbium motus planetae. Ergo in ipsa hypothesi vitium erit. Minor patet in motu Solis: in anni tropici magnitudine; item trium superiorum planetarum motu; maxime autem Venere et orbe stellato." Here and in n. 51, I accept the critical improvements made by Alain Segonds to my original transcription and translation (Kepler 1984, 261-62; cf. Westman 1975d, 60).

[3] This objection fails to appear in other *Sphere* commentaries, including that of so sophisticated a commentator as Schreckenfuchs.

然哲学方面的）"谬论"与（解释《圣经》某些段落上的）"不相容"；他也没有提到 1588 年第谷·布拉赫鼓吹的天文学"错误"（土星天球与外层天球之间巨大的闲置空间）。确实，后面这些典故的缺失有力地证明了我的观点：这些注释是在 16 世纪 70 年代撰写的。

当梅斯特林说哥白尼"作为天文学家而不是物理学家"撰写了《天球运行论》时，我认为他的观点是自我参照的。对梅斯特林来说，建立天文学理论的时候，必须根据文本本身的解释解读《天球运行论》，而坚决不能掺杂任何传统天文理论之外的解释。[1]事实上，他举出的哥白尼优势的示例所涉及的主张都是关于运动的规则性与不规则性，用他的话来说，就是具有"数学的"特征。例如，在《天球运行论》第 5 卷第 3 章（"针对地球运动明显偏差的综合示范"），哥白尼说明了使地球运动可以消除太阳的平均运动对内行星模型的干扰，梅斯特林在此注释："再次论证了地球的运动。假设地球不动，如果完全不顾所谓的（每日）循环，太阳、金星与水星的天球是不同的。它们相邻但并不连续。它们不仅依照相同的平均运动，而且其他地方没有两个或更多行星具有相同平均运动的情况。如文中所示，（这些天球）真正的循环很好地符合了地球运动的假说。"[2]在下一页，梅斯特林文雅地注解了哥白尼对普尔巴赫难题的说明："因此，就三个外行星来说，这种被古人称为本轮的运动只不过是地球的速度超过了行星的速度，或就

---

[1] This is close to the notion of Gérard Genette's paratext, as applied by Fernand Hallyn to Oresme and Buridan (Hallyn 199061)．

[2] Copernicus (Schaffhausen) 1543, fol. 141r: "Aliud argumentum quod terrae mobilitatem confirmat. In hypothesi de terrae immobilitate, planè adsque revolutione dicitur, orbes Solis, Veneris et Mercurii, qui sunt à se inuicem distincti, sunt contigui, non continui: uno et eodem motu medio cieri, cum tamen nunquam alias usu veniat ut duorum vel plurium planetarum orbes unum medium motum habeant. Huius vera revolutio egregiè patet in hypothesi de mobilitate terrae, ut videre est in textu."

两个内行星而言，它们的速度超过了地球。"[1]

对梅斯特林来说，真理就是所谓"属内的"或学科内的特征。在他从事的自然哲学范围内，他密切关注托勒密与哥白尼主要作品中的标准的实践，其中物理命题对于支持天文学实践起到了有限的辅助作用。

作为评论者，他自由地评价他们的物理推断，偶尔添加或替换一些自己的观点。[2]梅斯特林拒绝参与新的物理推理实践，这种观点后来表现为对他的得意门生通过动因随意猜测的行为做出家长式的指责。[3]更准确地说，如第11章所示，这种不寻常的理论活动（包括整理一种新的措辞）是开普勒与梅斯特林及其同代人决裂的重要方式之一。

托马斯·迪格斯

绅士、数学从业者、柏拉图主义者、哥白尼学说支持者

梅斯特林出版了朴实无华的《天文学论证》，利用哥白尼《天球运行论》中的内容论证新星的位置，同年，托马斯·迪格斯（1546—1595）针对这个新现象出版了一部风格典雅而篇幅更长的作品。他为标题的第一部分赋予了一段不断上升的柏拉图式比喻："数学的羽翼或阶梯，可见天空的至为遥远的剧场借此高升，用前所未闻的新方法探索所有行星的轨迹"（*Mathematical Wings or Ladders，by which the Remotest Theaters of the Visible Heavens are Ascended and All*

---

[1] "Est ergo motus quem prisci epicycli dixerunt, nihil aliud, quam differentia, qua terra motum planetae velocitate superat, ut in 3 superioribus, vel quaterra velocitate superatur, un in duobus inferioribus. Et hic motus Copernico commutationis dicitur" (Copernious 1543) These passages incidentally help to date the annotations to the period 1570-73, as Maestlin had referred to *De Revolutionibus*, bk. 5, chap. 3 in his nova tract.

[2] See Westman 1975c, 332-33.

[3] Maestlin to Kepler, March 9, 1597, Kepler 1937-, 13: 111.

Planetary Paths are Explored by New and Unheard of Methods）。他的出版身份（"肯特的托马斯·迪格斯，血统高贵的作者"）优先强调了他的阶级地位。[1] 它谦虚地展示了迪格斯来自古老的肯特家族。的确，我们从其他来源可知，这是坎特伯雷附近历史悠久的家族，与当地大多数显要家庭有婚姻与友谊关系，包括西德尼家族、萨克维尔家族、怀亚特家族、布鲁克斯家族、克林顿家族、菲诺家族等。[2] "羽翼或阶梯"之后是迪格斯家族纹章的雕版图像，占了整整一页，在视觉上凸显了作者的社会地位，展示出他高贵的出身与根据柏拉图精神通过数学思考获得的智慧之间的联系。通过视差计算，智力在空中翱翔，超越了平凡人类被感官束缚的世界，上升到难以想象的高度进入了"纯以太"：迪格斯暗指有些作者的数学羽翼像伊卡洛斯的一样，在月下区域就融化了。[3] 因此，标题继续延伸："这颗奇特星体的迢遥距离、庞大体量，这北方世界出人意料使人颤抖的火焰，希望立刻找到它令人惊叹的位置，以便至为清晰地了解与展示上帝惊心动魄的存在"（*the Immense Distance and Magnitude of this Portentous Star，this Unexpected Tremulous Fire in the Northern World，and forthwith its Awe-Inspiring Place，may be found；and so may God's Astonishing and Frightening Presence be displayed and known most clearly*）。

托马斯·迪格斯的父亲伦纳德（1520—1563？），除了撰写多部实践数学论著之外，还在政治上受到争议：他曾在怀亚特的反叛中担任指挥，并且被玛丽

---

[1]　T. Digges 1573. Cf. "Praefatio authoris"："Thomas Digges, a Learned Man, to Ingenious Seekers of Heavenly and Astronomical Wisdom."

[2]　Johnson 1952.

[3]　T. Digges 1573, fol. A 2v: "Licet etenim alij de Parallaxibus Pheonomenon scripsere, fuerunt tamen（ut veritatem eloqui non pertimescam）demonstrationes eorum omnes vere Dedalicae Alae, quibus aut infima haec sublunari Regione volitare cogerentur, aut si altius contenderent cum Icaro in errorum pelagus liquefactis pennis praecipites agi necesse fuerit."

女王宣告犯有叛国罪。[1] 幸运的是伊丽莎白统治时仅对他施以罚款并予以赦免，家族的财产得以恢复。[2] 他与约翰·迪伊是同龄人，后者也是托马斯·迪格斯的权威榜样。但与丹麦绅士第谷·布拉赫不同，托马斯·迪格斯从事数学研究并没有受到阶级约束。他在父亲死后忠实地出版了父亲的多部作品，为了使著作者的血统永存，他还在父亲最初的文本中添加了理论证明与自己的构想。和雷蒂库斯一样，"追随父亲"的谦恭话语与展示独立和差异并存。柏拉图就是儿子借以标示自身差异的第一种资源，哥白尼是第二种。伦纳德对"几何测定法"尤其感兴趣，即将几何学用于各种实际测量的问题。虽然他自称为"绅士"，但他面向的读者是"从业者"。他还用本地语言写作，在这一时期的英格兰促成了一种趋势。[3] 例如，他的《构造学》（*Tectonicon*）为土地测量与建筑提供了实际建议。[4]1571 年，托马斯出版并评论了他父亲的《一部名为经纬测量学的几何实践专著》（*A Geometrical Practical Treatize*, *Named Pantometria*）。[5] 这部作品关注的是筑城、挖矿、土地测量、军事问题、镜子的性质等主题，这一切都在这本关于测量陆地上一切事物的著作中得到了说明与清晰的图示。托马斯在这部书中加入了一部单独的理论几何学作品。其标题表明，托马斯"针对规则的柏拉图式图形撰写了一部'数学'著作，他出于自己的意图将它们'变形'或变化为其他等边规则坚实的'几何体'，目前还没有任何'几何学家'提到过"。迪格斯写道，为了"超越常见的类型，我认真考虑将这部著作与五种柏拉图正多面体相结合，我不会推理它们在元素区域与天球框架中神圣而神秘的应用，因

---

[1] Johnson (1952) inclines toward placing his death in the year 1559, but Leonard may have died as late as 1563 (see Patterson 1951).

[2] Johnson 1952.

[3] Two other important examples of this period are Cuningham 1559 and Eecorde 1556.

[4] L. Digges 1562. Although the date 1556 is clearly marked on the frontispiece, the imprint is London: Thomas Gemini, 1562. And the printer says that he is "there ready exactly to make all the Instruments apperteynynge to this Booe."

[5] L. Digges 1571.

为它们远离几何学证明的方法、本质与确定性"[1]。

迪格斯添加了"数学推理",但他并不是 16 世纪掌握这些几何体及其特性的第一人。欧几里得的众多评论者与仰慕者,例如弗朗西斯·德·弗瓦·德·康达尔、皮耶罗·德拉·弗兰切斯卡(Piero della Francesca)、卢卡·帕乔利(Luca Pacioli)和阿尔布莱希特·丢勒,都找到了理由赞美五种正多面体,认为它们代表了欧几里得《几何原本》的成就,说明了早期平面图形定理如何证明只有五个立体图形仅由正方形、等边三角形和五边形组成。[2]普罗克洛斯的《评欧几里得〈几何原本·第 1 卷〉》中已经完善建立了这个主题,并且与迪伊为比林斯利《欧几里得》撰写的前言完全一致,不过他没有对实践测量法的几何学添加任何内容。

托马斯对柏拉图多面体的兴趣可能是由父亲去世后与约翰·迪伊的个人交往所激发的。我们对这段关系的了解还不够。在《羽翼或阶梯》中,迪格斯称迪伊为数学上的"第二个父亲",并赞美迪伊在自己"最幼稚的年代""播下了许多最甜美的科学的种子","抚育并提高了之前"由他的亲生父亲"以最深情而忠实的方式播下的种子"[3]。作为回应,迪伊在《视差装置》(*Parallactic Device*)中强调,迪格斯是"我最亲爱的年轻人,最优先的数学家与继承人"[4]。弗朗西斯·约翰逊(Francis Johnson)有充分的理由认为,这些关于迪格斯人生的段落说明,在伦纳德死后多年,迪格斯一直是迪伊的"护卫与学生"[5]。虽然没有直接证据说明他是"护卫",但这一老一少之间的关系足够亲密,可以认为迪

---

[1] L. Digges 1571, 97-103(following pagination of the 1591 ed.). It is likely that Digges was using a post-1560 edition of Euclid, as the extant 1551 edition, which contains his provenance(dated 1558), lacked the proofs showing the construction of the five regular solids in book 13(Euclid, *Euclidis Elementorum Liber Decimus*, Petro Montaureo interprete. Paris: M. Vasconsan, 551. See Jonathan A. Hill, *Catalogue 150: 25th Anniversary*, n. d. item 27, 38-38.)

[2] See Sanders 1990: Johnston 1994, 69-70.

[3] T. Digges 1573, sig. A2r.

[4] Dee 1573, sig. A 2v.

[5] Johnson 1937, 157.

格斯直接接触到了迪伊早期（亦即，早在他与天使"会谈"之前）的基本观点：为欧几里得《几何原本》撰写的信奉柏拉图哲学的前言，《格言概论》中的占星学改革，奥弗修斯《论星之神力》（以及迪伊对奥弗修斯抄袭行为的愤慨）。[1] 如今我们知道，这段关系大约开始于迪格斯 13 岁的时候；罗伯茨 - 沃特森对迪伊藏书的研究表明，迪伊在 1559 年送给迪格斯一本阿基米德的《文集》。[2] 除了迪格斯可以借阅迪伊的藏书，或者迪伊对《羽翼或阶梯》（迪格斯向熟人赠送了这本书）中的论点了然于心，"最优先的继承人"这种说法还隐含着什么信息呢？[3] 但是没有证据证明迪格斯能接触到被传记作者们视若珍宝的迪伊的私人日记。

迪格斯父 - 子关系下的另一部作品，涉及理论与实践的并置，在伦纳德·迪格斯的《通用预言》（*A General Prognostication*）中有至为深刻的揭示。和托勒密与赫尔墨斯的《金言百则》一样，迪格斯提出了"清晰、简短、愉快、精选的规则"——行星与征兆的结合和排列"总是"联系到意义重大的地面效应，比如恶劣天气、彩虹与地震。这使人联想起勋纳的《本命占星三书》（1545 年）。《普遍预言》首版于 1553 年，1555 年后标题改为"永恒的、效果良好的预言"（是一部关于普遍规则而非特定预言的作品），在那以后，此书持续印刷至少 50 年。1576 年，托马斯意外地在其中加入了《天球运行论》第 1 卷几个章节的翻译，他称之为"根据毕达哥拉斯最古老的教义，最近由哥白尼复兴并经过几何学证明的完整的天体表述"。

《羽翼或阶梯》的柏拉图主义涉及对次序的思考，而不着意于绘制天体的活

---

[1]　I take his explicit dissociation from "mysticall appliances" to be a coded reference to Offusius's views, proffered the year before. See also Johnson 1937, 31-32.

[2]　See item no. 68 in Dee's 1583 catalogue, signed "Thomas Diggius 1559" (Roberts and Watson 1990, 43, 82 n.）. One of the earliest books owned by Digges was a copy of Euclid's *Elements* (Paris: M. Vascosan, 1551）. Signed by Thomas Digges with the date 1558, this item appeared on the market in 2003 (see Hill, *Catalogue* 150, item 27）.

[3]　Dee's copy: Roberts and Watson 1990, item no. 2109. There is a dedication copy to Henry Savile in the Bodleian, signed "H. S. Ex dono Th. Diggesej auctoris."

动。[1]这并不意味着迪格斯回避占星学。我们知道,伯利勋爵威廉·塞西尔(William Cecil)曾请求迪格斯进行占星判断,不过迪格斯的书中没有任何与第谷的星体星命盘有可比性的内容。他似乎也没有接受迪伊改革占星学理论原则的野心勃勃的建议。但迪格斯私下的确尽心竭力地为伯利进行了占星预测,他谨慎地推测新星的"未知影响":

270

我在证明可靠的古代占星依据与作者训诫的基础上尽力跋涉,希望找出新星或彗星的未知影响:可能不激烈,也不罕见,正如这里所附七条注释中的第一与第二条在一定程度上的表现。第三条说明灾难将在哪个季节来临。第四条说明可能会影响哪种生物,第五和第六条说明地球上的哪些区域和领域将会受到威胁。第七条指出了可怕的直接原因,可能在此次大灾难中导致最严重的损害。其他特征无法以人工整理出来。[2]

以"天文学"模式撰写《羽翼或阶梯》并排除占星判断,这个决定使迪格斯能够暂时搁置两部分如何相互联系的问题。《羽翼或阶梯》向前参考了哥白尼翻译的《完整表述》(*Perfit Description*),但没有向后参考《格言概论》的柏拉图立方体,也没有参考迪伊称为"数字计数"的比林斯利前言,或者奥弗修斯的神秘毕达哥拉斯数字;它的羽翼是计算新星位置所必要的实践天文学中的数学命题。[3]

迪伊与迪格斯一定讨论了视差方法,因为迪格斯作品出版几天后,迪伊的《视差探究的核心与实践》(*Parallacticae Commentationis Praxeosque Nucleus quidam*)

[1]　T. Digges 1573, fol. A1v: "Plato said that men are given eyes in order to do astronomy."

[2]　T. Digges 1572; transcription by F. R. Johnson, now in my possession. The judgment itself is no longer extant.

[3]　T. Digges 1573, fol. A2: "At qui Platonicis seu ut veriùs loquar Mathematicis istis instructus Alis, sursum in Aetherea contendat, Elementaribusque prorsùs Regionibus traiectis, longè remotiorem Cometarum locis esse perspexerit."

就面世了（莫特莱克，1573 年 3 月 5 日）。有趣的是，迪伊的作品（甚至他的个人日记）根本没有提及新星，不过迪格斯说，"值得尊敬的约翰·迪伊接受了处理这个（新星）问题的任务，我认为为了上帝的荣耀与快乐，以及数学学科学生的高度钦佩，问题很快就会解决"[1]。现存的多个版本《羽翼或阶梯》都是与《视差探究》合订的，说明当时读过迪格斯评论的人认为两部作品应该放在一起阅读。[2]《羽翼或阶梯》虽然在开头展示了仙后座中恒星位置的表格，但它与《视差探究》一样在很大程度上是关于视差理论的论著，而不是"历史"或观察报告汇编。第谷·布拉赫仔细研究了迪格斯的作品，他评论道，"精彩的标题"预示着这并不是根据小部分观察结果证实的。迪格斯没有像哈格修斯一样附加了雷吉奥蒙塔努斯关于彗星的论著，而是为了改进雷吉奥蒙塔努斯定位彗星的方法，提出了一系列几何学的"定义"与"问题"。而且，如他在接近结尾时的评论："我如此慷慨地讨论这个（方法），不是因为我真的希望从重视数字的数学家雷吉奥蒙塔努斯那里拿走什么，而是担心这个时代的其他人更习惯于理论而不是实践天文学，后者可能会在这场关于真理的奥林匹克竞赛中失去第一名的位置。因为，毫无疑问，如果雷吉奥蒙塔努斯如今在世，他否定了旧方法，就会发明出新方法，从而能够搜寻出隐藏在重重阴影中的秘密的真相。"[3]迪格斯因而赞同雷吉奥蒙塔努斯对数学必然性的重视，但在如何建立视差三角形方面与他观点不同。

[1]　T. Digges 1573, sig. A2; "De stella admiranda in Cassiopeiae Asterismo, coelitus demissa ad orbem usque Veneris, iterumque in Coeli penetralia perpendiculariter retracta. Lib. 3. A. 1573," cited in Dee 1851b, 25; Johnson 1937, 156 n. Surprisingly, there is no reference to the nova in the diary that Dee kept in his copy of Stadius's *Ephemerides*. See also Clulee 1988, 177.

[2]　For example, copies at the Paris Observatoire（shelf no. 21144）; Bibliothèque Nationale（shelf nos. v. 7738, V. 6556）; Bibliothèque Mazarine（15828）; Oxford, Bodleian（Ashmole 133（6））: bound with Dee's *Propaedeumata*（1568）, two copies of the *Nucleus* and several late-seventeenth-century works; Cambridge, Peterhouse College（Pet. 3. 18）; Cambridge, Wren Library（V. I. 9. 110^2; V. I. 1. 114^3）; Biblioteca Nazionale di Firenze（1108. 12, destroyed in the 1956 flood）; Biblioteca Nazionale, Rome（69. 5. B. 17. 1）.

[3]　T. Digges 1573, sig. L2.

《羽翼或阶梯》中迪格斯对哥白尼的看法

　　阅读《羽翼或阶梯》也可以从其中有关哥白尼的内容入手。不过首先应该注意到，卷首插图的前景中有一颗新星，以及它在天空中的定位。作为神迹，新星还预示着耶稣的再次降临，暗示着自然世界的末世转变。[1] 和梅斯特林一样，迪格斯没有在标题中表现出与哥白尼的联系。他将所有对哥白尼的引用都放进了前言与结论部分——献给伯利勋爵的简短前言；第二段是写给普通读者的更长篇幅、更具实质性的前言；作品简介。这些评论远远超出了梅斯特林《天文学论证》中对哥白尼的简短论述，或是这一时期哥白尼式《普鲁士星表》典型的赞许。虽然简短，《羽翼或阶梯》依旧是 16 世纪 40 年代早期以来出版的基础著作中，对哥白尼的中心学说最实质性的描述。

　　和雷蒂库斯一样，迪格斯的立场也是基于哥白尼辩证权衡可能情况的认知论——同心和偏心的"巨大"集合与哥白尼"学说""对称性"之间的对立。但是，哥白尼的改良主义意象并不能令迪格斯想到教皇治下的罗马与伊拉斯谟影响下的瓦尔米亚之间的道德或政治联系——当然他也不会想到雷蒂库斯与其已被斩首的父亲之间的个人关联。迪格斯的图像比柏拉图的更加详细生动，很有可能反映了他与约翰·迪伊及后来加入的伦敦社交圈之间强大的关系。同样，迪格斯指出普遍接受的天文学有其不连贯性，其中带有他自己的印记：他声明古人根据错误的视差建立了他们的"理论"，并据此"寻找真正的距离"；但他们本应以"相反的顺序"建立理论（即后验的顺序），从"观察到的、已知的视差"开始。这不是哥白尼本人提出的批判。因为《羽翼或阶梯》这本书基于视差技术，

---

[1]　T. Digges 1573 , sig. L3r: "portentosi syderis a *potentissimo terricolis* exhibiti... CHRISTI DEI adventum MAGIS dennutiantis［*sic*］oppositum... stupendum DEI miraculum." On this point, see Granada 1994, 12.

而迪格斯显然认为他的重点不只在于措辞的力量，不过他一定知道哥白尼与古人都没有开始测量行星的视差。[1] 迪格斯显然效仿了哥白尼的观点，对"另一个"普遍接受的宇宙进行了不准确的描述，没有任何图示："残缺不全的，由相互碰撞且彼此阻碍的偏心球和围绕中心不规则转动的本轮组成。"[2] 这种"碰撞"没有出现在伦纳德·迪格斯的同心行星天球图中。在天平另一侧，迪格斯解释了《天球运行论》前言中贺拉斯式的段落。随后紧接着哥白尼的辩证主题（雷蒂库斯和梅斯特林转换了相同的内容），即如果假定的前提无误，那么结论就不会有误。[3] 迪格斯没有说他本人认为这些推理有说服性。他采用了间接的归因的方式："哥白尼，这位勤勉不懈、技能卓绝的人士，正是因此利用了其他假说试图为天空机器创建新的结构。"但迪格斯没有继续详述哥白尼的"结构"，而是说明缩小新星的表观体量可以提供"尤为合适的验证条件"。他说的"验证"是指观察性的测试，看看体量继续变化的"唯一原因"是否在于"哥白尼理论所设想的"地球运动。[4]

这是第一次有作者利用地球运动的假说预测后果，从而排除其他可能的假说。换句话说，显然有希望进行无可置疑的证明，而不是《第一报告》与《天球运行论》中那种或然的或者有可能的论证："我保证在未来证明……哥白尼关

---

[1]　T. Digges 1573, A4v: "Licèt Saturni, Iouis, et Martis, Parallaxeis adèo sint exiguè ut sensuum imbecillitate vix discerni possint."

[2]　Ibid., sig. A3: "Mutilum et mancum potiùs quoddam, ex repugnantibus et mutuò collidentibus eccentricis Orbibus, et Epiciclis irregularitèr super propriis centris currentibus."

[3]　Ibid. : "Illisque perinde accidebat ac si quis ex diuersis hominum picturis, Manus, Pedes, Caput, aliaque membra, eligantèr equidem sed non unius hominis consideratione depicta assumeret, atque inuicem coniuncta, hominis picturam perfectam sese exhibere putaret. Haec autem si veras Hypotheses assumpsisent, Ilis accidere nullo modo possent." Digges's insertion of the word *picture* strongly suggests that he knew the Horatian subtext of Copernicus's image.

[4]　Ibid. : "Hoc saltèm admonere statui ansam oblatam esse, et occasionem maximè oportunam experiendi an Terrae motus in Copernici Theoricis suppositus, sola causa fiet cur haec stella magnitudine apparente minuatur."

于地球运动的悖论，这种目前为止尚未被接受的理论，实际上是最正确的。"[1] 从这个角度来讲，迪格斯的假说看起来比梅斯特林的论说更坚定。逻辑上，它与伽利略后来关于只能通过地球日周期与年周期运动来解释潮汐现象的理念很相似。在命题上，迪格斯的论证可以重述如下：

天空中的物质不能产生任何形式的变化。

由于新星是天空的一部分，因此它不能真的增大或减小，只能在表观上产生这种变化。

这种表观变化的原因是地球的周年运动。

具体来说：当且仅当地球是星体亮度表观变化的（唯一）原因，星体在春分点就会看起来较小，接近夏至点时逐渐增大，在秋分点达到"异常的大小与光彩"，之后在接近冬至点时又会减小。[2]

迪格斯假说的基础是太阳亮度的季节性变化，以及新星表观大小的预期（季节性）变化之间的类比。但不论基于怎样的类比，他没有证明自己获得了恒星

---

[1]   T. Digges 1573, A4v-B1r: "Promitto, quibus (not probabilibus solummodò argumentis, sed firmissimis fortassè Apodixibus) demonstrabitur, verissimam esse Copernici hactenus explosum de Terrae motu Paradoxum."

[2]   Ibid., A3r-A3v: For it if were thus, always decreasing towards the spring Equinox, it would be observed to be very small in its own magnitude. If, afterwards, increasing little by little towards the following June, it shall have continued in existence, it will scarcely be of the same brightness as when it first appeared, but in the autumn Equinox it will be seen of unusual magnitude and splendor. However, no cause of diversity of apparent quantities of this sort can be assigned other than that of its elongations from the earth, since not only would it be contrary to the basic principles of Physics that a star should increase or diminish in the Sky, but by the clear measures which have been set in this art, it will be perceived to be otherwise. Therefore, I have thought not only that a treatment of this subject is necessary, but also that Mathematics has rules for measuring the location, distance andmagnitude of this stupendous star, and for manifesting the wonderful work of God to the whole race of mortals (who strive to understand something celestial and lie not wholly buried in the earth)；also for examining theorics and establishing the true system of the universe, as well as for measuring most accurately the parallaxes of celestial phenomena. Quoted and trans. in Johnson 1937, 158-76.

视差的观察与计算结果——考虑到所涉及的遥远距离，他也没有得出零视差的结果。和伊卡洛斯一样，迪格斯假说的双翼注定在接近太阳时熔化。

星的（再）分类

1573—1576 年，迪格斯一定意识到了他无法根据视差观测进行确实的证明。根据《羽翼或阶梯》中的假说，只需要一年的观察就可以从世界上探测地球运动对星体的影响。没有证据证明迪格斯试图进行这样的观察。但到 1574 年，这颗星体又有意想不到的变化：出现 16 个月后，它完全消失了。如此便有了多种解读的可能，其中还涉及对学科分类的评判。要做出评判，就必然需要某些适用的工具。第一，可以将这颗星体的消失严格归类为超自然事件，是一个特别的神迹，由此排除所有物理的解释——证明人类的因素不起作用。这样一来，就将解释的权威从天文学与自然哲学转向了神学。第二，可以抛弃天体不变的前提，从而有可能对物体的产生与消失做物理的解释。第三，迪格斯可以抛弃哥白尼的行星秩序，随之抛弃地球运动与星体表观变化之间的联系，从而维持在传统天文学的框架之下。第四，他可以保留哥白尼的秩序并接受梅斯特林的解决方法：将星体置于最外层的、哥白尼的静止天球，距离远到不可能测量出恒星视差。但是迪格斯没有像梅斯特林一样提出"超自然的"解释，因此就无法说明星体为何消失。

迪格斯没有选择以上任何一种方法，他在 1574 年以后没有放弃坚持哥白尼的行星秩序，说明他依然在搜寻足以支撑其理念的坚实基础。换句话说，迪格斯基于《天球运行论》的"对称"原则，继续接受了哥白尼天体秩序的"可能性"，但受到亚里士多德可明确论证的认知论的影响，他仍在寻找新的论证与资源，以使自己能够排除其他所有的可能。因此，他选择了父亲 20 年前出版的、成就斐然的作品：《永恒的、效果良好的预言》。而且，众所周知，他加入了自己的附录，以及《天球运行论》第一卷部分章节的英文翻译。[1]

数学家的法庭

托马斯·迪格斯对权威形式与表达的选择使我们对他的理论实践产生了质疑。我们看到他用多种方法增强哥白尼中心主张的权威性。翻译本身就是在声明这部著作的价值，他是希望更多的读者能够接触到这部著作。如他所称，这个"版本"不只是面向有识之士。他翻译哥白尼的天文理论，并附在他父亲用于预测天气、指定放血时辰的占星规则实践之后，他有意识地选择了合订，而不是像《羽翼或阶梯》这样作为独立的论著。此外，需要注意的是，他没有将翻译附在迪伊的占星理论作品《格言概论》之后。那鲜少复制的书名页强烈地提醒我们，这首先是一种预言，而哥白尼的章节是"最近由他的儿子托马斯·迪格斯修正并增加的"。这种发行形式持续到 1605 年的最后一版。[2] 显然，托马斯希望在英格兰影响到着迷于伦纳德作品的读者，他们已经开始关心实际的预言事务了。但在题为"致读者"的前言中，他明确说明他的目的是引起人们对被忽视的哲学的注意："我认为这本书宜于与旧理论一同出版，高贵的英格兰学者们（我同样乐于影响到地位较低的人）或许就不会被骗取哲学的这一高尚的部分。"[3] "高贵的英格兰学者们"就有机会在一本基于占星学的天气预测作品中同时思考新的与旧的理论。

《构造学》（1571）显然是理论与实践联合发表的先例。但在实际观测作品

---

[1]　L. Digges 1576. The running page headings that commence with Thomas Digges's diagram read "The Addition."

[2]　Johnson and Larkey 1934, 76.

[3]　Thomas Digges in L. Digges 1576.

273

中并置《构造学》中的柏拉图多面体是一回事，而在无限的星体环绕（"哲学中最精妙艰深的部分"）以及将会"永远"推动占星预测的"永恒预言"中加入日心构想的"完整表述"则是另一回事了 [1]。

这种并置引出了一个重要的问题：两部作品之间有怎样的关联？托马斯·迪格斯是用哥白尼的假说解答约翰·迪伊在《格言概论》中提出的天体分布问题吗？[2] 如果是的话，他并没有给出具体的回答，而只在献词中承认"我努力超越一般的证明与实践"。另外，他还谨慎地将附加的哥白尼部分称为"完整的表述"而不是"完整的哲学证明"。之后，他遵循哥白尼和贺拉斯的策略，寄希望于受众具有合理判断的能力。他在标题中使用了"经几何学证实"的说法。但迪格斯的比喻并不是被好诗打动的贺拉斯的读者，也不是被必要论证说服的亚里士多德的读者。相反，他将意象转化成了立法议会的场景，他本人像律师一样为案件辩护，而将评判留给了具有数学技能的同行："上帝爱惜生命不是作为法官做出决断，而是依据数学的支撑，向世界清楚地表明，是否可以借由地球静止的假设，形成任何真实的或是恰当的理论，然后听从中立谨慎之数学读者审判团做出的裁决。"[3] 托马斯·迪格斯对哥白尼行星秩序方案的巧言辩护，表面上掩盖了与伦纳德地心天球图表（《根据托勒密，七个行星的性质、轨迹、颜色和位置》）的矛盾，其中太阳、水星和金星共同具有传统的年周期。[4] 另外，《天球运行论》中新的行星秩序与星的科学之间缺少的明确联系，没有为这个主题的直接评论创造明显的条件。

---

[1] Johnson and Larkey 1934, 83.

[2] Dee claimed that he had provided the main principles of the "Power of celestial bodies" (*de Caelestium corporum virtute*), sufficient for others, proceeding demonstratively (*Apodicitcè procedendi*) to find further principles（1978, 112-13）.

[3] Johnson and Larkey 1934, 82.

[4] L. Digges 1576, fol. 15v: "Mercury is next under Venus, somwhat shyning, but not very brighte: neuer aboue 29. degrees from the Sunne, his course, is like to Venus, or the Sunnes motion."

重新组织哥白尼

相关的问题是，迪格斯为什么只翻译了第 1 卷的四章内容（以 10、7、8、9 的顺序重新编排章节），为什么将翻译与醒目的"描述天体"的日心表述并置，后者中嵌入了"永恒固定的"恒星天球并归因于"毕达哥拉斯等人的古老教义"？章节的选择与编排顺序也许可以说明迪格斯将哥白尼论述的支撑点放在了哪里。迪格斯没有遵循托勒密《天文学大成》中的安排，从天球开始通过每种运动原理逐渐加强直到行星次序（第 1—10 章），而是将行星次序置于显著位置（第 10 章），之后再考虑亚里士多德反对主张的不足之处（第 7、8、9 章）。换句话说，他重建哥白尼的表述以符合证明的范式，即先阐明大前提，再举出（针对亚里士多德和托勒密的）反对意见。至于奥西安德尔的"致读者信"，迪格斯直接排除了这部分内容，而用自己的"致读者"来代替："有些人抱着好感，原谅了他将地球运动之说建立在数学基础之上，而不是真正的哲学基础上。但这并非哥白尼的本意。"[1] 随后迪格斯解释为什么收入哥白尼应对亚里士多德物理的章节："我还从他（哥白尼）身上分析了亚里士多德与其他哲学家为维持地球稳定而进行的推理，以及他们的解答与不足。"[2] 他认为这些"不足"违反了哥白尼自己的认知原则："毫无疑问，错误的前提可能会推断出正确的结果，而正确的前提不会推断出错误或谬论。"[3] 正是在这个关键的节点，迪格斯（与梅斯特林）选择遵循哥白尼的辩证标准而不是克拉维乌斯毫不犹豫地提出的怀疑主义的（悲观的）三段论。

---

[1] Johnson and Larkey 1934, 79. This passage shows that Digges was aware that Copernicus himself had not inserted the "Ad Lectorem," but he did not know Osiander's identity because he was not associated with the German network that linked Rheticus. Apianus, Praetorius, and Maestlin.

[2] Ibid., 79-80.

[3] Ibid., 80.

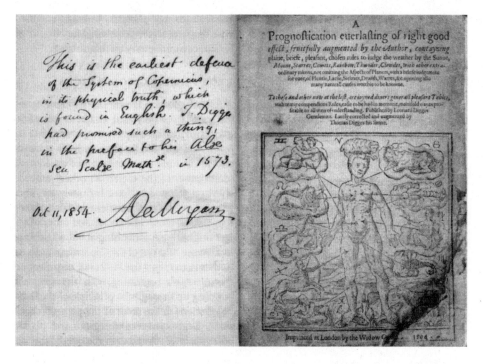

图 51. 奥古斯都·德·摩根所藏伦纳德·迪格斯《永恒的、效果良好的预言》，1596 年（图版中误作 1594 年），附有托马斯·迪格斯"增补"的部分，但没有毕达哥拉斯 - 哥白尼图表。右：书名页上的十二宫人像（已修复）。左：奥古斯都·德·摩根的注释："这是对哥白尼物理学真理最早的辩护，于英格兰被发现。1573 年，T. 迪格斯在《数学的羽翼或阶梯》中承诺了这一点。"（Courtesy Senate House Library，University of London）。

　　换言之，迪格斯与梅斯特林将注意力集中在预示着错误前提的错误原则（例如托勒密的等分轨道）与错误效应（例如相互碰撞的天球）上。[1] 两人在处理不确定性的过程中都故意忽略了错误前提导致正确结论的情况。

---

[1] Johnson and Larkey 1934: "If therefore the Earth be situate immouesble in the Center of the worlde, why finde we not Theorickes uppon that grounde to produce effects as true and certain as these of Copernicus? Why cast we not away those Circulos Aequantes and motions irregulare, seing our owne Philosopher Aristotle him selfe the light of our Universities hath taught us: Simplicis corporis simplicem oportet esse motum."

在《完整表述》中，迪格斯最关心的是使他的"新理论"尽可能地接近已证明的知识，从而有效弥补《羽翼或阶梯》的不足。这一终极目的在《一部名为"军事学"的算术军事论著》（*An Arithmeticall Militare Treatise，named Stratioticos*，1579）中也有体现，其中提到了一部未完成作品的标题："基于最近的观察结果，通过证明，对哥白尼的运行论做出评论，从而证实并确认他的理论与假说，同时，证明者还应该讨论，是否有可能根据地球静止的通俗观点得到这样真实的不规则运动理论，或者其他的谬论，违背了整个自然哲学原则以及显见的普遍前提。"这种措辞说明，他所说的"证明"有两层含义，一是运用几何定理且经过观测确证的天文学证明，二是"没有"物理"谬误"的、更强有力的、亚里士多德体系的证明。他刻意地另辟蹊径。他不止一次用自己的方案来反对大学的学识："哲学家与数学家对宇宙的论辩不是像孩童一样彼此谩骂，而是依靠严肃的哲学推理与毫无瑕疵的数学证明。"[1]1579 年，这些"评论"尚未完成，这意味着迪格斯终其一生都没有完善"严肃的哲学推理"中所有的细节。在那以后，他开始转向军事与政治研究。[2]

这种解读从逻辑上厘清了迪格斯对《天球运行论》第 1 卷第 10 章与第 8 章译文（他是以自然哲学家的身份从事这项翻译）所做的"增补"。第一处是"严肃的哲学推理"，揭示了宇宙是否无限的问题，哥白尼对此留下了"有待自然哲学家讨论"的著名言论。[3]第二处插入的内容试图解释如果地球是运动的，将会产生怎样的物理效应。

---

[1]　Johnson and Larkey 1934, 95, 80

[2]　See Feingold 1984, 186: "Thomas Digges virtually abandoned his theoretical studies once he entered the service of the Earl of Leicester."

[3]　Johnson and Larkey 1934, 91: "Whether the worlde haue his boundes or bee in deede infinite and without boundes, let us leaue that to be discussed of Philosophers, sure we are yt the Earthe is not infinite but hath a circumference lymitted, seinge therefore all Philosophers consent that lymitted bodyes maye haue Motion, and infinyte cannot haue anye."

1839 年，数学家、历史学家奥古斯都·德·摩根（1806—1571）"发现"，迪格斯是第一个与哥白尼问题特别相关的人物。20 世纪 30 年代初，斯坦福大学英语教授弗朗西斯·R. 约翰逊在亨利·E. 亨廷顿图书馆的一本《永恒的预言》（发现于 1919 年）中重新发现了迪格斯。亨廷顿副本的特别之处在于，与其他现存版本不同，这一副本包含了迪格斯有关无限日心系统的完整图示。德·摩根的两个副本（1574 年、1596 年）都不包含约翰逊找到的图表，因此德·摩根没有提到"无限"的问题，不过他的历史著作仍然不乏深刻的见解。[1] 由于约翰逊的发现，迪格斯的图表很快就成为近代早期历史教材中最受欢迎也最有辨识度的图示。[2] 它成为了哥白尼学说的某种标志，是哥白尼与伽利略之间的占位符。但我们必须记得，这幅图出自其父伦纳德·迪格斯那部相对传统的著作。

伦纳德·迪格斯《永恒的、效果良好的预言》中，托马斯·迪格斯"增补"的无限宇宙

许多人注意到伦纳德与托马斯·迪格斯的"英式风格"，但伦纳德的著作与当时许多同类著作一样，公然（在很大程度上）受到中世纪欧洲风尚的影响。这部作品开篇像是一场奇怪的论战："驳天文学与数学科学的反对者。"这与其说是为"数学"或"数学从业者"辩护，不如说是针对（未指名的）怀疑论者而为星的科学辩护。形形色色的占星学支持者构成了前言主要的权威来源：圭

---

[1]　De Morgan 1839, 455a; De Morgan 1855: both cited in Johnson and Larkey（1934, 74）who rightly conjectured that the copy consulted by De Morgan was missing the diagram ofthe infinitized Copernican universe. A small piece of the title page of the second copy has been damaged and repaired（see figure 51）. The torn-off part has been incorrectly relabeled "1594"; the actual date of the edition is 1596.

[2]　For example, it appeared on the cover of the first paperback edition of Kuhn 1957 and in Koyré 1957, 37; forty years later, its popularity was again attested to by its reproduction in Shapin 1997, 22, and Jacob 1997, 29.

多·波纳提、菲利普·梅兰希顿、约翰·勋纳，以及吉罗拉莫·卡尔达诺。[1] "在梅兰希顿写给西蒙·格林艾尔斯和勋纳的书信中，在卡尔达诺著作的结束语中，都表达了对天文学的高度赞扬，他们广泛征引圣经来反对天文学家。因此，我认为他们所坚持的是正当的神学，或者（如梅兰希顿所称），是伊壁鸠鲁神学"[2]。伦纳德的引用充分调动了中世纪对其书中所述占星学的关键认可：梅兰希顿频频发表的给勋纳与格林艾尔斯的书信，他们都声明有意撰写反对皮科并为占星学辩护的文章；卡尔达诺将占星学描述为星命盘汇编；圭多·波纳提提出占星学在亚里士多德看来是一门科学。[3] 这本书出版的时间较早，没有引用约翰·迪伊的《格言概论》。我们可以认为，年轻的托马斯拿到了这些内容的第一手资料（它们可能就在伦纳德的图书馆中），之后通过再次出版父亲的作品而表达自己对它们的认可。

但托马斯并不赞成所有内容。伦纳德·迪格斯的作品中包含了一幅行星总图，他同时采用传统的同心秩序与不同寻常的、自由漂浮的独立球体的形式来表现不同行星的体积。地心方案中，最外层天球的标注是："学者遵循上帝的神谕：所有信徒亦如此。"[4] 预言家通常不会在作品中收入宇宙的总图，但伦纳德的图示使托马斯有机会修正较早的版本，并将错版归咎于出版商："后来（上流阶层的读者）修正并改良了我父亲的《通用预言》中由于印刷疏忽而导致的错误：我从中找到了一幅依据托勒密学说绘制的世界与天球和元素位置的示意图，所

[1] L. Digges 1555, xiii. Digges's first citation is to the thirteenth-century Bolognese astrologer Guido Bonatti, "Where he writeth against those who say that the science of the stars cannot be known by anyone; against those who say that the science of the stars is damnable rather than useful, etc. and against those who contradict the judgment of astronomy and who rebuke it while not knowing its worth insofar as it is not lucrative. '"

[2] Ibid., xiv.

[3] Ibid., xv: "He proueth it one of the chief sciences *Mathematical*, by the autoritie of the best learned, and by *Aristotele* in hys *Posteriorum*. Howe commeth it to passe louinge Reader, seynge it is a noble science, *et scientia est notitia vera conclusionum, quibus propter demonstrationem firmiter assentimur*, that it is counted vayne, and of so small strengthe."

[4] The diagram appears on fols. 4v and 16 in both the 1576 and 1583 editions.

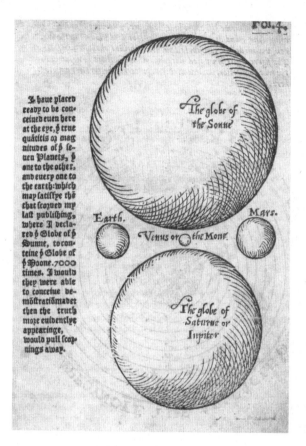

图 52. 七大行星的相对体积。L. 迪格斯，1576 年（Reproduced by permission of The Huntington Library, San Marino, California）。

276

有的大学（主要是由于亚里士多德的权威性）都同意这种方案。"[1] 所谓的修正无疑是用一种礼貌的方式降低其父图示的权威性，因为两幅图都出现在第一版和最后一版的同一册中！

实际上，托马斯·迪格斯的示图在空间上颠倒了他父亲所主张的传统的行

[1] For convenience, all quotations are from Johnson and Larkey 1934, 79. The Huntington Library copy was acquired at the Anderson Galleries sale in May 1919. Johnson was a research fellow at the Huntington, 1933-35. I have checked all passages against the Huntington copy.

星秩序。

但不同的空间布置与类似的本体论反演不相符。两幅图所共有的救赎论主题维持了被救赎者与有罪者之间相同的道德对立，即最外层永恒的"信徒之所"（强烈暗示了加尔文主义的宿命论），与受到星体影响的有罪的"死亡之球"或"特殊的死亡王国"（陆地区域，由四种元素组成）之间的对立。两部作品是联合出版的，若非如此，结果会怎样呢？托马斯仍旧将最外层的天球描绘为一个"球体"，不过它是"无限的"，"充满了"（假设可以"充满"没有边界的空间）"无数"光芒，亮度"在数量与质量上都"超过了太阳。从弗朗西斯·约翰逊到亚历山大·柯瓦雷再到米格尔·安吉尔·格拉纳达（Miguel Angel Granada），评论者们都准确无误地指出了马塞勒斯·帕兰若尼斯（Marcellus Palingenius）的《生命星座》（*The Zodiac Life*）是迪格斯无限方案重要的概念来源。这部折中了斯多葛主义、前苏格拉底主义，且明确反亚里士多德主义的长篇宇宙学著作是以诗歌的形式编写的，在英格兰被广泛用作学校课文。[1]帕兰若尼斯（也称为"星体般的诗人"）出生于费拉拉——15世纪伟大的预言之地，他的作品有12卷，采用了黄道式的结构，不出意料地包含了占星学主题。[2]但迪格斯只引证了其中三段（拉丁文而不是易读的英文文本），强调了天空之善与陆地之罪之间的对比，但没有提及这首诗的广度。

迪格斯是否在以亚里士多德的角度寻找1572年新星的"位置"呢？他没有向读者展示自己的干预行动，而直接在译文中插入一段文字对应哥白尼的日心图示（第1卷第10章），其中的用语与图像的标记有所不同：

---

[1] Miguel Angel Granada（1994, 16-20），in particular, has emphasized the hierarchical gradations still present in Thomas Digges's universe.

[2] Marcellus Palingenius（1947, 183）. The work may well have been inspired locally by the extraordinary astrological murals of the Schifanoia Palace; see *Lo zodiaco del principe* 1992.

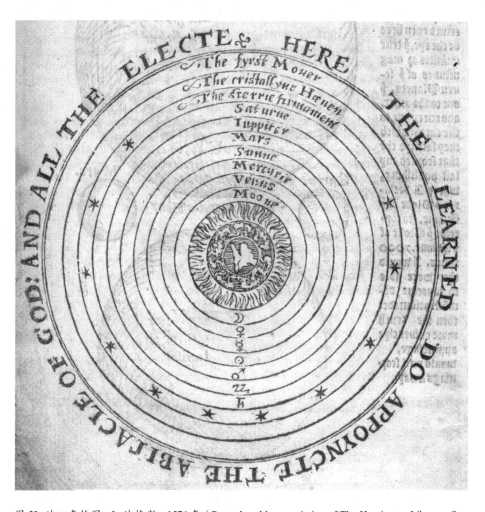

图 53. 地心年轮图。L. 迪格斯，1576 年（Reproduced by permission of The Huntington Library, San Marino, California）。

277

  点缀着无数亮光的固定天球达到了无尽的高度。我们只能在同一个天球的下部看到其中的星光，它们高高在上，所以看起来数量比较少，但我们的视野无法达到更远的地方，其余的部分距离我们太过遥远，因此观察不到。我们应

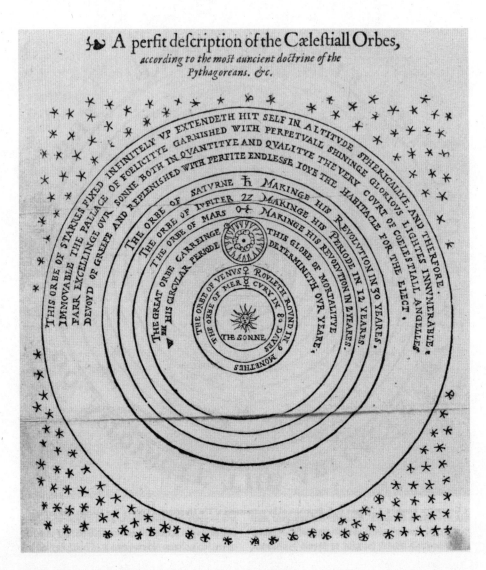

图 54. 无限的宇宙。T. 迪格斯，1576 年（Reproduced by permission of The Huntington Library, San Marino, California）。

该视其为伟大的可见的上帝，我们只能通过可见的部分推测无法企及的神迹，以他无尽的神力与威严，只有包含一切的无尽的空间才适合。[1]

随后迪格斯采用哥白尼的表达方式，推测了"无限空间"（图中称作"palace of foelicitye"）的存在，其"永恒的亮光"大部分是不可见的。这个地方足够广阔，能够容纳大小远超太阳的新星。但迪格斯没有将新星安置在他的天宫中。他没有提及 1576 年的星体，这说明他依然无法解释本应是永恒的光为什么会在 16 个月的时间内出现又消失了。

铅锤轨迹

迪格斯在译文中插入第二段原创的（隐蔽的）文字时，再次利用了哥白尼原文中已有的资源来解决这部分论证中遇到的问题。

在这种情况下，涉及的理论实践实际上是对下落物体问题的创造性拓展——正如之前迪格斯将哥白尼之拒绝与"哲学家"共同推测宇宙的无限，视作鼓励跨越学科界限进入自然哲学领域。哥白尼在第 8 章借用维吉尔《埃涅阿斯》中的一段话（第 3 卷，1.72），以一艘船来比喻地球每日的周期运动："我们从港口起航，土地与城市都会向后倒退。"人文主义者哥白尼顺理成章地利用典故为自己的哲学主张创造阐释的空间："因为当船平稳前进时，水手能看到它反映在外部事物上的运动，另一方面，他们假设自己和船上的一切是静止的。同样，地球的运动也毫无疑问会产生整个宇宙在旋转的印象。"[2] 随后哥白尼搜寻新的语

279

---

[1] Johnson and Larkey 1934, 88-89.

[2] Copernicus 1978, bk. 1, chap. 8, 16. Later, this passage undoubtedly served as inspiration for Galileo's famous passage in the *Dialogue* where Salviati describes various motions within the reference frame of the ship at rest and in motion（Galilei 1967, Second Day, 126, 140-44）.

言，从这些表象的悖论转向推测为什么云和"悬在空中"或浮在水中的"其他事物"与地球共同（"连接""交融""相伴""遵照""不受影响"）运动。最后，他谈到了下降与上升的天体，他以亚里士多德简单运动的学说之矛攻其自身之盾，仍旧在亚里士多德学说的范畴内将天体的上升与下降解析为"直线与圆周运动的结合"[1]。

迪格斯显然认为，要全面证明哥白尼详细的主张，就需要改进这种圆周与直线运动相结合的观点。因此，在这段译文中，迪格斯默默地增加了这方面的讨论，用哥白尼之口说道："如果在一艘正在航行的船上，从桅杆上放手使一个铅锤下落到甲板上：这个铅锤一定会做直线运动，看起来就像一条垂直线；但通过推测，它的运动应该是垂直线与圆周运动相结合的。"[2]

弗朗西斯·约翰逊对这段话做出了经验主义的注释："迪格斯提出了一个非常合适的实验，可能是他自己构思的，如果在运动的船的桅杆上扔下一个物体，会注意到它看起来是沿着平行于桅杆的直线落到甲板上。"[3]约翰逊在此概括了两个显著的事实。首先，迪格斯已经从哥白尼那里获得了撰写这段话的关键信息：船，以及"直线与圆周运动相结合"的概念。正如 14 世纪时尼古拉斯·奥雷姆与让·布里丹在评论亚里士多德《物理学》时所展开的讨论，迪格斯的表述有可能是文本事件，也可能是"历史"事件。如果迪格斯真的进行了（或观察别人进行了）这个行船实验，那么他可能会说明实验的地点与时间，而不是以虚拟语气来叙述。[4]但他没有表现出做过实验的迹象；他在译文中插入铅锤轨迹的

---

[1] Ibid. Digges rendered this passage thus: "And of thinges ascending and descendinge in respect ofthe worlde we must confesse them to haue a mixt motion of right and circulare, albeit it seeme to us right & streight" (Johnson and Larkey 1945 92-93).

[2] Ibid., 93.

[3] Johnson 1937, 164.

[4] See Dear 1995 for an excellent analysis of the shift in the notion of experience from a generalized report to a historically specific description.

表述时也没有引用任何权威文献。相比之下，在给读者的导言中，引用了帕兰若尼斯的三段话之后，他用自己的语言从不同的角度（且富有暗示地）描述了地球天球："地球天球的中心悬挂着黑暗的星体或球体，土与水平衡并维持在稀薄的空气中，这一切特性都是创世时由伟大的工匠以宏伟的力量在天球中心创造的，同时创造的还有自然中所含的其他要素。"[1]

总的来说，虽然迪格斯明确希望对哥白尼学说进行无可置疑的证明，但他的设想不包含实验，既没有进行视差观察，也没有用铅锤在船上实验。至少从这个角度来讲，他似乎是一个从未挑战自我的柏拉图主义者。

小结

《天球运行论》出版大约 30 年后，梅斯特林与迪格斯成为了哥白尼的首批追随者。我们已经看到，他们都认为日心行星秩序具有优势。这种可能的对比开辟了一个新的领域，一个无人探索过的领域，人们对此还没有认知的先例。最终，他们通过辩证的推理证明了各自的判断，但他们都明白，这种判断缺少亚里士多德式必然逻辑所推崇的严格证明。未能确保排除性的证明也是哥白尼本人不得不面对的难题，而且到 16 世纪 90 年代开普勒与伽利略更加强有力的论证中也遇到了同样的问题。

梅斯特林与迪格斯大概也都熟知维滕堡的出版作品。但据我所知，他们都没有在维滕堡的注解圈子中工作过，也没有途径接触到莱因霍尔德对《天球运行论》第 3—6 卷的重点注释。而且，讽刺的是，他们对这种更加缜密的解读惯例的忽视却有助于展开新的阅读方式，这与哥白尼的本意更加一致。他们在另

---

[1] Johnson and Larkey 1934, 81. The passage continues: "This ball euery 24. houres by naturall, uniforme and wonderfull slie & smoth motion rouleth rounde, making with his Periode our naturall daye, whereby it seemes to us that the huge infinite immoueable Globe should sway and tourned about."

一种认知网络下进行了理解。我在此没有完整说明他们的个人网络，这也是值得深入研究的内容。

已有的证据证明，雷蒂库斯之后，第一次有两位哥白尼的读者在不了解哥白尼与雷蒂库斯当地环境的情况下（也许除了梅斯特林对奥西安德身份的了解），对贺拉斯式审美标准给予了积极的评价。迪格斯明确在自己的评价中结合了柏拉图的数学图形与本体论，强烈表明了约翰·迪对他的影响。梅斯特林没有表现出这样的明确联系，他的藏书中对柏拉图的偏好可能都来自雷蒂库斯。

与哥白尼的审美及其相应的辩证论老生常谈相比，在他们温和的概率认知主张中，依然存在亚里士多德传统的严格论证标准，但雷蒂库斯与哥白尼都默默地公开回避了这一标准。哥白尼的第二代追随者面对的问题是日心秩序能否解释它与托勒密的秩序都没有预测到的现象。在这里，新星与彗星共同标志着一个关键时刻。梅斯特林与迪格斯大概都努力（基本没有成功）将这些意料之外的物体纳入哥白尼的表述。二人都试图根据哥白尼的宇宙大小或地球运动来推测新星的出现。而梅斯特林试图证明只有哥白尼的水星与金星秩序才能容纳1577 年的彗星。我们可以认为，这些工作是将意料之外的异象与重复发生的平凡现象相联系的早期尝试。梅斯特林、迪格斯与当时的许多同龄人一样，在理论天文学范畴内开始转变传统天文学家作为预言者的身份。但他们都以注释的形式建立自己的理论：梅斯特林的注释比较贴近原文，迪格斯对翻译的改写更加大胆地扩大并探索了文本的蕴含。迪格斯将自己的无限构想与父亲的《预言》并列，在视觉上夸张表现了古代与现代行进方式的对比，同时还给人留下了这样的印象：哥白尼"模型（modill）"与做出预言有某种关系。几年后，这种可能性空间的演变将会超出他的想象。

10

读物的增长

　　16 世纪 80 年代,《天球运行论》的第二代解读者主要由无效作者组成, 他们快速创作了大量新的读物。这些读物衍生出了哥白尼本人一笔带过的问题（例如宇宙的无限性）, 他只是将它们作为主要论据（卡佩拉的金星与水星次序）之一, 或者完全没有展开详述（日心与地心的转变）, 或者含糊其辞（天球的本体论）。维滕堡人未曾顾及的行星次序, 如今从边缘地位走入争论的核心, 成为了不时需要优先拥护与捍卫的问题。将一种行星次序（毕竟只是假说）视作新奇的事物、新的发现, 而不是像哥白尼一样认为是重新发掘古人本已掌握的知识, 这样的现象是前所未有的。不过虽然有些作者开始用"系统模型"指代并描述行星次序, 这些从业者依旧没有将这个题目本身看作一个自主的文体类型或独立的认知类型。[1] 值得注意的是, 哥白尼与雷蒂库斯强调各部分之间相互依赖性的强烈的系统性观念往往被忽略了。

---

[1]　For a valuable history of usuages, see Lerner 2005.

同时，行星次序的主题继续在多种类型的作品中传播。例如，大胆的异端乔尔达诺·布鲁诺，第一个与哥白尼统一战线的哲学家，他选择避开星的科学文献中惯用的措辞。他的有些著作是长诗形式的自然哲学作品；有些是按照常规分为多个命题；还有一些是哲学对话，其语带讥讽使人联想起拉伯雷和伊拉斯谟，具有一种莎士比亚时代的自我炫耀风格。正是通过这些多样的作品，哥白尼的提议成为了布鲁诺大胆设想——无穷的均匀空间内分布了无数个日心世界——的第一步。

同一时期，还出现了一种快速壮大的中间立场——和维滕堡共识一样，介于传统次序与哥白尼次序之间。到1588年，这一中间道路成为了引发强烈争议的优先次序论争，其中，第谷·布拉赫的地心日心构想是最引人注目的、最具影响力的终极方案。这些进展并没有像人们预期的那样发生在1543年后的10年。我将在本章研究这些立场为什么出现在16世纪80年代，以及如何在这一时期得到发展。

中间道路的出现

至少从1570年开始，印刷作品中对行星次序的零散参考就已经明显体现了中间道路的可能性。乔弗兰克·奥弗修斯明确讨论了《天球运行论》中的卡佩拉段落；三年后，瓦伦丁·奈波德的水星与金星环日图是出版物第一次图解这种次序。1566年巴塞尔·佩特里版《天球运行论》显然引起了奈波德的注意。这个版本大概令这本书的流通量翻了一番，使中心环日理论中十分关键的卡佩拉观点得到了散播。同时，佩特里也使雷蒂库斯作品的数量增长了一倍。许多了解《天球运行论》的读者从来没有读过《第一报告》，两相结合，成效显著。这种新的组合意味着，两部作品结伴流传，雷蒂库斯的注释增进了对称主张获得的关注，强化了归纳优越论者、暂时论者的天文学与自然哲学观念。

在这之外，其他资源也引起了对卡佩拉方案的注意。1573 年，莱顿学者雅各布·苏修斯（Jacob Susius）获得了一本希腊诗人阿拉图（Aratea）的《现象》（*Phaenomena*）手稿（拉丁文译本）。书中包含许多引人注目的插图，其中有一幅令人惊讶的卡佩拉次序图示。这本手稿在莱顿当地的人文学者之间流传，不过似乎并不为外界所知。莱顿大学校长的儿子雅努斯·杜萨（Janus Dousa）也在这个莱顿圈中。1591 年，杜萨发表的长诗配有一幅卡佩拉的排布图，他的题注是"根据埃及人与毕达哥拉斯的观点描述金星与水星的天球"。在严格的古典语境中，它对数学从业者似乎没什么影响；也没有对占星预言者产生什么影响。可见，卡佩拉次序的传播显然没有遇到哥白尼最初遭遇的问题。[1]

不过与这位荷兰古典主义者不同，第谷·布拉赫在同时代的天文学 – 占星学作品，尤其是奥弗修斯与奈波德的作品中，接触到了卡佩拉的次序。虽然我们无法确定第谷得到《天球运行论》以及他开始研究其中观点的准确时间，但早在 16 世纪 60 年代早期，他在莱比锡跟随约翰内斯·霍姆留斯学习时就肯定听说过哥白尼的主张。[2] 他 1574 年的哥本哈根演说中，有一部分就是基于这一理论的详细内容而撰写的。1575 年哈格修斯赠送的《短论》手稿使第谷能够在后来的模型衍生之前优先接触到哥白尼的原始构想。另一个要考虑的因素就是他 1575 年的购书之旅，当时他穿越了德国南部、巴塞尔、南至威尼斯的多个重要出版地区。[3] 其间，他购买了大量书籍，并在封面印下了图章，其中保存至今的就包括奈波德的《天空与地球以及世界每日运转的初级教程》；遗憾的是，《天

---

[1]　Vermij 2002, 34-42. For the Capellan ordering in the ninth century, see Eastwood 2001.

[2]　Contrary to early misidentifications by Zdenek Horský（"Copernicus'Writings on the Revolutions of the Celestial Spheres with Marginal notes by Tycho Brahe"［Horský1971, 12-13; accompanied by a facsimile of *De Revloutionibus*］），Gingerich 1973b, Gingerich 1974, and Westman 1975c, but subsequently corrected in Gingerich and Westman 1988.

[3]　See Christianson 2000, 67, fig. 12.

球运行论》并没有幸存下来。因此，现存的证据说明，需要特别考虑 1576 年 8 月第谷搬到汶岛之前的两年时间，此时乌拉尼亚堡正在建设基础设施并招募工作人员。1578 年，第谷继续向卡佩拉的方案缓缓前进。他写道，前一年的彗星在"金星天球内"；另外，"如果不想遵循一般的天体分布规则，而是想接受古代哲学家与当代哥白尼的观点，即水星的天球围绕着太阳，而金星天球围绕着水星天球，太阳大约位于天球的中心，那么，即使太阳并不像哥白尼假说所主张的静止在宇宙中心，这种推理也并非完全与事实不符"。[1]

来到乌拉尼亚堡一个月后，第谷对一位记者随口发表了评论，这说明他一直在考虑构建一个机械模型，用形象化的方式来表现哥白尼主张的地球三重运动。形象化呈现《天球运行论》的主张与模型的问题，很快就发生了变化。[2]1580 年 7 月，正当乌拉尼亚堡接近完工之时，一位名为保罗·维蒂希的西里西亚数学家来到了汶岛。维蒂希从容地周旋于哈布斯堡天文从业者的社交圈中，这个圈子连接了维滕堡、布拉格、弗罗茨瓦夫、格尔利茨，并适时地延伸到了乌拉尼亚堡。1579 年，他在弗罗茨瓦夫与安德里亚斯·杜迪特（1533—1589）的圈子建立了联系，杜迪特是一位匈牙利人文学家、外交家、神学家，且自称星的科学学者。在乌拉尼亚堡逗留的四个月中，维蒂希留下了自己的痕迹。

他带来了几本《天球运行论》——大概有多达五本幸存至今。[3] 其中四本包含了大量注释，有些是直接复制伊拉兹马斯·莱因霍尔德的评注；其他版本中的注解和前面几本有重合。前面几本中有两本的结尾附加了空白页。这部分被维蒂希当作工作笔记本，用来想象并研究哥白尼模型的细节。虽然赫马·弗里修斯、米沙埃尔·梅斯特林和乔弗兰克·奥弗修斯手中的副本在注释的丰富程

283

---

[1] Quoted and trans. in Christianson 1979, 129.

[2] Brahe 1913-29, 7:40, ll. 14-20; trans. and quoted in Mosely 2007, 271.

[3] Four of these are discussed in Gingerich and Westman 1988; subsequently, Gingerich identified a fifth copy with only one Wittich annotation（Gingerich 2002, xx）.

度上能与维蒂希的本子媲美，但只有维蒂希发扬了莱因霍尔德阅读《天球运行论》的方法。[1] 杜迪特贴切地冠之以"我们最高贵的维蒂希－哥白尼""新哥白尼"这样的称号。[2]

维蒂希在乌拉尼亚堡中途停留，这似乎使他成为了最适合加入第谷不断增长的家庭的人。由熟练观察者与工匠组成的新群体，始终需要开展深入的学术与技术工作，以建造并维护仪器、造纸、印刷书籍、观察恒星与行星、记录时间与角度，并充当第谷的信使。[3] 但维蒂希对第谷的实践与理论问题都提供了独特而有效的帮助。他发明了所谓的"总弧存弧"（prosthaphaeresis）法，为了降低长数相乘的单调性，这种方法将计算分解为加减运算（对数背后的关键思想）。[4] 但是除了这一宝贵的计算工具，维蒂希与第谷的交谈也必然使后者加深了对哥白尼模型的理解，并且给行星次序的问题带来了新的关注。可以把书中的评注看作这些交流内容残留的痕迹。它们使我们有幸领略一位接受维滕堡式教育的、技艺精湛的数学从业者所做的解释性工作，他能够接触到莱因霍尔德的注释，并在广泛分布的梅兰希顿派大学网络与宫廷社交圈中与多人交好。第谷无疑很感谢维蒂希的贡献，因为据我们所知，这使他第一次接触到莱因霍尔德的注释。维蒂希离开时，第谷赠他一本华丽的彼得鲁斯·阿皮亚努斯的《御用天文学》。但维蒂希肯定有某种独立的方法（或预期），因为这份礼物不足以使他留下：四

---

[1]　Gingerich 2002, 12.

[2]　Dudith became acquainted with Rheticus in the late 1560s; Praetorius stayed at Dudith's home from 1569 to 1571 and, like Wittich, tutored his host in elements of the science of the stars（see Dobrzycki and Szczucki 1989, 26）.

[3]　Christianson（2000, 74-77）suggests a number of possible social models for what he wants to characterize as Tycho's *familia* — the ecclesiastical or monastic household, the Italian humanist academy, the Renaissance court, and the professorial household. According to the social historian David Herlihy（1991）, the *familia* denoted in antiquity and aggregation of slaves, in the Middle Ages an organized and stable community, and throughout both periods and into the Renaissance a household bound by ties of affection. Christianson's important suggestions point to the need for further, detailed work on the kinds of ties that bound together Tycho's island.

[4]　For an example of this method, see Gingerich 2002, 12.

个月的探访之后，他再也没有回到过这座小岛。

维蒂希对《天球运行论》的解读给第谷造成了多方面的重要影响。他遵循莱因霍尔德的天文学公理（"天体运动既匀速又盘旋，或者说是由匀速和圆周运动组成的"），在将哥白尼行星模型形象地转化为相应的地心模型方面发挥了重要作用。维蒂希详细说明了将哥白尼的独立模型转换为地心模型可以保留原本的参数，由此暗示了它们的预测能力。这项工作有时会有些棘手。哥白尼绞尽脑汁地（而且并不是总能成功）解决水星的问题，而且从《短论》到《天球运行论》，至少有四个相关而各不相同的模型。[1] 维蒂希了解《短论》，他比较了三个不同的日心模型，或者说 "模式"，即偏心轮加本轮、偏心轮加偏心轮以及本轮加本轮。维蒂希的图表描绘了这三种日心模式，但他的地心转换主要分析了前两种。最终，这些图表将《天球运行论》转化成了地静模型的工具。[2]

维蒂希的解读也为第谷提供了一条对《天球运行论》第 1 卷有利的注释，而这方面的内容被莱因霍尔德故意忽略了。例如，维蒂希对哥白尼有关重力的论述评论道："就像物以类聚，元素并不向宇宙中心，而是向其球体中心汇聚；因此恒星与地球都是球形的唯一原因就是它们由自己的形体所驱动。"[3] 最令人惊讶的是，维蒂希强调的主要特征如今为解释这种理论提供了可能。[4] 他用下划线标出雷蒂库斯的表述："对天文现象的准确理解必须依赖于地球的规则匀速运动，这种情况具有某种神圣性。"[5] 他注释道："复兴并建立地球运动的原因。"哥白尼理论的主要结论为，要改变行星的秩序，就必须推翻行星的 "对称性"，维蒂希

---

[1]　See Swerdlow 1975.

[2]　Transcriptions with commentary on the complete set of diagrams, all of which come from the Vatican copy, may be found in Gingerich and Westman 1988, 77-140.

[3]　Copernicus（Vatican）1543, bk. 1, chap. 9, fol. 7r.

[4]　See P. Lipton 1991.

[5]　Copernicus 1971b, fol. 202v. Wittich cross-referenced this passage on fol. iij r of both the Prague and Vatican copies.

图 55. 哥白尼的行星排布，以及保罗·维蒂希的注释。出自哥白尼，1566 年（© Biblioteca Apostolica Vaticana，MS. Ottob. Lat. 1902 年，fol.9v）。

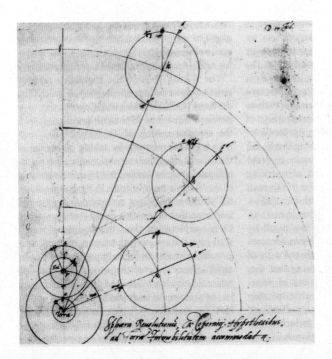

图 56. 保罗·维蒂希的速写《满足哥白尼地球运动假说的运行天球》。出自哥白尼，1566年（© Biblioteca Apostolica Vaticana, MS. Ottob. Lat. 1902，fol.210v）。

在此写道："首先，行星所表现出的迹象与地球的运动完全吻合，这证实了哥白尼提出的假说。"[1]

最后，维蒂希仔细地标注（并且修正）了哥白尼用著名的年轮图展示行星次序与周期的那一页。维蒂希在三个位置上计算了数据，指出根据"哥白尼更准确的计算"，星体运行周期从太阳到土星逐渐增加。在第二张表格中，他展示了平均日运动从太阳开始逐渐减少；在第三张表格中，他给出了会合周期的数值。

他在这一页的右上角揭示了自己的想法：将地球和月球放在了三颗外行星和两颗内行星之间（"符合它们的运动"）；同时他在包含括注中指出，"太阳也

---

[1] Copernicus 1971b, for. 10. I read Wittich's use of the word confirmare in the dialectical sense of "to fortify" rather than the appodictic "to demonstrate."

参与其中"。[1] 维蒂希显然理解并认可了哥白尼的对称主张，但他不认为这是决定性的。他深刻理解莱因霍尔德对普尔巴赫的评论——地球不动，太阳似乎参与了每颗行星的运动。

因此，维蒂希使第谷对哥白尼理论中最重要的说明性成果和计算结果的使用都有了清晰的认识。当然，所有天文学家－占星家都渴望占据计算优势。所以，完成最后一幅图示后，维蒂希原本可以像莱因霍尔德一样轻易忽略行星次序的问题。莱因霍尔德、乌尔施泰森和施赖肯法赫斯对普尔巴赫的《行星新论》都采用图示与注释的策略并取得了良好的效果，如果维蒂希也投身于这种教学说明，那也是在情理之中。换句话说，传统的星的科学流派根本不会驱使他做进一步的研究。但维蒂希彻底沉浸在了《天球运行论》与《第一报告》的文本中，显然无法忘记地球运动的前提下所得到的令人信服的结果——他将阐释的言简意赅与天体次序标示为哥白尼的主要观点。

在最后一幅速写中，作为练习，维蒂希构建了自己的次序，他将行星整体的聚合整合进他所谓的"运行天球"中。显然，这幅图描绘的是经过改良的卡佩拉排布。维蒂希的速写遵循奈波德的审美传统，用同心圆（而不是球体或天球）来表现太阳、金星和水星；图说则从哥白尼的标题中借用了一个词（"运行"），而没有使用其他词（"天体的"）。不过，在展示外行星的二次异常时，它打破了先例。最惊人的是，维蒂希为外行星绘制的本轮半径与日－地距离完全平行，这样的形象使人回想起普尔巴赫将太阳作为"通用的镜子与测量规则"的做法。

不过，除了这一启发性的改动，有证据表明，这幅速写从两个角度来看是不完整的。首先，虽然这幅图明确指出金星和水星的运动与太阳有关，但其他三颗星体的旋转似乎只和地球有关。因为维蒂希早前更加复杂的图示一致表明

286

---

[1] Copernicus (Vatican) 1543, fol. 9v. For Venus's mean sidereal period, Wittich corrects Copernicus's nine months to eight, and for Mercury's, eighty days to eighty-eight.

他正确理解了如何利用平行四边形（与梯形）进行转换，但意外的是，从代表外行星的点向太阳绘制平行线时，他却无法熟练运用同样的技巧。如果本轮半径总是与日－地距离保持平行，那么行星实际上会与太阳完全协同旋转。而如果形成了完整的平行四边形，就会符合地球位于中心而所有行星都围绕运动的太阳秩序。其次，16世纪有关行星次序的表述通常没有得到校准；它们只能表现次序而不能表现距离。因此维蒂希决定对外行星引入太阳本轮，这就需要进一步严格区分本轮／均轮的比例。但是，这幅图不符合这些比例，而是将本轮直径都画成了相等的。所以，维蒂希没有使火星的本轮经过严格校准后与代表太阳轨道的圆相交。另一种可能是维蒂希致力于建构实心的实体球模型，因此随意完成了绘图，致使火星的本轮刚好与太阳的圆相切。[1]

正当维蒂希的运行天球图表缓解了长久以来由于水星与金星次序的不确定而造成的紧迫感时，它却使火星的排布出现了新的不确定性。多亏维蒂希为图表标注了日期（1578年2月17日），我们得以知道它是两周时间内完成的一系列速写中的最后一幅，也就是绘制于他到达汶岛之前一年半的时候。因此，在乌拉尼亚堡的几个月时间里，维蒂希很可能提出了火星的话题——也许是在城堡豪华的冬屋，第谷习惯在那里与家人一起用餐，而这种对话通常会发生在他与拜访者或比较有学识的工作人员之间。[2]第谷与这位才华横溢的西里西亚人如此熟悉，这也解释了1586年维蒂希去世后，第谷为什么锲而不舍要从其遗孀手中获得注解丰富的哥白尼藏书——最终他做到了。[3]

天体次序一直以来的不确定性一次又一次与哥白尼早期遇到的问题产生共鸣，而维蒂希的情况则更加突显了这种困境。从技术上熟悉《天球运行论》中的复杂模型，这无疑是利用该理论想象中的计算上的好处进行占星预言的先决

[1] See Gingerich and Westman 1988, 138-40.

[2] See the evocative account in Christianson 2000, 77-79.

[3] For Tycho's efforts to obtain Wittich's library, see Gingerich and Westman 1988, 120-23.

哥白尼问题

条件。但是，即使了解该理论在解释天文现象方面的优点，也不能直接推断这种解释比传统的说明更优（甚至更有可能性）。[1]进入 17 世纪，从业者对哥白尼消除周年运动的主张所具有的重要性各执己见。天文学家－占星家对传统自然哲学的前提也有不同的容忍度。例如，长期公认重的物体会落入宇宙中心，而哥白尼提出元素"向往"它们自己的球体中心，我们如何在二者之间做出抉择呢？最后，应该如何使用圣经的证词与上帝的意愿来裁定不同的天体次序假说呢？

1580 年，"新哥白尼"给第谷·布拉赫留下了许多需要思考的问题：详细证明哥白尼的行星模型适用于静止的地球；加强卡佩拉环日方案的观点；哥白尼方案代替传统地球物理学的可能性；以及，整体上加深理解哥白尼的美学与阐释魅力。

在"中间道路"上

第谷的进展

第谷·布拉赫与维蒂希的相遇准确地表达了"中间道路"的问题。第二代天文从业者置身形形色色的倾向之中，面对着因传统与现代交会而导致的接踵而来的不确定性。这种汇合所造成的不确定性屡屡重现了哥白尼最初的问题情境。应该选择哪一条道路呢：是利用太阳静止方案所具有的阐释力（与物理不确定性）去捕捉新奇事物并加深阐释，还是只利用哥白尼的阐释优势征服新奇事物，而不危及传统物理与圣经的基础？没有证据证明，在维蒂希走后，第谷曾经犹豫不再坚持卡佩拉的水星与金星排布或者地球的中心位置。但从何处着手呢？如果有两颗行星绕着（并相对于）太阳旋转，为什么其他行星不是这样呢？

---

[1] See again Peter Lipton's helpful discussion（Lipton 1991, 56-74）.

而如果还有更多的行星绕着太阳旋转，为什么不是（如维蒂希的图表几近声明的）火星、木星与土星？尤其是，因其紧邻地球，火星的这一问题令这个新的行星次序变得明朗。火星是如维蒂希和托勒密所述，永远在太阳之外吗？在私人通信以及后来的出版物中，第谷始终认为棘手的难题就是在托勒密与哥白尼的假说之间做出抉择。他从头到尾都明显避免提到维蒂希。以他的性格，第谷会向他伟大的观测仪器寻求答案——到 1581 年，这些资源的性能与精确性远远超过了之前的所有装置。问题是，第谷·布拉赫想找什么呢：他想找到什么，又是如何描述自己的冒险行动呢？

哥白尼的次序理论与托勒密的（或者就此而言，还有其维蒂希变体）不同，它预测到火星冲日时与地球的距离只有日地距离的三分之二。至少第谷本人在 1584 年和 1587 年就宣扬，他推测地球与火星接近。[1] 就观测而言，火星距离最近时，早晚进行观测，在连接天顶点与地平线的弧两端应该可以发觉到它的表观每日位置出现的小差异。日心次序也能推衍出火星的每日视差应该会产生一个比太阳视差大的值。但是，虽然第谷绝对无法得到如今公认的太阳视差值（9 秒）和火星视差值（<27 秒），但他从希腊人那里得到了一个偏大二十倍的太阳视差数值（3 分）。因此，在他看来，他据以指导预测的标准（虽然依然受到变幻莫测的大气折射的影响）似乎是符合仪器接受范围的（1 分）。结果小于 3 分就说明火星在太阳之上；结果大于 3 分就说明火星与地球的距离小于日地距离。[2]

我们知道，雷蒂库斯宣称根据哥白尼的次序做出了进一步的推论（结果发现是无根据的），火星的靠近证明了地球一定不在宇宙中心。完全可以想象第谷

---

[1]　Tycho to Brucaeus, 1584, Brahe 1913-29, 7: 80. ll. 9-16: "Expertus sum in fine anni elapsi 82 et principio 83 ex parallaxibus Martis tum temporis achronychij, et ob id Terrae in minori distantia vicini. quam Sol a Terra removetur, idque iuxta COPERNICI placita ad $\frac{1}{3}$ quasi partem, unde maiores parallaxes, quam Sol ipse inducere debuisset, cum tamen longe minores fuisse" ; Brahe to Landgrave Wilhelm, January 18, 1587, Brahe 1913-29, 6: 70, ll. 34-35: "Nam tertia fere parte per hanc Mars in oppositionem Solis terris redditur propior quam ipse Sol."

[2]　See Gingerich and Voelkel 1998, 3.

和维蒂希在 1580 年下半年曾经讨论过火星问题的构想,因为后者收藏了多本《天球运行论》,而其中有一本是 1566 年的合集版;维蒂希的注释虽然未标注日期,但依然表明他阅读了带有雷蒂库斯评论的那一页。[1]另外,我们无法排除第谷本人在维蒂希来访之前就有可能已经熟悉雷蒂库斯的这本著作。因此第谷提出的方案是介于维蒂希扩展的托勒密－卡佩拉排布,与完整的哥白尼－雷蒂库斯次序或者别的第三种次序之间。1587 年 1 月,第谷说明了可选的方案:"要么地球以周年运动旋转,从而排除了所有行星的本轮,要么就必须寻求迄今为止还没有构建的天体运行方案。"[2]需要强调的是,这个选择是在进行观测之前做出的,据此,火星的运动要么支持维蒂希的速写,要么支持"哥白尼次序中可以被第谷并入新的地心模型的部分"[3]。可以认为,至早在 1582 年,第谷就在想方设法驳斥维蒂希和雷蒂库斯。对第谷来说,两种次序之间的问题取决于火星视差大约两分弧度的差异。

维蒂希走后两年,也就是 1582 年末或 1583 年初,第谷的观察日志显示,他开始用大型仪器确定火星周日视差的方向。[4]1584 年寄给布鲁卡尤斯的书信表明,他正在明确寻找(没有找到)火星与地球的距离确实小于日地距离的证据。

历史学家们在第谷随后的参考文献中没有发现与这些最早的视差观察有关的详细说明。[5]1587 年 1 月 18 日的一封信声明使情况变得更加复杂,其中第谷声明已测定火星与地球的距离确实小于日地距离。[6]史学研究者们大多关注第谷

288

---

[1] Copernicus 1971b, fol. 202; see also Rheticus 1982, 107, 186-87 n. 227.

[2] Brahe to Landgrave Wilhelm, January 18, 1587, Brahe 1913-29, 6: 70, ll. 38-40.

[3] Miguel Granada (2006, 137) rightly observed that the question at stake here was "something more than choosing via this crucial experiment between two conflicting cosmological systems."

[4] These instruments included the great quadrant, the zodiacal armillary, the bifurcated sextant, the trigonal sextant, the largest steel quadrant, and the famous mural quadrant. For an excellent, detailed account of these early efforts to find Mars's parallax, see Gingerich and Voelkel 1998, 5-9.

[5] Ibid., 16; Mosely 2007, 67.

[6] Brahe to Landgrave Wilhelm, Brahe 1913-29, 6: 70, ll. 29-42.

何以能够声明得到了超出仪器能力的观察结果，又是如何令人信服地主张火星与太阳的轨迹相互交叉。这个问题直接对行星的次序产生了影响。

商议天球的本体论

有必要对这种情况的逻辑性稍作评论。如果第谷说服自己（和他人）接受大于 3 分的火星观察结果，那就意味着，地球若是静止不动，那么火星与太阳的天球就会相互贯通。另外，如果天球是不可穿透的三维物体，结果就是，要么根本没有运动，要么火星与太阳会产生毁灭性的撞击。这样的天文灾难显然没有发生，因此，实心的、不可穿透的天球也不可能存在。但是，反过来，抛弃天球又会析出新的推衍：要么地球必须运动，正如哥白尼学说的支持者雷蒂库斯、梅斯特林和迪格斯的主张；要么地球位于中央，火星像金星和水星一样绕太阳旋转，而木星和土星折中，绕太阳或地球旋转（1651 年，作品丰富的耶稣会教徒 G. B. 里乔利指定并认可后一种排布为"半第谷体系"）。另外，地球维持在宇宙中心、同时绕自转轴旋转的设定，与上述两种次序都可以兼容。这些推衍值得思考，因为它们不仅在当时表现出了概念上宽广的可能性，而且还有力地突出了第谷新方案中的哥白尼元素比通常公认的更显著。

和 16 世纪 70 年代一样，这样轻率鲁莽的思考非常离奇，因而也没有再出现。1586 年 6 月之前，第谷收到了一部未完成的著作，讨论的是短短八年内出现的第四颗，也是时间最近的一颗彗星。书名叫《论彗星》（*Scriptum de Cometa*），作者是黑森－卡塞尔宫廷数学家克里斯托弗·罗特曼（1550 ？ —1608 ？）。罗特曼与维蒂希一样，在维滕堡学习并且精通《天球运行论》；但与维蒂希不同的是，他被哥白尼的理论彻底说服了。在寄给第谷的论著中，他没有提到自己对行星次序的观点，但他直率地提出了一种稳健的解释方法，并彻底抛弃了天球理论：

哥白尼问题

迄今为止许多哲学家曾说明，而公众也都相信，行星天球是实心致密的物体，它们通过自己的运动稳固地移动着依附在其中的行星……实心物体不允许任何区域被穿透……最伟大的作者们传播着对天球理论的这种信任，而且该理论获得了作为普遍公理的权威性。然而，（出于）我对真理的热爱，我会证明这完全是错误的。……我还会证明恒星天球与地球之间只有空气元素，而七颗行星只是悬在空中。……行星天球中只有空气，而它们之间的划分不是真的，而是理论上分配给它们的，以免它们侵犯彼此指定的空间。……那么现在就能解释彗星是如何在土星天球中移动的了。……彗星的运动就是说明行星天球不是实心体的最强论证。实体不允许任何区域被穿透。所以你的身体无法穿过墙壁。因为，两个物体无法在同一时间位于相同的物理空间中。[1]

一方面，如此大胆而坚定的主题从未在第谷之前的作品中出现。如果说有区别的话，那就是第谷似乎一直无法确定如何将彗星作为物理实体看待。另一方面，他利用卡佩拉的方案在月球和金星间为 1577—1578 年的彗星指定了一个特殊的天球。[2] 然而就在这部著作中，他向帕拉塞尔苏斯派的权威回应道："帕拉塞尔苏斯派坚持认为天空是第四种元素火，其中也会出现产生与毁灭，因此他们认为彗星有可能诞生于天空中，正如土地和金属中偶尔会发现奇特的赘生物，动物中会出现怪兽一样。" [3]

这就形成了某种两难困境：如果彗星就像怪兽（偶尔打破自然规律），它们是如何一次又一次出现，并随着行星天球运动呢？的确，如果 1577 年的彗星位于金星天球外侧，那么它就应该在 1578 年秋季再次出现。如果它在 1578 年秋

289

---

[1] Rothmann 1619, chap. 5; cited and trans. in Rosen 1985, 28-29; Moran 1982.

[2] Brahe 1913-29, 6: 388; trans. Christianson 1979, 136; discussed in Granada 2006, 135.

[3] Christianson 1979, 133; cited in Gingerich and Westman 1988, 73.

季没有出现（确实没有），那么它就和行星不一样。因此，这个事件超出了正常的自然规律，需要找到新的理由解释它的消失。

收到罗特曼关于 1585 年彗星的未完成著作几个月后，第谷就在回信中做出了关键的修正："我很乐意赞同你的主张，天空中充满了空气而不是实心物质；它确实完全由气体组成，如果你明白月亮以上的气体比空气元素更加稀薄，那就应该将其命名为流动性强而且稀薄的以太，而不是空气元素。"[1] 第谷在天空流动性方面赞同罗特曼的观点，但他认为天上的气体是以太气体而不是元素空气。换句话说，第谷还没有完全准备好抛弃陆地与天空之间的传统本体论边界。因此他没有解决天空是否能够产生新事物的问题。

他在这封信中增加的一段话，引起了人们对其诚意的质疑："的确，多年前，我并没有接受天空中存在天球的观点，不认为组成天空的物质是坚硬而不可穿透的。"[2] 罗特曼在回信中感谢了第谷的立场："你正确地赞成我的观点，天球的材料不是坚硬且不可穿透的，而是流动且精细的，很容易让步于行星的运动。"[3] 在第谷 1588 年寄给卡斯珀·比克的著名书信中，他继续重申了这个观点，不过没有提到罗特曼："我依然受到长期以来公认观点的灌输，天空中密布着真实的、承载着星体的天球。"[4] 这些言论表明罗特曼的论著似乎只是加强了第谷自己已有的观点。

但事情没有这么简单。如果第谷曾经纠结于天空的规则性如何容纳彗星这样的怪物，那么 1582 年开始的火星视差研究就代表着另外一个问题：两个规律运动的天体的轨迹可以相互交叉吗？这个疑问显然对天上物质的本质提出了很多问题：不在于天空是否能产生"惊人的赘生物"，也不在于这样特别的物体是

[1] Brahe to Rothmann, January 20, 1587, Brahe 1913-29, 6: 88, ll. 4-15. The complete passage is rightly stressed by Mosely 2007, 70. Cf. Rosen 1985, 27; Gingerich and Westman 1988, 75.

[2] Brahe 1913-29, 6: 88, ll. 9-12; Gingerich and Westman 1988, 75.

[3] Rothmann to Brahe, October 11, 1587, Brahe 1913-29, 6: 111, ll. 24-26; Gingerich and Westman 1988, 75.

[4] Brahe to Peucer, September 13, 1588, Brahe 1913-29, 7:130, ll. 9-11; Gingerich and Westman, 1988, 74n.

否能够一次性穿过行星天球区域，而在于永恒的天外物质是固体还是流动的气体。如果没有天球，那么地球和行星之间存在什么物质呢？行星为什么会移动？最重要的是，怎样解释运动的规律性？行星与恒星通过怎样的媒介对地球产生影响？将地球重新分类为移动的物体，这样的划定又有怎样的含义？

第谷·布拉赫手边就有可用的资源帮助思考这些问题，那就是卢西奥·贝兰蒂的《关于占星学真相的一些问题》，1574 年之前他就有这本书，早于他的火星活动，更远远早于他收到克里斯托弗·罗特曼的著作。贝兰蒂认为，天空由不可毁坏的固体物质组成，具有圆周运动的性质。[1] 虽然他的观点结合了亚里士多德与托勒密的权威，但托勒密在《天文学大成》或《占星四书》中都没有提到天球及其物理构成；而且众所周知，托勒密直到 12 世纪中期才开始撰写《行星假说》。贝兰蒂承担了为占星学辩护的任务，占星学是一门科学，意味着天文学（"占星学的另一分支"）必须具有可论证的物理学基础。他以传统的学术风格整理了两种相反的论点，最后得出了天空由固体组成的结论。这种辩证方法具有典型的亚里士多德特征，表明他在一定程度上说明了自己所反对的立场。被驳斥的立场就是，天空是由流体或流动物质组成。

总结一下肯定的观点。首先，物体越轻或越稀薄，流动性就越强；而天空是最轻的物质。不过天空同时也很致密——至少包含比较致密的部分。

据贝兰蒂所述，任何否认天空致密的人都应该听从亚里士多德，他说过，一颗星体是其天球中致密的部分。固体是指物体中含有物质的部分，而孔隙是指缺乏或不含物质的部分。另外，在很长的距离上，大量的物质会阻碍视线、增强光线，使光线受到反射与折射。但是由于天空中不会发生这种现象，因此天空的物质一定是流体。此外，太阳及其各部分由流动性物质组成。这是因为它具有火的性质，而火是一种流动性物质。火焰照亮、温暖并养育了动物的生

290

---

[1]　Bellanti 1554, 40-41: "Quaestion Tertia De Natura Partium Coeli: An ccaelum sit substantiae fluxibilis."

命。当然，当天空旋转时，包括火在内的元素做直线运动；但在其本身的天球内，火像空气一样绕中心做圆周运动，这是根据哲学家和天气已知的事实。

贝兰蒂对这些论证的回应主要源于对天空一致性的担忧。天球提供了形态，而连续的间距（固体性）维持了形状。如果天空是流体，那么各部分的间距就会不均匀（从而允许出现真空），因此，物体在没有阻力的情况下很快就会移动。不仅如此，如果各部分不均匀分布，那么各部分的阻力就会不一致，因此为了使每部分都均匀运动，就必须以某种简单的方式对无数物体施力——这绝对是"非哲学的"想法。另外，各部分沿不同的方向运动会破坏一切一致性：各部分会从整体分离，而天体会四分五裂。简而言之，天空将受到破坏。[1] 贝兰蒂的反对很大程度上是源于物理学的考量，而不是严格的光学思考。

贝兰蒂的问题有助于解释第谷令人困惑的主张——新星与第一颗彗星出现后，他一开始为什么不愿意放弃对固体天球的坚持。抛弃天球意味着需要另一种物理学解释，说明天空会保持一致，而不是如莱因霍尔德所述的失去运动形态，"像空中鸟或海中鱼一样"[2] 自由地运动。第谷显然没有做出这种解释。但到1585 年，又出现了不下四颗彗星，而天空依然保持完整。而且，多亏了新仪器，1582—1585 年间第谷对行星与恒星折射的观测越来越敏锐。的确，如果行星表现出比恒星更大的折射，就有可能解释为何无法探测到火星视差。[3] 反过来，无可置疑的折射现象也需要获得物理解释。据贝兰蒂所述，固态天空物质与距离都不会阻碍可见光。[4] 若果真如此，来自火星的光为什么会弯曲，导致它的表观位置失真呢？第谷在彗星与视差观测方面的直接经验很可能促使他认为，月球

---

[1] Bellanti 1554.

[2] Mosely 2007, 76, citing Aiton 1981, 99-100; for further discussion, see Westman 1980a, 113, 139 n. 45.

[3] Gingerich and Voelkel 1998, 11-16.

[4] Bellanti 1554, 41: "Ad secundum dicitur negando soliditatem exigere maiorem quantitatem materiae quam aliquod fluxibile ut dictum est: negatur etiam quod long distantia in maxime diaphanis radios impediat, refrangat, reflectat &c. "

以下的空气是导致失真的关键介质，而且使他倾向于赞许（或者果断赞同）罗特曼的大胆推论，即元素空气延伸到月球之外并且充满了天空。但是没有证据证明他本人得出了这样的推论。

罗特曼的转化与第一次哥白尼论战

很不幸，我们无法了解罗特曼的早年经历，无论是出生时间或进入黑森－卡塞尔皇宫的准确时间，都不得而知。[1] 我们知道他于 1575 年 8 月被维滕堡大学录取，当时负责星的科学课程的教员群体正在发生转变。[2] 梅兰希顿、莱因霍尔德和雷蒂库斯都在十多年前离开了。比克对课程仍有影响，但他于 1574 年被控为秘密加尔文教徒入狱；同年，雷蒂库斯默默无闻地去世了。当罗特曼开始大学的学习时，这些近况（尤其是比克入狱）都是最新的消息。罗特曼在学生时期参加的课程与几年前塞巴斯蒂安·西奥多里克和巴尔托洛梅奥·舒尔茨的课程应该不会有很大差别。比克对天球的介绍与莱因霍尔德对比克的评论都是课程的重点内容。

卡斯珀·斯特劳布与安德里亚斯·沙特各自准备对普尔巴赫作注，并于 1575 年和 1577 年以此为基础授课。[3] 另一个学习资源是加尔克乌斯关于运用《普鲁士星表》计算星命盘的论著，高年级学生还可以学习莱因霍尔德与比克的《天文学假说》，这本书的 1571 年版本献给了罗特曼未来的庇护人威廉四世。[4]

罗特曼也可能听说过有关《天球运行论》"序言"作者的传言。约翰内斯·普

291

---

[1]　For a brief but reliable biographical sketch, see Rothmann 2003, 10-14.

[2]　Assuming that this was Rothmann's first year: given a typical age of fifteen at initial entry, this would put his birthdate in 1560. If it were known that Rothmann had been in Wittenberg just a year earlier than 1575, it would allow for the possibility that he had personally met Peucer.

[3]　Straub, Erlangen MS., fol. 2r; Schadt, Erlangen MS., fol. 72r.

[4]　Evidently a reissue of［Peucer］1568.

雷托里乌斯曾与霍姆留斯一同学习，并在罗特曼入学之前在维滕堡执教（1572—1575）。普雷托里乌斯也了解过《天球运行论》早期出版的历史细节，而这些信息很快就在维滕堡口耳相传。他手上有两本《天球运行论》，其中一本的笔记里透露，他根据一些匿名人士的信息，确定奥西安德尔就是"序言"的作者。[1] 另一本原属于霍姆留斯（他曾与雷蒂库斯和莱因霍尔德一同学习），普雷托里乌斯在其中简短地说明了奥西安德尔的身份："雷蒂库斯认定这篇序言的作者是安德列亚斯·奥西安德尔。但哥白尼并不赞成。而且，奥西安德尔还违背作者的意愿修改了标题。原本应该是'运行论'。奥西安德尔添加了'天球'。"[2] 由于这些注释没有标注日期，我们无法确定普雷托里乌斯作注的具体时间；但鉴于霍姆留斯卒于 1562 年，普雷托里乌斯很有可能是在维滕堡执教期间获得了这段叙述（即使不是他在其中写下这部分内容的那本书）。如果确实如此，那么奥西安德尔的欺骗以及雷蒂库斯对此表示的失望，可能早在 16 世纪 60 年代就传遍了维滕堡，由此给《天球运行论》的调和解读蒙上了阴影。

罗特曼在某个时刻脱离了维滕堡共识，成为了哥白尼与雷蒂库斯的追随者、维滕堡唯一的异议者。发生这样重要转变的原因与过程至今仍然不明。转变发生在学生时代的可能性极小，不过当时肯定已经埋下了基础。罗特曼有可能走上了与维蒂希和早期第谷相似的道路。他似乎在 1583 年开始撰写一部著作，此书最终并未出版，其中包含卡佩拉的图表以及三颗外行星的典型地心排布，但是不包含维蒂希方案中的周年本轮。[3] 这种排布是受到了维蒂希的启发（或者强化）吗？同样，年代时序无法确定。我们只知道维蒂希于 1584 年 11 月在卡塞尔与罗特曼一起观察了一次食现象。[4] 他到达和停留的时间都不详；但 1585 年

---

[1] Gingerich 2002, Schweinfurt 1543, 91: "Andr. Osiandri（ut aiunt）."

[2] Gingerich 2002, Yale University, Beinecke Library 1543, 308.

[3] For further discussion, see Schofield 1981, 27-34; Barker 2004; Granada 1996b, 61-66; Granada 2007a.

[4] Rothmann to Brahe, September 21, 1587, Brahe 1913-29, 6: 116, ll. 17-18.

10 月，伯爵告诉布拉赫，维蒂希曾帮助他改良仪器。[1]伯爵提及此事显然意在赞扬维蒂希，因为建造机械天球仪与天文钟的专业技能在卡塞尔得到了高度重视。[2]有关这些交往的传言说明，维蒂希有可能利用这些机会再次分享其对《天球运行论》的解读。在卡塞尔利用维蒂希式结构开展的实验肯定早于第谷·布拉赫地心日心方案的发布。1587 年，伯爵要求瑞士机械师约斯特·布尔基（1552—1632）为地心日心秩序建造一座青铜模型。[3]

关键之处在于，在 1584—1586 年的卡塞尔，乌拉尼亚堡没有开展类似火星运动的活动。罗特曼的注意力都集中于改进恒星观测并观察彗星。他在《论彗星》中竭力捍卫地球与天空之间只有空气的观点。有人（我认为是令人信服地）提出，罗特曼读过让·佩纳（Jean Pena）为欧几里得《光学》撰写的前言（1577），之后决定支持这一主张。[4]本质上来说，罗特曼以常见的"否定后件"形式提出了一个新的论点——但同时完全保留了贝兰蒂对天球光学特性的假设。按照他的观点，如果天球与轨道存在，它们就会在高空中造成折射；由于折射不会发生在这样的高度，而只会发生在地球附近，是由地平线以上 15—20 度以下的浓厚蒸气导致，因此天球肯定不存在。[5]另一方面，彗星表现出了折射，这是陆地蒸

[1]　Landgrave Wilhelm to Brahe, October 20, 1585, Brahe 1913-29, 6: 31-32.

[2]　See Mosely 2007, 257-65.

[3]　Rothmann to Brahe, October 13, 1588, Brahe 1913-29, 6: 157, ll. 8-16, 158, ll. 21-26; Mosely 2007, 282-83. Bürgi was always described in the correspondence as self-educated, perhaps to stress his lack of a university education and his status as a craftsman.

[4]　Barker and Goldstein 1995, 390-91; Granada 2002a, 115-36; Granada 2004b; Mosely 2007, 74-75; Thorndike 1923-58, 6: 19-20, 71-72, 83-94.

[5]　Rothmann 1619, 104-5; Mosely 2007, 74 n. : "Si refractio ista esset ab orbibus coelestibus, non tantum usque ad 15 aut 20 ab horizonte gradus, verum （quemadmodum Alhazen et Vitellio in dictis locis demonstrare conantur） usque ad verticem duraret, adeoque omnium observationum certitudo turbaretur necesse esset." He reiterated the point on November 14, 1587 （Rothmann to Brahe, Brahe 1913-29, 6: 121）: "Ita vides, hoc unico argumento, quod nimirum Refractiones non durent usque ad verticem, firmissime demonstrari, non esse diuersa Aetheris & Aëris Diaphana. Nec enim ipsi Optici negare possunt, quin praesupposito diuerso Aetheris &Aëris Diaphano necessarium sit, ut Refractio duret usque ad verticem, ut ex Alhazeno lib 7 & Vitellione lib. 10 P. 51 manifestum est." In 1604, Kepler commented extensively on the Rothmann-Tycho skirmish （Kepler 1937-, 2: 78-80; Keplar 2000, 93-96）.

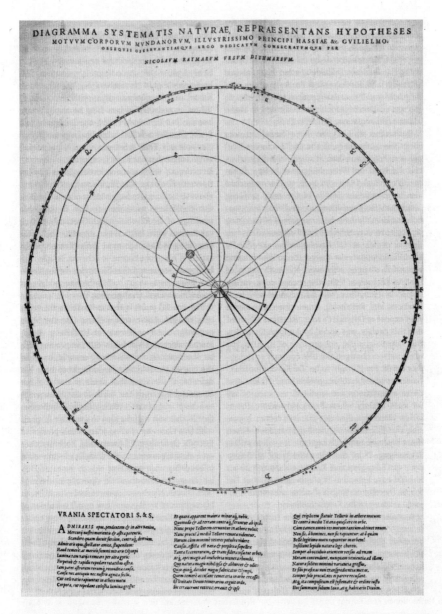

图57.《自然系统示意图，描述宇宙中天体运动的假说》，乌尔苏斯，1588 年（© British Library Board.All Rights Reserved.8561.c.56 ）。

气压缩的产物，蒸气从地球上升到月亮以上，接收（并弯折）太阳光。

可见，整个论证取决于你想从折射的证据中推导出什么。

罗特曼的元素－空气假说为第谷提供了另一种解释天文物质性质的方法，使他能够自由地推进替代维蒂希的方案。讽刺的是，第谷声明观察到了较大的火星视差，虽然满足了他自己的需要，但也立即使罗特曼有机会认可另一种方案，而这是第谷无法容忍的。两个主张（其一是不存在天球，其二是火星视差值很大）都不足以说明，应该选择第谷的新的行星方案，还是罗特曼出人意料地选择的哥白尼假说。目前的局势说明，这项证据仍不是决定性的。

布拉赫在1588年春用自己的出版社出版了《关于最近发生的天文现象》（*De Mundi Aetherei Recentioribus Phaenenomenis*），几个月后，他被卷入了双面的争议。一方面，他与罗特曼开始了长达两年的通信（连续的有关时事的、漫无目的的阐述），这些书信针对的是他们各自行星方案的价值对比、彗星与天空的构成；另一方面，他陷入了与雷马拉斯·乌尔苏斯的关于优先次序的激烈论争，乌尔苏斯是第谷一位贵族朋友的客户，1588年7月底，他在斯特拉斯堡发布了一个行星秩序方案，至少就其基础几何学而言，与维蒂希的方案是相当的。虽然第谷巧妙地忽视了维蒂希，但他很难忽视《关于最近发生的天文现象》面世不久就发布的方案图。[1] 因此，他无法像在其新假说的标题中摒弃托勒密与哥白尼的次序一样，轻易用"荒谬"这个词草率应对乌尔苏斯。与乌尔苏斯的论争令第谷感到不安，甚于与罗特曼的争论，很可能是因为这对火星视差的敏感问题提出了质疑，而第谷的系统与其作为观测者的名誉都依赖于此。他对两件事的处理方法有很大区别，他利用自己的社会地位（通过通信人脉的介入）抨击和污

293

---

[1] Indeed, Tycho claimed that it was his own and that Ursus had stolen it from his study. The Ursus episode has now received extensive treatment by several scholars, and, largely for reasons of limited space, I have nothing much to say about it in this book. See Jardine 1984; Rosen 1986; Gingerich and Westman 1988, 50-69; Granada 1996b. 77-107; Mosely 2007, 78, 177, 185; Jardine and Segonds, 2008.

蔑地位较低的乌尔苏斯，而不是与对方展开辩论。

与第谷对乌尔苏斯纠纷的处理方式不同，他与罗特曼的通信意味着明确的论战——确切地说，这类争论第一次涉及了哥白尼理论。它与早期关于彗星和天球本体论的讨论，以及乌拉尼亚堡和卡塞尔宫廷之间不断发展的关系有机地相互交织。乌拉尼亚堡与卡塞尔宫廷都是由贵族天文从业者统治的，这里的天文学专家可能比欧洲其他地方都要密集。[1] 二者共同构成了一个不受学科流派和大学教学需求所阻碍的空间。脱离了这种环境，第谷在书中插入了他的世界系统简图；此书主要致力于全面分析 1577 年的彗星，面向的群体是学者（其中许多是大学教师），但没有打算作为教学工具。虽然第谷给梅斯特林寄去了最早的一版（注明是 1588 年 5 月 14 日，但直到 8 月才收到），但他没能与这位图宾根数学家建立密切的关系并探讨哥白尼问题，更别说像跟罗特曼一样与之展开广泛而深入的交流。梅斯特林在年底把这本书借给了斯特拉斯堡的海里赛乌斯·罗斯林。罗斯林在拿到书的两周内整理了一段叙述，其中提到乌尔苏斯曾是第谷的学生，他剽窃了这位丹麦人的排布方案，还增加了自己有关地球周日运动的内容。[2] 1590 年，通过中间人，托马斯·迪格斯也拿到了第谷的这本书，然而即使它成功到达了目的地，仍然没有证据表明它得到了回应。[3] 乔尔达诺·布鲁诺根本没有得到这本书；他既不是天文从业者，也不属于第谷的通讯网络。与这些主动行动（书籍作为礼物或借贷传到了一小部分学者手中，其中大部分是哥白尼学说的第二代支持者）不同，布拉赫—罗特曼的交流深植于共同的认知效益，

---

[1] Bruce Moran felicitously characterized Wilhelm as a "Prince-practitioner" (Moran 1981, 1982) .

[2] Important new evidence cited by Granada 1996b, 119-20, from correspondence in the Württembergische Landesbibliothek, Cod. Math. 4°14b, fol. 19r: "Librum [*De mundi recentioribus phaenoments*] et litteras a Tabellario bene accepi. Et habeo imprimis gratias pro duro iudicio de libro Raymari. Et quantum ad Systema Mundi attinet, iudico Raymarum sua habere a Tychone (cuius discipulus fuit) et terram ille mobilem statuit, ne videatur cum Tychone consentire."

[3] Adam Mosely (2007, 298-306) has compiled a valuable list of "known and presumed owners of Tycho's work prior to 1602."

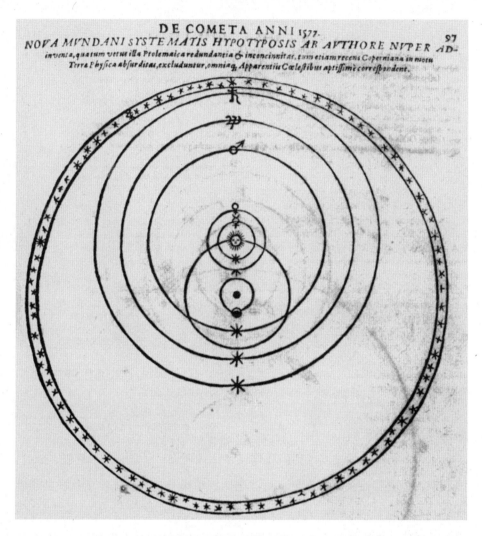

图 58. 第谷·布拉赫的《世界体系新假说》，布拉赫，1610 年，1588 年再版（Image Courtesy History of Science Collections，Universityof Oklahoma Libraries）。

294

这也是最初推动交流的因素。与不到 20 年之后伽利略在罗马面临的困难不同，在第一次广泛的冲突中，哥白尼假说的对立面不是古代道路的传统次序，而是

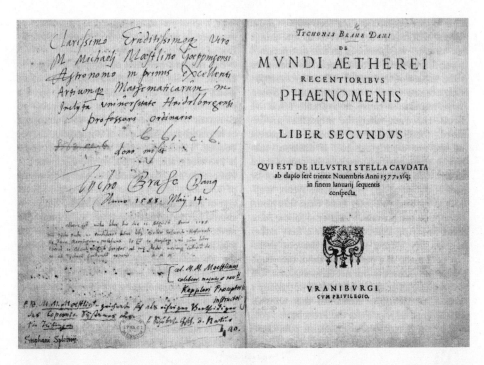

图 59. 梅斯特林收藏的第谷·布拉赫《关于最近发生的天文现象》（1588 年），上面有第谷的赠言，1588 年 5 月 14 日（© British Library Board.All Rights Reserved.C.61.c.6）。

第谷的中间道路。

　　布拉赫与罗特曼之间的通信还体现了认知理想、坚定立场、论证、分歧、经验利用的直接而灵活的发展，这些是由在学科分类与优先级上达成共识实现的。

　　一致的学科认同为最终减缓深刻的分歧提供了社会与认知参考。布拉赫与罗特曼对彼此展示的身份是在天文物理学范畴之内，通过观察与测量得到结论的天文学家。他们追随雷蒂库斯，将天文学视作一门根据表象从物理现实中归纳出结论的学科。罗特曼坚称，光学论证"迫使"他得出结论：组成天空的气体与月下的空气相同。月下与月上空气的区别在于它们的相对浓度，以及空气与土、空气与水元素混合物的比例：月下空气比较浓厚，混合较少，因此"最纯净"透明。月亮之下的大风暴表明，空气可以轻易与水混合、敲打窗户、摇晃树木。天空中太阳光极其细微稀少；显然，（在这里，）与地平线最接近时，无论黄昏与黎明，光线都能畅通无阻地穿透空中纯净的空气而不会弯折。[1]

罗特曼认为，关气–水混合物的前提会导致可测量的性质出现：地平线附近的（不是地平线上的）蒸气比海拔三十度的蒸气浓度高六倍，因此应该会产生更强的折射。[2]但罗特曼与第谷在三十度以上高度的情况产生了分歧：折射的"透明度"决定了天空是由罗特曼的"纯空气"组成，还是由第谷的"纯以太"组成。不论哪一个结论都不会影响他们的共识，即反对实心的实体天球。

他们之间显然还有另一个共同点：脱离了传统的亚里士多德学派主张的天空元素与构成。罗特曼措辞轻描淡写地表达了与第谷达成一致的原因："我是大卫，不是俄狄浦斯。"[3]如果亚里士多德根据恒星的大小与清晰度不变推断出了天空的稳定性与永恒性，那么对于地球也应该有相同的推论：它的大小不会改变。但是，虽然看起来不变，但我们的感官经验证明它经历了多种物理变化。[4]梅兰希顿之后，天文学还向圣经寻求关于创世的指导。收到第谷的赠书后，罗特曼写道，上帝在圣经中没有揭示关于天空物质的问题，那么物理学家怎样才能对这一主题有确定的认识呢？我们所了解的知识都是通过数学与光学证明得到的。[5]

第谷所面临的直接问题并不是罗特曼对通用方法的态度，而是其对假设的态度：如果以太和空气都是透明的，那么通过测量光学效应能够对某种物质的

[1]　Rothmann to Brahe, October 13, 1588, Brahe 1913-29, 6: 150.

[2]　Ibid., 6: 151, ll. 16-21.

[3]　Ibid., 6: 156, ll. 29-30; 6: 152, ll. 41-42. At the horizon, refraction suddenly decreases（"Quod autem circa Horizontem tam subito decrescunt Refractiones id a meris vaporibus est"）.

[4]　Ibid., 6: 149, ll. 35-39.

[5]　Ibid., ll. 16-28.

存在得出什么确定的结论呢？虽然第谷对观察与测量谈论了很多，但他并不真的相信能以这种方式解决问题。他在进行任何测量之前就假设了结论：在天上与月下本体论之间进行根本区分。

以这种区别为前提，他认为较高的循环的"星力"与较低的"仿效"的元素之间存在对应关系。[1] 较低的物质最多可以看作与较高领域的性质相似。例如，雨水、雪和酒都含有杂质。这些杂质会造成可以测量的折射效应。但是如果去除了杂质，这些物质就会变得透明而且无法区分。如果经过净化的不同物质产生了相同的光学效应，那么罗特曼的天空就有可能不是由元素空气组成的。"在此，"第谷写道，"我认为你的推理超过了这个（你的）假设能够证明的范围。"[2] 不如遵从帕拉塞尔苏斯派的主张，彗星具有火而不是空气的性质，而天空由一种可穿透的、流动的、不受腐蚀的以太组成——是天上的气体，而不是元素空气。[3] 第谷在随后的信中将罗特曼的气体与动物呼吸的物质联系起来，"正如法国人让·佩纳、你和其他某些人敢于公开宣称的一样"[4]。相反，第谷的空中气体（名称包括"以太""哲思之酒""哲学天空"，以及"天空的普遍本质"）与陆地上酒类中的烈酒类似。[5] 第谷城堡的构造就反映了这些对应关系与相似性——天界天文学在屋顶平台上进行，"地界天文学"则在地下室的炼金炉中进行。[6]

布拉赫与罗特曼之间的分歧在社会与认知上的高度，甚至可以比拟其不可

---

[1] Brahe to Rothmann, November 24, 1589, Brahe, 6: 196, ll. 11-14.

[2] Brahe to Rothmann, February 21, 1589, ibid., 5: 168, ll. 14 ff.

[3] In medicine, Rothmann liked Tycho's Paracelsian notion that the spirit is the link between the body and the soul（Rothmann to Brahe, October 13, 1588. ibid., 6: 154, ll. 12-35. ）

[4] Brahe to Rothmann, 24 November 1589, ibid., 6: 187, ll. 11-19.

[5] Ibid., 6: 195, l. 39-196, l. 12. These usages appear interchangeable and occur in close proximity to one another.

[6] Segonds 1993; Hannawya（1986, 63）, suggests that Tycho's aims in his *laboratorium* were essentially contemplative; but this view overlooks the activist strand of astronomy that was ultimately intended to improve the foundations of practical astrology, alchemy, and medicine.

否认的限制条件。[1]罗特曼将他们的通信形容为“最深远精妙的数学争论”[2]。关于行星次序的冲突与关于天空本体论的争论发生在同一个学科分类之下：理论天文学、物理学与神学。罗特曼的社会地位较低，但这并没有削弱他直率尖锐的批判。他不仅对第谷尊称其所继承的贵族头衔（克努德斯特鲁普勋爵），还加上了后天获得的地位“当代最杰出的数学家”[3]。罗特曼认为，不应该由庇护人或争论者本人来评判争论：“我们无法扮演原告、法官与国王的角色；需要由第三方——一位不带有任何偏见的爱真理者（philalethes）做出裁决。”[4]

但事情没有这么简单。应该由谁来选定这位爱真理者呢？第谷说他乐意接受这个挑战，在“德国或其他地方能够胜任的哲学家”中找到这样的爱真理者。他很快就提名了维滕堡的老前辈卡斯珀·比克：“我完全遵从他的判断，因为他在哲学与数学以及神学的研究中都首屈一指，知识渊博。”比克还具有年纪与独立的优势；的确，罗特曼不应该抱有任何怀疑，“因为他（比克）和我从来都不相识”[5]。而且，第谷在这封信的前面已经告诉罗特曼，爱真理者比克“在给我的信中根据圣经”赞同了“我的观点，即上层天空是由最稀薄、最纯净的物质组成的”。[6]另一方面，虽然第谷公开抗议罗特曼没有重视他的成就，他还是保证不会公开评判罗特曼关于彗星的未出版著作。他可能会将信件传递给多个相关

---

[1]   I discuss this matter more generally in chapter 17.

[2]   Rothmann to Brahe, April 18, 1590, Brahe 1913-29, 6: 214, ll. 13-18: "Profundissimae & subtilissimae Mathematicae Disputationes."

[3]   Rothmann to Brahe, October 13, 1588, ibid., 6: 149. At various places in the letter, Rothmann carefully distinguished the landgrave's own opinions from his own（pp. 155, 157, 158, 161）.

[4]   Rothmann to Brahe, August 22, 1589, ibid., 6: 182, l. 40-183, l. 2: "Iudicabunt postea Doctissimi Mathematici, cuius sententia vera sit. Nec enim nos ipsi in hac materia & Actoris & Rei & Iudicis personam sustinere possumus, sed requiritur ad sententiam pornunciandam persona terita, *philalethes* & nullo prorsus praeiudicio fascinata." He also appealed to the aphorism "Truth is the daughter of time."

[5]   Brahe to Rothmann. November 24, 1589, ibid., 6: 193, l. 24-194. l. 3.

[6]   Ibid., 6: 187, ll. 5-9.

方，但他声明尊重罗特曼私下或公开讨论、证明或反驳的自由。[1] 当然，这些有关罗特曼自由的声明即便是真诚的，其上下文背景仍然是第谷有权在乌拉尼亚堡的出版社挑选、编辑、出版并随意散播。[2]

罗特曼的批判揭示了他在这种学者交流中的可能界限。首先，罗特曼质疑第谷可否将他的方案称为"新的"。罗特曼自称在一部未出版的著作《天文学元素》（*Elementa Astronomica*）中详细说明了同样的方案。即便如此，他声明只是在太阳运动与地球静止的框架中变换了哥白尼假说，他将这种转换归功于雷蒂库斯和莱因霍尔德，而不是比克或维蒂希。[3] 在此，罗特曼描述了伯爵委托布尔基建造的平面青铜模型，它的一侧"不仅以真实经度展示了太阳与其他所有行星的理论，以及它们的近点距离与中心，还展示了三颗外行星的高度"[4]。

297　　罗特曼形容这个模型是哥白尼模型的"倒置"，尽管他一直小心求证这是不是真的和第谷的"新假说""相同"，但他接下来概括并反对的就是这种方案（本质上是维蒂希的）的推衍。

怎样将地心日心方案看作一种物理表现形式呢？罗特曼称很难想象没有天球的物理模型："谁会相信太阳大本轮的中心有如此大的力量，可以带动所有的行星随之运动（实际上将它们从各自的天球上拉走再归回），而它们之间没有黏

---

[1]　Brahe 1913-29, 6: 191, ll. 13-30. At the time that Tycho wrote this letter, Rothmann had recently told him that he knew, through his brother Johannes, "that you〔Tycho〕have sent our disputations to Master Peucar and that Master Peucer mentioned that he did not wish to express public favor for either me or you" (Rothmann to Brahe, August 6, 1589, ibid., 6: 201, ll. 30-20.)

[2]　For a careful exploration of Tycho's editorial probity in the *Epistolae Astronomicae*, see Jardine. Mosely, and Tybjerg 2003, 421-51; and on the question of Tycho'sastronomical letters in the context of Renaissance epistolary culture, see Mosely 2007, 31-115.

[3]　Rothmann to Brahe, 13 October 1588, Brahe 1913-29, 6: 157, ll. 5-9. If Wittich had shown Rothmann his copies of *De Revolutionibus*, it is likely that he would have pointed out the annotations that had been copied from Reinhold.

[4]　Ibid., 6: 157, ll. 11-16.

着的、有形的物质相连呢？"[1]布尔基的模型形象化的展示似乎起到了一些作用（可能是关键作用），使罗特曼反对维蒂希的地心日心秩序，进而支持哥白尼的模型。当伯爵看到第谷假说的示意图时，罗特曼说它使他想起了布尔基的模型："天呐，他在开玩笑，太阳的轨道能够带动所有行星，它肯定比黄铜还要坚硬。"[2]贝兰蒂、莱因霍尔德等人都预料到了这个问题：如果没有天球，是什么约束行星遵循规律的轨迹呢？罗特曼承认，在倒转的哥白尼秩序中，行星天体不会相互碰撞，尽管如此，"混乱"还是会持续，因为"天球之间就没有真实的或确定的区分了"。

在第谷斥为荒谬的立场中可以找到解决的方法。罗特曼强有力地论证了自己的观点："无法反驳哥白尼假说的唯一真实性……事实上，哥白尼已经充分驳斥了那些物理谬论。"[3]

依据这些论证进行谨慎的总结。

第一，哥白尼的方案与"规则的而非混乱的造物主"一致，这位神明为每颗行星分配了一个"有界空间"，而不是天球。[4]

第二，虽然第谷称自己的假说是"新的"，但它似乎仅仅是一种"倒置"，无法比哥白尼假说更好地满足天文现象。[5]不过这种倒置的哥白尼模型也有作用：罗特曼发现它有助于哥白尼学说的教学。[6]

第三，哥白尼准确地提出，重力是一种自然意愿，上帝将它植入天体中，这种安排表现为一种力（efficacia），有助于将形成球体的各部分聚集起来并维

[1] This sort of materialist thinking would later show up in Kepler's insistence that a point cannot cause a physical effect.

[2] Rothmann to Brahe, October 13, 1588, Brahe 1913-29, 6: 158, ll. 18-28.

[3] Ibid., 6: 159, ll. 1-3: "Aliud inuenire non possum, quam nullam praeter unicam Copernici Hypothesin veram esse."

[4] Ibid., 6: 158, ll. 29-38. It is interesting that Rothmann does not attribute to Copernicus himself a belief in solid spheres.

[5] Ibid., 6: 157, ll. 23-26. This was, of course, the upshot of Wittich's transformation diagrams.

[6] Ibid., 6: 160, ll. 13-22. Even Maestlin, Rothmann averred, had not properly understood Copernicus's account of the libratory motion of the ecliptic's obliquity.

系在一起。地球就是这样的天体。它和其他行星一样是圆形的，并且自由地悬浮在空中；那它为什么不会运动呢？罗特曼将哥白尼的论点与自己的物理直觉拓展到一个普遍经验的类比中，最后以启发性的反事实姿态结尾："如果我们将一个球体升起并精确而美妙地将它悬挂在极轴上，同时使它自由地悬浮，在一个圆圈中推动它（使它运动），就会看到它会保持这种运动足够长的时间，而且它的（运动）不会突然停止。假设这种人为造成的但受到阻碍的运动是可能的，那如果没有受到阻碍，它会变得多自然呢？"[1] 在乌拉尼亚堡和卡塞尔，有很多球体可以旋转，因此，罗特曼所援引的经验至少在当地是为人所熟知的。但球体会畅通无阻地转动吗？我们必须克制，避免在这个案例中将成熟的萨尔维亚蒂（Salviati）对辛普里西奥（Simplicio）玩"如果……会怎样"的文字游戏套用到罗特曼与第谷的交流中。不过，可以说，学术大家之间儒雅的交流正在形成一种风格，正是这种风格提供了可能的空间，使得学者们能够以上述方式表达处于萌芽阶段的物理直觉。

第四，罗特曼赞成对圣典作迎合的诠释。[2] 圣典是为所有人写的，不是只针对第谷·布拉赫和他本人；它的真正目的是救赎与拯救。[3] 许多段落必须以这种方式阅读才会有意义，例如《创世记》（1：16）说到，月球比其他星体都要大。罗特曼还用《罗马书》（1：10）更加积极地论证，上帝更多地通过自然世界而不是圣经来显露自己的智慧。[4] 克拉维乌斯曾用同一段文字（如第 7 章所述）竭力主张重视天文学，视其为占星学之外的思考方式。

---

[1] Rothmann to Brahe, October 13, 1588, Brahe 1913-29, 6: 159, ll. 14-18.

[2] Rothmann could not have see Rheticus's as yet unpublished treatise. Had he heard of its agrument through the oral tradition enabled byPraetorius?

[3] On Rothmann's exegetical practices, see Howell 2002, 93-94, 100-101.

[4] Rothmann to Brahe, October 13, 1588, Brahe 1913-29, 6: 159, l. 41-160, l. 1: "Paulus quoque cum Roman: 1. ait, Deum ex visibilibus hisce agnosci, non obscure arguit, longe maiorem sapientiam Dei latere in Natura, quam in sacris literis sit reuelata."

哥白尼问题

最后，在一段简短的引文中，针对《第一报告》中暗示的预言推演，罗特曼从物理学的角度详细阐述了反对意见。雷蒂库斯对帝国兴衰的周期性解释"不应该接受，当时他与阿尔巴塔尼的写作太随意，而且滥用占星学的神秘性……

298

为什么太阳（以及地球）偏心率的改变会导致帝国的更迭呢？"[1]天文学家可以对圣经日常语言掩盖下的天空作正当的推断，但是他们不应该利用天空进行预言。罗特曼实际上与第谷、梅斯特林站在了统一战线，要让天文次序与预测实践脱离西普里安·利奥维提乌斯所推行的野心勃勃的预言。

1589年2月，第谷回信称他的假说与现象完全一致，它们远远超越了托勒密和哥白尼的假说，且更加符合真理。[2]值得注意的是，这种比较句式反映了哥白尼本人的论证结构，规避了亚里士多德的证明标准，并且预示了17世纪天体次序的争议阶段。随着真正的交流不断开展，共同的次序标准显然受到了破坏。罗特曼和布拉赫都可以指出自己的次序方案独具的价值、简单性或经济性。那么谁的方案更有条理，不那么混乱呢？有关简单性的格言已经存在了，但历史上还没有将它们应用于这种问题的先例；即便是二者都借助的圣经也没有明确说明应该在何时采用何种解释标准。

罗特曼指责第谷的假说会在行星区域引起混乱，第谷反唇相讥。如果地球、海洋和月球共同进行周年旋转，仿佛一个具有三重运动的物体，那么元素空气、地球和海水就会随着天体运动混合在一起。这种情况下，下层与上层的存在就会混淆，乃至完全颠覆自然秩序。[3]第谷的假说无法容纳这种混乱。他的假说既不颠倒也不混乱：月球到第八天球之间的天空是均匀的；行星自由地上升下降；太阳在中间，行星"和谐融洽地"围绕着太阳。再引入"真实的天体"显然会

---

[1] Rothmann to Brahe, October 13, 1588, Brahe 1913-29, 6: 160, ll. 26-29.

[2] Brahe to Rothmann, February 21, 1589, Ibid., 6: 176, ll. 39-40: "Has nostras Hypotheses Apparentijs carelestibus ad amussim satisfacere, & tam Ptolemaicas, quam Copernianas longe antecellere, ipsique veritate magis correspondere."

[3] Ibid., 6: 176, l. 41-177, l. 9.

破坏这种和谐。

第谷驳斥倒置的哥白尼方案，其关键点在于 1582 年的火星观测——情况类似于他与乌尔苏斯后来的冲突。像罗特曼一样，他措辞严谨、辞采细密，为其火星近地的主张树立了权威。[1] 罗特曼显然希望让这种措辞成为观测结果可信度的标志——他完全有理由这么想，尤其是因为，从逻辑上讲，他自己的立场不会受到威胁。火星观测（不论是否可信）没能将方案选择限制在哥白尼与第谷的假说之间：在这两种情况下，火星与地球的距离都会小于日地距离。因此，虽然断言火星接近地球推翻了"托勒密学派"的次序，但第谷没能注意到，二者的分歧实际上不在于此。[2]

在解读圣典的标准上没有发生这种疏忽。[3] 但谁有资格决定这些标准呢？争论的焦点转向了先知的能力。罗特曼主张折中的标准，并且认为先知对自然世界的了解高于常人，第谷则争论说先知的天文学与物理学技能确实超越常人，因此他愿意视圣典为物理知识的可靠来源。[4] 第谷引证了他的爱真理者卡斯珀·比克的一封信，目的是确认圣典否认了实心天球的存在，且支持他们提出的流动性。罗特曼则引用了奥古斯丁"更加自由的"圣经解读标准，第谷回复道，据他所知，这位教会神父既不支持地球的周日运动，也不支持周年运动。[5]

得不到天主教司法 – 神学委员会的帮助，这些热心的路德教徒发现很难用圣典的权威来解决理性与经验碰撞时所产生的不确定性。

[1] Rothmann to Brahe, February 21, 1589, Brahe 1913-29,, 6: 178, ll. 1-4: "Verum cum animaduertissem subtili & accurata Obseruatione, praesertim Anno 82 habita, Martem Acronychum Terris propriorem fieri ipso Sole, & ob id Ptolemaicas diu receptas Hypotheses constare non posse."

[2] Ibid., 6: 178, l. 40-179. l. 4.

[3] See Granada 1996a. Granada 2002a, 106-7, suggests that the Lutheran Rothmann's exegesis followed that of Calvin; see Howell 2002, 92-106.

[4] Brahe to Rothmann, November 24, 1569, Brahe 1913-29, 6: 187, ll. 5-9. Peucer's letter is not extant, and Brahe did not mention to Rothmann which passages Peucr had golssed; but he was obviously extremely pleased by Peucer's endorsement（Brahe to Peucer, September 13, 1588 Ibid., 7: 133, ll. 23-26）; see also Howell 2002, 101.

[5] Brahe to Rothmann, November 24, 1589, Brahe 1913-29, 6: 186.

最终，在 1589 年 11 月信件的末尾，第谷向罗特曼发起挑战，要求后者回应哥白尼运动的物理推衍。第一步实质上是托勒密《天文学大成》中"否定后件"的另一个版本。在每日旋转的地球上，一颗铅球从一座塔上垂直落下，急剧地穿过空气，因而不会做圆周运动。之后出现了更多类似的异议。[1] 如果存在周年运动，那么第八天球就会被远远地推到后面，看起来就像消失了一样。

299

太阳与固定恒星之间的空间会非常巨大，表观直径 1' 的三级恒星将会和地球的周年轨道一样大，或者说半径是地球的 2284 倍——比太阳大得多！另外，如果周年运动与周日运动相反，那么一切物体看上去都不是静止的。如果地球具有这两种运动，就会破坏物体单一与简单的本质。最终，哥白尼地球轴线运动进一步推衍的"复杂振动"又是怎样的呢？

罗特曼借口患上不治之症拖延了回复——不论是泡澡、草药，还是伯爵的医师布特的服侍，都无法使他痊愈。[2] 虽然他很悲凄，但他的疾病显然没有影响到思路清晰的大脑，或者坚定的观点。罗特曼仍旧坚持认为，哥白尼主张的直线与圆周复合运动"充分说明了"，即便地球进行周日转动，铅球何以仍然落在塔的脚下。和第谷一样，他作了比较论证。他引用第谷的斯多葛 - 帕拉塞尔苏斯派同感与对应哲学，指出，对某个维持本质的部分，第谷应该"减少怀疑"，因为"你根据自己的理念知道,本质会受到本质的吸引,而且本质会维持本质"。[3] 一块金子会保持金子的本质，而铅球也会在地球运动的瞬间保持自己的运动。第谷也应该记住，自然永远都会选择最少、最简单的原则。相应地，是否可以理解，除了地球，所有行星和恒星每日都在转动，而运动的中心有两个而不是一个？

---

[1]　Brahe to Rothmann, November 24, 1589, Brahe 1913-29,, 6: 197, l. 7-198, l. 5. These arguments were developments of positions already adumbrated in *De Mundi Recentioribus Phaenomenis*.

[2]　On Rothmann's illness, see Barker, 2004.

[3]　Rothman to Brahe, Brahe 1913-29, 6: 215, ll. 36-38.

第谷的反对意见是，周年运动会使土星与固定恒星之间留下无边无际无用的真空，对此，罗特曼从简单性的标准严密地转向了中世纪有关神之全能的学术争论。他没有谈到折射、测量与元素空气。第谷认为，上帝具有完全的力量创造任何逻辑的或物理的可能性的观点是一种"谬论"，罗特曼对此表示反对。不论宇宙或天体之间的空间有多大，这些空隙与无限造物主的力量相比根本不算什么。[1]这种转变的难点在于态度模糊：神既可以选择在空中创造超大的空隙，也可以选择创造一个更小、更紧密的宇宙。令人好奇的是，罗特曼没有想到利用哥白尼时间－距离的对称关系反驳第谷主张的不对称性。不久之后，开普勒就是以这一标准为基础建立了自己的学说。

这就是发表在 1596 年《天文学书信集》中的最后一封罗特曼的来信；但那并不是第谷的最终陈词。第谷紧接着添加了一段五页长的总结，题为"作者致读者：关于前述罗特曼的来信以及（作者）对它们的回应"。第谷的整个天文改革计划危机四伏，而他的乌拉尼亚堡城堡的结构也受到了牵连。针对罗特曼对上帝绝对权力的强调，第谷着重指出了宇宙的秩序性，彻底地（也讽刺地）挪用了哥白尼的语言与对称意象。令人苦恼的空白空间是不对称的；罗特曼应该回想起画家阿尔布莱希特·丢勒曾经将人体的对称性描绘为宇宙缩影，"成比例地相对排布、安置，部分与整体、部分与部分之间都有确定的关系"[2]。宇宙中存在着丢勒主义的协调性，但第谷的读者应该在运动的双重性中，而不是在哥白尼的重新排布中寻找这种协调性。天空是活动的，有生气的（"具有生命精神"），而且永远都在运动，并对静止的中心产生影响。改变中心就是破坏了中心的"世界剧场"以及容纳它的地球：

---

[1]   Rothmann to Brahe, Brahe 1913-29, 6: 215-16; see also Granada 2007a, 103-5.

[2]   Ibid., 6: 222, ll. 36-47.

更恰当的是，地球受到指向中心的影响，因为它是被动而静止的，而运行的天力是活跃的；因为宇宙第二部分的存在是有原因的，无论它的地位有多低。除了生物，这个（较低的）世界包含大量与天空相似的事物。因此，《圣经》中写道，上帝创造了天空与地球，而地球（在优先次序上）排第二，仿佛注定预示着这部分世界和天空一致。（如哥白尼的方案所认为的，）这颗谦逊而无关紧要的星体的卑微形象不应被忽视，也不应被抛弃。[1]

第谷城堡的布局是为了接收、研究并操纵这些影响的效应。简而言之，如果让步于罗特曼关于落体的论点，就会危及这一切秩序，进而威胁天文学改革及其占星学和炼金术方面的结果。因此，第谷在结尾评论道："在这一点上，对罗特曼上述地球运动论点的反驳还没有收到回复，他以这些论点支持哥白尼的假说——实际上意味着他还没有读过我的反驳。不论他在哪里，他没有和我在一起，也没有回到他的王子身边。"[2] 第谷就这样结束了这场争论。

乔尔达诺·布鲁诺

"没有学派的学者、麻烦制造者"

"没有学派的学者、麻烦制造者"——乔尔达诺·布鲁诺的喜剧《秉烛人》

---

[1]　Rothmann to Brahe, Brahe 1913-29, 6: 221, ll. 24-30; "Sicque Terra, tanquam patiens & quiescens, Caeli agentis & reuoluti uires, ac influxus ad Centrum tendentes commodius recipit, atque altera Mundi pars, utut minima, non immerito simul existit; cum tot tantaque praeter animantia ipsi coelo analoga contineat. Ideoque scriptum est, Creauit Deus Coelum & Terram, ubi Terra altera, & Coelo quasi conferenda Mundi pars censetur, & praedicatur: Nec instar minimi cuiusdam, imo obscuri, & abjecti Astri（Prout fert Hypotyposis Copernicea）abijcitur aut negligitur."

[2]　Ibid., 6: 223, ll. 4-8.

（*Il Candelaio*）的副标题，可以看作他的自我描述。[1] 与其他第二代哥白尼理论拥护者相比，布鲁诺是一个与众不同的人物，因此受到了同时代人的关注。和大部分哥白尼学说支持者一样，他深深陷入了贵族圈子，但是在宫廷内毫无地位。实际上，他长久以来一直巡游：1565 年开始在那不勒斯的多明我会修道院学习，1572 年被任命为牧师，1575 年获得神学博士学位，但很快于 1576 年被宣布为异教徒并与修道士们断绝关系，在日内瓦、里昂、图卢兹和巴黎漫游多年，经常公开批判学术与教会权威，1583—1585 年在伦敦与法国大使米歇尔·德·卡斯特尔诺（Michel de Castelnau）同住，混入了伊丽莎白宫廷圈，据说在牛津参与了一场辩论。[2]1585 年，从伦敦返回巴黎，不久之后开始游历神圣罗马帝国，在各地开设学术讲座、持续出版书籍，包括：马尔堡和维滕堡（1586—1588）、图宾根、布拉格、黑尔姆施泰特（1588—1590），法兰克福、苏黎世，之后又回到法兰克福（1590—1591）。1592 年（同年，伽利略从比萨搬到了帕多瓦），做出了回到威尼斯的不幸决定，不久，被他的威尼斯主人交给了宗教法庭。

布鲁诺的哲学作品离经叛道，惹人争议。他开发并试验了具有说服性与颠覆性的对话式哲学活动，有意识地与教学风格形成了鲜明对比。他的写作通常幽默、讽刺、采用对话体、严肃、批判而滑稽，有时模棱两可，一般是系谱式的而不是基于公理或论证的。[3]1584 年，他在伦敦出版了六部精彩的意大利语对话录，全部都带有威尼斯特征。由于缺少可靠的内部时间参考和现存的信件，我们不能确定这些作品的编写时间；但考虑到数量较多而且出现的时间相近，

---

[1]　Bruno 2000. Other possible translations of *fastidito*, following the entry for *fastidioso* in the dictionary of Bruno's close friend John Florio（Florio 1611），include someone who is "Yrkesome," "Wearysome," or "Lothsome to the Minde."

[2]　Court figures whom Bruno would have encountered through the embassy include Sir philip Sidney; Robert Dudley, earl of Leicester; some members of the Catholic party; the Howards; the earl of Oxford, and perhaps through one of these contacts, the printer Charlewood（see Providera 2002, 174）.

[3]　Canone and Spruit 2007.

可能在到达伦敦前三到四年就开始编写了。[1]

典型的大学对话体例，是由教师对被动的学生阐述教条，如罗伯特·雷科德（Robert Recorde）的《知识城堡》，或是梅斯特林《天文学概要》、梅兰希顿《物理学初级教程》的一问一答，布鲁诺的这些作品与此不同。他通常会以雷蒂库斯或开普勒的方式，以酝酿式的启发过程来说明主题。[2]雷蒂库斯表述的是他的老师哥白尼的作品，而布鲁诺则塑造了其心目中哥白尼的文学自我，以他的形象半严肃半诙谐地呈现布鲁诺一度信奉又抛弃了的观点。同时，我们无法完全确定对话中诺兰（Nolanus）这个人物总是代表布鲁诺的观点（因此我们有必要谨慎地辨认布鲁诺的真实想法）。确实，也许有人会提出疑问，严肃什么时候意味着幽默，而幽默什么时候意味着严肃，以及哲学对话是否可以是喜剧——文艺复兴时期的对话理论家就意识到了这个问题。[3]

而布鲁诺对上帝的看法没有这种不确定性。这里指的不是上帝的潜能，比如环绕克拉维乌斯的宇宙并抑制他的全部力量。布鲁诺的神是一种全能的存在，在尺度无与伦比的宇宙中持续发挥无限潜能，与此对应，布鲁诺把自己刻画成了一个越界者：打破体裁和学说、现代和古代的边界。

除了这种自我夸大，如米格尔·格拉纳达（Miguel Granada）观察到的，布鲁诺还是一名福音传道者，宣称亚里士多德及其追随者的堕落预示着真理的黄金时代再次回归。[4]第谷·布拉赫在处理其天文改革的同时，在他收藏的布鲁诺《争论的乐趣》（*Camoeracensis Acrotismus*）扉页上蔑视地写下了一句双关语："诺兰，无名小卒，微不足道。名副其实。"（Nullanus，nullus et nuhil. Convenjiunt

301

---

[1]　For example, while in Toulouse between 1579 and 1581, Bruno is known to have lectured for at least six months on Sacrobosco's *Sphere* (Canone 2000, cxxxvi)；it would be surprising if Bruno had not already been acquainted with Clavius's *Sphere* in either or both the 1570 and the 1581 editions (Ibid. 62-63.)

[2]　Canone and Spruit 2007, 376.

[3]　See Snyder 1989, 96-102.

[4]　Miguel Angel Granada, "Introduction," in Bruno 1995, xxi-xxx.

rebus nomjna saepe sujs）[1]。虽然开普勒总是会庇护哥白尼的拥护者，但布鲁诺永远不会位列其中。伽利略为人更谨慎，他一直在政治上小心地保持沉默，从未提到过诺兰。因此，意料之中的是，在现代主义者和传统主义者看来，布鲁诺的其他方面，尤其是他对《天球运行论》的解读，都是怪异的、恼人的、惹人反感的。

布鲁诺对哥白尼视觉化的、毕达哥拉斯式的解读众所周知，布鲁诺在意大利语对话中对哥白尼的解读艰深难懂，这又一次使我们想起"哥白尼学说"这一分类无法确定的分析效用。至少有三个理由。第一，虽然布鲁诺与维蒂希、罗特曼、布拉赫都是同时代的人，但据我们所知，直到16世纪80年代末他推导出自身立场的基本原理，他与卡塞尔－乌拉尼亚堡圈中的任何一个预言家都没有联系。第二，虽然布鲁诺明确提到了托勒密、哥白尼以及一般意义上的"数学家"，但他没有明确提到雷吉奥蒙塔努斯，普尔巴赫及其评论者们，或克拉维乌斯、雷蒂库斯、莱因霍尔德。[2] 第三，布鲁诺几乎没有提及哥白尼、雷蒂库斯、罗特曼、迪格斯、梅斯特林乃至第谷·布拉赫都着重强调的关于协调与次序的论争。[3] 他表明自己的认知支点首先在于发现物理学的解释，他的主要论点（真实的论战）是针对亚里士多德的。考虑到他的阿奎那派神学院教育背景，他对神学、形而上学和自然哲学的强调一点儿也不奇怪。[4] 在《圣灰星期三的晚餐》

[1] Kořán 1969; Horský 1975, 65; Westman 1980b, 97; Sturlese 1985.

[2] Granada（1990, 358-59）suggests plausibly that Bruno possessed the second edition of *De Revolutionibus*; if so, then he would have had available to him Rheticus's *Narratio Prima*. A second edition of *De Revolutionibus* found by Owen Gingerich in the Biblioteca Casanatense has the provenance "Brunus Fr［ater D［ominicanus］" (Gingerich 2002, 115）. It is uncertain whether the provenance is in Bruno's hand, although this uncertainty would not exclude his having owned this copy.

[3] In *De l'infinito*, Bruno invokes the relation between period and distance to explain that as planets move in circles with greater radii, they move more slowly but are still able to receive some of the sun's vital heat（Bruno 1995, 189; Singer 1950, 305）. However, Bruno neither associates this position with Copernicus nor uses it to criticize Ptolemy.

[4] See, for example, Bruno 1586, 1609; Michel 1973, 180.

（*Cena delle Ceneri*）中，特奥菲洛（Teofilo）说道，诺兰"既不是来演讲也不是来讲课的，而是来回答问题的；古人与今人都能理解关于天体运动的对称、次序及大小的这般假设；对此，他不与他们争辩，也没有理由反对数学家，他认同且相信他们的测量和理论；他的兴趣在于找到并证实这些运动发生的原因"。[1]

在《圣灰星期三的晚餐》的一幅插图中，布鲁诺首次清晰地描述了行星的次序。图上粗略的正交投影只有一个地方跟有关天球和理论的评注作品中常见的年轮图相似：它也包含一系列同心圆。但这些圆被一条线一分为二，上部标有"托勒密"，下部标有"哥白尼"。我将用布鲁诺的命名指代这两部分。从比较的意图而言，此图唯一可能的先例是10年前奈波德的图表（见图47、48）。最重要的是，图中的标注既混乱又残缺。例如，在托勒密部分，两颗最外层的行星——土星与木星标注的是与其传统符号相反的镜像图形。同样，火星符号中的箭头指向左边，或十点钟方向，而不是传统的两点钟方向（将布鲁诺的图举在镜子前，土星、木星和火星马上就会回到传统的方向）。处在太阳与月亮之间的金星与水星相对于观察者的标准方向是上下颠倒的，它们在镜中的影像也是颠倒的。月亮绕图中的中心转动，但是不清楚表示地球的是中心点还是围绕中心点的圆。

至于哥白尼部分，问题更多。哥白尼部分的太阳是最突出的标志；与托勒密部分的太阳符号不同，它是一个活跃的发光体，光线占据了相当于托勒密部分中整个月球圈的范围。哥白尼部分的月球圈半径是托勒密部分的一半，但更奇怪的是，月球占据了常规本轮的另一侧，同时用一个点（或者表示一个天体？）代表了地球。

哥白尼部分没有用其他辅助符号来标注圆圈。由于这幅图的构造方式，读者都想要根据上半部分的符号阅读哥白尼部分。用这种方法可以对土星、木星

---

[1]　Bruno 1977, dialogue 4, 183-84.

图 60. 布鲁诺所绘哥白尼与托勒密的行星秩序，乔尔达诺·布鲁诺《圣灰星期三的晚餐》，1584 年，fol.98v（Courtesy Bibliotheque nationale de France）。

和水星得出可以预料的结果，但对其他行星则不然：托勒密部分中火星的圆（在十二点方向）会穿过哥白尼部分中月亮所在的位置（七点钟方向）；太阳（一点钟方向）穿过了月–地本轮的圆心；托勒密部分的金星（十一点方向）穿过了陆地点；而月亮环绕着太阳。

布鲁诺在此图或其他任何地方都没有使用过"宇宙学"或"系统"这样的

术语，更别提"哥白尼理论"或"哥白尼假说"了。[1]他在哥白尼图像周围将自己表现为一个勇士（代表真理反对"愚蠢的暴徒"），一名数学家（与寻找自然原因的人形成对比），以及某种先知（"上帝注定现在是古代真正哲学的太阳升起之前的黎明"）。[2]布鲁诺的措辞并不符合具有可预测的规则与期望的类型，比如天球或理论。理解《圣灰星期三的晚餐》中的这幅图就像剥洋葱。第一层是布鲁诺的对话者，第二层是与他们相关的角色，第三层是他们所描述的书与图表，还有一层是布鲁诺自己的观点。

303

特奥菲洛与斯密托（Smitho）叙述了牛津教师托尔夸托博士和诺兰之间关于哥白尼与托勒密的辩论。辩论起初看起来很琐碎：哥白尼的地球正确的表示应该是本轮上与月球符号对侧的点，还是本轮圆心——当然，参考《天球运行论》就可以解决这个问题。但布鲁诺作为作者并没有直接说明这幅图，而是用托尔夸托的角色绘制了这张图。整段情节就像是舞台表演（读者就像观众），而不是静态的、常规的表述："随后他们在桌上放了几张纸和一瓶墨水。托尔夸托博士展开一张又宽又长的纸，拿起笔在中间画了一条直线，从一侧延伸到另一侧。他在中心画了一个圆，使之前的那条直线穿过圆心，代表直径。他在其中一个半圆中写下了'地球'（Terra），另一边写'太阳'（Sol）。他在地球一侧画了八个半圆，按顺序填入了七颗星体的符号，并在最后一个半圆外侧注明'第八运动天球'（Octava Sphaera Mobilis），在顶部则写上'托勒密'。"[3]

这段表演（以及整部作品）的重要主题是关于态度、能力与判断。诺兰说话经常无礼而直率，使他自己无可挑剔的礼节和过人的智慧与普通路人（与牛津学者）的无知无礼形成了反差。最后，拿出《天球运行论》，问题自然就解决了："错误的原因，"斯密托说，"是托尔夸托看到书中的图像却没有翻阅章节，或者

---

[1]   Ciliber to 1979.

[2]   Bruno 1977, dialogue 1, 86-87.

[3]   Ibid., dialogue 4, 190.

他即使读过了也没有理解。"因此，这个场景的目的是表现关于《天球运行论》中图表（第 1 卷第 10 章）含义的争论，但《圣灰星期三的晚餐》中的这幅图无疑与它不符。随后诺兰哈哈大笑，并以胜利的姿态宣称本轮的圆心只是圆规支点的印记而已。"如果你真想知道哥白尼观点中地球的位置，那就去读他自己的文字。他们读了，还看到他说地球和月球似乎包含在同一个本轮中，诸如此类。"[1]

阅读（或者说误读）起到了增进对话连贯性的作用，使人充分理解了学者迂腐而无能的主题。斯密托在第四段对话结尾发人深省的评论有力地巩固了诺兰的教导："哥白尼的教义虽然可以用于计算，但并不总能确定而具体地说明自然原因，而这些却是最重要的。"[2]

布鲁诺似乎同时在做两件事情，不过程度不同：他利用关于行星次序的争论来贬低传统主义者的权威性以及学者的学识（粗鲁的、拉丁文的、迂腐的），以迎合伊丽莎白宫廷受众的潮流（文雅的、意大利文的、博学的）；同时，他还利用这种争论表现出自己对哥白尼特有的解读风格，提出自己关于宇宙的独特见解。说到诺兰对哥白尼文本的所谓误读，当代评论者有多种不同的解读。人们的注意力都集中于寻找连贯的意图与含义，因为没有人相信布鲁诺完全误解了《天球运行论》。他是不是在不知情的情况下读到了被修改或被破坏的版本呢？[3]这幅图的本意真的是作为神秘或神圣的象形文字，而缺乏天文意义吗？[4]哥白尼本人对《天球运行论》图表的模糊措辞是不是真的存在问题呢？[5]或者，布鲁诺是不是像菲奇诺一样坚信自己找到了亚里士多德作品中隐藏的古代智慧、古代

[1] Bruno 1977, dialogue 4, 192, "Secondo il senso del Copernico" is translated as "according to Copernicus's meaning" rather than "according to Copernicus's theory."

[2] Ibid., 193.

[3] Possibly a reference to Copernicus that Bruno found in one of the editions of Pontus de Tyard's *L'univers*, "in which the Earth and all the elementary region, with the orb of the Moon, are contained, as if by an epicycle" (1557 99) ; Yates 1947, 102-3; well discussed in McMullin 1987, 57-58.

[4] For discussion of these issues, see McMullin 1987, 68-74.

[5] See Gatti 1999, 65 ff.

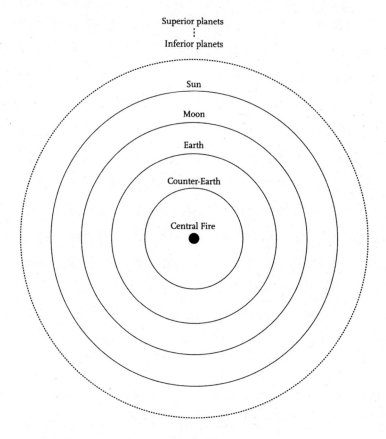

Superior planets
⋮
Inferior planets

Sun

Moon

Earth

Counter-Earth

Central Fire

图 61. 毕达哥拉斯派秩序。依照特西奇尼绘制，2007 年。

304

哲学呢？

最后一种解读有许多值得推崇之处。达里奥·特西奇尼（Dario Tessicini）
最近指出，这种"隐藏的智慧"其实指的是毕达哥拉斯最初所构想的地球与隐
形的反地球绕中心火焰转动。[1]

在这种情况下，布鲁诺透过毕达哥拉斯派的地球与反地球视角解读哥白尼，
做出了相对应的替换：月球代表反地球，太阳代表中心火焰。特西奇尼解释了

[1] Tessicini 2001; Tessicini 2007, 15-58.

布鲁诺为什么将地球和月球布置在同一个本轮直径的两端。布鲁诺对毕达哥拉斯派的解读（当然是通过亚里士多德）实际上与哥白尼的"天文学"解读相反，后者直接忽略（或清除）了反地球。

　　这种解读还有一个优点，就是消除了《圣灰星期三的晚餐》中一个明显的谬论，同时使之与布鲁诺 1591 年《论极大》（*De Immenso*）中的论述保持一致，即金星和水星在同一个均轮的两侧。简而言之，对布鲁诺的这番"毕达哥拉斯式"解读也符合诺兰关于宇宙的其他篇章。另外，毕达哥拉斯的框架还起到了一种推动作用：由于大学课程是围绕亚里士多德和托勒密来设置的，因此布鲁诺有立场指出已包含在《论天》（*De caelo*）中的不为人理解的珍宝。由此，他还能够将自己与哥白尼区分开来：后者"仅仅是数学家"，他自己则是天文学家与占星家。哥白尼只触及毕达哥拉斯学说的一部分，却未能领会他自己的发现所具有的真正意义——更深刻的自然哲学，最终以布鲁诺所宣称的无数个世界与无限、均匀的空间为根基。可以说，这个真理现在就隐藏在小心眼的学究们眼皮底下。

　　虽然布鲁诺早期对哥白尼的解读似乎与他后期的"宇宙学"中比较激进的成分有一定的连贯性，但学者们耐心建立的更广泛的主题统一性却是第谷·布拉赫、罗特曼、伽利略和开普勒等人都没有获得的。我们不太清楚他们是怎样接触到了布鲁诺的作品，这也说明其传播仅限于本地，而且是支离破碎的。由于布鲁诺没有进入第谷的通讯圈子，我们甚至不能确定《争论的乐趣》如何传到了乌拉尼亚堡：是从布拉格（通过哈格修斯？）通过某个维滕堡的中间人呢，还是通过第谷的某个四处奔波的助手被带到了那里？[1]

---

[1]　The matter is carefully discussed by Sturlese (1985, 324-25), who, against Kořán and Horský's proposal of Hagecius as a candidate for this intermediary, points to unreliable communication between Uraniborg and Prague and the existence of only one letter from Hagecius in 1588. Perhaps the intermediary was the same person who made available to Bruno the first Uraniborg publication, the *Diarium* of Elias Olsen Morsing.

另一方面，《圣灰星期三的晚餐》及其视觉化表述是针对当地伊丽莎白一世时代的宫廷受众，布鲁诺之后的作品再也没有采用这样的手法；事实上，我们目前没有直接证据说明这些图片的传播范围有多大。[1] 就此而言，16 世纪 80 年代末到 90 年代的德国天文学从业者对布鲁诺的了解，都是通过他的非对话式拉丁文著作实现的。

305

布鲁诺与星的科学

1586 年，布鲁诺开始用大学通用的语言和体裁来表述他离经叛道的观点。正如开普勒的《哥白尼天文学概要》（*Epitome Astronomiae Copernicanae*，1618—1621），布鲁诺清楚地了解哲学、教会和世俗的权威在学院中牢固扎根并相互交织。政治上朝向这些受众的转变也许可以解释他为何投入与亚里士多德派的论辩而没有讽刺他们的迂腐做派。引发康布雷学院论辩的《一百二十篇反对逍遥派的关于自然和世界的文章》（*One Hundred and Twenty Articles concerning Nature and the World against the Peripatetics*）于 1586 年在巴黎面世。两年后，布鲁诺在维滕堡出版了一部扩充版，此前，他在 3 月对维滕堡的教师们做了一场告别演讲。[2] 这些作品详细阐述了《圣灰星期三的晚餐》与《论无限》（*De l'infinito*）中简略勾画的激进构想的关键元素，同时假定但没有明确是围绕哥白尼展开叙述。威廉伯爵的仓促赞美与黑森 – 卡塞尔的观察计划（他对此只展示了有限的、附带的信息）说明，布鲁诺积极盼望新教德国能够对他的反亚里士多德构想提供一些支持。[3] 布鲁诺与下一个世纪积极的现代化主义者笛卡尔没什么不同，他们都从

---

[1] For example, through court connections, might Digges, Dee, or William Gilbert have encountered Bruno's London dialogues? (For a highly suggestive reconstruction of a "Gilbert Circle," see Gatti 1999, 86-98.)

[2] The *Oratio Valedictoria* appeared in March 1588 (Bruno 1588a, 1-52) ; Bruno 1588b, 55-190. Singer (1950, 140) proposes as a translation "The Abruptly Ended Discourse" ; for further discussion, see Granada 1996b, 15-30.

[3] Granada 1996b, 15-17; Sturlese 1985, 325-29.

同时代的天文学家那里盗用了一切符合自己的推理的内容；但是也许是因为缺少与第谷通讯圈子的联系，所以他没有提到第谷的体系。

布鲁诺与天文学家进行的对话涉及天球的本体论。他参考了卡尔达诺、赫马、罗斯林、布拉赫等人的彗星文献（但不包括梅斯特林）。还有一些线索说明他熟悉罗特曼关于 1585 年彗星的（未出版的）论著，但没有对这部文献展开详细论述（与他对哥白尼和亚里士多德作品的关注不同），这说明他在马尔堡时可能听到过关于它的传闻。[1] 这些令人好奇的零散引用引出了更多的问题：他引用这些天文学家的文献是为了提供什么样的证据，而它们和他自己的主张之间又有怎样的逻辑关系？

似乎可以说，布鲁诺是以这些天文学家的名望与地位为工具，来表达其成熟的观点，即视彗星为隐藏的实体、"不同种类的恒星"。例如，在其德国时期的最后一部作品《论极大》中，诗文间有一段启人深思的散文："大多数当代的天文学家（其中最杰出也最高贵的是丹麦人第谷）报告并见证了这些彗星（我们认为它们是隐藏的地球或恒星，因为它们很少出现，仿佛在镜子里与可见的太阳形成了一个角度），所以他们（天文学家们）无法再坚持普遍的观点，即宣称物质的上升是在火焰区域和最高的恒星之间激发的。"[2] 这段冗长又有些尴尬的附加说明正是问题的核心。在论述恰当的恒星运动方面，他以同样的模式又一次提到了布拉赫。[3]

这些对第谷的引用是将他作为一位拒绝了亚里士多德教条的杰出权威，不过是一种广义的姿态，旨在支持布鲁诺本人关于空间均匀性以及不存在天球和轨道的主张。之后则更加具体地提到了"乌拉尼亚堡的天文学家"的观察："意

---

[1] Tessicini 2007, 159-69.

[2] Bruno 1962, vol. 1, part 1, bk. 1, chap. 5, 221; for discussion, see Tessicini 2007, 160.

[3] Bruno 1962, vol. 1, part 1, bk. 1, chap. 5, 219: "Ista fuere mihi physica ratione reperta / Pluribus abhinc lustris, sensu interiore probata, / Sed tandem et docti accipio firmata Tichonis / Servatis Dani, ingenio qui multa sagaci / Invenit, atque aperit conformia sensibus hisce." See Tessicini 2007, 159.

大利天文学家的时代到来之前，一名逍遥学派的阿拉伯人阿尔布马扎声称，金星上方有一颗彗星。另外，据说 1585 年有一颗圆形的彗星。还有人在 10 月和 11 月看到了一颗新星，称其位于土星上方的天空中，我曾经读到，这些观察是乌拉尼亚堡的天文学家完成的。"[1] 且不说布鲁诺是从卡塞尔还是从乌拉尼亚堡获取的信息，他描述观察报告时笼统、模糊的句法再度给我们留下了深刻印象。

在论证与传统哲学相矛盾的命题时，布鲁诺利用经验引发（或唤起）"证实"的做法与当时其他的哲学家完全一致。[2]

306

除了拿乌拉尼亚堡与卡塞尔的权威为己所用，布鲁诺还对占星预测的标准工具持有完全不同的观点。他反对本轮、均轮、轨道与天球组成的整个机制，脱离了实践占星学所依据的计算资源。怪不得他在借鉴天文学家之时，总是既模糊又有选择地满足他自己所认知的方案。类似地，他反对星的科学，但却没有彻底放弃天体的影响：他提到占星作品中"许多无价值的事物中混有真理的碎片"[3]。因此，虽然他反对公认的彗星与星食现象具有占星意义，但却没有放弃医学预测的潜在效用。[4] 迪格斯的无限主义哥白尼方案外紧紧包裹着"永恒预言"的观点，而布鲁诺对占星预测的结论却很大程度上符合皮科的怀疑论。布鲁诺主张，对于天体影响，可以捕获并操纵，但是不能计算与预测。[5] 从这种意义上来讲，就不需要第谷的仪器了：排除占星学，对天体影响的控制也可以"很神奇"。

---

[1]　Bruno 1962, vol. 1, part 2, bk. 4, chap. 9, 53. See Tessicini 2007, 163.

[2]　For the kind of experience typically deployed, See Dear 1995.

[3]　Cited in Spruit 2002, 244.

[4]　Ibid., 245-46. Morsing's *Diarium* contained a section on the astrological meaning of the comet of 1585, but Bruno simply ignored it（Brahe 1913-29, 6: 408-14.）

[5]　See Spruit 2002, 247-49. Bruno 1995, 42-43: "Make then your forecasts, Mr. Astrologers, with your slavish physicians, with the help of those circles with which you describe those nine, moving, imaginary spheres and by means of which you imprison your brains, so that as you appear to me to be like parrots in a cage as I watch you jumping up and down, twirling around and hopping within those circles."